Marcella Cioffi

chimica
la natura delle cose

per il primo biennio

SOCIETÀ EDITRICE INTERNAZIONALE - TORINO

Coordinamento editoriale: Anna Maria Battaglini
Progetto editoriale: Cristina Godino
Redazione: Cristina Godino, Laura Regli
Coordinamento tecnico: Michele Pomponio
Progetto grafico: Studio Balbo-Gozzelino - Torino
Impaginazione: Puntografica - Torino
Disegni: Bluedit, Matilde Rivetti, Mario Visone
Coordinamento multimediale: Nicola Prinetti
Redazione multimediale: Francesca Gatto
Copertina: Piergiuseppe Anselmo

Referenze fotografiche:
Contrasto: 170s, 185s3[a], 318a - Corbis: 182b - Marka: 182a - Parker I. 8-9.
Tutte le fotografie di laboratorio sono state realizzate da Mario Visone.
Le illustrazioni non citate provengono dall'Archivio SEI.

L'Autrice ringrazia Giuseppina Agrelli, Mauro De Nisco, Gaetano Mangiapia, per la preziosa collaborazione nella revisione del testo, e Mario Visone, per la realizzazione degli esperimenti fotografati.

Le pagine **Scientific English** sono a cura di Laura Regli e sono tratte e adattate da: *The Free High School Science Texts: Textooks for High School Stdents Studyng The science – Chemistry Grade 10-12.* http://nongnu.askapache.com/fhsst/Chemistry_Grade_10-12.pdf

Le pagine dedicate alla **didattica inclusiva** (sintesi e mappe) sono composte con

EasyReading®
Font ad alta leggibilità, eccellente per i dislessici
(Disturbo Specifico dell'Apprendimento – DSA), ottimo per tutti

AZIENDA CON SISTEMA DI GESTIONE QUALITÀ CERTIFICATO DA DNV GL = ISO 9001 =

Prima edizione: 2015

Ristampa
1 2 3 4 5 6 7 8 9 10
2017 2018 2019

Stampa: Vincenzo Bona - Torino

Il tuo libro è anche un **eBook+**

in forma **digitale interattiva**

eBook+

Scarica e attiva, è facile!

Segui le istruzioni che trovi sul sito della casa editrice, alla pagina **www.seieditrice.com/libri-digitali**

Studiare è più semplice con l'**eBook+**

Guarda, annota, sottolinea, evidenzia nel testo!

Con l'**eBook+** apprendi in modo **multimediale** e **interattivo**, attraverso contenuti audio, video e link a risorse multimediali: insomma, in modo **coinvolgente** e **divertente**.

Ascolta, scopri i link, gli approfondimenti e salva il tuo lavoro

Una volta scaricato sul tuo dispositivo, che potrà essere un PC fisso o portatile, un netbook o un tablet, il tuo libro digitale interattivo potrà essere utilizzato anche **in assenza di connessione alla rete**.

Tutte le tue operazioni le potrai ritrovare semplicemente **sincronizzando** i diversi dispositivi.

Sempre connesso alla classe con l'**eBook+**

Condividi con i tuoi compagni e il docente

Vai sul sito SEI all'indirizzo **www.seieditrice.com/on**: troverai tutte le indicazioni per conoscere e utilizzare in modo facile un ambiente didattico digitale, dove sono disponibili **i tuoi libri, i tuoi appunti e le risorse selezionate e messe a disposizione dal tuo insegnante**.

Usa le icone

- Audio
- Video
- Galleria di immagini
- Esercizi interattivi
- Materiali interattivi e proiettabili
- Download
- Approfondimenti
- Documenti
- Link interni al volume
- Link esterni al volume
- Zoom

ON OPENSCHOOL NETWORK

a Pina,
preziosa compagna
in questa avventura

Come è fatto CHIMICA: la natura delle cose

Questo corso è frutto dell'esperienza di anni di insegnamento e di ricerca nella didattica della chimica. La metodologia seguita tende a rendere l'**approccio** alla disciplina il più possibile **diretto** e **coinvolgente** per gli studenti. In quest'ottica **fotografie**, **disegni** e **grafici** sono stati concepiti come **parte integrante del testo**, anziché semplicemente come un corredo di accompagnamento.

Questa impostazione consente da un lato di sottolineare e visualizzare direttamente i collegamenti tra la chimica e la **realtà quotidiana** e dall'altro di valorizzare gli **esperimenti di laboratorio**.

Le immagini sono utilizzate per introdurre, attraverso fenomeni macroscopici, la spiegazione di quanto accade a livello submicroscopico, documentato poi in dettaglio attraverso grafici e disegni.

In questo modo è stato possibile rendere il **testo essenziale**, condensato attorno ai nuclei centrali di ogni argomento, trattato con **rigore** nel **metodo** e nel **linguaggio**.

Le **icone** che accompagnano il testo rimandano alle varie tipologie di oggetti digitali direttamente collegati alle pagine dell'**eBook+**.

- **animazioni:** disegni e grafici animati e descritti passo passo per facilitarne la comprensione.
- **espansioni:** approfondimenti relativi ad argomenti trattati nel testo.
- **video:** riprese di semplici fenomeni descritti e spiegati nel testo.
- **video lab:** filmati di esperimenti di laboratorio, ripresi e descritti nelle varie fasi di esecuzione. Semplici animazioni presentano le reazioni intervenute, in modo che sia visivamente possibile comprendere il nesso tra i fenomeni osservati e quanto accade a livello microscopico.
- **scheda lab:** protocolli per l'esecuzione di esperimenti in laboratorio.
- **esempi:** ampliano gli esempi di risoluzione di problemi presenti nel testo.
- **tavola periodica interattiva**
- **ascolto:** lettura delle sintesi e delle pagine Scientific English in formato mp3.
- **test interattivi:** vero falso e a risposta multipla

Nell'apertura di ciascuno degli **8 moduli**, che raccolgono le **19 unità** del testo, trovi gli **obiettivi** relativi alle **competenze di base** che potrai raggiungere seguendo il percorso di studio e di verifica indicato.

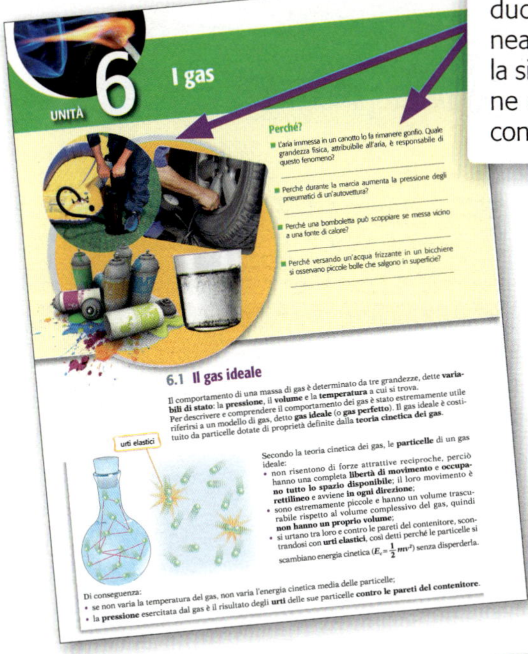

Le **immagini** e le **domande**, che introducono gli argomenti trattati, sottolineano che questi non sono altro che la sistematizzazione e la formalizzazione di fenomeni e aspetti della realtà con i quali hai a che fare ogni giorno.

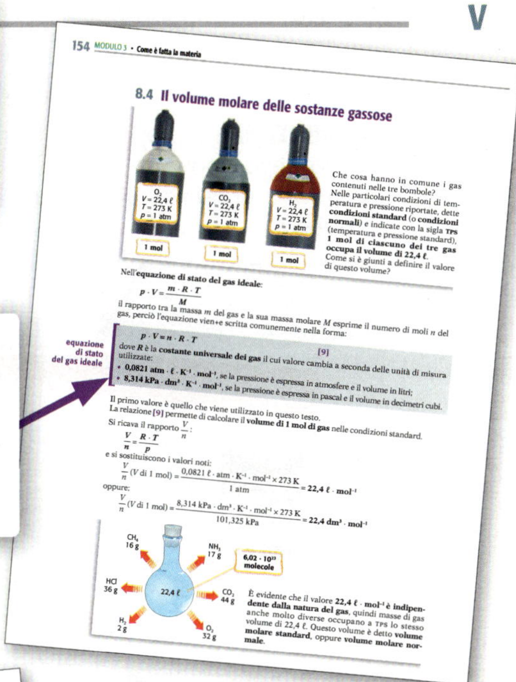

I **concetti** principali, le **grandezze** e relative **formule** sono evidenziati; nel loro insieme scandiscono il percorso di studio e facilitano l'acquisizione dei contenuti trattati nell'unità.

Gli **esempi** mostrano in che modo utilizzare le conoscenze acquisite per la risoluzione di semplici esercizi applicativi.

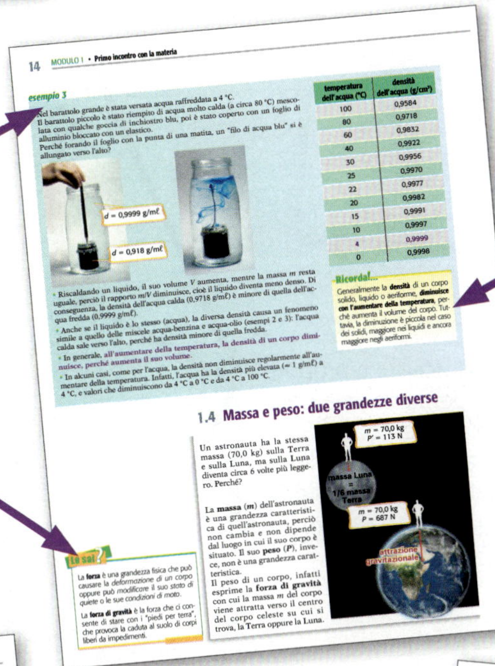

I box **Ricorda!...** sottolineano aspetti e conseguenze dei concetti trattati che è bene tenere presenti perché importanti per lo studio delle unità successive.

I box **Lo sai?** costituiscono un sintetica ripresa di concetti già noti.

In sintesi e la mappa ti consentono di fare il punto su quanto hai studiato nell'unità.

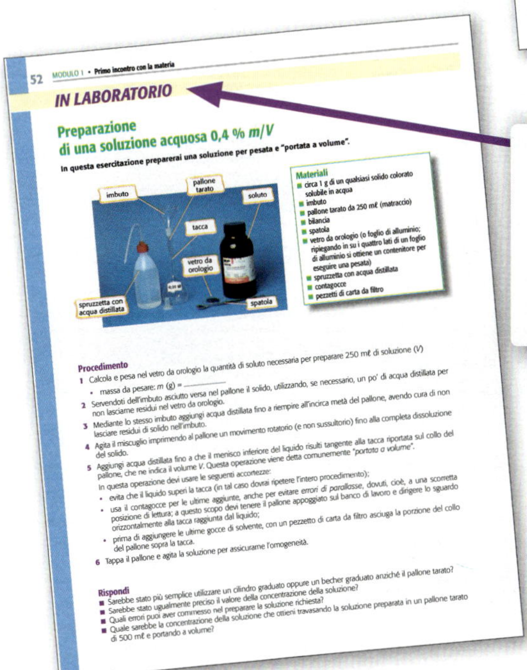

In laboratorio ti propone semplici esperimenti realizzabili con materiali facilmente reperibili in ambito scolastico.

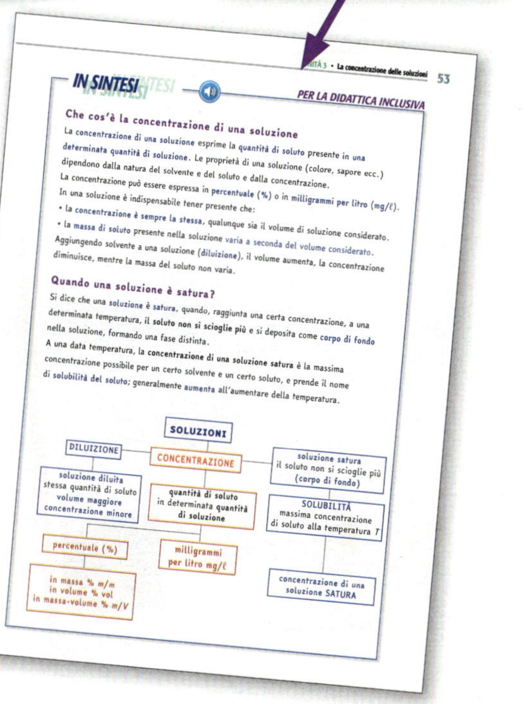

Scientific English ti propone un brano in inglese su uno degli argomenti dell'unità. Ogni scheda è corredata di esercizi per la verifica della comprensione.

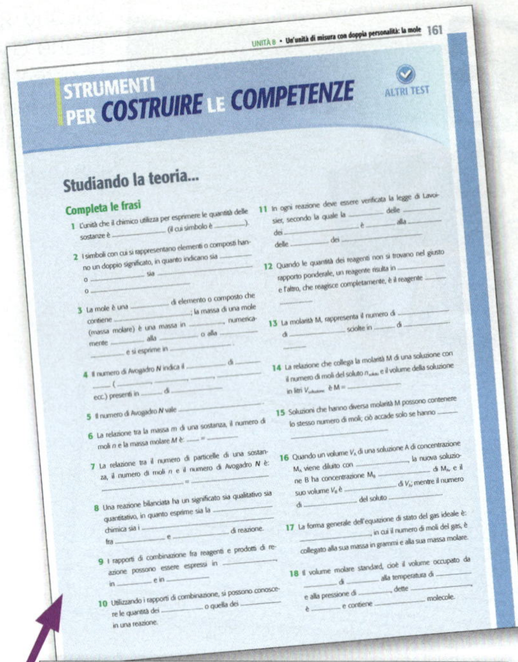

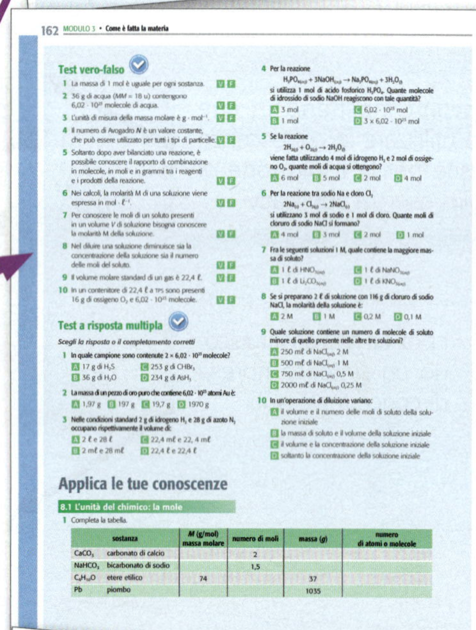

Gli **strumenti per costruire le competenze** ti propongono varie tipologie di esercizi per la verifica delle **conoscenze**, attraverso il completamento di frasi e test, e per la loro **applicazione**, attraverso problemi. Tali esercizi sono accompagnati da **esercizi guidati**.

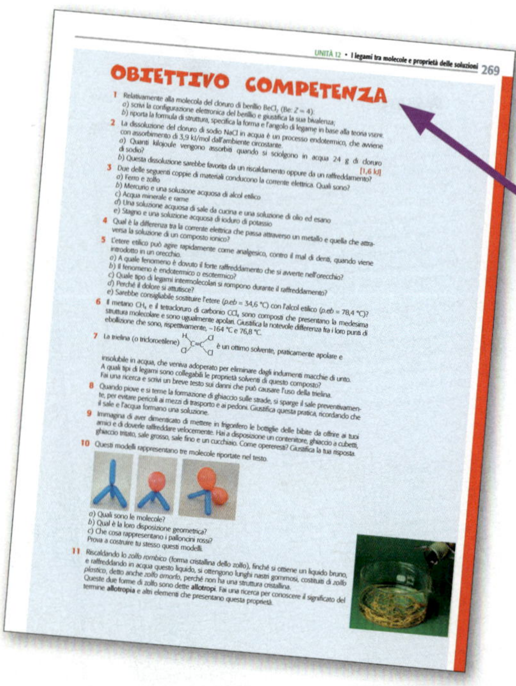

L'**obiettivo competenza** ti propone situazioni problematiche più complesse il cui affronto ti consente di verificare il tuo livello di competenza.

INDICE

nell'**eBook+**

video

Vivere senza chimica - Chimica oltre il luogo comune

1 Primo incontro con la materia

nell'**eBook+**

espansioni

Il Sistema Internazionale di unità di misura - La mongolfiera - Sicurezza e apparecchiature in laboratorio - Esempi

schede lab

Non sempre 1 + 1 + = 2! - Densità di un corpo solido irregolare - Effetti della pressione

ascolto

In sintesi - Scientific English

test

nell'eBook+

animazioni

I miscugli - La filtrazione - La distillazione - L'estrazione

espansioni

L'effetto Tyndall e il moto browniano - Distillazione frazionata - Estrazione - Centrifugazione

schede lab

Miscuglio o soluzione? - Cromatografia di inchiostri colorati - Crescita di un cristallo - Estrazione di essenze oleose dalle bucce di un agrume

ascolto

In sintesi - Scientific English

test

nell'eBook+

animazioni

Le soluzioni e la loro concentrazione - Come si diluisce una soluzione

espansioni

Le acque minerali - Solubilità e cristallizzazione - Esempi

schede lab

Cristallizzazione dell'acido salicilico - Massa, concentrazione e densità

ascolto

In sintesi - Scientific English

test

2 Le sostanze e le loro trasformazioni

UNITÀ 4 I composti e gli elementi, 62

nell'eBook+

animazioni
Dai composti agli elementi - Pochi elementi, molti composti

espansioni
I bioelementi e il quartetto favorito

video lab
Preparazione di un polimero

ascolto
In sintesi - Scientific English

test

UNITÀ 5 L'energia e le trasformazioni della materia, 80

nell'eBook+

animazioni
Il lavoro - Energia potenziale gravitazionale - I passaggi di stato - Il linguaggio della chimica

video
La diffusione - L'evaporazione - L'ebollizione

espansioni
Quando è nata la molecola? - La conservazione della massa e dell'energia - Esempi

video lab
Un vulcanetto in eruzione - Formazione di un precipitato

schede lab
Evaporazione ed ebollizione - Reazioni di precipitazione

tavola periodica

ascolto
In sintesi - Scientific English

test

nell'eBook+

animazioni
La legge di Boyle - La legge di Charles - La legge di Gay-Lussac

video lab
La legge di Boyle

ascolto
In sintesi - Scientific English

test

nell'eBook+

animazioni
Come sono fatti gli atomi - Identità degli atomi - L'unità di misura scelta per le masse degli atomi - Gli isotopi - Perché le masse atomiche non sono numeri interi - La massa degli atomi e delle molecole - La carica delle particelle elementari - Composti ionici e conducibilità elettrica - Anioni e cationi

espansioni
L'atomo di Dalton - Esempi

tavola periodica

ascolto
In sintesi - Scientific English

test

UNITÀ 8 Un'unità di misura con doppia personalità: la mole, 145

nell'**eBook+**

animazioni

La mole - La massa molare e il numero di Avogadro - Massa, numero di particelle e numero di moli - Moli e reazioni chimiche - La molarità

espansioni

Come risolvere i problemi di stechiometria - Esempi

ascolto

In sintesi - Scientific English

test

UNITÀ 9 Dalla tavola periodica al modello atomico a strati, 168

nell'**eBook+**

animazioni

Mendeléev e la tavola periodica - La tavola periodica - Modello atomico di Rutherford - Modello atomico di Bohr - Energia di prima ionizzazione - Energie di ionizzazione successive - Come si è giunti al modello a strati - Configurazioni elettroniche - Elettroni di valenza - Formazione di ioni

espansioni

Gli airbag - Il raggio atomico: un'altra proprietà periodica - La configurazione elettronica con sottostrati e sottolivelli

video lab

Formazione di un gas comburente

tavola periodica

ascolto

In sintesi - Scientific English

test

UNITÀ 10 Il modello atomico a orbitali, 194

nell'eBook+

animazioni

Distribuzione degli elettroni negli orbitali

ascolto

In sintesi - Scientific English

test

UNITÀ 11 I legami tra ioni e tra atomi, 218

nell'eBook+

animazioni

Come si forma e si rappresenta un composto ionico - Proprietà dei composti ionici - Il legame metallico - Il legame covalente: una società tra atomi - Polarità dei legami

espansioni

Non sempre è rispettata la regola dell'ottetto - Il legame covalente secondo la teoria degli orbitali - Il legame covalente dativo secondo la teoria degli orbitali

ascolto

In sintesi - Scientific English

test

UNITÀ 12 I legami tra molecole e proprietà delle soluzioni, 238

nell'eBook+

animazioni

Polarità delle sostanze - Legami dovuti alle forze dipolo-dipolo - Legami idrogeno - Legami dovuti alle forze di London - Temperatura di ebollizione e forze intermolecolari - Dissoluzione dei composti ionici - Dissoluzione mediante legami idrogeno - Proprietà delle soluzioni ioniche

espansioni

Forma e polarità di molecole - La tensione superficiale dell'acqua - La capillarità - Acque dure e acque dolci - Perché si aggiunge il sale nella lavastoviglie - Osmosi e pressione osmotica - Innalzamento ebullioscopico e abbassamento crioscopico - Proprietà colligative delle soluzioni di elettroliti forti

video

L'uovo "nudo" e l'osmosi

schede lab

Effetti della tensione superficiale dell'acqua - Effetti della capillarità - Conducibilità di soluzioni - L'effetto del sale sul ghiaccio

ascolto

In sintesi - Scientific English

test

UNITÀ 13 Velocità e spontaneità delle reazioni, 272

nell'eBook+

animazioni

La velocità delle reazioni - L'equilibrio chimico: un equilibrio dinamico - Spontaneità di una reazione

espansioni

La marmitta catalitica - La resa di una reazione - La sintesi dell'ammoniaca: processo Haber - Spostamento di un equilibrio di solubilità

video lab

Velocità di reazione e concentrazione - Velocità di reazione e temperatura

schede lab

Effetto della temperatura su un equilibrio - Calore molare di dissoluzione

ascolto

In sintesi - Scientific English

test

7 Composti chimici e fenomeni elettrici

UNITÀ 14 Gli acidi, le basi e il pH, 306

nell'**eBook+**

animazioni

L'acqua è un elettrolita debolissimo - Acidi e basi: datori e accettori di protoni - Quando una soluzione è acida? Quando è basica?

espansioni

La forza di acidi e basi coniugati - Preparazione di indicatori da prodotti naturali - Acidi e basi per le pulizie

video lab

Il potere di un acido

ascolto

In sintesi - Scientific English

test

UNITÀ 15 Classificazione e proprietà dei composti inorganici, 332

nell'**eBook+**

animazioni

Il numero di ossidazione - Nomenclatura dei composti inorganici - Idrolisi dei sali - La funzione di un tampone

espansioni

Gli ossidi del carbonio - Le piogge acide - Classificazione delle reazioni

video lab

Un esame qualitativo delle nostre acque

schede lab

Respirazione di un cece - Riconoscimento degli ossidi di carbonio - Titolazione di una soluzione di idrossido di sodio - Titolazione dell'aceto

ascolto

In sintesi - Scientific English

test

UNITÀ 16 Ossido-riduzioni ed elettrochimica, 361

nell'eBook+

animazioni
Le reazioni di ossido-riduzione - Pile ed elettrolisi

espansioni
Bilanciamento di reazioni redox con il metodo della variazione del n.o. - La corrosione

video lab
La sintesi dell'acqua - Il potere riducente di alcuni metalli

schede lab
Il potere ossidante degli alogeni - Elettrolisi dello ioduro di potassio - Elettrolisi dell'acqua - Un alberello d'argento - Costruzione di una pila

ascolto
In sintesi - Scientific English

test

8 Composti del carbonio

UNITÀ 17 Gli idrocarburi, 394

nell'eBook+

animazioni
Nomenclatura degli idrocarburi - Proprietà chimiche degli idrocarburi

espansioni
Vita o non vita? - La benzina verde

ascolto
In sintesi - Scientific English

test

UNITÀ 18 Altre classi di composti organici, 416

nell'eBook+

animazioni

Nomenclatura di alcoli, aldeidi, chetoni e acidi carbossilici - Proprietà chimiche di alcoli, aldeidi, chetoni e acidi carbossilici

espansioni

Le bevande alcoliche

ascolto

In sintesi - Scientific English

test

UNITÀ 19 Le molecole della vita, 433

nell'eBook+

animazioni

Molecole da cui ricaviamo materia ed energia: i carboidrati

espansioni

Il biodiesel - Gli oli e la frittura - L'azione dei saponi - Saponi e detersivi - Il segreto di una buona bistecca - Dolcificanti naturali e di sintesi

schede lab

Ti piace più il formaggio o la ricotta? - Preparazione di un sapone

ascolto

In sintesi - Scientific English

test

video
Vivere senza chimica

video
Chimica oltre il luogo comune

Possiamo vivere senza chimica?

È abbastanza facile ascoltare frasi del tipo "questo è un prodotto chimico" e "questo non è un prodotto naturale", che sottintendono la preoccupazione per la pericolosità del prodotto, o anche il danno che ne deriverebbe dal suo utilizzo. Ebbene, **non c'è nulla nell'Universo materiale che non sia un prodotto chimico! naturale oppure preparato dall'uomo**.

Che cosa pensi sia la chimica?

Molti studenti, e forse anche tu, si avvicinano allo studio della chimica con un **pregiudizio**:

la chimica è fatta di formule e di cose che si devono imparare a memoria!

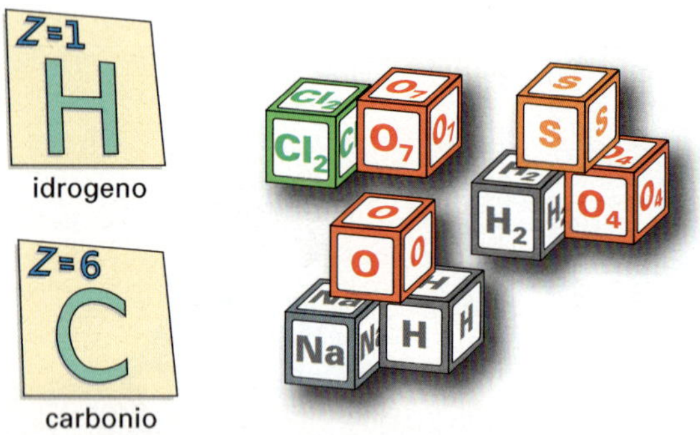

Simboli per indicare il nome di elementi e composti.

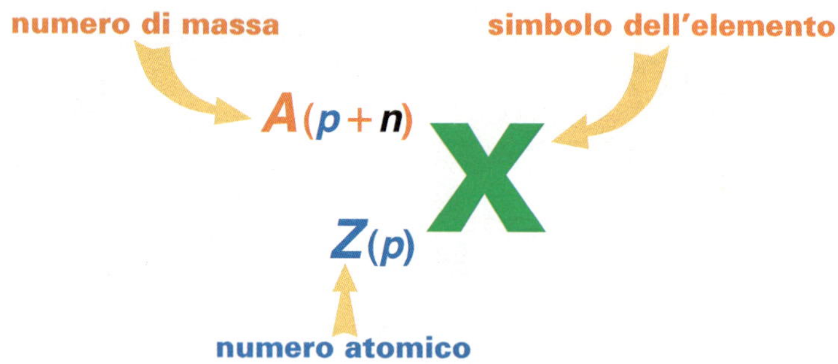

Simboli per indicare alcune caratteristiche di un atomo di un elemento.

Simboli per la scrittura della formula di un composto.

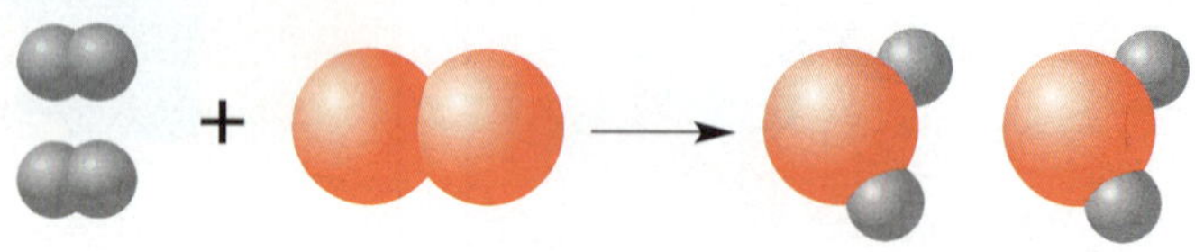

Simboli per rappresentare la formazione delle sostanze attraverso modelli.

$$CaCO_{3(s)} + 2CH_3COOH_{(aq)} \longrightarrow (CH_3COO)_2Ca_{(aq)} + CO_{2(g)} + H_2O_{(l)}$$

Simboli per rappresentare una trasformazione chimica della materia attraverso le formule delle sostanze.

È vero, in chimica i simboli e le formule ci sono e devono essere imparati, ma forse non impari a memoria il nome dei tuoi compagni di classe e dei tuoi amici? Come faresti altrimenti a distinguerli e a parlare di loro? Anche il linguaggio della chimica richiede un certo impegno da parte tua.
Ma la chimica è tante altre cose!

La chimica è soprattutto una scienza sperimentale

La chimica è soprattutto una **scienza sperimentale**: attraverso la progettazione e l'esecuzione di esperimenti descrive e spiega in dettaglio quanto si osserva nella realtà.

Le sostanze possono formare miscugli con caratteristiche particolari.

Il colore di una soluzione si intensifica all'aumentare della concentrazione.

Alcune sostanze in soluzione conducono la corrente elettrica.

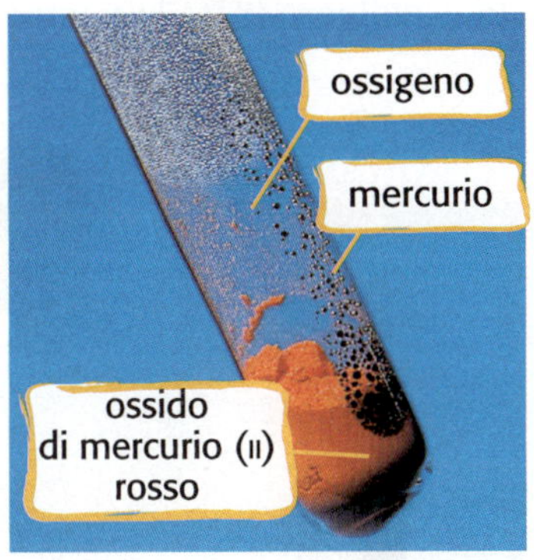

Da un composto è possibile ottenere gli elementi di cui è costituito.

Una pila produce energia elettrica.

Da una soluzione si possono ottenere cristalli.

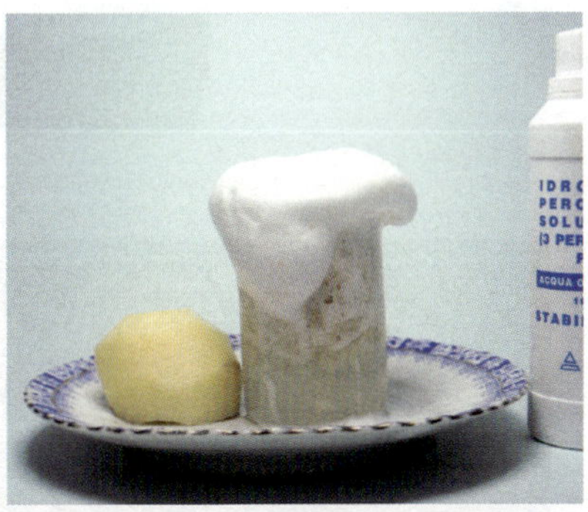

Alcuni enzimi decompongono l'acqua ossigenata.

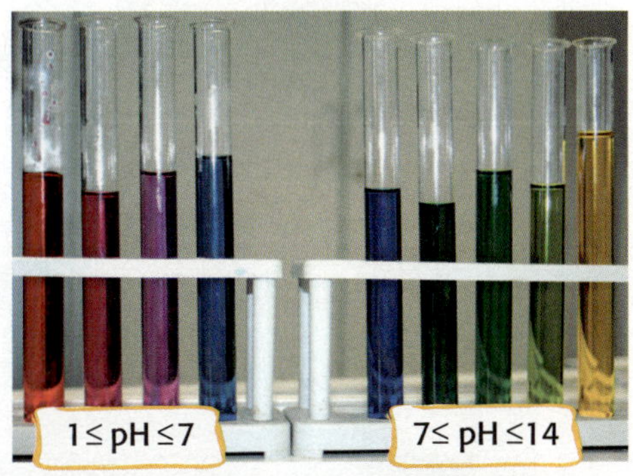

Con un indicatore è possibile valutare se una sostanza è acida o basica.

Le numerose **attività di laboratorio** che troverai illustrate e descritte nel testo e nell'**eBook+** ti consentiranno di scoprire un mondo nuovo, di cui potrai essere tu stesso il protagonista, abituandoti all'osservazione e alla comprensione di tanti fenomeni che fanno parte della tua vita quotidiana e che per ora ti appaiono inspiegabili. Imparerai in sostanza a "leggere" la realtà in modo consapevole e piacevole e a chiederti "perché accade questo o quello"?

La chimica e la vita quotidiana

La chimica è collegata a moltissimi aspetti della vita quotidiana.

Tutto ciò che mangiamo è costituito da sostanze chimiche e la loro trasformazione nell'organismo consente di mantenerci in vita e svolgere tutte le nostre attività.

Conserviamo il cibo nel frigorifero per rallentare le trasformazioni chimiche che ne alterano le proprietà organolettiche.

Dal latte produciamo una grandissima varietà di formaggi, grazie a una serie di trasformazioni chimiche.

Durante la cottura dei cibi avvengono trasformazioni chimiche che li rendono digeribili, oltre che facilmente masticabili.

Possiamo rendere perfettamente lisci o ricci e vaporosi i capelli con una trasformazione chimica.

Di che cosa si occupa la chimica?

Oggetto di studio della chimica sono le **trasformazioni chimiche**, cioè le trasformazioni che **cambiano la composizione della materia**.

La nascita di una pianta dal seme, la produzione dal petrolio e dal silicio dei componenti del tuo tablet o del tuo cellulare, o ancora la produzione delle fibre tessili con cui sono realizzati gli abiti e gli altri accessori che indossi sono il risultato di trasformazioni che cambiano la natura stessa della materia.

Ben diverse sono le **trasformazioni fisiche**, nelle quali la **natura della materia resta inalterata**, come la *dilatazione* dell'aria in un palloncino, la *riduzione in lamine* di un pezzo di acciaio e i cambiamenti degli *stati di aggregazione della materia* da *liquido* a *solido* ad *aeriforme* e viceversa (**passaggi di stato**).

Ricorda!...
Le **trasformazioni chimiche** sono quelle che modificano la natura stessa del materiale che le subisce.

La chimica ha dunque come oggetto di studio:

- a **livello macroscopico**, quindi direttamente osservabile, le **trasformazioni chimiche** della materia, esaminandole da un punto di vista sia qualitativo sia quantitativo;
- a **livello submicroscopico**, quindi non osservabile, la **composizione** e la **struttura** della materia, attraverso il comportamento di atomi, ioni e molecole, le particelle che compongono la materia.

Utilizzando in modo complementare e integrato questi due livelli di conoscenza, la chimica formula **ipotesi**, **leggi** e **teorie** che, attraverso **modelli**, siano in grado di spiegare la realtà materiale. Attraverso tali modelli, basati su dati sperimentali, si visualizzano aspetti submicroscopici per dare una spiegazione di quanto si osserva a livello macroscopico.

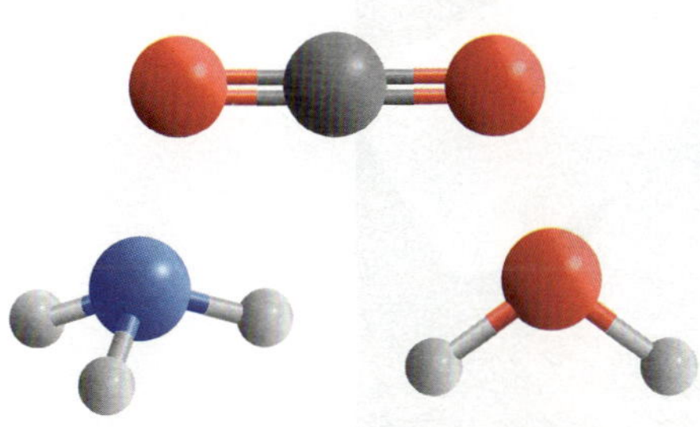

I **modelli molecolari** rappresentano la composizione e la struttura delle molecole delle sostanze.

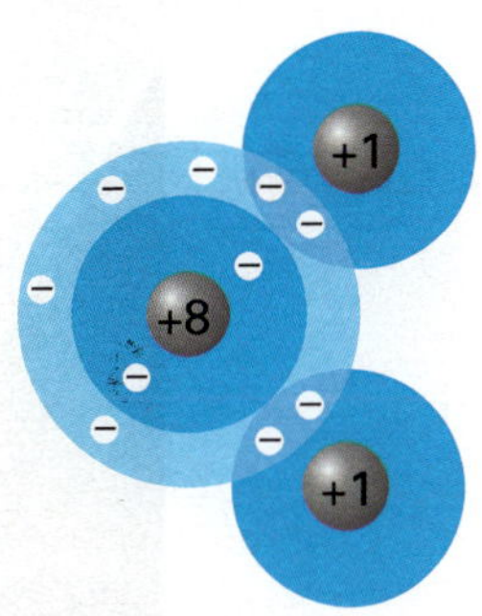

I **modelli atomici** descrivono come gli elettroni si distribuiscono intorno al nucleo degli atomi e come gli atomi si legano, formando i composti.

Infine, la chimica si occupa di alcuni aspetti delle **trasformazioni nucleari**, che coinvolgono particelle molto piccole della materia contenute nel nucleo degli atomi e che non sono trattate in questo testo.

A **livello applicativo**, la chimica investe tutti i campi: dal *settore alimentare* a quello *tessile* e dell'*arredamento*, dalla *medicina* all'*ingegneria*, all'*informatica*, all'*elettronica* e alle *nanotecnologie*.
Grazie alla possibilità di preparare nuovi materiali e di utilizzarne altri in quantità anche ridottissime, questa scienza è in grado di sviluppare *nuove tecnologie*: valvole e cuori artificiali, apparecchiature elettroniche ecc.

Inoltre, in modo più o meno diretto la chimica tocca gli ambiti delle altre scienze e dei loro campi di applicazione: dalla *biochimica* (chimica della materia vivente) alla *geochimica* (studio della composizione del nostro pianeta e dei processi di formazione di rocce e minerali), alla *cosmochimica* (chimica delle stelle e degli spazi interstellari), per non parlare dell'*agraria*, delle *scienze dell'alimentazione* ecc.
Dunque la chimica è una tipica **scienza trasversale**. Proprio per questa sua specifica caratteristica essa assume un'importanza decisiva per lo sviluppo e la qualità della vita dell'uomo moderno.

Dal petrolio...

... materie plastiche e combustibili.

Da una sostanza contenuta nella corteccia dei salici...

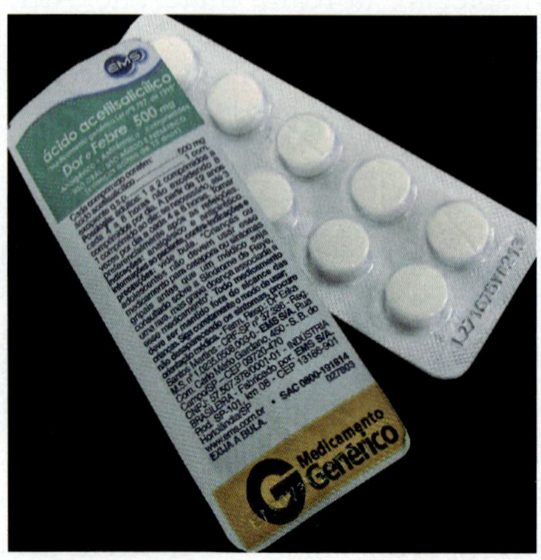

... l'acido acetilsalicilico, principio attivo di farmaci antidolorifici e antinfiammatori.

Dalla sabbia da cui si ottiene il silicio...

... i componenti elettronici dei computer.

Da residui di oli di frittura....

... un biocombustibile.

Dall'uva...

... molti tipi di vini e liquori.

Primo incontro con la materia

1

Competenze di base

- Conoscere alcune **proprietà fisiche della materia**, in quale modo sono collegate e le relative unità di misura.
- Distinguere **proprietà estensive** (massa, peso e volume) e **intensive** (densità, peso specifico, pressione) ed effettuare semplici calcoli relativi a tali grandezze.
- In base alla **teoria cinetico-corpuscolare**, giustificare le differenze fra gli **stati di aggregazione** della materia.
- Indagare sull'ambiente esterno per individuare un **miscuglio eterogeneo** e il numero delle fasi da cui è costituito.
- Individuare una **soluzione** solida, liquida o gassosa; distinguerne i componenti (soluto e solvente) in base ai dati forniti.
- Conoscendo la composizione di un miscuglio eterogeneo o di una soluzione, ipotizzare le **tecniche per ottenere separatamente i componenti** allo stato puro, specificando le trasformazioni fisiche che si verificano.
- Attraverso dati riguardanti la **concentrazione di una soluzione**, prevedere alcune sue proprietà macroscopiche.
- Calcolare le quantità di solvente e di soluto presenti in un volume V di una soluzione a concentrazione nota.
- Calcolare le quantità di soluto e di solvente che sono necessarie per preparare un volume V di soluzione di cui si conosce la concentrazione.
- Eseguire semplici calcoli per esprimere la concentrazione di una soluzione in modi diversi.
- Sulla base di dati forniti, riconoscere se una **soluzione è satura** e calcolare la **solubilità** del soluto in questa soluzione, utilizzando diverse unità di misura.
- Individuare le grandezze che variano quando si effettua la **diluizione di una soluzione**.
- Eseguire semplici calcoli relativi alla diluizione di una soluzione.

Percorso

UNITÀ 1

Proprietà fisiche della materia

Perché?...

- Perché 1 kg di legno è "tanto più grande" di 1 kg di ferro? 1 kg di aria occuperebbe uno spazio maggiore?

  ....

- Non sarebbe più facile, per questo giovane, raggiungere la casa utilizzando un paio di sci?

  ....

- Perché occorre molta energia per mantenersi in equilibrio su un windsurf? Quale tipo di energia ha il corpo, che non si vede eppure c'è, che fa gonfiare la vela?

  ....

1.1 La massa e il volume: due proprietà fondamentali

Se ti guardi intorno, ti accorgi dell'esistenza di tantissimi oggetti: una sedia, un libro, un cellulare, gli alberi all'esterno, una stella nel cielo ecc.
A questi oggetti si dà il nome di **corpi**. Tutti i corpi sono costituiti da **materia**, perciò *la materia è tutto ciò che ci circonda* e, di conseguenza, *i corpi sono porzioni di materia*.
Poiché la materia può avere una diversa natura (legno, carta, plastica, vetro ecc.), uno stesso oggetto può essere costituito da un tipo diverso di materia, cioè da un **materiale** diverso: una pallina può essere di legno, di carta, di plastica, di vetro ecc.

Ogni corpo, anche se non lo vediamo, come accade per l'aria, è costituito da una certa quantità di materia: la quantità di materia rappresenta la **massa** del corpo. Inoltre, ogni corpo occupa uno spazio: lo spazio occupato dal corpo rappresenta il **volume** del corpo.

Ricorda!...

Un **materiale** indica il **tipo di materia** con cui è stato prodotto un oggetto e quindi un corpo.

La **materia** è tutto ciò che ha una **massa** e occupa uno spazio, e quindi ha un **volume**.
I **corpi** sono porzioni di materia.

materia

La **massa** (*m*) di un corpo (solido, liquido o aeriforme) rappresenta la *quantità di materia* da cui è costituito il corpo.

massa

Il **volume** (*V*) di un corpo è la misura dello **spazio occupato** dal corpo.

volume

Lo sai?

Il **volume** di un corpo non deve essere confuso con la **forma** che il corpo assume. Un pezzo di plastilina modellato a forma di pallina e poi a forma di bastoncino ha lo stesso volume, pur avendo una forma diversa!

1.2 La massa e il volume: due proprietà fisiche estensive

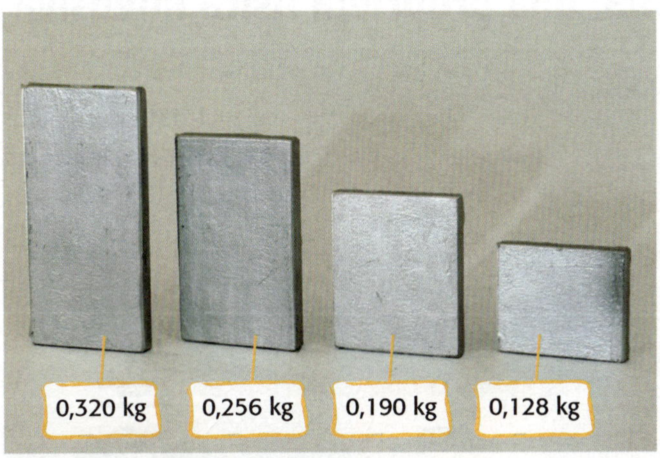

La **massa** *m* di un corpo è una **proprietà estensiva** della materia, perché rappresenta la quantità di materia da cui è costituito il corpo.

scheda lab
Non sempre 1 + 1 = 2!

Anche il volume di un corpo è una **proprietà estensiva** della materia; infatti è la misura dello spazio occupato dal corpo e quindi dipende dalle sue dimensioni.

espansione
Il Sistema Internazionale di unità di misura

L'**unità di misura** prevista dal **Sistema Internazionale di Unità di misura (SI)** per la **massa** è il **kilogrammo (kg)**.
Spesso si utilizzano sottomultipli del kilogrammo, come i **grammi (g)** e i **milligrammi (mg)**, che sono rispettivamente la millesima e la milionesima parte del kilogrammo:

1 g ⟶ **0,001 kg** in forma esponenziale $\mathbf{1 \cdot 10^{-3}}$ **kg**

1 mg ⟶ **0,000001** kg in forma esponenziale $\mathbf{1 \cdot 10^{-6}}$ **kg**

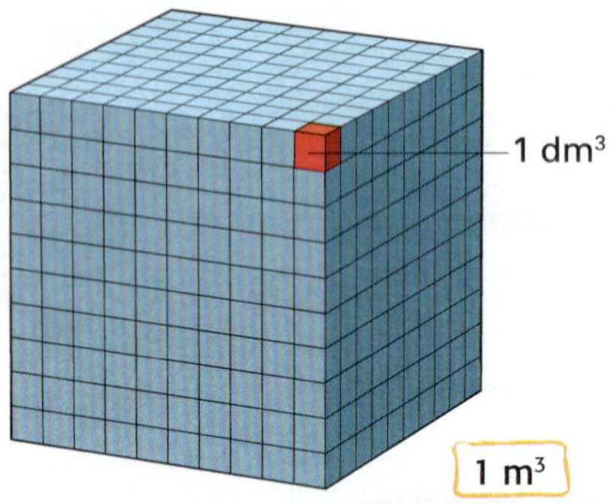

Nel SI l'unità di misura del **volume** è il **metro cubo (m^3)**.
Spesso si utilizzano i **decimetri cubi (dm^3)** e i **centimetri cubi (cm^3)**, che sono rispettivamente la millesima e la milionesima parte del metro cubo:

1 dm^3 ⟶ 0,001 m^3 in forma esponenziale $1 \cdot 10^{-3}$ m^3

1 cm^3 ⟶ 0,000001 m^3 in forma esponenziale $1 \cdot 10^{-6}$ m^3

e quindi:

1 cm^3 ⟶ **0,001 dm^3** in forma esponenziale $\mathbf{1 \cdot 10^{-3}}$ **dm^3**

L'unità di misura comunemente utilizzata per misurare il volume dei fluidi, e ammessa dal SI, è il **litro (ℓ** oppure **L)**.
Spesso si usa il **millilitro (mℓ)**, che è la millesima parte del litro.

1 ℓ equivale a 1 dm^3:
1 ℓ ⟷ **1 dm^3**

di conseguenza:
1 mℓ ⟷ **1 cm^3**

1.3 La densità: una proprietà fisica intensiva

Misurando la massa m e il volume V di campioni diversi dello stesso materiale, come questo latte, i rapporti $\frac{m}{V}$ risultano uguali:

$$\frac{m}{V} = \frac{515\ \text{g}}{500\ \text{m}\ell} = \frac{1030\ \text{g}}{1000\ \text{m}\ell} = \frac{1545\ \text{g}}{1500\ \text{m}\ell} = 1{,}030\ \frac{\text{g}}{\text{m}\ell} = 1{,}030\ \text{g/m}\ell$$

Che cosa esprime questo rapporto?
Il valore 1,030 g/mℓ indica che 1 mℓ di latte ha la massa di 1,030 g, e rappresenta la **densità** (***d*** oppure **ρ**) del latte.

La densità è una **proprietà intensiva**, cioè non dipende dalle dimensioni del corpo, ed è perciò una **proprietà caratteristica del materiale** di cui è fatto il corpo, a una determinata temperatura.

espansione
La mongolfiera

densità (proprietà intensiva) → $d\,(\rho) = \frac{m}{V}$ ← **massa del campione (proprietà estensiva)**; ← **volume del campione (proprietà estensiva)**

La **densità** (*d* oppure ρ) di un corpo rappresenta la *massa del volume unitario del corpo*.

Questa grandezza viene espressa dal rapporto fra la massa *m* di un corpo e il suo volume *V*:

$$d\,(\rho) = \frac{m}{V} \quad \text{o} \quad d\,(\rho) = m/V \quad \text{da cui} \quad m = d \cdot V \quad \text{e} \quad V = \frac{m}{d} \qquad [1]$$

Per i solidi e i liquidi la densità è espressa in g/cm³, per i gas in g/ℓ.

definizione / formula — **densità**

scheda lab
Densità di un corpo solido irregolare

ESEMPI

esempio 1

Come si misurano la massa, il volume e la densità di questo campione di acciaio?

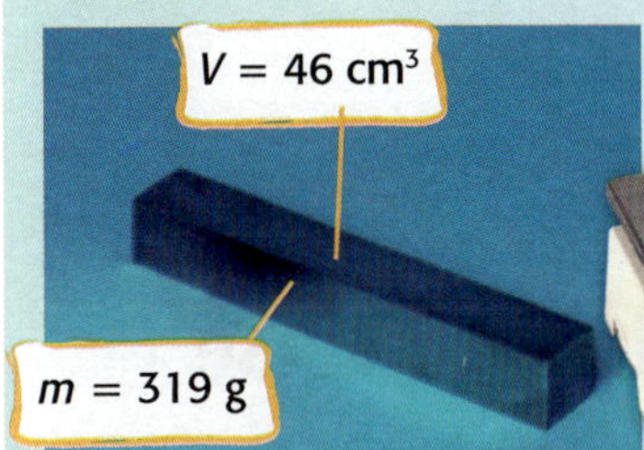

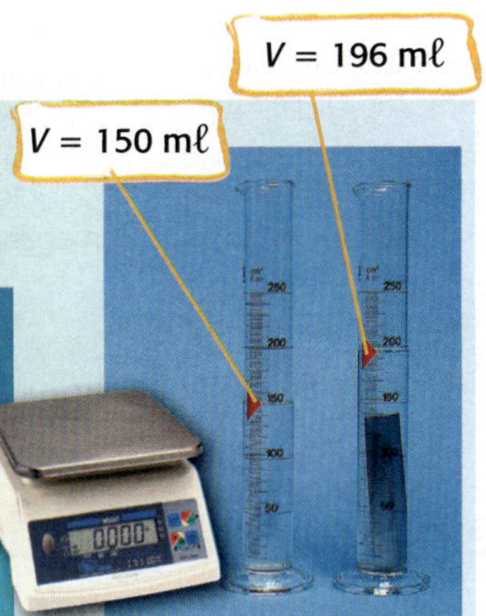

- La **massa** si misura con la bilancia.
- La misura del **volume** si può ricavare, con le formule, dalle dimensioni del campione se questo è un solido regolare, oppure, se è insolubile in acqua, si può immergere il campione in un cilindro contenente un volume noto di acqua e misurare l'innalzamento che il volume dell' acqua subisce.
- In questo caso il volume dell'acqua è aumentato da 150 cm³ a 196 cm³, perciò il volume del campione è 196 cm³ − 150 cm³ = **46 cm³**.

  La densità dell'acciaio esaminato è:

  $$d = \frac{m}{V} = \frac{319\ \text{g}}{46\ \text{cm}^3} = \mathbf{6{,}9\ g/cm^3}$$

- Questo valore indica che, *qualunque sia la dimensione del campione che viene esaminato,* 6,9 g di questo tipo di acciaio occupano il volume di 1 cm³ e quindi una massa doppia, tripla oppure uguale alla metà o alla terza parte di 6,9 g occupa un volume doppio, triplo oppure uguale alla metà o alla terza parte di 1 cm³.

esempio 2

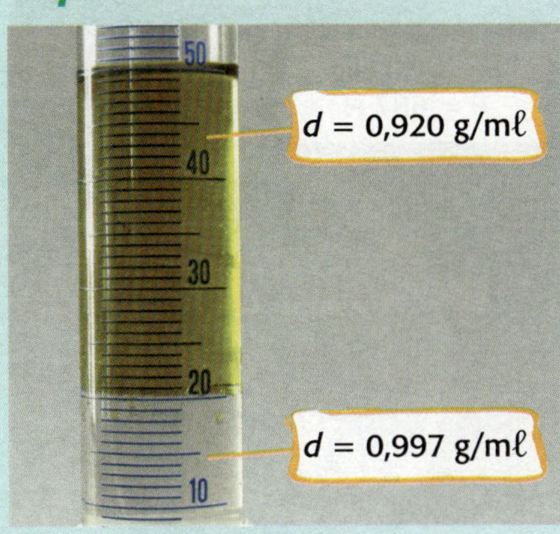

Spesso, nel linguaggio comune, si sente dire che *"l'olio galleggia sull'acqua perché è più leggero dell'acqua"*. Che cosa vuol dire? L'olio è sempre più leggero, cioè meno pesante, dell'acqua?

- Calcoliamo le masse dell'olio e dell'acqua:

  m (olio) = $d \times V$ = 0,920 g/mℓ × 30,0 mℓ = **27,6 g**

  m (acqua) = $d \times V$ = 0,997 g/mℓ × 20,0 mℓ = **19,9 g**

- L'olio, dunque, ha una massa, e quindi anche un peso, maggiore, ma galleggia sull'acqua!

A questo punto correggiamo il linguaggio: "l'olio galleggia sull'acqua perché è meno denso dell'acqua", anche se ha un peso maggiore.
In conclusione, **il liquido che ha densità minore si dispone sopra quello che ha densità maggiore.**

esempio 3

Nel barattolo grande è stata versata acqua raffreddata a 4 °C.
Il barattolo piccolo è stato riempito di acqua molto calda (a circa 80 °C) mescolata con qualche goccia di inchiostro blu, poi è stato coperto con un foglio di alluminio bloccato con un elastico.
Perché forando il foglio con la punta di una matita, un "filo di acqua blu" si è allungato verso l'alto?

temperatura dell'acqua (°C)	densità dell'acqua (g/cm³)
100	0,9584
80	0,9718
60	0,9832
40	0,9922
30	0,9956
25	0,9970
22	0,9977
20	0,9982
15	0,9991
10	0,9997
4	**0,9999**
0	0,9998

- Riscaldando un liquido, il suo volume V aumenta, mentre la massa m resta uguale, perciò il rapporto m/V diminuisce, cioè il liquido diventa meno denso. Di conseguenza, la densità dell'acqua calda (0,9718 g/mℓ) è minore di quella dell'acqua fredda (0,9999 g/mℓ).
- Anche se il liquido è lo stesso (acqua), la diversa densità causa un fenomeno simile a quello delle miscele acqua-benzina e acqua-olio (esempi 2 e 3): l'acqua calda sale verso l'alto, perché ha densità minore di quella fredda.
- In generale, **all'aumentare della temperatura, la densità di un corpo diminuisce, perché aumenta il suo volume.**
- In alcuni casi, come per l'acqua, la densità non diminuisce regolarmente all'aumentare della temperatura. Infatti, l'acqua ha la densità più elevata (≈ 1 g/mℓ) a 4 °C, e valori che diminuiscono da 4 °C a 0 °C e da 4 °C a 100 °C.

Ricorda!...

Generalmente la **densità** di un corpo solido, liquido o aeriforme, **diminuisce con l'aumentare della temperatura**, perché aumenta il volume del corpo. Tuttavia, la diminuzione è piccola nel caso dei solidi, maggiore nei liquidi e ancora maggiore negli aeriformi.

1.4 Massa e peso: due grandezze diverse

Un astronauta ha la stessa massa (70,0 kg) sulla Terra e sulla Luna, ma sulla Luna diventa circa 6 volte più leggero. Perché?

La **massa** (***m***) dell'astronauta è una grandezza caratteristica di quell'astronauta, perciò non cambia e non dipende dal luogo in cui il suo corpo è situato. Il suo **peso** (***P***), invece, non è una grandezza caratteristica.
Il peso di un corpo, infatti esprime la **forza di gravità** con cui la massa m del corpo viene attratta verso il centro del corpo celeste su cui si trova, la Terra oppure la Luna.

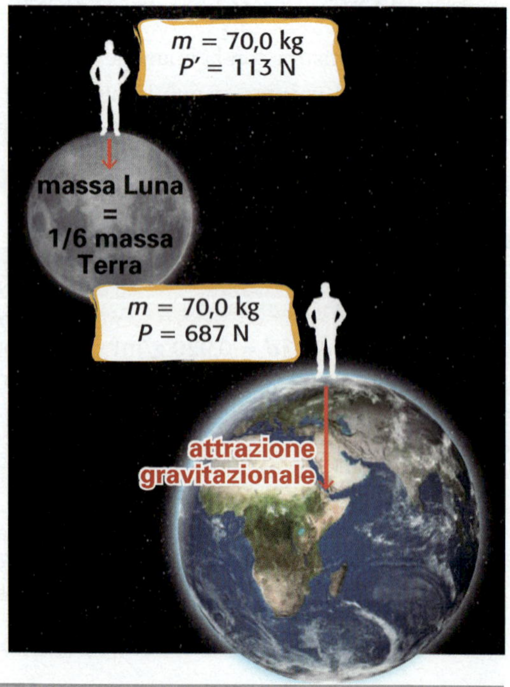

Lo sai?

La **forza** è una grandezza fisica che può causare la *deformazione di un corpo* oppure può *modificare* il suo *stato di quiete* o le sue *condizioni di moto*.

La **forza di gravità** è la forza che ci consente di stare con i "piedi per terra", che provoca la caduta al suolo di corpi liberi da impedimenti.

Le grandezze massa e peso sono collegate mediante la relazione:

$$\boldsymbol{P} = \boldsymbol{m} \cdot \boldsymbol{g} \qquad [2]$$

dove $\boldsymbol{g}$ è l'**accelerazione di gravità**, che è diversa per ciascun corpo celeste e diminuisce man mano che aumenta la distanza dal centro del corpo celeste.

Sulla Terra a livello del mare e alla latitudine di 45° l'*accelerazione di gravità* è 9,81 m/s^2.

Sulla Luna il suo valore è circa 1/6 di quello della Terra; per questo motivo varia il peso dell' astronauta.

Poiché il peso è una **forza**, viene espresso in **newton** (**N**), ed è misurato con il **dinamometro**. Anche il peso, come la massa, è un *proprietà estensiva* della materia.

sulla Terra $P = 70{,}0\ kg \times 9{,}81\ m/s^2 = 687\ N$

sulla Luna $P' = 70{,}0\ kg \times 1{,}62\ m/s^2 = 113\ N$

Lo sai?

Il **dinamometro** è un strumento usato per misurare l'intensità di una forza.

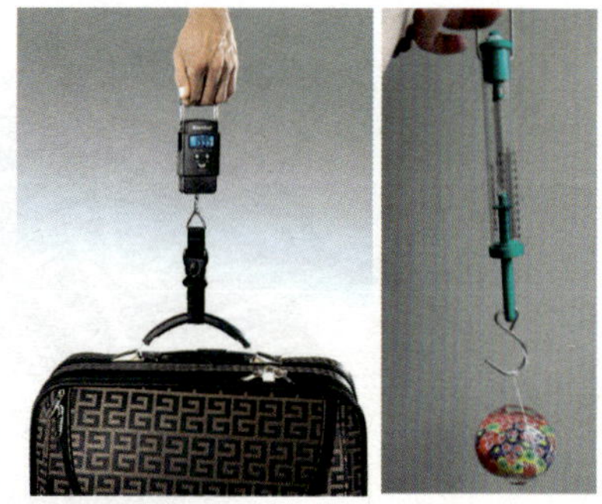

Il **peso** di un corpo sulla Terra è una misura della forza di gravità con cui la Terra attira verso di sé il corpo, e diminuisce man mano che aumenta la distanza del corpo dal centro della Terra.

peso

Perché i termini *"massa"* e *"peso"* vengono di norma utilizzati indifferentemente, anche se hanno significati tanto diversi?

Naturalmente, in un certo punto della superficie della Terra due corpi di massa uguale hanno anche lo stesso peso, in quanto il valore dell'accelerazione di gravità g è uguale per i due corpi. Per questo motivo il termine *peso* è spesso usato in sostituzione del termine *massa* e si dice che "pesiamo" un corpo, anche se in realtà ne misuriamo la massa.

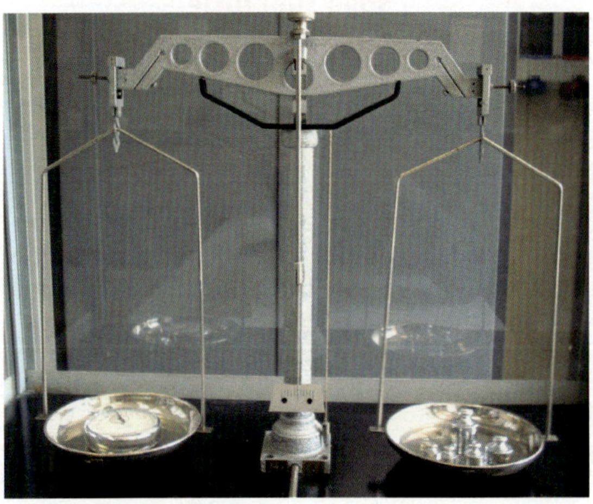

La **misura della massa** di un corpo viene fatta *per confronto*. Con la *bilancia a due bracci* il confronto è fatto utilizzando i cosiddetti "pesi" di cui si conosce la massa.

Con le *bilance a un piatto* su cui si appoggia il campione, la massa è determinata indirettamente, ma sempre per confronto.

La densità e il peso specifico

Una conseguenza di quanto è stato detto per la massa e il peso, è che il termine densità viene spesso scambiato con quello di **peso specifico** ($\boldsymbol{P_{sp}}$), che esprime il rapporto fra il peso $\boldsymbol{P}$ di un corpo e il volume che esso occupa ed è una **proprietà intensiva** della materia, come la densità:

$$P_{sp} = \frac{P}{V}$$

Ricorda!...

La **massa**, il **peso** e il **volume** di un corpo, e la **densità** e il **peso specifico** di un materiale sono **proprietà fisiche della materia**, in quanto, facendo una misura di queste grandezze non cambia la natura del corpo o del materiale.

1.5 La pressione

Perché i chiodi hanno un'estremità appuntita? Perché uno sciatore può percorrere un pendio senza affondare nella neve?

scheda lab
Effetti della pressione

Cose di questo genere si spiegano mediante una grandezza detta **pressione** (***p***). La pressione esercitata da un corpo sulla superficie di un secondo corpo è data dal rapporto:

pressione $p = \frac{F}{S}$ **forza esercitata sulla superficie** / **area della superficie**

La pressione esercitata dal chiodo è notevole, perché la forza è "concentrata" su una superficie molto piccola, quella toccata dalla punta del chiodo. La forza-peso dello sciatore viene distribuita su una superficie ampia degli sci, perciò la pressione che il suo corpo esercita sulla neve è minore di quella esercitata senza gli sci e ciò gli consente di non affondare nella neve.

La pressione è una **proprietà intensiva**, che ci informa su come viene concentrata una forza.

pressione

definizione: La **pressione *p*** è il rapporto tra la forza ***F*** applicata su una superficie ***S*** in direzione perpendicolare, e l'area della superficie:

formula:

$$p = \frac{F}{S} \quad [3]$$

Nel SI, l'unità di misura della pressione è il **pascal** (**Pa**), che equivale a N/m^2. Comunemente si utilizza l'atmosfera: **1 atm = 101 325 Pa = 1013,25 hPa**.

1.6 Gli stati di aggregazione della materia

Se osservi ciò che ti circonda puoi facilmente notare che i **corpi** hanno **aspetto fisico diverso**.

La caratteristica più evidente è che alcuni sono **solidi** (come il ghiaccio o una moneta), altri sono **liquidi** (come l'acqua o il latte), altri ancora sono **aeriformi** (come l'aria o il vapor d'acqua).
A questo diverso aspetto della materia si dà il nome di **stati di aggregazione**.

Da che cosa dipende il fatto che un corpo si presenti allo stato solido, liquido o aeriforme?
Tutti i corpi sono costituiti da **particelle** piccolissime, tenute insieme da *forze attrattive* più o meno intense. Talvolta, le particelle sono tanto vicine e vincolate tra loro da non potersi quasi muovere, altre volte sono meno vincolate e quindi più libere di muoversi, altre volte ancora non sono quasi vincolate tra loro e perciò hanno una grandissima libertà di movimento.
Nel primo caso il corpo si presenta allo **stato solido**; nel secondo si presenta allo stato **liquido**, nel terzo allo stato **aeriforme**, che si distingue in *gas* e *vapore*.
I liquidi e gli aeriformi sono detti **fluidi** in quanto possono muoversi.

Qualunque sia lo stato di aggregazione della materia, le particelle da cui essa è costituita hanno una proprietà comune, che si può intuire attraverso questi esperimenti.

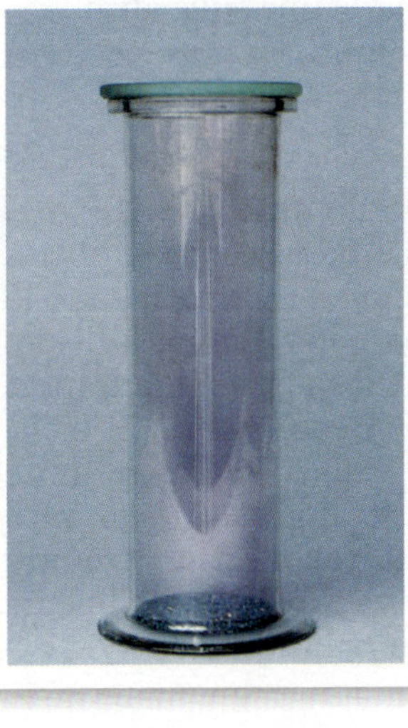

Qualche cristallo di iodio, che è un solido di colore grigio lucente, è stato messo sul fondo di un contenitore. Perché dopo un po' di tempo si osserva una leggera colorazione violacea in tutto il contenitore?

Un cristallo di solfato di rame, di colore blu, è stato messo nell'acqua. Perché dopo un po' di tempo l'acqua di tutto il contenitore diventa azzurra?

Questi fenomeni e altre semplici esperienze della vita quotidiana, come l'odore di un profumo che si espande nell'aria, consentono di intuire che la **materia** è costituita da particelle in movimento, che cioè hanno *un'energia di movimento*, detta **energia cinetica**.
Questo concetto permette di dare una spiegazione dell'esistenza e delle proprietà degli **stati di aggregazione della materia** (solido, liquido e aeriforme) ed è alla base della **teoria cinetico-corpuscolare della materia**.

stati di aggregazione

Solido, **liquido** e **aeriforme** sono tre **stati di aggregazione della materia**.
Gli stati di aggregazione dipendono dalla forza con cui le particelle che costituiscono il corpo "stanno insieme" e da come possono muoversi le une rispetto alle altre.

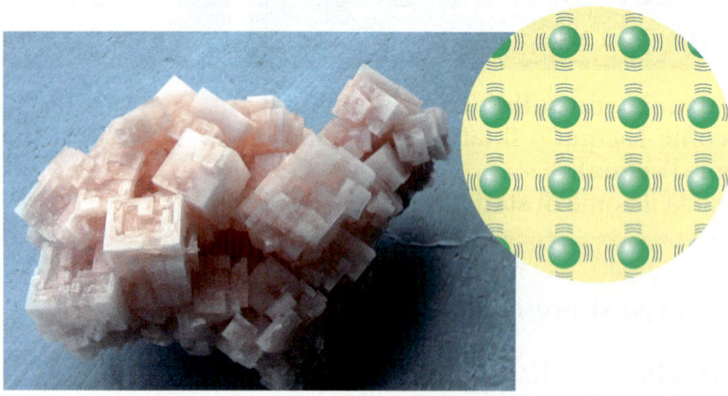

Nei corpi allo **stato solido** le forze attrattive tra le particelle sono tanto intense che i movimenti sono ridotti a vibrazioni intorno a posizioni fisse: si giustifica così il fatto che i solidi sono **incomprimibili** e hanno **un volume e una forma propri**.

Nei corpi allo **stato liquido** lo spazio libero fra le particelle è molto ridotto per l'esistenza di forze attrattive reciproche abbastanza intense. Si spiega in tal modo perché i liquidi sono praticamente **incomprimibili** e **mantengono** così **il loro volume**. Tuttavia essi *non hanno una forma propria*, perché le particelle possono scivolare le une sulle altre.

Nei corpi allo **stato aeriforme,** le particelle hanno grande libertà di movimento e occupano tutto lo spazio libero che hanno a disposizione, a causa di forze attrattive reciproche debolissime. Si trova così una giustificazione delle loro proprietà: gli aeriformi **non hanno una forma e un volume propri**, **si espandono** facilmente e sono **comprimibili**.

IN LABORATORIO

espansione
Sicurezza e apparecchiature in laboratorio

Densità o viscosità?

In questa esercitazione misurerai la densità di due liquidi e osserverai la differenza tra due proprietà: la densità e la viscosità. Noterai anche la differenza di viscosità tra quattro liquidi di uso comune. Infine, osserverai un effetto dovuto al riscaldamento dell'aria.

Lo sai?

La **densità** ($d = \frac{m}{V}$) di un liquido o di un solido o di un gas rappresenta la massa del volume unitario.

La **viscosità** di un liquido esprime la **resistenza che un liquido presenta quando viene attraversato da un corpo**: maggiore è la viscosità di un liquido, maggiore è la resistenza che esso oppone a un corpo che l'attraversa.

Esperimento 1

La densità dell'acqua e dell'olio di oliva

Materiali
- 100 mℓ di acqua distillata a circa 4 °C
- 120 mℓ di olio di oliva
- 2 cilindri da 100 mℓ
- becher da 400 mℓ
- termometro
- bilancia
- bacchetta di vetro
- 2 contagocce
- 2 imbuti

Procedimento

1 Pesa un cilindro da 100 mℓ e annota il valore della massa: .... g

2 Mediante un imbuto versa nel cilindro (dopo averlo tolto dalla bilancia) circa 90 mℓ di acqua distillata raffreddata a circa 4 °C e con il contagocce porta questo volume a un valore preciso compreso tra 90 e 100 mℓ, osservando la parte più bassa del **menisco** del liquido. Riporta questo valore al denominatore della frazione **[1]**.

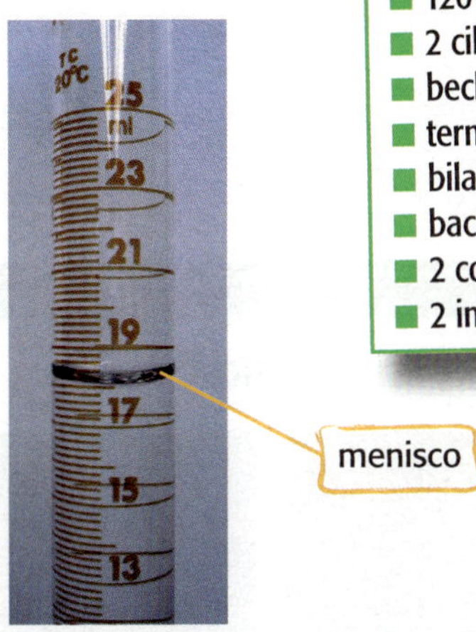

3 Pesa nuovamente il cilindro con l'acqua e annotane la massa: .... g

4 Calcola per differenza la massa dell'acqua e riporta questo dato al numeratore della frazione **[1]**.

5 Ripeti le operazioni precedenti, usando olio di oliva e cilindro, imbuto e contagocce asciutti; misura un volume di olio *perfettamente uguale* a quello dell'acqua.

6 Riporta i dati del volume e della massa dell'olio nella frazione **[2]**.

7 Calcola la densità dei due liquidi:

$$d_{acqua} = \frac{m\ (g)}{V\ (m\ell)} = \frac{\ldots\ldots}{\ldots\ldots} = \ldots\ldots\ g/m\ell \qquad [1]$$

$$d_{olio} = \frac{m\ (g)}{V\ (m\ell)} = \frac{\ldots\ldots}{\ldots\ldots} = \ldots\ldots\ g/m\ell \qquad [2]$$

8 Versa l'acqua e l'olio in un unico becher; agita bene la miscela con la bacchetta e poi osserva. Quale dei due liquidi si dispone sopra l'altro?

9 Aggiungi 10-20 mℓ di olio alla miscela, per assicurarti che l'olio abbia una massa decisamente superiore a quella dell'acqua. In quale posizione si trova l'olio?

Rispondi

- Quando due liquidi sono immiscibili, quello che si dispone sopra l'altro ha densità minore o maggiore?
- Ciò accade anche se la sua massa è maggiore?

Esperimento 2

La viscosità dell'acqua, dell'olio e di altri liquidi

Materiali

- 40 mℓ di olio d'oliva
- 40 mℓ di acqua distillata
- 40 mℓ di detersivo per stoviglie
- 40 mℓ di olio per motorini
- plastilina
- 4 tubi di vetro di 2 cm di diametro e 30 cm di altezza
- portaprovette

Procedimento

1. Disponi i 4 tubi in un portaprovette e versa in ordine, da sinistra a destra, volumi uguali di olio d'oliva, acqua distillata, detersivo per stoviglie, olio per motorini.
2. Prepara 4 palline di plastilina uguali e di diametro inferiore a quello dei tubi.
3. Insieme con tre compagni fai cadere contemporaneamente le 4 palline nei 4 tubi e osserva la velocità con cui esse raggiungono il fondo.

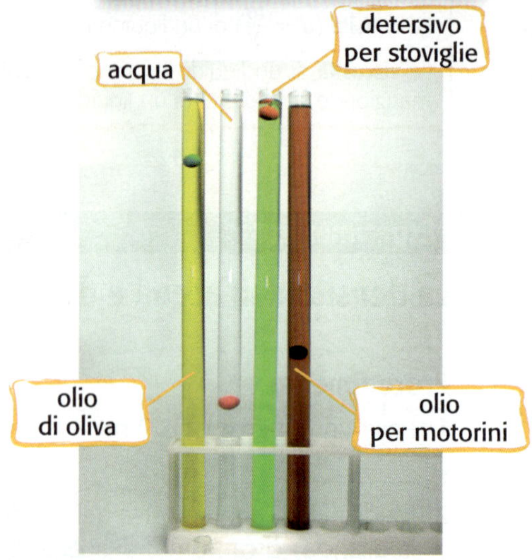

Rispondi

- Stabilisci una scala di viscosità dei 4 liquidi:

  viscosità .... < viscosità ....

  < viscosità .... < viscosità ....
- L'olio d'oliva è più denso dell'acqua?

Esperimento 3

Perché la bilancia "si sbilancia"?

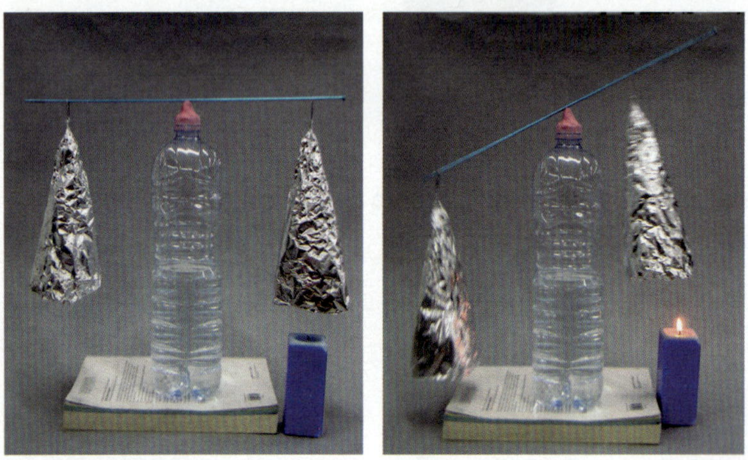

Materiali

- fogli di alluminio
- candela e fiammiferi
- bottiglia di plastica tappata con plastilina
- bacchetta (o ferro da lana)

Procedimento

1. Con due pezzi di foglio di alluminio costruisci due coni, avendo cura che abbiano approssimativamente le stesse dimensioni.
2. Appoggia la bacchetta sul tappo che chiude la bottiglia. Usando qualche fermaglio sospendi la punta dei coni alle estremità della bacchetta, individuando la posizione di equilibrio. In questo modo hai costruito una bilancia.
3. Disponi la candela accesa sotto l'apertura di uno dei due coni, a una distanza di circa 10 cm e osserva il fenomeno che si verifica.

Rispondi

- Quale tipo di energia la fiammella della candela ha trasmesso alla massa di aria sovrastante?
- Quale cambiamento ha subìto il volume di questa stessa massa di gas?
- Quale proprietà della stessa massa di aria ha subìto invece una diminuzione?
- Quale corpo ha spinto verso l'alto il cono e perché?

IN SINTESI

PER LA DIDATTICA INCLUSIVA

Alcune proprietà fisiche della materia

• Tutti gli oggetti che ci circondano, che chiamiamo **corpi**, sono fatti di **materia**, cioè hanno un **massa** (m) e un **volume** (V), cioè occupano uno spazio, anche se non li vediamo, come l'aria. Inoltre, uno stesso corpo può essere fatto con **materiali** diversi.

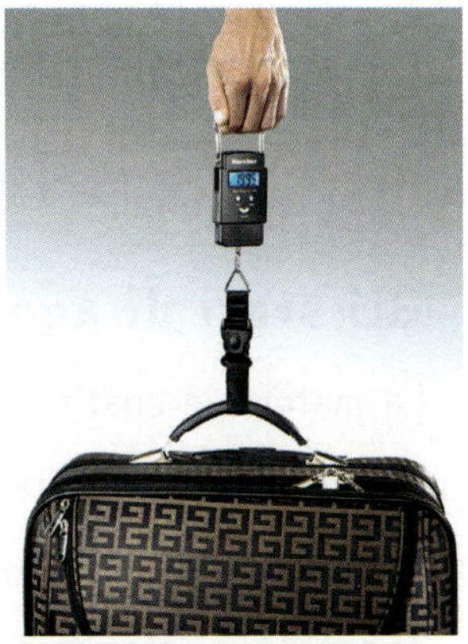

• Al contrario della massa, che non cambia, il **peso** (P) di un corpo varia, perché esprime la forza con cui la massa m del corpo viene attratta verso il centro del corpo celeste su cui si trova, nel nostro caso la Terra.
Il **peso** è uguale al prodotto della massa per l'**accelerazione di gravità** (g): $P = m \cdot g$.
La **massa** si esprime in **kilogrammi (kg)** o con i suoi sottomultipli, i **grammi** (g) e i **milligrammi (mg)**.
Il peso viene espresso in **newton (N)**, perché è una forza.

• Il **volume** (V) si misura in **metri cubi** (m^3), oppure in **decimetri cubi** (dm^3) e in **centimetri cubi** (cm^3). Spesso si usano il **litro** (ℓ) e il **millilitro** (mℓ): **1 ℓ = 1 dm³**, e quindi **1 mℓ = 1 cm³**.

• La **densità** (d) di un corpo rappresenta la **massa del volume unitario del corpo**, perciò è data dal rapporto tra la massa e il volume: $d = \frac{m}{V}$.

Per i solidi e i liquidi la densità è espressa in **g/cm³**; per i gas in **g/ℓ**.
In genere la **densità** di un corpo **diminuisce con l'aumentare della temperatura**, perché aumenta il volume del corpo.
Mescolando due liquidi con densità diversa e non miscibili l'uno nell'altro, **il liquido che ha densità minore si dispone sempre al di sopra quello che ha densità maggiore**. Perciò, se mescoli l'olio con l'acqua vedrai galleggiare l'olio sull'acqua, anche se il peso dell'olio è maggiore di quello dell'acqua.

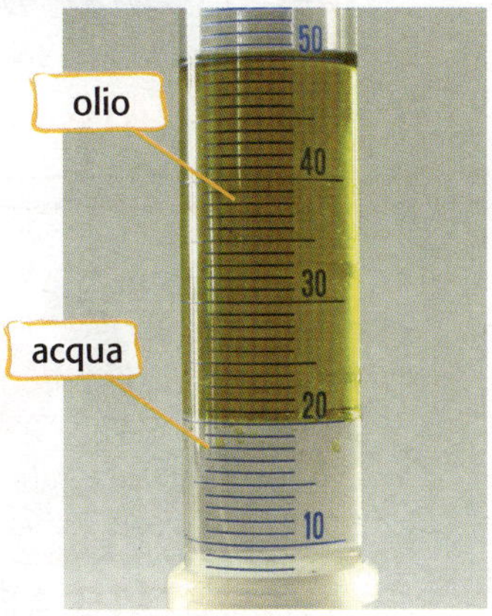

• Il **peso specifico** (P_{sp}), che esprime il **peso del volume unitario di un corpo**, è dato dal rapporto tra il suo peso e il suo volume:

$$P_{sp} = \frac{P}{V}.$$

• La **pressione** (p) è il rapporto tra la forza F applicata su una superficie S, in direzione perpendicolare, e l'area della superficie: $p = \frac{F}{S}$.

IN SINTESI

PROPRIETÀ FISICHE DELLA MATERIA

- **INTENSIVE** – non dipendono dalle dimensioni del corpo
  - densità
  - peso specifico
  - pressione
- **ESTENSIVE** – dipendono dalle dimensioni del corpo
  - massa
  - volume
  - peso

Gli stati di aggregazione della materia

La materia è costituita da **particelle in movimento**, che cioè hanno un'"energia di movimento", detta **energia cinetica**.

Esse sono tenute insieme da **forze attrattive**, debolissime nei **corpi aeriformi** (gas e **vapori**), abbastanza intense nei **liquidi**, molto intense nei **solidi**.

STATI DI AGGREGAZIONE DELLA MATERIA

ENERGIA CINETICA

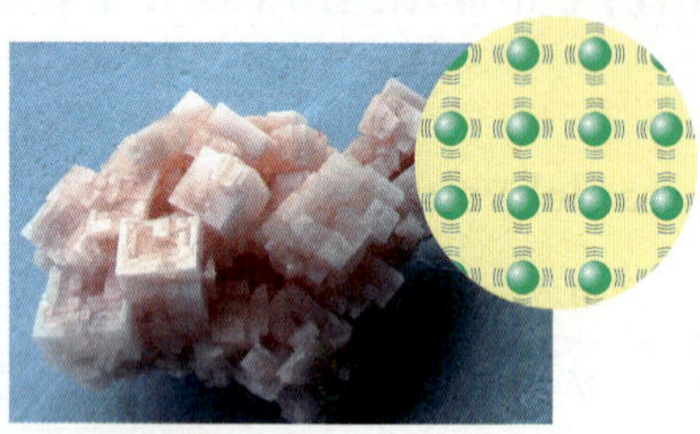

STATO SOLIDO

- è incomprimibile
- mantiene il proprio volume
- mantiene la propria forma

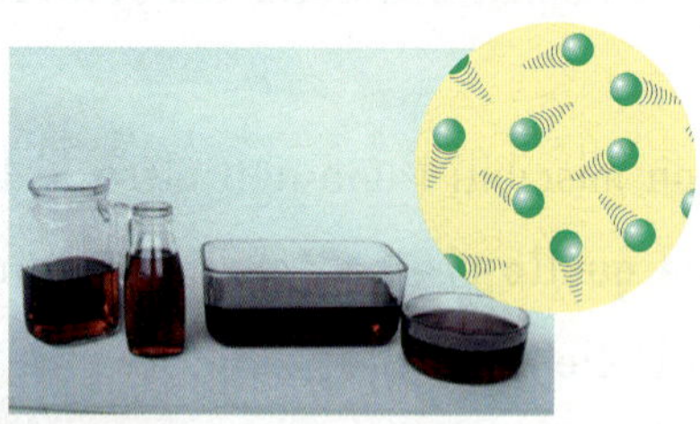

STATO LIQUIDO

- è praticamente incomprimibile
- mantiene il proprio volume
- non ha forma propria

STATO AERIFORME

- è comprimibile e si espande
- non ha volume proprio
- non ha forma propria

SCIENTIFIC ENGLISH

Solids, Liquids and Gases

The table summarizes the general features of solids, liquids and gases.

Property of matter	Gas	Liquid	Solid
energy and movement of particles	particles have high energy and are constantly moving	particles have less energy than in the gas phase	low energy, particles vibrate around a fixed point
spaces between particles	large spaces because of high energy	smaller spaces than in gases	very little space between particles particles are tightly packed together
attractive forces between particles	weak forces because of the large distance between particles	stronger forces than in gas liquids can be poured	very strong forces solids have a fixed volume

Let's look at an example that involves the three phases of water.

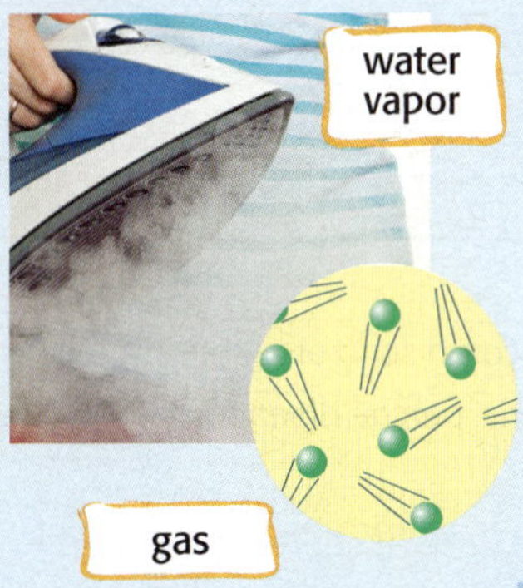

- **Gas** particles have lots of energy and are far away from each other. That is why it is difficult to keep a gas in a specific area! The attractive forces between the particles are very weak and they are only loosely held together.
- In a **liquid** particles are able to overcome the intermolecular forces that are holding them together, and the particles move further apart.
- In a **solid** particles have very little energy and can't move away from each other. The particles are held close together in a regular pattern called a lattice.

Key Words

Gas is a substance that gets the volume and the shape of the container.

Liquid is a substance that keeps its volume but gets the shape of the container.

Solid is a substance that keeps its volume and its shape.

Multiple Choice

1 In which state of matter is a substance that keeps its volume but not its shape?

A Solid C Vapour
B Liquid D Gas

2 If the temperature increases, the density of a substance usually:

A increases C remains the same
B decreases D tends equal to zero

Questions

3 Is the density of a gas lower or higher than a liquid?

4 Is the density of the ice higher or lower than the liquid water?

STRUMENTI PER COSTRUIRE LE COMPETENZE

ALTRI TEST

Studiando la teoria...

Completa le frasi

1 La materia è tutto ciò che ha una .... e ....

2 I corpi sono porzioni di ....

3 La massa di un corpo rappresenta la quantità di .... da cui esso ....

4 Il volume di un corpo è .... che il corpo ....

5 Il volume e la massa di un corpo sono proprietà .... della materia, perché dipendono dalle sue ....

6 Nel Sistema Internazionale, l'unità di misura della massa è il ....; si utilizzano anche i suoi sottomultipli, come i .... e i ....

7 Nel Sistema Internazionale, l'unità di misura del volume è ....; comunemente si adopera .... e la millesima parte del litro, che è ....

8 1 ℓ equivale a .... e quindi 1 mℓ equivale a ....

9 La densità di un corpo rappresenta la massa del volume .... del corpo.

10 La densità di un corpo si trova facendo il rapporto tra .... del corpo e ....

11 La densità diminuisce con .... della temperatura, perché .... il volume del corpo.

12 Se due liquidi sono immiscibili, dopo averli mescolati formano .... strati; quello che ha minore densità si dispone al di .... dell'altro, qualunque sia la sua ....

13 Il peso di un corpo sulla Terra rappresenta .... con cui il corpo è attratto ....

14 Il peso di un corpo è uguale al prodotto tra .... e ....

15 La densità e il peso specifico sono proprietà .... , perché .... dipendono dalla quantità di materia .... dalle dimensioni del corpo.

16 La pressione esercitata da un corpo esprime la .... che il corpo esercita sull'............ di .... , in direzione .... alla ....

17 La materia è costituita da particelle in movimento, che hanno perciò un'energia ....

18 Lo stato di aggregazione di un corpo dipende dalle forze .... tra le sue particelle, che sono .... , se il corpo è un aeriforme.

19 I corpi allo stato solido hanno forma e volume che ....; i liquidi hanno volume che ...., mentre la forma ....; gli aeriformi .... forma nè volume ....

Test vero-falso

1 La massa di un corpo, espressa in kg, è numericamente uguale al suo peso espresso in N. V F

2 Il milligrammo è la millesima parte del kilogrammo. V F

3 1 mℓ corrisponde a 1 dm^3. V F

4 La massa e il volume di un corpo sono proprietà che dipendono dalle dimensioni del corpo. V F

5 La densità di un materiale varia al variare della dimensione del campione che viene esaminato, perciò è una grandezza estensiva. V F

6 In un ambiente chiuso, come un cinema, se la ventilazione è scarsa, l'aria calda tende a raccogliersi in alto perché è più densa. V F

7 Il mercurio ha densità 13 g/mℓ, quindi 1 mℓ di mercurio pesa 13 g. V F

8 L'anidride carbonica (diossido di carbonio) è un gas con densità maggiore di quella dell'aria (1,84 g/ℓ), perciò in un ambiente chiuso e non ventilato tende a spostarsi verso il basso. V F

9 Il rame ha la densità 8,93 g/cm^3. Un campione di questo rame occupa un volume di 6,8 cm^3. La massa del campione è $6{,}1 \cdot 10^{-2}$ kg. V F

10 La pressione è espressa dal rapporto *S*/*P*. V F

Test a risposta multipla

Scegli la risposta o il completamento corretti

1 La massa:
- A è una grandezza intensiva
- B dipende dalla forma del corpo
- C è maggiore in 1 kg di ghiaccio rispetto a 1 kg di acqua
- D è una costante del corpo

2 La massa e il volume di un corpo:
- A variano al variare della posizione del corpo
- B variano al variare della forma del corpo
- C sono misurati in kilogrammi e metri cubi secondo il SI
- D dipendono ambedue dallo stato di aggregazione del corpo

3 Il peso di un corpo:
- A ha lo stesso valore numerico della massa del corpo
- B è una costante del corpo
- C esprime una forza
- D indica la quantità di materia del corpo

4 Un blocchetto di un metallo X ha la massa di 0,540 kg e il volume di 200 cm^3. La densità di X è:
- A 0,370 cm^3/g
- B 270 g/ cm^3
- C 2,70 g/ cm^3
- D 2,70 kg/ cm^3

5 La densità di un liquido è 1,2 g/mℓ alla temperatura di 15 °C. Riscaldato a 60 °C:
- A aumenta la sua massa
- B aumenta il suo volume
- C aumenta la sua densità
- D aumenta il suo peso specifico

6 L'unità di misura più utilizzata per esprimere la densità di un gas è:
- A g/cm^3
- B g/ℓ
- C kg/ℓ
- D kg/cm^3

7 In quale campione le particelle costituenti hanno maggiore libertà di movimento?
- A Ossigeno
- B Sale da cucina
- C Acqua
- D Zucchero

8 Quale grandezza non è estensiva?
- A Massa
- B Peso
- C Volume
- D Pressione

9 I corpi liquidi:
- A hanno volume proprio, come i corpi solidi
- B hanno forma propria, come i corpi solidi
- C sono facilmente comprimibili, come i corpi aeriformi
- D sono costituiti da particelle debolmente legate tra loro

10 2 kg di ossigeno vengono introdotti in una bombola da 10 ℓ. Il volume occupato dall'ossigeno è:
- A 10 dm^3
- B 20 dm^3
- C 12 dm^3
- D 2 dm^3

Applica le tue conoscenze

1.1 La massa e il volume: due proprietà fondamentali

1 Spiega con un esempio il diverso significato dei termini "corpo" e "materiale".

2 Completa la frase: "Un libro è un corpo, cioè una .... di materia. Il .... di cui è fatto è la carta. La quantità di carta da cui è fatto costituisce .... e lo spazio che occupa rappresenta ....

1.2 La massa e il volume: due proprietà fisiche estensive

3 A quanti kilogrammi, espressi in forma esponenziale, corrispondono 10 mg di un materiale? **[$1 \cdot 10^{-5}$ kg]**

4 A quanti millilitri, espressi in forma esponenziale, corrispondono 2,45 ℓ? **[$2{,}45 \cdot 10^{3}$ mℓ]**

5 Quale valore indica la massa più piccola?
a) $1{,}4 \cdot 10^{2}$ g
b) $1{,}4 \cdot 10^{-2}$ g
c) $1{,}4 \cdot 10^{-3}$ g
d) $1{,}4 \cdot 10^{3}$ g

1.3 La densità: una proprietà fisica intensiva

6 I liquori sono una soluzione di acqua e alcol, contenente anche altri soluti. Perché nella loro preparazione l'alcol etilico, che ha densità (d = 0,79 g/mℓ) minore di quella dell'acqua (d = 0,998 g/mℓ), non si dispone sopra l'acqua?

7 4,2 kg di petrolio (d = 0,84 g/cm^3) sono stati pesati in un contenitore. Qual è il volume del contenitore, espresso in litri? **[5,0 ℓ]**

8 È più conveniente una lattina di 5 ℓ di olio (d = 0,9 g/mℓ) oppure una lattina di 5 kg del medesimo olio allo stesso prezzo?
- La grandezza che collega il volume e la massa di un qualsiasi materiale, e quindi dell'olio, è la densità ($d = m/V$). Poiché d = 0,9 g/mℓ, 1 mℓ di olio ha massa 0,9 g e 1 ℓ di olio ha massa 0,9 kg.
- Dunque puoi ricavare la massa di 5 ℓ di olio dalla proporzione:
  1 ℓ (olio) : 0,9 kg (olio) = ... : ....
  5 ℓ di olio pesano ....; perciò conviene comprare la lattina da ....

9 Un campione di 990 g di olio per motorini occupa un volume di 1000 mℓ. 2 ℓ di quest'olio hanno un costo maggiore o minore di 2 kg?

10 La densità dell'aria, a temperatura e pressione ambiente (15 ÷ 18 °C e 1 atm) è 1,293 g/ℓ. Qual è il suo valore, espresso in g/mℓ? E in kg/ℓ? Riporta i valori anche in forma esponenziale. **[0,001293 g/mℓ; $1{,}293 \cdot 10^{-3}$ g/mℓ; 0,001293 kg/ℓ; $1{,}293 \cdot 10^{-3}$ kg/ℓ]**

11 Una stanza ha le seguenti dimensioni: 3,00 m × 4,00 m × 5,00 m. L'aria in questa stanza ha densità 1,29 g/ℓ. Qual è la sua massa? **[$7{,}74 \cdot 10^{4}$ g = 77,4 kg]**

1.4 Massa e peso: due grandezze diverse

12 Calcola il peso, espresso in newton , di un sasso di massa 0,3 kg. **[2,9 N]**

13 Il tuo peso è maggiore al mare o in montagna? Giustifica la risposta.

14 Un corpo di massa $1 \cdot 10^{2}$ g è sottoposto a un'accelerazione di gravità di 6,4 m/s^2. Qual è il suo peso, espresso in newton?
- 1 N = 1 kg · m/s^2, quindi è necessario trasformare i grammi in kilogrammi:
  $1 \cdot 10^{2}$ g = 100 g = ...
- Il peso P si ricava inserendo nella relazione **[2]** i valori noti:
  $P = m \cdot g$ = ... · 6,4 m/s^2 = 0,64 kg · m/s^2 =
  = ...

15 A quanti newton corrisponde il peso di un corpo di massa $7{,}0 \cdot 10^{3}$ g, sottoposto a un'accelerazione di gravità di 3,8 m/s^2? **[27 N]**

1.5 La pressione

16 Qual è la pressione, espressa in Pa, esercitata da un corpo che pesa 700 N su una superficie di 4 m^2? **[175 Pa]**

17 A quante atmosfere e a quanti ettopascal corrisponde la pressione di 200 900 Pa?
- 1 atm corrisponde a ...., perciò il valore richiesto si calcola con una semplice proporzione:
  1 atm : .... = x atm : 200 900 Pa
  $$x \text{ atm} = \frac{1 \text{ atm} \times 200\,900 \text{ Pa}}{\ldots\ldots\ldots\ldots} = \ldots\ldots\ldots$$
- 1 hPa è .... volte maggiore di 1 Pa, perciò 200 900 Pa corrispondono a .... hPa

18 Un corpo esercita una pressione di 100 200 Pa. Quale valore assume la pressione, espressa in atm e in hPa? **[0,99 atm; 1002,00 hPa]**

1.6 Gli stati di aggregazione della materia

19 Perché i corpi solidi hanno una forma e un volume propri?

20 Perché il profumo di una torta durante la cottura si avverte anche a distanza?

OBIETTIVO COMPETENZA

1 Perché i grossi blocchi di ghiaccio che si trovano negli oceani (*iceberg*) galleggiano sull'acqua?

2 Nel linguaggio comune si dice che l'alluminio è un metallo "leggero" e che il ferro è un metallo "pesante". Perché non sono corretti i termini "leggero" e "pesante"? Quali sono, invece, i termini corretti?

3 Quale dei due metalli (piombo e rame) ha densità maggiore? Qual è il suo valore, espresso in g/cm^3?

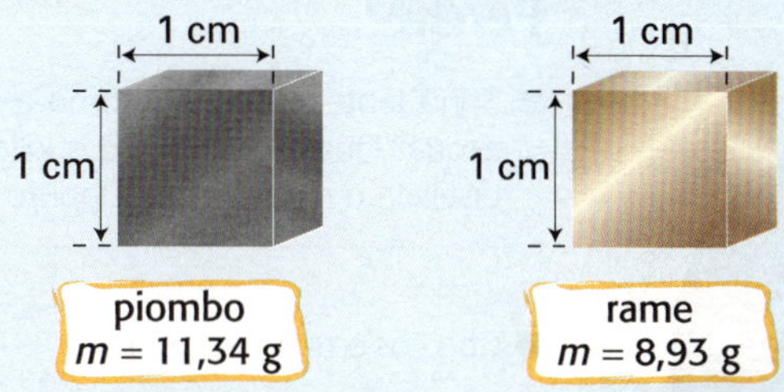

[11,34 g/cm^3]

4 Quali cambiamenti all'esperimento riportato nell'esempio 4 proporresti di fare per osservare il "filo di acqua colorata" che scende verso il basso, invece di salire verso l'alto?

5 Una lattina contiene 5,00 ℓ di olio ($d = 0{,}990$ g/mℓ). Dopo averne travasati 2,00 ℓ in un altro contenitore, quanti litri e quanti grammi di olio sono rimasti nella lattina? [3,00 ℓ; 2,97 kg]

6 Un corpo ha una massa di 30 g e un peso di 0,20 N. A quale accelerazione è sottoposto? [6,7 m/s^2]

7 In una grotta detta "grotta del cane" si sviluppa diossido di carbonio, una sostanza che **non è velenosa**, tuttavia, se presente nell'aria in quantità notevoli, può produrre anche soffocamento, perché l'aria respirata risulta povera di ossigeno.

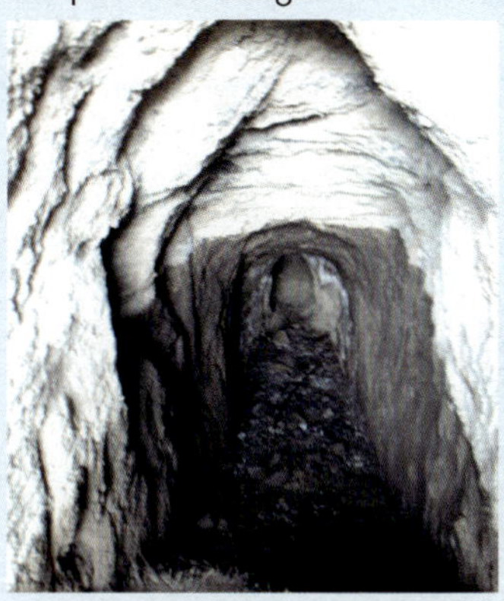

Perché se nella grotta entra un cane dopo un po' rivela sintomi di soffocamento, mentre ciò non accade se entra un uomo?

8 Nel disegno è stato commesso un errore. Scoprilo.

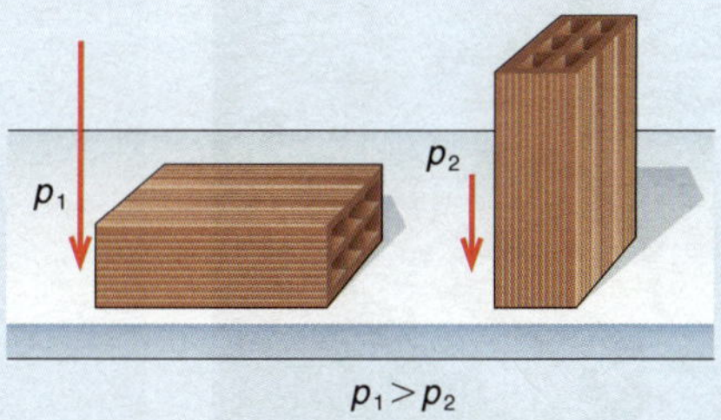

9 Un ragazzo che ha massa 72 kg cammina sulla neve e la superficie toccata dalle due scarpe misura 0,016 m^2. Qual è la pressione esercitata dal ragazzo sulla neve? [44 145 Pa]

10 Una bombola da 40 ℓ contiene 2 g di gas. Dopo aver prelevato 15 ℓ, qual è il volume del gas residuo? Giustifica la risposta.

11 Tra le proprietà della materia esaminate in questa Unità, quali variano con l'aumentare della temperatura?

UNITÀ 2

I miscugli e i metodi per separarli

Perché?...

- Sono tante le acque intorno a noi, ma qual è la vera acqua? Quella del mare o quella di un torrente? Quella distillata o di rubinetto? Oppure quella minerale?
- Che cos'è una soluzione?
- Come si può ottenere un cristallo blu?

2.1 I miscugli

animazione
I miscugli

La materia si presenta in forme diverse: la più comune è rappresentata dai **miscugli**.

Molti **materiali** già a occhio nudo appaiono **eterogenei**, a causa della presenza di componenti diversi: nella **sabbia** e nel **granito** è facile distinguere granelli di minerali diversi (quarzo, mica, ortoclasio ecc.). Questi materiali sono **miscugli eterogenei**.

L'**olio** mescolato con l'**acqua** forma un miscuglio eterogeneo, detto **emulsione**, che presto si separa nei due componenti.

Altri **materiali** appaiono **omogenei**. È il caso di sistemi come l'**aria**, i cui componenti (azoto, ossigeno, vapor d'acqua ecc.) non sono distinguibili, o come l'**acqua di rubinetto**, in cui sono presenti sostanze responsabili del suo sapore, o come un oggetto d'**oro**, che non contiene soltanto oro metallico ma anche rame o argento che lo rendono più facilmente lavorabile.

I miscugli formati da parti con caratteristiche diverse sono i **miscugli eterogenei**, mentre i miscugli che presentano proprietà uguali in ogni parte sono i **miscugli omogenei**, comunemente detti **soluzioni**.

miscuglio

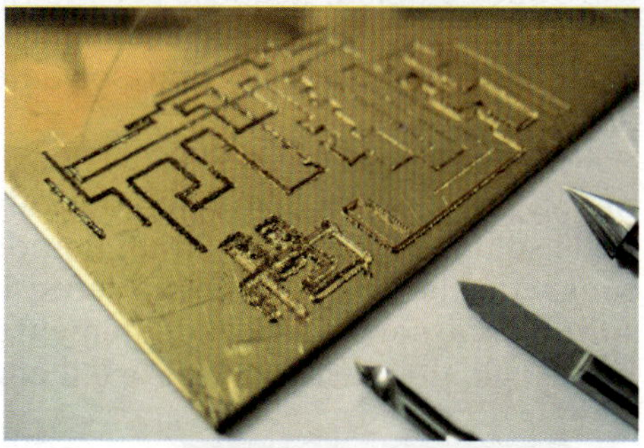

Le **soluzioni solide** contenenti almeno un metallo sono dette **leghe**. Due leghe ben note sono il **bronzo** (costituito da **rame** e **stagno**) e l'**ottone** (costituito da **rame** e **zinco**).

Le **soluzioni** possono essere **liquide** (acqua di rubinetto), **gassose** (aria), e **solide** (oro per oreficeria).

soluzione

Poiché una **fase** è l'insieme delle parti di un sistema che hanno le medesime proprietà, si può affermare che aria, acqua di rubinetto e oro per oreficeria, come tutte le soluzioni, sono **sistemi monofasici**, costituiti cioè da 1 fase; l'emulsione di olio e acqua è costituita da 2 fasi (tutte le goccioline di olio e tutte quelle di acqua); il granito e la sabbia sono invece **sistemi polifasici**, costituiti cioè da molte fasi rappresentate da ciascuno dei minerali presenti. Tutti i granelli di quarzo costituiscono una fase, così come tutti i granelli di mica, quelli di ortoclasio ecc.; si tratta in definiva di due o più fasi diverse, distinguibili, disperse l'una nell'altra.

Ricorda!...

Una **fase** è l'insieme delle parti di un sistema che hanno le medesime proprietà.

Tutti i miscugli, sia omogenei sia eterogenei, hanno **proprietà** che derivano dai componenti in essi presenti e che **variano a seconda delle proporzioni in cui i componenti sono presenti**. Un pane fatto con farina integrale ha un sapore diverso da un pane ottenuto con farina bianca e da un pane di farina mista. Un'acqua minerale è tanto più frizzante quanto maggiore è la quantità di anidride carbonica (diossido di carbonio) che vi è disciolta.

Lo sai?

Un **sistema** è qualunque porzione di materia oggetto di studio.

2.2 Le soluzioni

Fra le **soluzioni liquide**, quelle **acquose** rivestono maggiore interesse, sia perché sono le più diffuse nel nostro ambiente naturale sia per la frequente necessità di prepararle per vari scopi. Generalmente presentano un sapore, un odore o un colore caratteristico e conservano in ogni caso la **limpidezza**, proprietà caratteristica di qualsiasi soluzione liquida.

Ricorda!...

La **limpidezza**, cioè la trasparenza, è una proprietà caratteristica di qualsiasi soluzione liquida e quindi è un *requisito indispensabile* per poter affermare che un miscuglio è una soluzione.

Sono **soluzioni acquose** la maggior parte delle *bevande* (vino, liquori ecc.); molti *prodotti per la pulizia* e *la disinfezione* (candeggina, lisoformio ecc.) o *per uso terapeutico* (farmaci iniettabili, soluzioni fisiologiche, collutori ecc.); l'*acqua di mare, di fiume, di lago* e l'*acqua piovana*, purché prive di particelle in sospensione, oltre all'*acqua di rubinetto* e le *acque minerali*.
Oltre alle soluzioni acquose ci sono tipi diversi di **soluzioni liquide non acquose**, come la *benzina* e il *cherosene*, che sono carburanti ben noti, l'essenza di *trementina*, ottimo solvente di vernici e pitture, detta comunemente "acqua ragia".

In una soluzione si distinguono il **solvente** e il **soluto** (o più soluti).
Nelle soluzioni costituite di un liquido (acqua o altro) e solidi o gas, per consuetudine si definisce **solvente** il **liquido** e **soluto** il componente **solido** o **gassoso**, indipendentemente dalla loro quantità.
In tutti gli altri casi il **solvente** è il **componente più abbondante**.

In una soluzione contenente 100 g di acqua e 2 g di zucchero e in una costituita da 100 g di acqua e 150 g di zucchero, il **solvente** è comunque l'*acqua* e il **soluto** è lo *zucchero*.

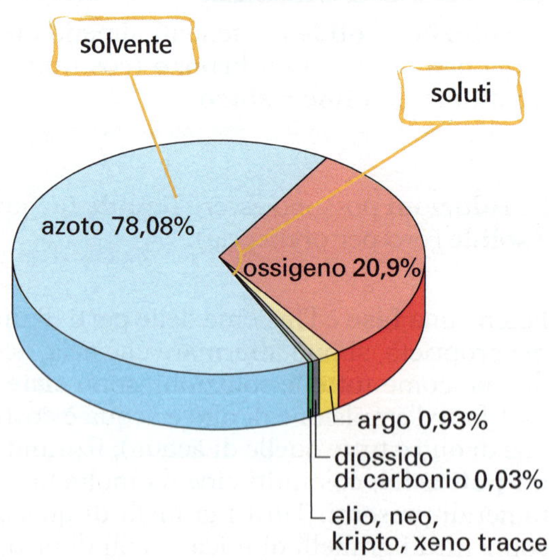

Nel caso dell'aria secca, l'*azoto* è il **solvente**, in quanto è il componente più abbondante, infatti, in 100 ℓ di aria ci sono circa 78 ℓ di azoto (come indica il simbolo 78,08%), mentre tutti gli *altri gas* sono i **soluti**.

scheda lab
Miscuglio o soluzione?

2.3 Le dispersioni colloidali

Il latte è un miscuglio omogeneo, cioè una soluzione?
No, perché, il latte è costituito da due fasi: una è la fase acquosa, più abbondante ed è detta **fase disperdente**, l'insieme degli altri componenti (grassi, zuccheri, proteine ecc.) è la seconda fase, detta **fase dispersa** o **colloide**. Essa non è percepibile a occhio nudo, ma solo con un microscopio elettronico.

Miscugli di questo tipo sono detti **dispersioni colloidali**, meno propriamente *soluzioni colloidali* (o *sospensioni colloidali*).

Oltre al latte, esempi comuni di dispersioni sono la panna, il burro, la maionese, l'albume d'uovo, il fumo, la colla, le nebbie, la gelatina, il sangue.

esempi	fase dispersa	fase disperdente
nebbia	liquido	gas
fumo	solido	gas
panna montata	gas	liquido
emulsione acqua-olio	liquido	liquido
meringa	gas	solido
pasta dentifricia	solido	liquido

In una dispersione colloidale la fase disperdente e la fase dispersa possono avere lo stesso stato di aggregazione oppure diverso.

La differenza tra le sospensioni colloidali e le soluzioni vere e proprie è dovuta alle **dimensioni delle particelle** della fase dispersa, approssimativamente comprese tra 10^{-1} nm (cioè 10^{-8} cm) e 10^{2} nm (cioè 10^{-5} cm), che sono **maggiori** di quelle del soluto presente in una comune soluzione. Perciò un sistema colloidale spesso appare torbido, mentre in una soluzione le particelle di soluto non sono distinguibili da quelle del solvente ed essa è limpida.
Le dispersioni colloidali presentano un fenomeno caratteristico, ricordato come **effetto Tyndall**.

espansione
L'effetto Tyndall e il moto browniano

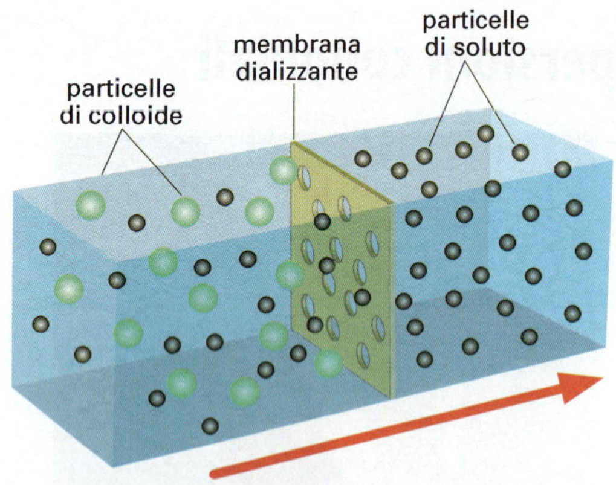

La differente dimensione delle particelle permette di **separare un colloide da un soluto** di una soluzione, mediante una tecnica detta **dialisi,** che utilizza una **membrana dializzante**, i cui pori hanno dimensioni tali da permettere soltanto il passaggio del soluto.

Con un semplice esperimento è possibile separare l'idrossido di sodio da una miscela costituita da un po' di latte e una soluzione di acqua contenente idrossido di sodio, come soluto.

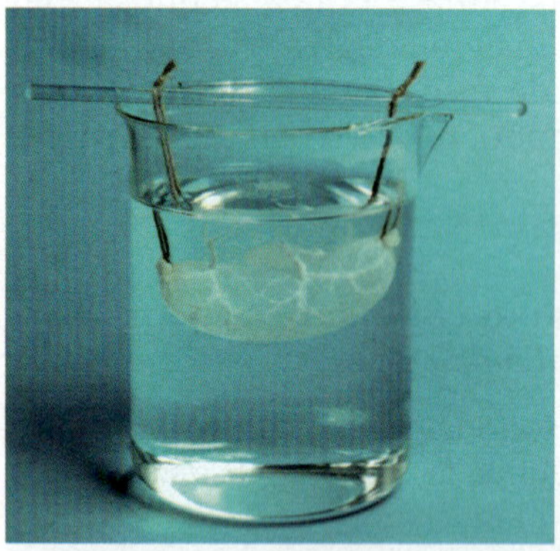

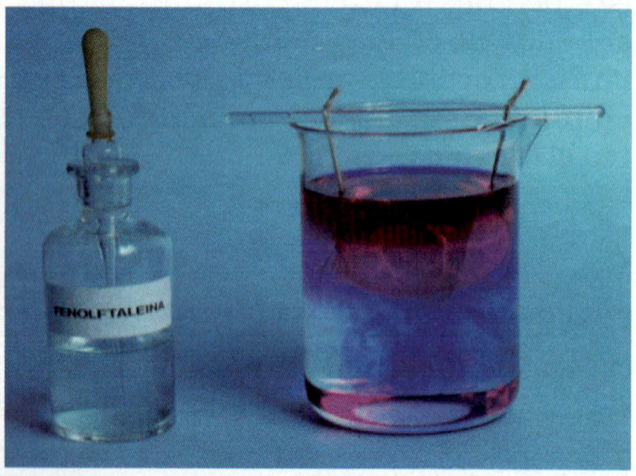

Un sacchetto costruito con un pezzetto di intestino di maiale (lo stesso con cui si fanno le salsicce) viene riempito con una miscela di *latte* e *idrossido di sodio* e poi bloccato mediante una bacchettina, appoggiata sul bordo del becher. Successivamente il sacchetto viene ricoperto con una soluzione di *acqua distillata* e *fenolftaleina*, una sostanza detta "indicatore", che è incolore in acqua distillata e diventa viola in presenza di idrossido di sodio.
Dopo un certo tempo la soluzione, inizialmente incolore, assume un colore violaceo e resta limpida. Dunque l'intestino di maiale ha funzionato da *membrana dializzante*, che ha permesso soltanto il passaggio del soluto (idrossido di sodio) e non della fase dispersa (grassi, zuccheri, proteine ecc.) presente nel latte.

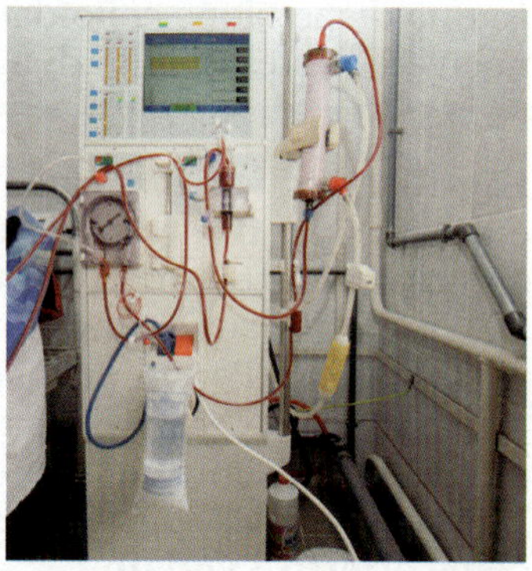

L'**emodialisi** è una terapia fisica a cui ricorrono gli individui sofferenti di alcune malattie renali. È un processo in cui, in una prima fase, il sangue viene purificato dalle sostanze metaboliche di rifiuto mediante la tecnica della dialisi.

2.4 La separazione di un miscuglio è un procedimento comune

Molti prodotti, fra i più noti, si ottengono isolandoli da miscugli omogenei o eterogenei, che si trovano in natura o che sono stati ottenuti dall'uomo.

Così, per esempio, si ricava il **sale da cucina** dalle acque del mare, il **mosto** dall'uva, l'ossigeno dall'aria, la benzina dal petrolio e così via. Insomma, la separazione di un miscuglio nei suoi componenti è un procedimento molto frequente nel lavoro del chimico; tuttavia si tratta di un'operazione abbastanza familiare anche in ambiti non strettamente chimici.

Generalmente per la separazione di un miscuglio si ricorre a **trasformazioni fisiche**, che permettono di ottenerne i vari componenti. Alla fine del processo di separazione si ottengono prodotti costituiti da un solo tipo di materiale, che hanno proprietà ben definite e caratteristiche e prendono il nome di **sostanze pure** o semplicemente **sostanze**.

La filtrazione

animazione
La filtrazione

Una tecnica per separare un miscuglio è la **filtrazione**.

Si tratta di un procedimento molto semplice e comune, tanto che viene eseguito utilizzando un semplice colino, per esempio per preparare un tè dopo aver ottenuto l'infuso di acqua e foglie, per scolare la pasta o per separare le scorze dei limoni nella preparazione del limoncello.

La filtrazione permette la separazione di una fase liquida da una fase solida o gassosa insolubile nel liquido, utilizzando un materiale poroso (*filtro*), che trattiene le particelle solide (*residuo*) e si fa invece attraversare dal liquido (*filtrato*) o dal gas.

Nel trattamento delle acque per la potabilizzazione, i filtri sono realizzati con griglie dotate di fori di dimensioni adeguate al diametro delle particelle che devono essere trattenute, oppure con sabbia e ghiaia. Il cloro viene aggiunto per distruggere i microrganismi patogeni.

In laboratorio si usano comunemente un **imbuto**, un **filtro di carta**, un **becher** in cui viene raccolto il filtrato e una **bacchettina** che serve da guida per far scorrere il liquido.

La distillazione

animazione
La distillazione

La **distillazione** è un ottimo metodo per purificare le sostanze liquide e può essere applicata a miscugli eterogenei o a soluzioni; avviene in due fasi: *evaporazione per ebollizione del liquido* e *condensazione dei vapori ottenuti*. Se nella miscela sono presenti più liquidi, si ricorre alla *distillazione frazionata*.

Lo sai?

L'**evaporazione** è il passaggio dallo stato liquido allo stato aeriforme, mentre la **condensazione** è il passaggio inverso.

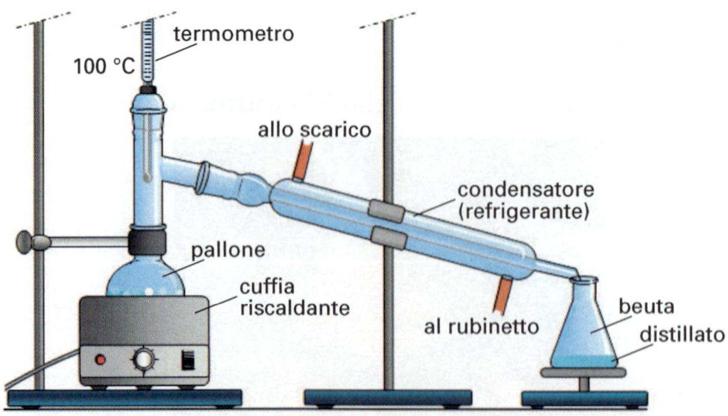

Se si riscalda una soluzione acquosa di un solido, l'acqua raggiunge la *temperatura di ebollizione* (100 °C) e i suoi vapori condensano prima sul termometro, che è più freddo, e poi nel *condensatore* (raffreddato mediante un flusso di acqua continuo). Il liquido che gocciola nella beuta è una sostanza pura: *acqua distillata*, mentre il solido, che a 100 °C rimane tale, resta nel pallone. Questo processo rappresenta una **distillazione semplice**.

espansione
Distillazione frazionata

La cromatografia

La **cromatografia** è un mezzo di analisi molto diffuso, che permette l'individuazione di sostanze presenti in un campione anche in quantità ridottissime e in qualsiasi stato di aggregazione. Nella **cromatografia per adsorbimento** si realizza la separazione dei componenti di una miscela, utilizzando la loro diversa velocità di spostamento su un mezzo poroso inerte (**fase stazionaria**) sotto l'azione di un solvente (**fase mobile**), detto **eluente**.

scheda lab
Cromotografia di inchiostri colorati

La miscela di tre inchiostri colorati è stata versata su una colonnina di gel di silice (*fase stazionaria*), contenuta in un tubo di vetro fornito di un rubinetto. La miscela è stata separata versando dall'alto un solvente (*fase mobile*) scelto opportunamente, che ha sciolto in misura maggiore l'inchiostro giallo, che infatti si trova più in basso, in misura minore l'inchiostro rosso e ancora minore l'inchiostro blu.

La cristallizzazione per evaporazione

La **cristallizzazione** è una tecnica complessa utilizzata per ottenere sostanze solide pure. Tuttavia è possibile ottenere cristalli di una sostanza con una semplice evaporazione.

scheda lab
Crescita di un cristallo

Per ottenere cristalli di solfato di rame puro aggiungi in un becher, mescolando, il solfato di rame all'acqua distillata, fino a quando non se ne scioglie più. In questo modo hai ottenuto uno soluzione "satura". Allontana con una filtrazione l'eccesso di solfato di rame, rimasto sul fondo, e immergi 2-3 cm di un filo di lana sostenuto da uno spiedino di legno.

Lasciando in un luogo tranquillo la soluzione, senza muoverla o agitarla, dopo una settimana o più potrai ammirare i cristalli di solfato di rame che si sono formati sul filo di lana in seguito all'evaporazione dell'acqua.

L'estrazione

L'**estrazione** è una tecnica di separazione utilizzata, tra l'altro, per separare essenze odorose da prodotti naturali.

animazione
L'estrazione

espansione
Estrazione

scheda lab
Estrazione di essenze oleose dalle bucce di un agrume

espansione
Centrifugazione

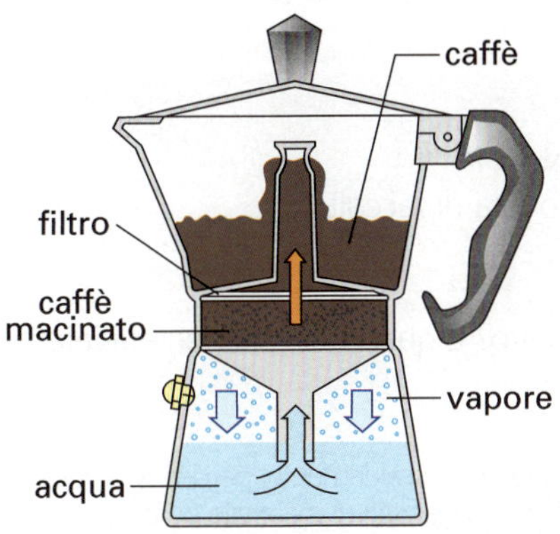

Quando l'acqua bollente viene a contatto con la polvere del caffè, estrae da essa le sostanze che danno gusto, colore ed aroma a questa bevanda.

IN LABORATORIO

Separazione di un miscuglio di sale e sabbia

In questa esercitazione un miscuglio eterogeneo viene separato nei suoi componenti: sale da cucina e sabbia. Nell'esperimento 1 viene separata la sabbia mediante filtrazione; nell'esperimento 2 viene recuperato il sale, allontanando l'acqua per distillazione.

Materiali
- miscuglio di sale da cucina e sabbia ben lavata
- apparecchiatura per distillazione semplice
- bacchetta di vetro
- 2 becher
- carta da filtro
- imbuto
- sostegno per l'imbuto
- pezzetti di materiale poroso o palline di vetro*

Esperimento 1

Separazione della sabbia dal sale

Procedimento

1 Versa il miscuglio di sale e sabbia in un becher e, mescolando con la bacchettina, aggiungi una quantità di acqua sufficiente a sciogliere il sale. Lascia a riposo la miscela (questa operazione viene detta **decantazione**), mentre procedi con le operazioni descritte al punto 2.

2 Prepara il filtro, ripiegando due volte un cerchio di carta da filtro e staccandone un piccolo lembo per fare aderire meglio il filtro alle pareti dell'imbuto.

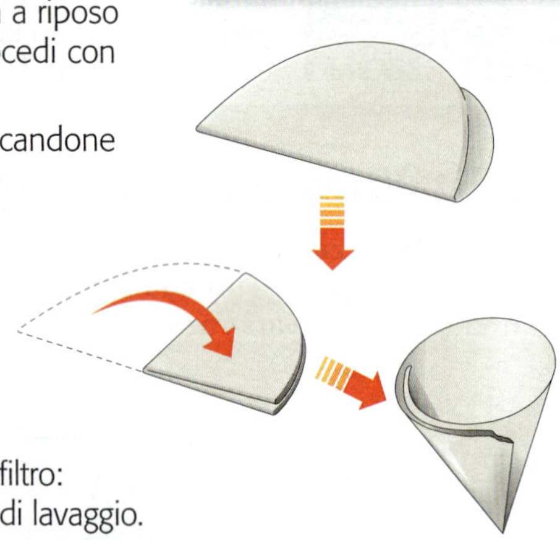

3 Inserisci il filtro nell'imbuto, appoggia l'imbuto sull'apposito sostegno e disponi un becher sotto il gambo dell'imbuto, facendo in modo che il gambo tocchi la parete del becher. In questo modo eviterai che il liquido cadendo nel becher provochi schizzi.

4 Filtra la fase liquida, facendola scorrere lungo la bacchettina appoggiata sul becher, come illustrato a pag. 34, raccogliendo il liquido (**filtrato**) nel becher. Evita, per quanto è possibile, che il solido cada sul filtro: in questo modo saranno più agevoli ed efficaci le successive operazioni di lavaggio.

5 Mescola, per due o tre volte, il solido rimasto nel becher con una piccola quantità di acqua e filtra ogni volta il liquido di lavaggio, raccogliendolo nel becher dove è il filtrato. Getta nell'apposito contenitore il filtro in cui è rimasta la sabbia.

Esperimento 2

Recupero del sale

Procedimento

1 Prepara un'apparecchiatura per la distillazione semplice, del tipo illustrato a pag. 34.

2 Versa nel pallone per distillazione il filtrato ottenuto (punto 4, esperimento 1) e aggiungi qualche pezzetto di materiale poroso (per esempio pomice), affinché lo strato di aria che aderisce alla superficie dei frammenti assicuri un'ebollizione regolare.

3 Apri il rubinetto e fai circolare l'acqua nel manicotto esterno del condensatore.

4 Riscalda la miscela e osserva come varia la temperatura durante il riscaldamento e anche durante l'ebollizione, mentre il liquido (*distillato*) si raccoglie nella beuta.

5 Osserva il solido bianco cristallino che è rimasto nel pallone di distillazione.

Rispondi
- Di che cosa è costituito il filtrato che hai ottenuto al punto 4 dell'esperimento 1?
- Perché l'acqua fredda si fa arrivare nella parte del refrigerante più vicina alla beuta di raccolta?
- Quale temperatura registra il termometro durante l'ebollizione?
- Quale fenomeno hai notato nel liquido quando ha raggiunto l'ebollizione?
- Quale passaggio di stato avviene quando il vapore tocca il bulbo del termometro? E quando entra nel refrigerante?
- Che cos'è il solido bianco cristallino che è rimasto nel pallone di distillazione?

*Un liquido privo di aria può surriscaldarsi e schizzare improvvisamente e con violenza durante il riscaldamento, perciò, ogni volta che si fa bollire un liquido, occorre aggiungervi un materiale che apporti aria. A tale scopo si utilizzano pezzetti di materiale poroso, ma sono sufficienti anche palline di vetro che, come ogni corpo, sono avvolte da uno strato di aria.

IN SINTESI

PER LA DIDATTICA INCLUSIVA

Soluzioni e miscugli eterogenei

Le **soluzioni** sono **miscugli omogenei**, in cui non è possibile distinguere i componenti, e perciò costituiti da **una sola fase**. I **miscugli eterogenei**, invece, sono materiali costituiti da **più fasi**, nei quali è possibile distinguere i vari componenti.

- Le **soluzioni** possono essere **liquide** (acquose o non acquose), **gassose** e **solide**. Queste ultime sono dette **leghe**, se almeno uno dei componenti è un **metallo**. Tutte le soluzioni liquide presentano una proprietà caratteristica: la **limpidezza**.
- Una **soluzione** è costituita da un **solvente** e da un **soluto** (talvolta più soluti). Se uno solo dei componenti della soluzione è un liquido, questo viene considerato il solvente. In tutti gli altri casi, il solvente è il componente più abbondante.
- Le **dispersioni colloidali** (dette anche, impropriamente, **soluzioni colloidali**), come il fumo, la nebbia e il latte, sono costituite da una **fase disperdente**, che è il componente principale, e una **fase dispersa** (detta **colloide**), non percepibile a occhio nudo. La differenza rispetto alle soluzioni è la dimensione delle particelle della fase dispersa, che è maggiore di quella del soluto presente in una soluzione.
- Tutti i miscugli hanno **proprietà** che derivano dai loro componenti, perciò **variabili** a seconda delle proporzioni in cui i componenti sono presenti.

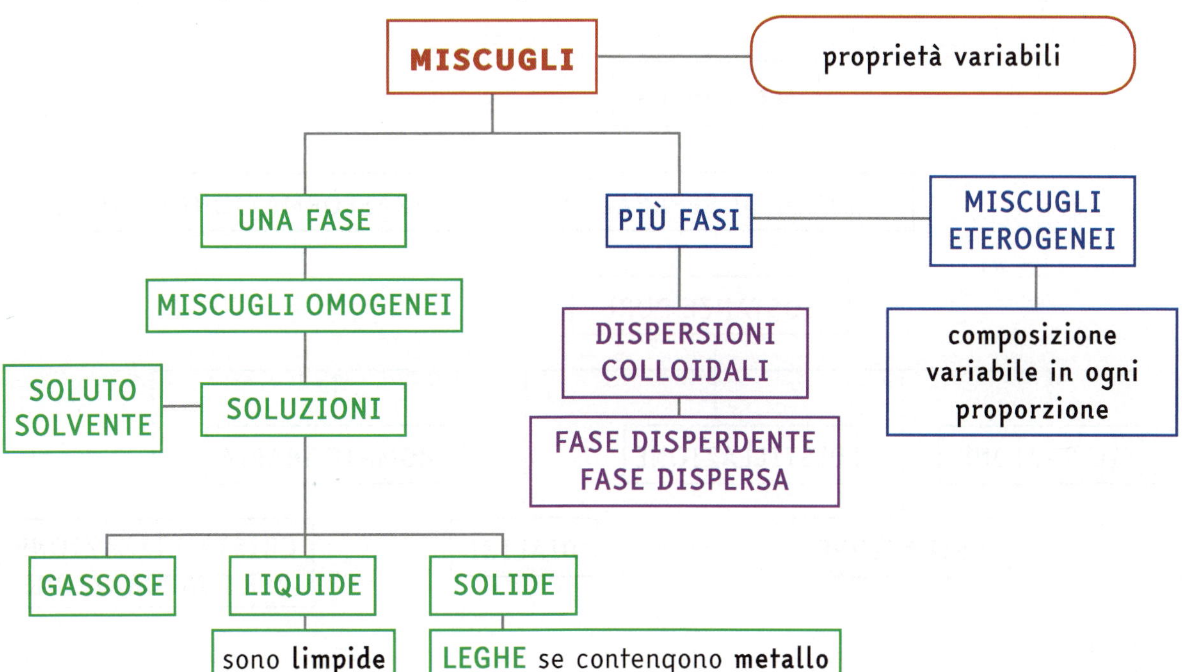

IN SINTESI

Separazione di un miscuglio

Generalmente per **separare un miscuglio** si utilizzano **trasformazioni fisiche**, che permettono di ottenere prodotti costituiti da un solo tipo di materiale, con proprietà ben definite e caratteristiche, detti **sostanze pure** o semplicemente **sostanze**.

- La **filtrazione** consente di separare un materiale liquido o gassoso da un materiale solido, che viene trattenuto da un filtro.
- La **distillazione semplice** consente di ottenere una sostanza liquida pura mediante l'**evaporazione** del liquido e la **condensazione** dei vapori ottenuti. Con la **distillazione frazionata** è possibile separare più componenti liquidi.
- La **cromatografia** permette di separare quantità anche ridottissime di sostanze. Nella **cromatografia per adsorbimento su carta** i componenti del miscuglio si spostano con velocità diversa su un mezzo poroso (**fase stazionaria**), trascinati per capillarità da un solvente (**fase mobile**), detto **eluente**.
- La **cristallizzazione per evaporazione** permette di ottenere cristalli di una sostanza facendo evaporare il solvente da una sua soluzione.
- L'**estrazione** è la tecnica con cui un solvente, a contatto con un miscuglio, solubilizza una o più sostanze "estraendole", e quindi separandole, dal miscuglio.
- La **dialisi** permette di **separare un colloide da un soluto** di una soluzione per mezzo di una **membrana dializzante**, i cui pori hanno dimensioni tali da permettere soltanto il passaggio del soluto.

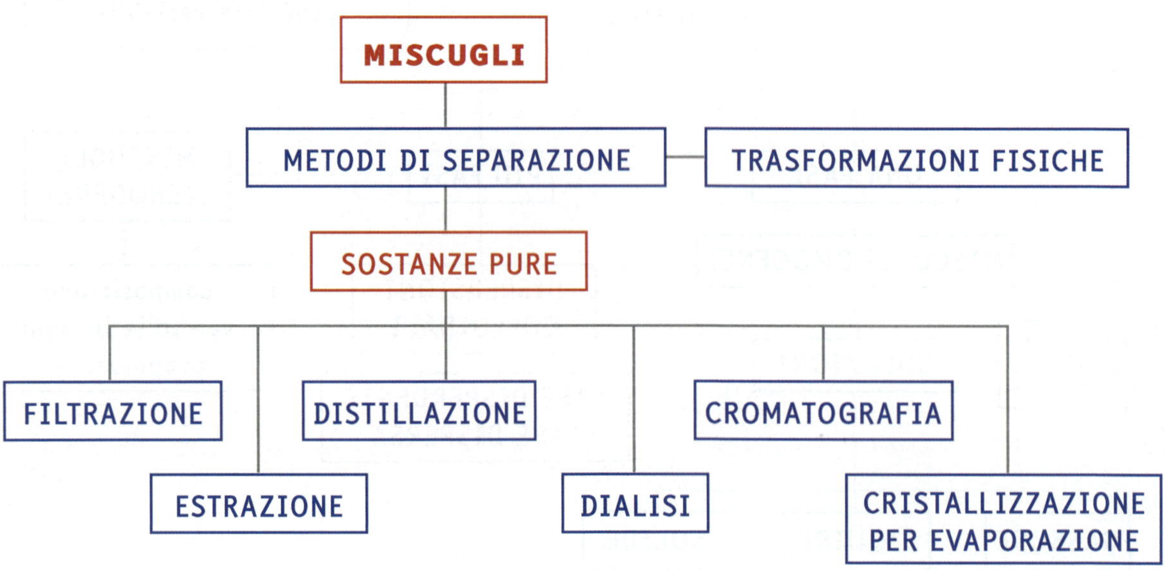

SCIENTIFIC ENGLISH

Mixtures

We see mixtures all the time in our everyday lives. A *stew*, for example, is a mixture of different foods such as meat and vegetables; *sea water* is a mixture of water, *salts* and other substances, and *air* is a mixture of gases such as carbon dioxide, oxygen and nitrogen.

In a mixture, the substances that make up the mixture:

- **are not in a fixed ratio**; imagine, for example, that you have a 250 mℓ beaker of water. It doesn't matter whether you add 20 g, 40 g, 100 g or any other mass of sand to the water; it will still be called a mixture of sand and water;
- **keep their physical properties**; in the example we used of the sand and water, neither of these substances has changed in any way when they were mixed together. Even though the sand is in water, it still has the same properties as when it was out of the water;
- **can be separated by mechanical means**; to separate something by "mechanical means", implies that there is no chemical process involved. In our sand and water example, it is possible to separate the mixture by simply pouring the water through a filter.

We can group **mixtures** further by dividing them into those that are **heterogeneous** and those that are **homogeneous**.
A **heterogeneous mixture** does not have a definite composition.
Think of a *pizza*, that is a mixture of cheese, tomato, mushrooms and peppers. Each slice will probably be slightly different from the next because the toppings like the mushrooms and peppers are not evenly distributed.
A **homogeneous mixture** has a definite composition, and specific properties. In a homogeneous mixture, the different parts cannot be seen. A **solution** of *salt* dissolved *in water* is an example of a homogeneous mixture. When the salt dissolves, it will spread evenly through the water so that all parts of the solution are the same, and you can no longer see the salt as being separate from the water.

Key Words

Mixture is a combination of more than one substance, where these substances are not bonded to each other.

Heterogeneous mixture is one that is non-uniform, and where the different components of the mixture can be seen.

Homogeneous mixture is one that is uniform, and where the different components of the mixture cannot be seen.

Multiple Choice

1 Which of the following is a heterogeneous mixture?
- A Air
- B Olive oil
- C Granite
- D Bronze

2 Which of the following is a homogeneous mixture?
- A Sea water
- B Sand
- C Mayonnaise
- D Orange juice

STRUMENTI PER COSTRUIRE LE COMPETENZE

ALTRI TEST

Studiando la teoria...

Completa le frasi

1 Un miscuglio è omogeneo quando i componenti non possono essere ....; in tal caso prende il nome di ....

2 In base al loro stato di aggregazione, le soluzioni possono essere ...., ... e .... Le leghe sono .... contenenti almeno ....

3 Una soluzione liquida può essere incolore o colorata, ma presenta sempre una caratteristica proprietà, cioè la ....

4 Nel caso di una soluzione formata da un solido e da un liquido, i termini *soluto* e *solvente* si attribuiscono rispettivamente al .... e al ....

5 Se una soluzione è formata da sostanze liquide oppure da sostanze gassose, il soluto è sempre la sostanza presente in quantità ....

6 Il numero delle fasi in una soluzione è ....; nei miscugli eterogenei, invece, è sempre maggiore di ....

7 Le dispersioni colloidali sono .... dalle soluzioni vere e proprie, perché le particelle disperse hanno dimensioni .... di quelle del soluto in una soluzione.

8 In una dispersione colloidale la fase dispersa è detta ....

9 La dialisi è un tecnica che permette di separare i .... dai soluti che sono presenti nelle comuni ....

10 La filtrazione è una tecnica che permette di separare una fase .... da una fase .... o ....

11 Con la distillazione vengono separate sostanze allo stato .... da miscugli contenenti anche sostanze .... o .... Essa si realizza per mezzo dei seguenti passaggi di stato: .... e ....

12 Nella cromatografia per adsorbimento una fase mobile, chiamata ...., si muove su una fase ...., permettendo la .... di sostanze presenti in quantità anche minima.

13 La tecnica dell'estrazione viene molto spesso utilizzata per separare .... da ....

14 La formazione dei cristalli di una sostanza solida può essere realizzata semplicemente facendo allontanare l'acqua da una sua .... mediante .... Questa tecnica è detta *cristallizzazione* per *evaporazione*.

Test vero-falso

1 L'acqua del rubinetto è un miscuglio eterogeneo, formato da 2 fasi. V F

2 Una soluzione è un miscuglio omogeneo, formato da almeno 2 componenti. V F

3 In un miscuglio eterogeneo, la quantità dei componenti può variare a piacere. V F

4 Le soluzioni liquide sono soltanto quelle acquose. V F

5 Un miscuglio omogeneo colorato non può essere definito una soluzione. V F

6 La caratteristica fondamentale di una soluzione liquida è la limpidezza. V F

7 L'ottone è una soluzione solida. V F

8 Una miscela acqua-olio è una dispersione colloidale, detta emulsione. V F

9 La filtrazione è una tecnica utilizzabile per separare 2 liquidi. V F

10 Con la distillazione è possibile separare un liquido da un solido disciolto nel liquido. V F

Test a risposta multipla

Scegli la risposta o il completamento corretti

1 Quale affermazione, riferita all'aria pura, *non è vera*?
- A È una sostanza gassosa
- B È un miscuglio gassoso
- C È una soluzione
- D È un sistema monofasico

2 Quale coppia di sostanze forma una soluzione gassosa?
- A Acqua e zucchero
- B Azoto e acqua
- C Diossido di carbonio e ossigeno
- D Ossigeno e acqua

3 Quale affermazione, *non è vera*? L'acqua di rubinetto è:
- A una soluzione liquida
- B una soluzione acquosa
- C un sistema a più fasi
- D un miscuglio omogeneo

4 Un miscuglio contenente acqua può essere definito una soluzione se risulta:
- A limpido
- B incolore
- C inodore
- D insapore

5 Quale bevanda *non* è una soluzione?
- A Bitter
- B Vino
- C Latte
- D Tè

6 Che cosa osservi subito dopo aver mescolato energicamente un bicchiere di olio con un bicchiere di acqua?
- A Un miscuglio eterogeneo costituito da 2 fasi, una dispersa nell'altra
- B Un miscuglio eterogeneo costituito da 2 fasi, una sopra l'altra
- C Un miscuglio eterogeneo costituito da 3 fasi: acqua, olio e acqua mescolata con l'olio
- D Un miscuglio omogeneo di colore giallino

7 Quale miscuglio *non* è omogeneo?
- A Acqua utilizzata per il ferro da stiro
- B Fetta biscottata integrale
- C Vino
- D Aceto

8 Quale coppia di miscugli contiene una dispersione colloidale e una soluzione?
- A Acqua di mare e benzina
- B Latte e aria
- C Acqua di colonia e vino
- D Sangue e granito

9 Durante la distillazione di un liquido, quale passaggio di stato avviene intorno al bulbo del termometro e nel refrigerante?
- A Evaporazione
- B Condensazione
- C Evaporazione e condensazione
- D Fusione

10 In quale elettrodomestico viene utilizzata la tecnica della filtrazione?
- A Tostapane
- B Ferro da stiro
- C Frullatore
- D Aspirapolvere

Applica le tue conoscenze

2.1 I miscugli

1 Tra i seguenti prodotti, quale è costituito da una soluzione colorata e da una fase gassosa distinta dalla soluzione? Acqua del rubinetto, spremuta di limone, Coca-cola, infuso di camomilla.

2 Quali dei seguenti prodotti sono sistemi monofasici? Una miscela di acqua e terreno, un'acqua minerale non frizzante, una fetta biscottata integrale, un vino rosso.

3 L'ottone e il bronzo hanno un componente comune. Quale? Indica qualche utilizzazione delle due leghe e del componente comune.

4 L'oro con cui si fanno i gioielli non è l'elemento puro, che ha un colore giallo; spesso, infatti, ha un colore un po' rossiccio. Perché?

5 Individua gli errori e correggili.
Mescolando acqua, sale, zucchero e olio si ottiene un miscuglio omogeneo a 3 fasi. Una fase è costituita dalla soluzione di acqua e sale, l'altra dalla soluzione di acqua e zucchero, la terza è costituita dall'olio.

6 L'acciaio è una lega di ferro e carbonio. Fai una ricerca per conoscere le proprietà che rendono l'acciaio differente dal ferro.

2.2 Le soluzioni

7 Completa la frase.
Una soluzione è un miscuglio ...., formato da almeno .... componenti. In una soluzione di acqua e zucchero, il solvente è ....; in una soluzione di acqua e alcol il solvente è ....

8 Qual è il soluto presente in maggiore quantità nell'aria?

2.3 Le dispersioni colloidali

9 Acqua e sabbia formano una sospensione "temporanea". Acqua e olio formano una dispersione colloidale, detta emulsione, anch'essa "temporanea". Perché si adopera il termine "temporanea"?

10 Il sapone può formare una soluzione o una dispersione colloidale, a seconda del liquido con cui viene mescolato. Qual è il liquido con cui forma la soluzione? Quale quello con cui forma la dispersione?

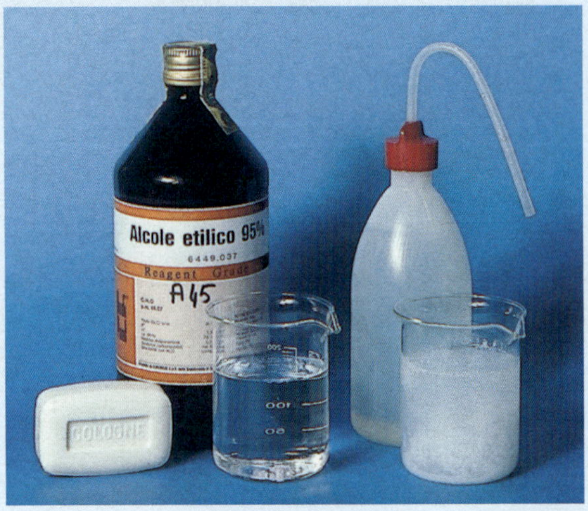

11 La panna montata e la schiuma da barba sono dispersioni colloidali in cui la fase disperdente è un liquido. Qual è la fase dispersa, che rende questi prodotti così morbidi?

2.4 La separazione di un miscuglio è un procedimento comune

12 Quali operazioni, in ordine di successione, utilizzeresti per ottenere lo zucchero da un suo campione sofisticato con polvere di marmo, dopo aver aggiunto acqua al campione?

13 Indica il tipo di miscuglio e la tecnica che puoi adoperare per separare dal miscuglio il componente indicato.

componente da separare	miscuglio omogeneo	miscuglio eterogeneo	tecnica di separazione
sabbia dall'acqua			
zucchero dall'acqua			
coloranti da una bibita			
cristalli di sale da una soluzione			
essenze oleose da un mandarino			
olio da un residuo acquoso			

OBIETTIVO COMPETENZA

1 È più costoso un bracciale d'oro bianco o uno di oro rosso, perfettamente uguale al primo?

2 Hai un campione costituito di piccolissimi cristalli bianchi puri. Può trattarsi di zucchero, di marmo polverizzato oppure di sale fino. Quale semplice esperimento faresti per stabilire di che materiale si tratta?

3 Immagina di dover distillare un miscuglio costituito di acqua, sale e un liquido che bolle a 170 °C. Qual è il primo liquido che viene raccolto nella beuta? Dove si ritrova il sale alla fine della distillazione?

4 Quante fasi sono presenti in una bottiglia di acqua minerale frizzante e in una non frizzante, entrambe chiuse?

5 Un miscuglio formato da componenti gassosi può essere un miscuglio eterogeneo? Per rispondere ricorda una caratteristica proprietà dei gas, che li rende differenti dai liquidi e dai solidi.

6 Mediante un imbuto fornito di rubinetto (comunemente detto **imbuto separatore**), è possibile separare due liquidi insolubili, sia puri sia contenenti altre sostanze disciolte. Quante fasi sono presenti nell'imbuto? Quale liquido ha densità minore? In quale modo puoi ottenere i due liquidi separati?

7 Quale operazione faresti per capire se un materiale liquido è una soluzione acquosa di un solido oppure è costituito da sola acqua?

8 Un materiale viene sottoposto ai seguenti trattamenti, nell'ordine indicato:

1. una distillazione, da cui si ottengono un liquido (*A*), che bolle a 90 °C, e un materiale solido (*B*), che resta nel pallone di distillazione;
2. il liquido *A* viene sottoposto a una trasformazione fisica da cui si ottengono due elementi;
3. il materiale solido *B* mostra un'eterogeneità, perciò viene trattato con acqua e si osserva che solo una parte si scioglie in acqua.

a) Il liquido *A* è un composto puro?
b) Quale termine è scorretto nella frase del punto 2?
c) Da quante sostanze presumibilmente è composto il materiale solido *B*?
d) Con quale tecnica potresti separare la soluzione ottenuta al punto 3 dalla parte insolubile?
e) Con quale tecnica potresti ottenere allo stato puro il materiale che si è sciolto in acqua?

9 Immagina di mescolare in un bicchiere acqua, olio e sale da cucina.
a) Quante fasi si formano?
b) Di quali sostanze è costituita ciascuna fase?
c) Quale fase si dispone nel bicchiere al di sopra dell'altra?

10 Quale tecnica di separazione viene utilizzata nelle mascherine antismog? Che cosa viene separato?

11 Quali tecniche di separazione si utilizzano nella preparazione di un tè, se si adopera il tè in foglie?

12 Indica 3 materiali comuni che si presentano come miscele omogenee e 3 che si presentano come miscele eterogenee.

13 Suggerisci le tecniche utilizzabili per separare i seguenti miscugli:
a) zucchero e alcol etilico
b) amido e zucchero

14 La distillazione è adoperata per preparare liquori, come la grappa, il brandy e il whisky, che infatti vengono denominati "distillati". Fai un ricerca per conoscere i materiali che vengono utilizzati per ottenerli.

15 Calcola il volume di azoto presente in 200 dm^3 di aria. [156 dm^3]

16 Indica per ciascun materiale di che tipo di miscuglio si tratta.

materiale	miscuglio eterogeneo	soluzione	dispersione colloidale
pasta dentifricia			
aria			
pane integrale			
burro			
spremuta di limone			
benzina			
torta al cioccolato			
bronzo			

UNITÀ 3

La concentrazione delle soluzioni

Perché?

- Perché nella scelta di un vino o di un liquore si osserva sull'etichetta il titolo alcolometrico, comunemente detto *grado alcolico*?

  ....

  ....

- Perché nell'acquistare un'*acqua minerale* si sceglie quella definita *oligominerale* oppure quella che non porta questa denominazione?

  ....

  ....

- Perché se un'acqua potabile è molto *dura* può essere responsabile di una pizza dal gusto sgradevole o di un pessimo caffè?

  ....

3.1 Che cos'è la concentrazione di una soluzione?

Ricordi che cos'è una soluzione, quale componente è il soluto e quale il solvente? Che le proprietà di una soluzione derivano dai suoi componenti e dalle proporzioni in cui essi sono presenti? In che cosa differisce una soluzione da un miscuglio eterogeneo? E perché si dice che una soluzione è un miscuglio omogeneo?

Dunque, per riprendere il percorso sulle soluzioni, individua quale di questi due miscugli non è una soluzione!

Ricordi che una soluzione è costituita da un soluto e un solvente?

animazione
Le soluzioni e la loro concentrazione

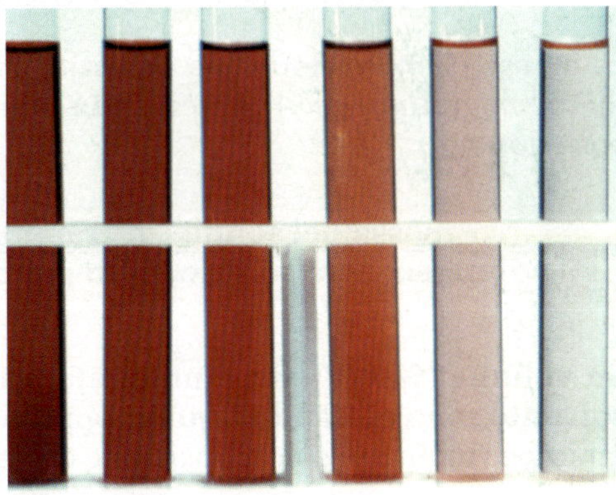

Osserva questa immagine, in cui compaiono uguali volumi di soluzioni acquose dello stesso soluto (un solido rosso). Che cosa rende diversa l'intensità del colore delle soluzioni?

Nella preparazione o nell'utilizzo di una **soluzione** (liquida, solida o gassosa), è importante conoscere il **rapporto fra la quantità di soluto e la quantità di solvente**, perché le proprietà di una soluzione dipendono proprio da questo rapporto, oltre che naturalmente dalla natura del solvente e del soluto.

La **quantità di soluto presente in una determinata quantità di soluzione** viene definita **concentrazione** della soluzione.

concentrazione di una soluzione

3.2 Come si esprime la concentrazione delle soluzioni

Concentrazione percentuale o percento (%)

L'**acido cloridrico** adoperato nei laboratori è una soluzione acquosa al 37% in massa, cioè contiene 37 g di acido in 100 g di soluzione e quindi 370 g di acido in 1 kg di soluzione.
L'**acido muriatico** adoperato per usi domestici è una soluzione di acido cloridrico con una concentrazione percentuale più bassa, compresa tra il 15% e il 24% in massa.

INGREDIENTI
Zucchero, farina di frumento, uova, carote grattugiate (14,1%), margarina, mandorle (7,1%), fibra solubile, oligofruttosio (3,9%), burro, aromi, succo d'arancia (1,4%), agenti lievitanti (difosfato disodico, carbonato acido di sodio, carbonato acido d'ammonio), emulsionanti (mono e digliceridi degli acidi grassi di origine vegetale), sale

VALORI NUTRIZIONALI

(VALORI MEDI)	Per 100 g	Per Porzione
Valore Energetico	391 1640	149 623
Proteine	6,8	2,6
Carboidrati	48,3	18,4
di cui Zuccheri	30,0	11,4
Grassi	19,0	7,2
di cui Saturi	8,0	3,0
Fibra	6,0	2,28
Sodio	0,40	0,15

La concentrazione percentuale si utilizza molto spesso anche per esprimere la composizione di miscugli eterogenei, come biscotti, merendine, dolci.

La **percentuale in massa** viene utilizzata sia per le **soluzioni** sia per esprimere le quantità dei componenti di un **miscuglio eterogeneo**.

percentuale in massa

definizione

La **percentuale in massa** (*% m/m*) indica la **quantità di soluto** espressa in grammi (milli- o kilogrammi ecc.) contenuta **in 100 g** (milli- o kilogrammi ecc.) **di soluzione**.

formula

$$\text{percentuale in massa} = \frac{\text{massa del soluto (in grammi)}}{\text{massa della soluzione (in grammi)}} \times 100 \quad [1]$$

La **percentuale in volume** (*% V/V*) viene utilizzata per le **soluzioni** in cui il **soluto** e il **solvente** sono entrambi **liquidi**; oppure per le **soluzioni gassose** (per esempio per indicare la composizione dell'aria).

percentuale in volume

definizione

La **percentuale in volume** esprime i **millilitri (litri) di soluto** contenuti **in 100 mℓ (litri) di soluzione**.

formula

$$\text{percentuale in volume} = \frac{\text{volume del soluto (in millilitri)}}{\text{volume della soluzione (in millilitri)}} \times 100 \quad [2]$$

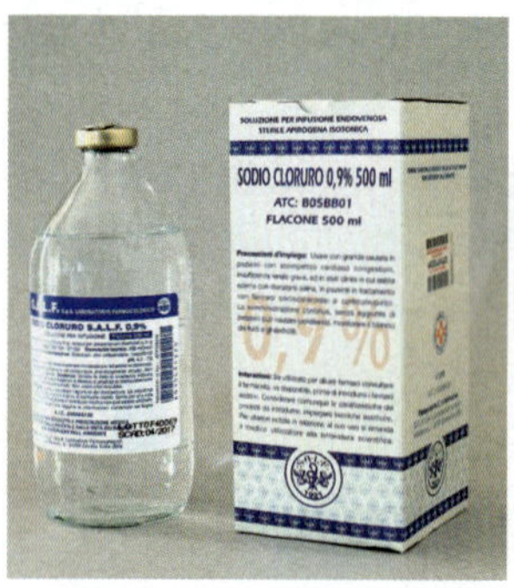

La soluzione fisiologica è una soluzione acquosa di cloruro di sodio adoperata per infusioni endovena e altri scopi terapeutici, che ha una concentrazione di 0,9% in massa-volume, contiene cioè 0,9 g di cloruro di sodio in 100 mℓ di soluzione. Quanti grammi di cloruro di sodio ci sono in questa confezione?

La **percentuale in massa-volume** viene generalmente utilizzata per preparare le **soluzioni** in cui il **soluto è un solido** e il solvente è un **liquido**, come nel caso di una soluzione fisiologica.

percentuale in massa-volume

definizione

La **percentuale in massa-volume** (*% m/V*) indica la **quantità di soluto** espressa in grammi (kilogrammi) contenuta **in 100 mℓ** (litri) **di soluzione**.

formula

$$\text{percentuale in massa-volume} = \frac{\text{massa del soluto (in grammi)}}{\text{volume della soluzione (in millilitri)}} \times 100 \quad [3]$$

Le relazioni **[1]**, **[2]** e **[3]** sono il risultato di semplici proporzioni. Per esempio, la percentuale in massa-volume si ottiene impostando la proporzione:

$$\text{massa del soluto (g)} : \text{volume della soluzione (mℓ)} = x\ (\%\ m/V) : 100$$

e ricavando l'incognita x:

$$x\ (\%\ m/V) = \frac{\text{massa del soluto (g)}}{\text{volume della soluzione (mℓ)}} \times 100$$

Perciò i calcoli relativi alle concentrazioni possono essere fatti utilizzando direttamente le relazioni, oppure impostando le opportune proporzioni. Inoltre, per la nota uguaglianza 1 mℓ = 1 cm^3, la percentuale in massa-volume può essere espressa anche in (g/cm^3) × 100 e la percentuale in volume anche in (cm^3/cm^3) × 100.

Lo sai?

La concentrazione espressa in percento in volume viene utilizzata per esprimere il contenuto di alcol delle bevande alcoliche. La legislazione italiana (Dlgs 109, art. 12 - 27/01/92, *Legge alimenti*) prevede che tale concentrazione sia indicata come **titolo alcolometrico (% vol)**. L'espressione *grado alcolico*, usata precedentemente, è caduta in disuso.

ESEMPI

esempio 1

In un vasetto di yogurt alle fragole da 125 g c'è il 13% in massa di fragole. Quanti grammi di fragole ingerisci consumando due yogurt?

- La concentrazione riportata indica che in 100 g di yogurt ci sono 13 g di fragole. I due yogurt pesano 250 g, perciò i grammi di fragole ingeriti si possono calcolare impostando la proporzione:

$$13 \text{ g (fragole)} : 100 \text{ g (yogurt)} = x \text{ g (fragole)} : 250 \text{ g (yogurt)}$$

e ricavando il valore di x:

$$x \text{ g (fragole)} = \frac{13 \text{ g (fragole)} \times 250 \text{ g (yogurt)}}{100 \text{ g (yogurt)}} = \mathbf{32{,}5 \text{ g (fragole)}}$$

- Oppure, direttamente, puoi utilizzare una formula inversa della relazione [1]:

$$\text{massa del soluto (g)} = \frac{\% \, m/m \text{ della soluzione} \times \text{massa della soluzione (g)}}{100} = \frac{13 \times 250}{100} = 32{,}5 \text{ g (fragole)}$$

- Lo stesso valore si ottiene facendo questa semplice riflessione : poiché in 100 g di yogurt ci sono 13 g di fragole, in 250 g di yogurt c'è una quantità di fragole 2,5 volte superiore, cioè 13 g × 2,5 = 32,5 g.

esempio 2

Sull'etichetta di un vino leggiamo 12% vol. Quanto alcol etilico ingeriamo bevendo $\frac{1}{4}$ di litro (cioè 250 mℓ) di questo vino?

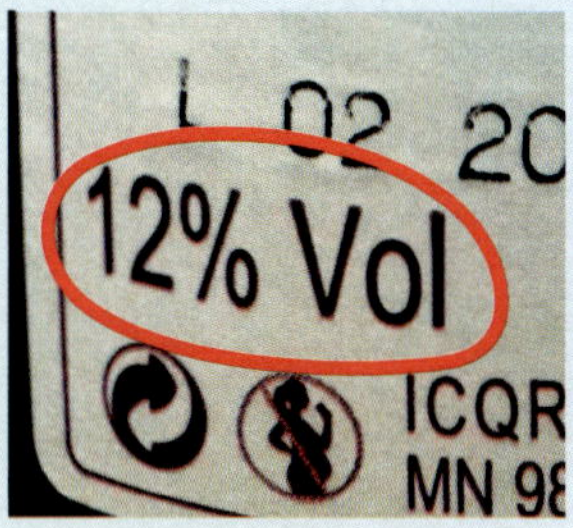

Dal simbolo 12% vol si comprende che 100 mℓ di vino contengono 12 mℓ di alcol; pertanto il valore richiesto si ricava da una formula inversa della relazione [2] oppure dalla seguente proporzione:

$$100 \text{ m}\ell \text{ (vino)} : 12 \text{ m}\ell \text{ (alcol)} = 250 \text{ m}\ell \text{ (vino)} : x \text{ m}\ell \text{ (alcol)}$$

$$x \text{ m}\ell \text{ (alcol)} = \frac{12 \text{ m}\ell \text{ (alcol)} \times 250 \text{ m}\ell \text{ (vino)}}{100 \text{ m}\ell \text{ (vino)}} = \mathbf{30 \text{ m}\ell \text{ (alcol)}}$$

Concentrazione in milligrammi per litro (mg/ℓ)

espansione
Le acque minerali

SOSTANZE DISCIOLTE IN UN LITRO DI ACQUA:

Jone		mg/l
Bicarbonato	HCO_3^-	361
Calcio	Ca^{++}	89,1
Magnesio	Mg^{++}	26,5
Sodio	Na^+	13,9
Solfato	SO_4^{--}	35,9
Cloruro	Cl^-	14.3

La **concentrazione** espressa in **milligrammi per litro** è usata comunemente per indicare la quantità di sostanze presenti nelle acque minerali e permette di sapere se un'acqua minerale è più o meno dura, per la presenza di ioni calcio e magnesio, e se ha proprietà terapeutiche, per la presenza di ioni ferro, sodio, potassio ecc.

La concentrazione in **milligrammi per litro** indica i **milligrammi di soluto** contenuti in **1 ℓ di soluzione**. — definizione

$$\textbf{concentrazione in mg/}\ell = \frac{\textbf{massa del soluto (in milligrammi)}}{\textbf{volume della soluzione (in litri)}} \qquad [4]$$ — formula

milligrammi per litro

ESEMPI

esempio 3

SOSTANZE DISCIOLTE IN UN LITRO DI ACQUA

Ione calcio	Ca^{++}	mg	343,5
» sodio	Na^+	mg	21,9
» magnesio	Mg^{++}	mg	19,3
» potassio	K^+	mg	2,5
» stronzio	Sr^{++}	mg	0,9
» manganese	Mn^{++}	mg	0,8
» idrocarbonico	HCO_3^-	mg	1104,1
» solforico	SO_4^{--}	mg	51,0
» cloridrico	Cl^-	mg	22,7
» nitrico	NO_3^-	mg	0,4
» fluoridrico	F^-	mg	0,2
Silice	SiO_2	mg	51,5

Presenti in tracce: fosfati, ferro, litio, rame, cromo

Sull'etichetta di un'acqua minerale si legge che in 1 ℓ di acqua ci sono 21,9 mg di ione sodio. Quanti milligrammi di ione sodio ingeriamo bevendo $\frac{1}{4}$ di litro di quest'acqua?

- Il dato richiesto si calcola con la seguente proporzione, tenendo presente che $\frac{1}{4}$ di litro = 250 mℓ e che 1 ℓ = 1000 mℓ:

$$21{,}9 \text{ mg (ione sodio)} : 1000 \text{ m}\ell \text{ (acqua minerale)} = x \text{ mg (ione sodio)}: 250 \text{ m}\ell \text{ (acqua minerale)}$$

$$x \text{ mg (ione sodio)} = \frac{21{,}9 \text{ mg (ione sodio)} \times 250 \text{ m}\ell \text{ (acqua minerale)}}{1000 \text{ m}\ell \text{ (acqua minerale)}} = \mathbf{5{,}48 \text{ mg (ione sodio)}}$$

- Oppure puoi utilizzare una formula inversa della relazione [4].

3.3 Quando una soluzione è satura

Quando si prepara una soluzione aggiungendo quantità via via crescenti di soluto a una quantità di solvente definita (per esempio 0,5 ℓ), la concentrazione della soluzione aumenta via via, in quanto aumenta la quantità di soluto, ma non quella del solvente.
Ma c'è un limite? Quanto soluto è possibile aggiungere a un solvente?

Nel caso di un soluto solido colorato, l'**aumento della concentrazione** della soluzione è reso evidente dall'aumento di intensità del colore. Tuttavia, raggiunta una certa concentrazione (che dipende dalla natura del solvente e del soluto e anche dalla temperatura), *il soluto non si scioglie più* e resta come **corpo di fondo** nella soluzione, visibile nell'ultimo becher a destra.
In questa situazione la **soluzione è satura**.
Solo nel caso di una *soluzione gassosa* non si può formare una soluzione satura, in quanto i gas sono miscibili in tutte le proporzioni.

soluzione satura

Una **soluzione** è **satura** quando, a una temperatura definita, il soluto non si scioglie più in una determinata quantità di solvente.
Si tratta di un *sistema bifasico*, in cui una fase è la soluzione satura e l'altra fase è il soluto in eccesso, cioè il **corpo di fondo**.

È evidente che la **concentrazione di una soluzione satura è la massima possibile** per ogni determinata soluzione (e quindi per un certo solvente e un certo soluto), alla temperatura a cui si lavora. Tale concentrazione viene detta **solubilità del soluto**.

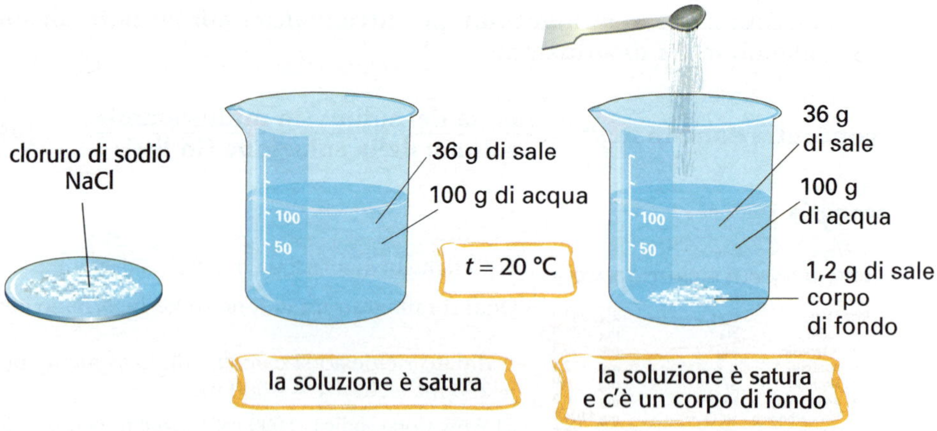

La solubilità del cloruro di sodio (sale da cucina) in acqua a 20 °C è 36 g in 100 g di acqua: ciò significa che a 20 °C la soluzione può contenere al massimo 36 g di sale in 100 g di acqua. L'aggiunta di altro sale, per esempio di 1,2 g, porta alla formazione di un corpo di fondo di 1,2 g.

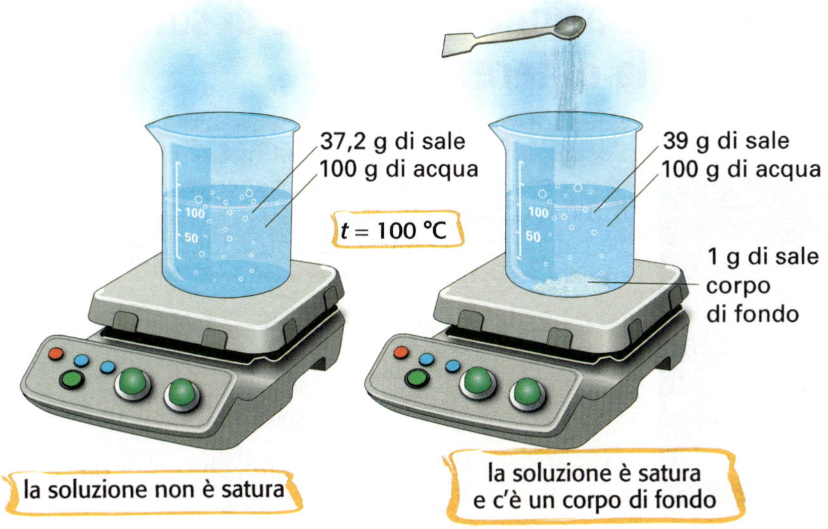

Riscaldando la soluzione, generalmente aumenta la quantità di soluto che si scioglie e perciò aumenta anche la solubilità, che per il cloruro di sodio è 39 g in 100 g di acqua, alla temperatura di 100 °C. Il riscaldamento a 100 °C della soluzione satura di cloruro di sodio in acqua determina lo scioglimento del corpo di fondo. In queste condizioni la soluzione contiene 36 g + 1,2 g = 37,2 g di sale. L'aggiunta di 2,8 g di sale rende la soluzione satura e determina la formazione di un corpo di fondo di 40 g – 39 g = 1 g.

scheda lab
Cristallizzazione dell'acido salicilico

espansione
Solubilità e cristallizzazione

La **solubilità di un soluto X in un certo solvente**, *a una temperatura definita*, è la **massima concentrazione** che può avere una soluzione di X in quel solvente.

solubilità

esempio 1

La solubilità di un composto X è 2,4 g/ℓ a 15 °C. Che cosa si verifica, a questa temperatura, aggiungendo acqua a 10 g di X fino a ottenere 2 ℓ di miscuglio? Quante fasi sono presenti?

- La massima quantità di X che può sciogliersi in 1 ℓ è 2,4 g, perciò in 2 ℓ se ne può sciogliere una quantità doppia: **4,8 g**.
Dalla differenza 10 g − 4,8 g = 5,2 g si ottiene la massa di X che resta come corpo di fondo nel miscuglio.
- Sono presenti **due fasi**, una liquida che è la soluzione satura, e l'altra solida che è il corpo di fondo.

Ricorda!...

La **solubilità** di un soluto in un certo solvente dipende dalla temperatura.

esempio 2

La solubilità del nitrato di sodio è 74 g in 100 g di acqua a 0 °C e 146 g in 100 g di acqua a 80 °C.
Immagina di riscaldare 100 g di una soluzione satura di questo composto da 0 °C a 80 °C. Quanti grammi di nitrato di sodio devi aggiungere a questa soluzione per ottenere una soluzione satura a 80 °C? Quanti grammi ne devi aggiungere, invece, per ottenere anche 3 g di corpo di fondo a 80 °C?

- La soluzione satura a 0 °C contiene 74 g di nitrato di sodio in 100 g di acqua. La soluzione satura a 80 °C ne contiene 146 g. La differenza 146 g − 74 g = **72 g** è la massa di nitrato di sodio che devi aggiungere alla soluzione, dopo averla riscaldata a 80 °C, per renderla satura.
- Per ottenere anche 3 g di corpo di fondo devi aggiungerne 72 g + 3 g = **75 g**.

3.4 Concentrazione e quantità di soluto: qual è la differenza?

Le quattro soluzioni, da sinistra verso destra, hanno i seguenti volumi: 50 mℓ, 100 mℓ, 200 mℓ e 500 mℓ, che, espressi in litri, sono rispettivamente 0,050 ℓ, 0,100 ℓ, 0,200 ℓ e 0,500 ℓ.
Se calcoliamo le loro concentrazioni in g/ℓ, osserviamo che esse hanno lo stesso valore:

$$\frac{5\ \text{g}}{0{,}050\ \ell} = 100\ \text{g}/\ell \qquad \frac{10\ \text{g}}{0{,}100\ \ell} = 100\ \text{g}/\ell$$

$$\frac{20\ \text{g}}{0{,}200\ \ell} = 100\ \text{g}/\ell \qquad \frac{50\ \text{g}}{0{,}500\ \ell} = 100\ \text{g}/\ell$$

Al contrario, le masse del soluto, che è sale da cucina, sono diverse: 5 g, 10 g, 20 g e 50 g.

Ricorda!...

La concentrazione di una soluzione **non dipende dal volume che si considera**, poiché esprime il rapporto quantitativo fra soluto e solvente. Invece, la massa di soluto presente nella soluzione **varia a seconda del volume che si considera**.

Evidentemente, le quattro soluzioni, pur contenendo **quantità di sale differenti**, hanno lo **stesso sapore salato,** perché hanno la **stessa concentrazione**. Dunque, la concentrazione di una soluzione e la quantità di soluto presente in un certo volume sono proprietà collegate tra loro, ma molto diverse. Per un determinato soluto e un determinato solvente, soltanto la **concentrazione** è **responsabile delle proprietà della soluzione** ed è sempre la stessa qualunque sia il volume di soluzione che esaminiamo.

3.5 Che cosa vuol dire "diluire una soluzione"?

Perché, a volte, beviamo un caffè "americano" al bar? Oppure aggiungiamo acqua a una bibita gassata?
Che cosa cambia con l'aggiunta di acqua nel caffè o nella bibita gassata?
Il caffè diventa meno "forte" e la bibita diventa meno dolce, meno frizzante e assume un colore più chiaro.
A che cosa è dovuto il cambiamento di queste proprietà organolettiche? Quali altre proprietà fisiche sono cambiate? E quali no?

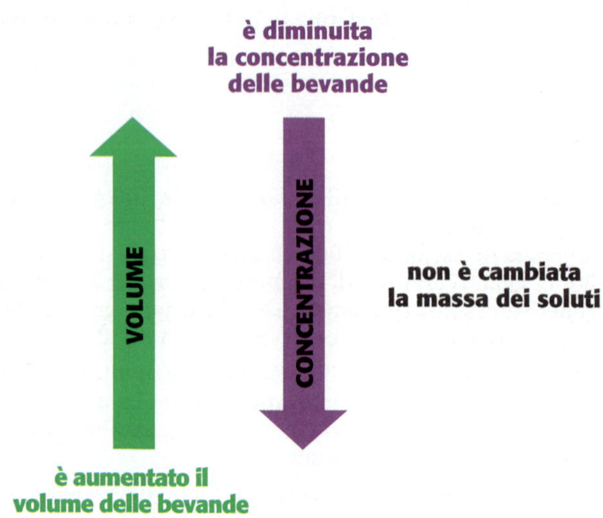

L'operazione effettuata sulle due bevande consiste in una **diluizione** e ha prodotto due effetti: un *aumento di volume* e contemporaneamente una *diminuzione della concentrazione*. Al contrario, *la massa dei soluti presenti è rimasta inalterata,* in quanto è stato aggiunto soltanto il solvente, l'acqua.
Maggiore è la quantità di acqua aggiunta, meno concentrata, cioè più diluita, è la bevanda; in altre parole, maggiore è il volume finale della bevanda, minore è la sua concentrazione.

La **diluizione** è un'operazione molto frequente in un laboratorio di chimica. Spesso, infatti è necessario preparare soluzioni più diluite di quelle presenti in commercio per eseguire gli esperimenti progettati. Questo argomento sarà ripreso e ampliato nell'Unità 8.

animazione
Come si diluisce una soluzione

Ricorda!...

La **diluizione** è un'operazione con la quale si prepara un soluzione B meno concentrata (cioè più diluita), aggiungendo solvente a una soluzione A più concentrata. In questa operazione *cambiano la concentrazione e il volume della soluzione A, ma non la massa del soluto presente in A.*

esempio 1

La soluzione A è una soluzione di nitrato di rame (solido blu) con concentrazione 0,025% m/V, ed è stata utilizzata per preparare, con l'aggiunta di acqua, la soluzione B, che è meno colorata e quindi più diluita; infatti ha una concentrazione 0,010% m/V. Quali calcoli ha fatto l'operatore per conoscere il volume (200 mℓ) che doveva assumere la soluzione B per avere la concentrazione di 0,010% m/V, utilizzando 80 mℓ della soluzione A? Il punto di partenza è stato questo:

la massa di soluto è uguale nelle due soluzioni

Questa uguaglianza può essere espressa matematicamente ricavando dalla relazione [3] la massa di soluto per ciascuna soluzione, e uguagliando le due espressioni:

$$\% \; m/V = \frac{\textbf{massa del soluto (in grammi)}}{\textbf{volume della soluzione (in millilitri)}} \times 100 \qquad [3]$$

$$\frac{\% \; m/V \text{ (soluzione A)} \cdot V \text{ (soluzione A)}}{\cancel{100}} = \frac{\% \; m/V \text{ (soluzione B)} \cdot V_x \text{ (soluzione B)}}{\cancel{100}} \qquad [5]$$

massa del soluto nella soluzione A — **massa del soluto nella soluzione B**

In questa uguaglianza il dato da ricavare è il valore di V_x, che è il volume che deve assumere la soluzione B per avere la concentrazione di 0,010 g/mℓ. Sostituendo i valori noti si ha:

$$0{,}025 \; m/V \times 80 \text{ m}\ell = 0{,}010 \; m/V \times V_x \text{ (soluzione B)}$$

da cui:

$$V_x \text{ (soluzione B)} = \frac{0{,}025 \; m/V \times 80 \text{ g/m}\ell}{0{,}010 \; m/V} = \mathbf{200 \text{ m}\ell}$$

Quindi l'operatore ha aggiunto tanta acqua alla soluzione A fino a portare a 200 mℓ il suo volume iniziale di 800 mℓ.

La relazione [5], che esprime l'uguaglianza tra le masse contenute nella soluzione più concentrata e in quella più diluita, è utilizzabile in qualunque tipo di problema riguardante la diluizione.

Conoscendo i valori di tre delle quattro grandezze collegate, è possibile ricavare il valore della quarta grandezza. Per esempio, la concentrazione della soluzione più diluita si può conoscere quando sono noti la concentrazione e il volume della soluzione più concentrata e il volume della soluzione più diluita.

scheda lab
Massa, concentrazione e densità

IN LABORATORIO

Preparazione di una soluzione acquosa 0,4% *m*/*V*

In questa esercitazione preparerai una soluzione per pesata e "portata a volume".

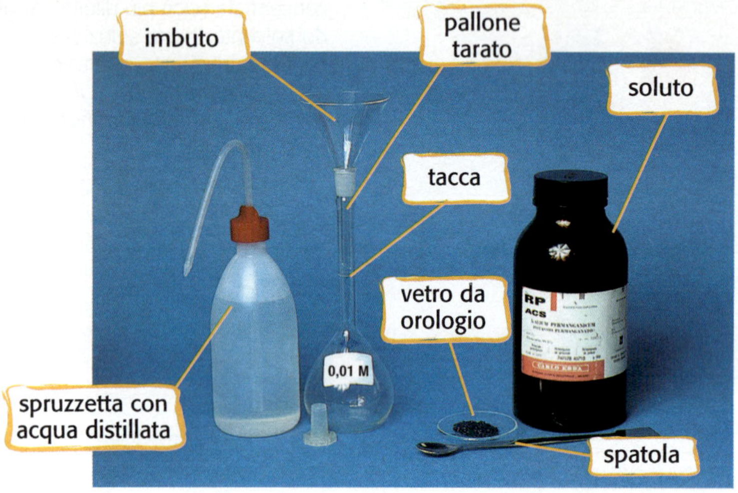

Materiali

- circa 1 g di un qualsiasi solido colorato solubile in acqua
- imbuto
- pallone tarato da 250 mℓ (matraccio)
- bilancia
- spatola
- vetro da orologio (o foglio di alluminio; ripiegando in su i quattro lati di un foglio di alluminio si ottiene un contenitore per eseguire una pesata)
- spruzzetta con acqua distillata
- contagocce
- pezzetti di carta da filtro

Procedimento

1. Calcola e pesa nel vetro da orologio la quantità di soluto necessaria per preparare 250 mℓ di soluzione (*V*)
   - massa da pesare: *m* (g) = ...
2. Servendoti dell'imbuto asciutto versa nel pallone il solido, utilizzando, se necessario, un po' di acqua distillata per non lasciarne residui nel vetro da orologio.
3. Mediante lo stesso imbuto aggiungi acqua distillata fino a riempire all'incirca metà del pallone, avendo cura di non lasciare residui di solido nell'imbuto.
4. Agita il miscuglio imprimendo al pallone un movimento rotatorio (e non sussultorio) fino alla completa dissoluzione del solido.
5. Aggiungi acqua distillata fino a che il menisco inferiore del liquido risulti tangente alla tacca riportata sul collo del pallone, che ne indica il volume *V*. Questa operazione viene detta comunemente *"portata a volume"*.
   In questa operazione devi usare le seguenti accortezze:
   - evita che il liquido superi la tacca (in tal caso dovrai ripetere l'intero procedimento);
   - usa il contagocce per le ultime aggiunte, anche per evitare *errori di parallasse*, dovuti, cioè, a una scorretta posizione di lettura; a questo scopo devi tenere il pallone appoggiato sul banco di lavoro e dirigere lo sguardo orizzontalmente alla tacca raggiunta dal liquido;
   - prima di aggiungere le ultime gocce di solvente, con un pezzetto di carta da filtro asciuga la porzione del collo del pallone sopra la tacca.
6. Tappa il pallone e agita la soluzione per assicurarne l'omogeneità.

Rispondi

- Sarebbe stato più semplice utilizzare un cilindro graduato oppure un becher graduato anziché il pallone tarato?
- Sarebbe stato ugualmente preciso il valore della concentrazione della soluzione?
- Quali errori puoi aver commesso nel preparare la soluzione richiesta?
- Quale sarebbe la concentrazione della soluzione che ottieni travasando la soluzione preparata in un pallone tarato di 500 mℓ e portando a volume?

IN SINTESI

PER LA DIDATTICA INCLUSIVA

Che cos'è la concentrazione di una soluzione

La **concentrazione di una soluzione** esprime la **quantità di soluto** presente **in una determinata quantità di soluzione**. Le proprietà di una soluzione (colore, sapore ecc.) dipendono dalla natura del solvente e del soluto e dalla concentrazione.
La concentrazione può essere espressa in **percentuale** (%) o in **milligrammi per litro** (mg/ℓ).
In una soluzione è indispensabile tener presente che:

- la **concentrazione è sempre la stessa**, qualunque sia il volume di soluzione considerato.
- la **massa di soluto** presente nella soluzione varia a seconda del volume considerato.

Aggiungendo solvente a una soluzione (**diluizione**), il volume aumenta, la concentrazione diminuisce, mentre la massa del soluto non varia.

Quando una soluzione è satura?

Si dice che una **soluzione** è **satura**, quando, raggiunta una certa concentrazione, a una determinata temperatura, **il soluto non si scioglie più** e si deposita come **corpo di fondo** nella soluzione, formando una fase distinta.
A una data temperatura, la **concentrazione di una soluzione satura** è la massima concentrazione possibile per un certo solvente e un certo soluto, e prende il nome di **solubilità del soluto**; generalmente **aumenta** all'aumentare della temperatura.

SCIENTIFIC ENGLISH

Solubility

We are surrounded by different types of **solutions** in our daily lives. Any solution is made up of a **solute** and a **solvent**. A solute is a substance that dissolves in a solvent. In the case of a salt (NaCl) solution, the salt crystals are the solute. A solvent is the substance in which the solute dissolves. In the case of the NaCl solution, the solvent would be the water. In most cases, there is always more of the solvent than there is of the solute in a solution. You may have noticed sometimes that, if you try to dissolve salt (or some other solute) in a small amount of water, it will initially dissolve, but then appears not to be able to dissolve any further when you keep adding more solute to the solvent. This is called the **solubility of the solution**. Solubility refers to the maximum amount of solute that will dissolve in a solvent under certain conditions.

The solubility is affected by two factors:

- the **quantity of solute and solvent in the solution**,
- the **temperature of the solution**.

For example, as the temperature of the solution increases, so does the amount of salt that dissolves. The solubility of sodium chloride in water increases as the temperature increases: at room temperature the solubility is 360 g/ℓ, so a solution prepared with 36 g of salt in 100 g of water is an homogeneous mixture. If salt is added, the mixture becomes heterogeneous, because a **precipitate** appears.

But if the solution is heated at 100 °C, the salt dissolves completely and mixture becomes homogeneous. At 100 °C is possible to add 1,799 g of salt more before obtaining a heterogeneous mixture again.

Key Words

Solution is a homogeneous mixture that consists of a solute that has been dissolved in a solvent.

Solute is a substance that is dissolved in another substance. A solute can be a solid, liquid or gas.

Solvent is the liquid that dissolves a solid, liquid, or gaseous solute.

Solubility is the ability of a given substance, the solute, to dissolve in a solvent. If a substance has a high solubility, it means that lots of the solute is able to dissolve in the solvent.

Multiple Choice

1 A mixture of 35 g of salt in 100 g of water (at room temperature) is:

A a homogeneous mixture
B a heterogeneous mixture
C a colloid
D a very dense liquid

2 The solubility of salt in water increases if the temperature:

A increases
B decreases
C does not change
D is equal to 0 °C

3 At 20 °C, a mixture of 18 g of salt in 50 g of water is a heterogeneous one. If we decrease the temperature until 15 °C, how will the mixture appear?

A Homogeneous
B Heterogeneous
C Solid
D Vaporized

4 A precipitate is:

A the quantity of solute in a solution
B the undissolved solute in a solution
C the solute solubility
D the solvent solubility

STRUMENTI PER COSTRUIRE LE COMPETENZE

ALTRI TEST

Studiando la teoria...

Completa le frasi

1 La concentrazione di una soluzione rappresenta la quantità di .... presente in una .... quantità di ....

2 La concentrazione di una soluzione è responsabile delle sue ...., che dipendono naturalmente anche dal tipo di .... e di ....

3 La concentrazione percentuale in massa (% in massa o % m/m) di una soluzione indica i grammi di .... contenuti in .... di ....

4 La concentrazione percentuale in volume (% in volume o % V/V) di una soluzione indica i millilitri di .... contenuti in .... di ....

5 La concentrazione percentuale in massa-volume (% in massa-volume o % m/V) di una soluzione indica i grammi di .... contenuti in .... di ....

6 La concentrazione di una soluzione espressa in mg/ℓ indica i milligrammi di .... contenuti in .... di ....

7 Una soluzione viene definita satura quando il valore della sua concentrazione è .... possibile. Superato questo valore, se si aggiunge altro soluto questo si deposita come ....

8 La concentrazione di una soluzione satura è detta .... Questo termine perciò indica la .... di soluto che può trovarsi sciolto in una determinata .... e varia a seconda del .... e del ....

9 La solubilità di un soluto in un certo solvente varia al variare della .... Generalmente, riscaldando una soluzione, aumenta la .... che si scioglie e quindi aumenta anche la ....

10 Una soluzione satura, in presenza del soluto non disciolto, è un sistema costituito da ....; se il soluto viene allontanato, la soluzione è ancora ...., ma è costituta da ....

11 La .... di una soluzione è una grandezza che non dipende dal ...., perché esprime un rapporto quantitativo tra .... e .... Al contrario, la .... di soluto nella soluzione varia a seconda del .... che si prende in esame.

12 La diluizione di una soluzione consiste nell'aggiungere .... a una soluzione di concentrazione C_1 per ottenere una soluzione di concentrazione C_2, ... di .... In questa operazione .... il volume della soluzione C_1, mentre .... del soluto ....

Test vero-falso

1 In una soluzione la percentuale dei componenti può variare a piacere. V F

2 Se due soluzioni di acqua e sale hanno la stessa concentrazione, in 50 mℓ di una soluzione e in 100 mℓ dell'altra è contenuta la stessa massa di soluto. V F

3 Una soluzione colorata al 30% m/V ha lo stesso colore di una soluzione che contiene 15 g dello stesso soluto in 50 mℓ di soluzione. V F

4 Una soluzione al 10% m/m è più concentrata di una soluzione che contiene 10 g di soluto in 100 g di soluzione. V F

5 100 g di una soluzione al 40% *m/m* contengono 60 g di solvente. V F

6 Una soluzione è satura soltanto se è presente il corpo di fondo. V F

7 Una bibita che contiene 0,2 g di anidride carbonica in 200 mℓ è più frizzante di una bibita che contiene 0,1 g di anidride carbonica in 100 mℓ. V F

8 Un ottone che contiene il 30% di rame è una soluzione solida al 70% in zinco. V F

9 Se la solubilità di un composto X in acqua è 3 g/ℓ a 25 °C, vuol dire che a 25 °C non è possibile trovare in 1 ℓ di soluzione una massa di X maggiore di 3 g. V F

10 La solubilità di un composto X è un valore costante a qualsiasi temperatura. V F

Test a risposta multipla

Scegli la risposta o il completamento corretti

1 Quale soluzione ha una concentrazione diversa dalle altre tre? Quella che contiene:

A 5,0 g di soluto in 100 g di soluzione
B 2,5 g di soluto in 50 g di soluzione
C 20 g di soluto in 500 g di soluzione
D 50 g di soluto in 1000 g di soluzione

2 Un litro di una soluzione acquosa contiene 3 g di soluto. La concentrazione della soluzione è:

A 3 mg/ℓ
B 30 mg/ℓ
C $3 \cdot 10^2$ mg/ℓ
D $3 \cdot 10^3$ mg/ℓ

3 100 mℓ e 200 mℓ della stessa soluzione contengono:

A uguale quantità di solvente
B uguale quantità di soluto
C uguale quantità di soluto e diversa quantità di solvente
D diversa quantità di soluto e diversa quantità di solvente

4 Quale affermazione, riferita a una soluzione ottenuta sciogliendo 15 g di acetone in acqua e portando a 100 mℓ il volume della soluzione, *non è corretta*?

A È una soluzione in cui l'acetone è il soluto
B È una soluzione al 15% *m/m*
C È un sistema monofasico
D È un miscuglio omogeneo

5 Un soluto S ha solubilità di 10 mg/mℓ. Quanti grammi di S occorrono per preparare 1 ℓ di soluzione satura, senza che si formi il corpo di fondo?

A 10 g
B 5 g
C 1000 mg
D 500 mg

6 L'aria:

A è una soluzione che contiene circa il 78% di ossigeno
B non è un soluzione, perché è costituita da componenti gassosi
C è una soluzione che contiene circa il 21% di ossigeno
D è una soluzione che non contiene diossido di carbonio

7 La solubilità dello zucchero in acqua è di circa 2 kg/ℓ. Quale affermazione è corretta?

A Lo zucchero è il solvente e l'acqua è il soluto
B Una soluzione che ha volume 1/2 ℓ è satura, se contiene 1 kg di zucchero
C Aggiungendo zucchero alla soluzione satura si ottiene una soluzione più concentrata
D Aggiungendo acqua alla soluzione satura la solubilità aumenta

8 Una soluzione satura di un composto X in acqua, in presenza del corpo di fondo, è:

A un sistema monofasico
B un sistema bifasico
C un sistema trifasico
D una sostanza pura

9 Quale affermazione è vera, riferita a una soluzione acquosa satura di un composto X, in assenza del corpo di fondo, a una data temperatura?

A Aggiungendo acqua aumenta la concentrazione della soluzione
B Aggiungendo il composto X varia la concentrazione della soluzione
C Aggiungendo acqua non varia la solubilità di X
D Aggiungendo il composto X aumenta la concentrazione della soluzione

10 È più diluita una soluzione acquosa dello stesso soluto X che contiene:

A 5 g di X in 40 mℓ di soluzione
B 10 g di X in 70 mℓ di soluzione
C 15 g di X in 100 mℓ di soluzione
D 20 g di X in 200 mℓ di soluzione

Applica le tue conoscenze

3.2 Come si esprime la concentrazione delle soluzioni

1 La massa di un campione di soluzione è 800 g, di cui $\frac{1}{4}$ è costituito di soluto. Qual è la concentrazione della soluzione espressa come percentuale in massa? Quanti grammi di acqua sono presenti negli 800 g di soluzione? **[25% in massa; 600 g]**

2 Con 500 mℓ di alcol etilico sono stati preparati 2,0 ℓ di una soluzione acquosa. Qual è la concentrazione della soluzione, espressa come titolo alcolometrico? **[25% vol]**

3 In una brocca da 2 ℓ piena di tè sono stati sciolti 80 g di zucchero. Qual è la concentrazione in zucchero di questa bevanda, espressa in % *m/V*? **[4% *m/V*]**

4 La birra è una soluzione acquosa con un titolo alcolometrico del 5% vol circa. Se bevi 1/2 ℓ di birra, quanti millilitri di alcol ingerisci? **[25 mℓ]**

5 Quanti grammi di un composto solido *X* occorre sciogliere in acqua per ottenere 3 ℓ di soluzione al 10% *m/V*? **[300 g]**

6 In 1 ℓ di un'acqua minerale sono contenuti 200 mg di ioni calcio. Quanti milligrammi di ioni calcio ingerisci, bevendo 300 mℓ di quest'acqua? **[60 mg]**

7 Per preparare un liquore sono stati utilizzati 350 g di alcol etilico, 400 g di acqua, 300 g di zucchero e 25 g di estratto profumato. Qual è la concentrazione espressa in percentuale in massa di alcol nel liquore?

- In primo luogo devi calcolare il massa complessivo x della soluzione:

  x = ...

- Successivamente puoi trovare la percentuale di alcol, utilizzando il valore di x trovato e scrivendo la proporzione:

  350 g (alcol): .... = ... : ....

  $\frac{\text{............ : 350 g (alcol)} \times \text{............}}{\text{............}} = \text{............}$

  La concentrazione di alcol è: ....

8 Qual è la concentrazione in percentuale in volume di ossigeno e di metano in una miscela gassosa costituita da 30,0 mℓ di ossigeno, 50,0 mℓ di vapor d'acqua e 0,400 ℓ di metano? **[6,25% ossigeno; 83,3% metano]**

9 Una soluzione di due prodotti liquidi A e B si ottiene mescolando 30,0 cm^3 di A e 50,0 cm^3 di B. Quale dei due componenti è il solvente? Qual è la concentrazione in percentuale in volume della soluzione, ammettendo che il volume della soluzione risulti uguale alla somma dei volumi di A e B? **[37,5% *V/V*]**

10 L'acqua di mare può essere ritenuta, approssimativamente, una soluzione di cloruro di sodio al 3,5% in massa-volume. Facendo evaporare in una vasca 200 ℓ di acqua di mare, quanto sale si ricava? **[7,0 kg]**

11 Una merendina A ha una concentrazione in grassi del 4% in massa; una merendina B ha una concentrazione in grassi del 9% in massa. Se mangi 30 g della merendina A, quanti grammi di grassi ingerisci? Quanti grammi della merendina B dovresti mangiare per ingerire la stessa quantità di grassi?

- Per calcolare la massa di grassi *x* contenuta in 30 g della merendina A, utilizza il valore noto (4% in massa) e imposta la proporzione:

  4 g (grassi) : 100 g (A) = ... : ....

  x g (grassi) = ...

- Utilizzando il valore trovato per *x* (massa di grassi in 30 g della merendina A) e la percentuale in grassi della merendina B, con un'altra proporzione ricava i grammi della merendina B che devi mangiare:

  9 g (grassi) : 100 g (B) = ... : ....

  x g (B) = ...

  Dovresti mangiare ....

12 Quanti millilitri di alcol ingerisci, se bevi $\frac{1}{4}$ di litro di un vino sulla cui etichetta è riportato il simbolo 12% vol? Quanti millilitri di una birra, sulla cui etichetta compare il simbolo 5% vol, dovresti bere per ingerire la stessa quantità di alcol? **[30 mℓ; 600 mℓ]**

13 Qual è la concentrazione in % massa-volume di un'acqua minerale che contiene 1200 mg/ℓ di bicarbonato di sodio? **[0,12% *m/V*]**

14 Sull'etichetta di una lattina di Coca-cola, che ha il volume di 330 mℓ, si legge che ci sono 35,0 g di zuccheri. Qual è la concentrazione degli zuccheri nella Coca-cola, espressa in % massa-volume e in g/ℓ? **[10,6% *m/V*; 106 g/ℓ]**

15 400 g di alcol sono sciolti in 950 mℓ di soluzione, che ha una densità di 0,790 g/mℓ. Qual è la concentrazione espressa in % *m/m*?

- Per esprimere la concentrazione in % *m/m* devi conoscere la massa della soluzione, cioè quanto pesano .... mℓ di soluzione.

- Puoi calcolare i grammi della soluzione mediante una proporzione oppure, più direttamente, utilizzando una formula inversa della relazione che esprime la densità:

  $m = d \times V =$

  = ... g/mℓ × .... mℓ = ... (soluzione)

- Dunque, 950 mℓ di soluzione pesano .... Con questo valore puoi ora calcolare la concentrazione in % *m/m* della soluzione mediante una proporzione oppure con la relazione **[1]**:

$$m/m = \frac{m \text{ alcol (g)}}{m \text{ soluzione (g)}} = \frac{400 \text{ g}}{\dots\dots} \times 100 = \dots\dots$$

La soluzione ha concentrazione ....

16 Qual è la concentrazione in grassi di questo prodotto alimentare, espressa in % *m/V*? La densità del prodotto è 1,05 g/mℓ. Qual è la concentrazione in grassi, espressa in % *m/m*? **[69 % *m/V*; 66 % *m/m*]**

INFORMAZIONI NUTRIZIONALI valori medi del prodotto per	100 ml	porzione da 15 ml	% GDA* 15 ml
Valore energetico	630kcal/2600kJ	95kcal/390kJ	5%
Proteine	1,0 g	<0,5 g	
Carboidrati	1,0 g	<0,5 g	
di cui zuccheri	0 g	0 g	0%
Grassi	69 g	10 g	15%
di cui saturi	8 g	1,0 g	5%
Fibre	0 g	0 g	
Sodio	0,42 g	0,06 g	3%

*GDA = Quantità Giornaliera Indicativa per un adulto sulla base di una dieta di 2000 kcal

17 Aggiungendo acqua a una soluzione colorata:
a) il volume della soluzione aumenta, diminuisce o resta uguale?
b) la concentrazione della soluzione aumenta, diminuisce o resta uguale?
c) la massa del soluto aumenta, diminuisce o resta uguale?
d) il colore della soluzione diventa più intenso, meno intenso o resta uguale?

3.3 Quando una soluzione è satura

18 Una soluzione acquosa satura di sale da cucina contiene 10 g di sale disciolto e 2 g di corpo di fondo. Dopo aver aggiunto a questa soluzione 5 g di sale qual è la massa di sale disciolto? Qual è la massa del corpo di fondo? **[10 g; 7 g]**

19 Con una filtrazione si allontana il corpo di fondo del soluto X da una sua soluzione satura. La solubilità di X è 1,7 g/ℓ. Il filtrato che si ottiene è ancora una soluzione satura? Quale concentrazione ha la soluzione espressa in g/ℓ? **[1,7 g/ℓ]**

3.4 Concentrazione e quantità di soluto: qual è la differenza?

20 Due campioni di soluzioni acquose di zucchero hanno le seguenti masse e concentrazioni:
campione 1: 50 g al 4% in massa
campione 2: 200 g all'1% in massa
Quale campione contiene la minore quantità di zucchero? Quale dei due è più dolce?

21 Quali dei tre campioni contengono la stessa quantità di soluto?
a) 50 mℓ di una soluzione al 10% massa-volume
b) 25 mℓ di una soluzione al 5% massa-volume
c) 100 mℓ di una soluzione al 5% massa-volume

22 Nei due palloni tarati sono contenute due soluzioni dello stesso soluto. Quanti grammi di soluto contiene la soluzione **A**, che ha volume di 50 mℓ? La soluzione ***B*** ha volume di 250 mℓ e contiene la stessa quantità di soluto della soluzione **A**. Qual è la sua concentrazione in % *m/V*? Perché ha un colore meno intenso?

[2 g; 0,8% *m/V*]

3.5 Che cosa vuol dire "diluire una soluzione"?

23 Quale operazione faresti per ottenere 500 mℓ di una soluzione acquosa di un composto X al 20% *m/V* avendo a disposizione 250 mℓ di una soluzione acquosa con lo stesso soluto X al 40% *m/V*?

24 Quale delle tre soluzioni è la più diluita?

OBIETTIVO COMPETENZA

1 L'etichetta di un'acqua minerale da 1,5 ℓ riporta il termine "residuo fisso" e accanto 177,8 mg/ℓ.
a) Con quale tecnica di separazione può essere stato ottenuto il residuo fisso?
b) Qual è la concentrazione, espressa in % *m/V*, del residuo fisso nell'acqua minerale? **[1,778 · 10^{-2} % *m/V*]**

2 Per la preparazione di un liquore "limoncello" vengono utilizzati 300 mℓ di alcol in cui sono state sciolte, per estrazione, le essenze di limone, e 500 mℓ di acqua in cui è stato sciolto lo zucchero necessario.
a) Quale dei due liquidi è il solvente?
b) Ammettendo che il volume della soluzione risulti uguale alla somma dei volumi, calcola la concentrazione, espressa in % *V/V*, dell' alcol e dell'acqua nel limoncello.
c) Qual è il titolo alcolometrico di questo liquore? **[37,5% *V/V* ; 62,5% *V/V*; 37,5% vol]**

3 A un ammalato vengono praticate infusioni di una soluzione di acqua e glucosio al 5% *m/V* (*soluzione fisiologica glucosata*). Dal momento che il fabbisogno quotidiano del paziente è di 75 g di glucosio, quale volume di soluzione, espresso in millilitri e in litri, deve essergli somministrata in 24 ore? **[1500 mℓ; 1,5 ℓ]**

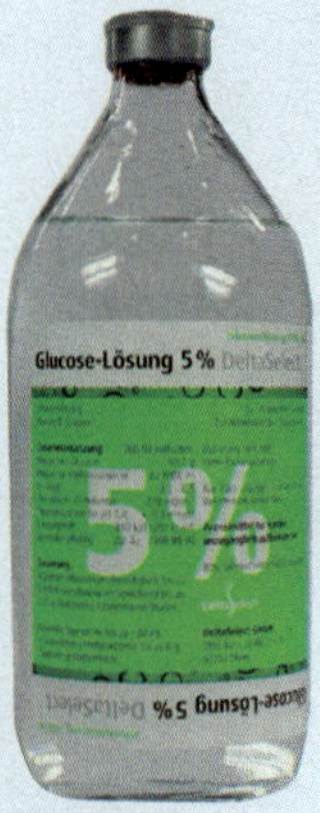

4 In un pesce di 800 g sono stati ritrovati 4,5 · 10^{-3} g di mercurio.
a) Quanti milligrammi di mercurio contiene ogni kilogrammo di quel pesce? **[5,6 mg/kg]**
b) Dal momento che il valore massimo di mercurio negli alimenti, accettato dalla legislazione italiana, è 0,07 mg/kg, si può ritenere che il pesce in questione costituisca un alimento fortemente inquinato?

5 Separando una miscela di acqua, zucchero e polvere di marmo, che ha massa complessiva di 280 g, si ottengono 30 g di zucchero e 15 g di marmo. La miscela è un sistema monofasico o bifasico? Giustifica questa risposta. Quanti grammi di acqua contiene la miscela? Qual è la percentuale di zucchero presente nella miscela, espressa in % *m/m*? **[235 g; 10,7% *m/m*]**

6 Volumi differenti di due soluzioni acquose, con concentrazione diversa e contenenti lo stesso soluto colorato, possono avere lo stesso colore? Giustifica la risposta. Possono avere uguale massa di soluto? Giustifica la risposta.

7 Una confezione di cereali contiene 9,0 g di proteine in 100 g di prodotto. Quanti grammi di proteine si ingeriscono mangiando 30 g di cereali? Un ragazzo di 38 kg, ha bisogno ogni giorno di 1,1 g di proteine per ogni kilogrammo del suo massa corporeo. Quanti grammi di proteine deve ingerire? Quanti grammi di cereali dovrebbe mangiare? **[2,7 g; 41,8 g; 464 g]**

8 In un laboratorio un operatore un po' distratto deve preparare 4 soluzioni di un soluto X con la stessa concentrazione di 7,6% *m/V*. A tale scopo ha preparato una tabella riportando i volumi dei becher e la massa del soluto X da sciogliere nell'acqua, ma ha commesso un errore scambiando di posto due valori della massa. Riporta le masse corrette del soluto e le concentrazioni, che l'operatore avrebbe ottenuto a causa della sua disattenzione.

contenitore	massa del soluto X	sostanza	% massa-volume
becher da 50 mℓ	3,8 g		
becher da 100 mℓ	7,6 g		
becher da 400 mℓ	45,6 g		
becher da 600 mℓ	30,4 g		
becher da 1000 mℓ	76 g		

9 100 mℓ di un succo di limone contengono 30 g di zucchero. Aggiungendo acqua, cambia la massa dello zucchero? Cambia la concentrazione del succo? Diventa più o meno aspro? Perché?

10 50 cm^3 di una soluzione acquosa contengono 0,70 g di zucchero. Qual è la concentrazione della soluzione, espressa in % *m/V*? Portandola al volume di 150 cm^3, qual è la concentrazione della nuova soluzione, espressa in % *m/V*? **[1,4 % *m/V*; 0,47 % *m/V*]**

Le sostanze e le loro trasformazioni

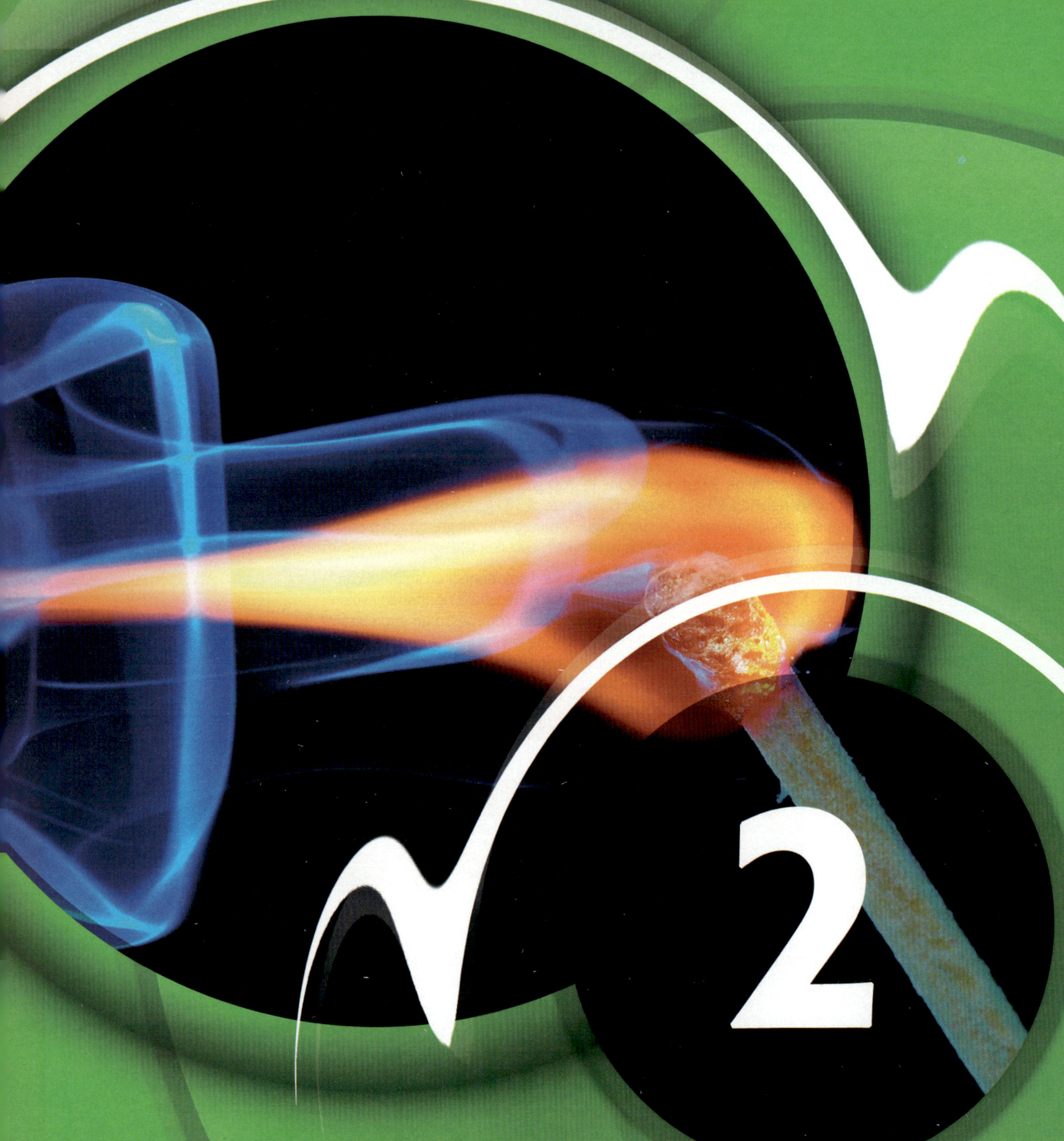

2

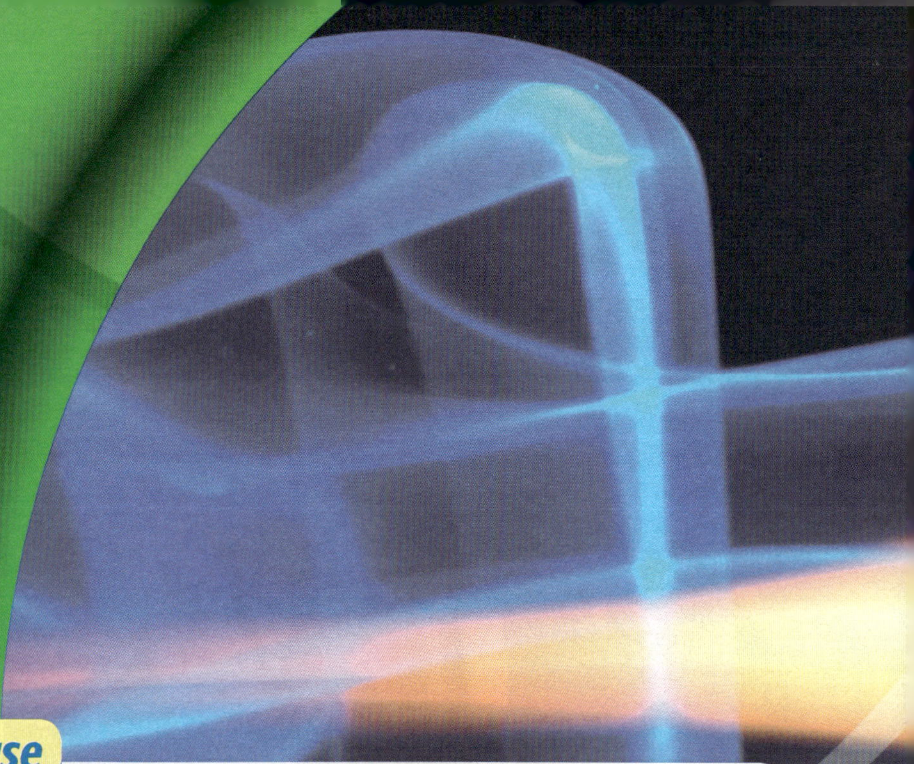

Competenze di base

- Valutare le differenze tra le **proprietà macroscopiche** di un **composto** e quelle dei suoi **elementi costitutivi**.
- Riconoscere quando è possibile utilizzare trasformazioni fisiche per ottenere **sostanze pure** da un materiale e quando, invece, è necessario ricorrere a **trasformazioni chimiche**.
- Esaminare le proprietà macroscopiche di un materiale per valutarne il **carattere metallico** o **non metallico**.
- Riconoscere l'utilità di preparare **leghe** da metalli con proprietà diverse.
- Effettuare una verifica della **legge di Proust** e della **legge di Dalton** attraverso semplici calcoli.
- Individuare la differenza tra **energia potenziale**, **cinetica** e **chimica**.
- Distinguere l'**energia termica** di un corpo dalla sua **temperatura** e dal **calore** che esso può cedere o acquistare.
- Individuare i **passaggi di stato endotermici** e quelli **esotermici** e motivarne la differenza.
- Interpretare la **curva di riscaldamento di un solido**, giustificando le soste termiche, attraverso il **calore latente** di fusione e di ebollizione.
- Individuare **trasformazioni chimiche** e **fisiche** che avvengono nella vita quotidiana o in un processo descritto.
- Riconoscere i "**sintomi**" che accompagnano una **trasformazione chimica**; in particolare riconoscere una **reazione esotermica** e una **reazione endotermica**.
- Collegare la trasformazione dei prodotti nei reagenti a una rottura di legami chimici, alla formazione di nuovi legami e a una **variazione dell'energia chimica**.
- Saper **rappresentare** e **bilanciare una trasformazione chimica**; utilizzando i dati forniti, verificare che sia rispettata la **legge della conservazione della massa** (legge di Lavoisier).
- Conoscere le proprietà del **gas ideale**, definite dalla **teoria cinetico-corpuscolare**.
- Individuare in che modo cambiano le variabili di stato (temperatura, pressione, volume) di una determinata massa di gas secondo le **leggi di Boyle**, **Charles** e **Gay-Lussac** e l'**equazione di stato del gas ideale**.
- Eseguire semplici calcoli relativi alle leggi dei gas.

Percorso

UNITÀ 4

I composti e gli elementi

Perché?...

- Perché l'idrogeno, che è un gas combustibile, altamente infiammabile, e l'ossigeno, che è un gas comburente, cioè che alimenta la combustione, non conservano queste proprietà nell'acqua, che è un composto formato da idrogeno e ossigeno?

....

....

....

....

4.1 Dai composti agli elementi

animazione
Dai composti agli elementi

I due esperimenti illustrati, che riguardano il *saccarosio* (lo zucchero da tavola) e l'*acqua distillata* (che si può ritenere *acqua pura*), permettono di individuare **due diversi tipi di sostanze**. In entrambi si fa ricorso all'energia.

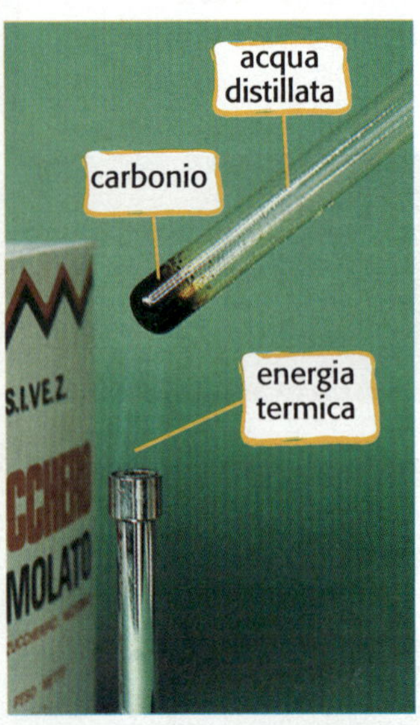

Riscaldando per un certo tempo lo *zucchero*, si sviluppa un vapore che condensa sulle pareti interne della provetta sotto forma di minuscole gocce: si può controllare che è *acqua distillata*; sul fondo della provetta resta una sostanza nera, che risulta essere *carbonio*.

L'acqua distillata (la stessa che si ottiene dallo zucchero) viene sottoposta a un processo, detto *elettrolisi*, che utilizza l'energia elettrica. Dopo un po' si osserva la formazione di due sostanze ben diverse dall'acqua: *idrogeno* e *ossigeno,* entrambe gassose, che si raccolgono nella parte alta delle due provette.

Qualunque tentativo di decomporre ulterirormente idrogeno, ossigeno e carbonio in altre sostanze si rivela vano: si tratta quindi di *sostanze elementari*, o semplicemente **elementi**.

elementi e composti

Gli **elementi** sono *sostanze non decomponibili in sostanze più semplici*. I **composti** sono le *sostanze decomponibili in elementi*, come acqua e saccarosio. Elementi e composti sono detti **sostanze pure** o semplicemente **sostanze**.

I due esperimenti precedenti permettono di affermare che:

1 la decomposizione del saccarosio e quella dell'acqua negli elementi costitutivi sono **trasformazioni chimiche**, che possiamo esprimere in questo modo:

$$\textbf{saccarosio} \xrightarrow{\text{energia termica}} \textbf{carbonio + acqua}$$

$$\textbf{acqua} \xrightarrow{\text{energia elettrica}} \textbf{idrogeno + ossigeno}$$

Lo sai?

Le **trasformazioni chimiche** sono quelle che **modificano la natura del materiale che le subisce**, e quindi la composizione della materia. Ben diverse sono le **trasformazioni fisiche**, nelle quali **la natura della materia resta inalterata**.

2 il **saccarosio** è un composto costituito di 3 elementi: **idrogeno**, **ossigeno** e **carbonio**; l'**acqua** è un composto costituito di 2 elementi: **idrogeno** e **ossigeno**;

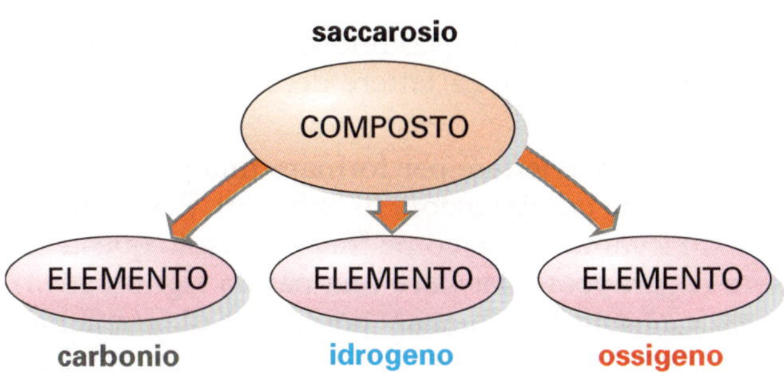

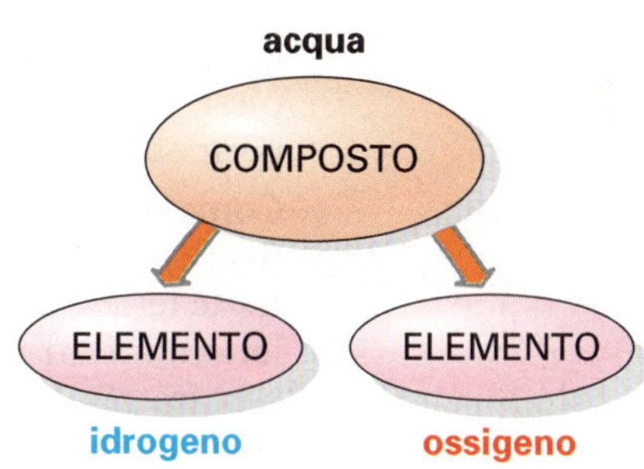

3 le **proprietà** degli elementi che si ottengono dal saccarosio e dall'acqua sono profondamente **diverse** da quelle dei due composti.

saccarosio (zucchero da tavola)	solido bianco, cristallino, dolce, molto solubile in acqua
acqua distillata	liquido incolore, inodore e insapore; bolle a 100 °C alla pressione di 1 atm
carbonio grafitico	solido nero, tenero, sfaldabile, insolubile in acqua; è un buon conduttore di elettricità
ossigeno	gas incolore, inodore, insapore; è comburente
idrogeno	gas incolore, inodore, insapore; è combustibile

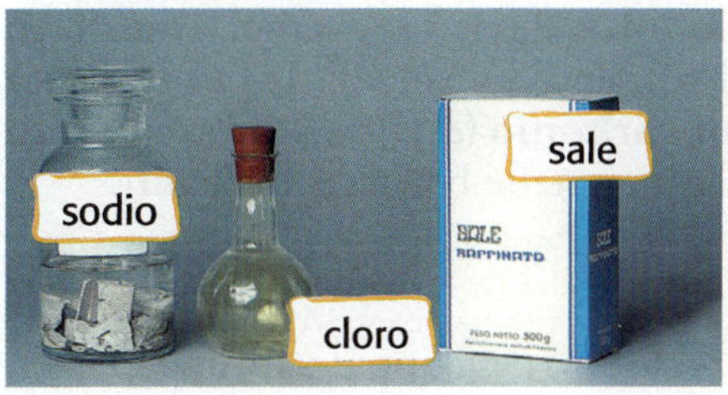

Il **sale da cucina**, che è cloruro di sodio, ha proprietà molto diverse dagli elementi che lo costituiscono: il **sodio**, un solido grigio lucente, e il **cloro**, un gas di colore giallo-verde.

Il **mercurio** è un liquido grigio lucente, lo **iodio** un solido grigio lucente, lo **ioduro di mercurio (II)** un solido di un bel colore rosso.

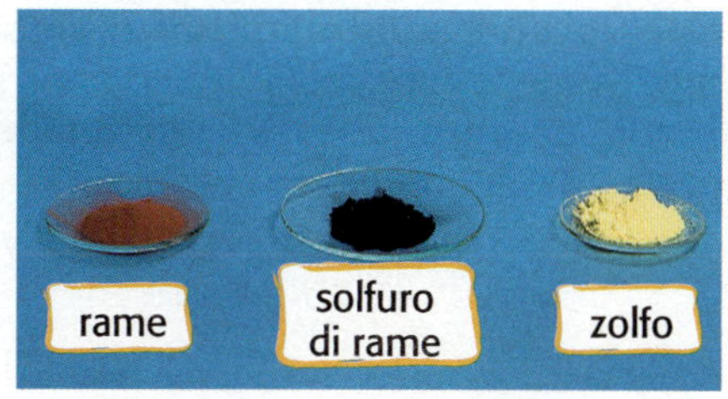

Il colore rosso del **rame** e il colore giallo dello **zolfo** non si ritrovano nel **solfuro di rame (II)**, un loro composto di colore nero.

animazione
Pochi elementi, molti composti

4.2 Pochi elementi, molti composti

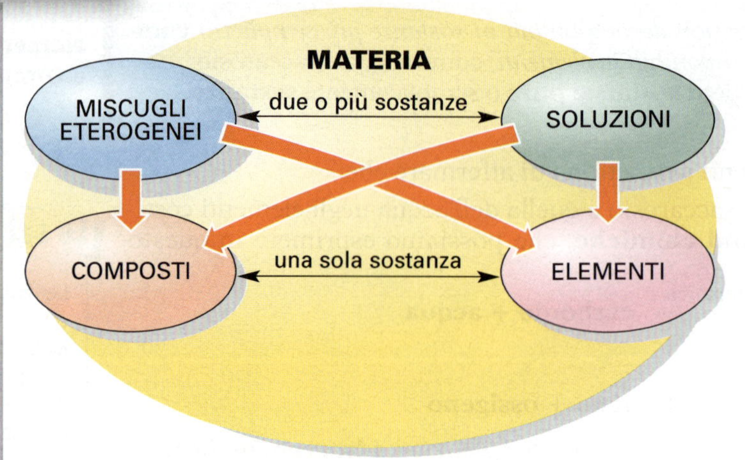

Tutta la materia, sia sotto forma di sostanze pure sia sotto forma di miscugli, è costituita da **elementi** e **composti**.

Gli elementi sono decisamente pochi rispetto ai composti, ma non c'è da stupirsi, così come appare naturale che le sole 21 lettere del nostro alfabeto ci permettono di comporre migliaia di parole.

Come non è possibile disporre a caso le lettere per formare una parola significativa, così sono possibili solo certe combinazioni di elementi. Per esempio, fra le lettere *p*, *e*, *s* non esiste un legame logico come fra *p*, *e*, *r* (solo queste tre lettere infatti possono essere raggruppate per dare una parola significativa); così fra gli elementi *ferro*, *argo* e *alluminio* non esiste possibilità di interazione come avviene invece per *calcio*, *carbonio* e *ossigeno*, che formano composti, fra cui il carbonato di calcio, di cui sono formate alcune rocce, come il marmo.

Spesso con combinazioni diverse delle medesime lettere dell'alfabeto si formulano parole del tutto diverse (con le lettere *a*, *e*, *p*, *r* si ottengono cinque parole).

Gli stessi elementi possono formare più composti con proprietà diverse: il **carbonio** e l'**ossigeno** formano l'**ossido di carbonio**, prodotto dagli scarichi dei veicoli, la cui tossicità è ben nota, e il **diossido di carbonio** (*anidride carbonica*), un comune gas presente nell'aria e nelle bevande frizzanti.

Il rapporto e la sequenza in cui le lettere sono raggruppate in una parola sono definiti e costanti; allo stesso modo il **rapporto fra le masse degli elementi in un composto è definito** e **costante**.
Perché sono possibili soltanto certe combinazioni di elementi? Qual è il significato di un rapporto definito e costante per ogni composto? Per dare una risposta a queste domande occorre approfondire la conoscenza delle proprietà delle particelle che compongono la materia.

composti costituiti dagli stessi elementi: carbonio, ossigeno, idrogeno	
saccarosio (zucchero da tavola)	solido bianco, cristallino, dolce, molto solubile in acqua; è il più comune dolcificante
cellulosa	solido bianco, insolubile in acqua; è un costituente della parete delle cellule vegetali
amido	solido bianco parzialmente solubile in acqua calda; è sostanza di riserva negli organismi vegetali, componente caratteristico della farina
alcol etilico	liquido incolore, di odore gradevole, solubile in acqua in ogni proporzione; utilizzato per la preparazione dei liquori
acido acetico	liquido aspro, solubile in acqua; è il componente caratteristico dell'aceto
acetone	liquido incolore, ottimo solvente di lacche, come lo smalto per unghie

Carbonio, idrogeno e ossigeno sono i costituenti di moltissimi composti, dalle caratteristiche molto diverse.

4.3 Gli elementi

Il magnesio, l'alluminio e il titanio, cosiddetti **metalli leggeri**, vengono usati, generalmente sotto forma di leghe, nell'industria aeronautica.

L'**alluminio** è un metallo molto diffuso: lo si trova, per esempio, sotto forma di lattine per bibite.

Il **silicio** viene adoperato nella realizzazione di componenti elettronici e di sistemi fotovoltaici per l'utilizzazione dell'energia solare.

Il **carbonio** grafitico è utilizzato nella fabbricazione dei telai delle biciclette, perché consente di ottenere strutture molto leggere e resistenti.

Dei **118 elementi** finora noti, **90** sono **elementi naturali**, cioè presenti in natura, liberi o combinati fra loro, i restanti sono **elementi artificiali**, per alcuni dei quali non sono ben note le caratteristiche. Tra gli elementi artificiali, per esempio, il *nettunio* e il *plutonio* sono stati ottenuti nel corso degli studi condotti verso la fine della seconda guerra mondiale negli Stati Uniti per la costruzione della bomba atomica. Fatta eccezione per il *plutonio*, che viene prodotto in quantità relativamente grandi, perché utilizzato come combustibile nucleare, gli elementi artificiali non hanno particolare importanza pratica.

In **condizioni ordinarie**, cioè alla temperatura e alla pressione ambiente (mediamente 15-18 °C e 1 atm), gli **elementi** si presentano in **differenti stati di aggregazione**: dei 90 elementi naturali **2** sono **liquidi** (*bromo* e *mercurio*), **11** sono **gassosi** (*ossigeno, azoto, idrogeno, elio, cloro, fluoro, neo, kripto, rado, argo* e *xeno*), gli altri **77** sono **solidi**.
Per le loro proprietà gli elementi possono essere distinti in due grandi classi: **metalli** e **non metalli**. Alcuni elementi, come il *silicio*, l'*arsenico*, l'*antimonio*, infine, posseggono proprietà tipiche sia dei metalli sia dei non metalli e per questo motivo vengono denominati **semimetalli**.

I **metalli** sono tutti solidi (eccetto il *mercurio*, che è liquido) e dotati di particolare lucentezza, detta appunto **lucentezza metallica**.

Sono **buoni conduttori di calore** e **di elettricità**; generalmente sono **duttili** (possono essere cioè tirati in fili, come il *rame* nei fili elettrici).

Inoltre sono **malleabili** (riducibili cioè in lamine sottili, come nei rotoli di *alluminio* per uso domestico) e possono flettersi senza spezzarsi.

I **non metalli** solitamente non hanno superficie lucente; non hanno conducibilità, né duttilità né malleabilità e spesso, allo stato cristallino, risultano fragili. Il *fosforo rosso* e lo *iodio* sono contenuti in prodotti di uso comune, come i fiammiferi e la tintura di iodio. Anche lo *zolfo*, l'*azoto*, l'*ossigeno* e il *cloro* sono non metalli molto diffusi.

Il **carbonio**, pur essendo un **non metallo**, sotto forma di grafite (*carbonio grafitico*) *conduce* bene l'*elettricità*, come i metalli (infatti sono di grafite gli elettrodi delle pile). La grafite è molto tenera e *sfaldabile* ed è il componente delle mine delle matite.

Anche il *diamante* è formato di carbonio, ma non conduce la corrente ed è una delle sostanze più dure che si conosca. Quando viene lavorato, assume una brillantezza particolare, che lo rende molto prezioso.

Le leghe

Spesso i metalli vengono lavorati sotto forma di **leghe**, talvolta anche con l'aggiunta di non metalli o semimetalli, per ottenere materiali con proprietà particolari.

Perché l'oro per gioielleria può avere colore diverso? Che cosa vuol dire oro 18 carati e oro 750?

L'**oro** che si trova in commercio è una lega di oro e altri metalli, che vengono aggiunti all'oro, molto malleabile, per renderlo più resistente alla deformazione e all'usura. In gioielleria sono molto adoperati l'oro rosa o rosso (che deve il suo colore al rame) e l'oro bianco (che contiene argento o nichel o palladio), oltre all'oro giallo, che contiene argento e rame.

A ogni tipo di lega viene attribuito un **titolo** espresso in **carati** (**kt** o **k**) o in **per mille** (‰), che consente di identificare la quantità di metallo presente in maggiore quantità. Nel caso dell'oro per gioielleria, il numero che precede il termine "carati" indica le parti di oro puro (espresse per esempio in grammi) presenti in 24 parti. Perciò un oro 18 carati contiene 18 parti di oro puro e 24 − 18 = 6 parti di un altro metallo. L'oro 18 carati è il tipo di oro più utilizzato in oreficeria e viene indicato anche come oro 750 ‰, che indica che la lega è costituita da 750 parti di oro e da 250 parti di atri metalli, generalmente rame e argento.

Lo sai?

Il **carato** è una unità di misura che corrisponde a **0,2 g**. La parola deriva dall'arabo "qīrā" e significa "ventiquattresima parte".

Il **rame**, che è un metallo, con altri metalli forma leghe, che sono utilizzate in vari campi, anche perché il rame ha la proprietà di bloccare la proliferazione di batteri nocivi. Per questo motivo sono di leghe di rame le monete dell'euro, che, passando di mano in mano, possono rappresentare un facile veicolo di diffusione di alcune malattie. Inoltre, a seconda dei metalli presenti nella lega, è possibile la produzione di monete con tonalità di colore dal rosso al bianco argento.

L'**acciaio** è una delle leghe più diffuse, costituita da **ferro** e **carbonio**, quest'ultimo in quantità non superiore a 2 kg in 100 kg di lega. Viene messo in commercio sotto varie forme, che differiscono per l'aggiunta di altre sostanze che lo rendono adatto a usi particolari.

Sono di acciaio i *ferri* con che costituiscono l'armatura del calcestruzzo armato, utilizzato in edilizia per realizzare le strutture portanti di edifici, ponti, pilastri ecc.

Nelle attrezzature utilizzate nel settore alimentare si adopera l'**acciaio inossidabile** (**acciaio inox**), che contiene **nichel** e **cromo**; quest'ultimo all'aria forma uno strato di ossido di cromo, che protegge il ferro dall'arrugginimento.

La **ghisa**, come l'acciaio, è una lega di ferro e carbonio, che contiene una maggiore quantità di carbonio che la rende più fragile: la ghisa cioè può spezzarsi, a causa di urti forti e improvvisi. Tuttavia resiste meglio dell'acciaio all'arrugginimento ed è per questo che viene utilizzata negli arredi urbani.

espansione
I bioelementi e il quartetto favorito

Il carbonio e i composti organici

Il **carbonio** costituisce l'elemento di riferimento per una suddivisione della chimica in due settori: **chimica organica**, che è la *chimica dei composti del carbonio*, e **chimica inorganica**, che è la chimica degli altri composti. Il carbonio, con idrogeno, ossigeno e azoto, è uno dei quattro elementi più abbondanti negli organismi e fa parte dei *bioelementi*.

composti organici e inorganici

I **composti organici** sono i **composti che contengono il carbonio**; tutti gli altri sono **composti inorganici**. Fanno eccezione il diossido di carbonio, il carbonato di calcio e pochi altri che, pur contenendo carbonio, sono composti inorganici.

I **composti organici** hanno alcune proprietà caratteristiche: sono generalmente **poco solubili in acqua**, **sensibili al calore** (che può deformarli e addirittura decomporli), spesso sono **infiammabili** e hanno **temperature di ebollizione** e **di fusione più basse** di quelle dei composti inorganici; in altre parole, sono per così dire più "delicati".

I composti organici sono numerosissimi (oltre 30 milioni), talvolta molto complessi, come le *proteine*: nell'organismo dei mammiferi ci sono fino a 150 000 tipi diversi di proteine.
Si può dire che la maggior parte delle sostanze con cui abbiamo a che fare quotidianamente sono sostanze organiche preparate in laboratorio a partire da sostanze molto più semplici.

video lab
Preparazione di un polimero

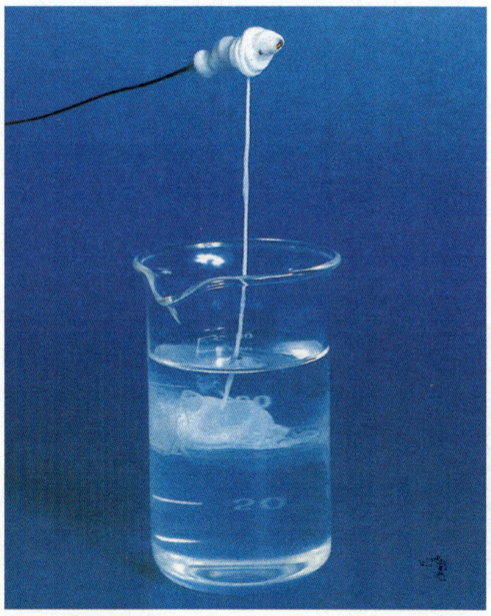

Il **nylon 6-6** è un composto organico ed è stato la prima fibra tessile interamente sintetica prodotta su scala industriale (1938).
Il simbolo 6-6 indica che ciascuno dei composti da cui si ottiene contiene 6 atomi di carbonio.
Si tratta di una fibra molto tenace, elastica, resistente alle abrasioni, non infiammabile, inattaccabile da insetti e microrganismi.

4.4 I rapporti quantitativi tra gli elementi nei composti

I rapporti numerici fra le masse degli elementi che formano i composti sono detti **rapporti ponderali** o **rapporti stechiometrici**. Essi sono regolati da due leggi: la *legge di Proust* o **legge delle proporzioni definite** e la *legge di Dalton* o **legge delle proporzioni multiple**.

La legge delle proporzioni definite

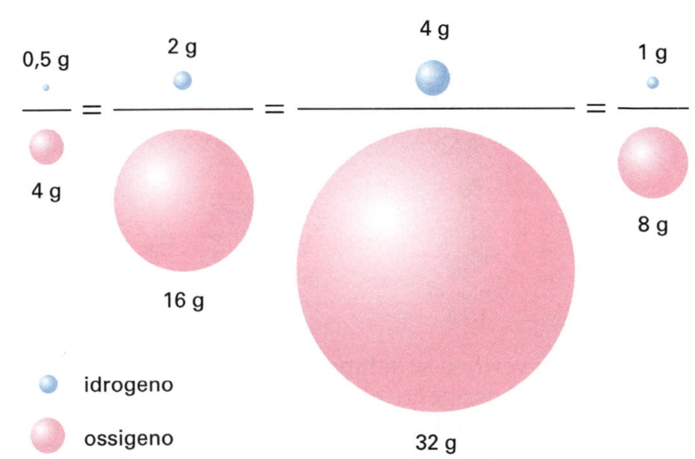

Se misuriamo le masse dell'idrogeno e dell'ossigeno che si ottengno per elettrolisi dell'acqua e facciamo il rapporto, otteniamo il valore di 1 : 8, qualunque sia la quantità di acqua sottoposta a elettrolisi.
In altre parole, per elettrolisi di 9 g di acqua si sviluppano 1 g di idrogeno e 8 g di ossigeno, da 4,5 g oppure da 18 g o da 36 g ecc. di acqua si ottengono, rispettivamente 0,5 g, 2,0 g o 4,0 g ecc. di idrogeno e 4,0 g, 16 g, 32 g ecc. di ossigeno.
In ogni caso il **rapporto ponderale fra la massa dell'idrogeno e quella dell'ossigeno è sempre 1 : 8**.
Anche preparando l'acqua dall'idrogeno e dall'ossigeno (cioè con una trasformazione inversa all'elettrolisi), si può calcolare che nell'acqua il rapporto ponderale fra idrogeno e ossigeno è ancora 1 : 8.

Superando molte difficoltà e contrapposizioni del mondo scientifico del tempo e fornendo ampie e convincenti prove sperimentali, il chimico francese *J. Proust* (1754-1826), nel 1799 formulò

la **legge delle proporzioni definite** (detta anche **legge di Proust**), secondo cui in un qualsiasi composto il rapporto fra le masse degli elementi costitutivi è definito e costante, ed è caratteristico di ciascun composto.

legge di Proust

Conoscendo il rapporto fra le masse degli elementi costitutivi di un composto, si possono ricavare altri dati significativi con semplici operazioni aritmetiche, come viene descritto negli esempi.

esempio 1

Vogliamo conoscere la massa di idrogeno contenuta in 70 g di acqua. Il rapporto stechiometrico fra idrogeno e ossigeno nell'acqua è 1,0 g : 8,0 g.

Il valore richiesto si ottiene impostando una proporzione:

$$9{,}0\ \text{g (acqua)} : 1{,}0\ \text{g (idrogeno)} = 70\ \text{g (acqua)} : x\ \text{g (idrogeno)}$$

da cui si ricava:

$$x\ \text{g (idrogeno)} = \frac{1{,}0\ \text{(idrogeno)} \times 70\ \text{g (acqua)}}{9{,}0\ \text{g (acqua)}} = \mathbf{7{,}8\ g\ (idrogeno)}$$

esempio 2

Consideriamo la trasformazione inversa alla **decomposizione** per elettrolisi, cioè la **sintesi** dell'acqua dagli elementi, e determiniamo la massa di ossigeno necessaria per ottenere 20 g di acqua. Il rapporto stechiometrico fra idrogeno e ossigeno nell'acqua è 1,0 g : 8,0 g.

Il valore richiesto si ottiene impostando una proporzione:

$$9{,}0\ \text{g (acqua)} : 8{,}0\ \text{g (ossigeno)} = 20\ \text{g (acqua)} : x\ \text{g (ossigeno)}$$

da cui si ricava:

$$x\ \text{g (ossigeno)} = \frac{8{,}0\ \text{(ossigeno)} \times 20\ \text{g (acqua)}}{9{,}0\ \text{g (acqua)}} = \mathbf{18\ g\ (ossigeno)}$$

Ricorda!...

La **sintesi** di un composto è la reazione con cui il composto viene preparato a partire dai suoi elementi costitutivi.
La **decomposizione** di un composto è la reazione con cui un composto si trasforma in composti più semplici o nei suoi elementi costitutivi.

Che cosa accade quando, nel preparare un composto, non viene rispettato il rapporto ponderale tra gli elementi che lo costituiscono?

Nel caso dell'**ossido di magnesio**, un composto costituito da **magnesio** e **ossigeno** ottenibile per combustione del magnesio,

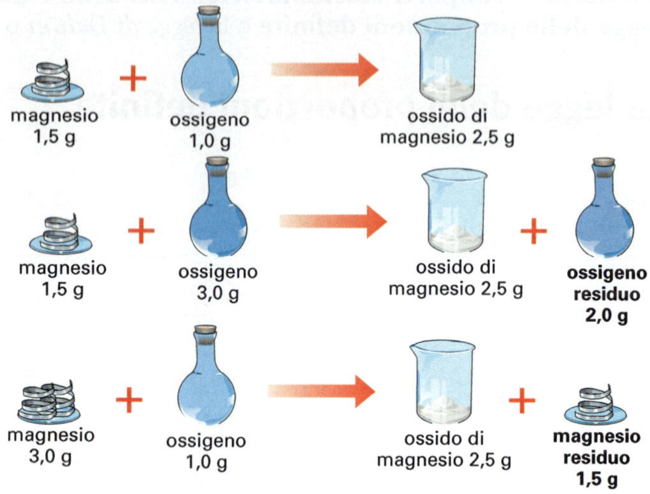

il rapporto ponderale tra il magnesio e l'ossigeno è:

$$\underset{\text{magnesio}}{24\text{ g}} : \underset{\text{ossigeno}}{16\text{ g}}$$

perciò 72 g, 48 g, 12 g o 6 g di magnesio reagiscono rispettivamente con: 48 g, 32 g, 8 g o 4 g di ossigeno, in quanto i rapporti tra questi numeri sono uguali:

$$\frac{72}{48} = \frac{48}{32} = \frac{12}{8} = \frac{6}{4} = \frac{1,5}{1}$$

Che cosa si verifica se si fanno bruciare 1,5 g di magnesio con 3 g di ossigeno, anziché con 1 g? Oppure 3 g di magnesio con 1 g di ossigeno?

Nel primo caso resta un **residuo di ossigeno**, nel secondo caso rimane un **residuo di magnesio**, che non si sono combinati.

esempio 3

Quale quantità di acqua si ottiene, se si effettua la sintesi dell'acqua utilizzando 3,0 g di idrogeno e 16 g di ossigeno? Il rapporto stechiometrico fra idrogeno e ossigeno nell'acqua è 1,0 g : 8,0 g.

Il rapporto stechiometrico 1,0 g : 8,0 g è uguale al rapporto 2,0 g : 16,0 g, ma è diverso dal rapporto tra le masse di idrogeno e ossigeno adoperate: la massa di idrogeno (3,0 g) è maggiore di quella necessaria (2,0 g), perciò soltanto 2,0 g di idrogeno si combinano con i 16 g di ossigeno e si formano **18 g di acqua**.

Restano 3,0 g − 2,0 g = 1,0 g di idrogeno non combinato.

La legge delle proporzioni multiple

La **legge delle proporzioni multiple** riguarda composti diversi formati dagli stessi elementi.

acqua (idrogeno e ossigeno)		acqua ossigenata (idrogeno e ossigeno)		rapporto tra le masse di ossigeno
massa di idrogeno	massa di ossigeno	massa di idrogeno	massa di ossigeno	
1,0 g	8,0 g	1,0 g	16 g	8,0 g : 16 g = 1 : 2
2,0 g	16 g	2,0 g	32 g	16 g : 32 g = 1 : 2
3,0 g	24 g	3,0 g	48 g	24 g : 48 g = 1 : 2

I dati ottenuti dagli esperimenti evidenziano che **il rapporto tra la massa di ossigeno nell'acqua e quella di ossigeno nell'acqua ossigenata è sempre 1 : 2**, se riferito alla stessa massa di idrogeno (1,0 g, 2,0 g e 3,0 g).

Questi risultati sono generalizzabili e sono espressi dalla **legge delle proporzioni multiple** (o **legge di Dalton**), dal nome del chimico, fisico e naturalista inglese *J. Dalton* (1766-1844) che intorno al 1808 la enunciò:

legge di Dalton

nel caso di più composti formati dagli stessi elementi *A* e *B*, le **diverse masse dell'elemento *A*, riferite alla medesima massa dell'elemento *B***, stanno fra loro in un **rapporto definito e costante**, espresso da numeri interi, generalmente **piccoli**.

Differenze tra composti e miscugli eterogenei

La legge di Proust consente di mettere ulteriormente a fuoco la differenza fra un composto e un miscuglio eterogeneo.

composti	miscugli eterogenei
gli elementi costitutivi perdono la loro identità	ogni componente conserva la sua identità
le proprietà sono caratteristiche del composto e differenti da quelle degli elementi costitutivi	le proprietà sono la somma delle proprietà dei singoli componenti
la composizione in peso è definita e costante	la composizione in peso può variare in maniera illimitata
gli elementi costitutivi possono essere ottenuti solo mediante trasformazioni chimiche	i componenti possono essere separati fra loro mediante trasformazioni fisiche

Se mescoliamo zolfo e ferro otteniamo un miscuglio dei due elementi.

Il miscuglio può essere separato facilmente utilizzando una caratteristica proprietà del ferro.

Dopo il riscaldamento del miscuglio, la separazione risulta impossibile, perché il calore ha provocato la trasformazione chimica dei due elementi nel composto solfuro di ferro (II), che non presenta più nè le proprietà del ferro nè quelle dello zolfo.

La legge di Proust, dedotta da dati sperimentali, fu un'evidente dimostrazione dell'importanza della misurazione in campo chimico.
La legge di Proust, la legge della conservazione della massa, enunciata alcuni anni prima, e la legge di Dalton rappresentano le tre leggi ponderali fondamentali della chimica, che segnarono la strada per la formulazione della **teoria atomica della materia**.

IN LABORATORIO

Conducibilità elettrica di alcuni materiali

Una proprietà caratteristica dei metalli è la conducibilità, sia termica sia elettrica.
In questa esercitazione valuterai la conducibilità elettrica di alcuni materiali.

Materiali

- 3 pezzi di fil di ferro lunghi 20-30 cm
- 2 pezzi di foglio di alluminio di circa 20 cm, ripiegati in modo da formare 2 strisce
- 2 mine spesse (per matita)
- zolfo in polvere
- blocchetto di polistirene espanso
- pila da 4,5 V con alette
- LED (*Light Emitting Diode*); diodo a emissione luminosa
- 4 morsetti a becco di coccodrillo per i collegamenti con il LED e con la pila
- 2 chiodi lunghi
- becher da 100 mℓ (o bicchierino trasparente di plastica)
- cucchiaino di plastica
- fazzoletto di carta

Esperimento 1

Procedimento

1. Collega l'estremità di un pezzo di fil di ferro con il polo negativo della pila.
2. Unisci l'altra estremità del fil di ferro con il filo corto del LED, che è il polo negativo.
3. Collega il filo lungo dello stesso LED con un'estremità di un secondo pezzo di fil di ferro.
4. Collega l'estremità libera del secondo fil di ferro con il polo positivo della pila. Osserva se avviene il passaggio di corrente.
5. Stacca il fil di ferro dal polo positivo della pila e collegalo con un chiodo.
6. Collega un'estremità del terzo fil di ferro con l'altro chiodo.
7. Versa la polvere di zolfo nel becher e inserisci nella polvere i due chiodi a piccola distanza senza che si tocchino.
8. Collega l'estremità libera del terzo fil di ferro con il polo positivo della pila. Osserva se avviene il passaggio di corrente.
9. Togli i due chiodi dal becher. Pulisci i due chiodi con il fazzoletto e inseriscili nel blocchetto di polistirene; osserva se passa la corrente.

Esperimento 2

Procedimento

1. Ripeti le operazioni descritte ai **punti 1**, **2**, **3** e **4** dell'**esperimento 1** con le 2 strisce di alluminio.
2. Ripeti le operazioni eseguite sostituendo le 2 mine alle 2 strisce, ma con estrema delicatezza nel fare i collegamenti con i morsetti, perché le mine sono molto fragili.

Rispondi

- Quali sostanze si sono rivelate conduttori elettrici?
- Di quale elemento è costituita una mina per matita?
- A quale categoria di elementi (metalli o non metalli) appartengono le sostanze che si sono rivelate conduttori elettrici?
- Quale di questi elementi costituisce un'eccezione in quanto *non* dovrebbe essere un buon conduttore?
- Perché il LED resta spento se inserisci nel circuito i materiali non conduttori?

IN SINTESI

PER LA DIDATTICA INCLUSIVA

Composti ed elementi

Tutta la **materia** è costituita da due categorie di **sostanze pure**, gli elementi e i composti, che hanno proprietà specifiche e caratteristiche e si trovano in natura come tali oppure come miscugli. Ogni elemento e ogni composto ha proprietà specifiche e caratteristiche.

- Un **elemento** non può essere trasformato in sostanze più semplici.
- Un **composto** è costituito da **elementi**. Per **decomposizione**, quindi soltanto con una **trasformazione chimica**, un composto può trasformarsi negli elementi costitutivi, che hanno proprietà diverse da esso.

Gli elementi

Dei 118 elementi noti, gli **elementi naturali**, cioè presenti in natura, liberi o combinati nei composti, sono 90; gli altri sono **elementi artificiali**.
In base alle loro proprietà, gli elementi sono suddivisi in tre categorie.

- I **metalli** sono tutti **solidi** (eccetto il mercurio che è liquido) e dotati di alcune **proprietà** caratteristiche: **conducibilità elettrica** e **conducibilità termica**; **malleabilità** e **duttilità**, cioè la possibilità di essere ridotti, rispettivamente, in lamine e in fili; **lucentezza**.
- I **non metalli** sono gli elementi che non hanno le caratteristiche proprietà dei metalli.
- I **semimetalli** presentano alcune proprietà dei metalli e altre dei non metalli.

Spesso i metalli vengono lavorati sotto forma di **leghe**, talvolta con l'aggiunta di non metalli o semimetalli, per ottenere materiali con proprietà particolari.

Il **carbonio**, classificato come non metallo, presenta conducibilità elettrica, quando è sotto forma di **grafite** (carbonio grafitico).
Il carbonio è l'elemento di riferimento per la suddivisione della chimica in **chimica organica**, che studia i composti del carbonio, cioè quelli che contengono carbonio, e **chimica inorganica**, che studia tutti gli altri composti, compresi il monossido e il diossido di carbonio e qualche altro composto contenente carbonio.
I **composti organici**, molto più numerosi dei composti inorganici, hanno alcune proprietà particolari, come la **scarsa solubilità in acqua**, la frequente **infiammabilità** e la **bassa resistenza al calore**.

I rapporti quantitativi tra gli elementi nei composti

- La **legge delle proporzioni definite** (o **legge di Proust**) stabilisce che in un qualsiasi composto **il rapporto tra le masse degli elementi costitutivi è definito e costante, ed è caratteristico del composto**.

IN SINTESI

• La **legge delle proporzioni multiple** (o **legge di Dalton**) stabilisce che **quando più composti sono formati dagli stessi elementi A e B, le masse dell'elemento A stanno tra di loro in un rapporto definito e costante, espresso da numeri interi, generalmente piccoli. Ciò si riscontra se si fa riferimento alla stessa massa dell'altro elemento B.**

Differenze tra composti e miscugli eterogenei

La legge di Dalton consente di mettere in evidenza la **differenza tra un composto** e un **miscuglio eterogeneo**.

COMPOSTO	MISCUGLIO ETEROGENEO
gli **elementi** costitutivi **perdono** la loro **identità**	ogni **componente conserva** la sua **identità**
proprietà caratteristiche, diverse da quelle degli elementi costitutivi	**proprietà** sono la **somma** delle **proprietà dei componenti**
composizione in massa definita e **costante**	**composizione in massa variabile**
gli elementi costitutivi possono essere ottenuti soltanto mediante **trasformazioni chimiche**	i costituenti possono essere separati mediante **trasformazioni fisiche**

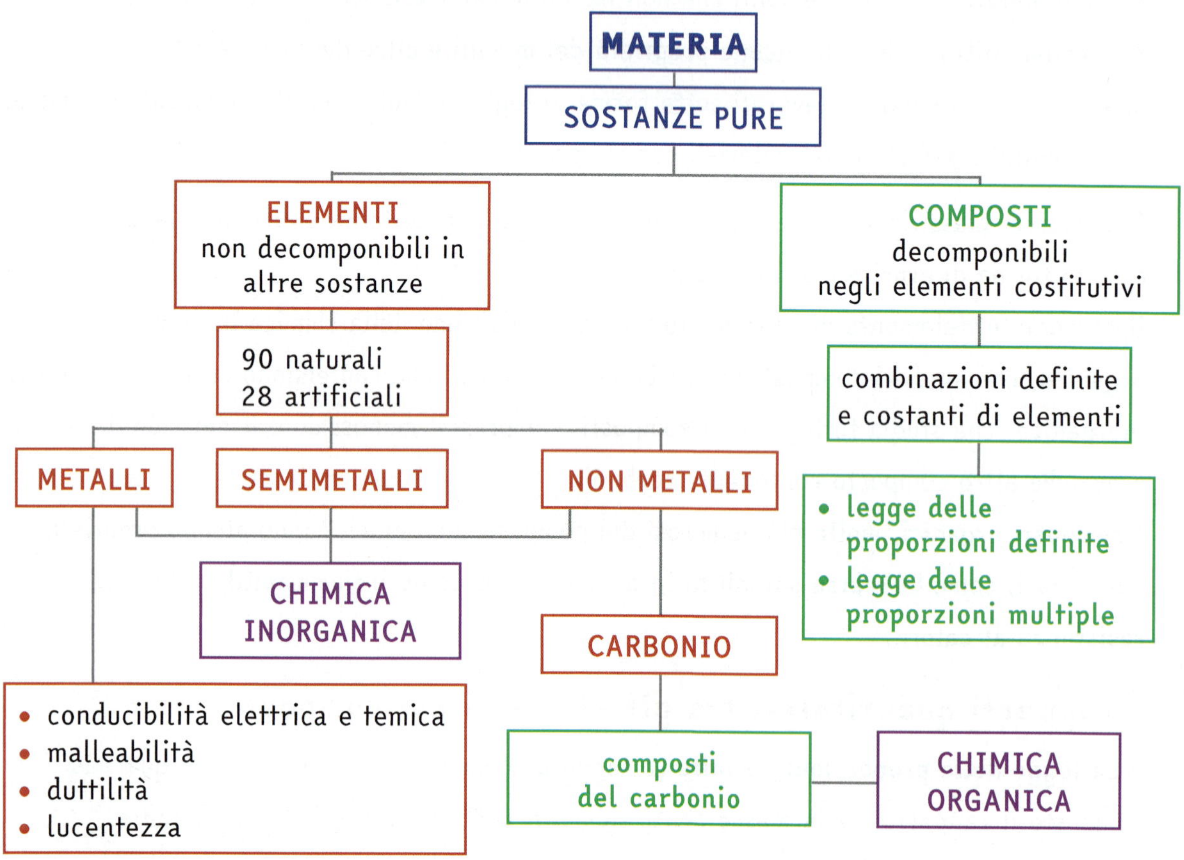

SCIENTIFIC ENGLISH

Pure Substances: Elements and Compounds

Any material that is not a mixture, is called a **pure substance**. Pure substances include **elements** and **compounds**. It is much more difficult to break down pure substances into their parts, and to do this complex chemical methods are needed.

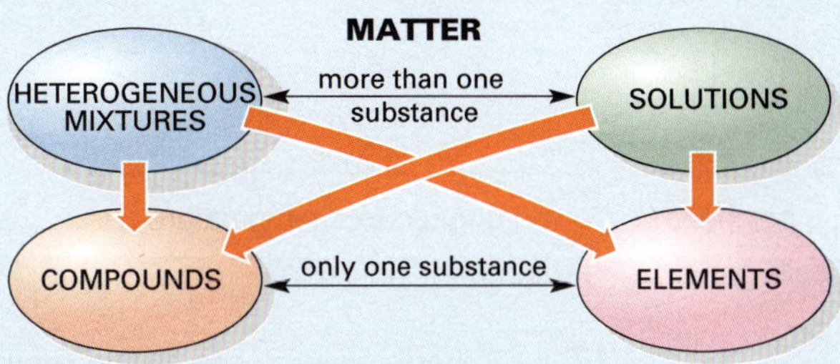

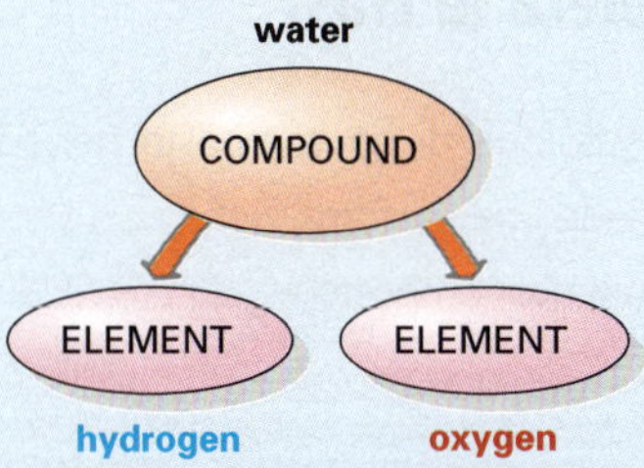

An **element** is a chemical substance that can't be divided or changed into other chemical substances by any ordinary chemical means.
A **compound** is a chemical substance that forms when two or more elements combine in a fixed ratio.
Water H_2O, for example, is a compound that is made up of hydrogen and oxygen.

In a compound elements combine following specific ratio, called **stoichiometric ratio** defined by two laws.

- The **Law of Definite Proportions**, or **Proust's law**, states that a chemical compound always contains the same proportion of element by mass. If we measure the mass of hydrogen and oxygen obtained by separating the two elements, we see that the ratio between the mass of hydrogen and the mass of oxygen is always 1 : 8.
- The **Law of Multiple Proportions**, or **Dalton's law**, states that when two elements combine with each other to form more than one compound, the ratios of the masses of the second element which combine with a fixed mass of the first element will be ratios of small whole numbers.

Key Words

Pure substance is any material that is not a mixture.

Element is a substance that cannot be broken down into other substances through chemical means.

Compound is a substance made up of two or more elements that are joined together in a fixed ratio.

Stoichiometric ratio is the ratio that exists among the element that forms a compound.

Multiple Choice

1 An element can be defined as:

- **A** a substance that cannot be separated into two or more substances by ordinary chemical means
- **B** a substance with constant composition
- **C** a substance that contains two or more substances, in definite proportion by weight
- **D** a uniform substance

2 A compound can be defined as:

- **A** a substance that forms only at high temperature
- **B** a substance that forms when two or more elements combine in a fixed ratio
- **C** a mixture that can be separated by physical means
- **D** a substance that forms only at high pressure

Questions

3 Classify each of the following substances as an element, a compound, a solution (homogeneous mixture), or a heterogeneous mixture: salt, pure water, soil, salt water, pure air, carbon dioxide, gold and bronze.

STRUMENTI PER COSTRUIRE LE COMPETENZE

ALTRI TEST

Studiando la teoria...

Completa le frasi

1 La scissione di un composto nei suoi elementi costitutivi richiede una trasformazione ...., perché la natura del composto è .... dalla natura ....

2 Con gli stessi elementi, anche pochi, si possono formare ....

3 I metalli differiscono dai non metalli per le seguenti proprietà: sono .... di elettricità e calore, sono .... e .... e hanno generalmente ....

4 Alla temperatura e alla pressione ambiente, tra gli elementi naturali sono liquidi soltanto il .... e il ....

5 I semimetalli hanno proprietà in parte dei .... e in parte dei ....

6 Spesso i metalli vengono utilizzati come leghe, che possono contenere anche non metalli, come l'acciaio, che è una lega di .... e ....

7 Il carbonio è presente in natura sotto due forme: .... e ....

8 Il carbonio è un ....; tuttavia sotto forma di grafite ha una caratteristica proprietà dei metalli, cioè la ....

9 I quattro bioelementi più abbondanti negli organismi sono ...., ..., ... e ....

10 La suddivisione dei composti in organici e inorganici si basa, a parte qualche eccezione, sulla presenza dell'elemento ....

11 I composti organici hanno alcune proprietà caratteristiche, cioè generalmente sono poco solubili in acqua, ... al calore, spesso .... e bollono e fondono a temperature .... a quelle dei composti inorganici.

12 Il composto organico che è stato la prima fibra tessile interamente sintetica preparata dall'industria è ....

13 Secondo la legge di Proust, il rapporto ponderale degli elementi di un composto è .... e ....

14 Quando un composto viene preparato per sintesi dai suoi elementi, questi si combinano secondo il rapporto ponderale definito dalla legge delle proporzioni .... o legge di ....

15 Se nella sintesi di un composto gli elementi non si trovano nel rapporto ponderale che rispetta la legge ...., una parte di uno degli elementi .... e rimane come ....

16 La legge delle proporzioni .... o legge di .... riguarda composti costituiti .... Secondo questa legge le diverse masse di un elemento A, se vengono riferite alla stessa massa dell'altro elemento B, stanno fra di loro in un rapporto .... e ...., espresso da ...., generalmente ....

17 In un miscuglio i componenti .... le loro proprietà; in un composto gli elementi costitutivi .... le loro proprietà.

18 Se un composto e un miscuglio sono formati dagli stessi elementi, le proprietà degli elementi si ritrovano inalterate soltanto nel ....

19 Per ottenere le sostanze pure da un loro miscuglio si ricorre a una trasformazione ...., perché le trasformazioni .... non alterano le proprietà delle sostanze.

Test vero-falso

1 L'acqua distillata è una sostanza pura; invece l'acqua di rubinetto è una soluzione. V F

2 Mediante un processo di elettrolisi, come avviene per l'acqua, il cloruro di sodio viene trasformato negli elementi, sodio e cloro. Questo processo richiede una trasformazione fisica. V F

3 L'idrogeno è un gas comburente, l'ossigeno è un gas combustibile. V F

4 Le sole sostanze pure presenti in natura sono gli elementi. V F

5 Lo zucchero da tavola e l'alcol etilico sono entrambi costituiti di carbonio, idrogeno e azoto. V F

6 Le mine delle matite sono costituite di carbonio grafitico. V F

7 La ghisa è un composto del carbonio. V F

8 In un composto gli elementi di cui esso è costituito conservano le loro proprietà. V F

9 Mediante una distillazione è possibile ottenere l'idrogeno e l'ossigeno dall'acqua distillata. V F

10 La composizione di un miscuglio non è definita e costante, ma può variare. V F

Test a risposta multipla

Scegli la risposta o il completamento corretti.

1 Un elemento presenta le seguenti proprietà: è solido a temperatura ambiente, non è duttile né malleabile, ma è un buon conduttore di elettricità. È possibile che sia:

A zolfo
B mercurio
C carbonio grafitico
D alluminio

2 Quale elemento potrebbe essere utilizzato in sostituzione del rame in un filo elettrico?

A Mercurio
B Ossigeno
C Zolfo
D Alluminio

3 Quale materiale contiene il carbonio?

A Ottone
B Ferro zincato
C Cellulosa
D Solfuro di ferro

4 Quale lega contiene rame?

A Acciaio
B Bronzo
C Oro bianco
D Ghisa

5 I componenti dell'aria sono:

A soltanto composti
B soltanto elementi
C composti organici
D composti ed elementi

6 Quale affermazione relativa al saccarosio *non è vera*?

A Comunemente viene denominato "zucchero da tavola"
B È un composto costituito da carbonio, idrogeno e ossigeno
C È un composto inorganico
D In seguito a riscaldamento si decompone in acqua e carbonio

7 Quale affermazione, riferita a un miscuglio e a un composto costituiti dagli stessi elementi *X* e *Y*, *non è vera*?

A Solo nel miscuglio *X* e *Y* conservano la loro identità
B Solo nel composto il rapporto in peso tra *X* e *Y* è definito e costante
C Sia il miscuglio sia il composto presentano proprietà diverse da quelle di *X* e di *Y*
D Sia dal miscuglio sia dal composto è possibile ottenere *X* e *Y*

8 Un campione di una sostanza *X* può essere scomposto in due sostanze con una trasformazione chimica, ma non con trasformazioni fisiche. Il campione *X* è:

A una soluzione
B un miscuglio eterogeneo
C un elemento
D un composto

9 Quale affermazione *non è corretta*? Due campioni diversi dello stesso acciaio che hanno la stessa massa hanno:

A lo stesso volume
B la stessa densità
C stessa forma
D la stessa composizione chimica

10 Quale coppia di sostanze è costituita da non metalli, costituenti dell'aria?

A Ossigeno e cloro
B Ossigeno e azoto
C Azoto e idrogeno
D Cloro e argo

Applica le tue conoscenze

4.1 Dai composti agli elementi

1 L'ossido di mercurio (II), che è rosso, si trasforma per riscaldamento nei suoi elementi costitutivi: l'ossigeno e il mercurio; quest'ultimo si raccoglie sotto forma di minutissime goccioline di colore grigio lucente. Si tratta di una trasformazione fisica o chimica?

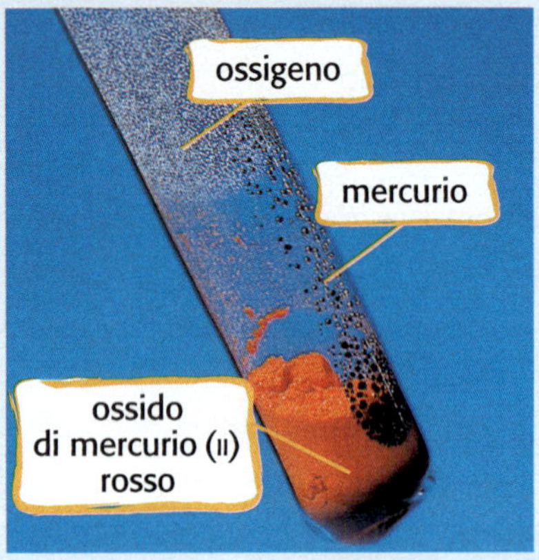

2 Indica quali componenti dell'aria sono composti e quali, invece, sono elementi.

3 Perché gli elementi che si ottengono da un composto hanno proprietà diverse dal composto?

4.2 Pochi elementi, molti composti

4 Come si giustifica l'esistenza di migliaia e migliaia di composti e di pochi elementi?

4.3 Gli elementi

5 Nel seguente elenco di materiali:
legno, mercurio, alcol etilico, acqua, rame, azoto, diossido di carbonio, acetone, acqua di colonia, ossigeno, pane integrale, acqua di rubinetto,
individua:
2 elementi metallici, 2 elementi non metallici, 2 composti organici, 2 miscugli omogenei, 2 miscugli eterogenei, 2 composti inorganici.

6 Quanti grammi di oro ci sono in una collana di oro 18 carati che pesa 30,0 g? **[22,5 g]**

7 Completa la frase, riferita ai seguenti campioni:
a) 3 kg di ottone (d = 8,40 g/cm^3)
b) 3 kg di zinco (d = 6,90 g/cm^3)
c) 3 kg di rame (d = 8,93 g/cm^3)

Il campione che ha volume maggiore è .... (V = ...); quindi, a parità di massa, il materiale che ha .... densità occupa il volume maggiore, perché la densità e il volume sono grandezze .... proporzionali.

4.4 I rapporti quantitativi tra gli elementi nei composti

8 Il rapporto ponderale di combinazione tra ferro e ossigeno in un loro composto è 3,5 g : 1,0 g. Quale quantità di ferro è contenuta in 9,0 g del composto? **[7,0 g]**

9 I rapporti di combinazione fra rame e ossigeno in due loro composti sono 127 g : 16 g e 63,5 g : 16 g. Con questi dati verifica la validità della legge delle proporzioni multiple. **[127 : 63,5 = 2]**

10 Bruciando con l'ossigeno, lo zolfo forma il triossido di zolfo in cui il rapporto tra zolfo e ossigeno è 32 g : 48 g. In seguito a due esperimenti si ottengono i seguenti rapporti di combinazione:

1 2,0 g (zolfo) : 3,0 g (ossigeno);

2 4,1 g (zolfo) : 6,9 g (ossigeno).

In quale dei 2 esperimenti è stato commesso un errore?

11 Il rapporto di combinazione tra idrogeno e cloro nel cloruro di idrogeno è 1,01 g : 35,4 g. Nella preparazione di questo composto sono stati adoperati x g di idrogeno e 70,8 g di cloro e sono stati ottenuti y grammi di composto e 3 g di residuo di idrogeno che non ha reagito.
- Quanti grammi di idrogeno hanno reagito con i 70,8 g di cloro?
- Quanti grammi di idrogeno (x) sono stati adoperati nell'esperimento?
- Quanti grammi di composto (y) sono stati ottenuti?

1 La massa di idrogeno che ha reagito con i 70,8 g di cloro si ricava con la seguente proporzione:
1,01 g (idrogeno) : 35,4 g (cloro) = ... : ....
x g (idrogeno) = ...

2 La quantità di idrogeno (x) adoperata nell'esperimento è data dalla somma del residuo di idrogeno e la massa di idrogeno che ha reagito con i 70,8 g di cloro:
x g (idrogeno) = ... (idrogeno) + ... (idrogeno) =
= .... (idrogeno)

3 La massa di cloruro di idrogeno ottenuta (y) si ricava sommando le masse dei due elementi che hanno reagito:
y g (cloruro di idrogeno) =
= .... (cloro) + ... (idrogeno) =
= .... (cloruro di idrogeno)

12 È stato preparato l'ossido di potassio utilizzando x g di potassio e 8,0 g di ossigeno. Sono stati ottenuti y g di ossido di potassio ed è rimasto un residuo di potassio di 4,9 g. Il rapporto stechiometrico tra il potassio e l'ossigeno è 78,2 : 16 g.
Quanti grammi di potassio hanno reagito con gli 8,0 g di ossigeno? Quanti grammi sono stati adoperati? Quanti grammi di ossido di potassio sono stati ottenuti? **[39 g; 44 g; 47 g]**

OBIETTIVO COMPETENZA

1

cristalli di solfato di rame

=

rame nativo

+

cristalli di zolfo

+

ossigeno in bombole

- Descrivi le proprietà che rendono evidenti le differenze tra queste 4 sostanze.
- Fai una ricerca sull'uso del solfato di rame in agricoltura.
- Fai una ricerca sulle proprietà e sugli usi dei tre elementi da cui è costituito: *rame*, *zolfo* e *ossigeno*.

2 Nel calcolare il rapporto di combinazione tra calcio e ossigeno nel composto ossido di calcio si sono ottenute le seguenti coppie di dati, commettendo però un errore:
a) 40 g di calcio e 16 g di ossigeno
b) $20 \cdot 10^{-2}$ g di calcio e $8 \cdot 10^{-2}$ g di ossigeno
c) $10 \cdot 10^{3}$ g di calcio e $5 \cdot 10^{3}$ g di ossigeno
d) $5 \cdot 10^{-1}$ g di calcio e $2 \cdot 10^{-1}$ g di ossigeno
- Qual è la coppia di dati scorretta?
- Qual è il rapporto di combinazione tra i due elementi? **[2,5 g calcio : 1 g ossigeno]**

3 Il *polistirene* (erroneamente detto polistirolo) è costituito da carbonio e idrogeno, così come il *metano*, comunemente utilizzato nelle nostre case. Individua le proprietà che rendono questi due composti tanto diversi.

4 In un materiale sono presenti zolfo S e ferro Fe. Un'analisi del materiale ha dato i seguenti risultati, relativi ai grammi dei due elementi presenti:
a) 6 g Fe e 3 g di S
b) 84 g Fe e 40 g di S
c) 28 g Fe e 18 g di S
Stabilisci se il materiale in esame è un miscuglio di ferro e zolfo oppure se è il composto solfuro di ferro (II) FeS, in cui il rapporto di combinazione tra gli elementi Fe e S è 56 g: 32 g.

5 Perché la riserva monetaria di un Paese è generalmente una riserva aurea? Fai un'indagine e spiega in un breve testo in che cosa differiscono dai lingotti d'oro i vari tipi di oro (verde, rosa, bianco ecc.), usati in oreficeria, in odontoiatria, in elettronica e in tanti altri campi.

6 Individua quattro materiali di uso comune che potrebbero essere costituiti di sostanze pure (composti o elementi) e quattro materiali che potrebbero essere miscugli (omogenei o eterogenei).

7 Il rapporto tra carbonio e ossigeno è 12 g : 16 g nell'ossido e 12 g : 32 g nel diossido. Spiega brevemente perché è rispettata la legge di Dalton.

8 L'alcol etilico, utilizzato per preparare i liquori, è un composto liquido incolore e di odore gradevole. L'alcol denaturato, usato come disinfettante, è rosso e maleodorante e ha un costo inferiore. Scrivi un breve testo sul motivo di queste differenze.

9 L'oro con titolo 750‰ corrisponde all'oro 18 carati. Verifica che la corrispondenza è corretta.

10 Un oro per gioielleria ha la seguente composizione: 100 parti sono costituite da 75 parti di oro, 6,5 parti di argento e 18,5 di rame.
Un altro tipo di oro ha questa composizione: 100 parti sono costituite da 75 parti di oro, 4,5 di argento e 20,5 di rame. Quale dei due è oro rosa? Quale è oro rosso?

UNITÀ 5

L'energia e le trasformazioni della materia

Perché?

- Perché non mangeresti una pizza bruciata? Pensi che sia cambiata la sua natura?

....

- Perché un indumento bagnato viene messo ad asciugare ben disteso?

....

- Perché raggiunta la temperatura di ebollizione di 100 °C, la temperatura dell'acqua non aumenta anche se il riscaldamento continua?

....

- Come si spiega il fatto che la candeggina fa "scomparire" le macchie su una tovaglia?

....

- Perché sgusciando un uovo sodo avverti un odore che non senti nell'uovo fresco? È cambiato qualcosa?

....

5.1 La legge di conservazione dell'energia

animazione
Il lavoro

È noto che occorre energia per compiere un lavoro L, che, nel caso del lavoro meccanico, è uguale al prodotto tra la forza F applicata a un corpo e lo spostamento s che esso subisce nella stessa direzione della forza:

$$L = F \cdot s$$

energia

Da punto di vista operativo, l'**energia** esprime la *capacità di compiere un lavoro* ed è una proprietà fondamentale di tutti i corpi.

Lavoro ed energia nel Sistema Internazionale si misurano con la stessa unità di misura, il **joule (J)**:

$$1\ \mathrm{J} = 1\ \mathrm{N} \cdot \mathrm{m}$$

Ci sono varie forme di energia (meccanica, elettrica, luminosa, termica ecc.), che noi usiamo comunemente e che si possono trasformare l'una nell'altra, senza che venga perduta, né creata nuova energia.

Nell'Universo l'energia può essere trasformata, ma non creata o distrutta, perciò l'energia totale resta costante: questa è la **legge della conservazione dell'energia**.

legge della conservazione dell'energia

5.2 Tutti i corpi hanno energia potenziale

Qualsiasi corpo, anche se immobile, possiede una certa **energia potenziale**, detta "potenziale" perché il corpo ha la "potenzialità" di utilizzare questa energia immagazzinata, che infatti si manifesta quando si trasforma in un'altra forma di energia.

animazione
Energia potenziale gravitazionale

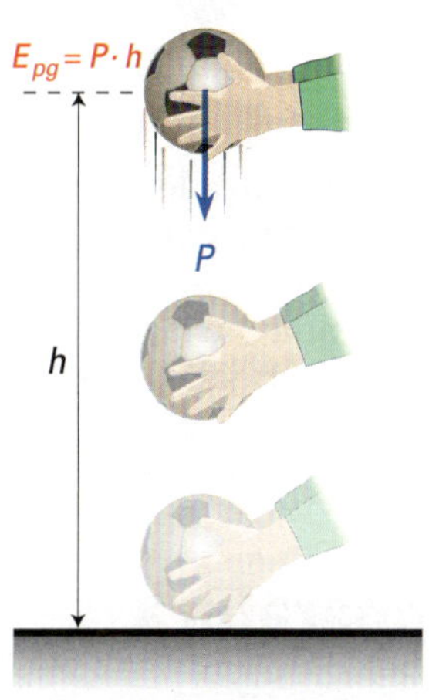

Un tipo di energia potenziale familiare è quella posseduta, per esempio, da un pallone di peso P, portato a un'altezza h dal pavimento. Il pallone ha una **energia potenziale gravitazionale E_{pg}**, che dipende dal peso P, e quindi dalla massa, del pallone e dalla sua altezza h rispetto al suolo:

$$E_{pg} = P \cdot h = m \cdot g \cdot h$$

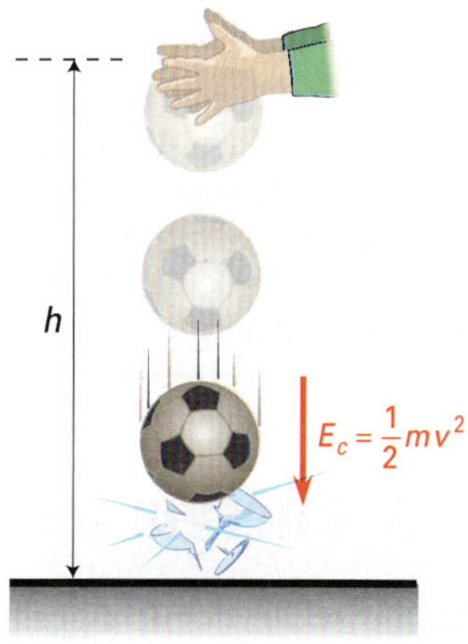

Cadendo al suolo, il pallone manifesta la sua energia potenziale, trasformandola in "energia di movimento", cioè in **energia cinetica E_c**:

$$E_c = \frac{1}{2}mv^2$$

Ricorda!...

L'**energia cinetica E_c** è l'energia che possiede un corpo in movimento, anche piccolissimo, ed è collegata alla massa m e alla velocità v del corpo mediante la relazione: $E_c = \frac{1}{2}mv^2$.

La forma di energia potenziale che interessa le trasformazioni della materia è l'**energia chimica**. Questa energia è immagazzinata in tutta la materia e si modifica, assumendo altre forme, quando la materia si trasforma. Così l'energia che ricaviamo dal cibo si manifesta quando viene trasformata nell'energia necessaria alle nostre funzioni vitali e alle nostre attività; l'energia di un combustibile, come la benzina, si rivela quando brucia in un motore.

Le particelle che costituiscono la materia possiedono un'energia potenziale, che è **energia chimica**. Questa energia dipende dalla posizione reciproca che le particelle assumono a causa delle forze che le tengono legate e quindi è **immagazzinata nei legami chimici**. L'energia chimica varia quando i legami si rompono o si formano, cioè durante le **trasformazioni chimiche della materia**.

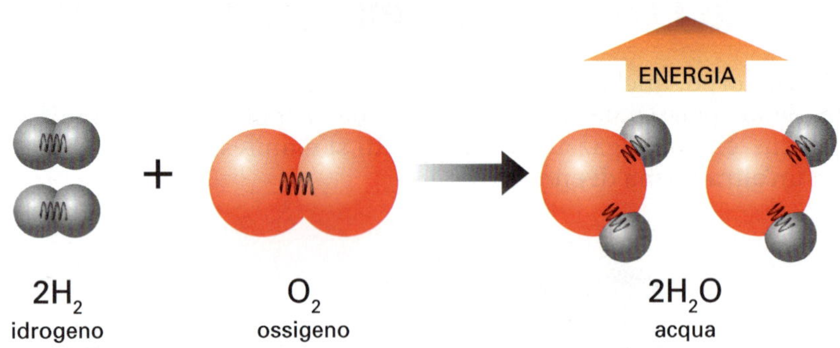

Durante la sintesi dell'acqua, si rompono i legami tra le particelle di idrogeno e quelli tra le particelle di ossigeno e si stabiliscono altri legami con cui si formano particelle di acqua.
Questa trasformazione è accompagnata da una variazione dell'energia potenziale immagazzinata nei legami delle particelle, che si manifesta con la liberazione di energia termica.

Ricorda!...

L'**energia** è strettamente legata alla **materia**: la materia può essere considerata come un "magazzino" dell'energia.

5.3 Energia termica e temperatura

Anche se un corpo appare immobile, le sue particelle hanno una certa energia cinetica, che varia continuamente, in quanto si muovono, ruotano e vibrano con diversa libertà di movimento a seconda che si tratti di un corpo solido o liquido o aeriforme. Tuttavia l'*energia cinetica media* $E_{c\text{ media}}$ non cambia. Per esprimere questo concetto si dice che il corpo ha una certa **energia termica**.

In altre parole, l'**energia cinetica media** delle particelle di un corpo, che è una *proprietà non osservabile*, cioè *submicroscopica*, si manifesta attraverso una *proprietà osservabile*, cioè *macroscopica*, che è l'**energia termica** del corpo.

Il fenomeno della **diffusione**, che si verifica versando un liquido colorato nell'acqua, osservato a varie temperature consente di comprendere che l'energia termica di un corpo è la proprietà osservabile con cui si manifesta l'energia cinetica delle sue particelle: più calda è l'acqua, maggiore è l'agitazione delle sue particelle e, di conseguenza, più numerosi sono gli urti che le particelle del liquido colorato subiscono e la velocità con cui esso diffonde nell'acqua.

video
La diffusione

L'**energia termica** di un corpo è la proprietà osservabile con cui si manifesta l'energia cinetica media ($E_{c\ media} = \frac{1}{2} mv^2$) delle sue particelle, proprietà non osservabile.

energia termica

Come unità di misura dell'energia termica, talvolta, invece del joule, si utilizzano la **caloria** (**cal**) e la **kilocaloria** (**kcal**), benché si tratti di unità di misura non ammesse dal Sistema Internazionale.
La **caloria** è la *quantità di energia necessaria per elevare la temperatura di 1* g *di acqua distillata da 14,5* °C *a 15,5* °C.
La relazione fra caloria e joule è la seguente:

1 cal = 4,186 J **1 kcal = 4186 J**

perciò per esempio, 100 cal equivalgono a 100 cal × 4,186 = 418,6 J.

L'energia termica di un corpo, e quindi l'energia cinetica media delle sue particelle, è valutata attraverso la misura della **temperatura** del corpo. Maggiore è la temperatura di un corpo, maggiore è la sua energia termica e quindi l'energia cinetica media delle sue particelle. In altre parole *la temperatura è un indice dello stato di "agitazione" delle particelle di un corpo.*

La **temperatura** di un corpo è *una misura dell'energia cinetica media delle sue particelle*, ed esprime quindi la velocità con cui esse si muovono.

temperatura

I termometri, gli strumenti utilizzati per misurare la temperatura, possono essere tarati secondo scale diverse, che utilizzano punti di riferimento diversi. In Italia, la **temperatura** (***t***) viene misurata con la **scala Celsius**, la cui unità di misura è il **grado Celsius** (°C).

Nel Sistema Internazionale la temperatura si esprime secondo la **scala Kelvin** o **scala assoluta**, la cui unità di misura è il **kelvin** (**K**). La temperatura misurata in kelvin viene indicata con ***T*** (**temperatura assoluta**). Nella scala Kelvin il limite inferiore è **0 K**, che equivale a –273,15 °C e che rappresenta lo **zero assoluto**, cioè la temperatura più bassa teoricamente raggiungibile.

Il passaggio da una scala all'altra si esegue semplicemente, utilizzando le seguenti relazioni:

$$T\ (\mathrm{K}) = t\ (°\mathrm{C}) + 273{,}15$$
$$t\ (°\mathrm{C}) = T\ (\mathrm{K}) - 273{,}15$$

Spesso, nei calcoli il valore 273,15 viene semplificato a 273. Per esempio, la temperatura di 25 °C è espressa in kelvin dal valore:

$$25\ °\mathrm{C} + 273 = 298\ \mathrm{K}$$

5.4 Energia termica, temperatura e calore: impariamo a distinguerli

L'acqua nella piscina, che ha la stessa temperatura dell'acqua nel bicchiere, ha anche la stessa energia termica?

La **temperatura** è una *proprietà intensiva*, cioè indipendente dalla massa del corpo; infatti l'acqua nel bicchiere ha la stessa temperatura di quella contenuta nella piscina. L'**energia termica** di un corpo, invece, è una *proprietà estensiva*, poiché aumenta al crescere della massa del corpo, perciò l'acqua nella piscina ha un'energia termica molto più elevata di quella contenuta nel bicchiere.

Ricorda!...

L'**energia termica** di un corpo è proporzionale alla massa e alla temperatura assoluta *T* del corpo.

Analogamente, il nostro corpo ha un'energia termica molto più elevata di una nostra cellula, pur avendo la stessa temperatura.
Non dobbiamo quindi confondere i termini "energia termica" e "temperatura", perché hanno un significato molto diverso!

Che cosa indica il termine "calore"?

Che cosa accade quando versiamo un po' di latte freddo in un caffè bollente? È evidente che il caffè si raffredda, cioè perde calore, e il latte si riscalda, cioè acquista calore, e alla fine raggiungono la stessa temperatura.

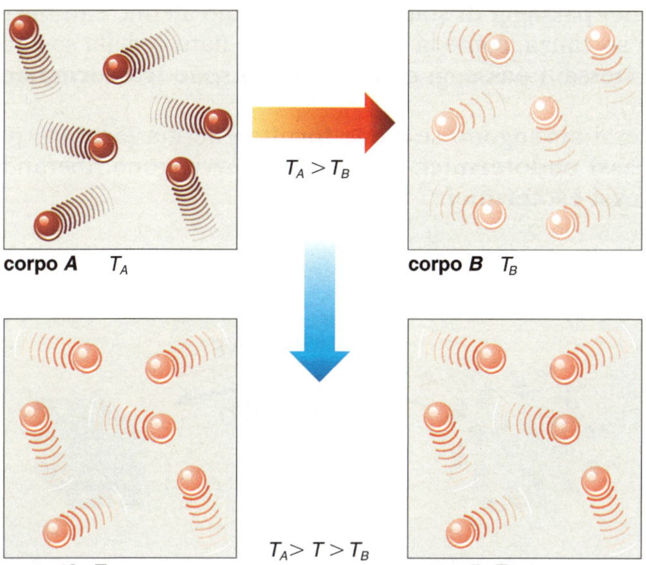

Quando un corpo A più caldo (come il caffè) viene a contatto con un corpo B più freddo (come il latte) avviene un *passaggio di energia termica* da A a B: precisamente, le particelle del corpo A, urtando quelle del corpo B, trasmettono a queste una parte della loro energia cinetica, cioè le rendono più veloci. In questo modo diminuisce l'energia termica del corpo A e, contemporaneamente, aumenta l'energia termica del corpo B. Se inizialmente i corpi A e B avevano temperature T_A e T_B, con $T_A > T_B$, alla fine avranno la stessa temperatura T, con valore compreso fra T_A e T_B.

Ricorda!...

Il **calore** rappresenta il *flusso di energia* che ha luogo spontaneamente tra due corpi quando si trovano a temperatura diversa.

Il termine **calore** è collegato al passaggio spontaneo di energia termica da un corpo che ha una temperatura più elevata a un altro a temperatura più bassa, perciò deve essere considerato un'**energia in transito**.

calore

5.5 Alcune trasformazioni fisiche: i passaggi di stato

Gli **stati di aggregazione della materia** non sono immutabili e la trasformazione di una sostanza da uno stato all'altro è detta **passaggio di stato**.
Una sostanza cambia il suo stato di aggregazione a causa di **variazioni della temperatura**, ottenute fornendo o sottraendo calore, oppure per **variazioni della pressione** o per variazioni di entrambe.

passaggi di stato

I **passaggi di stato** sono **cambiamenti dello stato di aggregazione** della materia dovuti a **variazioni di temperatura** e/o **di pressione**.

Gli stati di aggregazione di una sostanza sono considerati *fasi diverse della sostanza*.
Per esempio, si dice che l'acqua si può trovare nella *fase solida*, o in quella *liquida* o nella *fase vapore*. Di conseguenza, i cambiamenti dello stato di aggregazione di una sostanza sono i **cambiamenti di fase** che essa presenta.

Nel corso dei passaggi di stato cambiano solo alcune caratteristiche fisiche di una sostanza, come la densità, ma la natura della sostanza rimane sempre la stessa: i passaggi di stato perciò sono **trasformazioni fisiche** della materia.
Alcuni di essi avvengono se viene fornita energia termica, perciò sono detti **processi endotermici**; gli altri, che avvengono liberando energia, sono **processi esotermici**.

animazione
I passaggi di stato

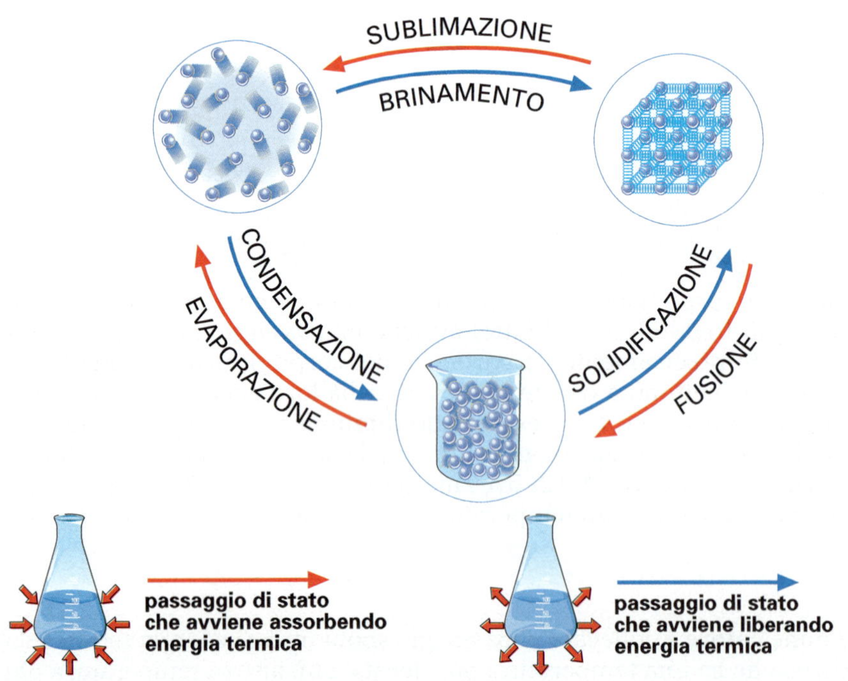

Per comprendere che cosa avviene in un corpo durante un passaggio di stato, dobbiamo ricordare il concetto che è alla base della **teoria cinetico-corpuscolare della materia**: *la materia è costituita da particelle in movimento, che cioè hanno energia cinetica*.

Ricorda!...

La **fusione**, l'evaporazione (e quindi l'**ebollizione**) e la **sublimazione** sono **processi endotermici**, perché richiedono la somministrazione di energia termica.
La **solidificazione**, la **condensazione** e il **brinamento**, che avvengono con emissione di energia termica, sono **processi esotermici**.

Fusione e solidificazione

Quando riscaldiamo un solido, aumenta l'energia cinetica delle particelle di cui è costituito, finché esse non sono più in grado di conservare le loro posizioni fisse: *si ha cioè il passaggio allo stato liquido* (**fusione**).
Durante questo cambiamento di stato, la **temperatura del sistema solido-liquido resta costante** e quindi anche l'energia cinetica media delle particelle, mentre diminuisce la percentuale della fase solida e aumenta quella della fase liquida.

Che cosa accade alle particelle durante la fusione?
Perché l'energia termica che viene somministrata non si registra come aumento della temperatura?
Questa energia si traduce nel lavoro necessario a vincere una parte delle forze attrattive fra le particelle del solido e si ritrova, pertanto, come energia potenziale nelle particelle del liquido. Dal momento che l'energia somministrata durante la fusione "non si vede", è detta **calore latente di fusione**, ed è proporzionale alla quantità di sostanza che ha subìto la fusione. Questo calore si misura in **J/g** (o **kJ/kg**).

Per il *ghiaccio*, in cui le forze attrattive tra le particelle sono intense, il calore latente di fusione è 333,5 kJ/kg.

La **fusione** è un **processo endotermico** e la **temperatura di fusione** una proprietà caratteristica di ciascuna sostanza: per il ghiaccio è 0 °C.
Quando un liquido viene raffreddato, l'energia cinetica delle particelle e i loro movimenti diventano sempre più lenti; le forze attrattive prevalgono e le particelle assumono nuovamente le posizioni ordinate tipiche dello stato solido: *si è riformato il solido* (**solidificazione**).
La solidificazione, che è il passaggio di stato inverso alla fusione, è evidentemente un **processo esotermico**.
Per una determinata sostanza, la **temperatura di solidificazione** è uguale a quella di fusione (0 °C per il sistema acqua-ghiaccio) e anch'essa **rimane costante**, mentre diminuisce la massa del liquido e contemporaneamente aumenta quella del solido. L'energia che viene emessa dalla sostanza prende il nome di **calore latente di solidificazione** ed è numericamente uguale al calore latente di fusione.

Ricorda!...
La **temperatura di fusione** di un solido è uguale alla temperatura di solidificazione del suo liquido ed è caratteristica per ciascuna sostanza.

Evaporazione e condensazione

Tutti i liquidi, posti in recipienti aperti, sono soggetti continuamente all'**evaporazione**, poiché assorbono energia dall'ambiente esterno, ma con una velocità che varia a seconda delle forze attrattive che tengono insieme le particelle. In ogni caso *il fenomeno dell'evaporazione riguarda solo le particelle che si trovano in superficie*, perciò aumenta con l'aumentare della superficie del liquido.

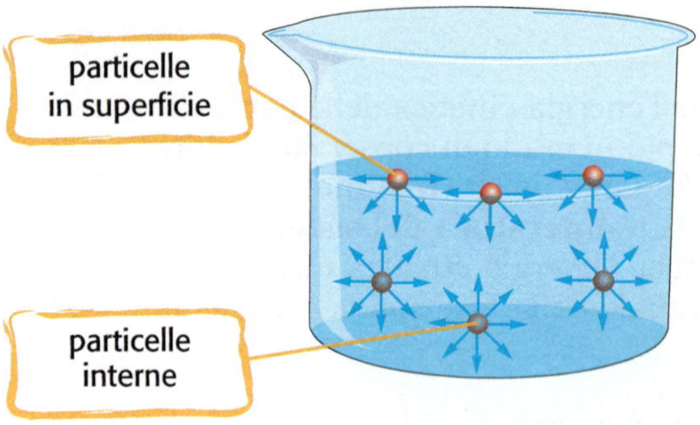

Le particelle superficiali sono soggette a forze attrattive solo verso il basso e quindi di intensità inferiore rispetto a quelle cui sono soggette le particelle interne, perciò hanno maggiore libertà di movimento e riescono a sfuggire nell'ambiente esterno. All'aumentare della temperatura, aumenta anche il numero di particelle con energia cinetica più elevata: l'evaporazione diventa più veloce.

La maggiore o minore tendenza di un liquido a passare allo stato di vapore è collegata a una grandezza misurabile, detta **tensione di vapore** (o **pressione di vapore**), che, da un punto di vista qualitativo, esprime la *tendenza di un liquido a passare allo stato di vapore*. Quindi, un liquido evapora tanto più facilmente quanto maggiore è la sua tensione di vapore.

video
L'evaporazione

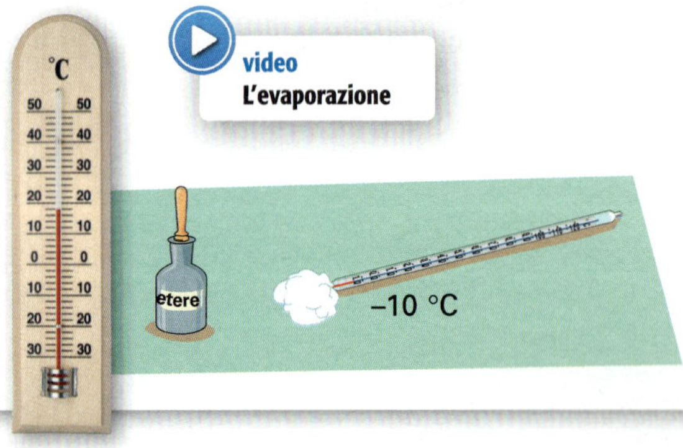

Osserva di quanto si abbassa la temperatura quando viene avvolto un pezzo di ovatta imbevuto di etere etilico intorno al bulbo di un termometro, che inizialmente segnava la temperatura ambiente (18 °C). Dunque, l'evaporazione è un **processo endotermico**.

Il raffreddamento del vapore, al contrario del riscaldamento di un liquido, provoca un rallentamento delle particelle. Queste risentono in misura via via crescente delle forze di attrazione reciproche fino a che si ha *il passaggio allo stato liquido* (**condensazione**). Evidentemente, la condensazione, che è il passaggio di stato inverso all'evaporazione, è un **processo esotermico**.

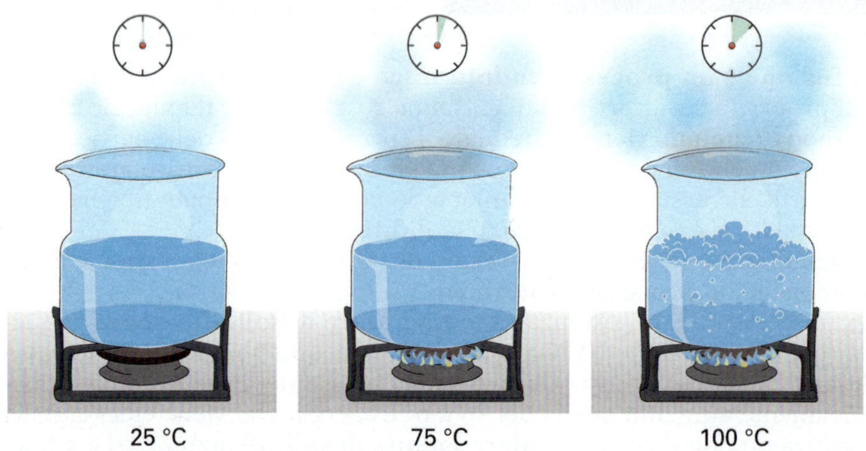

video
L'ebollizione

L'**ebollizione** è un particolare caso di evaporazione. Infatti, al crescere della temperatura, **aumenta la tensione di vapore del liquido** e quindi la sua evaporazione, fino a quando la tendenza del liquido a trasformarsi in vapore è tale da vincere la pressione esercitata dall'aria sul liquido, cioè la pressione atmosferica.

Quando si verifica questa condizione, a una determinata temperatura detta **temperatura** o **punto di ebollizione** (**$t_{eb.}$** o **$p_{eb.}$**), si formano bolle di vapore in tutta la massa del liquido che, insieme alle bollicine di aria presenti nel liquido, danno luogo a un'**evaporazione tumultuosa**, che inizia dal fondo del recipiente e si estende a tutta la massa.

La **temperatura di ebollizione rimane costante** per l'intera durata del fenomeno, indipendentemente dalla quantità di liquido. Evidentemente, l'energia termica che viene somministrata è utilizzata per vincere le forze attrattive fra le particelle del liquido e si ritrova sotto forma di energia potenziale nelle particelle del vapore. In tal senso l'ebollizione presenta analogie con la fusione ed è anch'esso un **processo endotermico**.
Il calore "nascosto", che in questo caso è detto **calore latente di ebollizione**, è sempre più elevato del calore latente di fusione. Per l'*acqua*, il calore latente di ebollizione è 2272 kJ/kg.

Ricorda!...
L'**ebollizione** è una particolare evaporazione, giacché è estesa a tutta la massa del liquido (anziché alla sola superficie) e si manifesta soltanto a una particolare temperatura, detta **temperatura** o **punto di ebollizione** $t_{eb.}$, caratteristica di ciascuna sostanza. Alla temperatura di ebollizione, la tensione di vapore del liquido è uguale alla pressione che agisce sulla sua superficie.

La **curva di riscaldamento** di un solido è il grafico che evidenzia le variazioni di temperatura che il sistema subisce man mano che viene somministrato calore e i conseguenti cambiamenti del suo stato di aggregazione.

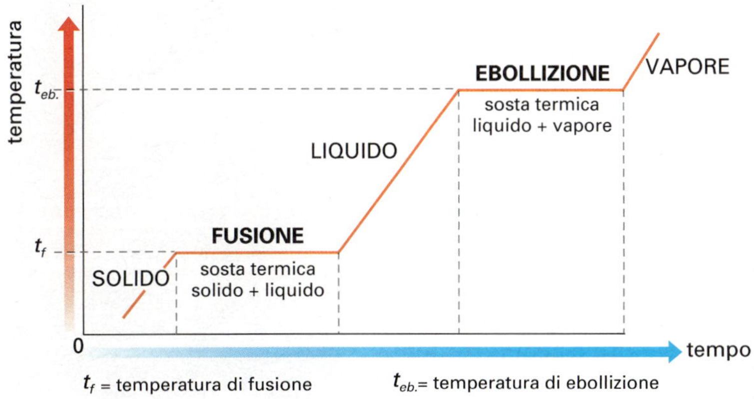

I tratti orizzontali della curva corrispondono alle **soste termiche**, durante le quali coesistono 2 fasi (solido e liquido durante la fusione, liquido e vapore durante l'ebollizione). Alla fine della fusione si ritrova soltanto la fase liquida e alla fine dell'ebollizione soltanto la fase vapore.

La **temperatura di ebollizione** è una **proprietà caratteristica** di ciascuna sostanza ed è tanto più elevata quanto più intense sono le forze attrattive tra le particelle del liquido. Per una stessa sostanza la temperatura di ebollizione **varia al variare della pressione esterna**.
Infatti, la pressione esterna ostacola il distacco delle particelle del liquido e quindi la sua trasformazione in vapore. Maggiore è la pressione esterna, maggiore è la difficoltà che ha il liquido nel trasformarsi in vapore.

scheda lab
Evaporazione ed ebollizione

Quando la pressione su un liquido è superiore a quella atmosferica, come in un'autoclave o in una pentola a pressione, la temperatura di ebollizione aumenta.

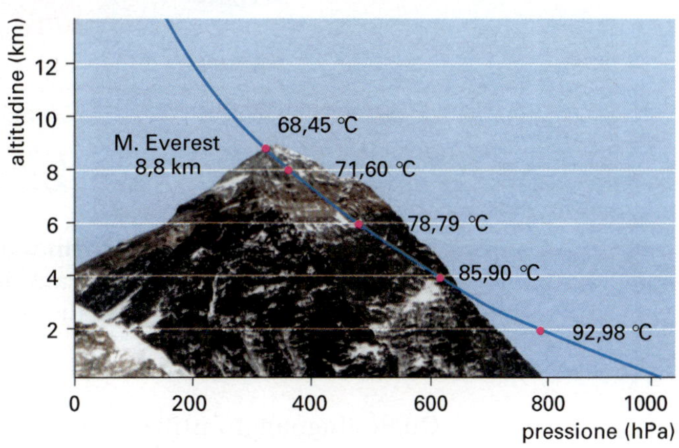

Quando la pressione su un liquido è inferiore a quella sul livello del mare, come accade in alta montagna, la temperatura di ebollizione dell'acqua diminuisce.

Sublimazione e brinamento

Il passaggio diretto dallo stato solido a quello aeriforme è la **sublimazione** e richiede energia termica, come l'evaporazione.
Il passaggio inverso, detto **brinamento** (o talvolta ancora sublimazione), è possibile quando la sostanza aeriforme è sottoposta a brusco raffreddamento.

La **naftalina** contenuta nel becher sublima velocemente in seguito a un leggero riscaldamento. Quando i vapori toccano il vetrino, freddo, si ha il brinamento: la naftalina torna allo stato solido ed è visibile sotto il vetrino in forma di scaglie lucenti.

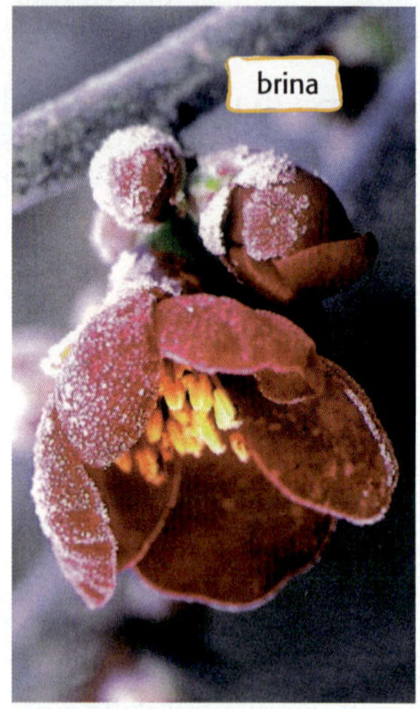

La **brina** si forma a causa del brusco raffreddamento del vapore d'acqua contenuto nell'aria in prossimità del suolo.

5.6 Le trasformazioni chimiche e il linguaggio della chimica

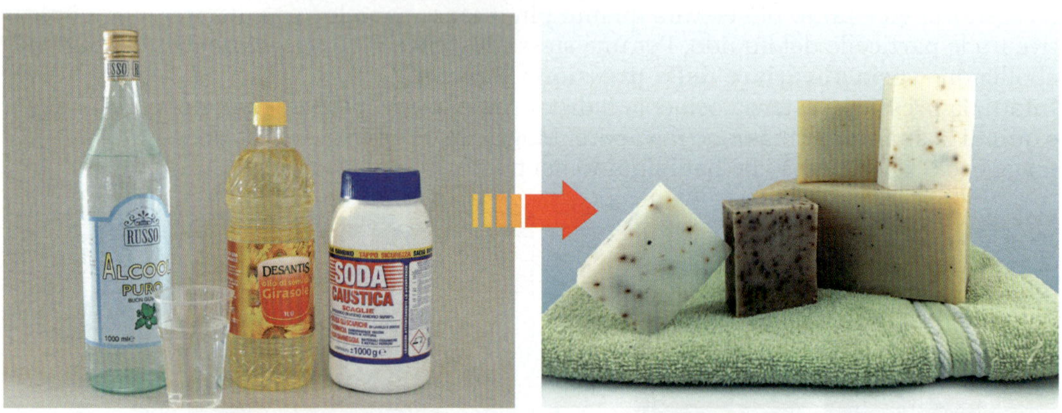

La descrizione di una **trasformazione chimica**, come la trasformazione di un grasso in sapone, che cambia la natura e quindi la composizione delle sostanze, richiede l'uso di un simbolismo chiaro e universale, cioè di un "linguaggio" specifico.

Quale linguaggio utilizza la chimica per descrivere queste trasformazioni?
Qual è il simbolismo usato per rappresentare gli elementi e i composti nelle trasformazioni chimiche?

Per indicare un elemento chimico si utilizza un **simbolo** formato dall'iniziale maiuscola del nome, moderno o antico, e, nei casi in cui potrebbero sorgere confusioni, da una seconda lettera minuscola, scelta tra le lettere del nome. Così **O** sta per *ossigeno*, **H** per *idrogeno*, **C** per *carbonio*, **N** per *azoto*, **S** per *zolfo*, **P** per *fosforo*. **Ca** (si legge sillabando *ci-a*) indica il *calcio*, **Cl** (*ci-elle*) il *cloro*, **Cu** (*ci-u*) il *rame*, **Na** (*enne-a*) il *sodio*, **Hg** (*acca-gi*) il *mercurio*.

animazione
Il linguaggio della chimica

TAVOLA PERIODICA

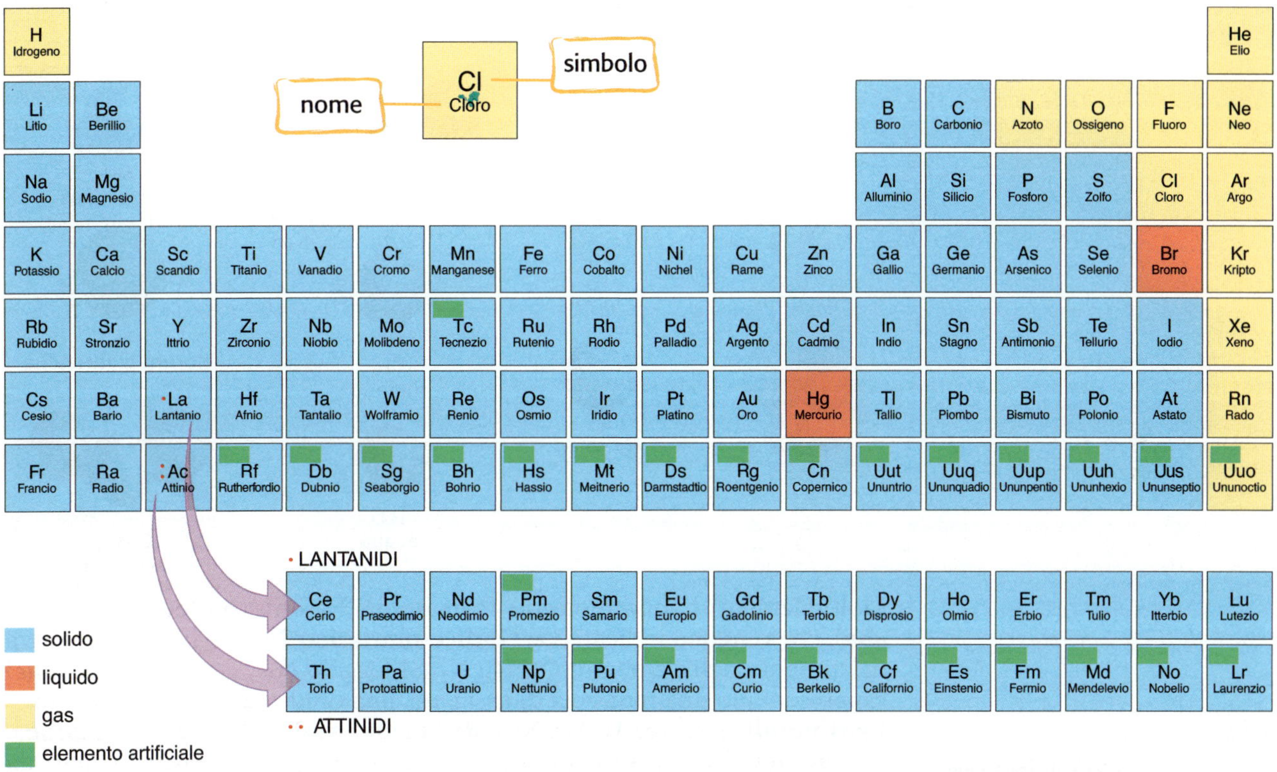

I simboli degli elementi con i relativi nomi sono raccolti nella **tavola periodica**. I colori azzurro, rosso e giallo indicano lo **stato di aggregazione** degli elementi alla temperatura di 25 °C e alla pressione di 101 325 Pa (1 atm).

Il **simbolo** di un elemento ha anche un **significato quantitativo**: esprime un **atomo** dell'elemento, cioè *la parte più piccola dell'elemento che può intervenire in una trasformazione chimica*.

atomo

3Fe	**4Au**	**H**
3 atomi di ferro	4 atomi di oro	1 atomo di idrogeno

Il numero che precede il simbolo dell'elemento è detto **coefficiente stechiometrico** e indica il **numero di atomi** dell'elemento (solo 1 viene omesso perché sottinteso).

Generalmente gli elementi non si trovano come atomi isolati, ma tenuti insieme da forze attrattive, cioè uniti mediante **legami chimici**, in un sistema più stabile: un'unità detta **molecola**. Atomi di elementi diversi formano molecole di composti.

espansione
Quando è nata la molecola?

L'esistenza delle molecole fu una delle geniali intuizioni del fisico e chimico italiano *Amedeo Avogadro* (1776-1856), ripresa più tardi dal chimico italiano *Stanislao Cannizzaro* (1826-1910), che nel congresso di Karlsruhe (Germania) del 1860 rese ufficiale la "nascita della molecola" e quindi la differenza tra atomi e molecole.

molecola

La **molecola** può essere definita come la più piccola parte di una sostanza che può avere un'esistenza stabile.

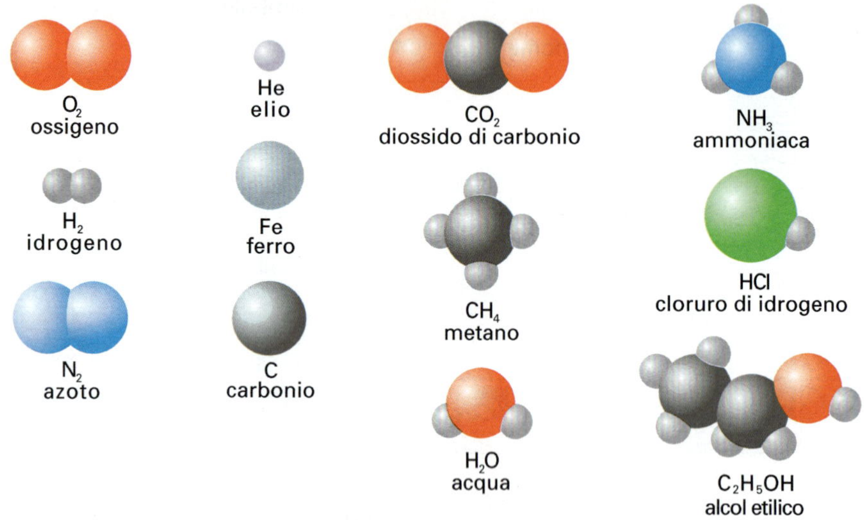

Molti elementi hanno molecole formate da 2 atomi (**molecole biatomiche**), che vengono indicati con l'**indice numerico 2** posto in basso a destra del simbolo dell'elemento: O_2, H_2, N_2 (si legge *o-due, acca-due, enne-due*) rappresentano una molecola di ossigeno, una di idrogeno e una di azoto.
I **gas nobili** (He, Ne, Ar, Kr, Xe e Rn) hanno **molecole monoatomiche**. Gli **elementi metallici** sono, per convenzione, considerati formati da **molecole monoatomiche** (Fe, Hg, Zn, Pb ecc.), lo stesso avviene per il **carbonio** C e altri elementi.

Ricorda!...

L'**indice numerico** e il **coefficiente stechiometrico** hanno un significato molto diverso:

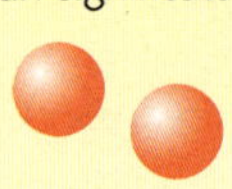

2 atomi di ossigeno **2O**
(atomi liberi)

1 molecola di ossigeno $\mathbf{O_2}$
(atomi legati)

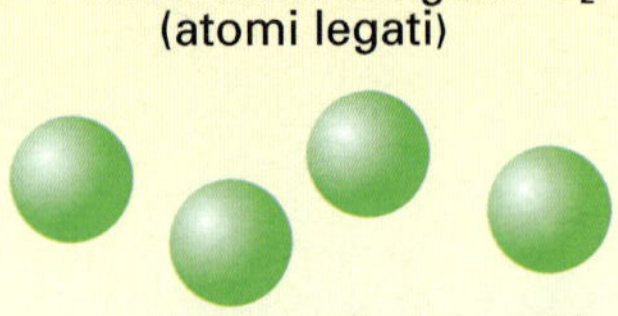

4 atomi di cloro **4Cl**
(atomi liberi)

2 molecole di cloro $\mathbf{2Cl_2}$
(atomi legati)

Le **molecole dei composti** sono formate da un minimo di due atomi (ovviamente di due elementi diversi), fino a migliaia e migliaia di atomi nel caso di *macromolecole*.

Gli **indici numerici** che si ritrovano nelle formule dei composti indicano il rapporto che esiste tra gli atomi, che è *caratteristico della formula del composto ed è invariabile*. Per esempio, tutte le molecole di acqua H_2O sono costituite da 2 atomi di idrogeno e 1 atomo di ossigeno, tutte le molecole di ammoniaca NH_3 sono formate da 1 atomo di azoto e 3 atomi di idrogeno. Il rapporto tra gli indici numerici esprime, a livello submicroscopico, ciò che Proust aveva affermato nella *legge delle proporzioni definite*, riferendosi ai rapporti tra le masse degli elementi che formano un composto.

Il **coefficiente stechiometrico** anteposto alla formula di un elemento o di un composto indica il numero delle loro molecole. Per esempio, i simboli $2O_2$ e $3H_2O$ indicano due molecole di ossigeno e tre molecole di acqua.

formula molecolare

La molecola di un composto viene rappresentata mediante la sua **formula molecolare** (o **formula bruta**), che indica il **tipo** e il **numero** di **atomi legati** fra loro. Sia il tipo sia il numero di atomi sono invariabili e caratteristici del composto.

composto	formula molecolare	come si legge	numero di atomi legati
acqua	H_2O	*acca-due-o*	2 atomi di idrogeno + 1 atomo di ossigeno
ammoniaca	NH_3	*enne-acca-tre*	1 atomo di azoto + 3 atomi di idrogeno
saccarosio	$C_{12}H_{22}O_{11}$	*ci-dodici-acca-ventidue-o-undici*	12 atomi di carbonio + 22 atomi di idrogeno + 11 atomi di ossigeno
acido solforico	H_2SO_4	*acca-due-esse-o-quattro*	2 atomi di idrogeno + 1 atomo di zolfo + 4 atomi di ossigeno
solfato di ammonio	$(NH_4)_2SO_4$	*enne-acca-quattro-preso-due-volte-esse-o-quattro*	2 atomi di azoto + 8 atomi di idrogeno + 1 atomo di zolfo + 4 atomi di ossigeno
fosfato di calcio	$Ca_3(PO_4)_2$	*ci-a-tre-p-o-quattro-preso-due-volte*	3 atomi di calcio + 2 atomi di fosforo + 8 atomi di ossigeno

Come scrivere, leggere e interpretare la formula di un composto.

5.7 Come rappresentare una trasformazione chimica

L'uso dei simboli degli elementi e delle formule dei composti consente di schematizzare una **trasformazione chimica**, come quella che avviene per elettrolisi dell'acqua e la decomposizione del saccarosio. Generalmente all'espressione "trasformazione chimica" si sostituisce quella di **reazione chimica** o semplicemente **reazione**, in cui le sostanze iniziali sono i **reagenti**, quelle finali sono i **prodotti della reazione** e la freccia indica il verso della trasformazione.

$$2H_2O \xrightarrow{\text{energia elettrica}} 2H_2 + O_2$$

2 molecole di acqua — 2 molecole di idrogeno — 1 molecola di ossigeno

reagente — **si trasforma in** — **prodotti della reazione**

$$C_{12}H_{22}O_{11} \xrightarrow{\text{energia termica}} 12C + 11H_2O$$

1 molecola di saccarosio — 12 atomi di carbonio — 11 molecole di acqua

reagente — **si trasforma in** — **prodotti della reazione**

Le reazioni scritte indicano che 2 molecole di acqua si trasformano in 2 molecole di idrogeno e 1 di ossigeno e che 1 molecola di saccarosio si trasforma in 12 atomi di carbonio e 11 molecole di acqua.
I numeri 2, 2 e 1 (sottinteso) e i numeri 1, 12 e 11 sono i **coefficienti stechiometrici** necessari a rendere uguali il numero degli atomi di ciascun elemento prima e dopo le due reazioni.
È evidente, quindi, che:

- in una reazione si verifica un *riarrangiamento degli atomi* delle molecole dei reagenti in strutture diverse, quelle delle molecole dei prodotti di reazione,
- la parte più piccola di sostanza che è coinvolta in una reazione è la **molecola**, che nel caso del carbonio è considerata monoatomica.

5.8 La massa e l'energia nelle trasformazioni chimiche

espansione
La conservazione della massa e dell'energia

Una soluzione acquosa, incolore, di ioduro di potassio KI viene versata in una provetta e questa è appoggiata sul fondo di una beuta, contenente una soluzione acquosa di nitrato di piombo (II) $Pb(NO_3)_2$, anch'essa incolore. La beuta viene tappata e pesata.

Quando la beuta viene capovolta, i due composti si mescolano e reagiscono. Si forma un solido di colore giallo, lo ioduro di piombo (II) PbI_2.
La bilancia indica che la massa del sistema non ha subìto variazioni.

La reazione avvenuta è rappresentabile in questo modo:

$$Pb(NO_3)_2 + 2KI \longrightarrow \underset{\text{solido giallo}}{PbI_2} + 2KNO_3$$

I **prodotti ottenuti** dalla trasformazione **hanno complessivamente la stessa massa delle sostanze che hanno reagito**.

legge della conservazione della massa

In una reazione chimica **la somma delle masse dei reagenti è uguale alla somma delle masse dei prodotti della reazione**.
Questa legge è verificabile in tutte le trasformazioni chimiche, purché si tenga conto di eventuali gas prodotti o trasformati.

La **legge della conservazione della massa** è detta anche **legge di Lavoisier**, dal nome del chimico francese *A. Lavoisier* (1743-1794) che la enunciò nel 1789: da quel momento per studiare la materia si utilizzò il **metodo quantitativo** e quindi la misura delle masse e altre misure. Questo è il motivo per cui Lavoisier ha meritato l'appellativo di *"padre della chimica moderna"*.

Una paglietta di ferro viene pesata prima e dopo essere stata esposta all'azione di una fiamma. All'aria, il ferro si trasforma in ossido di ferro (III) Fe_2O_3, riconoscibile dal colore bruno. La differenza dei due valori sul display della bilancia esprime la massa dell'elemento che ha reagito con il ferro. Di quale elemento si tratta?

Generalmente le trasformazioni chimiche avvengono con emissione o con assorbimento di calore.

La **combustione** è una caratteristica trasformazione chimica che avviene con *sviluppo di calore* nell'ambiente esterno: è una **reazione esotermica**.

Una **reazione** che avviene, invece, con forte assorbimento di calore, quindi **endotermica**, è la formazione di monossido di azoto NO a partire da ossigeno e azoto ($N_2 + O_2 \longrightarrow 2NO$).
Il monossido di azoto si produce nel motore delle automobili, nei camini a legna, nelle centrali termoelettriche e anche nelle eruzioni vulcaniche e nei processi di decomposizione delle sostanze organiche.
NO reagisce all'aria fredda con O_2, dando il diossido di azoto NO_2, che è un forte inquinante. Per questo NO viene definito *inquinante primario* dell'atmosfera.

Perché alcune reazioni sono esotermiche e altre endotermiche?

video lab
Un vulcanetto in eruzione

In ogni reazione si verifica uno smantellamento delle molecole dei reagenti, cioè una rottura dei *legami chimici* che tengono uniti gli atomi e un "riarrangiamento" di questi atomi con legami diversi in molecole diverse, quelle dei prodotti della reazione.
La rottura e la formazione di legami provoca sempre una variazione dell'energia potenziale immagazzinata nei legami chimici, che è **energia chimica**, dovuta alla posizione reciproca degli atomi legati.

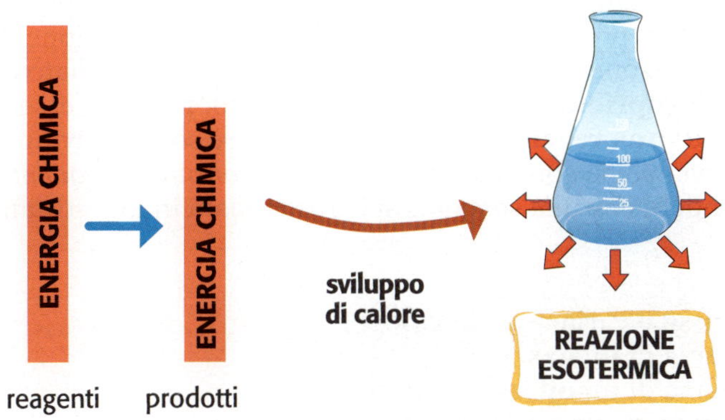

Se l'energia chimica dei reagenti è maggiore rispetto a quella dei prodotti, l'energia eccedente si trasforma in un'altra forma di energia, che molto spesso è energia termica, come accade nella combustione, e la **reazione è esotermica**.

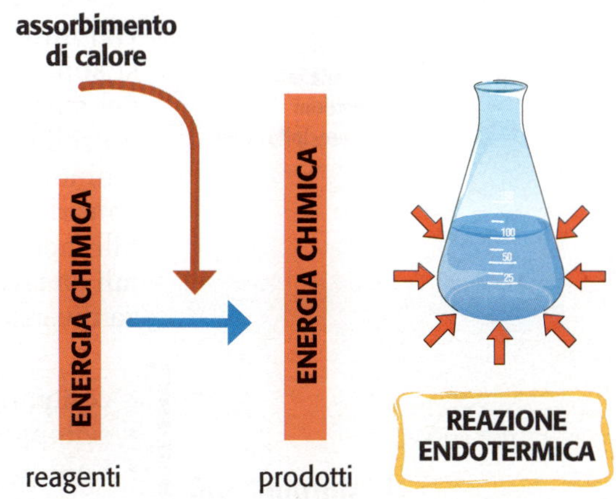

Al contrario, se l'energia chimica dei prodotti è maggiore rispetto a quella dei reagenti, vuol dire che i reagenti hanno assorbito dall'ambiente esterno energia, molto spesso energia termica, e la **reazione è endotermica**.

Quando le forme di energia emesse o assorbite sono diverse da quella termica, si hanno **reazioni esoergoniche** oppure **endoergoniche**.
In ogni caso l'energia globale non varia, nel rispetto della **legge della conservazione dell'energia**.

energia chimica

L'**energia chimica** è l'energia potenziale contenuta negli elementi e nei composti, ed è immagazzinata nei legami chimici in essi presenti. Varia nelle **reazioni chimiche** a causa della rottura e della formazione dei legami chimici.

5.9 I "sintomi" di una reazione chimica

video lab
Formazione di un precipitato

Osserva le reazioni illustrate nelle figure e impara a riconoscere e a individuare alcuni *sintomi delle trasformazioni chimiche*.

Il nastro di magnesio brucia con **formazione di un composto** (ossido di magnesio), che è un **solido bianco**, e con **emissione** di una **luce bianca**.

Innescando mediante un pezzo di nastro di magnesio o con 3-4 fiammiferi la combustione del dicromato di ammonio raccolto "a monticello", si ottiene una piccola "esplosione vulcanica", con forte sviluppo di azoto e formazione di una polvere verde. Questa reazione è ricordata come il "vulcanetto del chimico".
I **sintomi** sono vari: **scomparsa** del colore **rosso-arancio** e **comparsa** di un colore **verde**, **sviluppo** di un **gas** e di **energia**.

scheda lab
Reazioni di precipitazione

Hai imparato a conoscere alcune **proprietà chimiche** delle sostanze che si sono manifestate in seguito a trasformazioni chimiche. La capacità del magnesio di bruciare, producendo un solido bianco; la produzione di un solido verde e l'emissione di gas ed energia da parte del dicromato di ammonio sono tutte **proprietà osservabili** e che, perciò, possono essere considerate **sintomi di una reazione**. Questi non sempre sono individuabili facilmente, tuttavia ce ne sono alcuni *abbastanza comuni* e *frequenti*, tali da farci comprendere che una sostanza si è trasformata in una sostanza diversa:

i "sintomi" più comuni di una reazione

- comparsa, scomparsa o variazione di **colore**
- sviluppo o scomparsa di un **gas**
- sviluppo o scomparsa di un **odore** caratteristico
- comparsa o scomparsa di un **sapore** caratteristico
- formazione o scomparsa di una **sostanza solida insolubile**
- sviluppo o assorbimento di **energia** (**reazione esoergonica** o **endoergonica**) che spesso è energia termica (**reazione esotermica** o **endotermica**)

Ogni sostanza possiede un insieme di **proprietà caratteristiche chimiche**, che possono essere collegate alla capacità della sostanza di trasformarsi in un'altra, e **fisiche**, che *non* possono essere associate a cambiamenti della natura della sostanza e quindi sono collegate a trasformazioni fisiche. Insieme esse permettono il **riconoscimento della sostanza** e la sua distinzione da altre sostanze.

Ricorda!...
Talvolta la materia si trasforma in maniera che la natura delle sostanze non cambia. In tal caso i "sintomi" che si osservano, per esempio le bollicine che si formano durante l'ebollizione dell'acqua o la fuoriuscita di gas da una bottiglia di una bibita gassata, sono dovuti a **trasformazioni fisiche**.

5.10 Scrivere e bilanciare una reazione chimica

$$Na_2CO_{3(s)} + 2HCl_{(aq)} \longrightarrow 2NaCl_{(aq)} + CO_{2(g)} + H_2O_{(l)}$$

carbonato di sodio | acido cloridrico | cloruro di sodio | diossido di carbonio | acqua

Una reazione chimica rappresenta un fatto reale. Per rappresentarla occorre:
- conoscere esattamente quali sono le sostanze che reagiscono (**reagenti**) e quali quelle che si formano (**prodotti**);
- scrivere correttamente le **formule** dei reagenti e dei prodotti, indicando con i *simboli s*, *l* e *g* il loro **stato di aggregazione** e con *aq* una sostanza in soluzione acquosa;
- inserire la **freccia** tra reagenti e prodotti;
- scrivere di seguito ai prodotti della reazione il termine + *energia termica* per indicare lo sviluppo di energia termica (**reazione endotermica**) o scrivere *energia* sulla freccia per indicarne l'assorbimento (**reazione endotermica**);
- **bilanciare la reazione**, secondo la legge della conservazione della massa.

Bilanciare una reazione significa scrivere davanti alle formule dei reagenti e dei prodotti i **coefficienti stechiometrici** appropriati, in modo che il numero degli atomi di ciascun elemento sia uguale prima e dopo la reazione. In questo modo viene rispettata la legge della conservazione della massa.

bilanciare una reazione

ESEMPI

esempio 1

Reazione di combustione del metano (gas generalmente usato nei fornelli domestici).

Il metano CH_4 brucia con l'ossigeno dell'aria O_2 formando diossido di carbonio CO_2 e vapor d'acqua H_2O, secondo una reazione fortemente esotermica:

$$CH_{4(g)} + O_{2(g)} \longrightarrow CO_{2(g)} + H_2O_{(g)} + \text{energia termica}$$

- Una via semplice per iniziare il bilanciamento consiste nell'**individuare in quale sostanza c'è l'elemento con il più alto numero di atomi**. Poiché gli atomi di idrogeno nel metano sono 4, mentre nell'acqua prodotta sono 2, si antepone **2** alla formula dell'acqua:

$$CH_{4(g)} + O_{2(g)} \longrightarrow CO_{2(g)} + 2H_2O_{(g)} + \text{energia termica}$$

- Di conseguenza, gli atomi di ossigeno diventano 4 nei prodotti e perciò il reagente O_2 richiede il coefficiente stechiometrico **2**.

$$CH_{4(g)} + 2O_{2(g)} \longrightarrow CO_{2(g)} + 2H_2O_{(g)} + \text{energia termica}$$

In questo modo la reazione risulta bilanciata.

- La **stechiometria della reazione**, in questo caso, è espressa dal rapporto **1 : 2 : 1 : 2**.

Se la combustione riguardasse 2 (o 3) molecole di metano, sarebbero necessarie 4 (o 6) molecole di ossigeno e si formerebbero 2 (o 3) molecole di diossido di carbonio e 4 (o 6) di acqua.

Ricorda!...
Il **bilanciamento** di una reazione è **indispensabile**, perché solo se il numero degli atomi dei vari elementi è uguale prima e dopo la freccia di reazione viene rispettata la **legge di Lavoisier**.
Per iniziare a bilanciare una reazione è molto utile individuare l'**elemento con numero di atomi maggiore** (tra i reagenti o tra i prodotti) e uguagliare tale numero con il coefficiente opportuno.

esempio 2

Reazione di precipitazione del cromato di piombo

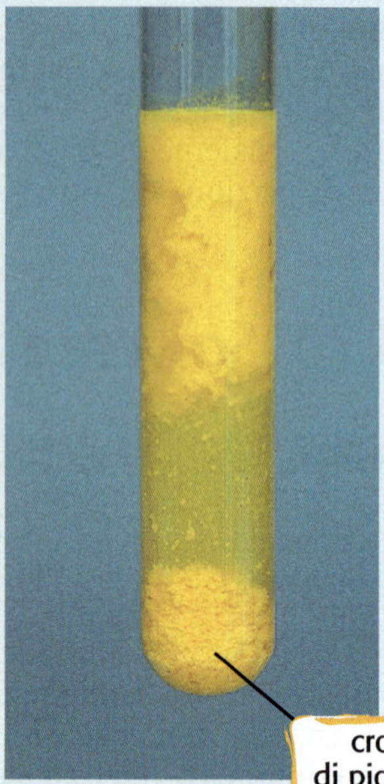

Mescolando 2-3 mℓ di una soluzione di nitrato di piombo (II) $Pb(NO_3)_2$ con 2-3 mℓ di una soluzione di cromato di potassio K_2CrO_4, si ottiene il nitrato di potassio KNO_3, che si scioglie nella soluzione, e il cromato di piombo (II) $PbCrO_4$, una sostanza gialla, solida e insolubile. Poiché *precipita* sul fondo della provetta, il solido è detto **precipitato**.
La reazione da bilanciare è:

$$Pb(NO_3)_{2(aq)} + K_2CrO_{4(aq)} \longrightarrow KNO_{3(aq)} + \underset{\text{precipitato giallo-arancio}}{PbCrO_{4(s)}}$$

• Per eseguire il bilanciamento, risulta comodo considerare tutto insieme il gruppo NO_3. Questo gruppo ha l'indice numerico 2 nel reagente $Pb(NO_3)_2$, perciò si antepone il coefficiente stechiometrico **2** al prodotto della reazione KNO_3:

$$Pb(NO_3)_{2(aq)} + K_2CrO_{4(aq)} \longrightarrow \mathbf{2}KNO_{3(aq)} + PbCrO_{4(s)}$$

In questo modo, risultano bilanciati anche gli atomi di potassio.
Anche il gruppo cromato CrO_4 e gli atomi di piombo sono bilanciati.

• La **stechiometria della reazione** è espressa dal rapporto: **1 : 1 : 2 : 1**.
La reazione bilanciata esprime questo fenomeno: 1 molecola di nitrato di piombo reagisce con 1 molecola di cromato di potassio. Dal riarrangiamento degli atomi di questi composti si formano 2 molecole di nitrato di potassio e 1 molecola di cromato di piombo (II). Quest'ultimo composto non è solubile in acqua e quindi dà un precipitato, al contrario degli altri partecipanti alla reazione, che sono solubili.

esempio 3

Trasformazione del cromato di sodio in dicromato di sodio

Il cromato di sodio Na_2CrO_4 è un solido giallo che può essere trasformato facilmente nel dicromato di sodio $Na_2Cr_2O_7$, di colore rosso arancio. La reazione si effettua aggiungendo una soluzione acquosa di cloruro di idrogeno, cioè acido cloridrico $HCl_{(aq)}$, alla soluzione di cromato $Na_2CrO_{4(aq)}$; oltre al dicromato si formano il cloruro di sodio NaCl e l'acqua H_2O:

$$Na_2CrO_{4(aq)} + HCl_{(aq)} \longrightarrow Na_2Cr_2O_{7(aq)} + NaCl_{(aq)} + H_2O_{(l)}$$

• Generalmente si bilanciamo per ultimi l'ossigeno e l'idrogeno in quanto spesso si ritrovano automaticamente bilanciati alla fine del procedimento. Si può iniziare il bilanciamento dal cromo Cr.
Per la presenza di 2 atomi Cr nel dicromato è necessario anteporre il coefficiente stechiometrico **2** al cromato di sodio:

$$\mathbf{2}Na_2CrO_{4(aq)} + HCl_{(aq)} \longrightarrow Na_2Cr_2O_{7(aq)} + NaCl_{(aq)} + H_2O_{(l)}$$

• Di conseguenza occorre bilanciare gli atomi di sodio Na, che sono diventati 4 nel reagente, anteponendo il coefficiente **2** al cloruro di sodio NaCl:

$$\mathbf{2}Na_2CrO_{4(aq)} + HCl_{(aq)} \longrightarrow Na_2Cr_2O_{7(aq)} + \mathbf{2}NaCl_{(aq)} + H_2O_{(l)}$$

• Questo passaggio rende necessario bilanciare il cloro in HCl con il coefficiente **2**:

$$\mathbf{2}Na_2CrO_{4(aq)} + \mathbf{2}HCl_{(aq)} \longrightarrow Na_2Cr_2O_{7(aq)} + \mathbf{2}NaCl_{(aq)} + H_2O_{(l)}$$

• Controllando il numero di atomi di ossigeno e di idrogeno, si riscontra che sono bilanciati: 8 atomi O e 2 atomi H.
La stechiometria della reazione è espressa dal rapporto: **2 : 2 : 1 : 2 : 1**. Quindi 2 molecole di cromato di sodio richiedono 2 molecole di acido cloridrico per trasformarsi in 1 molecola di dicromato di sodio; contemporaneamente si formano 2 molecole di cloruro di sodio e 1 molecola di acqua.

IN LABORATORIO

Una trasformazione fisica e una trasformazione chimica del magnesio

In questa esercitazione valuterai una trasformazione fisica e una trasformazione chimica dell'elemento magnesio (Mg).

Materiali

- 50 cm di nastro di magnesio tagliato in tre pezzi
- pila da 4,5 V con alette
- LED (*Light Emitting Diode*) diodo a emissione luminosa
- vetro da orologio (o capsula o pezzo di foglio di alluminio)
- pinza metallica
- 4 morsetti a becco di coccodrillo
- fiammiferi o accendino
- forbici

Esperimento 1

Procedimento

1. Prepara un circuito collegando, mediante gli appositi morsetti, 2 pezzi di nastro di magnesio con il LED e con uno dei poli della pila. Ricorda che il filo più corto del LED va collegato con il polo negativo della pila. Lascia libero soltanto il collegamento tra il nastro di magnesio e uno dei poli della pila.
2. Chiudi il circuito facendo l'ultimo collegamento e osserva che cosa accade.

Esperimento 2

Procedimento

1. Prendi con la pinza un'estremità del terzo pezzo di nastro di magnesio e tienilo al di sopra del vetro da orologio.
2. Accendi con un fiammifero l'altra estremità. In questa operazione evita di tenere fisso lo sguardo sul nastro durante la combustione.

   La trasformazione che osservi è:

   magnesio + ossigeno dell'aria → ossido di magnesio

Rispondi

- Quale proprietà rivela il magnesio nell'esperimento 1?
- Questa proprietà è indice di una trasformazione fisica o chimica?
- Quale proprietà rivela il magnesio nell'esperimento 2?
- Questa proprietà è indice di una trasformazione fisica o chimica?
- Bilancia la reazione, completa con i simboli per lo stato fisico e specifica se la reazione è esotermica o endotermica:

  $$\ldots\ Mg_{(\ldots)} + \ldots\ O_{2(\ldots)} \rightarrow \ldots\ MgO_{(\ldots)}$$

- Quali sono i sintomi di questa trasformazione?
- Quali sono i reagenti e qual è il prodotto della reazione?

IN SINTESI

PER LA DIDATTICA INCLUSIVA

Alcune forme di energia

• L'**energia potenziale** è una forma di energia posseduta da tutti i corpi, perciò anche dalle particelle di cui è costituita una sostanza. In questo caso è detta **energia chimica**, è immagazzinata nei **legami** che tengono unite le particelle della sostanza e **si trasforma in altre forme di energia quando avvengono le trasformazioni chimiche della materia**, secondo la **legge della conservazione dell'energia**.

• L'**energia cinetica**, posseduta dalle particelle di un qualsiasi corpo, si manifesta attraverso l'**energia termica** del corpo, valutabile attraverso la misura della temperatura. Perciò la **temperatura** t di un corpo è un **indice dello stato di "agitazione" delle sue particelle.** L'energia termica si misura in **joule** (J), oppure in **calorie** (cal): **1 cal = 4,186 J**. La **temperatura** t si esprime in **gradi Celsius** (°C) oppure, come **temperatura assoluta** T, in **kelvin** (K): T **(K) =** t **(°C) + 273,15**.

• Il **calore** è un'**energia in transito**, in quanto è collegato al **passaggio spontaneo di energia termica da un corpo che ha una temperatura più elevata a un altro a temperatura più bassa.**

I passaggi di stato

I **passaggi di stato** sono **cambiamenti dello stato di aggregazione** della materia, dovuti a **variazioni di temperatura e/o di pressione** e **sono trasformazioni fisiche**.

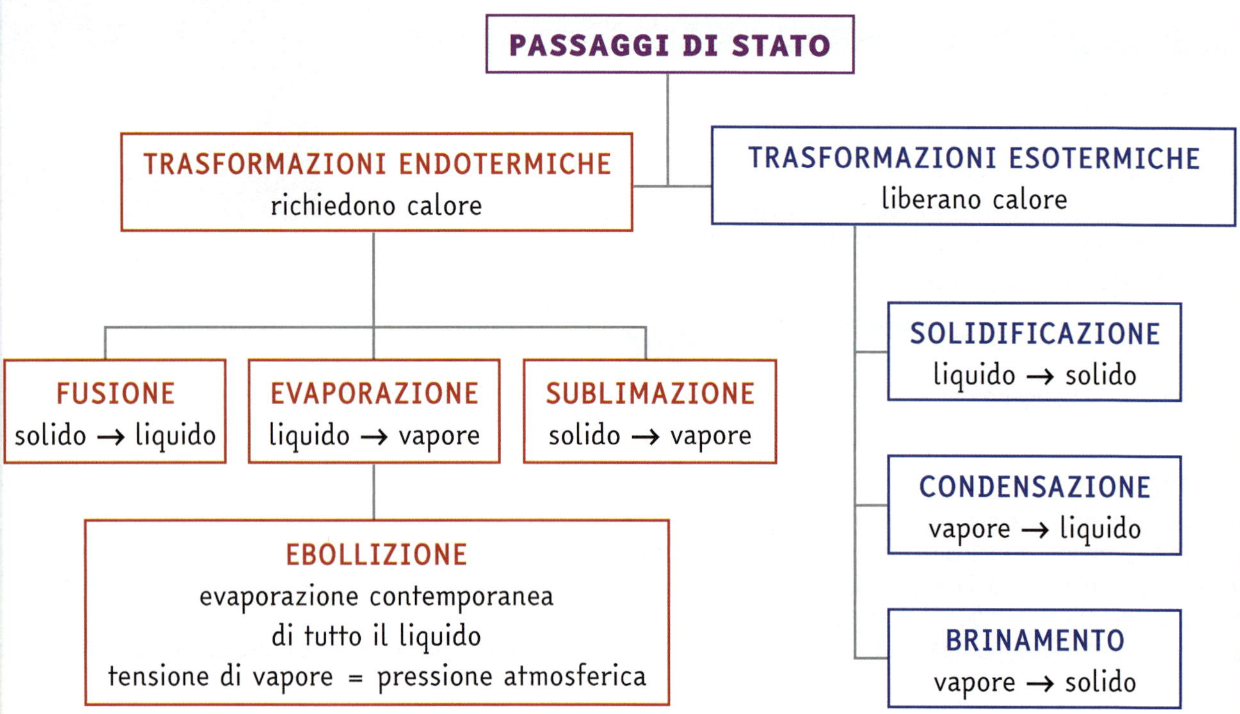

IN SINTESI

Il linguaggio della chimica

Una **formula** rappresenta la **molecola** di un elemento o di un composto, come Al_2O_3.
Nel simbolo $4Al_2O_3$ il numero **4** è il **coefficiente stechiometrico**, che indica il **numero di molecole del composto** i numeri **2** e **3** (**indici numerici**) indicano il **numero di atomi** di alluminio e di ossigeno.

Le reazioni chimiche

Una **trasformazione chimica** (**reazione**), consiste nella trasformazione di alcune sostanze (**reagenti**) in sostanze diverse (**prodotti della reazione**).
Durante una reazione si rompono i legami tra gli atomi delle molecole dei reagenti e si formano nuovi legami nelle molecole dei prodotti della reazione, quindi si ha una **variazione di energia chimica**, generalmente sotto forma di calore: liberazione di energia (**reazione esotermica**) o assorbimento di energia (**reazione endotermica**).
Per **rappresentare una reazione** si scrivono le **formule dei reagenti**, poi una **freccia** e poi le **formule dei prodotti**, indicando anche lo stato di aggregazione delle sostanze (*s*, *l*, oppure *g*), la presenza di una sostanza in soluzione acquosa (*aq*) e la somministrazione o la liberazione di **energia**.

• Il **bilanciamento di una reazione** consiste nel far precedere reagenti e prodotti dagli **opportuni coefficienti stechiometrici**, per uguagliare il numero degli atomi di ogni elemento prima e dopo la reazione, nel rispetto della **legge di conservazione della massa**.

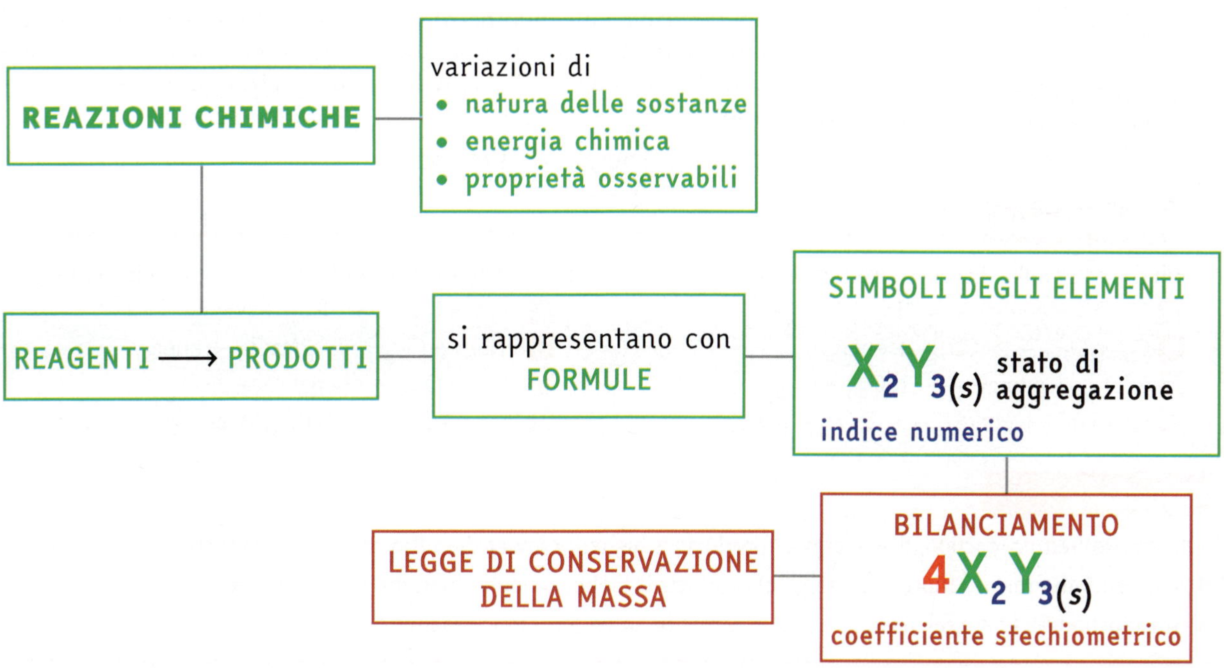

SCIENTIFIC ENGLISH

Energy Changes in Chemical Reactions

All chemical reactions involve **energy changes**. In some reactions, we are able to see these energy changes by either an increase or a decrease in the overall energy of the system.

When a chemical reaction occurs, bonds in the reactants break, while new bonds form in the product. The following example may help to explain this.

Hydrogen reacts with oxygen to form water, according to the following equation:

$$\underset{\text{hydrogen}}{2H_{2(g)}} + \underset{\text{oxygen}}{O_{2(g)}} \longrightarrow \underset{\text{water}}{2H_2O_{(l)}}$$

In this reaction, the bond between the two hydrogen atoms in the H_2 molecule will break, as will the bond between the oxygen atoms in the O_2 molecule. New bonds will form between the two hydrogen atoms and the single oxygen atom in the water molecule that is formed as the product. For bonds to break, **energy must be absorbed**. When new bonds form, **energy is released**.

In some reactions, the energy that must be absorbed to break the bonds in the reactants, is less than the total energy that is released when new bonds are formed. This means that in the overall reaction, energy is released as either heat or light. This type of reaction is called an **exothermic reaction**.

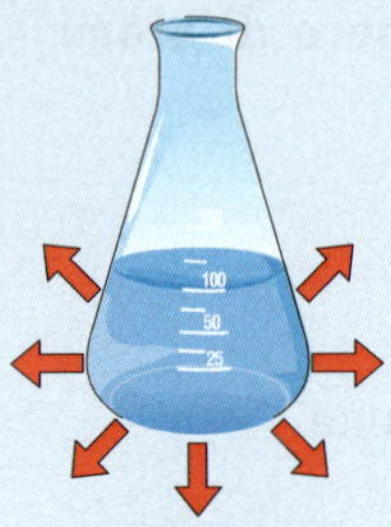

EXOTERMIC REACTION

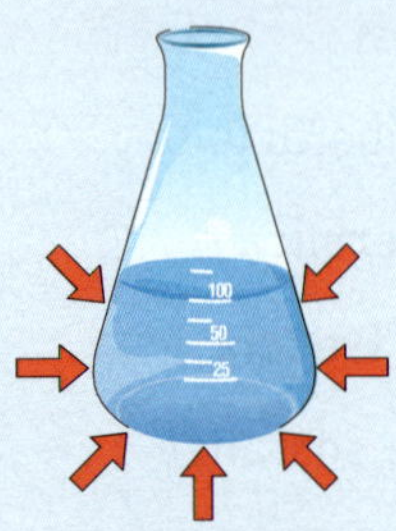

ENDOTHERMIC REACTION

Another way of describing an exothermic reaction is that it is one in which the energy of the products is less than the energy of the reactants, because energy has been released during the reaction. We can represent this using the following general formula:

$$\text{Reactants} \longrightarrow \text{Products} + \text{Energy}$$

In other reactions, the energy that must be absorbed to break the bonds in the reactants, is more than the total energy that is released when new bonds are formed. This means that in the overall reaction, energy must be absorbed from the surroundings. This type of reaction is known as an **endothermic reaction**.

Another way of describing an endothermic reaction is that it is one in which the energy of the products is greater than the energy of the reactants, because energy has been absorbed during the reaction. This can be represented by the following formula:

$$\text{Reactants} + \text{Energy} \longrightarrow \text{Products}$$

Key Words

Chemical bond is the physical process that causes atoms and molecules to be attracted together and to be bound in new compound.

Exothermic reaction is one that releases energy in the form of heat or light.

Endothermic reaction is one that absorbs energy in the form of heat.

Multiple Choice

1 Which of the following is an exothermic reaction?

A $2H_2O_{(l)}$ + energy $\longrightarrow 2H_{2(g)} + O_{2(g)}$
B $C_{(s)} + O_{2(g)} \longrightarrow CO_{2(g)}$ + energy
C $2CO_{2(g)}$ + energy $\longrightarrow 2CO_{(g)} + O_{2(g)}$
D $Ca(OH)_{2(s)}$ + energy $\longrightarrow CaO_{(s)} + H_2O_{(g)}$

2 Which of the following is an endothermic reaction?

A $H_{2(g)} + I_{2(g)} \longrightarrow 2HI_{(g)}$ + energy
B $2Na_{(s)} + Cl_{2(g)} \longrightarrow 2NaCl_{(s)}$ + energy
C $N_{2(g)} + O_{2(g)}$ + energy $\longrightarrow 2NO_{(g)}$
D $Si_{(s)} + 2Cl_{2(g)} \longrightarrow SiCl_{4(s)}$ + energy

Questions

3 In an exothermic reaction, the energy of products is higher or lower than the energy of reactants?

4 In an endothermic reaction, the energy of products is higher or lower than the energy of reactants?

5 In a reaction 55 kJ are released. Is an exothermic or an endothermic reaction?

STRUMENTI PER COSTRUIRE LE COMPETENZE

ALTRI TEST

Studiando la teoria...

Completa le frasi

1 Qualsiasi corpo, anche se piccolissimo, possiede un'energia detta energia .... , perché può trasformarsi in un'altra forma .... Per esempio, l'energia .... posseduta da un corpo che si trova a una certa altezza dal suolo si trasforma in energia .... quando il corpo ....

2 L'energia chimica è un'energia .... che interviene nelle .... della materia.

3 L'energia chimica posseduta dalle particelle di un qualsiasi corpo è immagazzinata nei .... che le tengono .... e varia durante la .... o la .... di questi legami.

4 L'energia cinetica media delle particelle di un corpo è una proprietà .... osservabile, ma si manifesta attraverso una proprietà ...., che è .... del corpo.

5 La temperatura di un corpo è una misura dell'............................ .... delle sue particelle.

6 La temperatura è una proprietà intensiva, cioè .... dalla massa del corpo; l'energia termica è una proprietà estensiva, in quanto .... al .... della massa del corpo.

7 Il calore è un'energia ...., perché collegato al passaggio di .... da un corpo a temperatura .... a un altro a temperatura ....

8 I passaggi di stato della materia sono .... dello .... della materia.

9 La tendenza di un liquido a evaporare viene espressa qualitativamente mediante una grandezza detta .... del liquido.

10 L'ebollizione differisce dall'evaporazione perché riguarda .... del liquido.

11 Il calore somministrato durante la fusione o l'ebollizione non provoca .... di temperatura; è utilizzato per vincere .... tra le particelle e viene detto .... o ....

12 La fusione è un processo che richiede energia, cioè ....; il processo inverso è ...., che è un processo ....

13 La temperatura di ebollizione di un liquido è la temperatura a cui la .... del liquido è uguale alla ....

14 La temperatura di ebollizione di un liquido aumenta o diminuisce a seconda che la .... subisca .... o ....

15 La chimica utilizza simboli e formule per indicare i due tipi di sostanze di cui è costituita la materia, che sono .... e ....

16 Il simbolo di un elemento indica anche un atomo dell'elemento, che è la parte .... dell'elemento che può intervenire in una trasformazione ....

17 La molecola di un elemento o di un composto è la parte .... dell'elemento o del composto che ha una .. .. La sua "nascita" avvenne grazie agli studi di .... e di ....

18 Nelle formule molecolari (o formule brute) delle sostanze i numeri posti in basso a destra dei simboli sono detti .... e rappresentano .... di .... di cui è costituita ....

19 Un numero anteposto alla formula di una sostanza è detto .... e indica il numero di .... della sostanza.

20 Il rapporto tra gli indici numerici esprime, a livello submicroscopico, la legge delle proporzioni .... (legge di Proust).

21 Reazione chimica è l'espressione con cui viene indicata una .... chimica; in essa gli atomi delle sostanze iniziali, dette ...., subiscono un "riarrangiamento" trasformandosi nelle sostanze finali, dette .... della reazione. Questo riarrangiamento può avvenire con sviluppo di calore se l'energia chimica dei reagenti è .... di quella dei prodotti (reazione ....) o con assorbimento di calore (reazione ....) se è maggiore l'energia chimica dei ....

22 La legge della conservazione della massa viene ricordata anche come legge di .... Essa stabilisce che la .... delle masse dei .... è .... alla .... delle masse dei .... della reazione.

23 La formulazione della legge di Lavoisier rappresentò un evento di enorme importanza in campo scientifico, perché diede inizio a uno studio della chimica basato sul metodo ....

24 Ogni sostanza possiede proprietà chimiche e proprietà fisiche. Soltanto le proprietà .... sono collegate a cambiamenti della .... della sostanza.

25 Molte delle reazioni che avvengono nella materia sono osservabili attraverso "......................................", come comparsa, scomparsa o variazione di ...., sviluppo o scomparsa di ...., sviluppo o scomparsa di un .... caratteristico, comparsa o scomparsa di un .... caratteristico, formazione o scomparsa di una ...., sviluppo o assorbimento di ....

26 Il bilanciamento di una reazione consiste nel rendere .... il .... di atomi di ciascun elemento .... e .... la reazione; esso è indispensabile perché venga rispettata la legge di ....

27 I coefficienti stechiometrici dei reagenti e dei prodotti di una reazione si trovano in un rapporto definito, che non può essere ...., in conseguenza della legge di ....

Test vero-falso

1 L'energia potenziale è un'energia immagazzinata in tutti i corpi, anche nelle particelle piccolissime di cui è costituita la materia. V F

2 L'energia potenziale immagazzinata nelle particelle di un qualsiasi corpo è detta energia chimica. V F

3 La temperatura di ebollizione di un liquido diminuisce, se diminuisce la massa del liquido. V F

4 Un liquido evapora tanto più facilmente quanto maggiore è la sua tensione di vapore. V F

5 Durante l'ebollizione dell'acqua le molecole di acqua si scindono negli elementi idrogeno e ossigeno. V F

6 In una trasformazione chimica si verifica un "riarrangiamento" degli atomi delle molecole dei reagenti, che si riorganizzano formando le molecole dei prodotti della reazione. V F

7 La formula molecolare di un composto è definita dalla legge di Proust (legge delle proporzioni definite). V F

8 Il simbolo $5HNO_3$ rappresenta 5 molecole di un composto che ha formula molecolare HNO_3, in cui sono legati 1 atomo di idrogeno, 1 atomo di sodio e 3 atomi di ossigeno. V F

9 In una reazione esotermica l'energia chimica dei prodotti è minore dell'energia chimica dei reagenti. V F

10 Una reazione risulta bilanciata, quando la somma dei coefficienti stechiometrici dei reagenti è uguale alla somma dei coefficienti stechiometrici dei prodotti della reazione. V F

Test a risposta multipla

Scegli la risposta o il completamento corretti

1 La temperatura di ebollizione di un liquido:

A dipende dalla massa del liquido
B dipende dalla tensione di vapore del liquido
C dipende dalla temperatura dell'ambiente esterno
D non dipende dalla pressione esterna

2 Riferite all'etere etilico (p.eb. 34,6 °C a 101 325 Pa) e all'acqua (p.eb. 100 °C a 101 325 Pa), quale affermazione *non* è *corretta*?

A Le forze attrattive fra le particelle sono maggiori nell'etere
B L'etere ha una tensione di vapore maggiore di quella dell'acqua
C L'etere bolle a una temperatura inferiore a quella dell'acqua
D Se la pressione esterna è maggiore di 101 325 Pa, l'etere e l'acqua non bollono a 34,6 °C e a 100 °C

3 Il calore somministrato durante la fusione di un solido:

A fa aumentare la temperatura della miscela solido-liquido
B è detto calore latente di ebollizione
C viene utilizzato per vincere le forze attrattive tra le particelle del solido
D non dipende dalla massa del solido che subisce la fusione

4 Quanti atomi sono contenuti nel composto $Al_2(SO_4)_3$?

A 2 atomi Al, 1 atomo S, 4 atomi O
B 2 atomi Al, 3 atomi S, 4 atomi O
C 2 atomi Al, 3 atomi S, 12 atomi O
D 2 atomi Al, 12 atomi S, 3 atomi O

5 Dopo una trasformazione chimica può cambiare:

A il numero di molecole dei reagenti e quello di molecole dei prodotti della reazione
B il numero di atomi dei reagenti e quello di atomi dei prodotti della reazione
C il tipo di atomi dei reagenti e quello dei prodotti della reazione
D la massa complessiva dei reagenti e quella dei prodotti della reazione

6 Una trasformazione chimica:

A è sempre una trasformazione esotermica
B è sempre accompagnata da variazione di colore
C provoca la formazione di nuovi tipi di atomi
D avviene con variazione di energia chimica

7 Quale proprietà è sintomo di una trasformazione chimica?

A Il sapore acidulo di un vino
B Il sapore acidulo dell'aceto
C Il sapore aspro di un limone
D Il sapore amaro di un digestivo alcolico

8 Dopo aver osservato il simbolismo che rappresenta la reazione di sintesi del composto Al_2O_3:

$$4Al_{(s)} + 3O_{2(g)} \rightarrow 2Al_2O_{3(s)}$$

indica quale affermazione è corretta.

A 4 atomi di alluminio reagiscono con 6 atomi di ossigeno formando 2 molecole di composto
B 4 atomi di alluminio reagiscono con 2 molecole di ossigeno formando 3 molecole di composto
C Per ottenere 4 molecole di composto occorrono 8 atomi di alluminio e 6 molecole di ossigeno
D Per ottenere 4 molecole di composto occorrono 4 atomi di alluminio e 6 molecole di ossigeno

9 Quale trasformazione chimica richiede energia, cioè è endoergonica?

A Fusione del ghiaccio
B Formazione della brina
C Combustione del metano
D Decomposizione dell'acqua in idrogeno e ossigeno

10 Quale affermazione, relativa allo sviluppo di diossido di carbonio da un bibita gassata e lo sviluppo dello stesso gas durante la respirazione, è corretta?

A Entrambi sono fenomeni dovuti a trasformazioni fisiche
B Entrambi sono fenomeni dovuti a trasformazioni chimiche
C Il primo è dovuto a una trasformazione chimica, il secondo a una trasformazione fisica
D Il primo è dovuto a una trasformazione fisica, il secondo a una trasformazione chimica

Applica le tue conoscenze

5.1 La legge di conservazione dell'energia

1 Fai un esempio di come l'energia elettrica si trasforma in energia termica.

2 Fai una ricerca e riporta un esempio di utilizzazione dell'energia eolica.

5.2 Tutti i corpi hanno energia potenziale

3 Ha maggiore energia cinetica una pietra con massa 200 g oppure un pietra con massa 300 g che rotolano alla stessa velocità?

4 Qual è l'energia cinetica di un corpo con massa 100 g che rotola alla velocità di 2 m/s? (*Ricorda* 1 J = 1 kg · m²/s²)
[0,2 kg · m²/s² = 0,2 J]

5 In quale posizione la palla ha sia energia potenziale sia energia cinetica?

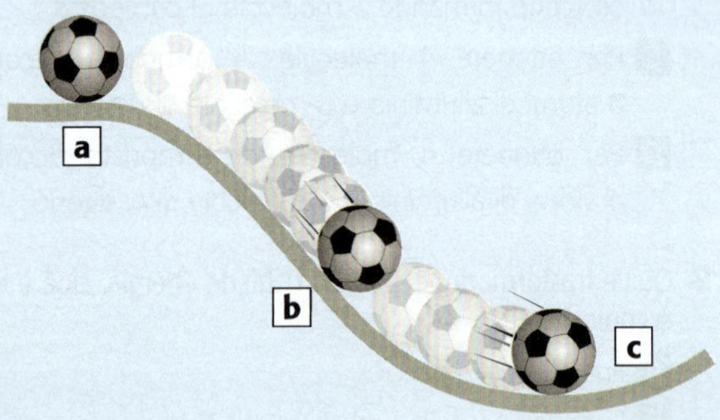

5.3 Energia termica e temperatura

6 In una stanza la temperatura è di 28 °C. Qual è la temperatura, espressa in K? [301 K]

7 Quale campione ha la minore energia termica?
a) 200 g di acqua alla temperatura di 30 °C
b) 180 g di acqua alla temperatura di 30 °C
c) 180 g di acqua alla temperatura di 27 °C

5.4 Energia termica, temperatura e calore: impariamo a distinguerli

8 Facendo riferimento all'energia cinetica, che cosa accade quando con una mano tocchi un oggetto più freddo della mano?

9 Completa la frase.
Riscaldando l'acqua da 50 °C a 70 °C con la fiamma del gas, l'acqua .... calore dalla fiamma; l'energia cinetica delle sue particelle .... e la sua energia termica .... La fiamma del gas .... calore all'acqua e all'ambiente ...., perciò .... anche l'energia cinetica delle particelle presenti ....

5.5 Alcune trasformazioni fisiche: i passaggi di stato

10 Indica il passaggio di stato collegato a ciascuno dei seguenti fenomeni:
a) in un inverno rigido un indumento bagnato si indurisce
b) in un oceano si forma una lastra di ghiaccio
c) uno specchio si appanna in un bagno mentre fai una doccia molto calda
d) una goccia di profumo messa sul collo emana una fragranza che si avverte a distanza
e) in un'acciaieria si produce una colata di acciaio
f) sulle foglie di un albero si forma la brina

11

A quale passaggio di stato è dovuta la formazione di fumo bianco da un pezzo di "ghiaccio secco", che è diossido di carbonio solido?

12 Il brinamento è un passaggio di stato endotermico o esotermico?

13 Il calore latente collegato alla fusione di 10 g di ghiaccio è uguale, maggiore o minore rispetto a quello collegato alla fusione di 1 kg di ghiaccio? Giustifica la risposta, specificando in che cosa consiste il calore latente di fusione.

14 Una sostanza bolle a 293 K, un'altra a 30 °C. Quale delle due ha punto di ebollizione più elevato?

15 Una sostanza fonde a 40 °C. Qual è la sua temperatura di solidificazione, espressa in gradi Celsius e in kelvin?

16 Alla pressione di 10 100 Pa, l'acqua bolle a una temperatura maggiore o minore di 100 °C?

5.6 Le trasformazioni chimiche e il linguaggio della chimica

17 Utilizzando la tavola periodica degli elementi attribuisci il nome ai seguenti elementi, necessari in piccolissime quantità nella nostra dieta:

I ...., Co ...., Cr ....,
Cu ...., F ...., Sn ....,
Si ...., Se ...., Mn ....

18 Qual è la differenza fra i due simboli riportati in ciascun caso?

a) 2H e H_2 ....

b) $4N_2$ e 8N ....

c) N_2O_4 e $2NO_2$ ....

19 Scrivi il simbolo dell'elemento più abbondante nell'aria e specifica se si trova sotto forma di atomi o di molecole.

20 Utilizzando la tavola periodica degli elementi, riporta i nomi dei simboli sotto elencati, seguendo le indicazioni riportate negli esempi.

ESEMPIO
- **2H: 2 atomi di idrogeno liberi**
- **H_2: 1 molecola di idrogeno formata da 2 atomi legati**
- **HNO_3: 1 molecola di un composto *inorganico* (1 atomo di idrogeno, 1 di azoto e 3 di ossigeno)**
- **CH_3COOH: 1 molecola di un composto *organico* (2 atomi di carbonio, 4 di idrogeno e 2 di ossigeno)**
- **$5P_2O_3$: 5 molecole di un composto inorganico (10 atomi di fosforo e 15 di ossigeno)**

a) 7Cl *c*) H_3PO_4 *e*) $C_6H_{12}O_6$ *g*) Cl_2O_7
b) $5O_2$ *d*) $2H_2O_2$ *f*) $4H_2S$ *h*) $5C_3H_8$

21 Usando i simboli chimici scrivi le seguenti formule:

a) 2 molecole di triossido di diazoto, ciascuna delle quali è costituita, in ordine di scrittura, da 2 atomi di azoto e 3 di ossigeno

b) 1 molecola di acido solforico, costituita, in ordine di scrittura, da 2 atomi di idrogeno, 1 di zolfo e 4 di ossigeno

c) 3 molecole di acido nitroso, ciascuna costituita da 1 atomo di idrogeno, 1 di azoto e 2 di ossigeno

5.7 Come rappresentare una trasformazione chimica

22 Scrivi la frase con cui leggeresti la seguente reazione, specificando quali sono i reagenti e quali i prodotti e indicando per ciascuno di essi il numero di molecole che entrano in gioco nella trasformazione:

$$P_2O_{5(s)} + 3H_2O_{(l)} \rightarrow 2H_3PO_{4(aq)}$$

23 Usando i simboli, scrivi la reazione indicata dal seguente enunciato:
"Dalla trasformazione di 2 molecole di acqua ossigenata (ciascuna delle quali è costituita da 2 atomi di idrogeno e 2 atomi di ossigeno), si ottengono 2 molecole di acqua (ciascuna formata da 2 atomi di idrogeno e 1 atomo di ossigeno) e 1 molecola di ossigeno (che è biatomica)".

5.8 La massa e l'energia nelle trasformazioni chimiche

24 Nella reazione

$$H_{2(g)} + Cl_{2(g)} \rightarrow 2HCl_{(g)}$$

si utilizzano 2 g di idrogeno H_2 e si ottengono 71 g di cloruro di idrogeno HCl. Qual è la massa di cloro Cl_2 che ha reagito? **[69 g]**

25 Fai un'indagine per comprendere il funzionamento del "ghiaccio istantaneo" e scrivi una breve frase per descriverlo.

26 Qual errore è stato commesso nello scrivere la reazione di combustione del metano CH_4?

$$CH_{4(g)} + 2O_{2(g)} \xrightarrow{\text{energia termica}} CO_{2(g)} + 2H_2O_{(g)}$$

27 In seguito alla reazione:

$$HCl_{(aq)} + NaOH_{(aq)} \rightarrow NaCl_{(aq)} + H_2O_{(l)}$$

si riscontra che la massa totale dei reagenti è 76 g. Qual è la massa complessiva dei due prodotti della reazione? **[76 g]**

28 Nella reazione:

$$2H_2O_{2(aq)} \rightarrow 2H_2O_{(l)} + O_{2(g)}$$

da 68 g di reagente si ottengono 36 g di acqua. Quanti grammi di ossigeno si sviluppano? **[32 g]**

5.9 I "sintomi" di una reazione chimica

29 Indica quali sono proprietà fisiche e quali proprietà chimiche dell'ossigeno.

	proprietà	
ossigeno	**fisica**	**chimica**
a temperatura ambiente è allo stato gassoso		
condensa a −183,0 °C e solidifica a −218,4 °C		
può essere ottenuto per elettrolisi dell'acqua		
può reagire con l'idrogeno formando acqua		
fa bruciare gli idrocarburi (composti del carbonio e dell'idrogeno) producendo acqua e diossido di carbonio		
è il comburente dell'aria, responsabile delle combustioni		
è responsabile, con l'aria, dell'arrugginimento del ferro e della corrosione di altri metalli		

30 Aggiungendo un po' di candeggina (che contiene cloro) a una soluzione di acqua ossigenata si ottiene la formazione di ossigeno. La stessa candeggina versata su una macchia di vino produce un altro effetto. Quali sono i sintomi di queste reazioni?

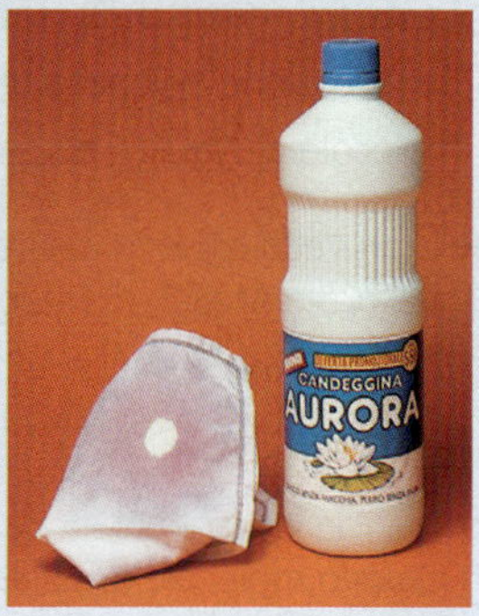

5.10 Scrivere e bilanciare una reazione chimica

31 La **fotosintesi clorofilliana** è un processo endoergonico (richiede infatti la luce solare), molto complesso, che viene rappresentato globalmente come trasformazione di diossido di carbonio e acqua in glucosio $C_6H_{12}O_6$, che è uno zucchero, e ossigeno.

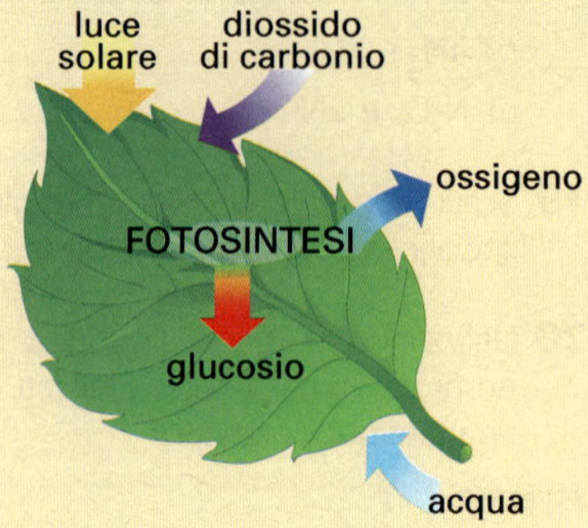

Con il simbolismo descritto la reazione non bilanciata si rappresenta in questo modo:

$$CO_{2(g)} + H_2O_{(l)} \xrightarrow{\text{energia solare}} C_6H_{12}O_{6(aq)} + O_{2(g)}$$

Bilancia la reazione.

- Il primo bilanciamento può riguardare gli atomi più numerosi in uno dei prodotti di reazione, cioè gli atomi di ...., perciò puoi anteporre il coefficiente necessario al reagente che lo contiene:

  $CO_{2(g)}$ + ...$H_2O_{(l)} \rightarrow C_6H_{12}O_{6(aq)} + O_{2(g)}$
- Osservando il numero degli atomi di carbonio nello zucchero, puoi bilanciare anche questo elemento:

  ....$CO_{2(g)}$ + ...$H_2O_{(l)} \rightarrow C_6H_{12}O_{6(aq)} + O_{2(g)}$
- Ora conta tutti gli atomi di ossigeno nei reagenti (dove sono .... + ... = ...) e nei prodotti (dove sono .... + ... = ...).

È conveniente non alterare il coefficiente 1 dello zucchero (per evitare che vengano alterati i numeri degli atomi già bilanciati); perciò occorre anteporre il coefficiente .... alla molecola O_2:

.........$CO_{2(g)}$ + ...$H_2O_{(l)} \rightarrow C_6H_{12}O_{6(aq)}$ + ...$O_{2(g)}$

- Controlla se tutti gli atomi di ciascun elemento sono in numero uguale nei reagenti e nei prodotti.

La stechiometria della reazione è espressa dal rapporto: ....

32 Bilancia la reazione di combustione del propano (gas contenuto nelle bombole usate per la cucina e il riscaldamento). La formula del propano è C_3H_8. Esso brucia con l'ossigeno dell'aria formando diossido di carbonio e acqua:

$C_3H_{8(g)}$ + ...$O_{2(g)} \rightarrow$ ....$CO_{2(g)}$ + ...$H_2O_{(g)}$ + energia termica

33 Nella reazione che avviene nella provetta a sinistra, aggiungendo il fosfato di sodio Na_3PO_4 al cloruro di calcio $CaCl_2$, entrambi sciolti in acqua, si formano il cloruro di sodio NaCl, solubile in acqua, e il fosfato di calcio $Ca_3(PO_4)_2$, che è insolubile. La reazione che devi bilanciare è la seguente:

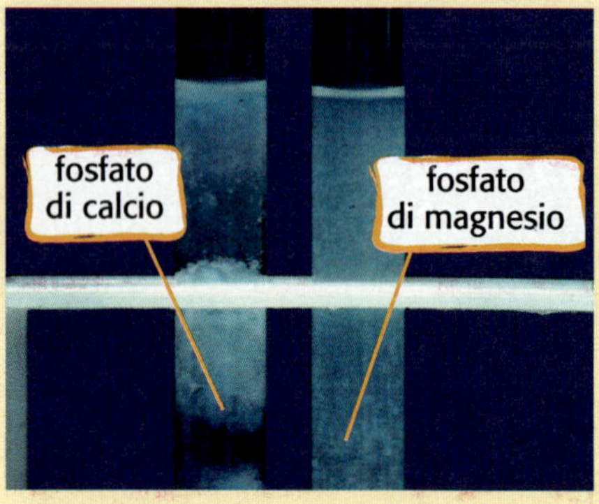

...... $Na_3PO_{4(aq)}$ + ... $CaCl_{2(aq)} \rightarrow$ ...... $NaCl_{(aq)}$ + ... $Ca_3(PO_4)_{2(s)}$ **precipitato bianco**

- Risulta conveniente iniziare il bilanciamento considerando tutto insieme il gruppo PO_4. Nel prodotto $Ca_3(PO_4)_2$ il suo indice numerico è 2, quindi per bilanciarlo devi premettere il coefficiente stechiometrico opportuno al reagente Na_3PO_4:

  ...... $Na_3PO_{4(aq)}$ + ... $CaCl_{2(aq)} \rightarrow$ ...... $NaCl_{(aq)}$ + ... $Ca_3(PO_4)_{2(s)}$ **precipitato bianco**
- Osservando quanti sono ora gli atomi di sodio Na nel reagente, devi premettere il coefficiente stechiometrico opportuno al prodotto cloruro di sodio NaCl:

  ......$Na_3PO_{4(aq)}$ + ... $CaCl_{2(aq)} \rightarrow$ ......$NaCl_{(aq)}$ + ... $Ca_3(PO_4)_{2(s)}$ **precipitato bianco**
- Ora puoi bilanciare gli atomi di cloro Cl del cloruro di calcio $CaCl_2$ con il coefficiente stechiometrico necessario:

  ......$Na_3PO_{4(aq)}$ + ...$CaCl_{2(aq)} \rightarrow$ ......$NaCl_{(aq)}$ + ...$Ca_3(PO_4)_{2(s)}$ **precipitato bianco**
- Controlla che siano bilanciati anche gli atomi di calcio Ca e quindi l'intera reazione.
- La stechiometria della reazione è espressa dal rapporto: ...... : ...... : ...... : ......
- Se la reazione avvenisse utilizzando 4 molecole di $Na_3PO_{4(aq)}$, occorrerebbero ...... molecole di $CaCl_{2(aq)}$ e si formerebbero .... molecole di $NaCl_{(aq)}$ e ...... molecole di $Ca_3(PO_4)_{2(s)}$.

34 Nella provetta a destra (esercizio precedente) è stata aggiunta una soluzione di fosfato di sodio Na_3PO_4 a una soluzione di solfato di magnesio $MgSO_4$. I prodotti della reazione sono il solfato di sodio Na_2SO_4, solubile in acqua, e un precipitato di fosfato di magnesio $Mg_3(PO_4)_2$:

...... $Na_3PO_{4(aq)}$ + ... $MgSO_{4(aq)} \rightarrow$ ...... $Na_2SO_{4(aq)}$ + ... $Mg_3(PO_4)_{2(s)}$ **precipitato bianco**

a) Bilancia la reazione.
b) Quante molecole di solfato di sodio Na_2SO_4 e quante di fosfato di magnesio $Mg_3(PO_4)_2$ si formerebbero, se la reazione avvenisse tra 6 molecole di fosfato di sodio e 9 molecole di solfato di magnesio? **[9 e 3]**

OBIETTIVO COMPETENZA

1 Perché un cibo tolto dal surgelatore non ha odore, ma emana rapidamente un profumo dopo il riscaldamento?

2 "La materia può essere considerata come un magazzino dell'energia. Quando avviene una trasformazione fisica o chimica di una sostanza, varia anche il contenuto di energia di questo magazzino". Commenta questa frase, riportando un esempio di una trasformazione fisica e di una trasformazione chimica in cui evidenzi la variazione del contenuto di energia.

3 Man mano che si svuota una vasca da bagno piena, quali delle seguenti proprietà dell'acqua variano? Si tratta di proprietà estensive oppure intensive?
a) densità *b*) massa *c*) volume *d*) energia termica

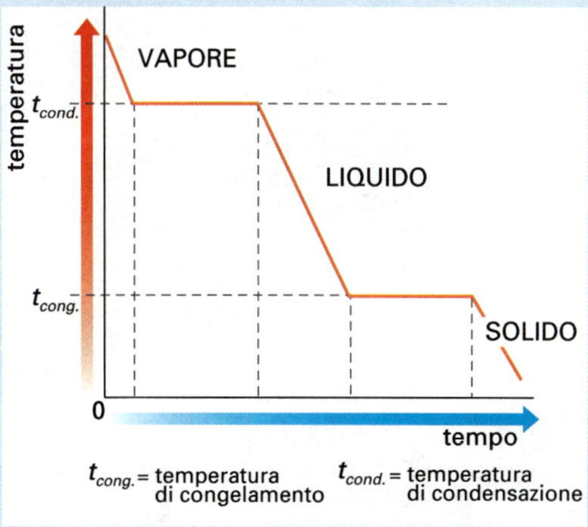

4 Questa curva, detta curva di raffreddamento, rappresenta la trasformazione di vapori di un composto **X** nel composto **X** solido in seguito a raffreddamento.
a) Descrivi le variazioni che il sistema subisce man mano che viene raffreddato.
b) Spiega perché la curva mostra tratti orizzontali nonostante continui la sottrazione di calore.
c) Indica quali fasi ci sono durante il primo e il secondo passaggio di stato.

5 Perché quando fa caldo i cani lasciano penzolare la lingua? Fai un ricerca sull'argomento, se non sai rispondere.

6 Perché la sterilizzazione dei ferri chirurgici è più efficace se viene fatta in un'autoclave, anziché in un comune contenitore aperto?

7 La temperatura in una stanza è di 20 °C. Toccando un piano di marmo su un tavolo avverti una sensazione di freddo. A quale temperatura si trova il piano di marmo? Perché avverti la sensazione di freddo?

8 Bilancia la reazione:

$$...... H_2SO_{4(aq)} + ... NH_4OH_{(aq)} \rightarrow ...... (NH_4)_2SO_{4(aq)} + ... H_2O_{(l)}$$

Nella reazione il rapporto ponderale tra la massa di acido solforico H_2SO_4 e quella di idrossido di ammonio NH_4OH è 98 g H_2SO_4 : 70 g NH_4OH.
a) Scrivi la frase con cui leggeresti la reazione, specificando anche il significato dei simboli (*aq*) e (*l*).
b) Indica le masse dei reagenti che hanno partecipato alla reazione.
c) Qual è la massa complessiva dei prodotti della reazione?
d) Facendo reagire 98 g H_2SO_4 e 72 g NH_4OH, quale massa complessiva dei prodotti di reazione si ottiene? Quale è il reagente che non reagisce completamente? Quale la massa del residuo?

9 L'esperimento riguarda la verifica della legge di Lavoisier e puoi realizzarlo con materiali facilmente reperibili.
La reazione avviene tra il bicarbonato di sodio $NaHCO_3$ solido e l'acido acetico CH_3COOH che è contenuto nell'aceto, e si manifesta con lo sviluppo di un gas:

$$NaHCO_{3(s)} + CH_3COOH_{(aq)} \rightarrow CH_3COONa_{(aq)} + CO_{2(g)} + H_2O_{(l)}$$

Come contenitori per l'aceto e il bicarbonato di sodio hai a disposizione la bottiglietta e il palloncino. Sta a te scegliere quale utilizzare per l'aceto e quale per il bicarbonato.
È opportuno che tu ripeta 3 o 4 volte l'esperimento, adoperando quantità un po' differenti di reagenti, per avere conferma della validità dell'esperimento.
Se vuoi riconoscere il diossido di carbonio che si è formato, devi versare il contenuto del palloncino nell'acqua di calce, preparata precedentemente in laboratorio. Il diossido di carbonio reagisce con l'idrossido di calcio $Ca(OH)_2$ contenuto nell'acqua di calce formando un precipitato bianco di carbonato di calcio $CaCO_3$:

$$Ca(OH)_{2(aq)} + CO_{2(g)} \rightarrow CaCO_{3(s)} + H_2O_{(l)}$$

Prepara un semplice protocollo in cui elenchi i materiali e descrivi le varie fasi dell'esperimento, riportando i dati delle pesate eseguite, per giustificare se la legge di Lavoisier è stata verificata.

UNITÀ 6

I gas

Perché?

- L'aria immessa in un canotto lo fa rimanere gonfio. Quale grandezza fisica, attribuibile all'aria, è responsabile di questo fenomeno?

  ....

- Perché durante la marcia aumenta la pressione degli pneumatici di un'autovettura?

  ....

- Perché una bomboletta può scoppiare se messa vicino a una fonte di calore?

  ....

- Perché versando un'acqua frizzante in un bicchiere si osservano piccole bolle che salgono in superficie?

  ....

6.1 Il gas ideale

Il comportamento di una massa di gas è determinato da tre grandezze, dette **variabili di stato**: la **pressione**, il **volume** e la **temperatura** a cui si trova.
Per descrivere e comprendere il comportamento dei gas è stato estremamente utile riferirsi a un modello di gas, detto **gas ideale** (o **gas perfetto**). Il gas ideale è costituito da particelle dotate di proprietà definite dalla **teoria cinetica dei gas**.

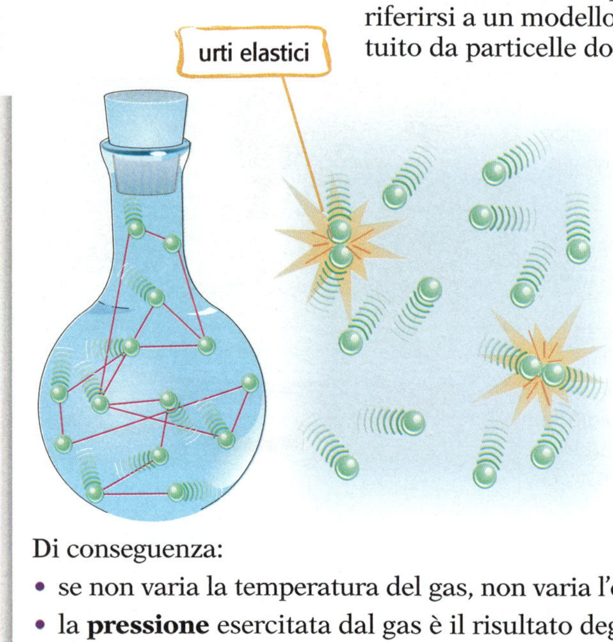

Secondo la teoria cinetica dei gas, le **particelle** di un gas ideale:

- non risentono di forze attrattive reciproche, perciò hanno una completa **libertà di movimento** e **occupano tutto lo spazio disponibile**; il loro movimento è **rettilineo** e avviene **in ogni direzione**;
- sono estremamente piccole e hanno un volume trascurabile rispetto al volume complessivo del gas, quindi **non hanno un proprio volume**;
- si urtano tra loro e contro le pareti del contenitore, scontrandosi con **urti elastici**, così detti perché le particelle si scambiano energia cinetica ($E_c = \frac{1}{2}mv^2$) senza disperderla.

Di conseguenza:

- se non varia la temperatura del gas, non varia l'energia cinetica media delle particelle;
- la **pressione** esercitata dal gas è il risultato degli **urti** delle sue particelle **contro le pareti del contenitore**.

Le particelle dei **gas reali** non hanno queste proprietà se non, con buona approssimazione, quando il *gas* è molto *rarefatto*, cioè *ad alte temperature* e sottoposto *a pressioni molto basse*.
La **teoria cinetica dei gas**, concepita per lo stato gassoso, è stata estesa ai liquidi e ai solidi, tanto che si parla di **teoria cinetico-corpuscolare della materia**. Essa risulta molto utile per descrivere alcune proprietà fisiche di solidi, liquidi e gas e il loro comportamento durante i cambiamenti di stato.

6.2 Le leggi del gas ideale

Contrariamente ai liquidi e ai solidi, com'è noto, un gas non ha forma e volume propri, perciò per descrivere lo stato di una certa massa di gas è necessario definirne le variabili di stato, che sono collegate a due a due mediante **tre leggi**, ricavate sperimentalmente.

La legge di Boyle

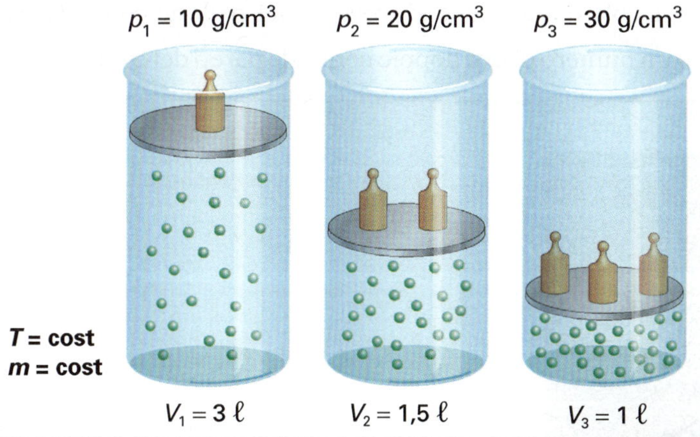

Una massa *m* di gas che si trova alla temperatura assoluta *T* ed è sottoposta a una pressione p_1 occupa un volume V_1 di 3 ℓ. Se la pressione viene *raddoppiata* al valore p_2 e la temperatura non varia, le particelle presenti nella massa *m* sono costrette a occupare uno spazio minore: il volume del gas risulta *dimezzato* ($V_2 = 1/2\,V_1$ = 1,5 ℓ). Il suo volume *diventa 1/3* ($V_3 = 1/3\,V_1$ = 1 ℓ), se la pressione viene *triplicata*.

La legge che esprime questi dati sperimentali è la **legge di Boyle,** che prende il nome da *R. Boyle* (1627-1691), fisico e filosofo irlandese.

animazione La legge di Boyle

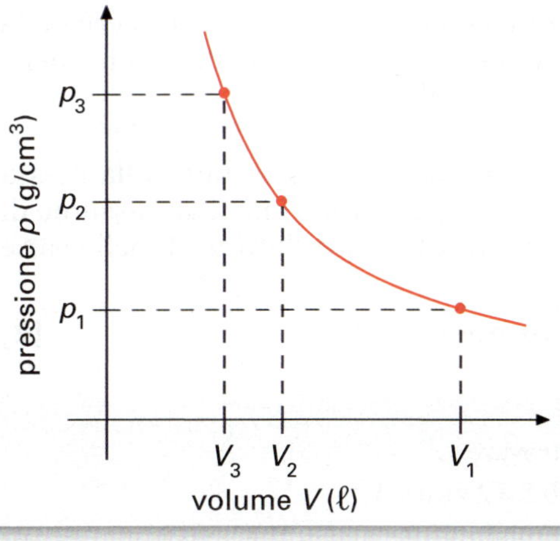

Riportando la pressione *p* sull'asse delle ordinate e il volume *V* su quello delle ascisse, il grafico che rappresenta la legge di Boyle è il ramo di un'**iperbole equilatera**.

A temperatura costante, il volume occupato da una certa massa di gas è *inversamente proporzionale* alla pressione a cui il gas è sottoposto.	definizione	legge di Boyle
$p \cdot V$ = **costante** **a temperatura costante** **[1]**	formula	

Lo sai?

Nel SI, la **temperatura assoluta *T*** è misurata in **kelvin (K)**. Per passare da temperature misurate in gradi Celsius a temperature misurate in kelvin e viceversa si utilizzano le relazioni:

$T\ (K) = t\ (°C) + 273$

$t\ (°C) = T\ (K) - 273$

in cui il valore 273 è la semplificazione del valore reale (273,15) dello zero assoluto.

La legge di Boyle, dunque, evidenzia che il prodotto tra la pressione e il volume di una massa m di gas non cambia, purché la temperatura resti costante; perciò, se la pressione diventa il doppio, il triplo o la metà, il volume diventa la metà, la terza parte oppure il doppio di quello iniziale, in quanto esiste un rapporto di proporzionalità inversa tra p e V.

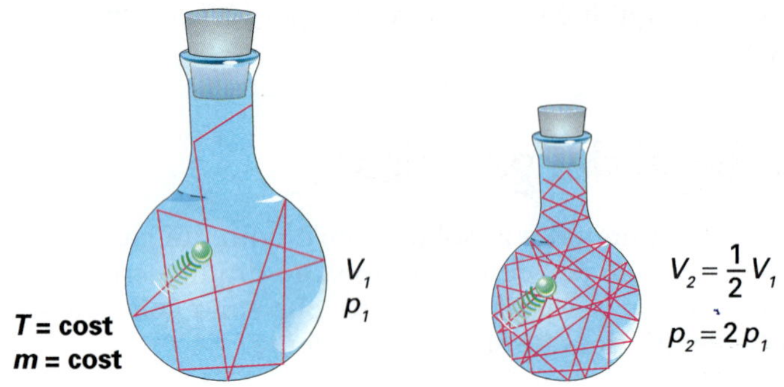

Utilizziamo un modello per interpretare la legge di Boyle secondo la teoria cinetica. Le molecole del gas, che si trovano nel pallone con volume $V_2 = \frac{1}{2} V_1$ esercitano un numero di urti doppio contro le pareti del contenitore.

video lab
La legge di Boyle

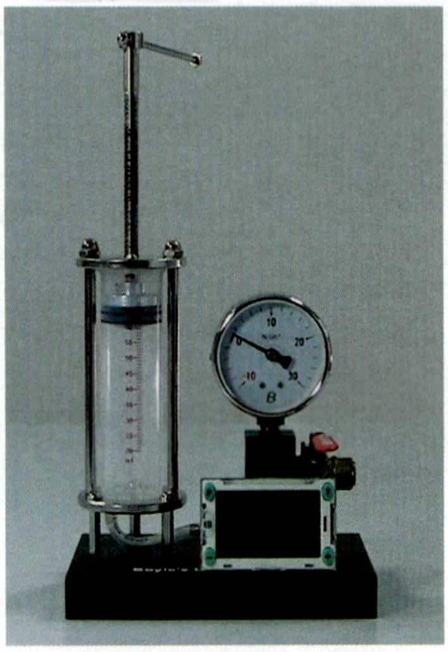

Quest'apparecchiatura permette di verificare la legge di Boyle. Un campione di aria è immesso in un cilindro graduato; il suo volume diminuisce al crescere della pressione esercitata dal pistone, che viene registrata dal manometro.

Lo sai?

Nel SI, l'unità di misura della pressione è il **pascal (Pa)**, che ha le dimensioni N/m^2. Per trasformare misure di pressioni in atmosfere in misure in pascal si utilizzano le seguenti equivalenze:

1 atm = 101 325 Pa = 1013,25 hPa

In generale, indicando con p_1, p_2... p_n la pressione esercitata sulla massa del gas alla temperatura T, e con V_1, V_2... V_n il volume che il gas assume di conseguenza, si può scrivere l'uguaglianza tra i prodotti $p \cdot V$ nelle varie situazioni a temperatura costante:

$$\boldsymbol{p_1 \cdot V_1 = p_2 \cdot V_2 = ... = p_n \cdot V_n = \text{costante}} \quad [2]$$

esempio 1

Un campione di metano CH_4 di massa m occupa il volume di 150 ℓ alla pressione di 1 atm. Se la pressione viene portata a 2 atm, mantenendo costante la temperatura, quale volume occupa il gas?

- Si scrive l'espressione matematica della legge di Boyle secondo la relazione **[2]**:

$$p_1 \cdot V_1 = p_2 \cdot V_2$$

- Si sostituiscono i tre valori noti, la pressione e il volume iniziali (p_1 e V_1) e la pressione finale (p_2), e si indica con V_x il valore da trovare:

$$1 \text{ atm} \times 150\ ℓ = 2 \text{ atm} \times V_x$$

da cui:

$$V_x = \frac{1 \text{ atm} \times 150\ ℓ}{2 \text{ atm}} = \mathbf{75\ ℓ}$$

Il volume occupato dal metano risulta, come previsto, la metà di quello iniziale.

- A questo risultato si giunge anche con la semplice divisione 150 ℓ/2 = 75 ℓ, in quanto al raddoppio della pressione deve corrispondere un dimezzamento del volume.

Legge di Charles

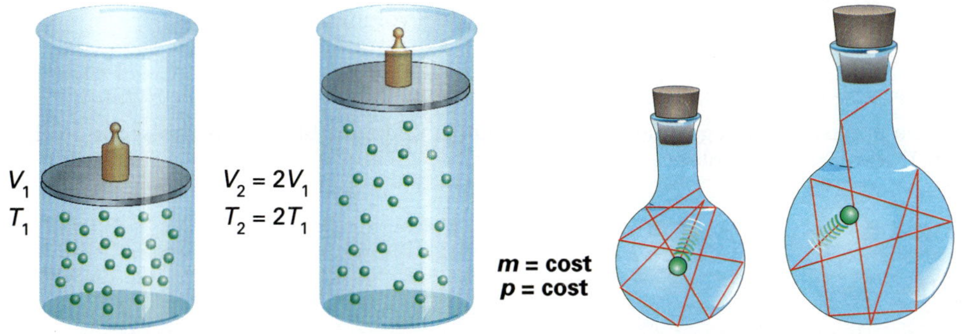

Una massa m di gas, che occupa il volume V_1, è tenuta a pressione costante p e alla temperatura assoluta T_1. Quando viene raddoppiata la temperatura assoluta ($T_2 = 2T_1$), anche il volume del gas assume un valore doppio: $V_2 = 2V_1$.
Secondo la teoria cinetica, il raddoppio della temperatura assoluta provoca il raddoppio dell'energia cinetica media delle molecole, che si allontanano l'una dall'altra fino a occupare un volume doppio.

A pressione costante, il volume occupato da una certa massa di gas è *direttamente proporzionale* alla sua temperatura assoluta. — definizione

$$V = \text{costante} \cdot T \quad \text{o} \quad \frac{V}{T} = \text{costante} \qquad \text{a pressione costante} \qquad [3]$$ — formula

legge di Charles

animazione
La legge di Charles

In base alla legge del fisico francese *J. Charles* (1746-1823), dunque, il rapporto tra il volume e la temperatura assoluta di una massa m di gas non cambia, purché la pressione resti costante. In altre parole, se la temperatura diventa il doppio, il triplo o la metà, anche il volume diventa doppio, triplo o la metà di quello iniziale, in quanto esiste un rapporto di proporzionalità diretta tra V e T.

Indicando con T_1, T_2... T_n la temperatura di una massa m di gas, e con V_1, V_2... V_n il volume che il gas assume di conseguenza a pressione costante, è possibile scrivere le seguenti uguaglianze tra i rapporti $\frac{V}{T}$ nelle varie situazioni a pressione costante:

$$\frac{V_1}{T_1} = \frac{V_2}{T_2} = \ldots\ldots = \frac{V_n}{T_n} = \text{costante} \qquad [4]$$

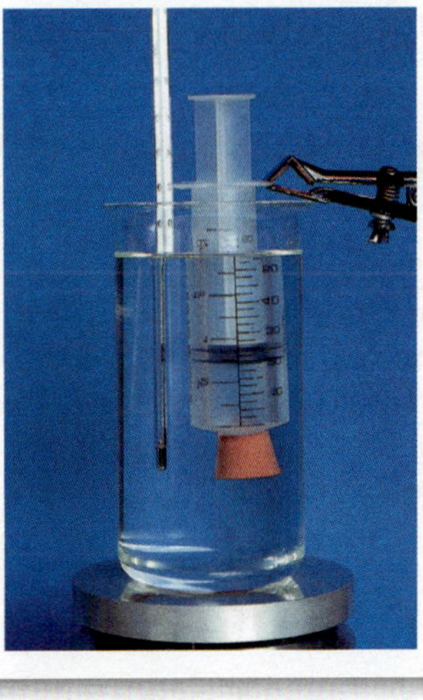

Con questo semplice dispositivo è possibile verificare, anche se con una certa approssimazione, la legge di Charles. Un campione di aria viene aspirato nella siringa e immerso in un bagno di glicerina. Si riscalda molto lentamente il bagno seguendo le variazioni di temperatura e di volume.

esempio 2

Una massa m di gas occupa a 20 °C il volume di $5 \cdot 10^{-2}$ m^3. Calcola a quale temperatura, espressa in gradi Celsius, occorre portare il gas affinché il suo volume diventi 100 ℓ a pressione costante.

- In primo luogo si effettuano le conversioni della temperatura e del volume:

$$T_1 = 20\ °C + 273 = 293\ K$$
$$5 \cdot 10^{-2}\ m^3 = 50\ dm^3 = 50\ ℓ$$

- Si scrive l'uguaglianza prevista dalla legge di Charles secondo la relazione **[4]** e si sostituiscono i valori noti, indicando con T_x il valore da calcolare:

$$\frac{50\ ℓ}{293\ K} = \frac{100\ ℓ}{T_x}$$

da cui:

$$T_x = \frac{100\ ℓ \times 293\ K}{50\ ℓ} = 586\ K$$

Il valore di temperatura calcolato è il doppio della temperatura iniziale, come previsto.
Questo dato si ottiene anche semplicemente dal prodotto 2 × 293 K = 586 K, in quanto il volume a cui viene portato il gas è il doppio di quello iniziale.

- Poiché la temperatura viene chiesta in gradi Celsius, si effettua la conversione:

$$T_2 = 586\ K - 273 = \mathbf{313\ °C}$$

Legge di Gay-Lussac

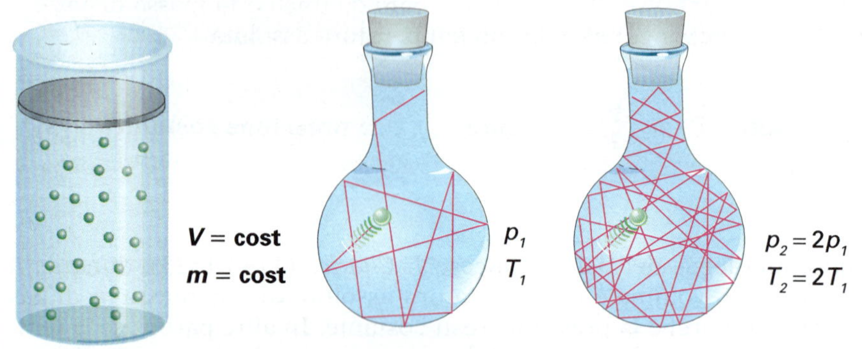

Quando la massa m di gas viene riscaldata a V = cost, aumentano la sua temperatura e la sua pressione. Secondo la teoria cinetica, il riscaldamento del gas provoca un aumento dell'energia cinetica media delle sue molecole. Queste, non potendo espandersi, sono soggette a un maggior numero di urti tra loro e contro le pareti del contenitore, perciò la pressione del gas aumenta; tale aumento è proporzionale all'aumento della temperatura assoluta.

legge di Gay-Lussac

definizione	**A volume costante**, la pressione esercitata da una determinata massa di gas è *direttamente proporzionale* alla sua temperatura assoluta.
formula	$p = \text{costante} \cdot T$ o $\frac{p}{T} = \text{costante}$ **a volume costante** **[5]**

animazione
La legge di Gay-Lussac

Dunque, in base alla legge del chimico-fisico francese *J. Gay-Lussac* (1778-1850), il rapporto tra la pressione e la temperatura assoluta di una massa m di gas non cambia, purché il volume resti costante. Perciò, se la temperatura assoluta diventa il doppio, il triplo o la metà, anche la pressione del gas diventa doppia, tripla o la metà di quella iniziale, in quanto esiste un rapporto di proporzionalità diretta tra V e T.
In generale a volume costante:

$$\frac{p_1}{T_1} = \frac{p_2}{T_2} \ldots\ldots = \frac{p_n}{T_n} = \text{costante} \qquad [6]$$

esempio 3

10 ℓ di azoto N_2, raccolti in un contenitore rigido, esercitano una pressione di 9,0 atm a 0 °C. Quale pressione esercita il gas, se la temperatura viene portata a 98 K?

- In primo luogo si effettua la conversione della temperatura iniziale:

$$0\ °C = 273\ K$$

- Si sostituiscono poi i valori noti nella relazione [6], indicando con p_x il valore da calcolare:

$$\frac{9{,}0\ atm}{273\ K} = \frac{p_x}{98\ K}$$

da cui:

$$p_x = \frac{9{,}0\ atm}{273\ K} \times 98\ K = \mathbf{3{,}2\ atm}$$

6.3 L'equazione di stato del gas ideale

Attraverso un'elaborazione fisico-matematica del modello dei gas previsto dalla teoria cinetica, è stata formulata una legge che descrive il comportamento fisico di una massa m di uno specifico gas in funzione delle tre variabili di stato che interessano i gas: la temperatura T a cui si trova il gas, la pressione p e il volume V. L'equazione che esprime questa legge è detta **equazione di stato del gas ideale**.

$$\boldsymbol{p \cdot V = \frac{m \cdot R \cdot T}{M}} \qquad [7]$$

equazione di stato del gas ideale

In questa relazione la massa $\boldsymbol{m}$ è definita e quindi è una costante; anche $\boldsymbol{R}$ è una costante (**costante universale dei gas**) e $\boldsymbol{M}$ è una grandezza detta **massa molare** che ha lo stesso valore numerico della massa molecolare MM del gas, quindi è una costante per il gas in esame.

$$p \cdot V = \frac{m \cdot R \cdot T}{M} \xrightarrow{T = cost} p \cdot V = \frac{m \cdot R \cdot T}{M} \qquad p \cdot V = \text{cost}$$ **legge di Boyle**

$$p \cdot V = \frac{m \cdot R \cdot T}{M} \xrightarrow{p = cost} V = \frac{m \cdot R \cdot T}{M \cdot p} \qquad V = \text{cost} \cdot T$$ **legge di Charles**

$$p \cdot V = \frac{m \cdot R \cdot T}{M} \xrightarrow{V = cost} p = \frac{m \cdot R \cdot T}{M \cdot V} \qquad p = \text{cost} \cdot T$$ **legge di Gay-Lussac**

L'**equazione di stato del gas ideale** è l'espressione più generale delle relazioni esistenti tra la pressione, il volume e la temperatura, le tre variabili che regolano il comportamento fisico di una determinata massa m di un gas di massa molare M. Per questo motivo le tre leggi precedentemente enunciate sono comprese nell'equazione [7] e ricavabili da essa, tenendo presente che il prodotto e il quoziente di più costanti sono valori anch'essi costanti.

Ricorda!...

L'**equazione di stato del gas ideale** esprime la relazione tra le tre variabili di stato (p, V e T), che regolano il comportamento fisico di una determinata massa di gas e perciò *comprende le leggi di Boyle, di Charles e di Gay-Lussac.*

6.4 Alcune proprietà dei gas

La solubilità

Tutti sanno che uno spumante, una birra o una bibita gassata vanno bevuti appena stappata la bottiglia e ben freddi, se si vuole apprezzare il loro sapore frizzante, dovuto alla presenza di diossido di carbonio CO_2. Perché?

Se la bottiglia è chiusa, il diossido di carbonio raccolto nel collo esercita sulla soluzione una forte **pressione**, molto più grande della pressione atmosferica, perciò la quantità di CO_2 sciolto nella bevanda è notevole. Quando si stappa la bottiglia, la pressione sul liquido è quasi soltanto quella atmosferica, perciò buona parte del CO_2 si libera.
La solubilità di un gas dipende anche dalla sua **temperatura**. Infatti, maggiore è la temperatura della bevanda, maggiore è l'energia cinetica delle molecole presenti e quindi il diossido di carbonio si libera più facilmente nell'ambiente esterno.

solubilità di un gas

La **solubilità di un gas** in un liquido è tanto maggiore quanto maggiore è la **pressione** che il gas, presente sopra la soluzione, esercita su di essa e diminuisce all'aumentare della **temperatura**.

Gas o vapore?

Perché per l'ossigeno si usa il termine "gas" e invece per l'acqua, oltre i 100 °C, si adopera il termine "vapore"?

Per ogni aeriforme (gas o vapore) esiste una temperatura (**temperatura critica**) al di sopra della quale esso non può essere trasformato in liquido, qualunque sia la pressione a cui è sottoposto.
L'ossigeno ha una temperatura critica di –119 °C, perciò quando si trova a una temperatura superiore, come la temperatura ambiente (15 ÷ 18 °C),

non può essere liquefatto per compressione e, di conseguenza, viene definito **gas**. Come l'ossigeno, tutti i gas hanno temperature critiche molto basse (–240 °C per l'idrogeno) e risulta impossibile liquefarli per compressione al di sopra di queste temperature.

Un aeriforme è un **gas** quando si trova a una *temperatura superiore alla sua temperatura critica*.

gas

Il vapor d'acqua è un aeriforme detto *vapore*, perché la sua temperatura critica è molto alta (374 °C) e quindi è possibile trasformarlo in liquido per compressione a qualsiasi temperatura al di sotto di questo valore. Per questo motivo alla temperatura ambiente il vapor d'acqua si trova nello stato liquido di acqua.

Un aeriforme è un **vapore** quando si trova a una *temperatura inferiore alla sua temperatura critica*.

vapore

In definitiva, alla temperatura ambiente si ritrovano come **gas** le sostanze che hanno temperatura critica inferiore alla temperatura ambiente, come l'azoto, l'elio ecc. Invece, si ritrovano sotto forma di **vapore** le sostanze che hanno temperatura critica superiore alla temperatura ambiente, come l'acqua, l'alcol etilico ecc.

Lo sai?

Il passaggio di stato da aeriforme a liquido viene detto **condensazione** quando si tratta di un vapore e **liquefazione** quando si tratta di un gas.

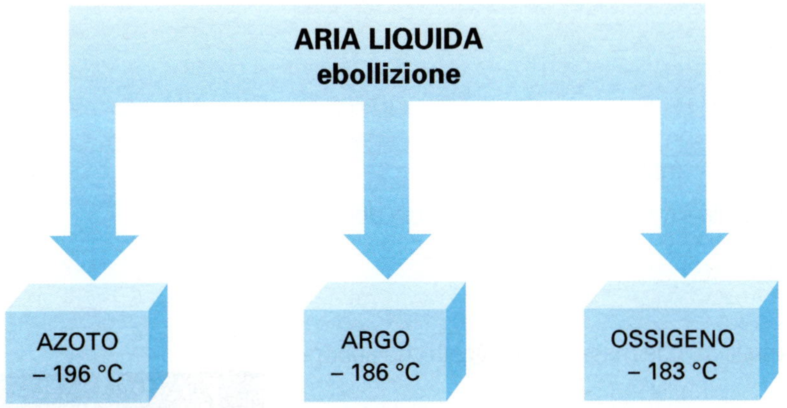

L'azoto, l'argo e l'ossigeno sono i gas componenti dell'aria che hanno rispettivamente temperatura critica, –147 °C, –122 °C, e –119 °C.
Per ottenerli dall'aria si ricorre alla distillazione frazionata, perciò in primo luogo l'aria deve essere liquefatta. Per ottenere l'aria liquida è necessario raffreddare la miscela gassosa al di sotto della temperatura critica dei tre gas, portandola a circa –200 °C, e sottoporla a forti pressioni: 200 ÷ 700 atm.
Distillando la miscela liquida così ottenuta, si raccolgono i tre gas alle rispettive temperature di ebollizione, che sono –196 °C per l'azoto, –186 °C per l'argo e –183 °C per l'ossigeno.

In quale modo la teoria cinetica giustifica questi fatti?
Se tra le molecole di una sostanza, come l'ossigeno, ci sono forze attrattive estremamente deboli, è necessario che la loro energia cinetica sia particolarmente bassa per rendere possibile il loro avvicinamento e quindi la formazione del liquido per compressione. Ecco il motivo per cui l'ossigeno deve essere portato a una temperatura molto bassa (–119 °C) per poter essere liquefatto. Al contrario, tra le molecole del vapor d'acqua possono stabilirsi forze attrattive sufficienti al loro avvicinamento anche a temperature elevate, perciò già alla temperatura di 374 °C la compressione riesce a trasformare il vapore in liquido.

IN LABORATORIO

La legge di Boyle

In questa esercitazione stabilirai la relazione tra la pressione esercitata su una determinata massa di aria e il volume che di conseguenza essa occupa, ammettendo che la temperatura resti costante, uguale cioè a quella del laboratorio in cui lavori. In definitiva effettuerai una verifica della legge di Boyle, anche se con una certa approssimazione, utilizzando una strumentazione molto semplice. Infatti, ti servirai di una siringa in cui aspirerai un campione di aria, che sottoporrai a pressioni crescenti mediante pesi di massa crescente.

Materiali

- siringa da 50 mℓ con ago
- oggetti con massa crescente in modo regolare (m_1, $2m_1$, $3m_1$, $4m_1$ ecc., iniziando da circa 1 kg)
- tappo di gomma
- asta di sostegno con pinza e morsetto
- calibro a cursore ventesimale
- olio di vaselina

Procedimento

1 Con il calibro misura il diametro interno della siringa, inserendo nella siringa le ganasce opposte al cursore:

d (diametro interno della siringa) = ... mm

e calcola l'area della sezione trasversale della siringa, utilizzando la misura del diametro anziché il raggio:

$$S = (\pi r^2) = \frac{\pi d^2}{4} = \text{...............}\ \text{m}^2$$

2 Misura la massa dello stantuffo della siringa m_s e le masse degli oggetti che appoggerai sullo stantuffo:

m_s (massa dello stantuffo) = ... kg

m_1 = ... kg

m_2 = ... kg

m_3 = ... kg

m_4 = ... kg

3 Ammetti che la pressione atmosferica sia

p_{atm} = 101 325 Pa

4 Con l'olio di vaselina, lubrifica lo stantuffo della siringa e aspira circa 50 cm^3 di aria. Collega l'ago alla siringa, infila la punta dell'ago nel tappo di gomma e fissa la siringa al sostegno mediante la pinza.

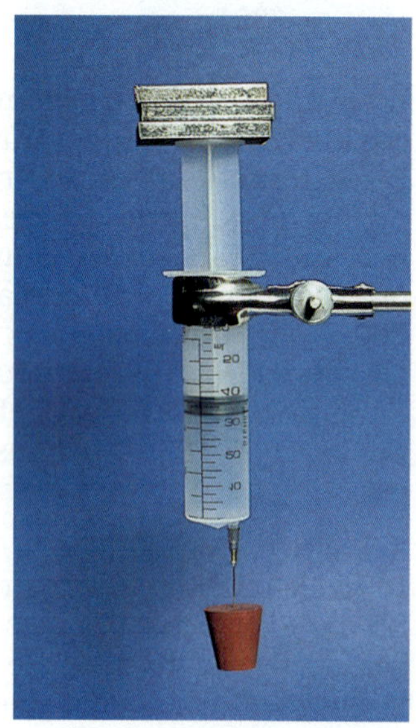

5 Leggi il volume dell'aria; premi un paio di volte sullo stantuffo e leggi nuovamente il volume per accertarti che non ci siano perdite di aria. Annota il volume nella pima riga della tabella:

V = ... ℓ

6 Appoggia sullo stantuffo, uno dopo l'altro, gli oggetti pesati, facendo in modo che la compressione non avvenga rapidamente e riporta nella tabella i valori dei volumi occupati dall'aria.

7 Per ciascuna misura del volume effettuata al **punto 6**, calcola la pressione esercitata sull'aria nella siringa, sommando la pressione atmosferica, la pressione esercitata dall'oggetto e quella esercitata dallo stantuffo, ricordando che $g = 9{,}81$ m/s^2:

$$p_{tot} = p_{atm}\ \text{Pa} + \frac{(m_1 \cdot g)}{S}\ \frac{\text{N}}{\text{m}^2} + \frac{(m_s \cdot g)}{S}\ \frac{\text{N}}{\text{m}^2} =$$

.... Pa + ... Pa + ... Pa = ... Pa

È evidente che per il valore V letto al **punto 5** devi calcolare soltanto la somma:

$$p_{tot} = p_{atm}\ \text{Pa} + \frac{(m_s \cdot g)}{S}\ \frac{\text{N}}{\text{m}^2} = \text{..................}\ \text{Pa} + \text{..................}\ \text{Pa} = \text{..................}\ \text{Pa}$$

Riporta i dati nella tabella.

8 Calcola i prodotti $p_{tot} \cdot V$ relativi alle cinque misure effettuate e riportali nella tabella.

misure	volume (ℓ)	pressione p_{tot} (Pa)	$p_{tot} \cdot V$ (Pa · ℓ)
1			
2			
3			
4			
5			

9 Costruisci un grafico riportando i valori della pressione p sull'asse delle ordinate e i valori del volume V sull'asse delle ascisse.

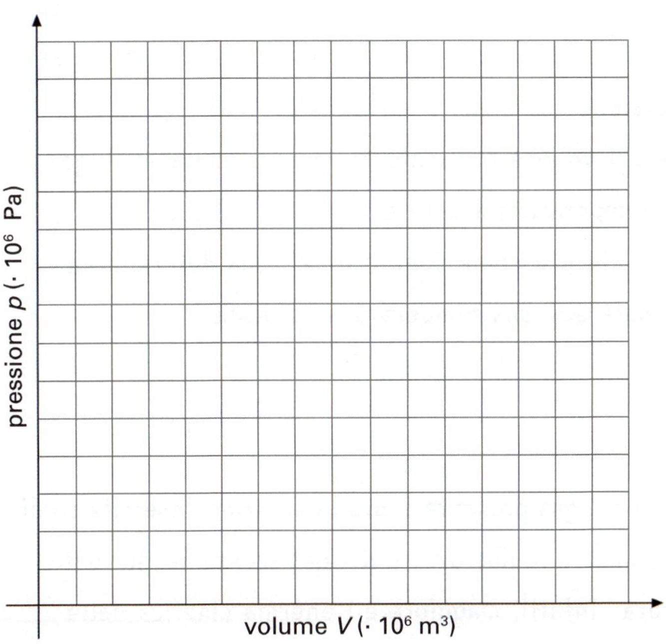

Rispondi

- I valori ottenuti per i prodotti $p \cdot V$ sono risultati abbastanza simili a quelli previsti dalla legge di Boyle?
- A tuo parere, perché al **punto 1** ti è stato indicato di utilizzare il diametro e non il raggio per misurare l'area S?
- Il grafico ottenuto esprime in maniera sufficientemente adeguata la legge di Boyle?
- Riporta le cause e gli errori che eventualmente possono giustificare la differenza fra i dati ricavati sperimentalmente e quelli previsti dalla legge di Boyle.

IN SINTESI

PER LA DIDATTICA INCLUSIVA

Il gas ideale e le sue leggi

Il **gas ideale** è un **modello** di gas, quindi non reale, ma utile per giustificare le leggi dei gas. Secondo la **teoria cinetica dei gas**, le **particelle** del gas ideale sono tanto piccole da **non avere un proprio volume**, hanno una **completa libertà di movimento** e si urtano tra loro e contro le pareti del contenitore, scambiandosi energia cinetica senza perderla, cioè con **urti elastici**. La **pressione esercitata dal gas** è il **risultato degli urti contro le pareti del contenitore**. Per i **gas reali** queste condizioni si verificano, con buona approssimazione, solo **ad alte temperature** e **a pressioni molto basse**.

• L'**equazione di stato del gas ideale** è una legge generale, che descrive il comportamento fisico di una **massa** m di un gas in funzione di tre variabili: la **temperatura** T a cui si trova il gas, la **pressione** p e il **volume** V:

$$p \cdot V = \frac{m \cdot R \cdot T}{M}$$

dove R è la **costante universale dei gas** e M è una grandezza che ha lo stesso valore numerico della massa molecolare MM del gas.

L'equazione di stato del gas ideale comprende le leggi di Boyle, di Charles e di Gay-Lussac.

- **Legge di Boyle**: **a temperatura costante, il volume occupato da una certa massa di gas è inversamente proporzionale alla pressione cui il gas è sottoposto.**
- **Legge di Charles**: **a pressione costante, il volume occupato da una certa massa di gas è direttamente proporzionale alla sua temperatura assoluta.**
- **Legge di Gay-Lussac**: **a volume costante, la pressione esercitata da una determinata massa di gas è direttamente proporzionale alla sua temperatura assoluta.**

La solubilità

La **solubilità** di un gas in un liquido:

• **diminuisce al diminuire della pressione che il gas presente sopra la soluzione esercita su di essa**. Infatti, una minore pressione del gas facilita la liberazione del gas sciolto nel solvente;

• **diminuisce al crescere della temperatura**. Infatti, maggiore è l'energia cinetica delle molecole presenti, più facile è l'allontanamento del gas dalla soluzione.

Gas o vapore?

Un **aeriforme** è un **gas** o un **vapore** a seconda della sua **temperatura critica**, che è la temperatura **al di sopra della quale esso non può essere trasformato in liquido, qualunque sia la pressione a cui è sottoposto.**

IN SINTESI

Per questo motivo, alla **temperatura ambiente** (15 ÷ 18 °C) sono **gas** le sostanze che hanno **temperatura critica inferiore** a questa temperatura, come l'ossigeno (temperatura critica −119°C), mentre si ritrovano sotto forma di **vapore** le sostanze che hanno **temperatura critica superiore alla temperatura ambiente**, come l'acqua (temperatura critica 374 °C).

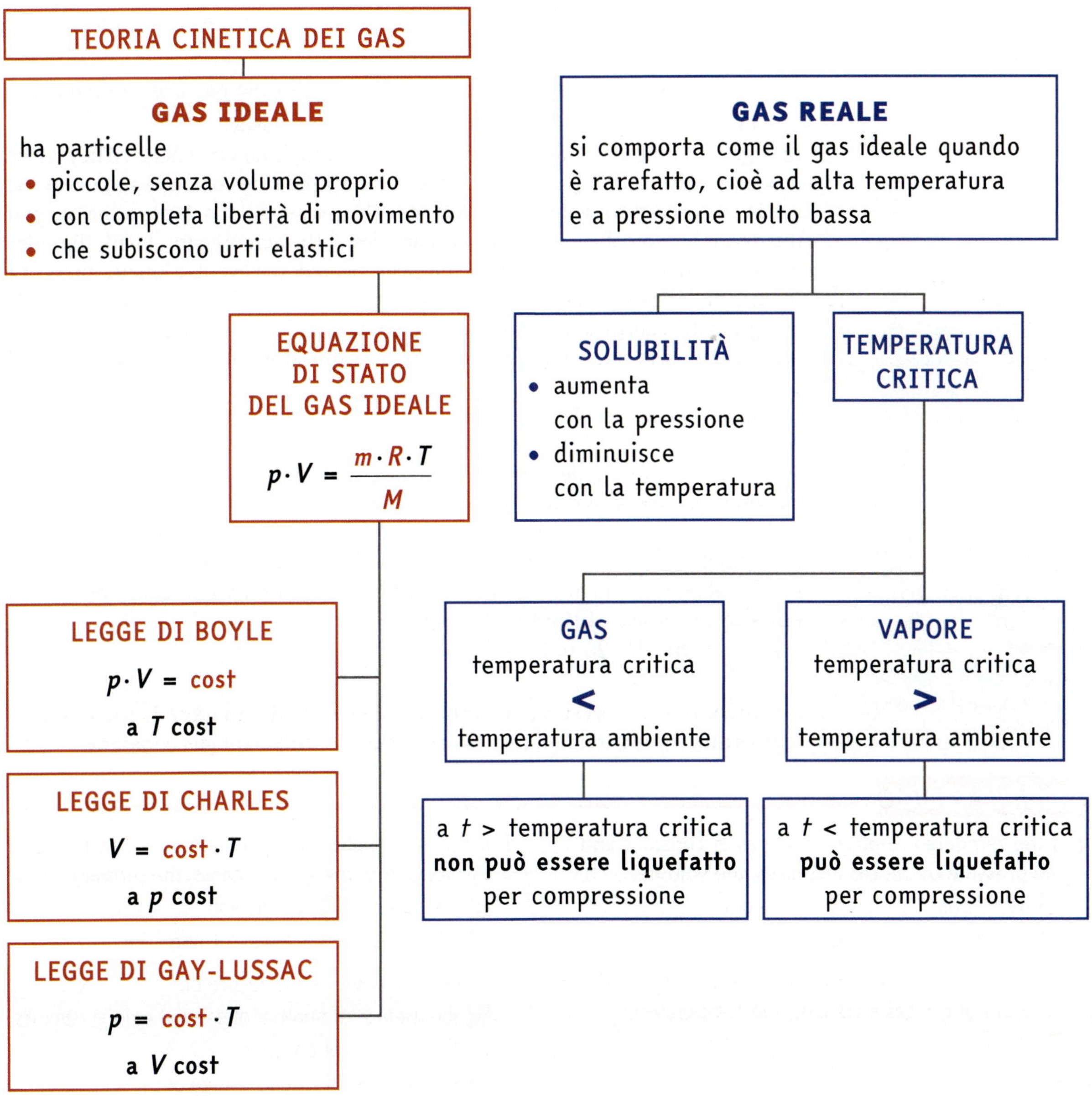

SCIENTIFIC ENGLISH

The Kinetic Theory of Matter and the Ideal Gas Equation

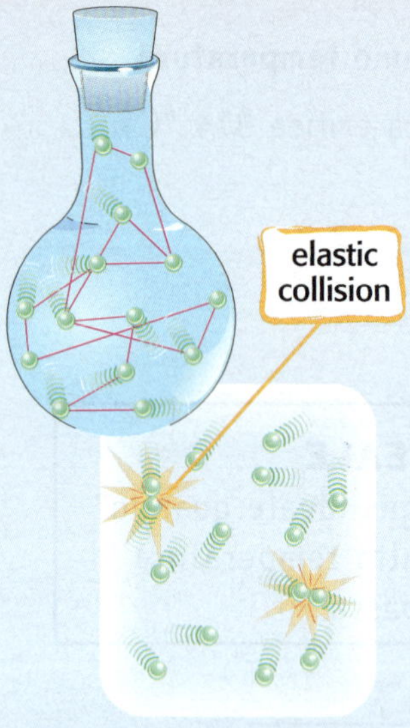

The kinetic theory of matter says that:

- matter is made up of **particles** that are constantly moving
- these particles are constantly moving because they have **kinetic energy**. The space in which the particles move is the **volume** of the gas
- there are spaces between the particles
- all particles have energy. The **temperature** of a substance is a measure of the average kinetic energy of the particles
- a change in phase may occur when the energy of the particles is changed.

The kinetic theory applies to all matter, including gases.

In a **gas**, the particles are far apart and have a high kinetic energy. They move around freely, colliding with each other or with the sides of the container if the gas is enclosed through elastic collisions. The **pressure** of a gas is a measure of the frequency of collisions of the gas particles with each other and with the sides of the container that they are in. If the gas is heated, the average kinetic energy of the gas particles will increase and if the temperature is decreased, so does their energy. If the energy of the particles decreases significantly, the gas liquefies.

An **ideal gas** is one that obeys all the assumptions of the kinetic theory of matter.

A **real gas** behaves like an ideal gas, except at high pressures and low temperatures.

The behaviour of an ideal gas can be described through three **state variables**: **volume**, **pressure** and **temperature**. Through simple experiments, it is possible to study what happen to one of the three state variables when the other two undergo to changes (the mass is considered constant).

All the observation can be summarized though an only one equation, called **equation of state of the ideal gases**:

$$p \cdot V = \frac{m \cdot R \cdot T}{M}$$

in which, p is the pressure, V is the volume, m is the mass, T is the absolute temperature, M is the molar mass and R is the universal gas constant.

Key Words

Ideal gas is a hypothetical gas that obeys all the assumptions of the kinetic theory of matter.

Real gas behaves more or less like ideal gases except under certain conditions e.g.* high pressures and low temperatures.

Pressure of a gas is a measure of the frequency of collisions of the gas particles with each other and with the sides of the container.

Temperature is a measure of the average kinetic energy of the particles.

Multiple Choice

1 If the temperature of an ideal gas is constant and the pressure of the gas increases, the volume:

A decreases
B increases
C is constant
D is always zero

2 If the volume of an ideal gas is constant and the pressure of the gas increases, the temperature:

A decreases
B increases
C is constant
D is always 273 K

3 If the temperature of an ideal gas is constant and the volume of the gas increases, the pressure:

A decreases
B increases
C is constant
D is always 1 atm

4 The temperature is a measure of:

A the average of number of collision among particles
B the number of particles
C the average of kinetic energy of particles
D the heat of the gas

Questions

5 Why do gas particles move freely while solid particles do not?

6 In which conditions does the behaviour of a real gas approach the ideal gas one?

*e.g. this abbreviation (from the Latin *exempli gratia*) is used to provide an example.

STRUMENTI PER COSTRUIRE LE COMPETENZE

ALTRI TEST

Studiando la teoria...

Completa le frasi

1 Secondo la teoria cinetica dei gas, il gas ideale è costituito da particelle estremamente ...., tra le quali non esistono .... e che si muovono con la .... libertà; esse occupano .... disponibile e .... hanno un proprio ....

2 Le particelle del gas ideale si scontrano con urti .... , scambiandosi .... , ma senza perderla; il risultato degli urti .... del contenitore costituisce .... esercitata dal gas.

3 Per i gas reali le condizioni previste dalla teoria cinetica si verificano, con buona approssimazione, a .... temperature e se sottoposti a pressioni ....

4 La ...., la .... e il .... di una certa massa di gas sono collegati a due a due da tre leggi: legge di ...., di .... e di ....

5 La legge di Boyle afferma che, a .... costante, il volume occupato da una certa massa di gas è .... proporzionale alla .... del gas, perciò, se il volume del gas diventa il doppio, la pressione diventa ....

6 La relazione matematica che esprime la legge di Boyle è .... = ...

7 Secondo la teoria cinetica, quando un gas, in seguito a una compressione, occupa un volume che è la metà di quello iniziale, le molecole del gas subiscono un numero .... contro le pareti del contenitore che è .... di quello ....

8 La legge di Charles afferma che, a .... costante, il volume occupato da una certa massa di gas è .... proporzionale alla sua ....; perciò se la temperatura diventa il triplo, il volume diventa ....

9 La relazione matematica che esprime la legge di Charles è .... = ...

10 Secondo la teoria cinetica, il raddoppio della temperatura assoluta provoca .... dell'energia .... delle molecole, che si allontanano l'una dall'altra fino a occupare un .... che è il .... di quello ....

11 In base alla legge di Gay-Lussac, a .... costante, la pressione esercitata da una determinata massa di gas è .... proporzionale alla sua ....

12 La relazione matematica che esprime la legge di Gay-Lussac è .... = ...

13 Secondo la teoria cinetica, quando una massa *m* di gas, chiusa in un contenitore rigido, viene riscaldata, aumenta l'energia .... delle sue ....; perciò il numero degli urti delle molecole contro le pareti del contenitore .... in maniera .... proporzionale all'aumento della ....

14 L'equazione di stato del gas ideale descrive il comportamento di una certa massa di un gas in funzione di tre variabili: ...., ... e ...., e perciò comprende le leggi di ...., di .... e di ....

15 L' espressione matematica dell'equazione di stato del gas ideale è ....: in cui .... è la costante universale dei gas, ... è la massa del gas e .... è una grandezza che ha lo stesso valore numerico della .... del gas.

16 La solubilità di un gas in un liquido dipende ....; infatti a una .... maggiore corrisponde una maggiore .... , e quindi una .... facilità del gas a .... dalla soluzione.

17 La solubilità di un gas in un liquido dipende anche .... che il gas esercita sul liquido. Infatti, la solubilità aumenta .... della .... esercitata dal gas.

18 Un aeriforme viene detto gas o vapore in base alla sua temperatura .... , che è la temperatura .... quale esso .... essere trasformato in liquido, qualunque sia .... a cui è sottoposto.

19 Alla temperatura ambiente (15-18 °C) si ritrovano come .... le sostanze che hanno la temperatura critica .... alla temperatura ambiente, come l'ossigeno Invece, si ritrovano sotto forma di .... le sostanze che hanno la temperatura critica .... alla temperatura ambiente, come l'acqua.

Test vero-falso

1. L'energia cinetica di una particella è collegata alla sua velocità mediante la relazione $E_c = \frac{1}{2} mv^2$. **V F**
2. La teoria cinetico-corpuscolare è valida per qualsiasi tipo di gas reale. **V F**
3. La legge di Boyle regola le variazioni che subiscono la pressione e il volume di un gas a temperatura costante. **V F**
4. Secondo la legge di Charles, esiste una proporzionalità inversa tra la temperatura a cui viene portato un gas e il volume che esso occupa, a pressione costante. **V F**
5. La relazione p = costante · T è l'espressione matematica della legge di Gay-Lussac. **V F**
6. L'equazione di stato del gas ideale comprende le leggi di Boyle, di Charles e di Gay-Lussac. **V F**
7. L'equazione di stato del gas ideale è valida per i gas reali, se si trovano a temperatura e pressione molto elevate. **V F**
8. Un gas è tanto più solubile in un liquido quanto maggiore è la pressione che esso esercita sul liquido. **V F**
9. La solubilità di un gas in un liquido è tanto più bassa quanto più bassa è la temperatura del liquido. **V F**
10. Se un aeriforme si trova a una temperatura superiore alla sua temperatura critica, non è possibile portarlo allo stato liquido nemmeno con pressioni molto elevate. **V F**

Test a risposta multipla

Scegli la risposta o il completamento corretti

1 L'energia cinetica di una molecola di gas:

A è direttamente proporzionale al volume del gas
B è inversamente proporzionale alla massa del gas
C è inversamente proporzionale alla sua velocità
D è direttamente proporzionale alla sua massa

2 In quali condizioni il comportamento di un gas reale segue più da vicino le leggi del gas ideale?

A A 30 atm e 200 °C
B A 30 atm e 450 °C
C A $30 \cdot 10^{-3}$ atm e 200 °C
D A $30 \cdot 10^{-3}$ atm e 450 °C

3 Per una determinata massa di gas, quale affermazione *non* è *corretta*?

A A volume costante, la pressione è direttamente proporzionale alla temperatura assoluta
B A temperatura costante, la pressione è direttamente proporzionale al volume
C A pressione costante, il volume è direttamente proporzionale alla temperatura assoluta
D A temperatura costante, il prodotto della pressione per il volume è costante

4 A temperatura costante un gas occupa il volume di 24 ℓ. Se la sua pressione iniziale di 3 atm viene portata a 6 atm, qual è il volume occupato dal gas?

A 48 ℓ   B 24 ℓ   C 12 ℓ   D 6 ℓ

5 Quale relazione esprime la legge di Boyle?

A $\frac{p}{T}$ = costante   C $p \cdot V$ = costante
B $\frac{V}{p}$ = costante   D $\frac{V}{T}$ = costante

6 Quale affermazione si riferisce alla legge di Charles?

A A temperatura costante, la pressione esercitata da un gas è direttamente proporzionale al suo volume

B A pressione costante, il volume di un gas è direttamente proporzionale alla sua temperatura assoluta

C A pressione costante, il volume di un gas è inversamente proporzionale alla sua temperatura assoluta.

D A volume costante, la pressione e la temperatura assoluta sono direttamente proporzionali.

7 Riscaldando un volume V_1 di gas da 150 K a 450 K, a pressione costante, il volume V_2 del gas risulta:

A il triplo di V_1

B il doppio di V_1

C uguale a V_1

D un terzo di V_1

8 Un gas viene riscaldato, in un recipiente chiuso, dalla temperatura T_1 alla temperatura T_2. Quale affermazione *non è corretta*?

A Aumenta l'energia cinetica media delle molecole

B Aumentano gli urti delle molecole contro le pareti del recipiente

C Aumentano le forze attrattive tra le molecole

D Aumenta la pressione del gas

9 L'equazione della legge di Gay-Lussac è:

A $\frac{p}{T}$ = costante

B $p \cdot V$ = costante

C $\frac{V}{T}$ = costante

D $p = \frac{1}{V}$ costante

10 La solubilità di un gas in un liquido:

A aumenta all'aumentare della temperatura

B aumenta al diminuire della temperatura

C è indipendente dalla temperatura

D aumenta o diminuisce a seconda del liquido

Applica le tue conoscenze

6.1 Il gas ideale

1 In quale pallone la pressione ha un valore doppio?

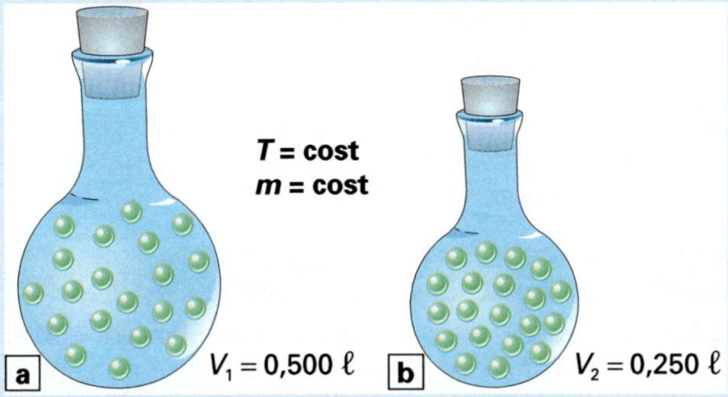

2 A quali grandezze è collegata l'energia cinetica di una particella del gas ideale?

3 Perché le particelle del gas ideale hanno una completa libertà di movimento, e ciò non accade per le particelle di un gas reale?

4 Il comportamento di un gas *G* si avvicina a quello del gas ideale quando *G* è sottoposto a pressioni elevate e a temperature molto basse oppure a pressioni molto basse e a temperature molto elevate?

5 Un gas viene riscaldato in un recipiente chiuso. Facendo riferimento alla teoria cinetica, descrivi che cosa accade relativamente a:
a) gli urti contro le pareti del recipiente
b) la pressione
c) l'energia cinetica media delle particelle
d) le forze attrattive tra le particelle

6.2 Le leggi del gas ideale

6 Un gas viene compresso a temperatura costante fino a occupare $\frac{1}{4}$ del suo volume iniziale. Come varia la pressione?

7 Una determinata massa di gas occupa il volume di 200 cm^3 alla pressione di 1,45 atm. Calcola il volume occupato dal gas quando la pressione viene portata a 1,00 atm, mantenendo costante la temperatura. **[290 cm^3]**

8 A temperatura costante, facendo espandere una certa massa di un gas la sua pressione diventa 4 volte più bassa. Di quanto aumenta il suo volume?

9 Una determinata massa di azoto occupa il volume di 5,00 dm^3 alla pressione di 0,97 atm. Calcola il volume del gas quando questo raggiunge la pressione di 101325 Pa senza subire variazione di temperatura. **[4,8 dm^3]**

10 Un gas occupa un volume di 6 dm^3 ed esercita una pressione di 6 × 101 325 Pa alla temperatura di 30 °C. A questa stessa temperatura e alla pressione di 101 325 Pa, qual è il volume occupato dal gas? **[36 dm^3]**

11 In un contenitore di 27 dm^3 un gas esercita la pressione di 101 325 Pa alla temperatura di 28 °C. A questa stessa temperatura e a una pressione tripla di quella iniziale, qual è il volume occupato dal gas? **[9 dm^3]**

12 Un gas viene travasato completamente da un contenitore A a un contenitore B che ha un volume diverso. La temperatura dei due contenitore è 25 °C. Quale previsione è possibile fare circa la pressione del gas nel contenitore B?

13 Indica il diagramma che rappresenta la legge di Charles.

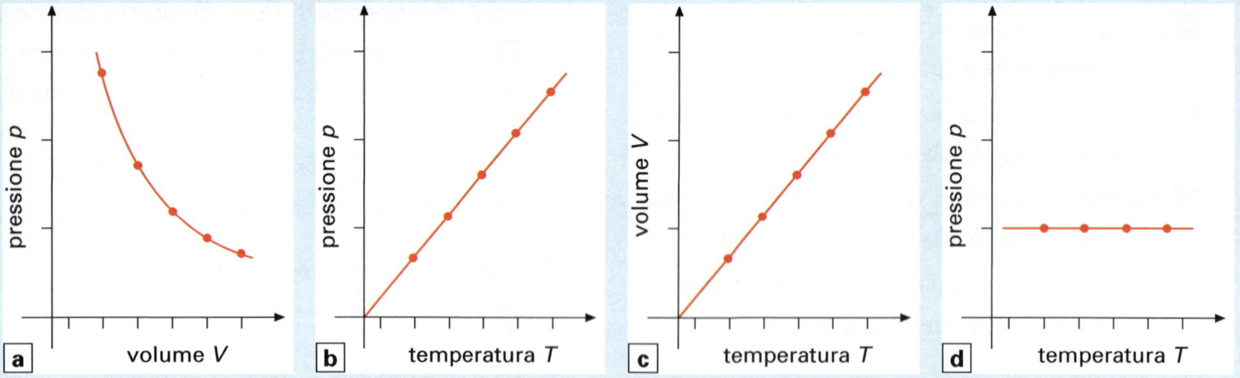

14 Una certa massa di gas, a pressione costante, viene portata da 149 K a 673 K. Calcola il nuovo volume del gas, sapendo che quello iniziale è 1,17 dm^3. [5,28 dm^3]

15 20,0 ℓ di elio, inizialmente alla temperatura di 285 K, vengono riscaldati a 309 K mantenendo costante la pressione. Qual è il nuovo volume occupato dall'elio? [21,7 ℓ]

16 Un campione di ossigeno che occupa il volume di 10 ℓ viene raffreddato da 20 °C a 10 °C, mantenendo costante la pressione.

1 Calcola il volume che il gas occupa dopo il raffreddamento.

2 Controlla se è verificata una proporzionalità diretta tra il volume e la temperatura e giustifica il valore ottenuto.

1 Il volume richiesto si calcola applicando la legge di Charles, che riguarda la variazione del volume di un gas in funzione della temperatura, a pressione costante.
In primo luogo occorre esprimere le temperature in kelvin:

20 °C = ... + 20 °C = ...
10 °C = ... + 10 °C = ...

Si sostituiscono i valori noti nell'equazione che esprime la legge di Charles, indicando con V_x il valore da calcolare:

$$\frac{V_1}{T_1} = \frac{V_2}{T_2} \qquad \frac{10\ \ell}{\ldots\ldots} = \frac{V_x}{\ldots\ldots}$$

da cui:

$$V_x = 10\ \ell \times \frac{\ldots\ldots}{\ldots\ldots} = \ldots\ldots$$

2 Il dimezzamento della temperatura non ha provocato un dimezzamento del volume da .... a ...., perché nell'esercizio la temperatura è stata espressa in .... invece che in ...., come richiesto dalla legge di Charles.

17 50,0 ℓ di azoto, raccolti in un contenitore alla temperatura di 10 °C, vengono portati a 18 °C, alla pressione di 1 atm. Quale volume occupa l'azoto alla nuova temperatura? [51,4 ℓ]

18 Un campione di aria, mantenuto a volume costante, viene riscaldato da 20 °C a 40 °C. Per la pressione del gas è prevedibile un raddoppiamento? Giustifica la risposta.

19 Un campione di argo viene riscaldato da 15 °C a 30 °C, a pressione costante. Il suo volume raddoppia? Giustifica la risposta.

20 Un serbatoio di acciaio di 50 ℓ contiene diossido di carbonio a 27 °C e alla pressione di 101 325 Pa. Quale pressione si genera nel serbatoio, se la temperatura raggiunge il valore di 100 °C? [$1,2 \cdot 10^5$ Pa]

21 Uno pneumatico di un'autovettura viene gonfiato alla pressione di 2,1 atm quando la temperatura è 18 °C. Durante la marcia l'attrito fa aumentare la temperatura dello pneumatico a 50 °C. In queste condizioni, quale pressione si legge su un manometro? [2,3 atm]

22 A volume costante, la pressione p di un gas aumenta all'aumentare della temperatura, se questa viene espressa in gradi Celsius. Tuttavia V e t non sono grandezze direttamente proporzionali. Giustifica la risposta.

23 Nell'equazione di stato del gas ideale, quale grandezza deve avere un valore costante, affinché l'equazione rappresenti la legge di Gay-Lussac?

6.4 Alcune proprietà dei gas

24 Immagina di togliere dal frigorifero una bottiglia di una bevanda frizzante, di stapparla e di versarne una parte in un bicchiere: noterai che bollicine di diossido di carbonio si liberano dalla soluzione. Giustifica questo fenomeno, facendo riferimento alla teoria cinetica.

25 In estate è possibile che salti il tappo di una bottiglia di una bibita frizzante non chiusa ermeticamente. A che cosa può essere collegato questo fenomeno?

26 La solubilizzazione di una sostanza gassosa è un processo favorito o sfavorito dal raffreddamento? Quindi è un processo esotermico oppure endotermico?

27 Quale sostanza è un vapore alla temperatura ambiente (15-18 °C)? Giustifica la risposta.
a) X: temperatura critica −147 °C
b) Y: temperatura critica −119 °C
c) Z: temperatura critica 58 °C

OBIETTIVO COMPETENZA

1 Un campione di azoto N_2 occupa il volume di $75 \cdot 10^{-3}$ ℓ alla pressione di 101 325 Pa. Lasciando invariata la temperatura, quale volume occupa il gas a 1000 Pa? Quale a $1 \cdot 10^{-1}$ atm? **[7,6 ℓ; 75 · 10^{-2} ℓ]**

2 Per ottenere il diossido di zolfo SO_2 dallo zolfo S, si può adoperare la semplice apparecchiatura riportata in figura. Nel tratto iniziale del tubo **a** si pone la polvere di zolfo, che viene fatta bruciare all'aria riscaldando il tubo **a**, e il gas viene raccolto nell'acqua contenuta nella provetta **b**:

$S_{(s)} + O_{2(g)} \rightarrow SO_{2(g)}$

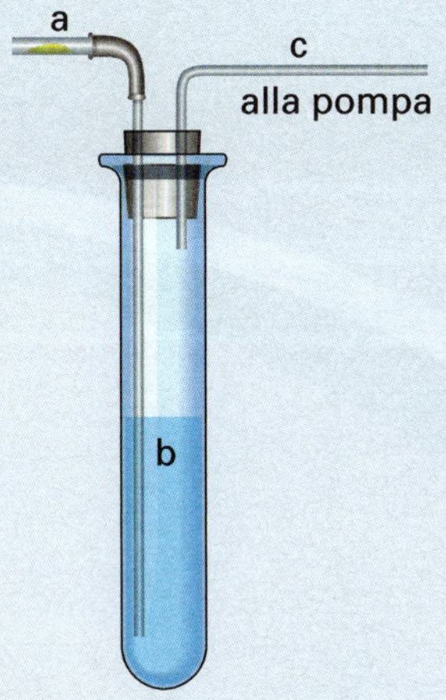

a) Il tubicino **c** è collegato ad una pompa con la quale viene aspirata aria dall'apparecchio. Fai una ipotesi sulla utilità di questa aspirazione.

b) Immagina che in un esperimento siano stati raccolti, alla temperatura ambiente, 40 mℓ di diossido di zolfo alla pressione di 1 atm. Se il gas è stato convogliato in un contenitore da 100 mℓ, alla stessa temperatura, quale valore assume la pressione? **[0,40 atm]**

c) Il diossido di zolfo raccolto nell'acqua si trasforma parzialmente in acido solforoso H_2SO_3, solubile in acqua. Scrivi la reazione, riportando anche i simboli che indicano lo stato di aggregazione delle sostanze:

SO_2 + ... → H_2SO_3 ....

d) Il diossido di zolfo è uno dei più forti inquinanti a base di zolfo. Fai una ricerca sulle origini di questo inquinante e sui suoi effetti sull'ambiente.

3 Riportando in un grafico i valori dei volumi di una massa di gas e l'inverso dei valori delle corrispondenti pressioni $\left(\frac{1}{p}\right)$ che il gas eserciterebbe a temperatura costante, quale tipo di curva ottieni? Giustifica la risposta.

4 Una massa di gas, alla temperatura di 20 °C, si trova a una pressione p e occupa un volume V. Il prodotto $p \cdot V$ è 50 atm · ℓ. Costruisci un grafico riportando sulle ascisse i seguenti valori dei volumi (in litri): 1, 2, 5, 10, 50 e sulle ordinate i corrispondenti valori da calcolare. Utilizzando il grafico, individua la pressione del gas quando occupa il volume di 20 ℓ. **[2,5 atm]**

5 Un gas si trova alla pressione di 1013,25 hPa e ha un volume V. Quale valore assume il volume del gas, se viene riscaldato da 10 °C a 303 K?
a) 3,00 V *b*) 1,07 V *c*) 10,7 V

6 Completa la frase: "Se la densità di un gas è 0,3 g/ℓ, vuol dire che .... è la massa complessiva delle .... del gas presenti in ...., perciò in .... ℓ ci sono 1,5 g di gas".
Se la massa del gas viene portata da 15 °C a 40 °C, a pressione costante, il suo volume aumenta? La sua densità varia? Giustifica le risposte.

7 Una massa di gas di 2,00 g ha densità $d = 0{,}140$ g/ℓ alla temperatura di 27 °C. Viene portata alla temperatura di 40 °C, a pressione costante. Calcola il volume del gas prima e dopo il riscaldamento e la sua densità alla temperatura di 40 °C. **[14,3 ℓ; 14,9 ℓ; 0,134 g/ℓ]**

8 Sulla bomboletta spray contenente un deodorante si legge che è consigliabile non esporla a temperature superiori a 50 °C.
- Se la pressione interna a 15 °C è di 1,5 atm, quale valore assume a 50 °C?
- Poiché la bomboletta può scoppiare a una pressione di circa 3 atm, a quale valore della temperatura potrebbe scoppiare? **[1,7 atm; circa 576 K]**

9 Quale tipo di diagramma ottieni se esprimi graficamente la legge di Gay-Lussac? Giustifica la risposta.

10 Perché non si parla di solubilità di un gas in un miscela gassosa? Giustifica la risposta, riportando anche una definizione del termine *solubilità*.

11 Fai una ricerca sulla temperatura critica delle sostanze aeriformi e riporta il nome di qualcuna di esse e la relativa temperatura critica, specificando se si tratta di gas o vapore.

Come è fatta la materia

3

Competenze di base

- Conoscere l'ordine di grandezze delle **masse** e delle **cariche** delle **particelle subatomiche**.
- Eseguire calcoli per conoscere **numero atomico**, **numero di massa**, numero di neutroni e numero di elettroni di un atomo e di uno ione.
- Individuare la differenza tra gli **isotopi** di un elemento.
- Esprimere la differenza tra un **atomo** e un suo **ione**, in termini di particelle subatomiche.
- Calcolare la **massa molecolare** di un composto e di un elemento, consultando la tavola periodica.
- Evidenziare le differenze tra le proprietà macroscopiche degli ioni presenti in un composto ionico e quelle dei corrispondenti elementi.
- Interpretare il termine "**mole**" come **quantità di sostanza** e come **numero di particelle**.
- Attribuire il **significato quantitativo** alle **formule** di elementi e composti in termini di moli, di massa e di numero di particelle.
- Attraverso calcoli numerici, applicare le **relazioni tra moli**, **massa**, **massa molare**, **numero di Avogadro** e **numero di particelle** di una sostanza.
- Utilizzare le moli nei calcoli relativi alla molarità di una soluzione e collegare la molarità agli altri modi per esprimere la concentrazione di una soluzione.
- Utilizzare le moli, le masse molari, le masse e il numero di particelle nei **calcoli stechiometrici** relativi a una reazione.
- Eseguire semplici calcoli relativi al **volume molare standard** del gas ideale e ad altre grandezze presenti nell'equazione di stato del gas ideale.
- Effettuare calcoli relativi alla **diluizione di una soluzione**.

Percorso

UNITÀ 7

Identità di atomi e ioni

Perché?

- Qual è la massa di una molecola di acqua?

  ....

- Perché le proprietà del sodio e del cloro sono così diverse da quelle del loro composto, noto come sale da cucina?

  ....

  ....

- Quali sono le proprietà del sodio e del cloro quando costituiscono il composto cloruro di sodio?

  ....

  ....

- Che cosa indica il simbolo ${}^{12}_{6}C$?

  ....

  ....

7.1 Gli atomi

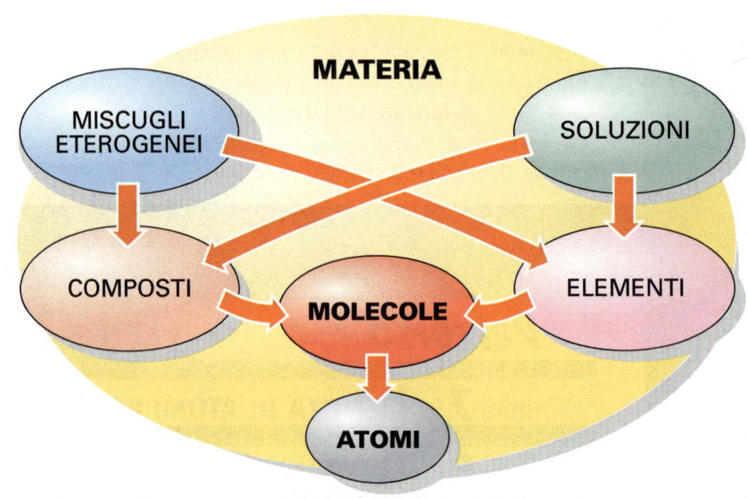

Le **particelle elementari** della materia, i costituenti di ogni composto e di ogni elemento sono gli **atomi**, particelle piccolissime, indivisibili e uguali per ogni elemento. È questo un concetto-chiave, espresso dalla **teoria atomica di Dalton**, pubblicata nel 1808.

espansione
L'atomo di Dalton

Contrariamente alla concezione di Dalton, l'**atomo** non è una sferetta indivisibile e compatta, ma un vero e proprio *microsistema* formato da particelle piccolissime (**particelle subatomiche**): il centro dell'atomo, detto **nucleo**, è costituito da **protoni** e da **neutroni**; intorno al nucleo si muovono gli **elettroni**, distribuiti a distanze diverse dal nucleo e in numero uguale ai protoni. I protoni e i neutroni sono detti **nucleoni**.

animazione
Come sono fatti gli atomi

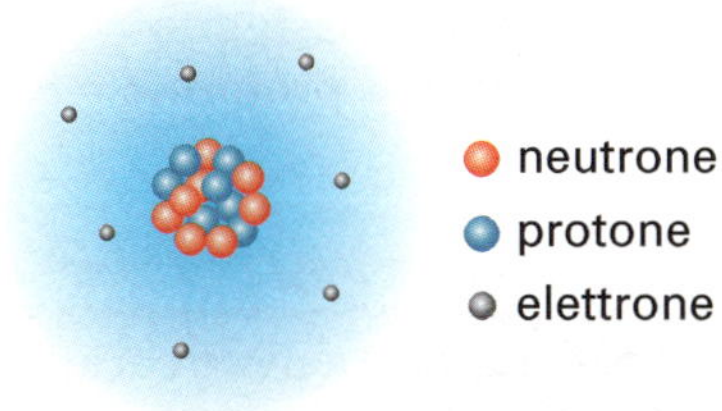

Un atomo dell'elemento azoto N è costituito da 22 particelle: i 7 protoni e gli 8 neutroni sono i 15 nucleoni che costituiscono il nucleo; intorno a essi si muovono 7 elettroni a distanze diverse.

Il nucleo è molto più piccolo (circa 100 000 volte) dell'intero atomo, che è rappresentato dallo stadio, perciò le dimensioni dell'atomo sono determinate dall'estensione dello spazio in cui si muovono gli elettroni.
Nella materia, dunque, ci sono più spazi vuoti che pieni.

Identità di un atomo

Ogni elemento ha gli atomi costituiti da un **numero** preciso e uguale di **elettroni** e di **protoni**. Il numero di **neutroni**, invece, può essere diverso per uno stesso elemento.

animazione
Identità degli atomi

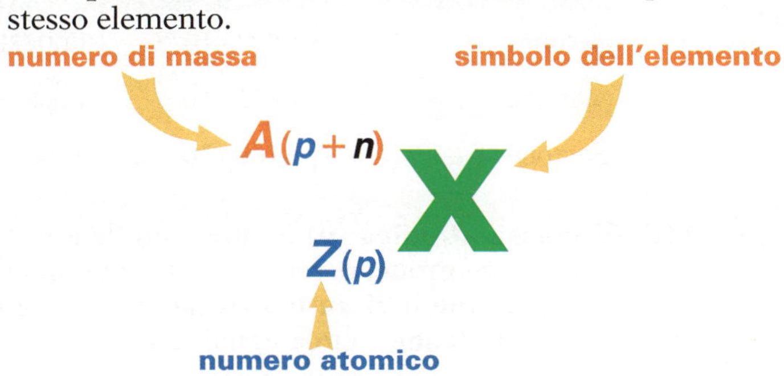

Il **numero di protoni** (p) di un atomo di un elemento è indicato dal **numero atomico** $\boldsymbol{Z}$ e si scrive in basso a sinistra prima del simbolo. La **somma** del **numero di protoni** (p) e del **numero di neutroni** (n), che costituiscono il nucleo dell'atomo, è indicato dal **numero di massa** $\boldsymbol{A}$ e si scrive in alto a sinistra prima del simbolo.

Il **numero atomico Z**, cioè il numero di protoni, è una **caratteristica specifica** di ciascun elemento e consente di identificarlo in modo inequivocabile. I numeri atomici degli elementi sono riportati nella tavola periodica.

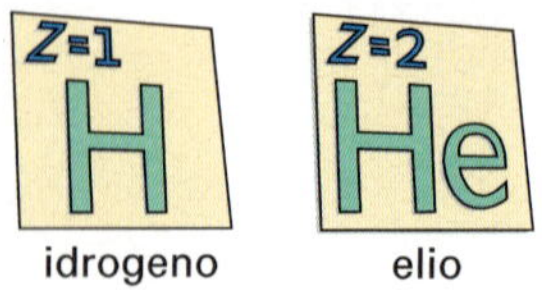

Gli atomi di **idrogeno** hanno tutti 1 protone **Z** = **1**. Gli atomi di **elio** hanno tutti 2 protoni **Z** = **2**.

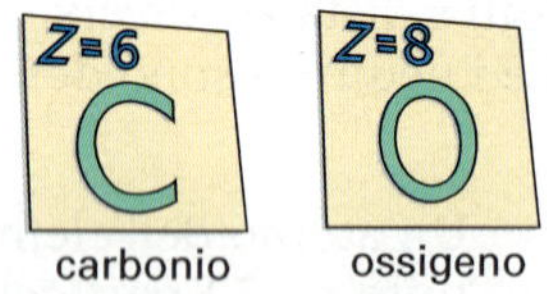

Gli atomi di **carbonio** hanno tutti 6 protoni **Z** = **6**. Gli atomi di **ossigeno** hanno tutti 8 protoni **Z** = **8**.

ESEMPI

numero atomico

Il **numero atomico** si indica con il simbolo **Z** e corrisponde al **numero di protoni** che fanno parte del nucleo di un atomo. Ogni elemento è caratterizzato da un proprio valore di *Z*.

Poiché in un atomo il numero dei protoni è uguale al numero degli elettroni, il *numero atomico indica anche il numero degli elettroni* presenti in un atomo.

numero di massa

Il **numero di massa** si indica con il simbolo ***A*** e corrisponde alla **somma dei protoni e dei neutroni** che costituiscono il nucleo di un atomo.

Ricorda!...

- **numero atomico *Z*** = numero di protoni
- **numero di massa *A*** = numero di protoni + numero di neutroni
- **numero di neutroni** = numero di massa – numero atomico

Ricorda!...

unità di massa atomica (u) = dodicesima parte della massa dell'isotopo $^{12}_{6}C \cong 10^{-27}$ kg.

7.2 La massa degli atomi

La **massa degli atomi** è piccolissima. Protoni e neutroni hanno massa quasi uguale, pari a circa 10^{-27} kg, gli elettroni hanno massa circa 2000 volte più piccola. L'atomo più leggero è l'atomo di idrogeno, costituito da un protone e da un elettrone.
Per particelle con massa tanto piccola è stato necessario individuare un'*unità di misura* molto piccola, definita **unità di massa atomica** (**u**), diversa da quelle comunemente usate per le masse dei corpi (grammo, kilogrammo ecc.).

unità di massa atomica

L'**unità di massa atomica u** ha la massa di circa 10^{-27} kg e corrisponde alla **dodicesima parte della massa** di un particolare atomo di carbonio, costituito di 6 protoni, 6 neutroni e 6 elettroni, che viene indicato con il simbolo $^{12}_{6}$**C** o semplicemente ^{12}**C** e viene detto **isotopo 12 del carbonio**.

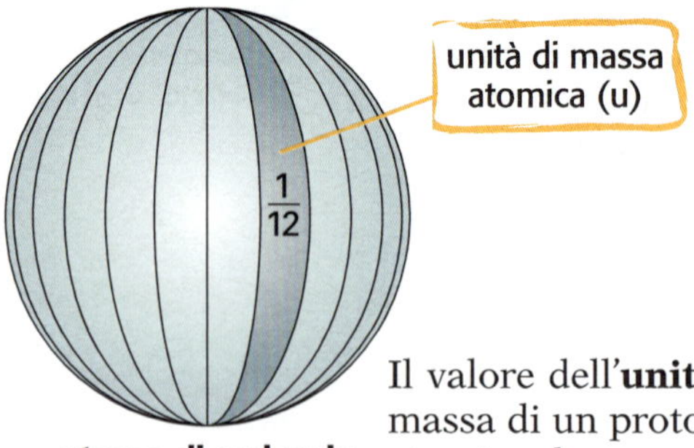

atomo di carbonio

particella subatomica	massa (kg)	massa (u)
protone	$1{,}673 \cdot 10^{-27}$	1,00728 (≅ 1)
neutrone	$1{,}675 \cdot 10^{-27}$	1,00866 (≅ 1)
elettrone	$9{,}109 \cdot 10^{-31}$	0,000548 (≅ 0)

Il valore dell'**unità di massa atomica** (**u**) è molto simile a quello della massa di un protone e di un neutrone; perciò, espresse in unità di massa atomica, le masse di un **protone** o di un **neutrone** sono circa uguali a **1 u**, mentre la massa di un **elettrone** è circa uguale a **0**.

animazione
L'unità di misura scelta per le masse degli atomi

Con l'unità di massa atomica si esprime anche la **massa di un atomo** di un elemento. Per esempio, se un atomo ha massa 14 u, vuol dire che ha una massa 14 volte maggiore rispetto alla massa della dodicesima parte del ^{12}C, alla stessa maniera in cui se la massa di un oggetto è 14 kg, vuol dire che è 14 volte maggiore della massa del kilogrammo campione.

Gli isotopi

Gli atomi di un elemento non sono tutti uguali, come aveva affermato Dalton. Infatti, pur avendo lo stesso numero di protoni e di elettroni, possono avere massa diversa a causa di un numero diverso di neutroni. Questi atomi vengono detti **isotopi** (in greco significa *stesso luogo*) dell'elemento in quanto, avendo lo stesso numero atomico e quindi le stesse proprietà chimiche, occupano il medesimo posto nella tavola periodica degli elementi.

animazione
Gli isotopi

Gli **isotopi** sono **atomi dello stesso elemento**, quindi con le stesse proprietà chimiche, **che differiscono unicamente per la massa**; tale differenza è dovuta al *diverso numero di neutroni* che fanno parte del loro nucleo.

isotopi

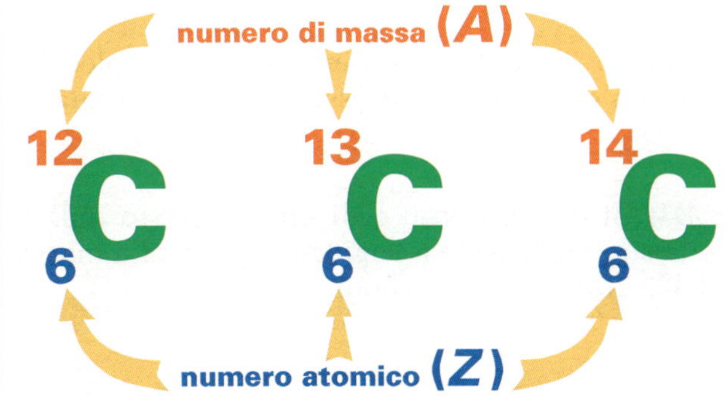

ESEMPI

Per distinguere un isotopo dall'altro, si scrivono per ciascuno il **numero di massa *A*** e il **numero atomico *Z***. Per differenza fra il numero di massa e il numero atomico si ricava il **numero dei neutroni**, che per gli isotopi del carbonio sono rispettivamente **6**, **7** e **8**. I tre isotopi del carbonio si leggono "carbonio 12", "carbonio 13" e "carbonio 14".

7.3 Massa atomica e massa molecolare

TAVOLA PERIODICA

NUMERO ATOMICO (Z) — 17 Cl Cloro 35,45 — MASSA ATOMICA (u)

1	2	3	4	5	6	7	8	9	10	11	12	13	14	15	16	17	18
1 H Idrogeno 1,008																	2 He Elio 4,003
3 Li Litio 6,941	4 Be Berillio 9,012											5 B Boro 10,81	6 C Carbonio 12,01	7 N Azoto 14,01	8 O Ossigeno 16,00	9 F Fluoro 19,00	10 Ne Neo 20,18
11 Na Sodio 22,99	12 Mg Magnesio 24,30											13 Al Alluminio 26,98	14 Si Silicio 28,09	15 P Fosforo 30,97	16 S Zolfo 32,06	17 Cl Cloro 35,45	18 Ar Argo 39,95
19 K Potassio 39,10	20 Ca Calcio 40,08	21 Sc Scandio 44,96	22 Ti Titanio 47,87	23 V Vanadio 50,94	24 Cr Cromo 52,00	25 Mn Manganese 54,94	26 Fe Ferro 55,84	27 Co Cobalto 58,93	28 Ni Nichel 58,69	29 Cu Rame 63,55	30 Zn Zinco 65,38	31 Ga Gallio 69,72	32 Ge Germanio 72,64	33 As Arsenico 74,92	34 Se Selenio 78,96	35 Br Bromo 79,90	36 Kr Kripto 83,80
37 Rb Rubidio 85,47	38 Sr Stronzio 87,62	39 Y Ittrio 88,91	40 Zr Zirconio 91,22	41 Nb Niobio 92,91	42 Mo Molibdeno 95,96	43 Tc Tecnezio (98)	44 Ru Rutenio 101,1	45 Rh Rodio 102,9	46 Pd Palladio 106,4	47 Ag Argento 107,9	48 Cd Cadmio 112,4	49 In Indio 114,8	50 Sn Stagno 118,7	51 Sb Antimonio 121,8	52 Te Tellurio 127,6	53 I Iodio 126,9	54 Xe Xeno 131,3
55 Cs Cesio 132,9	56 Ba Bario 137,3	57 •La Lantanio 138,9	72 Hf Afnio 178,5	73 Ta Tantalio 180,9	74 W Wolframio 183,8	75 Re Renio 186,2	76 Os Osmio 190,2	77 Ir Iridio 192,2	78 Pt Platino 195,1	79 Au Oro 197,0	80 Hg Mercurio 200,6	81 Tl Tallio 204,4	82 Pb Piombo 207,2	83 Bi Bismuto 209,0	84 Po Polonio (209)	85 At Astato (210)	86 Rn Rado (222)
87 Fr Francio (223)	88 Ra Radio (226)	89 ••Ac Attinio (227)	104 Rf Rutherfordio (265)	105 Db Dubnio (268)	106 Sg Seaborgio (271)	107 Bh Bohrio (272)	108 Hs Hassio (270)	109 Mt Meitnerio (276)	110 Ds Darmstadtio (281)	111 Rg Roentgenio (280)	112 Cn Copernico (285)	113 Uut Ununtrio (284)	114 Uuq Ununquadio (289)	115 Uup Ununpentio (288)	116 Uuh Ununhexio (293)	117 Uus Ununseptio –	118 Uuo Ununoctio (294)

• LANTANIDI

58 Ce Cerio 140,1	59 Pr Praseodimio 140,9	60 Nd Neodimio 144,2	61 Pm Promezio (145)	62 Sm Samario 150,4	63 Eu Europio 152,0	64 Gd Gadolinio 157,2	65 Tb Terbio 158,9	66 Dy Disprosio 162,5	67 Ho Olmio 164,9	68 Er Erbio 167,3	69 Tm Tulio 168,9	70 Yb Itterbio 173,0	71 Lu Lutezio 175,0
90 Th Torio 232,0	91 Pa Protoattinio 231,0	92 U Uranio 238,0	93 Np Nettunio (237)	94 Pu Plutonio (244)	95 Am Americio (243)	96 Cm Curio (247)	97 Bk Berkelio (247)	98 Cf Californio (251)	99 Es Einstenio (252)	100 Fm Fermio (257)	101 Md Mendelevio (258)	102 No Nobelio (259)	103 Lr Laurenzio (262)

•• ATTINIDI

solido
liquido
gas
elemento artificiale

Perché le masse atomiche degli elementi che sono riportate nella tavola periodica, per esempio quelle dell'idrogeno (1,008 u) e del carbonio (12,01 u), non sono numeri interi?

animazione
Perché le masse atomiche non sono numeri interi

Si è accertato che in genere ogni elemento è una **miscela di isotopi**, di cui è nota anche la percentuale; perciò la **massa atomica *MA*** di un elemento rappresenta un *valore medio* delle masse atomiche dei suoi isotopi, che viene calcolato tenendo conto della percentuale in cui è presente ciascun isotopo (*media ponderata* o *media pesata*). I valori delle masse atomiche 1,008 u e 12,01 u sono il risultato della media ponderata delle masse degli isotopi dell'idrogeno e di quelli del carbonio. Pertanto, la definizione più esatta della massa atomica di un elemento è la seguente.

massa atomica di un elemento

La **massa atomica di un elemento *MA*** indica quante volte la *massa media degli isotopi dell'elemento* è maggiore rispetto alla massa della dodicesima parte dell'isotopo 12 del carbonio.

animazione
La massa degli atomi e delle molecole

Sommando i valori delle masse atomiche, si ottiene la massa molecolare *MM* di un elemento o di un composto, anch'essa espressa in unità di massa atomica u.

massa molecolare

La **massa molecolare *MM*** di un elemento o di un composto indica quante volte la massa della sua molecola è maggiore rispetto alla massa della dodicesima parte dell'isotopo 12 del carbonio.

esempio 1

ESEMPI

Qual è la massa molecolare *MM* del composto di cui è riportato il modello molecolare?

- Per calcolare la massa molecolare del composto, si conta il numero degli atomi degli elementi di cui è costituito:

  3 atomi di carbonio **C**, **1** atomo di ossigeno **O** e **6** atomi di idrogeno **H**.

- Moltiplicando questi numeri per le corrispondenti masse atomiche e sommando i valori ottenuti, si ottiene il valore della massa molecolare *MM* del composto:

  $(3 \times 12\ u) + (1 \times 16\ u) + (6 \times 1\ u) = 36\ u + 16\ u + 6\ u = 58\ u$

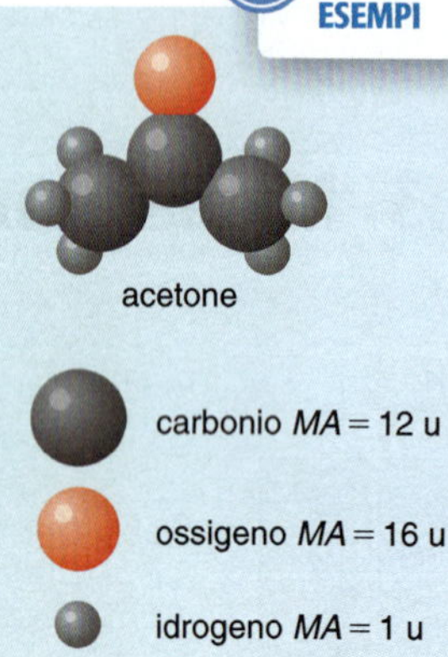

7.4 Atomi e ioni

animazione
La carica delle particelle elementari

Gli **elettroni** e i **protoni** sono dotati non solo di massa, ma anche di **carica elettrica**, al contrario dei neutroni che sono neutri.
Il **protone** è stato scelto come **unità elementare della carica elettrica positiva** (**+1**), l'**elettron**e come **unità elementare della carica elettrica negativa** (**–1**).

particella subatomica	carica in coulomb (C)	carica in unità elementare
elettrone (e^-)	$-1{,}602 \cdot 10^{-19}$	–1
protone (H^+)	$1{,}602 \cdot 10^{-19}$	+1
neutrone (*n*)	0	0

Un **elettrone** ha una **carica elettrica negativa** di $1{,}602 \cdot 10^{-19}$ C e viene indicato con il simbolo e^-, o semplicemente e.
Un **protone** ha una **carica elettrica positiva** di $1{,}602 \cdot 10^{-19}$ C e viene indicato, oltre che come $\boldsymbol{p}$, anche con il simbolo $\mathbf{H^+}$, in quanto corrisponde all'atomo di idrogeno ^1_1H, privo del suo elettrone.

Dal momento che in un atomo il numero dei protoni Z è uguale a quello degli elettroni, è evidente che un **atomo** di ogni elemento **è neutro**.

Non sempre nei composti si ritrovano atomi neutri. È quel che accade nel caso del cloruro di sodio NaCl.
Osserva il comportamento del cloruro di sodio nell'esperimento.

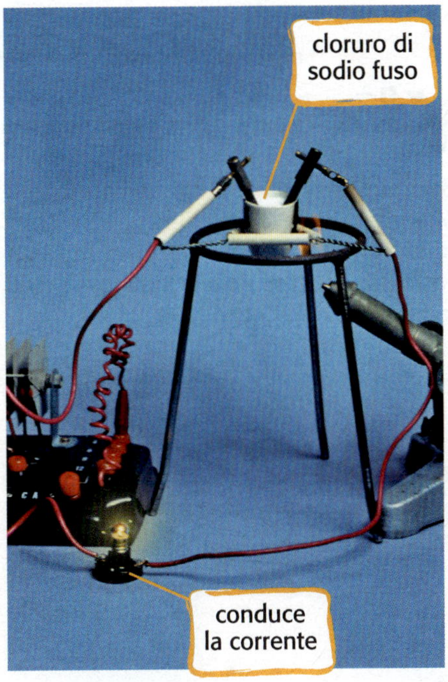

Il cloruro di sodio, che è stato fuso nel crogiuolo, si comporta da buon conduttore di elettricità, infatti, inserito in un circuito elettrico, fa accendere la lampadina.

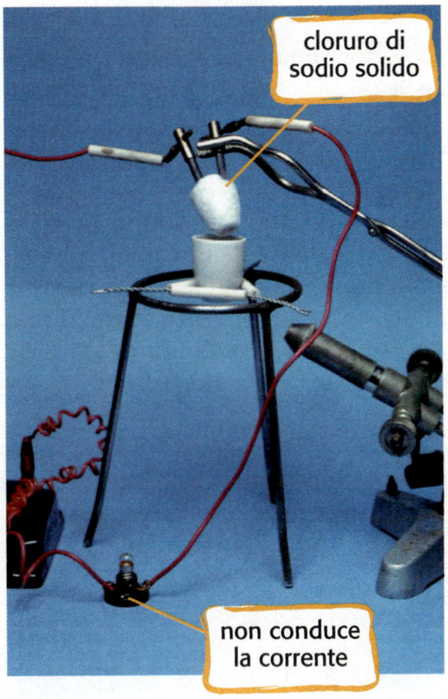

Invece, non si osserva alcun passaggio di corrente, infatti la lampadina non si accende, quando il cloruro di sodio, estratto dal crogiuolo, diventa solido.

Il comportamento del cloruro di sodio nel crogiuolo è dovuto a un movimento di particelle cariche, positive e negative, che si trovano nella massa fusa, dette **ioni**, che vuol dire *che si muove*.
In seguito alla fusione gli ioni positivi e gli ioni negativi, già presenti nel cloruro di sodio solido, si staccano l'uno dall'altro e si muovono: gli ioni positivi si dirigono verso la barretta con carica negativa, gli ioni negativi si spostano verso la barretta con carica positiva.
In questo modo si genera una *corrente costituita dagli ioni in movimento* (**corrente ionica**), che chiude il circuito e permette il passaggio della corrente elettrica, prodotta dal generatore, e l'accensione della lampadina.
Tutto ciò non si si verifica quando il cloruro di sodio è solido, perché gli ioni sono fortemente legati tra loro e quindi non hanno libertà di movimento.
Nell'esperimento descritto si usa la *corrente alternata*, perché con la *corrente continua* il cloruro di sodio subirebbe un'elettrolisi e la lampadina dopo un po' si spegnerebbe.

animazione
Composti ionici e conducibilità elettrica

Lo sai?

La **corrente continua** è costituita da un flusso di elettroni che si muovono sempre nello stesso verso all'interno del circuito; nella **corrente alternata**, invece, varia periodicamente il verso del flusso di elettroni e quindi il segno dei poli.

Qual è l'origine degli ioni?

Sappiamo che fra il nucleo di un atomo, positivo per la presenza dei protoni, e gli elettroni che gli sono intorno, si esercita una **forza elettrostatica attrattiva**, come sempre avviene tra due particelle di carica opposta.

Lo sai?

La **forza elettrostatica** è di **tipo attrattivo** se le **cariche**, Q_1 e Q_2, hanno **segno opposto**; è di **tipo repulsivo** se le **cariche** hanno **segno uguale**. L'intensità della forza elettrostatica, secondo la **legge di Coulomb**, è:

$$F = K \cdot \frac{Q_1 \cdot Q_2}{r^2}$$

dove:
K = costante
r = distanza tra le cariche

X^{n+} — n: numero di elettroni perduti; +: numero di cariche positive

Se un atomo perde uno o più elettroni, nel nucleo resta un numero di protoni eccedenti rispetto agli elettroni; la particella risultante ha tante cariche positive quanti sono gli elettroni mancanti ed è uno **ione positivo** o **catione**.

Y^{n-} — n: numero di elettroni acquistati; −: numero di cariche negative

Se, invece, un atomo acquista uno o più elettroni, la particella risultante ha tante cariche negative quanti sono gli elettroni eccedenti ed è uno **ione negativo** o **anione**.

animazione
Anioni e cationi

ioni

Gli **ioni** sono particelle dotate di carica elettrica. Se un *atomo perde* elettroni diventa uno *ione positivo*, detto **catione**, se *un atomo acquista elettroni* diventa uno ione negativo, detto **anione**.

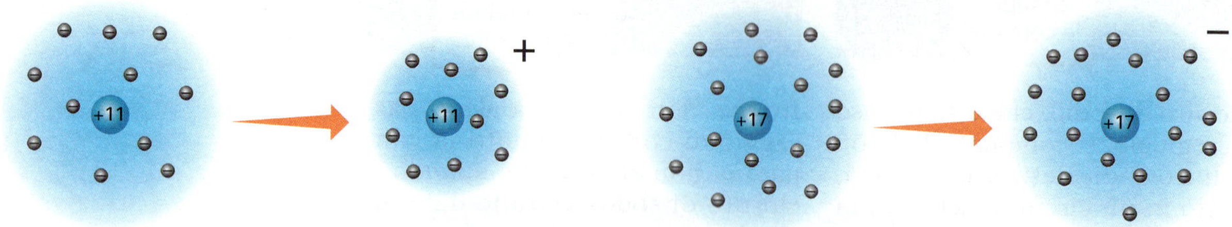

atomo di sodio Na — catione sodio Na^+ 11*p* 10*e*⁻ — atomo di cloro Cl — anione cloruro Cl^- 17*p* 18*e*⁻

Nel caso del cloruro di sodio NaCl, sono presenti i cationi Na^+ (si legge *enne-a-più*) e gli anioni Cl^- (si legge *ci-elle-meno*), che derivano dai rispettivi atomi Na ($Z = 11$) e Cl ($Z = 17$).
I cationi sodio Na^+ hanno 1 elettrone in meno rispetto agli atomi Na; gli anioni cloruro Cl^- ne hanno 1 in più rispetto agli atomi Cl. Il numero dei protoni e dei neutroni è uguale negli atomi e nei rispettivi ioni.

atomo	numero di protoni	numero di elettroni	ione	nome e tipo dello ione	numero di protoni	numero di elettroni
Na	11	11	Na^+	ione sodio, *catione*	11	10
Cl	17	17	Cl^-	ione cloruro, *anione*	17	18
Al	13	13	Al^{3+}	ione alluminio, *catione*	13	10
O	8	8	O^{2-}	ione ossido, *anione*	8	10

Simboli, nomi e caratteristiche di alcuni atomi e relativi ioni.
Cationi e anioni sono genericamente indicati come *specie chimiche*, in quanto del tutto diversi dai rispettivi atomi.

I composti formati da ioni

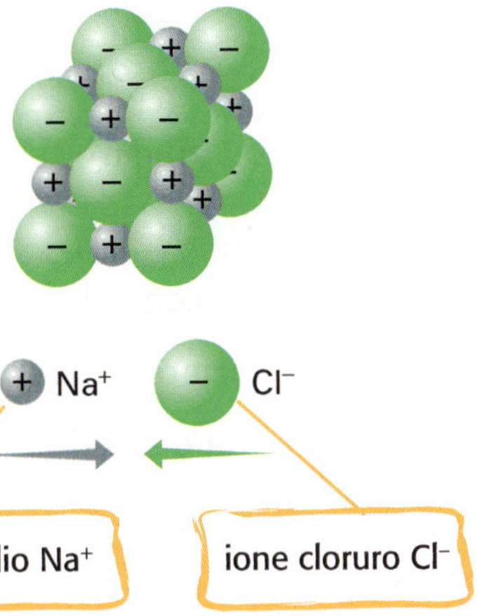

Gli ioni sono le specie chimiche caratteristiche di un tipo di composti, detti **composti ionici**. Nel cloruro di sodio NaCl, gli ioni Na^+ e Cl^- si attraggono elettrostaticamente, generando un composto molto stabile.

Nel caso dei composti ionici, la **formula** non rappresenta una molecola, ma soltanto il **rapporto numerico tra gli ioni** presenti (1 : 1 per NaCl), perciò ai termini "massa molecolare" si dovrebbe sostituire il termine "massa formula". Tuttavia si usa l'espressione *massa molecolare* anche per i composti ionici e questa si calcola utilizzando la formula del composto (per NaCl MM = 58,4 u).

Differenza tra gli ioni e gli elementi corrispondenti

il sodio a contatto con l'acqua produce una fiamma

Tutti ingeriamo il sale da cucina, costituito come sai di ioni Na^+ e ioni Cl^-, ma nessuno mangerebbe mai il sodio metallico Na (che reagirebbe violentemente con l'acqua della saliva producendo una fiamma), né respirerebbe il gas cloro Cl_2, perché è una sostanza fortemente irritante!

Gli ioni che costituiscono un composto ionico hanno proprietà chimiche diverse da quelle degli elementi corrispondenti, eppure nel linguaggio comune si dice che una *dieta è povera di sodio* e si dovrebbe dire, invece, che è *povera di ioni sodio*; si dice che un'*acqua è troppo ricca di calcio*, invece è *ricca di ioni calcio*.

Ricorda!...

Gli **ioni** positivi o negativi sono **specie chimiche cariche**, con proprietà nettamente diverse dai rispettivi atomi.

IN SINTESI

PER LA DIDATTICA INCLUSIVA

Gli atomi

Gli **atomi** sono le particelle elementari della materia, i costituenti di ogni elemento e di ogni composto.

Un atomo di un qualsiasi elemento è formato da un **nucleo** centrale, molto piccolo, che è costituito da **protoni** (p) e **neutroni** (n), e da un numero di **elettroni** (e^-) uguale a quello dei protoni, che si muovono intorno al nucleo in uno spazio molto esteso.

Protoni e neutroni sono detti anche **nucleoni**.

Ogni elemento della tavola periodica ha atomi caratterizzati da un determinato numero di protoni e quindi di elettroni; il numero dei neutroni può essere diverso per atomi dello stesso elemento.

L'identità di un atomo di un elemento è perciò definita da due numeri: il **numero atomico** Z, che è il numero di protoni, e il **numero di massa** A, che è la somma dei protoni e dei neutroni ($A = p + n$). Conoscendo due dei valori di A, Z e n di un atomo si ricava il valore sconosciuto.

La massa degli atomi e delle molecole

La **massa** degli atomi (**massa atomica** MA) e quella delle molecole (**massa molecolare** MM) sono misurate con l'**unità di massa atomica** (u), molto piccola (circa **10^{-27} kg**), che è la **dodicesima parte della massa** di un atomo di carbonio costituito di 6 neutroni, 6 protoni e 6 elettroni (detto **isotopo 12 del carbonio**).

La massa di un protone, di un neutrone e di un elettrone sono, rispettivamente, **1 u**, **1 u** e **0 u**; perciò la massa di un atomo di un elemento si ottiene dalla somma:

massa atomica MA = numero dei protoni + numero dei neutroni

e la massa di una molecola si calcola con la somma:

massa molecolare MM = somma delle MA di tutti gli atomi della molecola.

Gli isotopi

Gli **isotopi** di un elemento sono atomi dello stesso elemento che differiscono per il numero di neutroni e, quindi, per la massa. Il termine "isotopo", che significa "stesso luogo", indica che, avendo lo stesso numero atomico Z, gli isotopi **occupano il medesimo posto nella tavola periodica**.

Per questo motivo la **massa atomica di un elemento MA** riportata sulla tavola periodica **è la massa ottenuta calcolando la media ponderata delle MA dei suoi isotopi.**

IN SINTESI

Atomi e ioni

Un **atomo** di qualsiasi elemento è **neutro**, perché il numero dei protoni (che hanno carica +1) è uguale a quello degli elettroni (che hanno carica −1) e i neutroni sono privi di carica.
Da un atomo si possono ottenere particelle cariche: **ioni positivi** (**cationi**) per **perdita di elettroni**, oppure **ioni negativi** (**anioni**) per **acquisto di elettroni**.
Cationi e anioni sono tenuti insieme da forze elettrostatiche molto intense nei **composti ionici**, come il cloruro di sodio NaCl (sale da cucina). Quando vengono portati allo stato liquido, i composti ionici diventano **conduttori elettrici**: gli ioni acquistano libertà di movimento e, sotto la spinta dell'energia erogata da un generatore di corrente, formano una corrente (**corrente ionica**) che chiude il circuito, facendo accendere una lampadina.
Nel caso dei composti ionici la **formula** non rappresenta la molecola, ma solo il **rapporto tra gli ioni** (1:1 per il cloruro di sodio NaCl); tuttavia anche per questi composti si usa l'espressione "massa molecolare".
Gli ioni dei composti ionici hanno **proprietà chimiche diverse da quelle degli elementi corrispondenti**. Il cloruro di sodio è un alimento ben noto, invece, il cloro è una sostanza fortemente irritante per le vie respiratorie e il sodio è un metallo che reagisce violentemente con l'acqua.

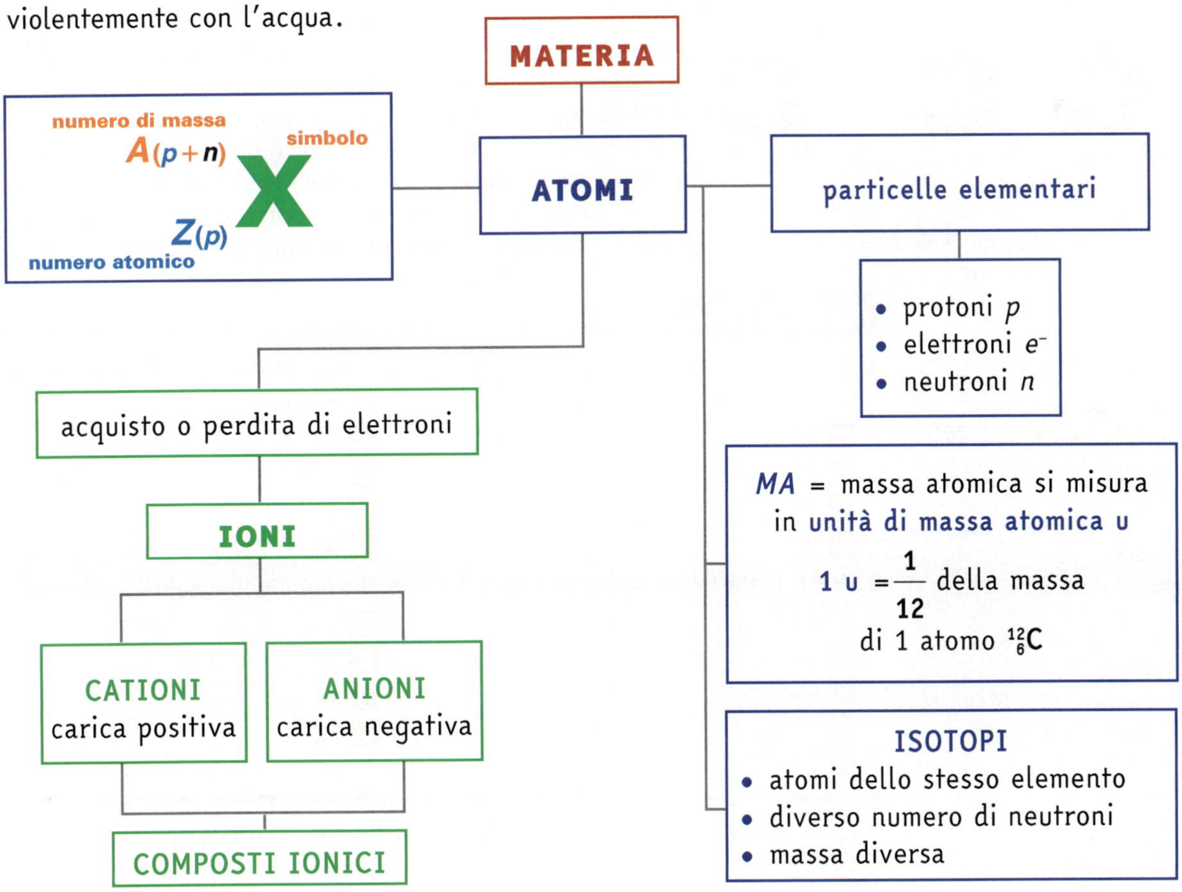

SCIENTIFIC ENGLISH

Atomic Number, Atomic Mass Number and Isotopes

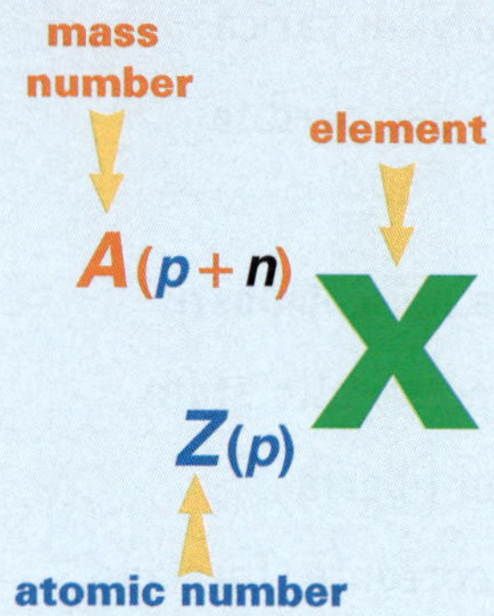

The chemical properties of an element are determined by the charge of its nucleus, i.e.* by the **number of protons**. This number is called the **atomic number** and is denoted by the letter *Z*; instead, the mass of an atom depends on how many **nucleons** its nucleus contains. The number of nucleons is the total number of **protons** plus **neutrons**; it is called the **atomic mass number** and is denoted by the letter ***A***.
Standard notation shows the chemical symbol, the atomic mass number and the atomic number.
For example, the iron nucleus, which has 26 protons and 30 neutrons, is denoted as:

$$^{56}_{26}Fe$$

where the total nuclear charge is $Z = 26$ and the mass number $A = 56$. The number of neutrons N is simply the difference $N = A - Z$.

If a few neutrons are added to or removed from a nucleus, the chemical properties of the atom will remain the same because its charge is still the same. Therefore, the chemical **properties of an element** depend on the number of protons inside the atom. This means that such an atom should remain in the same place in the Periodic table. For example, no matter how many neutrons we add or subtract from a nucleus with 6 protons, that element will always be called carbon and has the element symbol C (see the Table of Elements).

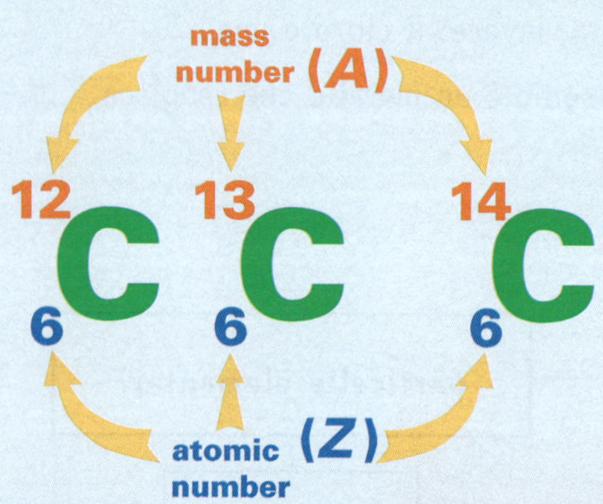

Atoms which have the same number of protons, but a different number of neutrons, are called **isotopes**. The different isotopes of an element have the same atomic number *Z*, but different mass numbers *A*, because they have a different number of neutrons *N*. The chemical properties of the different isotopes of an element are the same, but they might vary in how stable their nucleus is. Note that if an element is written as C-12, the '12' is the atomic mass of that atom.

Key Words

Atomic number *Z* is the number of protons in an atom.

Atomic mass number *A* is the sum of the number of protons and neutrons in the nucleus of an atom.

Isotope has the same number of protons as other atoms of the element, but a different number of neutrons.

Nucleons are the set of protons and neutrons in the nucleus of an atom.

Multiple Choice

1 Two sulfur isotopes are $^{32}_{16}S$ and $^{34}_{16}S$: which is the atomic number?

A 32
B 34
C 16
D 8

2 Which of the following is an isotopes of Cl-35?

A $^{17}_{35}Cl$
B $^{35}_{17}Cl$
C $^{17}_{37}Cl$
D $^{15}_{35}Cl$

3 Which of the following atom has 7 electrons?

A $^{5}_{2}He$
B $^{13}_{6}He$
C $^{7}_{3}Li$
D $^{15}_{7}N$

4 The number of neutrons in $^{54}_{26}Fe$ is:

A 26
B 28
C 54
D 80

***i.e.** this abbreviation (from the Latin *id est*) is used to restate an idea more clearly or offer more informations.

STRUMENTI PER COSTRUIRE LE COMPETENZE

ALTRI TEST

Studiando la teoria...

Completa le frasi

1 Un atomo è costituito di particelle subatomiche, cioè: ...., che hanno carica elettrica .... e si indicano con il simbolo H^+; ...., che hanno carica elettrica .... e si indicano con il simbolo e^-; ...., che hanno carica elettrica uguale a 0 e si indicano con il simbolo ....

2 .... e ...., detti anche nucleoni, costituiscono il ...., intorno al quale si muovono gli ....

3 Le dimensioni dell'atomo sono determinate essenzialmente dall'estensione dello spazio in cui si muovono gli ....

4 Il numero atomico (.........) di un elemento indica il numero di ....

5 In un atomo il numero degli elettroni è uguale al numero di ....

6 Il numero di massa (.........) di un atomo di un elemento indica la .... del numero di .... e del numero di ....

7 L'unità di massa atomica, il cui simbolo è ...., corrisponde alla .... parte dell'isotopo 12 del ....

8 Se si esprimono in unità di massa atomica le masse di un protone, di un neutrone e di un elettrone si ottengono i seguenti valori approssimati: ...., ..., ...

9 Gli isotopi sono atomi dello stesso elemento che differiscono per il numero di ....

10 Nel simbolo ^A_ZX i numeri *A* e *Z* rappresentano rispettivamente il numero .... e il numero ....

11 In genere un elemento è una miscela di isotopi, perciò la massa atomica riportata nella tavola periodica è il risultato matematico della .... delle .... dei suoi ....

12 La massa di un atomo *MA* e la massa di una molecola *MM* vengono misurate in ....; perciò esse esprimono quante volte la loro .... è .... della massa della ....

13 Un catione si forma dall'atomo neutro in seguito a .... di .... e differisce dal suo atomo solo per il numero di ....: un catione ha carica elettrica ....

14 Un anione si forma dall'atomo neutro in seguito a .... di .... e differisce dal suo atomo solo per il numero di ....: un anione ha carica elettrica ....

15 Nei composti ionici i cationi e gli anioni sono tenuti insieme da ....

16 I composti ionici conducono la corrente elettrica se si trovano allo stato liquido perché ....

17 Le proprietà degli ioni nei composti ionici sono del tutto .... da quelle degli elementi corrispondenti.

Test vero-falso

1 Il numero atomico di un elemento rappresenta il numero dei protoni presenti in un atomo del l'elemento. V F

2 Due elementi diversi possono avere lo stesso numero atomico. V F

3 La massa di un elettrone è circa 1 u. V F

4 L'isotopo 14 del carbonio ($^{14}_{6}C$) contiene 6 elettroni, 6 protoni e 8 neutroni. V F

5 Gli isotopi di un elemento hanno lo stesso numero di elettroni e di protoni. V F

6 La massa atomica di un elemento rappresenta un valore medio delle masse atomiche dei suoi isotopi. V F

7 Il simbolo H^+ viene detto protone, in quanto corrisponde all'atomo di idrogeno $^{1}_{1}H$ privo del suo elettrone. V F

8 La carica di un elettrone, espressa in unità elementare, è +1. V F

9 Gli ioni Na^+ e O^{2-} rappresentano rispettivamente un catione e un anione. V F

10 Gli ioni Na^+ ($Z = 11$) e Cl^- ($Z = 17$) contengono un numero uguale di elettroni. V F

Test a risposta multipla

Scegli la risposta o il completamento corretti

1 L'unità di massa atomica (u):

A corrisponde all'isotopo 12 del carbonio
B corrisponde alla dodicesima parte della massa dell'isotopo 12 del carbonio
C ha una massa molto più grande di quella di un protone
D ha una massa di circa 10^{-27} g

2 La massa di un elettrone, espressa in u, è:

A circa 1
B circa 0
C circa 10^{-24}
D circa 10^{-27}

3 Quale affermazione, riferita a un protone, è corretta?

A Ha carica +1, espressa in unità elementare
B Corrisponde a un atomo di idrogeno
C È la particella subatomica con massa più piccola
D È la particella che un atomo X acquista quando si trasforma nel catione X^+

4 Gli isotopi di un elemento differiscono per il numero:

A di elettroni
B di protoni
C di neutroni
D di protoni e di neutroni

5 Rispetto all'isotopo $^{16}_{8}O$, l'isotopo $^{15}_{8}O$ possiede:

A 1 protone in più
B 1 protone in meno
C 1 neutrone in più
D 1 neutrone in meno

6 Quale isotopo ha numero di massa $A = 27$ e numero atomico $Z = 13$?

A Un atomo che ha 14 elettroni, 13 protoni e 13 neutroni
B Un atomo che ha 13 elettroni, 13 protoni e 14 neutroni
C Un atomo che ha 13 elettroni, 14 protoni e 13 neutroni
D Un atomo che ha 14 elettroni, 14 protoni e 13 neutroni

7 Quanti protoni e quanti elettroni sono presenti nello ione Zn^{2+} ($Z = 30$)?

A 30 protoni e 30 elettroni
B 30 protoni e 28 elettroni
C 28 protoni e 30 elettroni
D 28 protoni e 28 elettroni

8 Quale catione contiene 10 elettroni?

A Mg^{2+} ($Z = 12$)
B Ca^{2+} ($Z = 20$)
C K^+ ($Z = 19$)
D Li^+ ($Z = 3$)

9 Un catione e un anione:

A si formano dai loro atomi, rispettivamente, per acquisto e perdita di elettroni
B contengono un numero di elettroni uguale a quello dei loro atomi
C formano composti ionici che sono conduttori di elettricità se portati allo stato liquido
D differiscono dai loro atomi sia per la massa atomica sia per il numero atomico

10 Lo ione K^+ ($Z = 19$, $A = 39$) e lo ione Cl^- ($Z = 17$, $A = 35$) hanno uguale:

A numero di protoni
B numero di neutroni
C numero di nucleoni
D numero di elettroni

Applica le tue conoscenze

7.1 Gli atomi

1 Con quale simbolo rappresenteresti un elemento Y nel cui atomo ci sono 17 elettroni e 18 neutroni?

2 Completa la tabella, riferita agli atomi di alcuni elementi.

simbolo	numero atomico (*Z*)	numero di protoni	numero di elettroni	numero di massa (*A*)	numero di neutroni
		6	6	13	
Fe			26		31
	34			79	
Ba		56			82
			47		62

7.2 La massa degli atomi

3

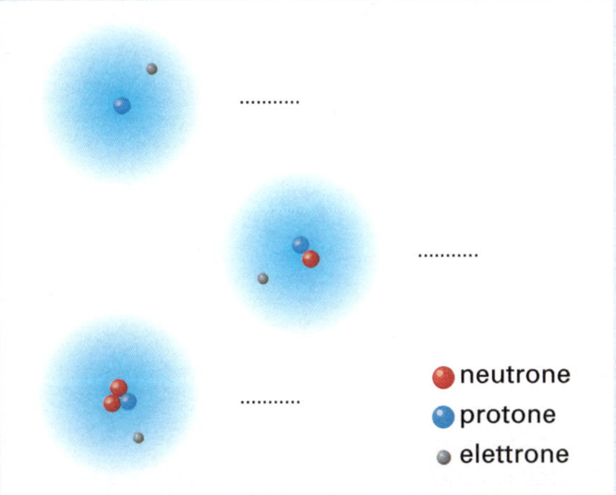

Con quali simboli rappresenteresti i tre isotopi dell'idrogeno H ($Z = 1$) detti *protio*, *deuterio* e *tritio*, che contengono rispettivamente 0, 1 e 2 neutroni?

4 Tra ^{19}F, ^{14}C, ^{14}N, ^{18}F, qual è l'atomo che contiene il minor numero di neutroni?

5 Un isotopo con numero di massa 60 contiene 33 neutroni.
a) Qual è il suo numero atomico?
b) Indica il suo simbolo e il suo nome.

6 Qual è la carica nucleare degli isotopi ^{16}O, ^{17}O e ^{18}O?

7 Come è giustificabile l'esistenza di oltre 1000 atomi di massa differente e di poco più di 110 elementi?

7.3 Massa atomica e massa molecolare

8 Calcola le masse molecolari dei seguenti composti:
a) propano C_3H_8 MM = ...
b) saccarosio $C_{12}H_{22}O_{11}$ MM = ...
c) nitrato di alluminio $Al(NO_3)_3$ MM = ...
d) fosfato di calcio $Ca_3(PO_4)_2$ MM = ...

7.4 Atomi e ioni

9 Individua gli errori riportati nella tabella.

particelle subatomiche	carica in coulomb (C)	carica in unità elementare
elettrone	$-1{,}602 \cdot 10^{-10}$	+1
protone	$1{,}602 \cdot 10^{-19}$	−1
neutrone	0	0

10 Quanti protoni, neutroni ed elettroni sono presenti nell'atomo ^{25}Mg? E quanti sono presenti nel catione $^{25}Mg^{2+}$?

11 Quale elemento ha l'atomo con lo stesso numero di elettroni dello ione S^{2-}?
- In primo luogo leggi sulla tavola periodica il numero atomico *Z* dello zolfo S, che è .... Trattandosi di un anione, S^{2-}, ha 2 elettroni in più, cioè ....
- Sulla Tavola periodica devi perciò cercare l'elemento con Z = ..., che è ....

12 Quale elemento ha gli atomi con lo stesso numero di elettroni del catione Na^+?

13 Indica il numero di elettroni presenti nelle specie K^+, Ca^{2+}, Ar, S^{2-} e Cl^-. Si tratta di specie isoelettroniche, cioè contenenti lo stesso numero di elettroni?

14 Individua le coppie isoelettroniche fra i seguenti ioni: O^{2-}, Cl^-, K^+, I^-, Li^+, F^-.

15 Un catione, che ha 1 carica, ha lo stesso numero di elettroni dell'anione cloruro Cl^-. Qual è il catione?

OBIETTIVO COMPETENZA

1 Il composto NaBr, bromuro di sodio, contiene ioni Na^+ e ioni Br^-. Si presenta come un solido bianco, solubile in acqua, che fonde a 755 °C e ha densità 3,205 g/cm^3 a 17,5 °C; allo stato liquido e in soluzione esso conduce la corrente elettrica.
Indica qualche proprietà degli elementi Na e Br_2 e scrivi un breve testo evidenziando eventuali differenze e analogie con le proprietà del composto NaBr.

2 Facendo riferimento allo ione Ca^{2+} con numero di massa 40 u, individua:
a) il numero dei protoni, dei neutroni e degli elettroni;
b) il numero dei *nucleoni*;
c) l'elemento contenente lo stesso numero di elettroni;
d) l'anione con carica 2– che contiene lo stesso numero di elettroni.

3 Completa la tabella, riferita ad atomi e ioni di alcuni elementi.

simbolo	numero atomico (*Z*)	numero di protoni	numero di elettroni	numero di massa (*A*)	numero di neutroni
		5	5	10	
Mn			25		30
	34		36	79	
Sr^{2+}		38			50
			21	76	52
I^-				128	
Cu^{2+}		29	27		36

4 In che cosa differiscono le specie ^{24}Mg e ^{24}Na?

5 In che cosa differisce il simbolo C dal simbolo $^{14}_{6}C$?

6 Due elementi X e Y hanno isotopi con lo stesso numero di massa *A* = 14. X ha 8 neutroni, Y ne ha 7. Individua sulla tavola periodica i due elementi.

7 L'acqua "pesante" è un'acqua in cui l'atomo di idrogeno ^1H (protio) è sostituito dall'isotopo deuterio (^2H o D), perciò ha formula D_2O e viene detta anche ossido di deuterio.
Se l'acqua contenente solo protio ha *MM* = 18 u, qual è la *MM* dell'acqua pesante?
Fai una ricerca e scrivi un breve testo sugli usi dell'acqua pesante. **[20 u]**

8 Il nucleo di un atomo può subire trasformazioni, che sono oggetto di studio della **chimica nucleare**. L'uranio 238 è un isotopo dell'uranio che subisce la seguente trasformazione:

$$^{238}_{92}U \longrightarrow {}^{234}_{90}Th + {}^{4}_{2}He$$

a) Controlla se è attuato il bilanciamento del numero di massa e quello del numero atomico.
b) In questo tipo di reazione nucleare, l'atomo di uranio ha subìto un "alleggerimento". In che cosa consiste questo "alleggerimento"?

9 Calcola la massa molecolare dell'ammoniaca NH_3 e del diossido di carbonio CO_2. In una miscela contenente un numero uguale di molecole di questi due composti, qual è la percentuale, calcolata in unità di massa atomica (u), dell'ammoniaca e quale quella del diossido di carbonio? **[NH_3: *MM* = 17 u, 27,9%; CO_2: *MM* = 44 u, 72,1%]**

10 Completa la tabella, riferita agli ioni di alcuni elementi.

simbolo	numero atomico (*Z*)	numero di protoni	numero di elettroni	numero di massa (*A*)	numero di neutroni
		20	18		23
O^{2-}					10
	53		54	125	
Ba^{2+}		56			82
	3		2	7	

UNITÀ 8

Un'unità di misura con doppia personalità: la mole

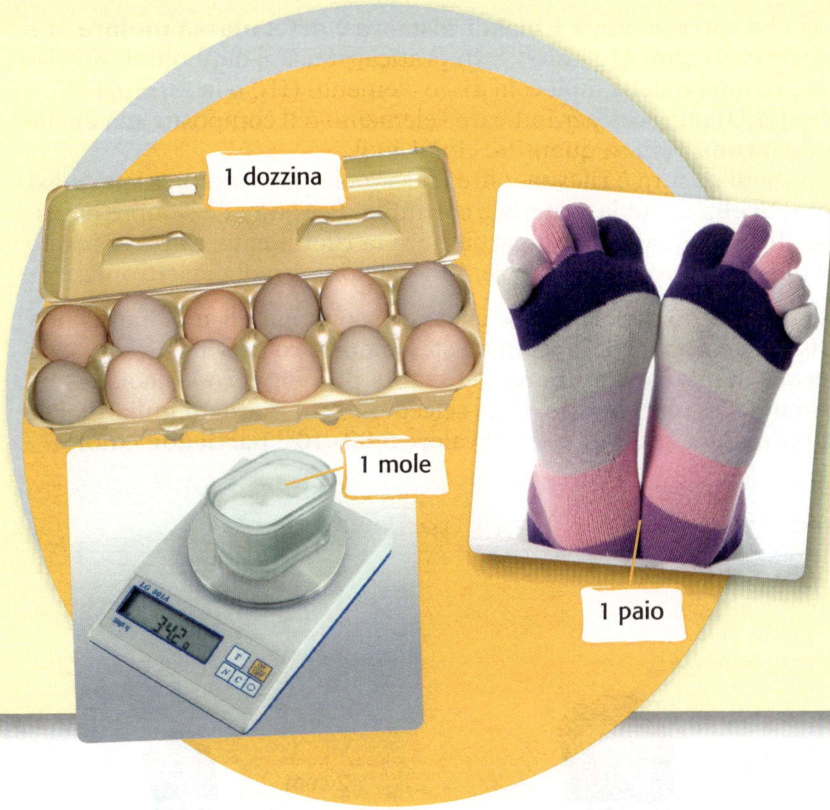

Perché?

- Nel linguaggio comune diciamo "una dozzina" per indicare il numero .... oppure "un paio" per indicare il numero ....
- Nel linguaggio dei chimici si dice "una mole" per indicare il numero ....
- Quante molecole di zucchero ci sono in 1 mole di zucchero?

  ....
- Quante molecole ci sono in 1 mole di acqua o in 1 mole di ossigeno o di alcol etilico?

  ....

8.1 L'unità di misura del chimico: la mole

Per esprimere in modo agevole le masse degli elementi e dei composti, i chimici utilizzano un'apposita unità di misura del Sistema Internazionale: la **mole** (**mol**).

animazione
La mole

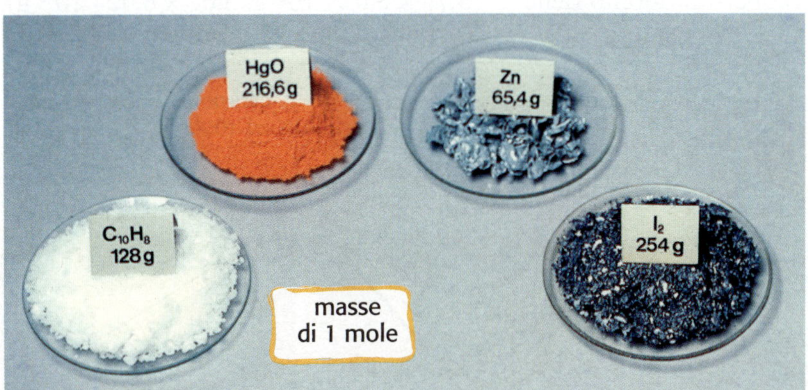

La massa di 1 mol varia da sostanza a sostanza. Dalla formula di un elemento (iodio I_2) o di un composto (ossido di mercurio (II) HgO, naftalina $C_{10}H_8$) si ricava la massa molecolare, espressa in unità di massa atomica: la massa di 1 mol ha lo stesso valore numerico, ma espresso in grammi. Nel caso di un elemento che ha molecole monoatomiche (zinco Zn), la massa di 1 mol ha lo stesso valore numerico, espresso in grammi, della massa atomica dell'elemento.

Da un punto di vista operativo:

mole

la **mole (mol)** indica la quantità dell'elemento o del composto, espressa in grammi, numericamente uguale alla massa molecolare dell'elemento o del composto oppure alla massa atomica dell'elemento, se questo ha molecole monoatomiche.

Ricorda!...

Il **simbolo** di un elemento (allo stato atomico o molecolare) o la **formula** di un composto hanno un **significato qualitativo** (indicano l'elemento o il composto) e un **significato quantitativo** (indicano 1 mol dell'elemento o del composto).

La massa che corrisponde a 1 mol di sostanza è detta **massa molare *M*** e viene espressa in **g/mol** ($g \cdot mol^{-1}$). In pratica, si usa il simbolo di un elemento (Fe) o quello della molecola di un elemento (H_2) o la formula di un composto (H_2O) non solo per indicare l'elemento o il composto, ma anche per indicarne una precisa quantità, cioè 1 mol.
Questa unità di misura è riferita, oltre che a molecole e atomi, a **qualsiasi tipo di particella** di cui la materia è costituita. Per questo è sempre necessario specificare a quale tipo di particelle si fa riferimento. Si parla perciò di 1 mol di atomi, 1 mol di molecole, 1 mol di ioni, 1 mol di elettroni ecc.

animazione
La massa molare e il numero di Avogadro

Anche se fra loro diverse, le masse che corrispondono a 1 mol hanno una caratteristica comune: contengono lo stesso **numero *N*** di particelle.
Il **numero *N***, noto come **numero** o **costante di Avogadro**, calcolato sperimentalmente, risulta enorme, circa seicentomila miliardi di miliardi. Per i calcoli può essere approssimato al valore **$6,02 \cdot 10^{23}$ particelle $\cdot$ mol^{-1}**.

numero di Avogadro

numero di Avogadro $N = 6,02 \cdot 10^{23}$ particelle $\cdot$ mol^{-1}

Osserva i tre mucchi di monete, ciascuno costituito da 10 monete. È ovvio che la massa di ciascun gruppo è diversa perché sono diverse le masse di ciascun tipo di moneta (8,50 g, 5,78 g e 3,07 g). Naturalmente, se pesassimo altri tre mucchi, ciascuno di 20 monete, le loro masse sarebbero il doppio delle masse dei primi tre mucchi.

Se poi, per assurdo, pesassimo tre mucchi di monete, ciascuno composto da $6,02 \cdot 10^{23}$ monete, le cose non cambierebbero. Dunque 1 mol di monete da 2 €, 1 mol di monete da 20 cent e 1 mol di monete da 2 cent avrebbero una massa diversa ($8,50 \times 6,02 \cdot 10^{23}$ g; $5,78 \times 6,02 \cdot 10^{23}$ g; $3,07 \times 6,02 \cdot 10^{23}$ g), pur essendo formate dallo stesso numero ($6,02 \cdot 10^{23}$) di monete.

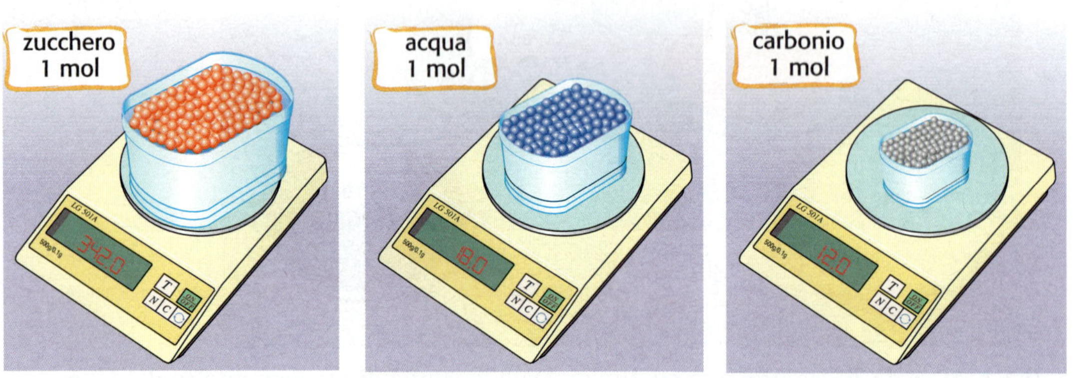

Allo stesso modo sono diverse le masse di zucchero (342,3 g), di acqua (18,0 g) e di carbonio (12,0 g) corrispondenti a 1 mol, perché una molecola di zucchero ha una massa (342,3 u) diversa da quella di una molecola di acqua (18,0 u) e questa una massa diversa da quella di un atomo di carbonio (12,0 u); tuttavia 1 mol di ciascuna delle tre sostanze contiene lo stesso numero di particelle: $6,02 \cdot 10^{23}$.

massa molecolare (*MM*) massa atomica (*MA*)	quantità in grammi di 1 mol	massa molare (*M*)	numero di particelle
H_2 (*MM* = 2 u)	**2 g** di idrogeno	**2 g/mol** di idrogeno	**6,02 · 10^{23} molecole** di idrogeno
H_2O (*MM* = 18 u)	**18 g** di acqua	**18 g/mol** di acqua	**6,02 · 10^{23} molecole** di acqua
CO_2 (*MM* = 44 u)	**44 g** di diossido di carbonio	**44 g/mol** di diossido di carbonio	**6,02 · 10^{23} molecole** di diossido di carbonio
N (*MA* = 14 u)	**14 g** di azoto atomico	**14 g/mol** di azoto atomico	**6,02 · 10^{23} atomi** di azoto
Na^+ (*MA* = 23 u)	**23 g** di ioni sodio	**23 g/mol** di ioni sodio	**6,02 · 10^{23} ioni** sodio

1 mol indica sempre 6,02 · 10^{23} particelle, e queste possono essere atomi, ioni, molecole, elettroni ecc. così come un paio e una dozzina indicano sempre 2 e 12 oggetti.

Ricorda!...

1 mole di sostanza indica una quantità di elemento o composto, in grammi, numericamente uguale alla massa molecolare; per un elemento allo stato atomico indica la quantità in grammi uguale alla sua massa atomica.

1 mole di particelle indica 6,02 · 10^{23} particelle (atomi, ioni, molecole, elettroni ecc.)

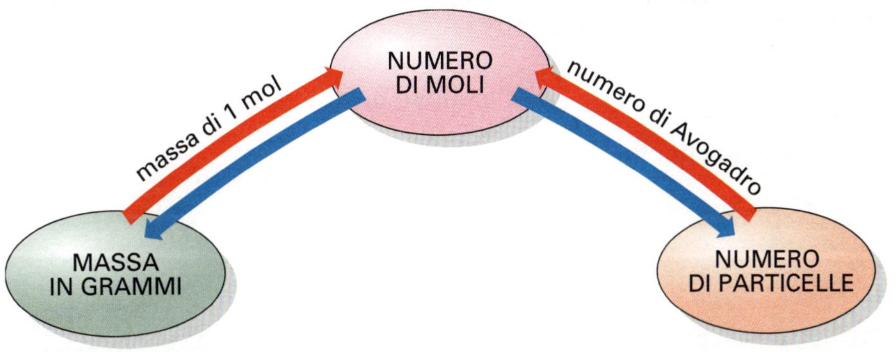

animazione
Massa, numero di particelle e numero di moli

Massa, **numero di particelle** e **numero di moli** sono tre grandezze strettamente correlate e ricavabili attraverso **calcoli stechiometrici**. È facile osservare che si passa dal numero di particelle a quello di moli e viceversa mediante il numero di Avogadro e, analogamente, la massa e il numero di moli sono collegati attraverso la massa di 1 mol. Invece, è impossibile trasformare la massa in numero di particelle e viceversa, se non si calcola prima il numero di moli.

espansione
Come risolvere i problemi di stechiometria

Relazioni tra il numero di moli di un campione, la sua massa e la sua massa molare

Il **numero di moli** si ottiene dividendo la massa del campione per la massa molare della sostanza.

numero di moli (mol) → n; massa del campione (g) → m; massa molare (g/mol) → M

$$n = \frac{m}{M} \quad [1]$$

formula

numero di moli

massa del campione

La **massa di un campione** che contiene n moli di sostanza si ottiene moltiplicando il numero di moli per la massa molare della sostanza.

formula

massa del campione (g) → numero di moli (mol) → massa molare (g/mol)

$$m = n \cdot M \qquad [2]$$

Relazioni tra il numero di moli e di particelle di un campione e il numero di Avogadro

numero di moli

Il **numero di moli** si ottiene dividendo il numero delle particelle presenti in un campione per il numero di Avogadro.

formula

numero di moli (mol); numero di Avogadro (particelle/mol)

$$n = \frac{\text{numero di particelle}}{N} \qquad [3]$$

numero di particelle

Il **numero di particelle** presenti in un campione si ottiene moltiplicando il numero di moli per il numero di Avogadro.

formula

numero di moli (mol); numero di Avogadro (particelle/mol)

$$\text{numero di particelle} = n \cdot N \qquad [4]$$

ESEMPI

esempio 1

A quante moli corrispondono 27 g di acqua (MM = 18,0 u) e 513 g di zucchero $C_{12}H_{22}O_{11}$ (MM = 342 u)?

- La massa di 1 mol di acqua (massa molare M) è 18,0 g, quindi il numero di moli corrispondenti a 27 g di acqua si ricava direttamente dalla relazione **[1]**:

$$n\ (\text{moli } H_2O) = \frac{m}{M} = \frac{27\ \text{g}}{18{,}0\ \text{g/mol}} = \mathbf{1{,}5\ mol}$$

- La relazione **[1]** è, evidentemente, il risultato della seguente proporzione:

$$1\ \text{mol} : M\ (\text{g}) = n\ (\text{mol}) : m\ (\text{g})$$

da cui :

$$n\ (\text{mol}) = \frac{1 \times m}{M} = \frac{m}{M}$$

Perciò puoi ricavare il dato richiesto anche dalla proporzione inserendo i dati noti:

$$1\ \text{mol} : 18{,}0\ \text{g} = x\ \text{mol} : 27\ \text{g}$$

$$x\ \text{mol} = \frac{1\ \text{mol} \times 27\ \text{g}}{18{,}0\ \text{g}} = \mathbf{1{,}5\ mol}$$

- Allo stesso modo si ricava il numero di moli dello zucchero:

$$n\ (\text{moli } C_{12}H_{22}O_{11}) = \frac{m}{M} = \frac{513\ \text{g}}{342\ \text{g/mol}} = \mathbf{1{,}5\ mol}$$

oppure:

$$1\ \text{mol} : 342\ \text{g} = x\ \text{mol} : 513\ \text{g} \qquad x\ \text{mol} = \frac{1\ \text{mol} \times 513\ \text{g}}{342\ \text{g}} = \mathbf{1{,}5\ mol}$$

esempio 2

Quante molecole di acqua e quante di zucchero sono contenute nelle masse di acqua e di zucchero riportate nell'esempio 1?

- Le masse di 27 g di acqua e di 513 g di zucchero corrispondono entrambe a 1,5 mol, perciò contengono lo stesso numero di molecole, che si calcola mediante la relazione **[4]**:

$$\text{numero di molecole } (H_2O \text{ e } C_{12}H_{22}O_{11}) = n \times \boldsymbol{N} = 1{,}5 \text{ mol} \times 6{,}02 \cdot 10^{23} \text{ molecole} \cdot \text{mol}^{-1} = \mathbf{9{,}0 \cdot 10^{23} \text{ molecole}}$$

- In alternativa, puoi ricavare l'incognita x dalla seguente proporzione, da cui deriva la relazione **[4]**:

$$1 \text{ mol} : 6{,}02 \times 10^{23} \text{ molecole} = 1{,}5 \text{ mol} : x \text{ molecole}$$

esempio 3

In un campione di acetone CH_3COCH_3 (MM = 58,1 u) sono presenti $30{,}1 \cdot 10^{23}$ molecole.

1. Quante sono le moli di acetone?
2. Qual è la massa del campione?

1. Il numero di moli si può ricavare soltanto utilizzando il numero di Avogadro, mediante la relazione **[3]**:

$$n \text{ (moli } CH_3COCH_3) = \frac{\text{numero di molecole}}{\boldsymbol{N}} = \frac{30{,}1 \cdot 10^{23} \text{ molecole}}{6{,}02 \cdot 10^{23} \text{ molecole} \cdot \text{mol}^{-1}} = \mathbf{5{,}00 \text{ mol}}$$

oltre che con la proporzione che deriva dalla stessa relazione: $1 \text{ mol} : 6{,}02 \cdot 10^{23} \text{ molecole} = x \text{ mol} : 30{,}1 \cdot 10^{23}$ molecole

2. La massa dell'acetone si può calcolare mediante la relazione **[2]** in quanto è nota la sua massa molecolare e quindi la sua massa molare (M = 58,1 g/mol), oltre al numero di moli calcolato al punto 1:

$$m \text{ (massa } CH_3COCH_3) = n \cdot M = 5{,}00 \text{ mol} \times 58{,}1 \text{ g/mol} = \mathbf{290 \text{ g}}$$

oppure con la proporzione: $1 \text{ mol} : 58{,}1 \text{ g} = 5{,}00 \text{ mol} : x \text{ g}$

esempio 4

Calcola:

1. la massa in grammi di 12,0 mol di alcol etilico C_2H_5OH (MM = 46,1 u);
2. il numero di molecole contenute in 12,0 mol di alcol.

1. La massa di 1 mol di alcol è 46,1 g; perciò 12,0 mol di alcol hanno una massa che puoi ricavare, oltre che con una proporzione, dalla relazione **[2]**:

$$m \text{ (massa } C_2H_5OH) = n \times M = 12{,}0 \text{ mol} \times 46{,}1 \text{ g} \cdot \text{mol}^{-1} = \mathbf{553 \text{ g}}$$

2. Per calcolare il numero delle molecole di alcol etilico devi servirti del numero di Avogadro e quindi della relazione **[4]**:

$$\text{numero di molecole } C_2H_5OH = n \times \boldsymbol{N} = 12{,}0 \text{ mol} \times 6{,}02 \cdot 10^{23} \text{ molecole} \cdot \text{mol}^{-1} = \mathbf{7{,}22 \cdot 10^{24} \text{ molecole}}$$

8.2 Le moli nelle reazioni chimiche

L'utilità della mole è evidente quando occorre eseguire i **calcoli stechiometrici** relativi a una reazione, cioè quando bisogna calcolare le quantità di reagenti necessari, le quantità dei prodotti di reazione ecc. Infatti, una **reazione bilanciata** esprime in maniera chiara e univoca:

- il **rapporto di combinazione in molecole**
- il **rapporto di combinazione in moli**
- il **rapporto di combinazione in grammi**.

Dunque, una reazione può essere "letta" nei suoi vari significati; fra questi si sceglierà quello più opportuno e più immediato per risolvere il problema in esame.

animazione
Moli e reazioni chimiche

Ricorda!...

Le espressioni *molecola* e massa molecolare *MM* vengono utilizzate per indicare la composizione e la massa anche dei composti ionici.

Il simbolismo utilizzato per esprimere una reazione ha:

- un *significato qualitativo*, perché indica la trasformazione chimica e le condizioni in cui avviene;
- un *significato quantitativo*, perché indica i rapporti di combinazione fra reagenti e prodotti di reazione (in molecole, moli e grammi). Per tale motivo una reazione bilanciata viene detta **equazione di reazione**.

significato di una reazione

ESEMPI

esempio 1

"Leggi" nei suoi vari significati la seguente reazione bilanciata, in cui l'acido fosforico H_3PO_4 (*MM* = 98 u) e l'idrossido di sodio NaOH (*MM* = 40 u) si trasformano in fostato di sodio Na_3PO_4 (*MM* = 164 u) e acqua H_2O (*MM* = 18 u):

	$H_3PO_{4(aq)}$	+	$3NaOH_{(aq)}$	$\longrightarrow$	$Na_3PO_{4(aq)}$	+	$3H_2O_{(l)}$
a	1 molecola		3 molecole		1 molecola		3 molecole
b	$1 \times 6{,}02 \cdot 10^{23}$ molecole		$3 \times 6{,}02 \cdot 10^{23}$ molecole		$1 \times 6{,}02 \cdot 10^{23}$ molecole		$3 \times 6{,}02 \cdot 10^{23}$ molecole
c	1 mol		3 mol		1 mol		3 mol
d	1×98 g		3×40 g		1×164 g		3×18 g

In **a** si legge il rapporto stechiometrico tra le molecole dei reagenti e dei prodotti della reazione: **1 : 3 : 1 : 3**.

In **b** si legge il numero delle molecole che partecipano alla reazione; è evidente che il rapporto tra le molecole è ancora **1 : 3 : 1 : 3** giacché questi quattro numeri sono stati moltiplicati per lo stesso numero ***N*** (numero di Avogadro).

In **c** compaiono le moli e giacché 1 mol contiene $6{,}02 \cdot 10^{23}$ molecole, il rapporto tra le moli è ancora **1 : 3 : 1 : 3**.

In **d** sono espressi i valori in grammi delle singole moli delle sostanze.

La costanza della massa nella trasformazione chimica (**98 g + 120 g = 164 g + 54 g**) esprime la legge di Lavoisier.
I dati riportati possono essere letti anche "intrecciandoli". Per esempio si può "leggere" che:

- $6{,}02 \cdot 10^{23}$ molecole di H_3PO_4, reagendo con la quantità necessaria di NaOH, producono 164 g di Na_3PO_4 e 3×18 g di H_2O;
- per ottenere 1 mol di Na_3PO_4 devono reagire 98 g di H_3PO_4 e 3×40 g di NaOH;
- 3 mol di NaOH, reagendo con 98 g di H_3PO_4, producono 1 mol di Na_3PO_4.

esempio 2

Calcola:
1. la massa in grammi di solfato di potassio K_2SO_4 (*MM* = 174 u) che si ottiene facendo reagire 98 g di acido solforico H_2SO_4 (*MM* = 98 u) con la quantità necessaria di idrossido di potassio KOH (*MM* = 56 u);
2. il numero delle molecole contenute in una massa doppia del solfato di potassio ottenuta;
3. la massa di acqua che si forma da 1 mol di acido solforico.
La reazione è:

$H_2SO_{4(aq)}$	+	$2KOH_{(aq)}$	$\longrightarrow$	$K_2SO_{4(aq)}$	+	$2H_2O_{(l)}$
1 molecola		2 molecole		1 molecola		2 molecole
$1 \times 6{,}02 \cdot 10^{23}$ molecole		$2 \times 6{,}02 \cdot 10^{23}$ molecole		$1 \times 6{,}02 \cdot 10^{23}$ molecole		$2 \times 6{,}02 \cdot 10^{23}$ molecole
1 mol		2 mol		1 mol		2 mol
1×98 g		2×56 g		1×174 g		2×18 g

Dalla scrittura della reazione si ricavano facilmente i dati richiesti:
1. la massa di K_2SO_4 che si ottiene da 98 g di H_2SO_4 è **174 g**
2. 1 mol di K_2SO_4 contiene $6{,}02 \cdot 10^{23}$ molecole, perciò nella massa doppia di K_2SO_4 sono presenti

$$2 \times 6{,}02 \cdot 10^{23} \text{ molecole} = \mathbf{1{,}2 \cdot 10^{24} \text{ molecole}}$$

3. da 1 mol di H_2SO_4 si ottengono 2×18 g = **36 g di H_2O**.

esempio 3

L'acqua ossigenata H_2O_2 (*M* = 34 g/mol) si decompone facilmente in acqua e ossigeno O_2 (*MM* = 32 u) quando a essa vene aggiunto qualche pezzetto di patata:

$$2H_2O_{2(aq)} \rightarrow 2H_2O_{(l)} + O_{2(g)}$$

1. Da quante moli di acqua ossigenata si sviluppano 16 g di ossigeno?
2. Quante molecole di acqua si formano da 4 mol di acqua ossigenata?

> **Lo sai?**
> La **stechiometria di una reazione** indica i *rapporti quantitativi delle sostanze nelle reazioni* e quindi viene espressa mediante i coefficienti stechiometrici. Con i **calcoli stechiometrici** si determinano le masse, le moli ecc. che sono coinvolte nella reazione.

1. La massa di 1 mol di ossigeno è 32 g, quindi 16 g di O_2 corrispondono a 0,5 mol.
Poiché il rapporto stechiometrico tra H_2O_2 e O_2 è 2 mol : 1 mol, occorre **1 mol** di acqua ossigenata.

2. Per calcolare il numero delle molecole di acqua, è indispensabile conoscerne il numero delle moli, così da poter utilizzare successivamente la relazione **[4]**.
Dal rapporto stechiometrico 2 mol : 2 mol si deduce che da 4 mol di H_2O_2 si formano 4 mol di H_2O. Inserendo questo dato nella relazione **[4]** si ricava il dato richiesto:

$$\text{numero di molecole } (H_2O) = n \cdot \mathbf{N} = = 4 \text{ mol} \times 6{,}02 \cdot 10^{23} \text{ molecole} \cdot \text{mol}^{-1} = \mathbf{2{,}4 \cdot 10^{24} \text{ molecole}}$$

esempio 4

Nella trasformazione del ferro Fe (MA = 55,84 u) in ossido di ferro (III) Fe_2O_3 (MM = 159,7 u):

$$4Fe_{(s)} + 3O_{2(g)} \rightarrow 2Fe_2O_{3(s)}$$

223,4 g di ferro reagiscono con 96,0 g di ossigeno O_2 (MM = 32 u) e si formano 319,4 g di ossido di ferro (III).

1. Quanti grammi di ossido di ferro (III) si formano mettendo insieme 223,4 g di ferro e 80,0 g di ossigeno?
2. Alla fine della reazione quali sostanze si ritrovano? In quale quantità?

Ricorda!...

Se il rapporto ponderale tra i reagenti è diverso da quello stechiometrico, uno dei reagenti resta in parte inalterato e viene detto **reagente in eccesso**. L'altra sostanza, che ha reagito completamente, ha limitato, per così dire, l'altro reagente, perciò è detto **reagente limitante**.

1. Le masse di Fe e O_2 adoperate per la reazione non si trovano nel giusto rapporto stechiometrico. Infatti, la massa di ossigeno (80,0 g) è inferiore a quella necessaria (96,0 g). Per questo motivo l'ossigeno è il reagente "in difetto", detto **reagente limitante** perché non permette al ferro di reagire completamente, e il ferro è il reagente "in eccesso", perché non reagisce completamente.
Per calcolare la massa di ossido che si forma, occorre riferirsi al reagente limitante (che reagisce completamente), cioè all'ossigeno, impostando la seguente proporzione, in cui *nel primo membro è riportato il corretto rapporto stechiometrico tra l'ossigeno e l'ossido*:

$$\mathbf{96{,}0\ g\ (O_2) : 319{,}4\ g\ (Fe_2O_3)} = 80{,}0\ g\ (O_2) : x\ g\ (Fe_2O_3)$$

$$x\ g\ (Fe_2O_3) = \frac{319{,}4\ g\ (Fe_2O_3) \times 80{,}0\ g\ (O_2)}{96{,}0\ g\ (O_2)} = \mathbf{266\ g}$$

2. Alla fine della reazione, oltre all'ossido, si ritrova la massa di ferro che non ha reagito.
Per conoscere questo dato, occorre calcolare la massa di ferro che ha reagito con l'ossigeno mediante una seconda proporzione, in cui nel primo membro è riportato il corretto rapporto stechiometrico tra l'ossigeno e il ferro:

$$\mathbf{96{,}0\ g\ (O_2) : 223{,}4\ g\ (Fe)} = 80{,}0\ g\ (O_2) : x\ g\ (Fe)$$

$$x\ g\ (\text{Fe che ha reagito}) = \frac{223{,}4\ g\ (Fe) \times 80{,}0\ g\ (O_2)}{96{,}0\ g\ (O_2)} = 186\ g$$

Alla fine della reazione si ritrovano 266 g di ossido e l'eccesso di ferro, cioè: 223,4 g – 186 g = **37,4 g**.

8.3 La molarità

animazione **La molarità**

Nei laboratori chimici si usa spesso esprimere la concentrazione delle soluzioni con la **molarità M** o **concentrazione molare**.

La **molarità M** indica il **numero di moli di soluto** presenti in **1 ℓ di soluzione** e si esprime in **mol/ℓ** (mol · ℓ$^{-1}$ o mol · dm^{-3}).

definizione — **molarità**

Indicando con n il numero di moli di soluto presenti nel volume V (in litri), la relazione che esprime la molarità M è:

formula

molarità (mol/ℓ) — numero di moli (mol) — volume (ℓ)

$$\mathbf{M} = \frac{n_{soluto}}{V_{soluzione}} \quad [5]$$

formule inverse

Mediante le relazioni :

$$n_{soluto} = \mathbf{M} \cdot V_{soluzione} \quad [6] \qquad \text{e} \qquad V_{soluzione} = \frac{n_{soluto}}{\mathbf{M}} \quad [7]$$

si calcolano rispettivamente il numero di moli contenute in un volume V di soluzione con molarità M e il volume in cui sono contenute n moli di una soluzione di molarità M.

Il simbolo M è preceduto dal numero di moli contenute nel volume unitario: 1 M, $1 \cdot 10^{-1}$ M, $4 \cdot 10^{-2}$ M (leggi *uno-molare, uno per dieci-alla-meno-uno-molare, quattro-per-dieci-alla-meno-due-molare*) sono i simboli che indicano tre soluzioni contenenti rispettivamente, 1 mol, 0,1 mol e 0,04 mol di soluto in 1 ℓ di soluzione.

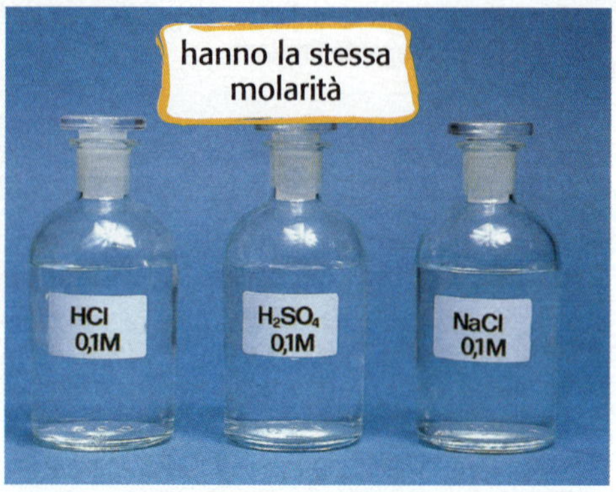

Le tre soluzioni hanno la stessa molarità, quindi in 1 ℓ contengono lo stesso numero di moli, ma diverse quantità in grammi di soluto. La soluzione 0,1 M di acido cloridrico HCl (*MM* = 36,4 u) contiene 3,64 g/ℓ di soluto, la soluzione 0,1 M di acido solforico H_2SO_4 (*MM* = 98,0 u) contiene 9,80 g/ℓ di soluto, la soluzione 0,1 M di cloruro di sodio NaCl (*MM* = 58,4) contiene 5,84 g/ℓ di soluto.

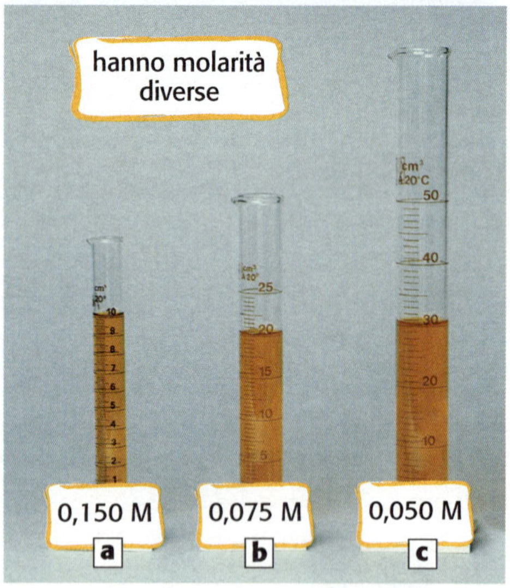

Le tre soluzioni hanno molarità diversa, ma in base ai diversi volumi si ricava che contengono lo stesso numero di moli di soluto. Infatti, è sufficiente utilizzare la relazione **[6]** oppure risolvere le seguenti proporzioni:

a 0,150 mol (soluto) : 1 ℓ (soluzione) = x mol (soluto) : 0,010 ℓ (soluzione)

b 0,075 mol (soluto) : 1 ℓ (soluzione) = x mol (soluto) : 0,020 ℓ (soluzione)

c 0,050 mol (soluto) : 1 ℓ (soluzione) = x mol (soluto) : 0,030 ℓ (soluzione)

per trovare che il valore di x è uguale per le tre soluzioni e precisamente 0,0015 mol.

esempio 1

Una soluzione di solfato di sodio Na_2SO_4 (*MM* = 142 u) è stata preparata sciogliendo 20,0 g di soluto in 250 mℓ di acqua e aggiungendo acqua fino a raggiungere il volume di 3,0 ℓ.

Calcola:

1. quante moli di Na_2SO_4 sono state sciolte nel volume di 250 mℓ;
2. la molarità della soluzione.

1. Le moli di Na_2SO_4 disciolte in 250 mℓ di soluzione si ottengono dalla relazione **[1]**:

$$n = \frac{m}{M} = \frac{20{,}0\ \text{g}}{142\ \text{g/mol}} = \mathbf{1{,}41 \cdot 10^{-1}\ mol}$$

2. Poiché per ottenere 3,0 ℓ di soluzione è stato aggiunto soltanto il solvente, il numero di moli di Na_2SO_4 non cambia, pertanto la molarità della soluzione si ricava direttamente dalla relazione **[5]**:

$$\text{M} = \frac{n}{V} = \frac{1{,}41 \cdot 10^{-1}\ \text{mol}}{3{,}0\ \ell} = \mathbf{4{,}7 \cdot 10^{-2}\ mol/\ell}$$

esempio 2

ESEMPI

La concentrazione di una soluzione di acido solforico H_2SO_4 (*MM* = 98 u) è 0,90 M. Calcola il volume in litri di questa soluzione che contiene 2,0 mol di soluto.

Dalla definizione di molarità deriva che in 1 ℓ di soluzione acida sono sciolte 0,90 mol di soluto, perciò il volume x richiesto si calcola con la seguente proporzione:

0,90 mol (H_2SO_4) : 1 ℓ (soluzione) = 2,0 mol (H_2SO_4) : x ℓ (soluzione)

$$x\ \ell\ (\text{soluzione}) = \frac{1\ \ell\ (\text{soluzione}) \times 2{,}0\ \text{mol}\ (H_2SO_4)}{0{,}90\ \text{mol}\ (H_2SO_4)} = \mathbf{2{,}2\ \ell}$$

Si giunge allo stesso risultato, utilizzando la relazione **[7]**:

$$V\ (\text{soluzione}) = \frac{n}{M} = \frac{2{,}0\ \text{mol}\ (H_2SO_4)}{0{,}90\ \text{mol}/\ell} = \mathbf{2{,}2\ \ell}$$

La diluizione

Lo sai?

Quando si **diluisce** una soluzione, il suo volume aumenta e la sua concentrazione diminuisce, ma la quantità di soluto non varia.

Nei laboratori si effettuano comunemente operazioni di **diluizione di soluzioni** di cui si conosce la molarità M.
Ricordi che diluire una soluzione vuol dire aggiungere un solvente per diminuirne la concentrazione?

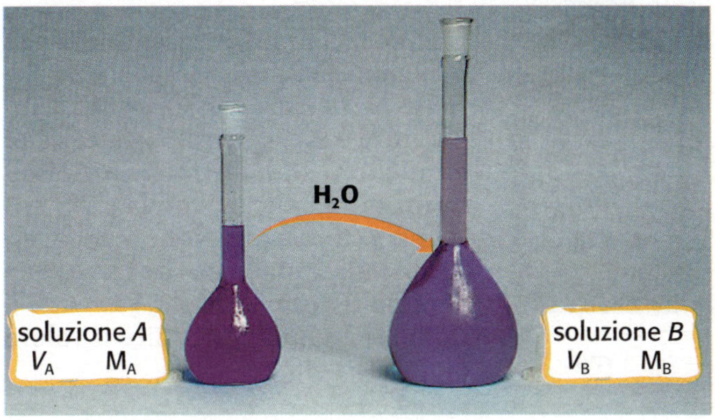

Quando si diluisce una soluzione, il volume aumenta e la concentrazione diminuisce, ma la massa del soluto non cambia. Naturalmente, quanto maggiore è il volume V_B della soluzione diluita tanto minore è la sua concentrazione M_B.

In questo caso, il numero di moli di soluto è uguale nella soluzione *A* da diluire e nella soluzione *B* diluita.
Questa uguaglianza viene espressa matematicamente riportando la relazione **[6]** per ciascuna soluzione:

$n_A = M_A \cdot V_A$ = numero di moli nella soluzione *A* da diluire
$n_B = M_B \cdot V_B$ = numero di moli nella soluzione *B* diluita

e uguagliando le espressioni ottenute:

$$\underbrace{\mathbf{M_A \cdot V_A}}_{\text{numero di moli nella soluzione } A} = \underbrace{\mathbf{M_B \cdot V_B}}_{\text{numero di moli nella soluzione } B} \qquad [8]$$

uguaglianza del numero di moli

Questa relazione è utilizzabile in qualsiasi problema che riguardi la diluizione di una soluzione; infatti si può calcolare una delle quattro grandezze conoscendo le altre tre.

esempio 3

Una soluzione di cloruro di potassio KCl ha la concentrazione molare M = 0,2 mol/ℓ. A 0,5 ℓ di questa soluzione vengono aggiunti 1,5 ℓ di acqua. Qual è la molarità della soluzione diluita?

- Ammettiamo che per i volumi sia valida la proprietà additiva, come per le masse, e cioè che 0,5 ℓ di soluzione + 1,5 ℓ di acqua diano 2 ℓ di soluzione finale.
- Nella relazione **[8]** sono noti i valori M_A (0,2 M) e V_A (0,5 ℓ) della soluzione da diluire e il valore V_B (2 ℓ) della soluzione diluita. Il valore incognito M_B della soluzione diluita si ricava dall'espressione:

$$M_B = \frac{M_A \cdot V_A}{V_B} = \frac{0{,}2 \text{ mol} \cdot \ell^{-1} \times 0{,}5 \ \ell}{2 \ \ell} = \mathbf{0{,}05 \text{ mol}/\ell}$$

- Come è facile notare, esiste questa corrispondenza: il volume è stato quadruplicato e, di conseguenza, la concentrazione della soluzione è diventata $\frac{1}{4}$ di quella iniziale.

esempio 4

700 mℓ di una soluzione di ioduro di sodio NaI, che contengono 1,5 mol di soluto, devono deve essere diluiti per ottenere una soluzione con una molarità M_B pari alla metà di quella iniziale.
Qual è il volume V_B, espresso il litri e in millilitri, a cui bisogna portare i 700 mℓ di soluzione?

- Per calcolare il volume della soluzione diluita V_B mediante la relazione **[8]**, mancano due dati, M_A e M_B. I dati del problema ci permettono di calcolare M_A mediante la relazione **[5]**, ricordando la conversione del volume in litri, e quindi M_B:

$$M_A \text{ (soluzione da diluire)} = \frac{n}{V_A} = \frac{1{,}5 \text{ mol}}{0{,}700 \ \ell} = 2{,}1 \text{ mol}/\ell$$

$$M_B \text{ (soluzione diluita)} = \frac{1}{2} M_A = \frac{2{,}1 \text{ mol} \cdot \ell^{-1}}{2} = 1{,}05 \text{ mol}/\ell$$

- Dalla relazione **[8]** si ottiene il volume V_B della soluzione diluita:

$$V_B = \frac{M_A \cdot V_A}{V_B} = \frac{2{,}1 \text{ mol} \cdot \ell^{-1} \times 0{,}700 \ \ell}{1{,}05 \text{ mol} \cdot \ell^{-1}} = \mathbf{1{,}4 \ \ell = 1400 \text{ m}\ell}$$

8.4 Il volume molare delle sostanze gassose

Che cosa hanno in comune i gas contenuti nelle tre bombole?
Nelle particolari condizioni di temperatura e pressione riportate, dette **condizioni standard** (o **condizioni normali**) e indicate con la sigla TPS (temperatura e pressione standard), **1 mol di ciascuno dei tre gas occupa il volume di 22,4 ℓ.**
Come si è giunti a definire il valore di questo volume?

Nell'**equazione di stato del gas ideale**:

$$p \cdot V = \frac{m \cdot R \cdot T}{M}$$

il rapporto tra la massa m del gas e la sua massa molare M esprime il numero di moli n del gas, perciò l'equazione viene scritta comunemente nella forma:

equazione di stato del gas ideale

$$p \cdot V = n \cdot R \cdot T \qquad [9]$$

dove R è la **costante universale dei gas** il cui valore cambia a seconda delle unità di misura utilizzate:

- **0,0821 atm · ℓ · K^{-1} · mol^{-1}**, se la pressione è espressa in atmosfere e il volume in litri;
- **8,314 kPa · dm^3 · K^{-1} · mol^{-1}**, se la pressione è espressa in pascal e il volume in decimetri cubi.

Il primo valore è quello che viene utilizzato in questo testo.
La relazione [9] permette di calcolare il **volume di 1 mol di gas** nelle condizioni standard.
Si ricava il rapporto $\frac{V}{n}$:

$$\frac{V}{n} = \frac{R \cdot T}{p}$$

e si sostituiscono i valori noti:

$$\frac{V}{n} (V \text{ di } 1 \text{ mol}) = \frac{0{,}0821\ \ell \cdot \text{atm} \cdot \text{K}^{-1} \cdot \text{mol}^{-1} \times 273\ \text{K}}{1\ \text{atm}} = \mathbf{22{,}4\ \ell \cdot mol^{-1}}$$

oppure:

$$\frac{V}{n} (V \text{ di } 1 \text{ mol}) = \frac{8{,}314\ \text{kPa} \cdot \text{dm}^3 \cdot \text{K}^{-1} \cdot \text{mol}^{-1} \times 273\ \text{K}}{101{,}325\ \text{kPa}} = \mathbf{22{,}4\ dm^3 \cdot mol^{-1}}$$

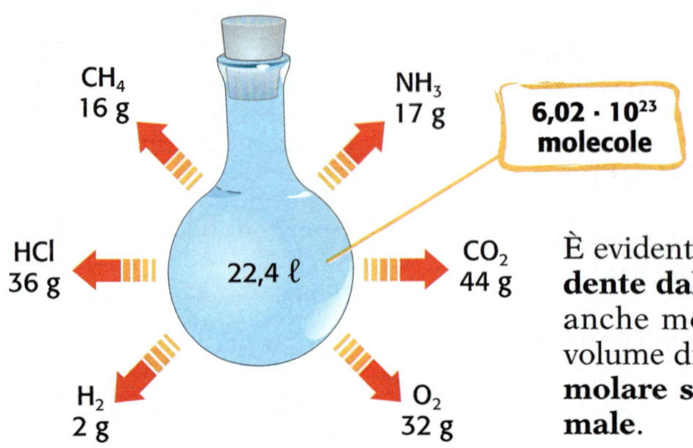

È evidente che il valore **22,4 ℓ · mol^{-1} è indipendente dalla natura del gas**, quindi masse di gas anche molto diverse occupano a TPS lo stesso volume di 22,4 ℓ. Questo volume è detto **volume molare standard**, oppure **volume molare normale**.

Il **volume molare standard** (o **volume molare normale**) è il volume occupato da 1 mol di qualsiasi gas in condizioni standard (TPS), cioè alla temperatura di 273 K e alla pressione di 1 atm. Il suo valore è 22,4 ℓ.

volume molare standard

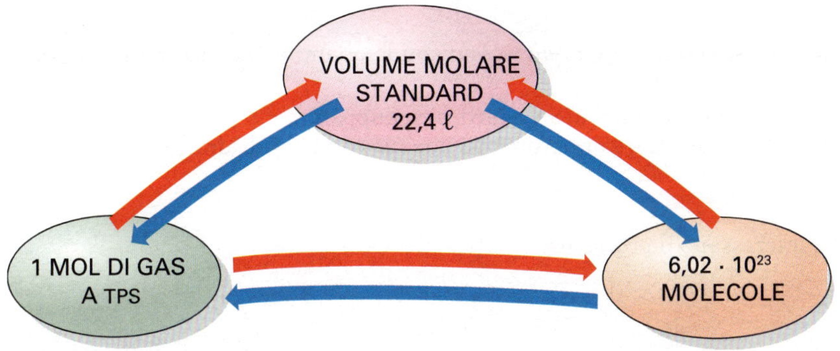

Ricorda!...

1 mol di qualsiasi sostanza allo **stato gassoso** occupa, in condizioni standard (TPS), il **volume** di **22,4 ℓ**.

Il risultato ottenuto nel calcolo del volume di una mole di gas a TPS permette di stabilire un collegamento tra il numero di moli di un qualsiasi gas, il numero di molecole in esse presenti e il volume occupato dal gas in condizioni standard.

esempio 1

Calcola il volume occupato da 20 g di idrogeno H_2 (MM = 2 u) a 0 °C e 1 atm. Utilizzando il valore ottenuto, calcola il numero delle molecole presenti.

- La pressione è 1 atm e la temperatura 0 °C corrisponde a 273 K, quindi il gas si trova in condizioni standard.
- Il volume richiesto può essere ricavato dalla relazione:

$$V(H_2) = \frac{m \cdot R \cdot T}{p \cdot M} = \frac{20\ \text{g} \times 0{,}0821\ \ell \cdot \text{atm} \cdot \text{K}^{-1} \cdot \text{mol}^{-1} \times 273\ \text{K}}{1\ \text{atm} \times 2\ \text{g} \cdot \text{mol}^{-1}} = \mathbf{224\ \ell}$$

- In alternativa, il volume di idrogeno può essere trovato calcolando il numero di moli con la relazione **[1]**:

$$n\ (\text{moli } H_2) = \frac{m}{M} = \frac{20\ \text{g}}{2\ \text{g} \cdot \text{mol}^{-1}} = 10\ \text{mol}$$

e moltiplicando questo valore per il volume molare standard:

$$10\ \text{mol} \times 22{,}4\ \ell \cdot \text{mol}^{-1} = \mathbf{224\ \ell}$$

- Il numero delle molecole presenti in 224 ℓ si ottiene con la seguente proporzione:

$$6{,}02 \cdot 10^{23}\ (\text{molecole}) : 22{,}4\ \ell = x\ (\text{molecole}) : 224\ \ell$$

oppure semplicemente tenendo presente che il volume 224 ℓ, che è 10 volte più grande del volume molare standard, deve contenere un numero di molecole 10 volte più grande del numero di Avogadro, cioè **$6{,}02 \cdot 10^{24}$**.

La relazione **[9]** permette di calcolare una qualsiasi delle grandezze in essa presenti, anche in condizioni diverse da quelle standard.

esempio 2

Un campione di idrogeno H_2 racchiuso in un contenitore esercita una pressione di 0,976 atm e occupa un volume di 152 ℓ a 25 °C. Quante sono le moli di idrogeno? $R = 0{,}0821\ \ell \cdot \text{atm} \cdot \text{K}^{-1} \cdot \text{mol}^{-1}$.

- La relazione che permette di calcolare le moli di idrogeno è l'equazione di stato del gas ideale:

$$p \cdot V = n \cdot R \cdot T$$

da cui si ricava il numero di moli n:

$$n = \frac{p \cdot V}{R \cdot T}$$

- Le unità di misura della pressione e del volume sono corrette, perché corrispondenti a quelle della costante R. Invece, la temperatura, che è espressa in gradi Celsius, deve essere trasformata in kelvin:

$$T = 273 + 25\ °\text{C} = 298\ \text{K}$$

Sostituendo i valori noti nella relazione precedente si ottiene il valore richiesto:

$$n = \frac{0{,}976\ \text{atm} \times 152\ \ell}{0{,}0821\ \ell \cdot \text{atm} \cdot \text{K}^{-1} \cdot \text{mol}^{-1} \cdot 298\ \text{K}} = \mathbf{6{,}06\ mol}$$

Il volume molare nelle reazioni

Il rapporto tra le moli di un gas a TPS, il volume molare standard e il numero di molecole del gas arricchisce di significato la stechiometria di una reazione in cui sono coinvolte sostanze allo stato aeriforme.

esempio 3

106,8 g di cloruro di ammonio NH_4Cl (*MM* = 53,4 u) sciolti in acqua reagiscono con la quantità necessaria di idrossido di potassio KOH (*MM* = 56 u).

1. Quanti litri di ammoniaca NH_3 (*MM* = 17 u), misurati in condizioni standard, si sviluppano?

2. Quanti litri di ammoniaca si svilupperebbero, facendo reagire 53,4 g di cloruro di ammonio con 112 g di idrossido di potassio?

La reazione è:

$$NH_4Cl_{(aq)} + KOH_{(aq)} \rightarrow NH_{3(g)} + KCl_{(aq)} + H_2O_{(l)}$$

1. Riportiamo soltanto i dati stechiometrici che interessano il problema:

NH_4Cl	+ KOH	$\longrightarrow$	NH_3
1 mol	1 mol		1 mol
53,4 g	56 g		17 g
			22,4 ℓ

I dati riportati indicano che da 53,4 g di cloruro di ammonio si formano 22,4 ℓ di ammoniaca, misurati a TPS. Con una semplice proporzione si ricava il volume di ammoniaca richiesto:

$$53{,}4\ g\ (NH_4Cl) : 22{,}4\ \ell\ (NH_3) = 106{,}8\ g\ (NH_4Cl) : x\ \ell\ (NH_3)$$

$$x\ \ell\ (NH_3) = \frac{22{,}4\ \ell\ (NH_3) \times 106{,}8\ g\ (NH_4Cl)}{53{,}4\ g\ (NH_4Cl)} = \mathbf{44{,}8\ \ell}$$

2. 53,4 g di cloruro di ammonio corrispondono a 1 mol di composto; 112 g di idrossido di potassio corrispondono a 112 g/56 g · mol^{-1} = **2 mol**. Poiché il rapporto stechiometrico tra questi due composti è **1 : 1**, 1 mol di cloruro di ammonio è il reagente limitante che reagisce con 1 sola mole di idrossido di potassio. Di conseguenza, si forma 1 mol di ammoniaca, che occupa il volume di **22,4 ℓ** a TPS.

esempio 4

Dalla reazione tra zinco Zn (*MM* = 65,4 u) e cloruro di idrogeno sciolto in acqua $HCl_{(aq)}$ si sviluppa idrogeno H_2 (*MM* = 2 u) in condizioni standard.

1. Quante molecole di idrogeno si sviluppano a TPS dalla reazione di 1,8 mol di Zn con la quantità necessaria di cloruro di idrogeno?

2. Quanti litri di idrogeno si sviluppano, se 42,7 g di zinco reagiscono con la quantità necessaria di cloruro di idrogeno?

3. Quanti millilitri di idrogeno si sviluppano dalla reazione completa di $3{,}02 \cdot 10^{23}$ molecole monoatomiche di zinco?

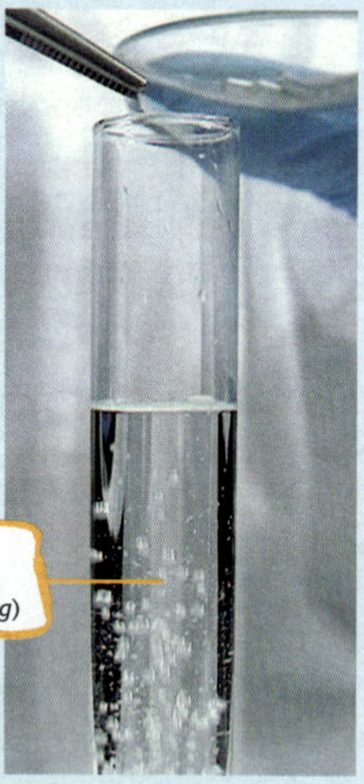

1. Scriviamo la reazione bilanciata con i relativi dati stechiometrici che interessano il problema:

$Zn_{(s)}$	+ $2HCl_{(aq)}$	$\longrightarrow$	$ZnCl_{2(aq)}$	+ $H_{2(g)}$
1 mol			1 mol	
65,4 g			2 g	
$6{,}02 \cdot 10^{23}$ molecole			$6{,}02 \cdot 10^{23}$ molecole	
			22,4 ℓ	

Il primo dato richiesto si ricava osservando innanzitutto che il rapporto stechiometrico in moli tra Zn e H_2 è 1:1; perciò da 1,8 mol di Zn si ottengono 1,8 mol di H_2. Con questo valore è possibile utilizzare la relazione **[4]**:

$$\text{numero di molecole } (H_2) = n \cdot \boldsymbol{N} = 1{,}8\ mol \times 6{,}02 \cdot 10^{23}\ molecole \cdot mol^{-1} = \mathbf{1{,}08 \cdot 10^{24}\ molecole}$$

È anche possibile ricavare questo dato dalla proporzione:

$$1\ mol\ (Zn) : 6{,}02 \cdot 10^{23}\ molecole\ (H_2) = 1{,}8\ mol\ (Zn) : x\ molecole\ (H_2)$$

2. Nella scrittura della reazione si osserva che il rapporto tra la massa di Zn e il volume di H_2 sviluppato è 65,4 g : 22,4 ℓ, quindi il dato richiesto si calcola con la proporzione:

$$65{,}4\ g\ (Zn) : 22{,}4\ \ell\ (H_2) = 42{,}7\ g\ (Zn) : x\ \ell\ (H_2)$$

$$x\ \ell\ (H_2) = \frac{22{,}4\ \ell\ (H_2) \times 42{,}7\ g\ (Zn)}{65{,}4\ g\ (Zn)} = \mathbf{14{,}6\ \ell}$$

3. La stechiometria della reazione indica che $6{,}02 \cdot 10^{23}$ molecole di Zn producono 22,4 ℓ di H_2, cioè $22{,}4 \cdot 10^3$ mℓ, perciò da $3{,}02 \cdot 10^{23}$ molecole, che sono la metà del numero di Avogadro, si sviluppano **$11{,}2 \cdot 10^3$ mℓ** di idrogeno.

IN LABORATORIO

Preparazione di una soluzione acquosa 0,01 M e sua diluizione

In questa esercitazione preparerai una prima soluzione per pesata e "portata a volume" e una seconda soluzione per diluizione di quella precedente. Nella portata a volume seguirai le istruzioni descritte a pagina 52.

Esperimento 1

Preparazione di una soluzione 0,01 M

Materiali

- circa 0,5 g di un qualsiasi solido colorato solubile in acqua
- imbuto
- pallone tarato (matraccio) da 100 mℓ
- spatola
- vetro da orologio (o foglio di alluminio; ripiegando in su i quattro lati di un foglio di alluminio si ottiene un contenitore per eseguire una pesata)
- bilancia
- spruzzetta con acqua distillata
- contagocce e carta da filtro

Procedimento

1 Calcola e pesa nel vetro da orologio la quantità di soluto necessaria per preparare 100 mℓ di soluzione:
- *MM* del composto = ...
- molarità M = 0,01 mol/ℓ
- numero di moli presenti in 100 mℓ:
  n (mol) = ...
- massa da pesare: *m* (g) = ...

2 Servendoti dell'imbuto asciutto versa nel pallone il solido, utilizzando, se necessario, un po' di acqua distillata per non lasciarne residui nel vetro da orologio.

3 Mediante lo stesso imbuto aggiungi acqua distillata fino a riempire all'incirca metà del pallone, avendo cura di non lasciare residui di solido nell'imbuto.

4 Agita il miscuglio imprimendo al pallone un movimento rotatorio (e non sussultorio) fino alla completa solubilizzazione del solido.

5 Porta a volume, aggiungendo acqua distillata fino a che il menisco inferiore del liquido risulti tangente alla tacca riportata sul collo del pallone, che ne indica il volume *V*.

6 Tappa il pallone e agita la soluzione per assicurare l'omogeneità.

Esperimento 2

Preparazione di una soluzione $1 \cdot 10^{-3}$ M per diluizione della soluzione 0,01 M

Materiali

- soluzione preparata nell'esperimento 1
- matraccio da 250 mℓ
- buretta
- imbuto
- contagocce e carta da filtro
- acqua distillata

Procedimento

1 Per ottenere la soluzione diluita (*B*) dalla soluzione preparata (*A*), devi calcolare il volume V_A della soluzione *A* che devi prelevare, sostituendo i valori noti nella relazione:

$$M_A \cdot V_A = M_B \cdot V_B$$

$$V_A = \frac{1 \cdot 10^{-3}\ \text{mol}/\ell \times 250\ \text{m}\ell}{1 \cdot 10^{-2}\ \text{mol}/\ell} = 25\ \text{m}\ell$$

2 Versa la soluzione *A* nella buretta e raccogli nel matraccio da 250 mℓ il volume V_A calcolato.

3 Porta a volume con acqua distillata la nuova soluzione, seguendo le indicazioni riportate nell'esperimento 1.

Rispondi

- Confronta i colori delle due soluzioni *A* e *B* con quelle dei tuoi compagni. Dovrebbero essere uguali. In caso contrario, discuti con loro per individuare quali tipi di errori sono stati commessi e da chi.

IN SINTESI

PER LA DIDATTICA INCLUSIVA

L'unità di misura del chimico: la mole

• Il termine **mole** (**mol**) di una sostanza indica una **quantità di sostanza numericamente uguale alla sua massa molecolare *MM*, espressa in grammi**.

La **massa di 1 mol** di sostanza (**massa molare *M***) viene espressa perciò in **g/mol**.

• **1 mol di qualsiasi sostanza contiene un numero *N*** (**numero** o **costante di Avogadro**) **di particelle** (molecole, atomi, ioni ecc.):

$$N = 6{,}02 \cdot 10^{23} \text{ particelle/mol}$$

perciò il termine **mole** indica anche **$6{,}02 \cdot 10^{23}$ particelle**, come i termini "dozzina" e "paio" indicano 12 oggetti e 2 oggetti.

• Il **numero di moli *n*** di una sostanza si ottiene dal **rapporto** tra la **massa *m*** e la **massa molare *M*** della sostanza; oppure dal rapporto tra il numero di particelle contenute nel campione e il numero di Avogadro ***N***.

Le moli nelle reazioni e nelle soluzioni

• Nelle **reazioni** è possibile utilizzare le moli, poichè i **coefficienti stechiometrici** esprimono il **rapporto di combinazione** non solo **in molecole**, ma anche **in moli** e **in grammi**.

Se le quantità dei reagenti non si trovano nel giusto rapporto di combinazione, un **reagente** risulta in **eccesso** e l'altro, che reagisce completamente, è il **reagente limitante**.

• Nelle **soluzioni** la concentrazione può essere espressa in **molarità M**, che indica il **numero di moli di soluto** presenti **in 1 ℓ di soluzione** (**mol/ℓ**).

Nella **diluizione** di una soluzione di molarità M_A per ottenere una soluzione con molarità inferiore M_B, **la massa del soluto non cambia**.

Il volume molare delle sostanze gassose

L'**equazione di stato del gas ideale** può assumere la forma:

$$p \cdot V = n \cdot R \cdot T$$

in cui ***n*** è il numero di moli del gas e ***R*** è una costante ($0{,}0821\ \ell \times \text{atm} \times \text{K}^{-1} \times \text{mol}^{-1}$).

Dall'equazione di stato si ricava il rapporto ***V/n***, che esprime il **volume molare standard**, cioè il **volume occupato da 1 mol di qualsiasi gas alla temperatura di 273 K e alla pressione di 1 atm**, dette **condizioni standard** TPS.

Il **volume molare standard** di un qualsiasi gas (a TPS) risulta 22,4 ℓ, che è il volume occupato da **1 mol** del gas e contiene perciò **$6{,}02 \cdot 10^{23}$ molecole**.

IN SINTESI

QUANTITÀ DI SOSTANZA = *MM* espressa in grammi

MOLE

$N = 6{,}02 \cdot 10^{23}$ particelle (numero di Avogadro)

MASSA DI 1 MOLE
massa molare *M*
(g/mol)

VOLUME DI 1 MOLE DI GAS
22,4 ℓ a TPS

NUMERO DI MOLI

$$n = \frac{m}{M}$$

$$n = \frac{\text{numero di particelle}}{N}$$

concentrazione di una soluzione
MOLARITÀ M
moli di soluto in 1 ℓ di soluzione

$$\text{M (mol/ℓ)} = \frac{n_{soluto}}{V_{soluzione}}$$

nelle reazioni
rapporto tra coefficienti stechiometrici
=
rapporto di combinazione in moli

diluizione
il numero di moli di soluto *n* non cambia

$$n = \text{M}_A \cdot V_A = \text{M}_B \cdot V_B$$

rapporti ponderali non stechiometrici
- reagente in eccesso
- reagente limitante

SCIENTIFIC ENGLISH

The Mole, the Avogadro Constant and the Molar Mass

Sometimes it is important to know exactly how many particles (e.g. atoms or molecules) are in a sample of a substance, or what quantity of a substance is needed for a chemical reaction to take place.
The mass of an atom of carbon (MA = 12 u) is twelve times greater than the mass of an atom of hydrogen (MA = 1 u).
How can this information be used to help us knowing what mass of each element will be needed if we want to end up with the same number of atoms of carbon and hydrogen?
Let's say for example, that we have a sample of 12 g carbon. What mass of hydrogen will contain the same number of atoms as 12 g carbon? Surely then, we will only need 1 g of hydrogen for the number of atoms in the two samples to be the same?
You will notice that the number of particles (in this case, atoms) in the two substances is the same when the ratio of their sample masses (12 g carbon : 1 g hydrogen = 12 : 1) is the same as the ratio of their atomic masses (12 u : 1 u = 12 : 1).
To take this a step further, if you were to weigh out samples of a number of elements so that the mass of the sample was the same as the atomic mass of that element, you would find that the number of particles in each sample is $6{,}023 \cdot 10^{23}$.
This result is so important that scientists decided to use a special unit of measurement to define this quantity: the **mole (mol)**. A mole is defined as being an **amount of a substance which contains the same number of particles as there are atoms in 12 g of carbon**: a mole of any substance always contains the same number of particles.
In one mole of any substance, there are **$6{,}023 \cdot 10^{23}$ particles**. This is known as **Avogadro's number *N***.
You will remember that when the mass, in grams, of an element is equal to its atomic mass, the sample contains 1 mol of that element. This mass is called the **molar mass *M*** of that element.
The relationships between the mass of a sample m, the number of moles n and the molar mass M are shown in the following diagram.

Key Words

Mole is the SI (Standard International) unit for 'amount of substance'. It is defined as an amount of substance that contains the same number of particles (atoms, molecules or other particle units) as there are atoms in 12 g carbon.

Avogadro constant *N* is the number of particles in a mole, equal to $6{,}023 \cdot 10^{23}$. It is also sometimes referred to as the number of atoms in 12 g of carbon-12.

Molar mass *M* is the mass of 1 mole of a chemical substance. The unit for molar mass is g/mol or g · mol^{-1}.

Atomic mass *MA* is the average mass of one atom of all the naturally occurring isotopes of a particular chemical element, expressed in atomic mass units (u).

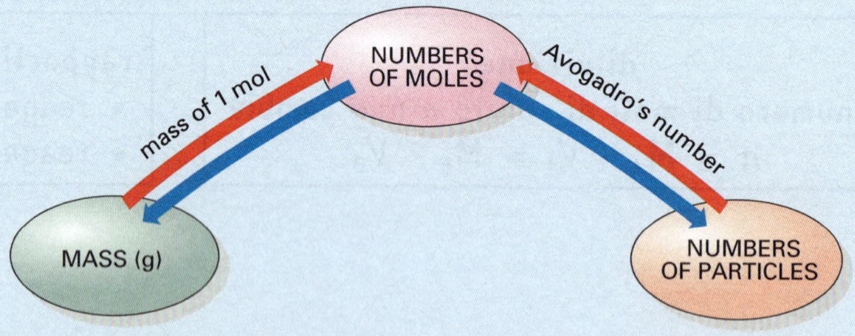

Multiple Choice

1 How many atoms are there in 2 mol of calcium Ca?
- A $6{,}023 \cdot 10^{23}$
- B $12{,}046 \cdot 10^{23}$
- C $6{,}023 \cdot 10^{46}$
- D $12{,}046 \cdot 10^{46}$

2 How many moles are there in 21,62 g of boron B?
- A 0,5 mol
- B 1 mol
- C 2 mol
- D 3 mol

Questions

3 Calculate how many moles there are in a sample of 127 g of copper Cu.

4 You are given a 5 mol sample of sodium Na. What mass of sodium is there in the sample?

5 Calculate how many particles there are in 80,94 g of aluminium Al.

STRUMENTI PER COSTRUIRE LE COMPETENZE

ALTRI TEST

Studiando la teoria...

Completa le frasi

1 L'unità che il chimico utilizza per esprimere le quantità delle sostanze è .... (il cui simbolo è ....).

2 I simboli con cui si rappresentano elementi o composti hanno un doppio significato, in quanto indicano sia .... o .... sia .... o ....

3 La mole è una .... di elemento o composto che contiene ....; la massa di una mole (massa molare) è una massa in ...., numericamente .... alla .... o alla .... e si esprime in ....

4 Il numero di Avogadro ***N*** indica il .... di .... (........................, ..., ..., ... ecc.) presenti in .... di ....

5 Il numero di Avogadro ***N*** vale ....

6 La relazione tra la massa *m* di una sostanza, il numero di moli *n* e la massa molare *M* è: .... = ...

7 La relazione tra il numero di particelle di una sostanza, il numero di moli *n* e il numero di Avogadro ***N*** è: .... = ...

8 Una reazione bilanciata ha un significato sia qualitativo sia quantitativo, in quanto esprime sia la .... chimica sia i .... fra .... e .... di reazione.

9 I rapporti di combinazione fra reagenti e prodotti di reazione possono essere espressi in ...., in .... e in ....

10 Utilizzando i rapporti di combinazione, si possono conoscere le quantità dei .... o quella dei .... in una reazione.

11 In ogni reazione deve essere verificata la legge di Lavoisier, secondo la quale la .... delle .... dei .... è .... alla .... delle .... dei ....

12 Quando le quantità dei reagenti non si trovano nel giusto rapporto ponderale, un reagente risulta in .... e l'altro, che reagisce completamente, è il reagente ....

13 La molarità M rappresenta il numero di .... di .... sciolte in .... di ....

14 La relazione che collega la molarità M di una soluzione con il numero di moli del soluto n_{soluto} e il volume della soluzione in litri $V_{soluzione}$ è M = ...

15 Soluzioni che hanno diversa molarità M possono contenere lo stesso numero di moli; ciò accade solo se hanno ....

16 Quando un volume V_A di una soluzione A di concentrazione M_A viene diluito con ...., la nuova soluzione B ha concentrazione M_B .... di M_A, e il suo volume V_B è .... di V_A; mentre il numero di .... del soluto ....

17 La forma generale dell'equazione di stato del gas ideale è: ...., in cui il numero di moli del gas è collegato alla sua massa in grammi e alla sua massa molare.

18 Il volume molare standard, cioè il volume occupato da .... di .... alla temperatura di .... e alla pressione di ...., dette ...., è .... e contiene .... molecole.

Test vero-falso

1 La massa di 1 mol è uguale per ogni sostanza. V F

2 36 g di acqua (MM = 18 u) contengono $6{,}02 \cdot 10^{23}$ molecole di acqua. V F

3 L'unità di misura della massa molare è $g \cdot mol^{-1}$. V F

4 Il numero di Avogadro N è un valore costante, che può essere utilizzato per tutti i tipi di particelle. V F

5 Soltanto dopo aver bilanciato una reazione, è possibile conoscere il rapporto di combinazione in molecole, in moli e in grammi tra i reagenti e i prodotti della reazione. V F

6 Nei calcoli, la molarità M di una soluzione viene espressa in $mol \cdot \ell^{-1}$. V F

7 Per conoscere le moli di un soluto presenti in un volume V di soluzione bisogna conoscere la molarità M della soluzione. V F

8 Nel diluire una soluzione diminuisce sia la concentrazione della soluzione sia il numero delle moli del soluto. V F

9 Il volume molare standard di un gas è 22,4 ℓ. V F

10 In un contenitore di 22,4 ℓ a TPS sono presenti 16 g di ossigeno O_2 e $6{,}02 \cdot 10^{23}$ molecole. V F

Test a risposta multipla

Scegli la risposta o il completamento corretti

1 In quale campione sono contenute $2 \times 6{,}02 \cdot 10^{23}$ molecole?

A 17 g di H_2S
B 36 g di H_2O
C 253 g di $CHBr_3$
D 234 g di AsH_3

2 La massa di un pezzo di oro puro che contiene $6{,}02 \cdot 10^{23}$ atomi Au è:

A 1,97 g B 197 g C 19,7 g D 1970 g

3 Nelle condizioni standard 2 g di idrogeno H_2 e 28 g di azoto N_2 occupano rispettivamente il volume di:

A 2 ℓ e 28 ℓ
B 2 mℓ e 28 mℓ
C 22,4 mℓ e 22, 4 mℓ
D 22,4 ℓ e 22,4 ℓ

4 Per la reazione

$$H_3PO_{4(aq)} + 3NaOH_{(aq)} \rightarrow Na_3PO_{4(aq)} + 3H_2O_{(l)}$$

si utilizza 1 mol di acido fosforico H_3PO_4. Quante molecole di idrossido di sodio NaOH reagiscono con tale quantità?

A 3
B 1
C $6{,}02 \cdot 10^{23}$
D $3 \times 6{,}02 \cdot 10^{23}$

5 Se la reazione

$$2H_{2(g)} + O_{2(g)} \rightarrow 2H_2O_{(l)}$$

viene fatta utilizzando 4 mol di idrogeno H_2 e 2 mol di ossigeno O_2, quante moli di acqua si ottengono?

A 6 mol B 5 mol C 2 mol D 4 mol

6 Per la reazione tra sodio Na e cloro Cl_2

$$2Na_{(s)} + Cl_{2(g)} \rightarrow 2NaCl_{(s)}$$

si utilizzano 3 mol di sodio e 1 mol di cloro. Quante moli di cloruro di sodio NaCl si formano?

A 4 mol B 3 mol C 2 mol D 1 mol

7 Fra le seguenti soluzioni 1 M, quale contiene la maggiore massa di soluto?

A 1 ℓ di $HNO_{3(aq)}$
B 1 ℓ di $Li_2CO_{3(aq)}$
C 1 ℓ di $NaNO_{3(aq)}$
D 1 ℓ di $KNO_{3(aq)}$

8 Se si preparano 2 ℓ di soluzione con 116 g di cloruro di sodio NaCl, la molarità della soluzione è:

A 2 M B 1 M C 0,2 M D 0,1 M

9 Quale soluzione contiene un numero di molecole di soluto minore di quello presente nelle altre tre soluzioni?

A 250 mℓ di $NaCl_{(aq)}$ 2 M
B 500 mℓ di $NaCl_{(aq)}$ 1 M
C 750 mℓ di $NaCl_{(aq)}$ 0,5 M
D 2000 mℓ di $NaCl_{(aq)}$ 0,25 M

10 In un'operazione di diluizione variano:

A il volume e il numero delle moli di soluto della soluzione iniziale
B la massa di soluto e il volume della soluzione iniziale
C il volume e la concentrazione della soluzione iniziale
D soltanto la concentrazione della soluzione iniziale

Applica le tue conoscenze

8.1 L'unità di misura del chimico: la mole

1 Completa la tabella.

sostanza		M (g/mol) massa molare	numero di moli	massa (g)	numero di atomi o molecole
$CaCO_3$	carbonato di calcio		2		
$NaHCO_3$	bicarbonato di sodio		1,5		
$C_4H_{10}O$	etere etilico	74		37	
Pb	piombo			1035	

2 1 mol di saccarosio $C_{12}H_{22}O_{11}$ (*MM* = 342 u) e 1 mol di idrogeno H_2 (*MM* = 2 u) contengono lo stesso numero di molecole, pur essendo quantità molto diverse. Come giustifichi questo dato?

3 Quante molecole di solfuro di idrogeno H_2S sono contenute in 70,0 g di questo composto?
[1,24 · 10^{24} molecole]

8.2 Le moli nelle reazioni chimiche

4 Calcola il numero di moli di ossido di calcio CaO (MM = 56,0 u) ottenibile dalla completa decomposizione di 25 kg di carbonato di calcio $CaCO_3$ (MM = 100 u). Dalla reazione si forma anche il diossido di carbonio CO_2 (MM = 44,0 u).

1 Sotto i simboli dei reagenti e dei prodotti scrivi i dati che "leggi".

$CaCO_{3(s)}$ ⟶	$CaO_{(s)}$ +	$CO_{2(g)}$
1 × 6,02 · 10^{23} molecole	....	....
1 mole	....	....
1 × 100 g	....	....

2 Trascura i dati che riguardano CO_2, in quanto non servono per la risoluzione del problema. Osserva, invece, il dato relativo a $CaCO_3$, che espresso in grammi è ...., e il dato relativo a CaO espresso in moli, che è ....
Questi dati, pur trovandosi in righe diverse, sono chiaramente utilizzabili per impostare una proporzione, in cui devi ricordare di esprimere la massa del carbonato in grammi:

.... g ($CaCO_3$) : .... mol (CaO) = ... : .... *n* CaO = ...

5 L'ossigeno O_2 (*MM* = 32 u) si può preparare per riscaldamento del clorato di potassio $KClO_3$ (*MM* = 122,5 u), in presenza di MnO_2 dal quale si ottiene anche il cloruro di potassio KCl:

$$2KClO_{3(s)} \longrightarrow 2KCl_{(s)} + 3O_{2(g)}$$

Per ottenere 48 g di O_2 quante moli di clorato occorrono? [1 mol]

6 Calcola quante molecole di acido bromidrico HBr reagiscono con 1,0 mol di idrossido di calcio $Ca(OH)_2$:

$$2HBr_{(aq)} + Ca(OH)_{2(aq)} \longrightarrow CaBr_{2(aq)} + 2H_2O_{(l)}$$

[1,2 · 10^{24}]

7 Quanti grammi di ossido di carbonio CO (*MM* = 28 u) si liberano (oltre al carburo di calcio CaC_2) in seguito alla reazione completa di 20 g di ossido di calcio CaO (*MM* = 56 u)?
La reazione è:

$$CaO_{(s)} + 3C_{(s)} \longrightarrow CaC_{2(s)} + CO_{(g)}$$

[10 g]

8 La preparazione del cloro Cl_2 (*MM* = 71 u) può essere realizzata facendo gocciolare una soluzione di cloruro di idrogeno sciolto in acqua $HCl_{(aq)}$ (*MM* = 36,4 u) sul diossido di manganese solido MnO_2 (*MM* = 87 u).
Oltre al cloro, si formano l'acqua e il dicloruro di manganese $MnCl_2$, che resta in soluzione.
Quante moli e quanti grammi di cloro si formano, versando 150 g di cloruro di idrogeno su 87 g di diossido di manganese?
Alla fine della reazione si ritrova un reagente che non ha partecipato alla reazione. Qual è e in quale quantità?

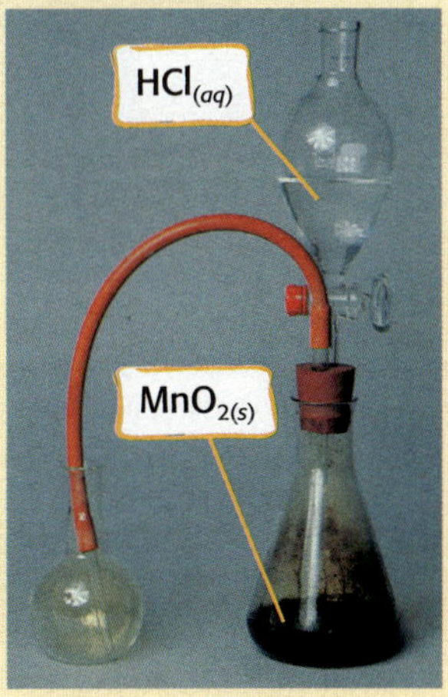

- Sotto i simboli dei reagenti e dei prodotti riporta i dati che servono per risolvere il problema:

  $MnO_{2(s)} + 4HCl_{(aq)} \longrightarrow MnCl_{2(aq)} + Cl_{2(g)} + 2H_2O_{(l)}$

  1 mol ....

  87 g ....

- Le quantità usate di diossido di manganese (87 g) e di cloruro di idrogeno (150 g) non corrispondono al rapporto stechiometrico (87 g/146 g), perciò soltanto una parte del cloruro di idrogeno può reagire con gli 87 g di diossido di manganese, cioè ....
Dunque il reagente limitante è il .... e il reagente in eccesso è il ....
- Per calcolare le moli e i grammi di cloro che si formano devi riferirti al reagente che reagisce completamente (reagente ....), cioè al ....

Dai dati stechiometrici si ricava che da 87 g di MnO_2 si ottiene .... e quindi .... di Cl_2.

- Alla fine della reazione si ritrova inalterata la parte eccedente di cloruro di idrogeno, cioè: (150 – ....) g = ...

9 Dalla reazione tra idrossido di sodio NaOH (*MM* = 40 u) e acido solforico H_2SO_4 (*MM* = 98 u) si formano acqua e solfato di sodio $Na_2SO_{4(aq)}$ (*MM* = 142 u). Il rapporto ponderale tra NaOH e H_2SO_4 è 80 g (NaOH) : 98 g (H_2SO_4).

$$2NaOH_{(aq)} + H_2SO_{4(aq)} \rightarrow Na_2SO_{4(aq)} + 2H_2O_{(l)}$$

Individua il reagente limitante e quello in eccesso, se si utilizzano 98 g di idrossido di sodio e 98 g di acido solforico. Calcola quanti grammi e quante moli di solfato di sodio si formano, e quanti grammi del reagente in eccesso restano inalterati.
[142 g, 1 mol di Na_2SO_4; 18 g di NaOH]

8.3 La molarità

10 166 g di ioduro di potassio KI (*MM* = 166 u) sono stati sciolti in acqua e la soluzione risultante ha il volume di 1000 ml. Qual è la molarità della soluzione? **[1 M]**

11 Qual è la molarità di una soluzione contenente $1 \cdot 10^{-2}$ mol di idrossido di sodio NaOH in 400 mℓ di soluzione? **[0,025 M]**

12 Due soluzioni, una di saccarosio $C_{12}H_{22}O_{11}$ (*MM* = 342 u) e l'altra di cloruro di sodio NaCl (*MM* = 58 u) hanno la stessa molarità (1 M) e lo stesso volume (1 ℓ). In quale delle due soluzioni è maggiore la massa del soluto?

13 Il colore delle due soluzioni, che hanno il volume di 100 mℓ e 250 mℓ, è dovuto al solfato di rame (II) pentaidrato $CuSO_4 \cdot 5H_2O$, che è un sale idrato (*MM* = 250 u).

Qual è la soluzione più concentrata?
Nella soluzione più concentrata sono contenuti 12 g del sale; in quella più diluita ce ne sono 8,0 g. Calcola:
a) il numero di moli di sale contenuto in ciascuna soluzione;
b) la molarità delle due soluzioni.
[0,048 mol e 0,032 mol; 0,48 M e 0,13 M]

14 A 500 mℓ di una soluzione 0,2 M vengono aggiunti 1,5 ℓ di acqua. Determina la molarità finale della soluzione, ammettendo che per i volumi sia valida la proprietà additiva, come per le masse.
Il volume finale della soluzione è .... + ... = ...
Dall'uguaglianza :
$M_A \cdot V_A = M_B \cdot V_B$
Si ricava la molarità finale della soluzione M_B:

$$M_B = M_A \cdot \frac{V_A}{V_B} = ... \text{ mol} \cdot \ell^{-1} \times \frac{..........\ell}{..........\ell} = ...$$

15 Una soluzione di un composto X ha concentrazione $4 \cdot 10^{-1}$ M e volume 250 mℓ. Qual è la molarità che assume questa soluzione quando vengono aggiunti 750 mℓ di acqua? **[$1 \cdot 10^{-1}$ M]**

16 Quale molarità assume una soluzione 5 M dopo che 100 mℓ vengono diluiti portando il volume a 500 mℓ? **[1 M]**

17 A quale volume, espresso in litri e in millilitri, bisogna portare 10 mℓ di una soluzione 6 M affinché la concentrazione della soluzione diventi 0,5 M? **[0,12 ℓ; 120 mℓ]**

18 Quanti grammi di solfato di potassio K_2SO_4 (*MM* = 174 u) occorre pesare per preparare 500 mℓ di soluzione 1 M di questo composto? **[87 g]**

8.4 Il volume molare delle sostanze gassose

19 Tra le seguenti masse, quale occupa un volume minore di 22,4 ℓ?
a) 34 g di ammoniaca NH_3 (*MM* = 17 u)
b) 2 g di idrogeno H_2 (*MM* = 2 u)
c) 42 g di diossido di carbonio CO_2 (*MM* = 44 u)

20 Quante moli e quante molecole di ossido di carbonio CO sono presenti in 5,6 ℓ di questo gas in condizioni standard? **[0,25 mol; $1,5 \cdot 10^{23}$ molecole]**

21 56 g di azoto ($M = 28 \text{ g} \cdot \text{mol}^{-1}$) racchiusi in un contenitore esercitano la pressione di 1,5 atm alla temperatura di 27 °C · $R = 0,0821$ ℓ × atm × K^{-1} × mol^{-1}.
Qual è il volume del contenitore?
• Per risolvere il problema devi utilizzare l'equazione di stato del gas ideale, in quanto le condizioni non sono quelle standard:

$$p \cdot V = n \cdot R \cdot T$$

• Il numero di moli n di azoto si ricava dalla relazione

$$\frac{m}{M} = \frac{..........\text{ g}}{..........\text{ g} \cdot \text{mol}^{-1}} = ...$$

• L'unità di misura della pressione è corretta, perché corrisponde a quella della costante R. Invece, la temperatura, che è espressa in gradi Celsius, deve essere trasformata in kelvin:

.... + 27 °C = ...

• Si ricava *V* dalla relazione precedente:

$$V = \frac{n \cdot R \cdot T}{p}$$

e si sostituiscono i valori noti:

$$V = \frac{.......... \times 0,00821\ \ell \cdot \text{atm} \cdot K^{-1} \cdot \text{mol}^{-1} \times ....}{1,5 \text{ atm}} = $$
$$= ....$$

22 In un contenitore sono racchiusi 102 g di solfuro di idrogeno H_2S ($M = 34 \text{ g mol}^{-1}$), che esercitano la pressione di 2 atm a 0 °C. Calcola il volume del contenitore. **[33,6 ℓ]**

OBIETTIVO COMPETENZA

1 Due campioni, uno di glucosio $C_6H_{12}O_6$ (*MM* = 180 u) e uno di saccarosio $C_{12}H_{22}O_{11}$ (*MM* = 342 u) contengono lo stesso numero di molecole.
- Che cosa certamente hanno in comune: la massa o il numero di moli?
- Quale sarebbero il numero di moli e la massa dei due campioni, se il numero di molecole fosse $1{,}204 \cdot 10^{24}$? **[2 mol; 360 g di glucosio, 684 g di saccarosio]**

2 In 1,0 mol di ossido di dipotassio K_2O (K: *MA* = 39 u; O: *MA* = 16 u):
- quanti grammi di ioni potassio K^+ e di ioni ossigeno O^{2-} sono contenuti? **[K^+ 78 g, O^{2-}16 g]**
- quante moli di ioni K^+ e di ioni O^{2-}? **[K^+ 2,0 mol, O^{2-} 1,0 mol]**
- quanti ioni K^+ e quanti ioni O^{2-}? **[K^+ $1{,}2 \cdot 10^{24}$, O^{2-} $6{,}02 \cdot 10^{23}$]**

3 Una soluzione contiene 8 g di idrossido di sodio NaOH in 100 mℓ. Quante moli di soluto sono presenti in 300 mℓ di soluzione? **[0,6 mol]**

4 Il nitrato di ammonio NH_4NO_3 (*MM* = 80 u) e l'urea $CO(NH_2)_2$ (*MM* = 60 u) sono due fertilizzanti usati per somministrare azoto al terreno.

a) A quante moli corrispondono 1,00 kg di nitrato di ammonio e 1,00 kg di urea? **[12,5 mol; 16,7 mol]**

b) A parità di costo, quale dei due fertilizzanti sarebbe più conveniente?

5 Il composto CuS si ottiene per sintesi:

$$Cu_{(s)} + S_{(s)} \longrightarrow CuS_{(s)}$$

a) Mescolando 63,6 g di Cu e 63,6 g di S i due elementi reagiscono completamente?

b) Quanti grammi e quante moli di CuS si formano?

c) Quanti grammi di reagente in eccesso restano inalterati? **[95,6 g; 1 mol; 31,6 g]**

6 Il carbonato di sodio Na_2CO_3 (*MM* = 106 u) reagisce con l'acido cloridrico $HCl_{(aq)}$ (*MM* = 36,4 u) formando il diossido di carbonio CO_2 (*MM* = 44 u), oltre all'acqua H_2O e al cloruro di sodio NaCl, che resta in soluzione (reazione 1).
Il diossido di carbonio, a sua volta, reagisce con l'acqua di calce $Ca(OH)_{2(aq)}$ formando acqua e carbonato di calcio $CaCO_3$, che è un solido bianco (reazione 2).

a) Scrivi la reazione 1.

b) Calcola la massa e il numero di moli di diossido di carbonio che si ottengono da 53 g di carbonato e 36,4 g di acido. **[22 g; 0,5 mol]**

c) Calcola quanti litri di CO_2 si formerebbero in condizioni standard dalle stesse quantità di carbonato e di acido. **[11,2 ℓ]**

d) Scrivi la reazione 2.

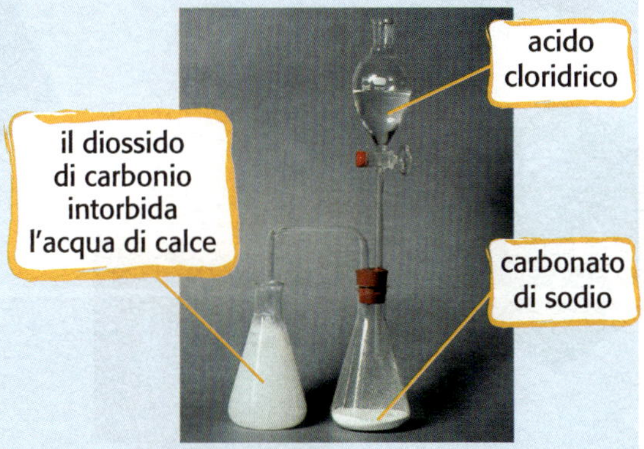

7 Qual è la molarità di una soluzione di acido fosforico H_3PO_4 che ha concentrazione di 490 mg/ℓ? **[$5 \cdot 10^{-3}$ M]**

8 Una soluzione di cloruro di potassio KCl è 0,200 M. Qual è la sua concentrazione espressa in g/ℓ? **[14,9 g/ℓ]**

9 È meno dolce la soluzione di zucchero $C_{12}H_{22}O_{11}$ 0,1 M oppure quella che contiene 34,2 g di zucchero in 100 mℓ di soluzione?

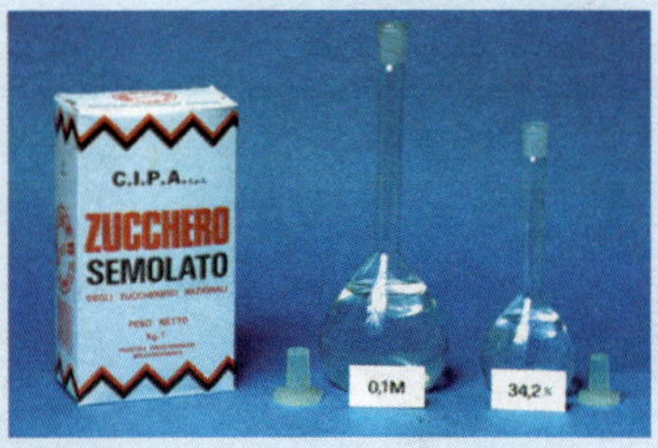

10 Calcola a quale volume bisogna portare 5 ℓ di una soluzione 2 M di sale da cucina (*MM* = 58,45) per ottenere una soluzione al 2 % *m*/*V*. **[29,2 ℓ]**

11 0,750 g di un gas alla temperatura di 60 °C e alla pressione di 97 500 Pa occupano un volume di 0,273 ℓ. Qual è la massa molare del gas? Quale la sua massa molecolare? **[78 g · mol^{-1}; 78 u]**

12 L'acido cloridrico concentrato comunemente usato in laboratorio è una soluzione acquosa di HCl (*MM* = 36,5 u) con la concentrazione del 37% in peso. Ammettendo, per semplificare, che la densità della soluzione sia 1 g/mℓ, puoi ritenere che essa contenga 37 g di HCl in 100 mℓ di soluzione. Calcola:

a) la molarità dell'acido cloridrico concentrato;

b) quanti grammi di HCl sono contenuti in 250 mℓ del prodotto commerciale. **[10 M; 91 g]**

13 Quanti litri di ossido di carbonio CO, misurati a TPS, si liberano in seguito alla reazione completa di 560 g di ossido di calcio CaO (*MM* = 56 u)? La reazione è la seguente:

$$CaO_{(s)} + 3C_{(s)} \rightarrow CaC_{2(s)} + CO_{(g)}$$ **[224 ℓ]**

Dalla tavola periodica ai modelli atomici

4

Competenze di base

- Riconoscere l'importanza della **classificazione degli elementi** nella **tavola periodica** per ricavare, attraverso analogie, le proprietà di alcuni elementi.
- Valutare il **carattere metallico** o **non metallico** di un elemento, osservando la sua posizione in un periodo o in un gruppo.
- Individuare le **proprietà caratteristiche** di un elemento in base alla sua posizione nei **gruppi I**, **II**, **VII** e **VIII** della tavola periodica.
- Collegare l'**energia di ionizzazione** e l'**affinità elettronica** di un atomo alla sua possibilità di formare un **catione** o un **anione**.
- Individuare il numero degli **elettroni di valenza** in base alla **configurazione elettronica** di un elemento dei gruppi da I a VII e collegare tale numero al gruppo di appartenenza.
- Prevedere la **formazione di cationi** o **anioni** degli elementi osservandone la **configurazione elettronica esterna**.
- Collegare la stabilità di cationi e anioni all'**inerzia chimica dei gas nobili**.
- Definire i presupposti su cui si basa il **modello atomico a orbitali**.
- Definire il diverso significato dei termini **orbita** e **orbitale**.
- Individuare un orbitale attraverso i **numeri quantici**.
- Costruire la **configurazione elettronica** dell'atomo di un elemento utilizzando la scala energetica degli orbitali, secondo il **principio dell'Aufbau** e applicando il **principio di esclusione di Pauli** e la **regola di Hund**.
- Individuare le **analogie** tra il **modello atomico a strati** e il **modello a orbitali**, per quanto riguarda il riempimento degli orbitali, gli elettroni di valenza e la configurazione elettronica dei gas inerti.
- Giustificare l'esistenza di **orbitali ibridi** per comprendere la **forma di molecole** semplici.

Percorso

9 Dalla tavola periodica al modello atomico a strati

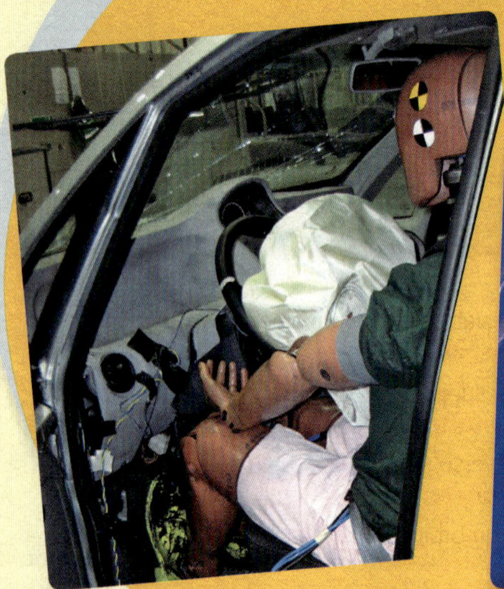

Perché?

- Quale elemento fa gonfiare gli airbag delle auto? Si potrebbe usare l'idrogeno?

  ....

- Quale composto è presente nelle fibre ottiche che consentono al tuo PC di ricevere e trasmettere dati molto velocemente?

  ....

- Perché non si usano metalli come il sodio e il calcio per costruire i fili elettrici?

  ....

- Perché soltanto alcuni elementi, come l'oro, si trovano in natura come tali, mentre la maggior parte si ritrova sotto forma di composti?

  ....

9.1 Mendeléev e la classificazione degli elementi

animazione
Mendeléev e la tavola periodica

Il grande merito di aver messo a punto un efficace sistema di **classificazione degli elementi** sulla base delle loro proprietà va al chimico russo **D.I. Mendeléev** (1834-1907).

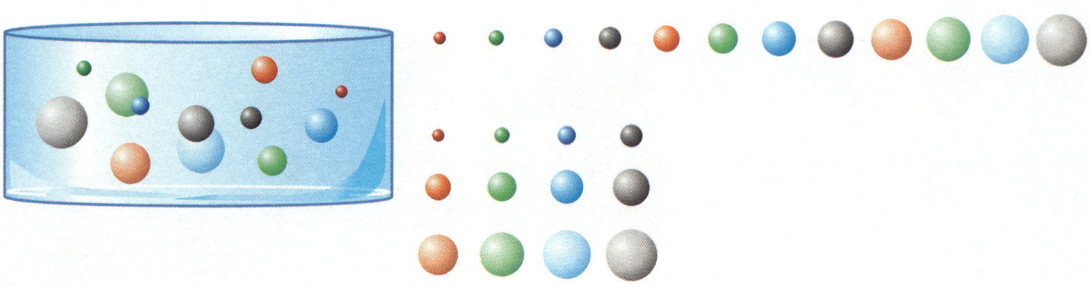

Immaginiamo 12 sfere di dimensioni crescenti, e tre differenti tonalità di rosso, di verde, di blu e di grigio.
Se le allineamo in ordine crescente di dimensioni, otteniamo la serie rappresentata in alto, e possiamo osservare che per ogni gruppo di 4 sfere i colori di base si ripetono in modo periodico, cioè regolare. Se allora disponiamo i gruppi di 4 sfere su tre righe, otteniamo quattro colonne in cui le sfere sono raggruppate per colore.
Su un principio analogo si basa la classificazione degli elementi chimici, elaborata da Mendeléev.

Mendeléev dispose *in ordine crescente di massa atomica* i 63 elementi chimici allora conosciuti e notò che al crescere della massa atomica certe somiglianze relative ad alcune proprietà (come densità, temperature di ebollizione e di fusione, capacità di legarsi con altri elementi ecc.) ricorrevano con *periodicità*, cioè a intervalli regolari, come si ripetono i giorni della settimana, le stagioni ecc.
Sulla base delle sue convinzioni, Mendeléev propose, nel 1869, la sua **legge periodica**: *le proprietà degli elementi sono funzione periodica delle rispettive masse atomiche*.
Mendeléev riunì in *gruppi* (o famiglie) gli elementi con proprietà simili, e in *periodi* quelli che presentavano proprietà gradualmente differenti. Talvolta, mostrando una grande lungimiranza, Mendeléev predisse addirittura l'esistenza e le proprietà di alcuni elementi non ancora noti, ricavandole, per analogia, da quelle dei gruppi di appartenenza. Ottenne così la prima **tavola periodica degli elementi**.

9.2 L'attuale tavola periodica

animazione
La tavola periodica

Dopo oltre 40 anni, quando fu possibile determinare con esattezza il **numero atomico** (*Z*) degli elementi, fu evidente che questo numero, e non la massa atomica (*MA*), determina l'ordine di successione degli elementi nella tavola periodica. In effetti, osservando la tavola periodica, si nota che queste due grandezze crescono di pari passo, a parte qualche eccezione.

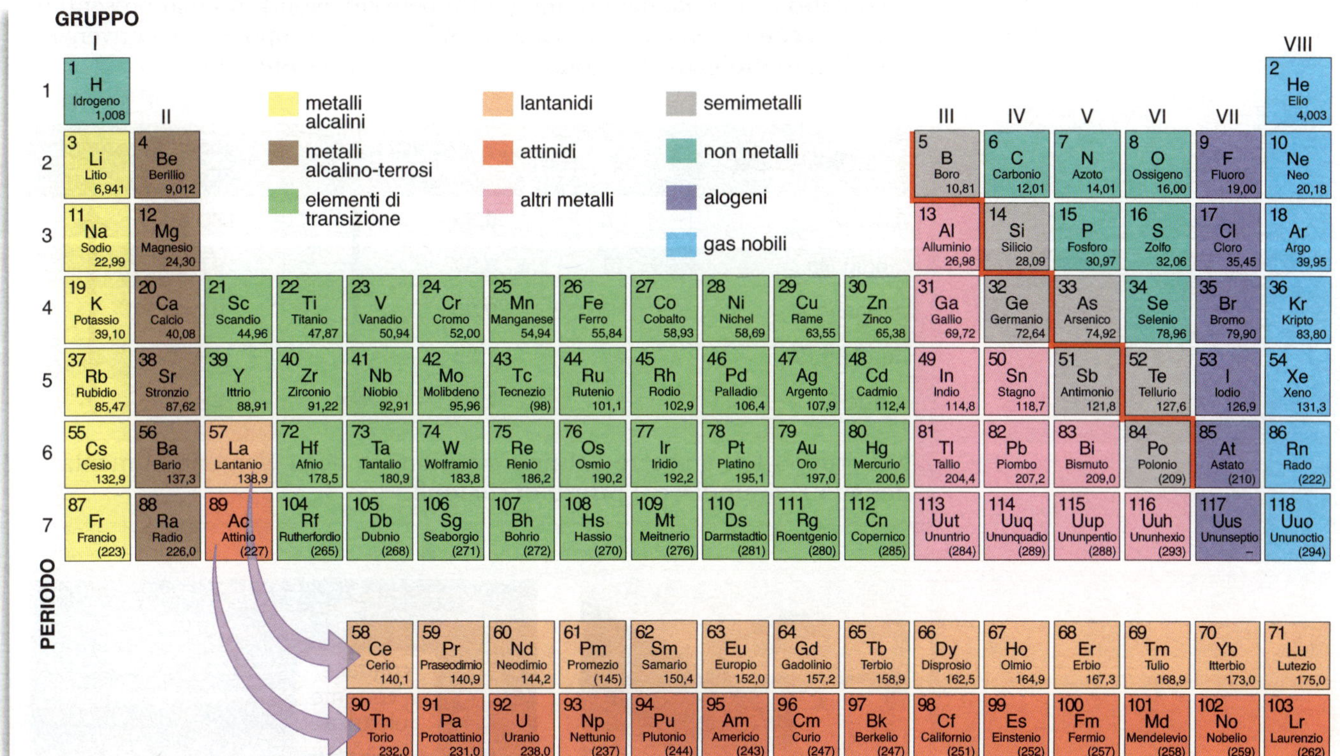

Gli elementi della tavola periodica sono raggruppabili in base ad alcune proprietà in dieci categorie, distinte con un diverso colore.
In particolare si nota che i **non metalli**, oltre agli **alogeni**, sono soltanto sette, mentre la maggior parte degli elementi sono **metalli**, presenti anche tra gli *elementi di transizione*. La linea rossa a zig-zag indica approssimativamente la separazione tra metalli e non metalli, infatti ai suoi lati ci sono **elementi semimetallici**.

Ricorda!...

Nella tavola periodica sono riportati i simboli chimici dei **118 elementi**; ognuno di essi è accompagnato dal **numero atomico** (*Z*) (in alto a sinistra del simbolo) e dalla **massa atomica** (*MA*) (in basso a destra), che è il valore medio ponderato delle masse atomiche degli isotopi, espresso in unità di massa atomica (u).

TAVOLA PERIODICA

Nella tavola periodica, *otto colonne verticali* costituiscono gli **otto gruppi principali**, contrassegnati con un numero romano (I, II, III ecc.). Nei gruppi si trovano **elementi con proprietà simili**.
Le *sette righe orizzontali* costituiscono i **sette periodi**, contrassegnati con un numero arabo (1, 2, 3 ecc.). In un periodo, a partire dal 2, gli elementi dei gruppi da I a VII (esclusi dunque gli elementi di transizione) presentano **proprietà che variano gradualmente al crescere del numero atomico *Z***. Tali proprietà si ripetono con lo stesso andamento nel periodo successivo. Si può dunque enunciare:

legge periodica

la **legge periodica**, secondo la quale le proprietà chimiche e chimico-fisiche degli elementi dei gruppi da I a VII sono funzione periodica del numero atomico *Z*.

Alcuni gruppi

Ricorda!...

La **reattività** esprime la tendenza di una sostanza (elemento o composto) a trasformarsi chimicamente.

- L'**idrogeno** ($Z = 1$ e $MA = 1{,}008$ u) occupa un posto isolato in alto a sinistra a causa delle singolarità di molte sue proprietà (tra l'altro è un gas altamente infiammabile), tuttavia risulta incolonnato nel **gruppo I**, pur non avendo caratteristiche in comune con gli elementi di tale gruppo.
- Gli altri elementi del **gruppo I** sono noti come **metalli alcalini**. Questi metalli sono **molto reattivi**, tanto da dover essere conservati non a contatto con l'aria, per esempio sotto petrolio. Non sono mai presenti in natura come elementi, ma soltanto in forma di composti. Per convenzione le loro **molecole** vengono considerate **monoatomiche**.

metalli alcalini	*Z*	densità (g/cm^3) (a 20 °C)	punto di fusione (°C) (a 101325 Pa)
Litio Li	3	0,53	180,5
Sodio Na	11	0,97	97,8
Potassio K	19	0,86	63,4
Rubidio Rb	37	1,53	39,3
Cesio Cs	55	1,83	28,4

Nel gruppo I al crescere del numero atomico degli elementi aumenta la **densità** e diminuisce il **punto di fusione**.

I **metalli alcalini** sono **solidi teneri**, tanto da poter essere tagliati facilmente con un coltello.

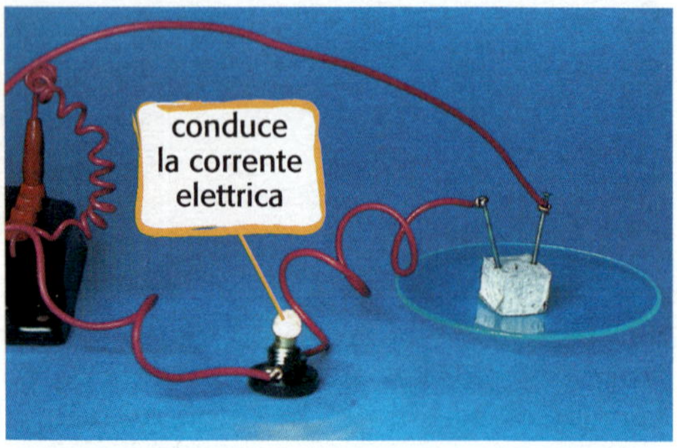

I **metalli alcalini** conducono la corrente elettrica come tutti i metalli, ma non sono utilizzabili per realizzare fili elettrici o lamine, a causa della loro **grande reattività**.

- Anche gli elementi del **gruppo II** (**metalli alcalino-terrosi**) sono **solidi metallici**, reattivi, **buoni conduttori** elettrici e si trovano in natura solo in forma di composti. Come per gli elementi del gruppo I, la **reattività aumenta al crescere del numero atomico**, tanto che il calcio e gli elementi successivi devono essere conservati sotto petrolio o altri materiali inerti che li riparino dal contatto con l'aria.
- Gli elementi del **gruppo VII** sono **non metalli** e non si trovano in natura come elementi. Sono, invece, molto diffusi nei **sali**, composti come il cloruro di sodio NaCl, tanto che vengono detti comunemente **alogeni** (cioè generatori di sali); per esempio l'acqua del mare è ricca di cloruri e contiene anche bromuri, fluoruri e piccole quantità di ioduri.

alogeni	Z	stato fisico (a 25 °C)	punto di ebollizione (°C) (a 101325 Pa)
Fluoro F_2	9	gas	−188
Cloro Cl_2	17	gas	−34,0
Bromo Br_2	35	liquido	58,8
Iodio I_2	53	solido	184

Fluoro, **cloro**, **bromo** e **iodio** sono **non metalli del gruppo VII**, con **molecole biatomiche**. Presentano **punti di ebollizione** che aumentano all'aumentare del numero atomico Z.

- Gli elementi del **gruppo VIII** sono tutti gas e vengono chiamati **gas inerti** (o **gas nobili**), perché presentano una *reattività quasi nulla*.

I periodi

- Il **periodo 1** comprende due elementi: *idrogeno* e *elio* ($Z = 1$ e $Z = 2$).
- Nel **periodo 2** ci sono otto elementi, dal *litio* al *neo* (da $Z = 3$ a $Z = 10$). Tra questi ci sono l'*azoto* N_2, il componente più abbondante dell'aria, e l'*ossigeno* O_2, un classico comburente. L'azoto è un gas scarsamente reattivo, utilizzato nella fabbricazione degli *airbag*. Questi sono dispositivi costituiti da un pallone che, in caso di urto, si gonfia grazie allo sviluppo di azoto dovuto a una piccola esplosione di un suo composto.
- Nel **periodo 3** ci sono otto elementi, dal *sodio* all'*argo* (da $Z = 11$ a $Z = 18$). Tra questi c'è il *silicio* Si, un elemento che riveste una grande importanza in quanto è utilizzato per realizzare componenti elettronici e come *silice* SiO_2, nelle fibre ottiche, adoperate per la trasmissione veloce dei dati, in medicina diagnostica e nelle lampade decorative.
- Il **periodo 4** è più lungo dei precedenti (da $Z = 19$ a $Z = 36$), perché oltre agli otto elementi dei gruppi principali, ne comprende altri 10, detti **elementi di transizione** per certe loro proprietà particolari e caratteristiche.
- Anche il **periodo 5** contiene diciotto elementi (da $Z = 37$ a $Z = 54$), di cui 10 elementi di transizione.
- Il **periodo 6** comprende trentadue elementi: diciotto elementi simili a quelli del periodo precedente e quattordici (da $Z = 58$ a $Z = 71$), detti **lantanidi**, o **elementi delle terre rare**, raggruppati nella stessa casella del **lantanio**, in quanto dotati di proprietà chimiche quasi identiche.
- Il **periodo 7** comprende trentadue elementi, di cui quattordici (da $Z = 90$ a $Z = 103$) sono detti **attinidi**, perché hanno proprietà molto simili a quelle dell'**attinio**. Gli elementi da $Z = 104$ a $Z = 112$, per le loro proprietà sono collocati tra gli elementi di transizione, mentre gli elementi da $Z = 113$ a $Z = 118$ sono *elementi artificiali*, le cui caratteristiche non sono ancora del tutto note.

video lab
Formazione di un gas comburente

espansione
Gli airbag

Gli **elementi di transizione** sono collocati nei **periodi 4**, **5**, **6** e **7**. Generalmente presentano **proprietà metalliche**, ma alcuni si comportano da semimetalli, come il *manganese* Mn e il *cromo* Cr.

Tra gli **elementi di transizione** si trovano **metalli** noti fin dall'antichità che hanno accompagnato l'evoluzione dell'uomo e della tecnologia, come il *ferro* Fe, il *rame* Cu, l'*argento* Ag, e alcuni metalli pregiati, come l'*oro* Au e il *platino* Pt. Questi metalli sono presenti in natura sia come composti sia allo *stato nativo*, cioè come elementi.

Il carattere metallico

Nel **periodo 3** (come negli altri) gli elementi che si susseguono con numero atomico *Z* crescente nei gruppi da I a VII mostrano **proprietà inizialmente metalliche**, che si trasformano via via in **proprietà non metalliche**.

carattere metallico in un periodo

Il **carattere metallico** degli elementi è una **proprietà periodica**. Infatti, lungo un **periodo**, passando dal gruppo I al gruppo VII (escludendo gli elementi di transizione), **diminuisce** e scompare; poi si ritrova nel primo elemento del periodo successivo e diminuisce nuovamente.

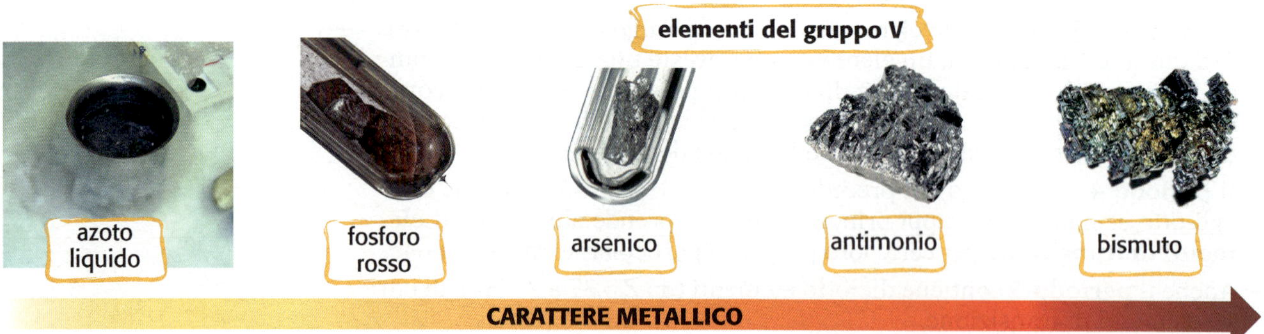

Nel **gruppo V** si passa dall'*azoto* N, che è un caratteristico **non metallo**, al *bismuto* Bi, che è un **metallo**.

carattere metallico in un gruppo

Il carattere metallico degli elementi **aumenta** scendendo lungo un **gruppo**.

espansione
Il raggio atomico: un'altra proprietà periodica

La **classificazione degli elementi nella tavola periodica** risulta di grande utilità, poiché consente uno studio più agevole e razionale di alcuni aspetti della chimica, basato sulle analogie di comportamento nell'ambito dei gruppi e sulla variazione periodica di alcune proprietà.

9.3 Il modello atomico

Dopo la scoperta della legge periodica e la costruzione della tavola periodica degli elementi, si avvertì la necessità di trovare una *relazione fra le proprietà degli elementi e la natura dei loro atomi*, ovvero la *relazione fra gli aspetti macroscopici* (osservabili) *e gli aspetti submicroscopici* (non osservabili) *della materia*. Per raggiungere tale obiettivo era necessario definire un **modello atomico**, con il quale visualizzare, per così dire, il mondo submicroscopico dell'atomo.

L'atomo secondo Rutherford

animazione
Modello atomico di Rutherford

Il primo modello significativo della struttura atomica fu quello proposto intorno al 1910 dal fisico inglese *E. Rutherford* (1871-1937).

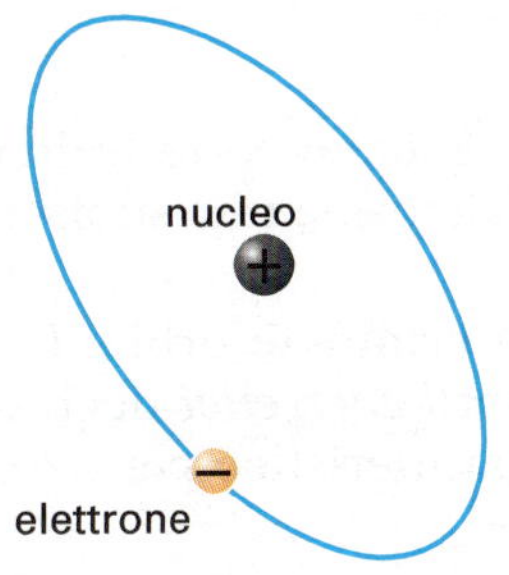

Il modello di Rutherford è detto anche **modello planetario**, per analogia con la struttura del Sistema Solare: una zona interna in cui sono concentrate la massa e la carica positiva dell'atomo e, intorno, gli **elettroni** in movimento, trattenuti da forze elettrostatiche.

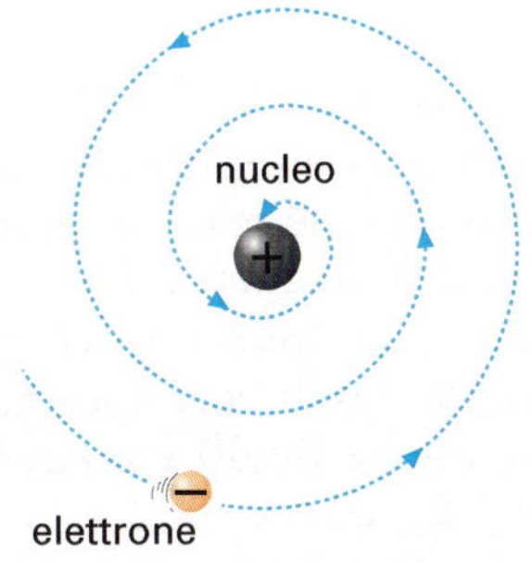

Il modello di Rutherford comportava una conseguenza inaccettabile. Secondo i princìpi della fisica classica, una carica elettrica in movimento emette energia, perciò anche gli elettroni perderebbero energia avvicinandosi via via alla zona interna e, infine, precipiterebbero su di essa. A tal punto la materia si sarebbe praticamente annullata!

L'atomo secondo Bohr

animazione
Modello atomico di Bohr

Il problema fu superato dal fisico danese *N. Bohr* (1885-1962), che propose un nuovo modello atomico.

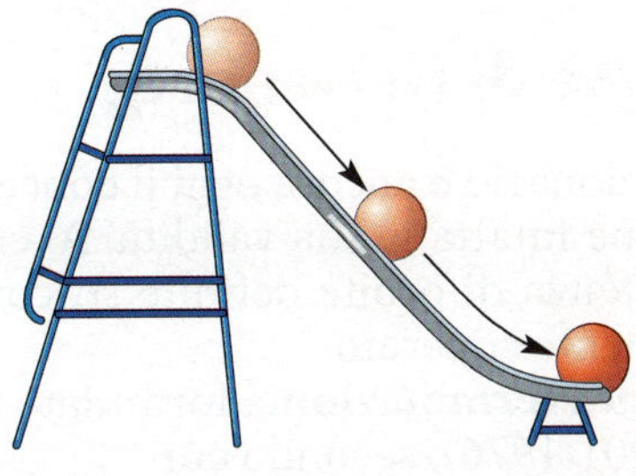

Il pallone, cadendo lungo lo scivolo, perde energia potenziale in maniera continua.

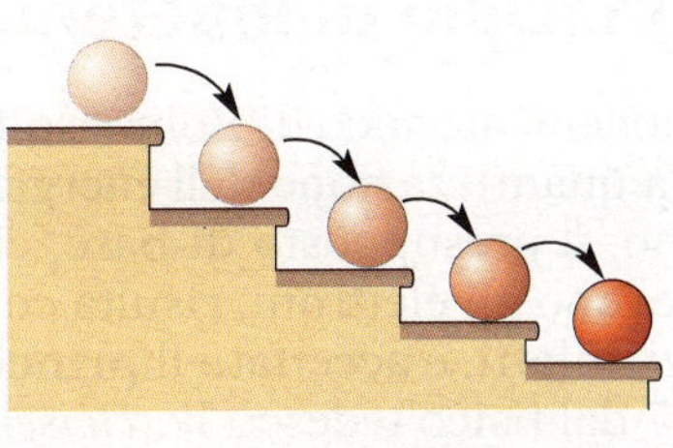

Il pallone, cadendo lungo una scala, invece, saltella e perciò perde energia potenziale per quantità finite.

L'esempio del pallone può aiutare a comprendere il presupposto fondamentale del modello atomico proposto da Bohr nel 1913.

Il **modello atomico di Bohr** fondava le sue basi sulla **teoria quantistica dell'energia**, formulata dal fisico tedesco *K. Planck* (1858-1947), secondo cui l'energia viene emessa e assorbita da un corpo non in modo continuo, ma attraverso quantità finite, dette **quanti** (*quanti di energia*).

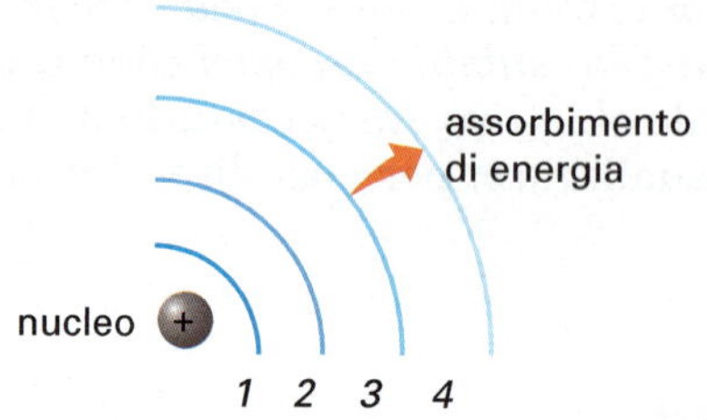

Il passaggio di un elettrone da un'orbita a un'altra più lontana dal nucleo richiede assorbimento di energia.

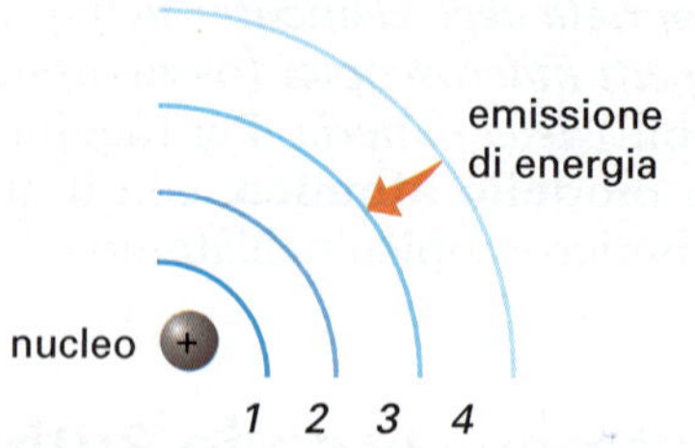

Il passaggio di un elettrone da un'orbita a un'altra più vicina al nucleo avviene con emissione di energia.

Lo sai?

Secondo la **teoria quantistica dell'energia**, ogni quanto di energia E ha un valore che è direttamente proporzionale alla frequenza ν della radiazione (emessa o assorbita) e inversamente proporzionale alla lunghezza d'onda λ:

$$E = h \cdot \nu \qquad E = h \cdot \frac{c}{\lambda}$$

dove:

c = velocità della luce nel vuoto (circa $3 \cdot 10^8$ m/s)
h (*costante di Planck*) = $6{,}63 \cdot 10^{-34}$ J · s.

Secondo Bohr:

- un elettrone si muove intorno al nucleo seguendo certe traiettorie, le **orbite**. Finché resta su una stessa orbita, l'elettrone non subisce alcuna variazione di energia;
- un elettrone può muoversi soltanto su determinate orbite (1, 2, 3, 4 ecc.) alle quali corrispondono altrettanti *stati energetici* degli elettroni (detti anche **livelli energetici**), ciascuno caratteristico per ogni orbita, E_1, E_2, E_3, E_4 ecc.;
- l'**orbita più vicina al nucleo**, quindi con raggio minore, è quella in cui l'elettrone ha l'**energia più bassa** possibile in quanto è massima l'attrazione tra nucleo ed elettrone. **Al crescere del raggio dell'orbita, aumenta anche l'energia dell'elettrone**;
- in un atomo un elettrone che si trova al livello energetico E_3 (*stato fondamentale*) può passare a un livello superiore E_4 (*stato eccitato*), cioè da un'orbita più vicina a una più lontana dal nucleo, solo se gli viene fornita la quantità di energia sufficiente, precisamente $E = E_4 - E_3$. In tal caso, il passaggio inverso dallo stato eccitato E_4 a quello fondamentale E_3 avviene spontaneamente, con la contemporanea emissione di energia sotto forma di una radiazione di determinata frequenza ν.

Ricorda!...

Il concetto della **quantizzazione dell'energia**, utilizzato da Bohr nel suo modello atomico, mantiene intatta la sua validità e perciò resta un fondamento dei modelli atomici successivi.

Il concetto della **quantizzazione dell'energia** applicato all'atomo chiarisce brillantemente, tra le altre cose, l'incongruenza di cui si è detto a proposito del modello atomico di Rutherford: *un elettrone non può cadere sul nucleo*, perché l'orbita più vicina al nucleo, cioè l'ultima permessa a un elettrone, si trova comunque a una distanza finita.

Il principio di indeterminazione di Heisenberg

Il modello atomico di Bohr risultò rivoluzionario e ancora oggi il concetto della quantizzazione dell'energia mantiene intatta la sua validità. Al contrario, il presupposto di base, cioè l'esistenza di orbite definite su cui si muovono gli elettroni, risulta completamente superato.
Oggi, infatti, è accettato il **principio di indeterminazione**, formulato nel 1927 dal fisico tedesco *W. Heisenberg* (1901-1976), secondo cui

principio di indeterminazione

non è possibile determinare contemporaneamente con lo stesso grado di accuratezza la *posizione* nello spazio e la *quantità di moto* (prodotto della massa per la velocità) di una particella. Questa limitazione diventa rilevante nel caso di particelle che hanno una massa molto piccola, come gli elettroni.

Infatti, qualunque dispositivo utilizzato per misurare la velocità di un elettrone ne altererebbe sia la velocità sia la posizione.
Pertanto è improponibile attribuire al movimento degli elettroni qualsiasi traiettoria definita. Tuttavia, in seguito a studi che hanno un solido fondamento matematico, si è accertato che ci sono delle *zone intorno al nucleo in cui è massima la probabilità di trovare gli elettroni*. Queste zone vengono dette **orbitali**.
I concetti di *massima probabilità* e di *quantizzazione dell'energia* hanno permesso di costruire il *modello atomico a orbitali*.
In questo testo il **modello atomico a strati** è illustrato prima del modello a orbitali, in quanto risulta più adatto a un approccio di tipo sperimentale. Per la descrizione di tale modello ci serviremo di una grandezza detta *energia di ionizzazione*.

9.4 L'energia di ionizzazione

L'energia di prima ionizzazione

animazione
Energia di prima ionizzazione

Per allontanare un elettrone da un atomo o da uno ione, bisogna spendere energia. Tale energia è detta *energia di ionizzazione* (E_i).
L'**energia di ionizzazione** (E_i), o **potenziale di ionizzazione**, è l'*energia necessaria per allontanare un elettrone da un atomo o da uno ione*. Questo processo, evidentemente endoergonico, viene riferito all'elemento allo stato gassoso e porta alla formazione di cationi.

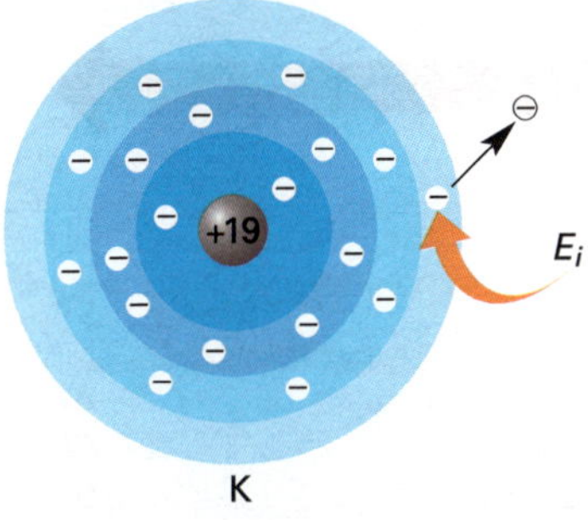

Nel caso del potassio K si ottiene il **catione** K^+ attraverso la trasformazione:

$$K_{(g)} + E_i \longrightarrow K^+_{(g)} + e^- \qquad E_i = 419 \text{ kJ/mol}$$

L'**energia di ionizzazione** è l'energia necessaria per allontanare 1 mol di elettroni ($6{,}02 \cdot 10^{23}$ elettroni) da altrettanti atomi o ioni. Si misura in kJ · mol^{-1} (kJ/mol). Essa esprime l'energia necessaria per vincere le forze elettrostatiche attrattive tra gli elettroni e il nucleo.

energia di ionizzazione

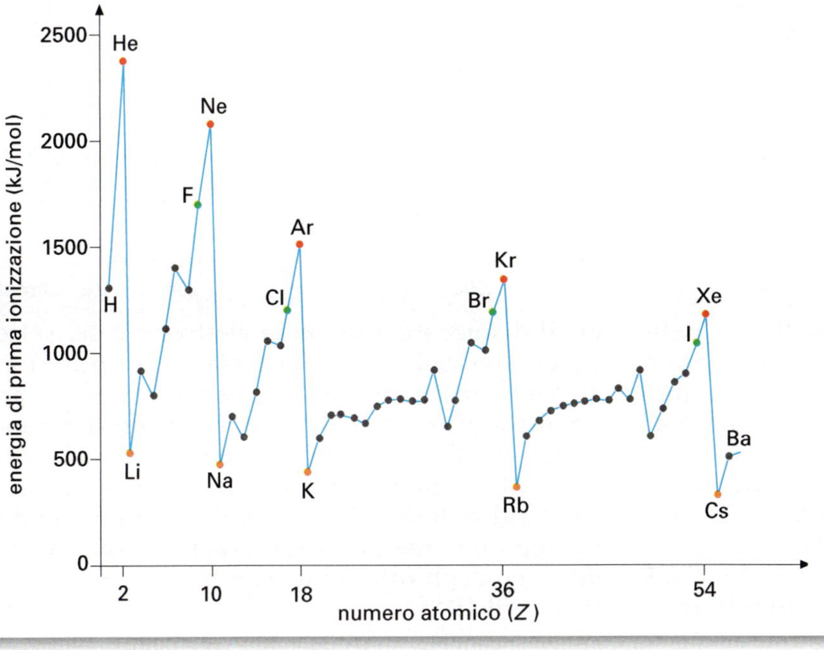

Per i primi 56 elementi allo stato gassoso, da H ($Z = 1$) a Ba ($Z = 56$), nel diagramma sono riportate le **energie di prima ionizzazione**, riferite cioè al primo elettrone che viene allontanato formando un catione.

A parte qualche irregolarità, si nota che:

- i **valori più alti** di E_i riguardano i **gas nobili** (He, Ne, Ar, Kr, Xe);
- i **valori più bassi** riguardano i **metalli alcalini** del gruppo I (Li, Na, K, Rb, Cs);
- i valori di E_i subiscono una **brusca diminuzione** quando da un **gas nobile** (per esempio Ne) si passa al **metallo alcalino** che lo segue nella tavola periodica (per esempio Na);
- **valori elevati** di E_i caratterizzano gli **alogeni** del gruppo VII (F, Cl, Br, I).

energia di prima ionizzazione: andamento

L'energia di prima ionizzazione E_i:
- **diminuisce lungo un gruppo** al crescere del numero atomico Z, a parte qualche irregolarità;
- **aumenta lungo un periodo** al crescere del numero atomico Z, a parte qualche irregolarità;
- **è una proprietà periodica**.

Le energie di ionizzazione successive

animazione Energie di ionizzazione successive

L'energia di prima ionizzazione è l'energia necessaria per allontanare un elettrone da un atomo; l'**energia di seconda ionizzazione** indica l'energia necessaria per allontanare un elettrone dal catione ottenuto, e così via, fino all'allontanamento dell'ultimo elettrone, quello cioè più vicino al nucleo.
I **valori delle energie di ionizzazione successive sono man mano più elevati**, in quanto ciascun elettrone risente di un'attrazione sempre maggiore da parte del nucleo, che mantiene invariata la sua carica positiva iniziale.

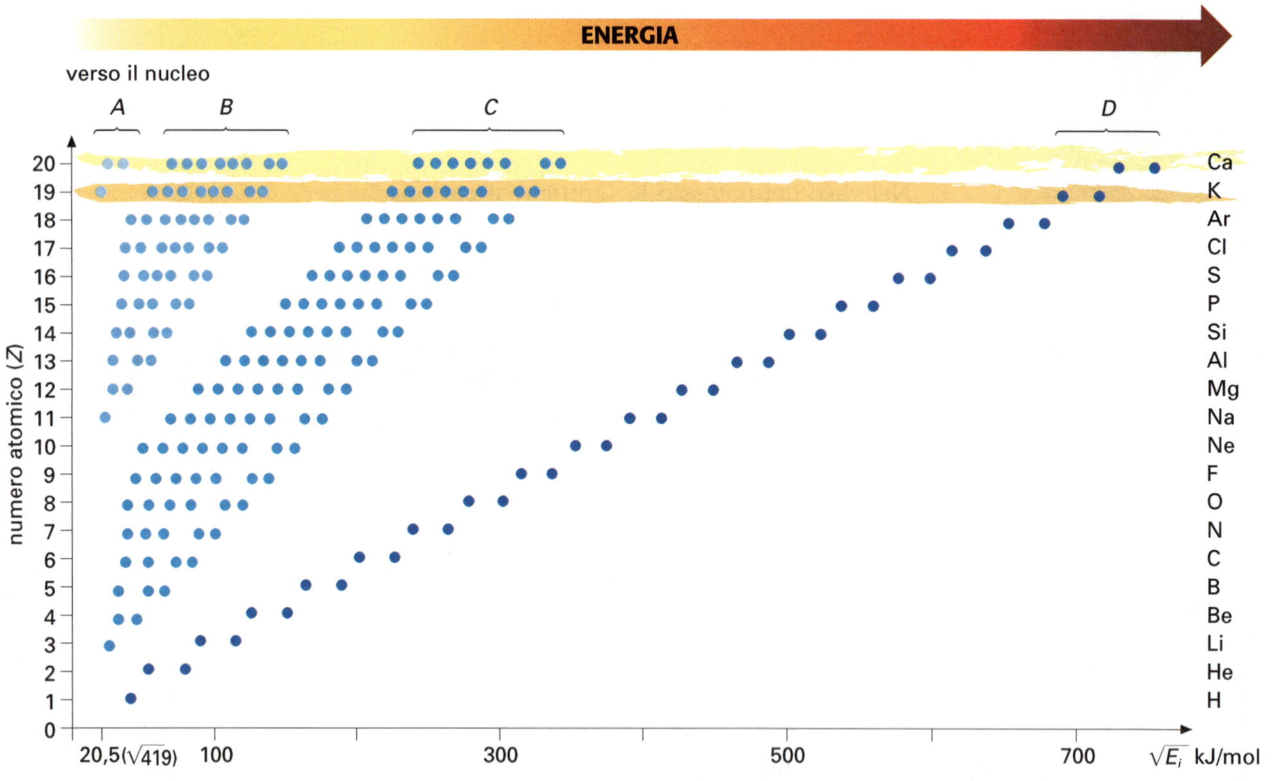

Nel diagramma sono riportati sull'asse delle ascisse i valori delle radici quadrate delle **energie di ionizzazione successive per 1 mol di atomi** degli elementi con numero atomico compreso tra $Z = 1$ (H) e $Z = 20$ (Ca), riportato sull'asse delle ordinate. I pallini sulla stessa linea orizzontale si riferiscono alle varie energie di ionizzazione di un certo elemento.
Osserva i valori relativi al **potassio K** ($Z = 19$). È molto facile ottenere K^+ ($E_i = 419$ kJ/mol); invece, il distacco del secondo elettrone e dei sette successivi richiede un'energia molto più alta, avviene cioè dopo un "salto energetico". Dopo un altro salto energetico c'è ancora un raggruppamento di otto valori di energia di ionizzazione abbastanza vicini e, infine, dopo un ulteriore salto energetico, c'è un raggruppamento di sole due energie di ionizzazione, relative al distacco degli ultimi due elettroni del potassio, il 18° e il 19°.

In sintesi, nel caso dell'atomo di **potassio K**:

- c'è un gruppo di **2** elettroni (il 18° e il 19°) il cui distacco richiede un'*energia D*, che è la più alta;
- c'è un altro gruppo di **8** elettroni per i quali è necessaria un'*energia C*, minore dell'energia *D*;
- ci sono ancora **8** elettroni che richiedono un'*energia B* ancora più bassa;
- infine c'è **1** elettrone a cui compete un'*energia A* che è la più bassa.
- il passaggio da un livello di energia all'altro non avviene con continuità, bensì *a salti*, secondo il principio della quantizzazione dell'energia formulato da Bohr.

Da un esame dei valori delle energie di ionizzazione successive per l'atomo di **calcio Ca** (riportati nello stesso diagramma) si rileva che la situazione è simile, tranne che sono 2 anziché 1 gli elettroni che richiedono l'energia *A* (infatti il numero atomico del calcio è $Z = 20$).

Anche per gli elementi con numero atomico *Z* più elevato si ricavano informazioni analoghe:

- **energie simili** per l'allontanamento degli elettroni di uno stesso gruppo;
- bruschi **salti di energia** per il distacco dei vari gruppi di elettroni.

9.5 Il modello atomico a strati

I risultati ricavati dalla lettura del diagramma delle energie di ionizzazione successive permettono di fare alcune affermazioni di carattere più generale:

- intorno a un atomo ci sono *gruppi di elettroni* il cui allontanamento richiede energie di ionizzazione diverse;
- l'allontanamento dei diversi gruppi di elettroni avviene per salti energetici (coerentemente con la teoria di Bohr);
- i valori delle energie di ionizzazione dei gruppi di elettroni diminuiscono man mano che aumenta la distanza degli elettroni dal nucleo e quindi la forza attrattiva nucleo-elettroni (in accordo con la legge di Coulomb).

animazione
Come si è giunti al modello a strati

Una conseguenza di questo ultimo risultato è che ogni gruppo di elettroni ha un proprio *grado di libertà* nel muoversi, cioè una sua energia. Maggiore è la distanza del gruppo di elettroni dal nucleo maggiore è il grado di libertà, cioè il suo livello energetico, tanto è vero che occorre minore energia E_i per il suo allontanamento. Per esempio, il distacco del primo elettrone del potassio K richiede soltanto 419 kJ/mol, infatti, questo elettrone possiede un grado di libertà e quindi un energia molto elevati, perché è il più lontano dal nucleo.

In questo modo si individuano zone, a varie distanze dal nucleo, che possiamo indicare come **strati *n*** o **gusci**.
È evidente che:

- a ogni strato è collegabile un determinato numero di elettroni con un determinato valore medio dell'energia, che indichiamo come **livello energetico** (1, 2, 3 ecc.)
- al primo strato ($n = 1$), più vicino al nucleo, compete il livello energetico 1, inferiore a quello degli altri strati ($n = 2$, 3 ecc.) più lontani dal nucleo.

Ricorda!...

Talvolta si dice *"un elettrone sta nel livello 2 o 3 ecc."*. Questa espressione non è corretta, ma indica soltanto che l'elettrone ha l'energia che corrisponde al livello 2 o 3 ecc.

Lo sai?

Cariche elettriche uguali si respingono, cariche elettriche diverse si attraggono con una forza *F* la cui intensità è inversamente proporzionale al quadrato della loro distanza *r*, secondo la **legge di Coulomb**:

$$F = K \frac{Q_1 \cdot Q_2}{r^2}$$

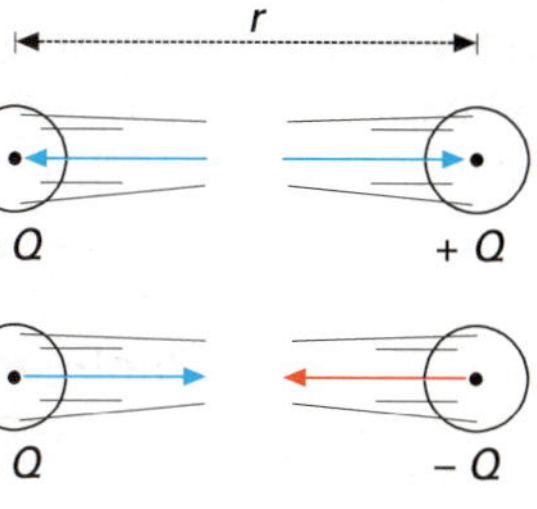

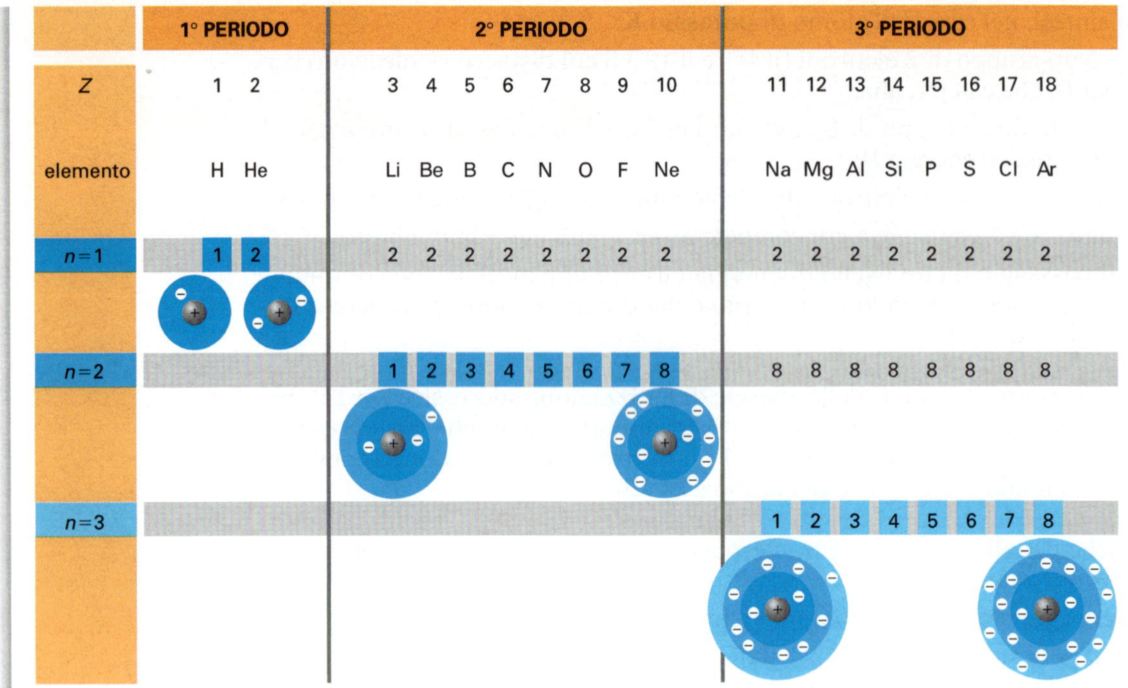

Distribuzione degli elettroni negli strati $n = 1$, $n = 2$, $n = 3$ per gli elementi da $Z = 1$ a $Z = 18$.

animazione
Configurazioni elettroniche
- **Elementi del periodo 1**
- **Elementi del periodo 2**
- **Elementi del periodo 3**

Il confronto delle distribuzioni degli elettroni intorno al nucleo permette di formulare un **modello atomico** con le seguenti caratteristiche:

- intorno al nucleo ci sono **tanti strati *n* quanti sono i livelli energetici** degli elettroni presenti;
- il **primo strato** comprende in ogni caso (tranne che per l'idrogeno) **2 elettroni**, i più vicini al nucleo, perciò i più attratti e con minore grado di libertà, cioè con minore energia (*livello 1*);
- al **secondo strato** competono fino a un **massimo di 8 elettroni** un po' più lontani dal nucleo, quindi meno attratti (*livello 2*). Tuttavia, anche se diciamo che gli elettroni del secondo strato hanno lo stesso *livello 2* di energia, si tratta di un valore medio, perché in realtà esiste una piccola differenza nelle energie degli 8 elettroni, tanto che si parla di **sottolivelli** e di **sottostrati.** Al livello 2 corrispondono **2 sottolivelli** con energia crescente (anche se di pochissimo), e quindi **2 sottostrati**; il primo con 2 elettroni, il secondo con 6.
- al **terzo strato** competono un massimo di **18 elettroni**, più lontani dal nucleo rispetto ai precedenti e perciò dotati di un'energia maggiore (*livello 3*).
  Anche il *livello 3* indica un valore medio dell'energia, in quanto è suddiviso in **3 sottolivelli** a cui corrispondono **3 sottostrati**, con energia appena un po' crescente. Il primo e il secondo sottostrato comprendono rispettivamente 2 e 6 elettroni (come il livello 2); il terzo ne comprende 10.
- il **quarto strato** è suddiviso in quattro sottostrati, con 2, 6, 10, 14 elettroni e comprende perciò **fino a 32 elettroni**, dotati di un'energia mediamente maggiore (*livello 4*).

Ricorda!...

Il **massimo numero di elettroni con livello energetico n** è dato dalla formula $2 \cdot n^2$, perciò è 2, 8, 18 e 32 per i livelli 1, 2, 3 e 4.

configurazione elettronica

La distribuzione degli elettroni nei vari strati rappresenta la **configurazione elettronica** dell'atomo di un elemento. Per brevità, viene anche detta **configurazione elettronica dell'elemento**.

elemento	gruppo	Z	strati n	elettroni	configurazione elettronica
H	I	1	1	1	H ⟶ 1
He	VIII	2	1 completo	2	He ⟶ 2
Li	I	3	1 2	2 1	Li ⟶ 2, 1
Be	II	4	1 2	2 2	Be ⟶ 2, 2
B	III	5	1 2	2 3	B ⟶ 2, 3
C	IV	6	1 2	2 4	C ⟶ 2, 4
N	V	7	1 2	2 5	N ⟶ 2, 5
O	VI	8	1 2	2 6	O ⟶ 2, 6
F	VII	9	1 2	2 7	F ⟶ 2, 7
Ne	VIII	10	1 completo 2 completo	2 8	Ne ⟶ 2, 8
Na	I	11	1 2 3	2 8 1	Na ⟶ 2, 8, 1 oppure Na ⟶ [Ne] 1
Mg	II	12	1 2 3	2 8 2	Mg ⟶ 2, 8, 2 Mg ⟶ [Ne] 2
Al	III	13	1 2 3	2 8 3	Al ⟶ 2, 8, 3 Al ⟶ [Ne] 3
Si	IV	14	1 2 3	2 8 4	Si ⟶ 2, 8, 4 Si ⟶ [Ne] 4
P	V	15	1 2 3	2 8 5	P ⟶ 2, 8, 5 P ⟶ [Ne] 5
S	VI	16	1 2 3	2 8 6	S ⟶ 2, 8, 6 S ⟶ [Ne] 6
Cl	VII	17	1 2 3	2 8 7	Cl ⟶ 2, 8, 7 Cl ⟶ [Ne] 7
Ar	VIII	18	1 completo 2 completo 3 (primo e secondo sottostrato completi)	2 8 8	Ar ⟶ 2, 8, 8 Ar ⟶ [Ne] 8

La **configurazione elettronica** degli elementi con numero atomico compreso tra $Z = 1$ e $Z = 18$ si può rappresentare come è riportato nell'ultima colonna della tabella.
Nel costruirla si deve tener presente che il riempimento degli strati avviene progressivamente, seguendo l'ordine crescente dei livelli energetici degli elettroni: 1, 2, 3 ecc.
In maniera sintetica, a partire dall'elemento sodio Na, con il simbolo **[Ne]** è stata indicata la configurazione relativa ai 10 elettroni del neo (2, 8), che è la parte più interna dell'atomo considerato, riportando soltanto quella relativa agli elettroni del suo strato più esterno.

espansione
La configurazione elettronica con sottostrati e sottolivelli

animazione
Elettroni di valenza

Come si può notare, la **configurazione elettronica ha un carattere periodico**. Inoltre, il numero degli elettroni (da 1 a 7) presenti nello strato più esterno degli atomi degli elementi del secondo periodo (dal Li al F) e del terzo periodo (dal Na al Cl) è uguale al numero del gruppo di appartenenza. Questi elettroni sono responsabili della **valenza**, cioè dei **legami che l'atomo può formare** con altri atomi, come vedremo meglio in seguito.

strato di valenza

Gli elettroni dell'ultimo strato sono detti **elettroni di valenza**, perché sono responsabili dei **legami** che l'atomo può formare con altri atomi e lo strato in cui si muovono è lo **strato** (o **guscio**) **di valenza**.

9.6 L'affinità elettronica

Gli atomi che presentano **valori molto elevati di energia di ionizzazione** non formano normalmente cationi; generalmente essi tendono ad acquistare elettroni, trasformandosi in **anioni**.
Il processo, che viene riferito agli elementi allo stato gassoso, è molto spesso un **processo esoergonico** e l'energia che si libera è detta **affinità elettronica** A_e.

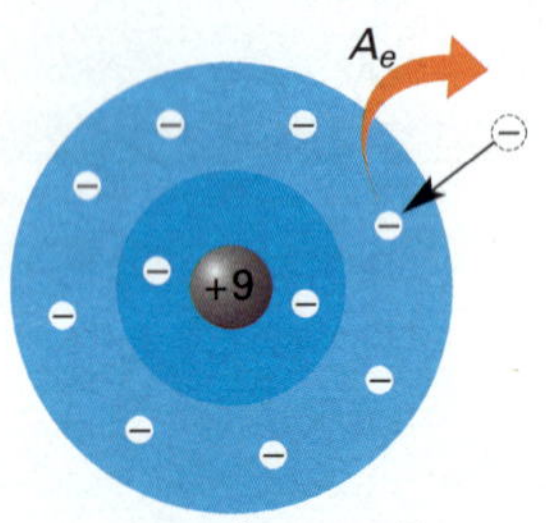

anione fluoruro F^-

Il fluoro e gli altri **alogeni** hanno valori di E_i molto elevati, pertanto tendono ad acquistare elettroni, trasformandosi in **anioni**:

$$F_{(g)} + e^- \longrightarrow F^-_{(g)} + A_e \qquad A_e = -328 \text{ kJ/mol}$$

affinità elettronica

Quando un atomo acquista elettroni, si libera generalmente una certa quantità di energia, che è detta **affinità elettronica** A_e. Si misura in $kJ \cdot mol^{-1}$ (kJ/mol).

Sulla base dei valori determinati sperimentalmente, nonostante alcune irregolarità, si può affermare che l'**affinità elettronica**:

- è tanto più elevata quanto maggiore è la tendenza di un atomo ad acquistare un elettrone;
- presenta i **valori più alti** negli **alogeni** del gruppo VII e poi negli **elementi del gruppo VI**;
- ha **valori bassi** nei **metalli dei gruppi I e II** e **valori** tanto bassi da essere praticamente **indeterminabili** nei **gas nobili**.

9.7 Perché si formano gli ioni

Molti elementi formano cationi o anioni e assumono la configurazione del gas nobile che li precede o li segue nella tavola periodica. Tali ioni hanno lo stesso numero di elettroni del gas nobile e perciò sono detti **ioni isoelettronici** del gas nobile. In questo modo acquistano stabilità. La **carica dello ione** esprime la sua **valenza**.

animazione
Formazione di ioni

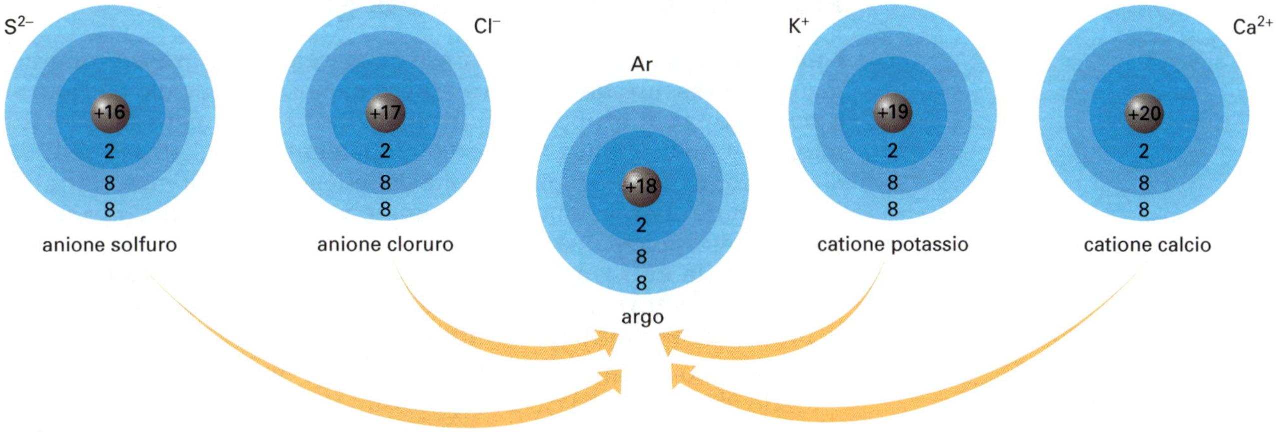

Lo zolfo e il cloro assumono la configurazione dell'argo acquistando rispettivamente 2 e 1 elettroni e trasformandosi in anioni bivalenti (S^{2-}) e monovalenti (Cl^-).

Il potassio e il calcio assumono la configurazione dell'argo cedendo rispettivamente 1 e 2 elettroni e trasformandosi in cationi monovalenti (K^+) e bivalenti (Ca^{2+}).

elementi	configurazione elettronica	energia di ionizzazione E_i affinità elettronica A_e	tendenza a formare cationi tendenza a formare anioni	reattività
gas nobili	**strati e sottostrati pieni**	**E_i molto alta** **A_e molto bassa**	**nessuna tendenza a formare cationi o anioni**	**scarsissima**
metalli gruppo **I** (Na)	lo strato più esterno contiene **1 e^-**	E_i (1ª) molto bassa A_e molto bassa	**tendenza a perdere 1 e^-** formando cationi (Na^+) stabili monovalenti nessuna tendenza a formare anioni	grande
metalli gruppo **II** (Ca)	lo strato più esterno contiene **2 e^-**	E_i (1ª e 2ª) basse A_e molto bassa	**tendenza a perdere 2 e^-** formando cationi (Ca^{2+}) stabili bivalenti nessuna tendenza a formare anioni	grande
elementi gruppo **VII** (Cl)	lo strato più esterno contiene **7 e^-**	E_i (dalla 1ª alla 7ª) alte A_e molto alta	**tendenza ad acquistare 1 e^-** formando anioni (Cl^-) stabili monovalenti nessuna tendenza a formare cationi	grande
alcuni elementi gruppo **VI** (O)	lo strato più esterno contiene **6 e^-**	E_i (dalla 1ª alla 6ª) alte A_e alta	**tendenza ad acquistare 2 e^-** formando anioni (O^{2-}) stabili bivalenti nessuna tendenza a formare cationi	grande

Ricorda!...

La scarsissima reattività dei gas nobili è collegabile alla completezza dei loro strati o sottostrati esterni.

9.8 Una giustificazione di fatti sperimentali

La struttura dell'atomo e la configurazione elettronica sono la vera chiave di lettura delle proprietà chimiche degli elementi. In particolare per gli elementi dei gruppi I, II, VII e VIII gli elettroni dello strato di valenza giustificano la loro reattività o la loro inerzia.

Proprietà degli elementi del gruppo I

I **metalli alcalini**, gruppo I, presentano **reattività crescente** gradualmente **al crescere del numero atomico**, cioè procedendo dall'alto verso il basso lungo il gruppo. Infatti, maggiore è il numero degli elettroni intorno al nucleo, più è facile l'allontanamento dell'elettrone dello strato di valenza, in quanto è più distante dal nucleo e quindi meno attratto.
Per esempio, la reazione con l'acqua è vivace per il litio, violenta per il sodio, molto violenta per il potassio.
A causa della loro grande tendenza a formare *cationi*, i **metalli alcalini** sono molto reattivi, perciò non sono mai presenti in natura come elementi, ma soltanto in forma di **composti ionici**.

- Reagiscono facilmente con l'**ossigeno**, che può formare anioni, producendo gli **ossidi**. Nel caso del potassio, si forma l'ossido di dipotassio:

$$4K_{(s)} + O_{2(g)} \longrightarrow \underset{\text{ossido di dipotassio}}{2K_2O_{(s)}}$$

- in cui i due cationi K^+ monovalenti restano legati all'anione O^{2-} bivalente in quanto attratti da forze elettrostatiche, secondo la legge di Coulomb.
- Reagiscono con gli **alogeni** del gruppo VII (come il cloro), che hanno una grande tendenza a formare anioni.

La reazione tra sodio e cloro è fortemente esotermica e produce un *composto ionico*, il **sale cloruro di sodio**:

$$2Na_{(s)} + Cl_{2(g)} \longrightarrow \underset{\text{cloruro di sodio}}{2NaCl_{(s)}}$$

- Reagiscono facilmente, talvolta violentemente, con l'**acqua** formando gli **idrossidi**.

La reazione tra potassio e acqua produce l'**idrossido di potassio**:

$$2K_{(s)} + 2H_2O_{(l)} \longrightarrow \underset{\text{idrossido di potassio}}{2KOH_{(aq)}} + H_{2(g)}$$

È violenta e così fortemente esotermica da far infiammare l'idrogeno che si sviluppa.

Proprietà degli elementi del gruppo II

Come i metalli alcalini, anche i **metalli alcalino-terrosi** (*gruppo II*), non sono utilizzabili per fili elettrici o lamine a causa della loro reattività. Per la loro tendenza a formare *cationi bivalenti*, come Mg^{2+}, reagiscono con gli alogeni o con l'acido cloridrico dando composti come il cloruro di magnesio $MgCl_2$. Inoltre, reagendo con l'ossigeno formano gli **ossidi**, come l'ossido di magnesio MgO, e con l'acqua gli **idrossidi**, come l'idrossido di magnesio $Mg(OH)_2$.

Il magnesio Mg reagisce con l'acido cloridrico $HCl_{(aq)}$ per formare il cloruro di magnesio $MgCl_2$. L'idrogeno H_2, che è l'altro prodotto della reazione, si sviluppa producendo la schiuma:

$$Mg_{(s)} + 2HCl_{(aq)} \longrightarrow MgCl_{2(aq)} + H_{2(g)}$$

L'ossido di magnesio MgO si ottiene per combustione diretta del metallo:

$$2Mg_{(s)} + O_{2(g)} \longrightarrow 2MgO_{(s)}$$

Proprietà degli elementi del gruppo VII

A causa della loro tendenza a formare *anioni*, gli **alogeni** reagiscono con i metalli dei gruppi I e II formando **composti ionici**. Questi, com'è noto, sono solidi e conducono la corrente allo stato fuso, come accade per il cloruro di sodio.

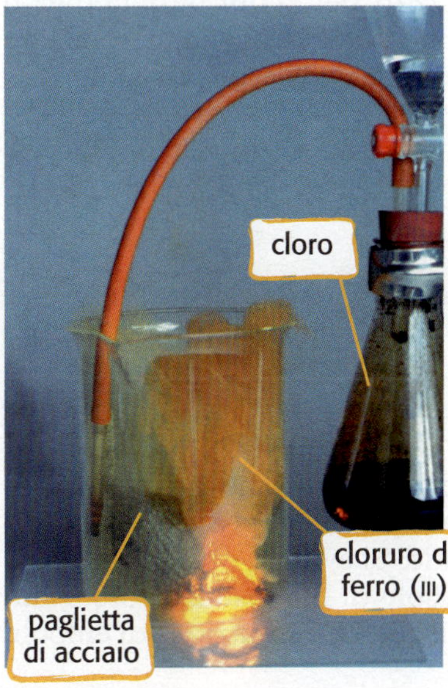

Gli alogeni reagiscono anche con altri metalli; se una corrente di cloro viene diretta su una paglietta di acciaio, questa brucia, formando fumi bruni di cloruro di ferro (III) $FeCl_3$.

Gli alogeni:

- reagiscono con l'idrogeno formando **alogenuri di idrogeno** (cloruro di idrogeno $HCl_{(g)}$, bromuro di idrogeno $HBr_{(g)}$, ioduro di idrogeno $HI_{(g)}$):

$$Cl_{2(g)} + H_{2(g)} \longrightarrow \underset{\text{cloruro di idrogeno}}{2HCl_{(g)}}$$

- presentano **reattività decrescente al crescere del numero atomico**, cioè procedendo verso il basso lungo il gruppo.

Proprietà degli elementi del gruppo VIII

Grazie alla completezza dei loro strati o sottostrati esterni e quindi alla loro **grande inerzia chimica**, gli elementi del gruppo VIII, detti **gas nobili**, si trovano in natura come tali, anche se oggi sono noti alcuni loro composti.
La somiglianza dei gas nobili è riscontrabile anche nelle loro proprietà fisiche: sono tutti gas con **punti di ebollizione molto bassi** (l'*elio* ha la temperatura di ebollizione più bassa che si conosca: –268,9 °C); l'*argo* è presente in tracce nell'aria, da cui viene ricavato, come l'ossigeno e l'azoto.

Fra gli elementi più noti del gruppo VIII troviamo l'**elio**, che, subito dopo l'idrogeno, è l'elemento più abbondante nell'Universo e con gli atomi più leggeri (MA = 4 u).

L'**elio** viene utilizzato insieme al **neo** nella produzione di **raggi laser** che, per le loro caratteristiche, hanno svariate applicazioni.

L'**elio** è spesso adoperato all'interno di palloni aerostatici e dirigibili, utilizzati per scopi pubblicitari o sportivi. Si utilizza l'elio, e non l'idrogeno, perché *non è infiammabile*, anche se ha un costo più elevato.

Miscele di **elio** e **ossigeno** sono utilizzate negli apparati respiratori ad alta pressione per immersioni profonde. Si evitano in tal modo l'uso di *azoto* e il pericolo di narcosi da azoto, riducendo anche il rischio di formazione di emboli.

IN LABORATORIO

Analisi alla fiamma

Riscaldando un metallo ad alta temperatura, i suoi atomi assorbono energia, che provoca il passaggio di alcuni elettroni dallo stato fondamentale a uno stato eccitato. Il ritorno allo stato fondamentale, stabile, avviene con emissione di energia sotto forma di radiazioni di frequenza specifica. Lo stesso fenomeno accade riscaldando un composto del metallo, poiché alle alte temperature esso si decompone nei suoi elementi. I metalli dei gruppi I e II (e altri metalli) emettono radiazioni nello spettro visibile, a cui corrispondono colori particolari, che consentono di riconoscerli. Questo tipo di analisi viene detto analisi alla fiamma.
Gli elementi esaminati in questa esercitazione sono tre del gruppo I e tre del gruppo II; a ciascuno di essi dovrai attribuire uno dei seguenti colori: rosso carminio, giallo-arancio, violetto*, rosso-arancio, rosso scarlatto, verde pallido.

Materiali

- pochi cristalli di composti del litio, del sodio e del potassio
- pochi cristalli di composti del calcio, dello stronzio e del bario
- 20-30 mℓ di acido cloridrico $HCl_{(aq)}$ concentrato diluito 1 : 1 con acqua distillata
- filo di nichel-cromo saldato a una bacchettina di vetro
- vetri da orologio
- pezzi di foglio di alluminio con i bordi ripiegati in alto
- spatole o cucchiaini di plastica
- vetrino al cobalto
- bruciatore Bunsen

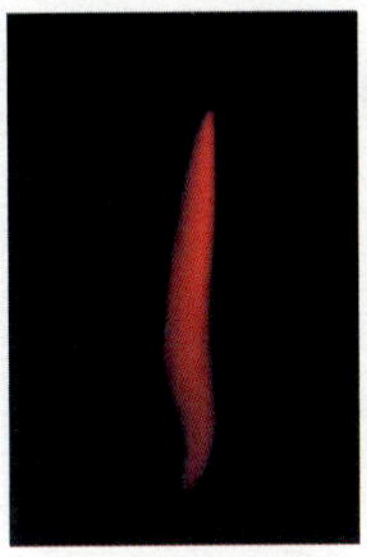

Procedimento

1. Per pulire il filo di nichel-cromo versa un po' di $HCl_{(aq)}$ in un vetro da orologio, intingi il filo e mettilo sulla fiamma del Bunsen; ripeti queste operazioni fino a scomparsa di qualsiasi colorazione.
2. Versa un po' di uno dei composti su un pezzo di foglio di alluminio, evitando i composti del sodio che utilizzerai per ultimi.
3. Intingi il filo di nichel-cromo in $HCl_{(aq)}$ pulito (versato in un secondo vetro da orologio) e, con la punta, tocca un piccolissimo cristallo del campione, che vi rimarrà aderente. Metti il cristallino sulla fiamma, prima sulla parte più interna (meno calda) poi sulla parte più esterna.
4. Per confermare il risultato ottenuto, ripeti le operazioni descritte al **punto 2** e al **punto 3** con altri campioni dello stesso composto, pulendo con $HCl_{(aq)}$ il filo di nichel-cromo per ogni nuovo campione.
5. Ripeti questi saggi, con le stesse modalità, per i campioni contenenti gli altri elementi del gruppo I e del gruppo II, rinnovando sempre l'$HCl_{(aq)}$ contenuto nei due vetri da orologio.
6. Tocca con il filo di nichel-cromo il centro del palmo di una mano (dove certamente ci sono tracce di sudore) e individua quali, fra gli elementi esaminati, è presente nel sudore. Pulisci la mano dalle tracce di $HCl_{(aq)}$.

Completa

- Il colore *rosso carminio* è caratteristico dei composti del ....
- Il colore *giallo-arancio* (persistente) è caratteristico dei composti del ....
- Il colore *violetto* è caratteristico dei composti del ....
- Il colore *rosso-arancio* (a sprazzi) è caratteristico dei composti del ....
- Il colore *rosso scarlatto* è caratteristico dei composti dello ....
- Il colore *verde pallido* è caratteristico dei composti del ....

*Il colore violetto non è facile da osservare, perché viene coperto dagli altri colori, specialmente dal giallo, se il filo che viene adoperato non è perfettamente pulito. Tuttavia diventa ben visibile osservando la fiamma attraverso un vetrino al cobalto.

IN SINTESI

PER LA DIDATTICA INCLUSIVA

La tavola periodica

Mendeléev costruì la **prima tavola periodica** disponendo i 63 elementi conosciuti in **ordine crescente di massa atomica** e riunendo in **gruppi** gli elementi con proprietà simili e in **periodi** quelli con proprietà che ricorrevano a intervalli regolari cioè con **periodicità**.
La tavola periodica attuale è costituita di **118 elementi**, disposti secondo il **numero atomico *Z* crescente** e raccolti in **8 gruppi** (da I a VIII) e **7 periodi** (da 1 a 7).
Gli elementi dei **gruppi I e II** (fatta eccezione per l'idrogeno) sono **metalli**, quelli del **gruppo VII** e alcuni del **gruppo VI** sono **non metalli** e tutti sono molto reattivi. Invece gli elementi del **gruppo VIII** (**gas inerti** o **gas nobili**) presentano grandissima inerzia chimica. Ai lati della linea a zig zag ci sono i **semimetalli**.

- Nei **periodi 4**, **5** e **6** si ritrovano gli **elementi di transizione**, in buona parte **metalli**, in parte **semimetalli**.
- Nei **periodi** (eccetto l' 1 e il 7), passando dal gruppo I al gruppo VII gli elementi mostrano proprietà che variano secondo una **legge periodica**, come il **carattere metallico che diminuisce gradualmente** fino a trasformarsi in **carattere non metallico**, per poi ricomparire e diminuire gradualmente nel periodo successivo.

Scendendo lungo un gruppo, il carattere metallico generalmente **aumenta**.

Il modello atomico a strati

Il **modello atomico a strati** è stato costruito su **base sperimentale**, misurando le **energie di ionizzazione E_i**, cioè le **energie necessarie per allontanare i singoli elettroni** da un atomo. L'analisi dei dati ha permesso di concludere che:

- intorno a un nucleo ci sono **gruppi di elettroni** (2, 8, 18, 32 ecc.), che occupano zone dette **strati**. Ogni gruppo di elettroni ha una propria **energia** (**livello energetico**), che **varia per quantità finite**, dette **quanti di energia**, in accordo con la **teoria di Bohr**.
- il **livello energetico** di un gruppo di elettroni è **tanto più elevato quanto maggiore è la sua distanza dal nucleo** e viene indicato in ordine crescente come **livello 1**, **2**, **3**, **4** ecc.

Configurazione elettronica e proprietà degli elementi

- La **configurazione elettronica di un atomo rappresenta il modo in cui gli elettroni si distribuiscono nei vari strati**. Si costruisce distribuendo gli elettroni a partire dal primo strato (livello 1) **più vicino al nucleo**, in cui ci sono al **massimo 2 elettroni**.

IN SINTESI

Si continua nel **secondo strato** (livello 2), che contiene al **massimo 8 elettroni**, e poi nel **terzo** e nel **quarto strato** (livelli 3 e 4), con un massimo di **18** e **32 elettroni**.

• Gli **elementi** dei **gruppi da I a VIII** con numero atomico **Z da 1 a 18** contengono nello **strato esterno** un numero di elettroni che va da 1 a 8, uguale perciò al numero del gruppo di appartenenza. Per gli elementi dei gruppi da I a VII questi elettroni sono detti **elettroni di valenza**, perché responsabili dei legami che un atomo può formare con altri atomi.

• Gli elementi dei **gruppi I e II**, che hanno un **basso valore dell'energia di ionizzazione** E_i, formano **cationi**, assumendo la configurazione del gas nobile più vicino nella tavola periodica e acquistando così stabilità.

• Analogamente, gli elementi del **gruppo VII** e alcuni del **VI** che hanno un'**elevata affinità elettronica** A_e, cioè una buona tendenza ad accettare elettroni, formano **anioni**.

• I cationi e gli anioni, attratti da forze elettrostatiche, si uniscono formando i **composti ionici**.

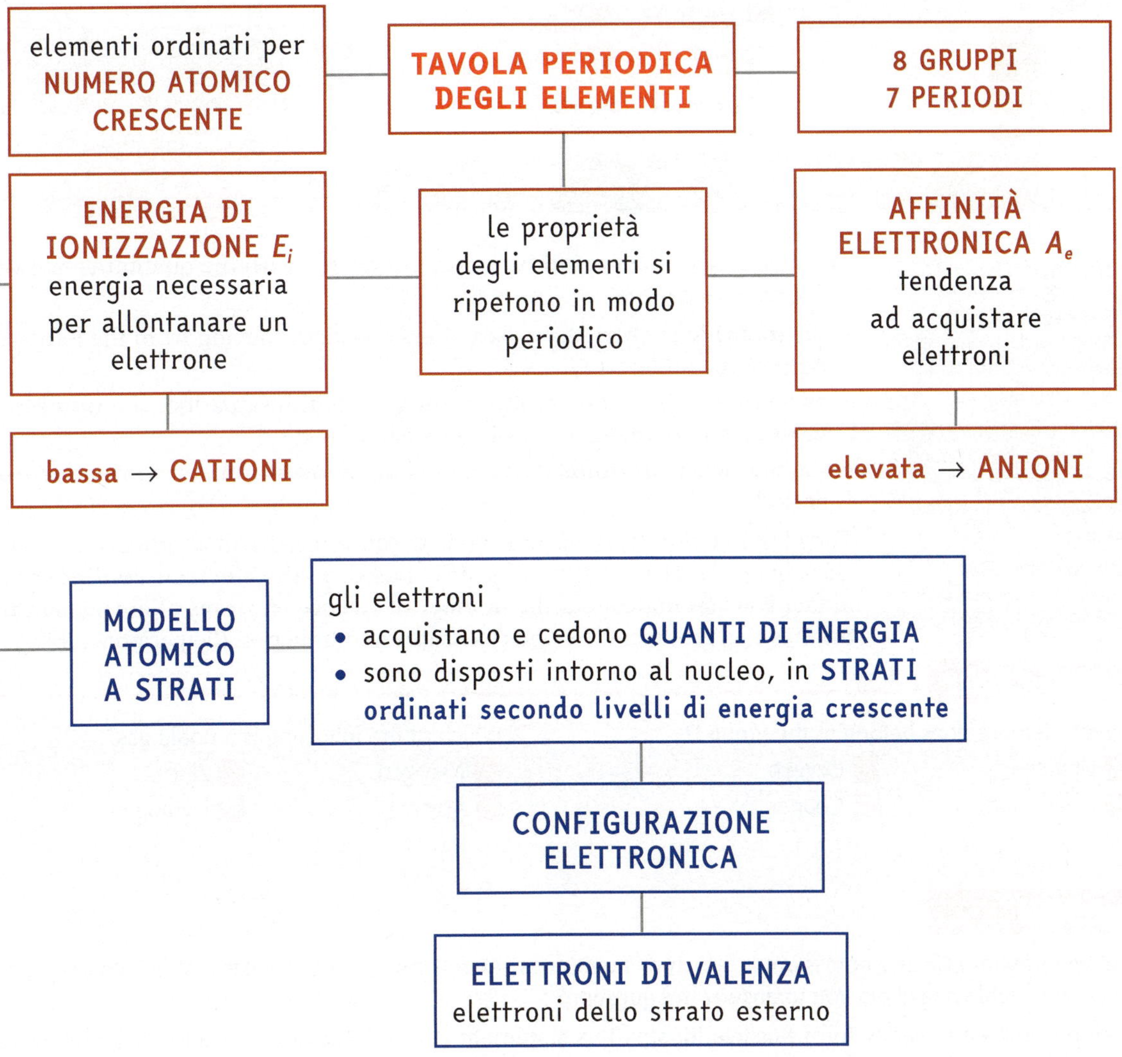

SCIENTIFIC ENGLISH

The Periodic Table

The **periodic table of the elements** is a tabular method of showing the chemical elements. Most of the work that was done to arrive at the periodic table that we know, can be attributed to a man called *Dmitri Mendeléev*.

To show the **recurring properties** of elements that he had observed, Mendeléev organized elements in columns, called **groups** and in rows called **period**.

The position occupied by an element is defined by the characteristics of that element and it is related with the periodic properties. So a kind of element can be found in a specific area of the table: all the **non-metals** are to the right of the zig-zag line drawn under the element boron. The elements that occupy the positions close to the zig-zag line are called **semimetals**. The rest of the elements are **metals**, with the exception of **hydrogen** which occurs in the first block of the table despite being a non-metal.
The modern periodic table (see excerpt above) is organized as the Mendeléev table and it is divided in eight **groups** and seven **periods**.

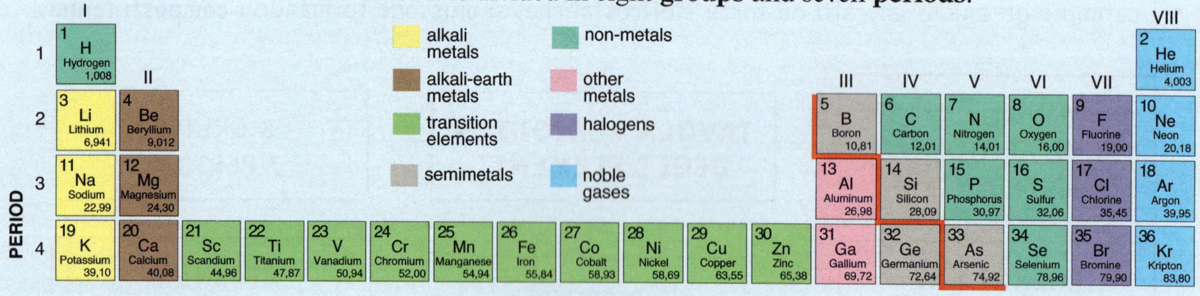

> ***Key Words***
>
> **Group** is a vertical column in the periodic table and contains the elements with the same electronic configuration.
>
> **Period** is the horizontal row in the periodic table; it shows how the periodic properties change passing by an element to the other.
>
> **Electron configuration** represents the distribution of electrons in the element shells

The meaning of the **period** is mainly connected with the qualitative periodic properties. In general:

- the **metallic feature** decreases along a period, moving from the left to the right of the table;
- as you move from one group to the next within a period, the **number of valence electrons** increases by one each time;
- the **diameter of atoms** decreases as one moves from left to right across a period.

The classification by **groups** is considered to be the most important way of classifying the elements, because it is based on the **electron configuration**: in fact you can notice that the number of valence electrons of an element that belongs to a group corresponds to its group number on the periodic table.

Multiple Choice

1 Which element does belong to the group I?
A Lithium **B** Magnesium **C** Oxygen **D** Copper

2 Which of the following is a noble gas?
A Nitrogen **B** Argon **C** Zinc **D** Hydrogen

Questions

3 Between gallium Ga and potassium K, which element does show the strongest metallic feature? Which property of periodic table does help you to answer the question?

4 Group I elements readily form positive ions: is this statement correct? Explain your answer by referring to the periodic table.

STRUMENTI PER COSTRUIRE LE COMPETENZE

ALTRI TEST

Studiando la teoria...

Completa le frasi

1 La prima formulazione di una tavola periodica degli elementi è dovuta a ....

2 Nell'attuale tavola periodica, gli elementi sono disposti in ordine di .... e sono raccolti in otto .... e in sette ....

3 Gli elementi del gruppo I, II e VII sono detti ...., ... e .... Non si trovano in natura come elementi, ma come ...., perché sono ....

4 Al crescere del numero atomico, le proprietà metalliche degli elementi dei gruppi da I a VII (trascurando gli elementi di transizione) variano in ciascun periodo (tranne che nel periodo 1), precisamente .... in modo .... Il carattere metallico è infatti una proprietà ....

5 Gli elementi di uno stesso gruppo hanno proprietà generalmente ...., ma procedendo lungo un gruppo, al crescere del numero atomico, le proprietà metalliche ....

6 Secondo il modello atomico di Rutherford gli .... sarebbero .... sul ....

7 Bohr applicò agli elettroni la teoria ...., secondo la quale l'energia viene .... o .... da un corpo in ...., dette ....

8 Secondo il modello atomico di Bohr, gli elettroni si muovono intorno al nucleo percorrendo ...., con energie .... Il concetto di "orbita" di Bohr è stato superato dal principio di .... di .... Invece il concetto della quantizzazione dell'energia è ....

9 Circa la posizione e il movimento degli elettroni si può solo affermare che esistono .... intorno al nucleo in cui .... di trovare gli elettroni è ....

10 L'energia di ionizzazione E_i è l'energia necessaria per .... un .... dal proprio .... I valori più alti di E_i competono ai ...., i valori più bassi agli elementi del gruppo ....

11 Secondo il modello atomico a strati, gli elettroni sono disposti a gruppi in zone, dette ...., a distanza dal nucleo via via .... e hanno perciò energie via via ...., definite livelli ....

12 Gli strati sono suddivisi in .... e i livelli in ...., che hanno una .... differenza di energia.

13 La configurazione elettronica degli atomi di un elemento indica .... degli elettroni dei suoi atomi negli .... e viene fatta riempiendoli secondo l'ordine ....

14 Gli elettroni di valenza sono quelli dello strato o del sottostrato .... Essi sono responsabili della valenza, cioè .... che l'atomo può formare con altri .... Il loro numero coincide con il numero d'ordine del .... di appartenenza.

15 L'affinità elettronica è l'energia .... quando un atomo .... un ....; i valori più elevati si trovano negli elementi dei gruppi .... e ....; i valori più bassi negli elementi dei gruppi .... e ....

16 Gli elementi dei gruppi I e II tendono a trasformarsi in ...., quelli del gruppo VII e alcuni del gruppo VI in ...., perché in tal modo assumono .... di un ....

17 La grande inerzia chimica degli elementi del gruppo .... è collegabile alla .... del .... o dei ....

Test vero-falso

1 Gli elementi del gruppo VII formano composti ionici con gli elementi del gruppo I. V F

2 Il sodio è presente in natura come elemento in quanto è poco reattivo. V F

3 Gli elettroni si muovono intorno al nucleo secondo traiettorie precise (orbite). V F

4 Il principio di indeterminazione di Heisenberg ha dimostrato la non validità del concetto della quantizzazione dell'energia. V F

5 Maggiore è l'energia di prima ionizzazione di un elemento, minore è la tendenza dell'atomo a trasformarsi in catione. V F

6 La configurazione elettronica è una proprietà periodica. V F

7 In un atomo gli elettroni si dispongono negli strati e nei sottostrati secondo energia crescente. V F

8 Minore è l'affinità elettronica di un elemento minore è la sua tendenza a formare anioni. V F

9 Gli elementi alcalini e alcalino-terrosi tendono a perdere gli elettroni di valenza trasformandosi in cationi, al contrario degli alogeni che possono completare lo strato di valenza formando anioni. V F

10 L'inerzia chimica dei gas nobili è collegabile alla loro configurazione elettronica che presenta strati o sottostrati completi. V F

Test a risposta multipla

Scegli la risposta o il completamento corretti.

1 Quale proprietà *non* è attribuibile ai metalli?

A Sono tutti solidi, eccetto il mercurio
B Sono buoni conduttori di elettricità
C Sono raggruppati soprattutto nel gruppo I e VII
D Sono in buona parte compresi tra gli elementi di transizione

2 Quale coppia è formata di elementi con proprietà più simili?

A Silicio e fosforo
B Silicio e carbonio
C Carbonio e azoto
D Carbonio e fosforo

3 Negli elementi del terzo periodo, dal gruppo I al gruppo VII, si verifica la diminuzione:

A del numero atomico
B della massa atomica
C del carattere non metallico
D del carattere metallico

4 Quale affermazione esprime un concetto ancora oggi valido, contenuto nel modello atomico di Bohr?

A Gli elettroni si muovono percorrendo orbite ben definite
B Gli elettroni acquistano e cedono energia per quantità finite (quanti)
C Gli elettroni possono assumere tutti i valori possibili dell'energia
D Gli elettroni si muovono percorrendo orbite circolari

5 Indica l'affermazione corretta.

A Un elettrone si muove percorrendo un'orbita intorno al proprio nucleo e perdendo via via energia
B Esiste uno spazio intorno al nucleo in cui è massima la probabilità di trovare l'elettrone
C Un elettrone viene allontanato dal proprio nucleo tanto più facilmente quanto più è vicino al nucleo
D Un elettrone ha un'energia tanto maggiore quanto più vicino è al nucleo

6 A quale elemento appartiene la configurazione X → 2, 8, 5?

A Antimonio ($Z = 51$)
B Arsenico ($Z = 33$)
C Fosforo ($Z = 15$)
D Azoto ($Z = 7$)

7 Gli elementi del gruppo VIII:

A sono liquidi alla temperatura di 18 °C e 1 atm
B hanno molecole biatomiche
C sono detti "nobili" per la loro scarsissima reattività
D presentano strati e sottostrati incompleti

8 Fra i seguenti ioni degli elementi F ($Z = 9$), Cl ($Z = 17$), Br ($Z = 35$) e I ($Z = 53$), quale ha lo stesso numero di elettroni del gas nobile Kr?

A F^-
B Br^-
C Cl^-
D I^-

9 **Quale proprietà è costante per gli elementi del gruppo VII?**

A Affinità elettronica

B Numero atomico

C Massa atomica

D Numero di elettroni nello strato di valenza

10 **Qual ione è isoelettronico dello ione Mg^{2+}?**

A Ba^{2+}

B S^{2-}

C O^{2-}

D Cl^{-}

Applica le tue conoscenze

9.2 L'attuale tavola periodica

1 Individua gli elementi che hanno i numeri atomici *Z* indicati e i gruppi della tavola periodica a cui essi appartengono.

numero atomico	elemento	gruppo
$Z = 38$		
$Z = 82$		
$Z = 13$		
$Z = 51$		
$Z = 16$		

2 Inserisci i numeri da 1 a 5 in modo da ordinare i seguenti elementi del gruppo IV in base al carattere metallico crescente:

☐ stagno ☐ silicio ☐ carbonio
☐ piombo ☐ germanio

3 Disponi in ordine di carattere metallico decrescente i seguenti elementi:

gallio calcio potassio germanio

4 Accoppia i seguenti elementi in base alla prevedibile somiglianza delle loro proprietà:

a) silicio *e*) zolfo
b) litio *f*) carbonio
c) selenio *g*) potassio
d) argento *h*) rame

a e .... *c* e ....
b e .... *d* e ....

5 Quale degli elementi del gruppo IV è presumibilmente il più duttile e malleabile e il miglior conduttore di elettricità?

6 Indica quattro elementi di transizione che abbiano caratteristiche metalliche a te note, uno dei quali è l'unico metallo che si ritrova allo stato liquido nelle condizioni ordinarie di temperatura e pressione.

7 Le proprietà chimiche di un elemento possono essere individuate approssimativamente in base alla sua posizione nei gruppi della tavola periodica. Perché?

8 Completa la tabella.

elemento	metallo	non metallo	gas nobile	gruppo
Cs				
Pb				
Ca				
O_2				
He				
Br_2				
N_2				

9 In commercio esiste un prodotto, il *gel di silice*, molto utilizzato nei laboratori, che si ritrova anche all'interno di borse, valige, nelle confezioni di cellulari, macchine fotografiche ecc. Fai una ricerca sulla composizione chimica e sulle proprietà per cui viene utilizzato.

9.3 Il modello atomico

10 A quale fisico va attribuita la teoria quantistica dell'energia, che Bohr ha applicato nel suo modello atomico?

11 È possibile applicare il principio di indeterminazione a un aereo in volo?

9.4 L'energia di ionizzazione

12 Perché l'energia di prima ionizzazione di un elemento è molto più bassa di quella relativa all'ultima ionizzazione?

13 I valori dell'energia di prima ionizzazione diminuiscono in un gruppo all'aumentare del numero atomico Z, per esempio dal litio Li ($Z = 3$) al cesio Cs ($Z = 55$). Spiega questo dato.

9.5 Il modello atomico a strati

14 Utilizzando la tavola periodica e la scala dei livelli energetici, costruisci la configurazione elettronica del cloro e del suo anione Cl^-.

1 Individua sulla tavola periodica il numero atomico dell'elemento in esame: Z = ...

2 Rispettando l'ordine di energia crescente degli elettroni, procedi nel riempimento degli strati 1, 2 ecc., ricordando che il numero massimo di elettroni che possono essere presenti negli strati da 1 a 3, è 2, 8, 18. Perciò la configurazione elettronica del cloro risulta:

Cl (Z = ...) ⟶ ....

Il suo anione ha 1 e^- in più, perciò la sua configurazione è:

Cl^- ⟶ ....

Puoi anche operare in questo secondo modo.

1 Procedendo a ritroso, cioè nel senso della diminuzione di Z, individua il gas nobile immediatamente precedente a Cl, che è Ne (Z = ...).

2 Dal momento che Cl ha 7 elettroni in più rispetto al Ne, puoi scrivere il simbolo [Ne], che rappresenta la configurazione della parte più interna dell'atomo di Cl, e aggiungere soltanto il simbolo relativo agli elettroni restanti, che occupano il terzo strato:

Cl (Z = ...) ⟶ [Ne] ....

Naturalmente per Cl^- avrai Cl^- ⟶ [Ne] ....

15 Costruisci la configurazione elettronica dello zolfo S e del suo anione S^{2-} e rappresentale anche in forma abbreviata.

16 Qual è il gruppo di appartenenza dell'elemento X che ha la configurazione elettronica X ⟶ [He] 4? Qual è il suo nome?

17 A quale gruppo della tavola periodica appartengono gli elementi che hanno 7 elettroni nello strato di valenza?

18 Costruisci la configurazione elettronica dell'azoto N e del fosforo P e indica che cosa hanno in comune e a quale gruppo appartengono.

19 Quali elementi hanno 1 elettrone nello strato di valenza?

a) calcio
b) silicio
c) litio
d) cesio
e) alluminio
f) azoto

9.6 L'affinità elettronica

20 Ritieni che l'azoto abbia un'affinità elettronica inferiore o superiore a quella del fluoro? Quale anione formerebbe l'azoto per completare lo strato di valenza?

21 L'affinità elettronica dei gas nobili è una grandezza praticamente indeterminabile. Perché?

9.7 Perché si formano gli ioni

22 Perché l'alluminio Al forma cationi Al^{3+} e non cationi Al^{2+}?

23 Lo ione magnesio e lo ione fluoruro hanno la stessa configurazione elettronica. Riporta tale configurazione. In che cosa differiscono i nuclei di questi ioni?

9.8 Una giustificazione di fatti sperimentali

24 Completa la tabella. Per ciascun elemento riporta il termine giusto tra quelli indicati nell'ultima colonna.

elemento	numero di elettroni	*MA* (u)	periodo	gruppo	atomo catione anione
	7				
	18		II		
Bi					
I^-					

25 Quale elemento, tra i gas nobili, ha gli atomi con lo stesso numero di elettroni del catione Na^+ e dell'anione F^-?

26 Quali di questi elementi, Ca, C, O, Al, Ar, S, Br formano anioni del tipo X^{2-}?

OBIETTIVO COMPETENZA

1 Un elemento X sotto forma di catione X^{3+} e un elemento Y sotto forma di anione Y^{-} presentano la stessa configurazione elettronica [He] 8. Di quali elementi si tratta?

2 A quale gruppo e a quale periodo appartiene l'elemento che è presente in tutti i composti organici? Qual è il suo nome?

3 Il bario (*MA* = 137 u) forma un composto ionico con l'ossigeno (*MA* = 16 u).
a) Scrivi il catione e l'anione che si uniscono per formare il composto.
b) Qual è il rapporto ponderale tra gli elementi Ba e O nel composto individuato?
[8,6 g Ba : 1 g O]
c) Quanti grammi di ossigeno sono combinati con 13,7 g di bario nel composto individuato?
[1,6 g]

4 Individua in ciascuna delle seguenti coppie di elementi l'atomo che presenta la maggiore energia di prima ionizzazione:
a) Si e Cl *b*) Ba e Cs *c*) O e C *d*) Br e I

5 Quale relazione esiste fra la configurazione elettronica degli elementi dei gruppi I e II e il numero d'ordine I e II di tali gruppi nella tavola periodica?

6 Indica gli ioni che si formano per reazione tra i seguenti elementi, e che unendosi formano un composto ionico:
a) $Sr + Cl_2 \longrightarrow$ .... *e*) $Ba + I_2 \longrightarrow$ ....
b) $2Cs + S \longrightarrow$ .... *f*) $Be + F_2 \longrightarrow$ ....
c) $2Na + O_2 \longrightarrow$ .... *g*) $Sr + S \longrightarrow$ ....
d) $2Li + Se \longrightarrow$ .... *h*) $Ca + Br_2 \longrightarrow$ ....

7 Il carbonio non forma composti in cui è presente come ione C^{4+} o C^{4-}. Quale ipotesi è possibile per giustificare tale fenomeno?

8 Individua l'elemento che ha 2 elettroni nello strato di valenza e numero atomico compreso tra 31 e 40.

9 Quale elemento ha 4 elettroni nello strato di valenza e un isotopo ^{28}X che contiene 14 neutroni?

10 A quale gruppo appartengono gli elementi che hanno la seguente configurazione elettronica?
a) [He] 1 *b*) [He] 6 *c*) [Ne] 2 *d*) [He] 4 *e*) [Ne] *f*) [Ne] 5

11 Quale delle seguenti configurazioni degli elementi A, B, C e D è sbagliata?
a) A (gruppo VI, periodo 2) ⟶ 2, 6
b) B (gruppo III, periodo 2) ⟶ 2, 3
c) C (gruppo II, periodo 3) ⟶ 2, 8, 2
d) D (gruppo V, periodo 3) ⟶ 2, 8, 3

12 Perché l'energia di ionizzazione dei metalli alcalini diminuisce lungo il gruppo, all'aumentare del numero atomico?

13 I tre isotopi $^{85}_{37}Rb$, $^{87}_{38}Sr$, $^{79}_{34}Se$, formano ioni isoelettronici con un gas inerte.
a) Osserva la posizione degli elementi nella tavola periodica e riporta la formula degli ioni che essi formano e del gas inerte isoelettronico.
b) Riporta il numero di protoni, di neutroni e di elettroni di ciascuno ione.

14 Per quale delle sue proprietà il cloro viene aggiunto all'acqua delle piscine?
Fai una ricerca e scrivi un breve testo che illustri i danni di cui il cloro può essere responsabile e quali altri mezzi possono essere adoperati con lo stesso scopo.

15 Un pezzo piccolissimo di un elemento del gruppo I è stato introdotto in un contenitore con acqua.
a) Di quale elemento si tratta, dal momento che un campione del metallo con massa 3,0 g occupa il volume di 3,1 cm^3 alla temperatura di 20 °C? Le densità dei metalli alcalini sono, in ordine dal litio al cesio: 0,53 g/cm^3, 0,97 g/cm^3, 0,86 g/cm^3, 1,53 g/cm^3, 1,83 g/cm^3.
b) Scrivi la reazione che avviene tra l'elemento e l'acqua e specifica se è esotermica o endotermica.
c) Se 3 mol dell'elemento reagiscono completamente con l'acqua, quanti grammi di idrogeno si sviluppano? Quante molecole? **[3 g; 1,5 × 6,02 · 10^{23} molecole]**

UNITÀ 10

Il modello atomico a orbitali

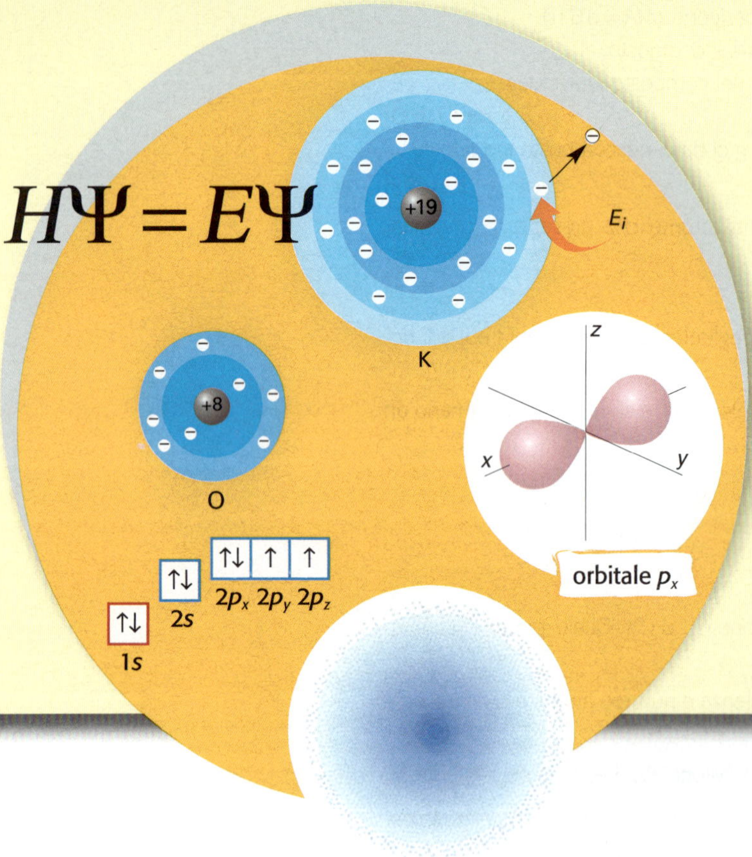

Perché?

- In che cosa il modello atomico a orbitali differisce dal modello atomico a strati?

  ....

  ....

- Come si rappresenta un atomo secondo il modello a orbitali?

  ....

  ....

- Come sono distribuiti gli elettroni di un atomo intorno al nucleo?

  ....

  ....

10.1 Come è nato il modello atomico a orbitali?

Nel **1924**, il giovane fisico francese *L. de Broglie* (1892-1987) ipotizzò che quando particelle piccole come gli elettroni si muovono intorno al nucleo, possono comportarsi come un'onda che si propaga sulla superficie dell'acqua.

De Broglie ipotizzò, cioè, che gli **elettroni** potessero comportarsi come onde e non soltanto come particelle, cioè che avessero una **natura ondulatoria**, oltre che **corpuscolare**. Egli espresse la sua ipotesi anche in termini quantitativi, affermando che a un elettrone, o a una qualunque particella di massa m che si muove con velocità v, è associata una lunghezza d'onda λ secondo la relazione:

$$\lambda = \frac{h}{m \cdot v}$$

in cui:

h è la *costante di Plank* ($h = 6{,}63 \cdot 10^{-34}$ J · s)

$m \cdot v$ è la *quantità di moto* della particella

Esperimenti successivi, eseguiti indipendentemente in Inghilterra e negli Stati Uniti, confermarono in pieno l'ipotesi di de Broglie.

Nel **1927**, il fisico tedesco *W. Heisenberg* formulò il **principio di indeterminazione**, che poneva un limite alla possibilità di determinare contemporaneamente con la stessa accuratezza la posizione e la quantità di moto di un elettrone, causando così la "caduta" del concetto di *orbita*.

Questi due avvenimenti aprirono la strada per la formulazione di un nuovo modello atomico, il **modello atomico a orbitali**, che differisce dal modello atomico a strati perché non si basa su dati sperimentali, bensì sul concetto di probabilità e su solide basi matematiche.

10.2 I presupposti su cui si basa il modello atomico a orbitali

1 Gli **elettroni** hanno una **doppia natura**, *corpuscolare e ondulatoria*, secondo quanto affermato da De Broglie.

2 *Non è possibile attribuire al movimento degli elettroni una traiettoria definita*, in base al **principio di indeterminazione**.

3 È *possibile calcolare la probabilità di trovare l'elettrone in una certa zona intorno al nucleo* per mezzo di una complessa equazione matematica, formulata dal fisico e matematico austriaco *E. Schrödinger* (1887-1961), che tiene conto della natura ondulatoria dell'elettrone (**equazione d'onda di Schrödinger**).

Con questa equazione si può ottenere la *rappresentazione grafica della zona in cui è massima la probabilità di trovare un elettrone*, che viene detta **orbitale atomico**.

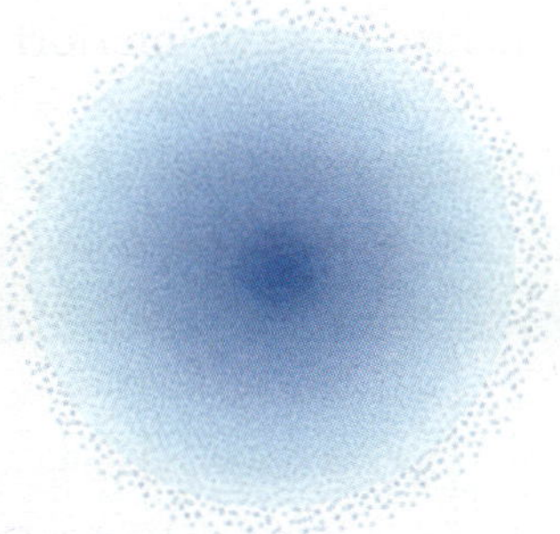

Tale rappresentazione è una *nube elettronica*, con **densità** diverse che indicano la **maggiore** o **minore probabilità** di trovare l'elettrone nei vari punti intorno al nucleo.

Generalmente, però, un orbitale viene raffigurato con **figure geometriche** delimitate da una superficie, come nel caso dell'orbitale più semplice, che è sferico.

orbitale atomico

Un **orbitale atomico** è una rappresentazione grafica della zona in cui è massima la probabilità di movimento di un elettrone e si presenta come una *nube elettronica*.

4 *Un elettrone può assumere soltanto stati energetici "permessi"*, detti **livelli energetici**, secondo il concetto della **quantizzazione dell'energia**, già espresso da Bohr. Perciò l'elettrone può passare da uno stato energetico a un altro *soltanto* se gli viene somministrata o se emette una determinata quantità di energia.

Il livello energetico di un elettrone viene associato all'orbitale che rappresenta graficamente il movimento dell'elettrone, perciò solitamente si dice che **un orbitale ha un certo livello energetico**.

Ricorda!...

L'espressione **"un orbitale ha un certo livello energetico"** si usa perché è sintetica, anche se impropria, e significa che **l'elettrone che si muove in quella regione di spazio ha un certo livello energetico.**

10.3 Orbitali e numeri quantici

Ogni orbitale è contraddistinto da tre numeri, detti **numeri quantici**, indicati con le lettere ***n***, ***ℓ*** e ***m***, che possono assumere soltanto **valori interi positivi**.

numero quantico principale

n è il **numero quantico principale** → definisce l'energia "permessa" dell'elettrone, cioè il suo **livello energetico**, e anche la sua **dimensione**.

ENERGIA

n = 1 - 2 - 3 - 4

A n = 1 corrisponde l'orbitale a cui compete l'energia più bassa possibile, cioè quella che l'elettrone assume quando si trova alla minima distanza dal nucleo. In questo caso, infatti, l'elettrone, più attratto dal nucleo, ha il più basso "grado di libertà".
Al crescere della distanza dal nucleo aumenta il "grado di libertà" e quindi l'energia dell'elettrone, e aumenta anche la dimensione dell'orbitale. I valori di n = 2, 3 ecc. indicano, perciò, energie e dimensioni crescenti dell'orbitale.

numero quantico secondario

ℓ è il **numero quantico secondario** → definisce la **forma dell'orbitale**.

Può assumere tutti i valori interi e positivi (incluso lo zero) inferiori a n: ℓ = 0, 1, 2... n − 1.

ENERGIA

n (livello energetico)	ℓ (ℓ = 0, 1, 2... n − 1) (forma dell'orbitale)	simboli e tipi di orbitali
1	0	*s* (1 tipo di orbitale)
2	0, 1	*s*, *p* (2 tipi di orbitali)
3	0, 1, 2	*s*, *p*, *d* (3 tipi di orbitali)
4	0, 1, 2, 3	*s*, *p*, *d*, *f* (4 tipi di orbitali)

Ai valori ℓ = 0, 1, 2, 3 corrispondono 4 tipi di orbitali con forme diverse, che vengono indicati, rispettivamente, con le lettere *s*, *p*, *d*, *f*. *In ogni livello energetico il numero dei tipi di orbitali possibili è uguale a quello del livello.*

m è il **numero quantico magnetico** → definisce l'**orientazione spaziale** dell'orbitale.

numero quantico magnetico

Può assumere tutti i valori compresi tra $-\ell$ e $+\ell$, compreso lo 0:
$m = -\ell..., 0, ... +\ell$.

ℓ $\ell = 0, 1, 2... n - 1$ **(forma degli orbitali)**	m $m = -\ell ..., 0, ...+\ell$ **(orientazione spaziale)**	**numero di orbitali con orientazione spaziale diversa**
0 (*s*)	**0**	**1** orbitale ***s***
1 (*p*)	**−1, 0, +1**	**3** orbitali ***p***
2 (*d*)	**−2, −1, 0, +1, +2**	**5** orbitali ***d***
3 (*f*)	**−3, −2, −1, 0, +1, +2, +3**	**7** orbitali ***f***

In base ai valori assunti da ***m***, ci sono:
- **1** orbitale ***s***,
- **3** orbitali ***p*** orientati diversamente nello spazio,
- **5** orbitali ***d*** orientati diversamente nello spazio e anche di forma diversa,
- **7** orbitali ***f*** orientati diversamente nello spazio e anche di forma diversa.

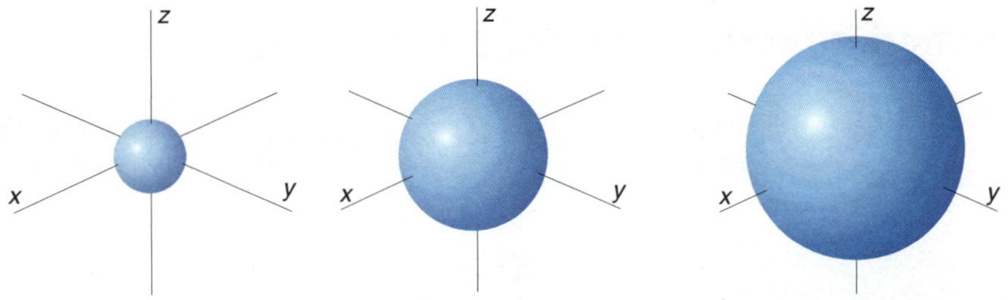

orbitale 1*s* orbitale 2*s* orbitale 3*s*

L'**orbitale *s*** è di un solo tipo. Ha una forma sferica, perché la probabilità di trovare l'elettrone non dipende dall'orientazione nello spazio, come indicato dal valore $m = 0$. Le sue **dimensioni** crescono all'aumentare del numero quantico principale.

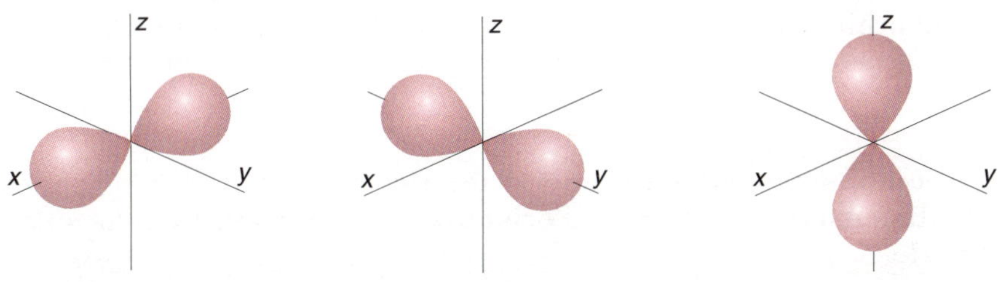

orbitale p_x orbitale p_y orbitale p_z

Gli **orbitali *p*** sono tre e hanno la forma di due lobi un po' allungati, che ricorda il numero 8. Sono indicati come p_x, p_y e p_z in quanto sono orientati nello spazio a 90° l'uno dall'altro, come i tre assi di un riferimento cartesiano *x*, *y* e *z*.

Gli orbitali *p* hanno la stessa energia, che dipende dal numero quantico principale, e quindi dalla loro distanza dal nucleo. Per esempio, gli orbitali $2p_x$, $2p_y$ e $2p_z$ hanno la stessa energia e la stessa distanza dal nucleo, entrambe inferiori all'energia e alla distanza dal nucleo degli orbitali $3p_x$, $3p_y$ e $3p_z$.

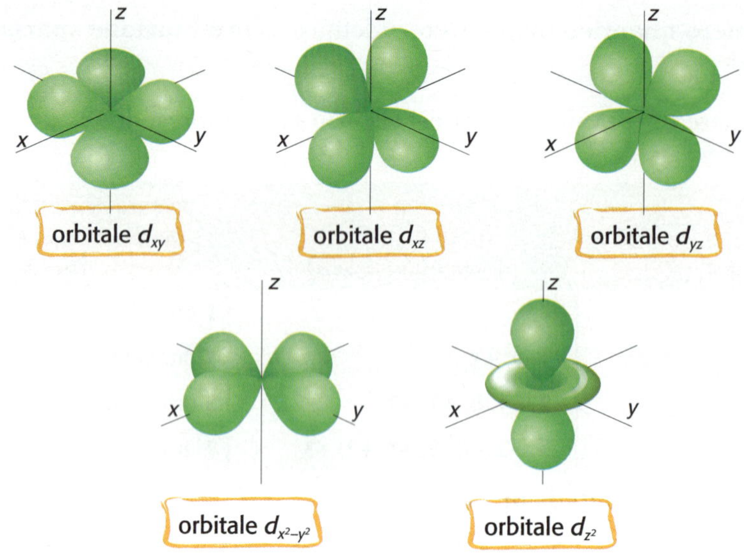

Gli **orbitali *d*** sono cinque: quattro hanno la stessa forma e una diversa orientazione nello spazio; il quinto ha una forma diversa. Hanno tutti la stessa energia che dipende dal numero quantico principale.

I numeri quantici individuano gli orbitali

n	*ℓ*	*m*	tipo di orbitale	numero e simboli degli orbitali	numero totale di orbitali
1	0	0	1*s*	1 → **1*s***	1
2	0 1	0 –1, 0, +1	2*s* 2*p*	1 → **2*s*** 3 → **$2p_x$, $2p_y$, $2p_z$**	4
3	0 1 2	0 –1, 0, +1 –2, –1, 0, +1, +2	3*s* 3*p* 3*d*	1 → **3*s*** 3 → **$3p_x$, $3p_y$, $3p_z$** 5 → **$3d_{x^2-y^2}$, $3d_{z^2}$, $3d_{yz}$, $3d_{xz}$, $3d_{xy}$**	9

Ogni orbitale è contraddistinto da una combinazione dei tre numeri quantici *n*, *ℓ*, *m* e ha un simbolo che ne specifica il **livello energetico** (e la **dimensione**), la **forma** e l'**orientazione nello spazio**.
Per gli orbitali *s*, sono indicati soltanto ***n*** ed ***ℓ***, in quanto ***m*** = 0.

individuazione di un orbitale

Una **combinazione dei 3 numeri quantici *n*, *ℓ* e *m*** definisce l'**energia** (e la **dimensione**), la **forma** e l'**orientazione nello spazio** di un singolo **orbitale**.

esempio 1

Un orbitale ha i seguenti numeri quantici: $n = 2$, $\ell = 0$ e quindi $m = 0$. Qual è il suo simbolo?

- Poiché $n = 2$, all'orbitale si assegna il livello energetico 2. Con questo numero inizia il simbolo dell'orbitale: **2**.
- I valori $\ell = 0$ e $m = 0$ individuano l'orbitale *s*, che è unico, perciò il simbolo dell'orbitale è **2*s***.

esempio 2

Quali sono i valori dei numeri quantici dell'orbitale a cui si attribuisce il simbolo $3p_x$?

- Il numero 3 indica che il livello energetico dell'elettrone è il terzo; p_x indica uno dei 3 orbitali possibili (p_x, p_y, p_z) quando $\ell = 1$. Dunque i numeri quantici principale e secondario hanno i seguenti valori: $n = 3$ e $\ell = 1$.
- Per $\ell = 1$ i valori di m sono +1, 0, −1, perciò il numero quantico magnetico è $m = +1$, $m = 0$ oppure $m = -1$.
- Gli orbitali p_x, p_y, p_z non sono distinguibili, in quanto l'assegnazione dei simboli z, y e z è arbitraria, perciò a m può essere assegnato uno dei tre valori possibili:

  $m = +1$, $m = 0$ oppure $m = -1$.

esempio 3

Indica quale orbitale ha il livello energetico più alto e la forma a doppio lobo:

$2p_x$ $2p_y$ $3p_z$ $3d_{xy}$

- Il livello energetico più alto è individuato dal valore più alto del numero quantico principale, che è **3**, ed è comune agli orbitali $3p_z$ e $3d_{xy}$.
- La forma a doppio lobo è caratteristica degli orbitali p, perciò l'orbitale richiesto è l'orbitale $3p_z$.

10.4 I livelli energetici sono divisi in sottolivelli

Gli orbitali che hanno lo stesso valore di n hanno tutti lo stesso livello energetico?
Nella scala dei livelli e sottolivelli energetici, gli orbitali con livello energetico 2, 3 e 4, pur appartenendo allo stesso livello, presentano una piccola differenza di energia.

n livello energetico	orbitali	numero e tipo di sottolivelli
4	4f 4d 4p 4s	4 (4*s*, 4*p*, 4*d*, 4*f*)
3	3d 3p 3s	3 (3*s*, 3*p*, 3*d*)
2	2p 2s	2 (2*s*, 2*p*)
1	1s	0 (1*s*)

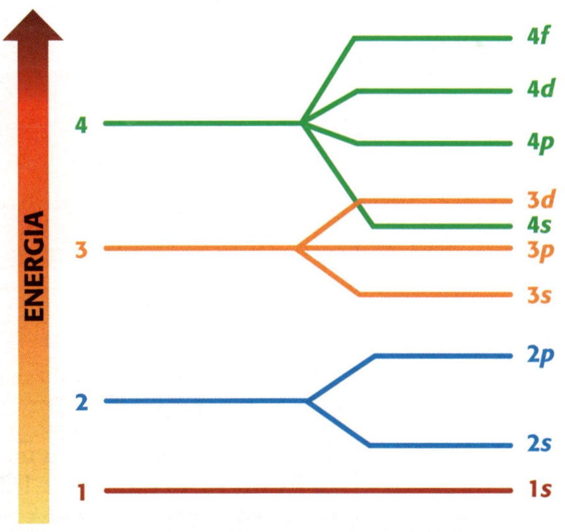

Il **livello 2** è costituito da due sottolivelli energetici, detti **sottolivello 2*s*** e **sottolivello 2*p***, perché prendono il nome dai corrispondenti orbitali. Analogamente il **livello 3** e il **livello 4** sono costituiti da **tre sottolivelli** (**3*s***, **3*p***, **3*d***) e da **quattro sottolivelli** (**4*s***, **4*p***, **4*d***, **4*f***).

In altre parole, gli orbitali 2*s* e 2*p*, pur avendo lo stesso numero quantico principale (2) hanno stati energetici leggermente diversi, corrispondenti a due sottolivelli. La stessa cosa accade per gli orbitali 3*s*, 3*p* e 3*d*, e per gli orbitali 4*s*, 4*p*, 4*d* e 4*f*.

Il **sottolivello 4*s***, pur avendo numero quantico principale 4, ha **energia leggermente inferiore a quella del sottolivello 3*d***, che ha un numero quantico principale inferiore.
Anomalie di questo genere si ritrovano anche nei livelli con energia più alta.

10.5 Come sono distribuiti gli elettroni negli orbitali?

animazione
Distribuzione degli elettroni negli orbitali

↑ ↓

Per descrivere come gli elettroni sono distribuiti negli orbitali utilizzeremo un quadratino, come simbolo dell'orbitale, e una freccia, come simbolo dell'elettrone, e ci riferiremo all'elettrone nello *stato fondamentale*, cioè non eccitato.

configurazione elettronica

La **distribuzione degli elettroni negli orbitali** rappresenta la **configurazione elettronica dell'atomo** di un elemento. Per brevità viene anche detta **configurazione elettronica dell'elemento.**

Per costruire una configurazione elettronica si procede tenendo conto di quanto segue.

1 **Un elettrone può trovarsi in un orbitale in due stati diversi**, cioè può ruotare su se stesso in verso orario oppure in verso antiorario.

numero quantico di spin

Questa possibilità viene espressa mediante un quarto numero quantico, detto **numero quantico di spin** (dal termine inglese *to spin* = ruotare), che assume soltanto due valori: **+1/2** e **–1/2**.

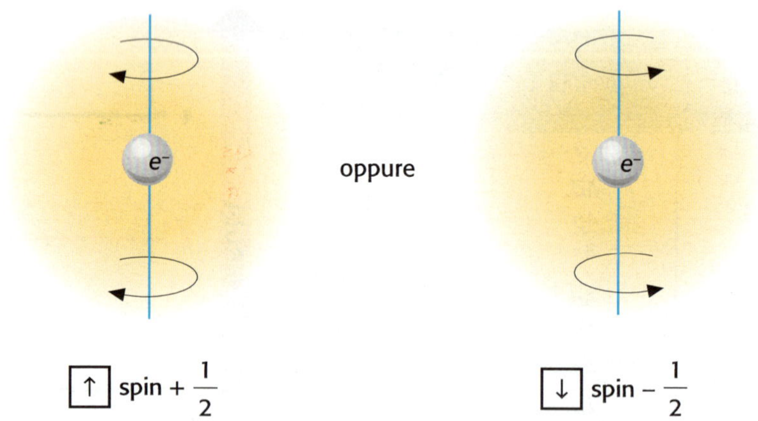

Lo spin dell'elettrone viene rappresentato con la punta della freccia rivolta in su (+1/2) o in giù (–1/2).

Ricorda!...
Lo **stato di un elettrone** è definito **dai valori di quattro numeri quantici**: *n*, *ℓ*, *m* e **+1/2** (o **–1/2**).

2 **Due elettroni possono avere soltanto tre numeri quantici uguali**, e occupare perciò lo stesso orbitale; necessariamente devono avere **spin opposto**: se un elettrone ha numero di spin –1/2 (oppure + 1/2), l'altro ha numero di spin +1/2 (oppure –1/2).

principio di esclusione di Pauli

In un atomo non possono esistere 2 elettroni con tutti e quattro i numeri quantici uguali. Questo è il **principio di esclusione di Pauli.**

Il principio di esclusione di Pauli ha un'importante conseguenza.

Un qualsiasi orbitale può essere occupato al massimo da 2 elettroni: essi hanno *spin opposto* e vengono detti **elettroni appaiati**. Un terzo elettrone avrebbe il numero di spin uguale a quello di uno degli altri due, perciò è impossibile che occupi lo stesso orbitale.

Ricorda!...

L'espressione "**un elettrone si trova in** (oppure **occupa**) **un orbitale**" non è corretta, perché un orbitale **non è un contenitore vuoto in cui va a posizionarsi l'elettrone**, bensì una rappresentazione grafica della zona in cui è massima la probabilità di trovare un elettrone; tuttavia è sintetica e comoda, e comunemente adoperata, anche in questo testo.

Il principio di Pauli ci permette di conoscere il **numero di elettroni che compete a ciascun sottolivello**.

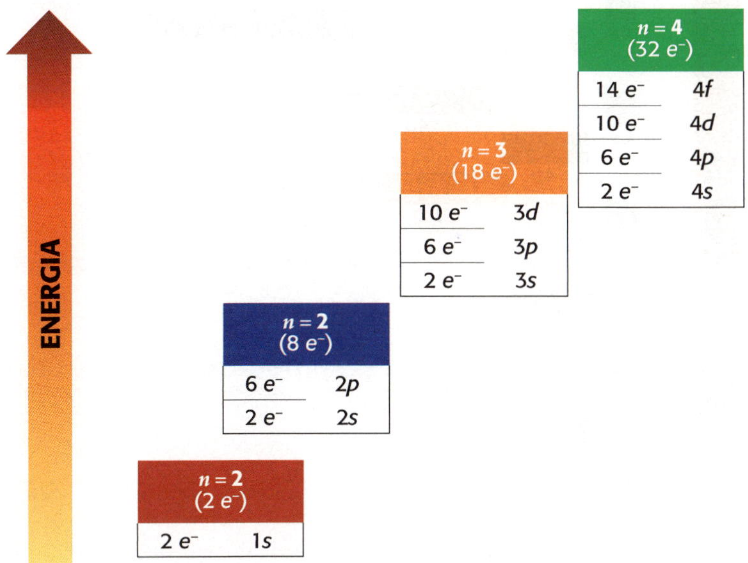

Al sottolivello *s* (1 orbitale) competono 2 soli elettroni.
Al sottolivello *p* (3 orbitali) competono al massimo $2 \times 3 = 6$ elettroni.
Ai sottolivelli *d* (5 orbitali) e *f* (7 orbitali) competono al massimo, rispettivamente, $2 \times 5 = 10$ e $2 \times 7 = 14$ elettroni.

Attraverso il numero quantico *n*, per i primi quattro livelli energetici è possibile anche conoscere il **massimo numero possibile di elettroni che competono al livello *n***, con la semplice espressione:

$$2 \cdot n^2$$

Vale a dire:

per $n = 1 \rightarrow 2\ e^-$
per $n = 2 \rightarrow 8\ e^-$
per $n = 3 \rightarrow 18\ e^-$
per $n = 4 \rightarrow 32\ e^-$

3

A parità di energia, gli elettroni occupano il maggior numero di orbitali possibile, con lo stesso numero quantico di spin, cioè con **spin paralleli**. Questa è la **regola di Hund**.

regola di Hund

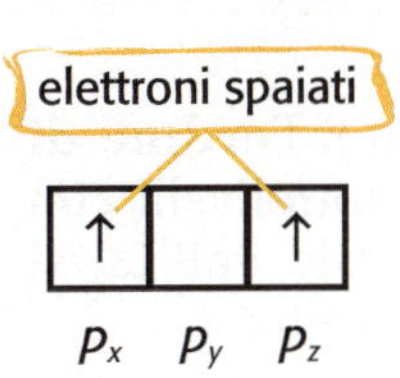

Per esempio, 2 elettroni del sottolivello *p*, che comprende i tre orbitali p_x, p_y e p_z di uguale energia, occupano separatamente due qualsiasi di essi, con lo stesso numero di spin (+1/2 oppure −1/2); questi elettroni sono detti *elettroni spaiati* o *disaccoppiati*.

4

principio dell'Aufbau

Gli elettroni occupano gli orbitali gradualmente, seguendo la scala delle energie. Questo è il **principio dell'Aufbau**.

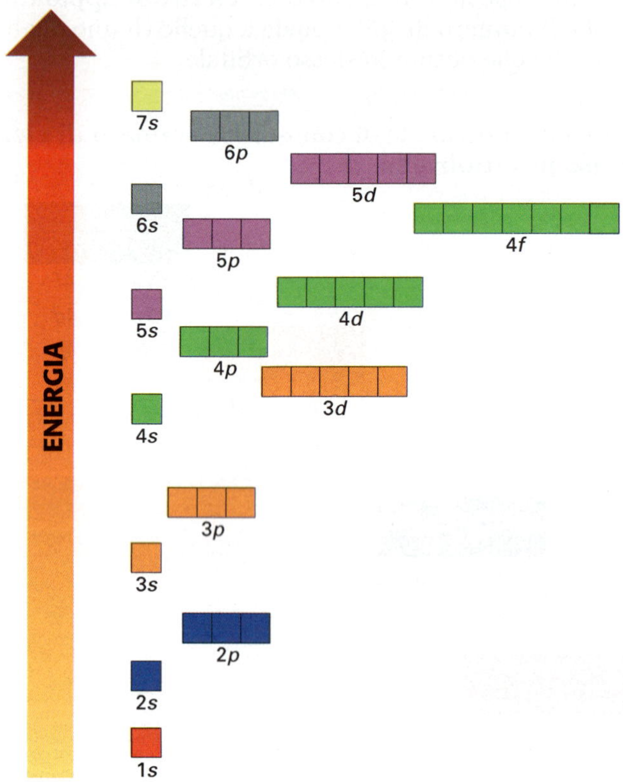

Partendo dal primo, che occupa l'1*s*, gli elettroni successivi si dispongono via via negli orbitali con energia più bassa possibile, rispettando il principio di Pauli e la regola di Hund. Nella scala delle energie riportate, compaiono anche orbitali con numero quantico principale 5, 6 e 7, allo scopo di evidenziare la frequenza con cui si ritrovano le anomalie del tipo descritto per gli orbitali 4*s* e 3*p*.

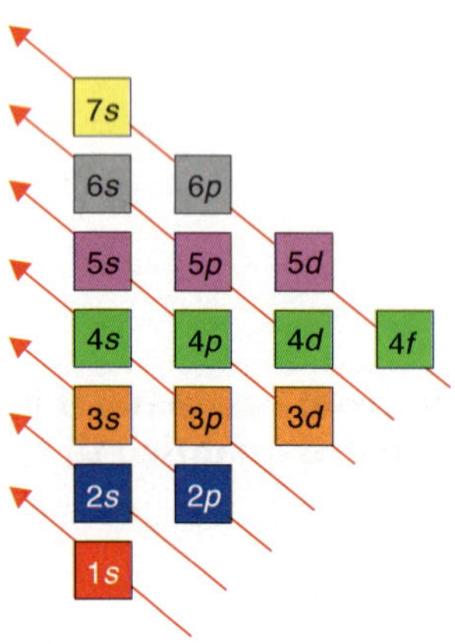

Per ricordare l'ordine delle energie degli orbitali, e quindi l'**ordine di riempimento**, basta disporre in colonne separate i vari sottolivelli con numero quantico *n* crescente (da 1 a 7); poi, cominciando dall'1*s*, si seguono le frecce iniziando dalla coda e procedendo verso l'alto.

10.6 Costruiamo la configurazione elettronica di un atomo

Come si costruisce la configurazione elettronica di un atomo, per esempio dell'**atomo di ossigeno**?
Secondo il principio dell'Aufbau, immaginiamo il processo con cui "si formano le nubi elettroniche" intorno al nucleo dell'atomo di ossigeno (***Z*** **= 8**), riempiendo progressivamente gli orbitali con gli 8 elettroni secondo la scala delle energie crescenti. In questo modo si ottiene la configurazione elettronica dell'**atomo** nel suo **stato fondamentale**.

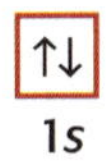

- I primi due elettroni dell'ossigeno occupano l'orbitale più vicino al nucleo, che ha quindi l'energia più bassa, cioè l'orbitale 1s. Nel rispetto del principio di Pauli, hanno spin opposto e quindi sono elettroni appaiati.

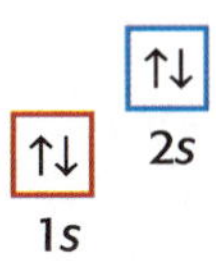

- Il terzo e il quarto elettrone dell'ossigeno occupano l'orbitale $2s$, che ha l'energia immediatamente superiore all'energia dell'orbitale $1s$. Naturalmente anch'essi hanno spin opposti e sono perciò elettroni appaiati.

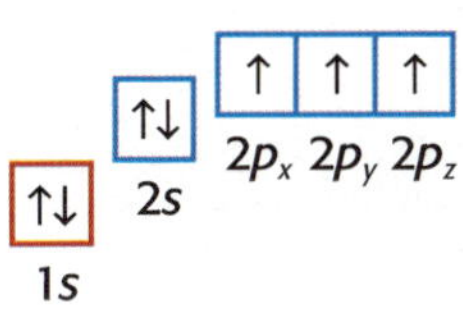

- Gli orbitali $2p_x$, $2p_y$ e $2p_z$, che hanno energia leggermente maggiore dell'orbitale $2s$, vengono occupati dal quinto, dal sesto e dal settimo elettrone dell'ossigeno, che si distribuiscono singolarmente e con spin paralleli secondo la regola di Hund, in quanto hanno la stessa energia.

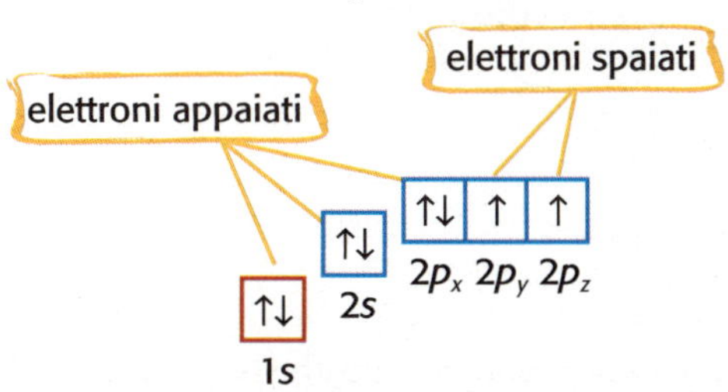

- L'ultimo elettrone dell'ossigeno, l'ottavo, occupa uno qualsiasi dei tre orbitali $2p$, per esempio il $2p_x$, perché hanno la stessa energia.

In definitiva, un **atomo di ossigeno** presenta il primo livello completo (con 2 elettroni) e il secondo incompleto (con 6 elettroni), 3 coppie di elettroni appaiati (negli orbitali $1s$, $2s$ e $2p_x$) e altri due elettroni spaiati (negli orbitali $2p_y$ e $2p_z$).

La configurazione elettronica dell'atomo di ossigeno (e di ogni altro atomo) può essere espressa anche con questi simbolismi molto semplici:

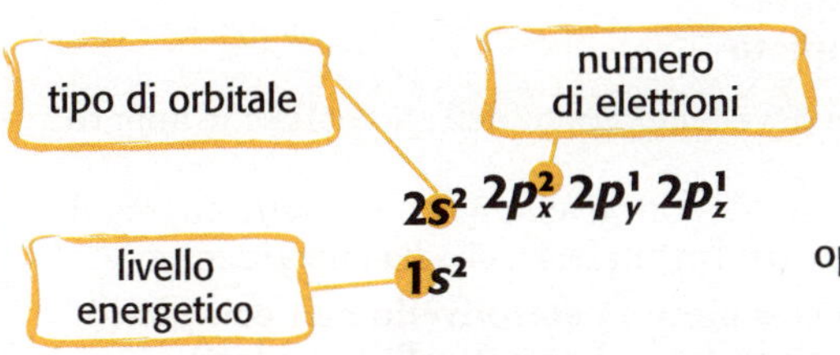

oppure

$$1s^2\ 2s^2\ 2p_x^2\ 2p_y^1\ 2p_z^1$$

$$1s^2\ 2s^2\ 2p^4$$

Il numero iniziale indica il livello di energia ed è seguito dal simbolo dell'orbitale occupato. Il numero a esponente del simbolo dell'orbitale indica il numero di elettroni che lo occupano.
Ancora più semplicemente, la configurazione elettronica dell'ossigeno si rappresenta senza specificare la posizione degli elettroni nei tre orbitali p.

esempio 1

Scrivi la configurazione elettronica:

1. dell'atomo di cloro ($Z = 17$)
2. dello ione cloruro Cl^-.

1. I primi due elettroni dell'atomo di cloro si dispongono nell'orbitale con la più bassa energia, che è l'1*s*:

$1s^2$ **livello completo**

Il livello 2, che comprende l'orbitale 2*s* e i tre orbitali $2p_x$, $2p_y$ e $2p_z$, può contenere 8 elettroni, perciò viene completato da altri 8 elettroni del cloro:

$2s^2\ 2p_x^2\ 2p_y^2\ 2p_z^2$ **livello completo**
$1s^2$ **livello completo**

Il livello 3 comprende un orbitale 3*s*, tre orbitali *p* e cinque orbitali *d*, con un numero massimo di 18 elettroni.
L'11° e il 12° elettrone del cloro occupano l'orbitale 3*s*; gli ultimi 5 elettroni occupano i tre orbitali *p*, che hanno energia immediatamente superiore all'orbitale 3*s*, perciò un elettrone resta spaiato.
Gli orbitali *d* non rientrano nella configurazione elettronica del cloro; perciò il livello 3 non è completo:

$3s^2\ 3p_x^2\ 3p_y^2\ 3p_z^1$ **livello non completo (1 sottolivello completo)**
$2s^2\ 2p_x^2\ 2p_y^2\ 2p_z^2$ **livello completo**
$1s^2$ **livello completo**

Scritta in maniera sintetica, la configurazione del cloro è:

$1s^2\ 2s^2\ 2p^6\ 3s^2\ 3p^5$

2. Lo ione cloruro Cl^- ha 18 elettroni, quindi il 18° elettrone completa il sottolivello 3*p* occupando l'orbitale $3p_z$ che nell'atomo di cloro è semipieno:

$3s^2\ 3p_x^2\ 3p_y^2\ 3p_z^2$ **livello non completo (2 sottolivelli completi)**
$2s^2\ 2p_x^2\ 2p_y^2\ 2p_z^2$ **livello completo**
$1s^2$ **livello completo**

Sinteticamente:

$1s^2\ 2s^2\ 2p^6\ 3s^2\ 3p^6$

esempio 2

Individua a quale elemento appartiene l'atomo che ha i livelli 1 e 2 completi e altri 9 elettroni nel livello 3 e scrivine la configurazione elettronica.

- Al livello 1 compete 1 solo orbitale e quindi **2 elettroni**.
- Il livello 2 è costituito dai due sottolivelli 2*s* e 2*p*, e quindi dai 4 orbitali 2*s*, $2p_x$, $2p_y$ e $2p_z$, che contengono **8 elettroni**.
- Complessivamente i livelli 1 e 2 contengono 10 elettroni, che aggiunti agli altri 9 del livello 3 danno un risultato di **19 elettroni**.

L'elemento che ha numero atomico $Z = 19$ è il **potassio K**.

- La configurazione elettronica di questo atomo prevede il riempimento completo dei primi due livelli con 10 elettroni:

$2s^2\ 2p_x^2\ 2p_y^2\ 2p_z^2$ **livello completo**
$1s^2$ **livello completo**

- La distribuzione degli altri 9 elettroni deve tener conto dell'anomalia che appare nella scala dell'energia per il livello 3.

Il sottolivello 3*s* si riempie con 2 elettroni e il sottolivello 3*p* con 6 elettroni, ma il 19° elettrone non occupa l'orbitale 3*d*, bensì l'orbitale 4*s*, che ha energia minore:

$4s^1$ **livello non completo (1 sottolivello non completo)**
$3s^2\ 3p_x^2\ 3p_y^2\ 3p_z^2$ ~~3d~~ **livello non completo (2 sottolivelli completi)**
$2s^2\ 2p_x^2\ 2p_y^2\ 2p_z^2$ **livello completo**
$1s^2$ **livello completo**

Sinteticamente:

$1s^2\ 2s^2\ 2p^6\ 3s^2\ 3p^6\ 4s^1$

10.7 Configurazione elettronica degli elementi dei periodi 1, 2, 3

	elemento	orbitali atomici									configurazione elettronica	notazione abbreviata
		1*s*	2*s*	$2p_x$	$2p_y$	$2p_z$	3*s*	$3p_x$	$3p_y$	$3p_z$		
periodo 1	H ($Z = 1$)	↑									$1s^1$	
	He ($Z = 2$)	↑↓									$1s^2$	
											livello 1 completo	
periodo 2	Li ($Z = 3$)	↑↓	↑								$1s^2\ 2s^1$	[He] $2s^1$
	Be ($Z = 4$)	↑↓	↑↓								$1s^2\ 2s^2$	[He] $2s^2$
	B ($Z = 5$)	↑↓	↑↓	↑							$1s^2\ 2s^2\ 2p^1$	[He] $2s^2\ 2p^1$
	C ($Z = 6$)	↑↓	↑↓	↑	↑						$1s^2\ 2s^2\ 2p^2$	[He] $2s^2\ 2p^2$
	N ($Z = 7$)	↑↓	↑↓	↑	↑	↑					$1s^2\ 2s^2\ 2p^3$	[He] $2s^2\ 2p^3$
	O ($Z = 8$)	↑↓	↑↓	↑↓	↑	↑					$1s^2\ 2s^2\ 2p^4$	[He] $2s^2\ 2p^4$
	F ($Z = 9$)	↑↓	↑↓	↑↓	↑↓	↑					$1s^2\ 2s^2\ 2p^5$	[He] $2s^2\ 2p^5$
	Ne ($Z = 10$)	↑↓	↑↓	↑↓	↑↓	↑↓					$1s^2\ 2s^2\ 2p^6$	[He] $2s^2\ 2p^6$
											livelli 1 e 2 completi	
periodo 3	Na ($Z = 11$)	↑↓	↑↓	↑↓	↑↓	↑↓	↑				$1s^2\ 2s^2\ 2p^6\ 3s^1$	[Ne] $3s^1$
	Mg ($Z = 12$)	↑↓	↑↓	↑↓	↑↓	↑↓	↑↓				$1s^2\ 2s^2\ 2p^6\ 3s^2$	[Ne] $3s^2$
	Al ($Z = 13$)	↑↓	↑↓	↑↓	↑↓	↑↓	↑↓	↑			$1s^2\ 2s^2\ 2p^6\ 3s^2\ 3p^1$	[Ne] $3s^2\ 3p^1$
	Si ($Z = 14$)	↑↓	↑↓	↑↓	↑↓	↑↓	↑↓	↑	↑		$1s^2\ 2s^2\ 2p^6\ 3s^2\ 3p^2$	[Ne] $3s^2\ 3p^2$
	P ($Z = 15$)	↑↓	↑↓	↑↓	↑↓	↑↓	↑↓	↑	↑	↑	$1s^2\ 2s^2\ 2p^6\ 3s^2\ 3p^3$	[Ne] $3s^2\ 3p^3$
	S ($Z = 16$)	↑↓	↑↓	↑↓	↑↓	↑↓	↑↓	↑↓	↑	↑	$1s^2\ 2s^2\ 2p^6\ 3s^2\ 3p^4$	[Ne] $3s^2\ 3p^4$
	Cl ($Z = 17$)	↑↓	↑↓	↑↓	↑↓	↑↓	↑↓	↑↓	↑↓	↑	$1s^2\ 2s^2\ 2p^6\ 3s^2\ 3p^5$	[Ne] $3s^2\ 3p^5$
	Ar ($Z = 18$)	↑↓	↑↓	↑↓	↑↓	↑↓	↑↓	↑↓	↑↓	↑↓	$1s^2\ 2s^2\ 2p^6\ 3s^2\ 3p^6$	[Ne] $3s^2\ 3p^6$
											livelli 1 e 2 completi sottolivelli 3*s* e 3*p* completi	

La **configurazione elettronica** riportata riguarda gli **atomi nel loro stato fondamentale**, che può anche non ritrovarsi quando gli atomi sono legati ad altri atomi o quando si trovano in uno *stato eccitato*. Nella notazione abbreviata, i simboli dei gas nobili [He] e [Ne] sostituiscono la configurazione elettronica della parte più interna dell'atomo.

Dalla tabella emergono alcune **analogie con il modello atomico a strati**.

1 Gli elementi del **periodo 1** presentano un riempimento graduale dell'orbitale 1*s*. Negli elementi dei **periodi 2** e **3**, il riempimento graduale riguarda, rispettivamente, gli orbitali 2*s* e 2*p* e gli orbitali 2*s*, 2*p*, 3*s* e 3*p*.

2 Gli elementi del **periodo 2** (da Li a F) e del **periodo 3** (da Na a Cl) presentano nel livello esterno (*livello di valenza*) un numero di elettroni (da 1 a 7), uguale al numero del gruppo a cui appartengono. Questi elettroni (*elettroni di valenza*) sono responsabili della **valenza**, cioè dei legami che l'atomo può formare.

3 I **gas nobili elio He** e **neo Ne** presentano rispettivamente il livello 1 e i livelli 1 e 2 completi, e quindi una grande inerzia chimica. L'**argo Ar**, oltre ai livelli 1 e 2 pieni, presenta soltanto i sottolivelli 3*s* e 3*p* completi, quindi non completa il livello 3; tuttavia, avendo un ottetto di elettroni negli orbitali più esterni (3*s* e 3*p*) mostra la stessa inerzia chimica degli altri due gas nobili.

10.8 Gli orbitali ibridi

Gli orbitali descritti finora non sono gli unici. Ci sono altri orbitali, ottenuti da una *combinazione matematica* di alcuni degli orbitali precedenti che fanno parte del livello esterno (*livello di valenza*). Tale combinazione è detta **ibridazione** o **ibridizzazione**. L'ibridazione giustifica in pieno alcune proprietà dei composti, come, per esempio, la forma della molecola del metano, che non troverebbe giustificazione nella configurazione elettronica del carbonio prevista dal principio dell'Aufbau.

ibridazione e orbitali ibridi

L'**ibridazione** (o **ibridizzazione**) è una operazione matematica con cui vengono combinati alcuni orbitali del livello di valenza, che hanno energia poco diversa. I nuovi orbitali risultanti, detti **orbitali ibridi**, sono identici tra loro e perciò hanno la **stessa energia.** L'energia e la forma degli orbitali ibridi dipendono dal tipo e dal numero di orbitali che fanno parte della combinazione matematica.

Le ibridazioni più frequenti sono tre.

1 **Ibridazione sp^3**. Il simbolo sp^3 indica che in questo tipo di ibridazione la combinazione matematica riguarda **un orbitale *s*** e **tre orbitali *p*** del livello di valenza.

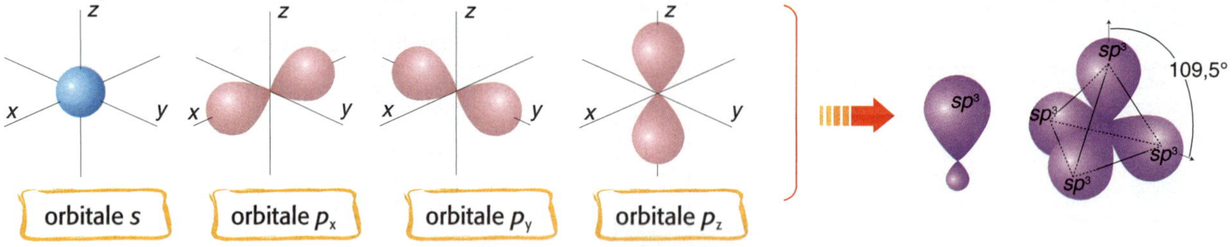

La **forma** dell'**orbitale ibrido** sp^3 è a doppio lobo, come gli orbitali *p*, ma un lobo è molto più grande dell'altro, e generalmente viene rappresentato da solo per rendere più chiara la figura. I **quattro orbitali ibridi sp^3** sono uguali e diretti verso i vertici di un **tetraedro regolare**, formando perciò tra loro **angoli di 109,5°**.

orbitali ibridi sp^3

I quattro **orbitali ibridi sp^3** sono equivalenti per forma ed energia e formano angoli di 109,5°.

2 **Ibridazione sp^2**. Nell'**ibridazione sp^2** si combinano **un orbitale *s*** e **due orbitali *p***.

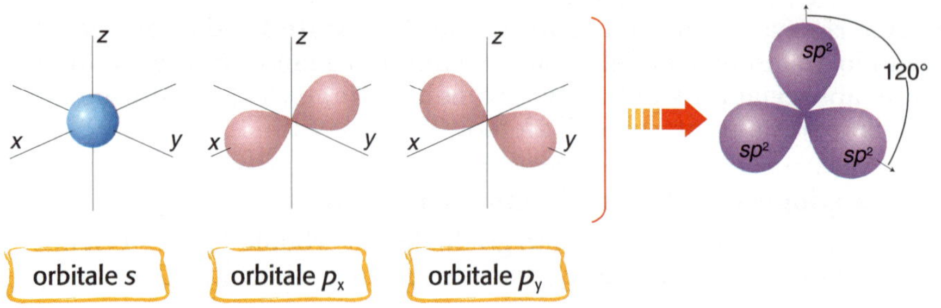

I **tre orbitali ibridi sp^2** risultanti sono uguali e orientati in modo da formare **angoli di 120°**. Anch'essi hanno forma a doppio lobo e vengono rappresentati riportando soltanto il lobo più grande.

orbitali ibridi sp^2

I tre **orbitali ibridi sp^2** sono equivalenti per forma ed energia e formano angoli di 120°.

3 Ibridazione *sp*. Nell'**ibridazione *sp*** si combinano **un orbitale *s*** e **un orbitale *p*.**

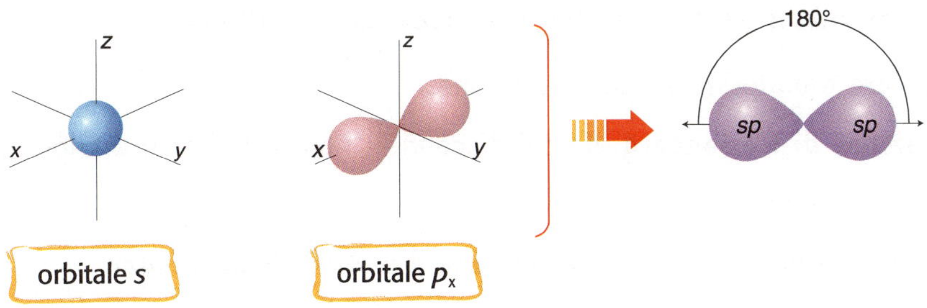

I **due orbitali ibridi *sp*** sono uguali, a doppio lobo e rappresentati con uno solo, e formano un **angolo di 180°**.

I due **orbitali ibridi *sp*** sono equivalenti per forma ed energia e formano un angolo di 180°.

orbitali ibridi *sp*

Gli orbitali ibridi si ritrovano negli atomi di molti elementi. In particolare, l'atomo di **carbonio C** presenta tutti i tre tipi di ibridazione.

L'**ibridazione *sp*³** si ritrova nell'**atomo di carbonio C** del metano CH_4 e di quasi tutti i **composti organici**.

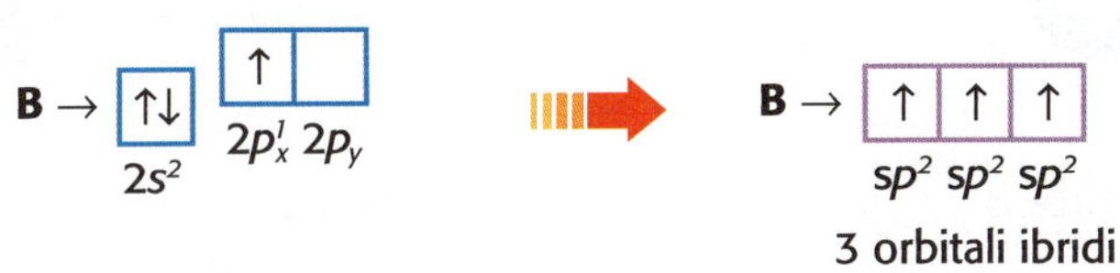

Un esempio di **ibridazione *sp*²** si ritrova nell'**atomo di boro B** del tricloruro di boro BCl_3.

Nell'**atomo di berillio Be** del dicloruro di berillio $BeCl_2$ si ha l'**ibridazione *sp*.**

Ricorda!...

Talvolta, nel linguaggio comune si usa l'espressione **"mescolamento di orbitali"**, per indicare l'ibridazione. Naturalmente, tale mescolamento è matematico e quindi non è un reale fenomeno fisico.

Ricorda!...

Alle **ibridazioni** partecipano anche orbitali, come gli orbitali 2*p*, che non rientrano nella configurazione dell'atomo allo stato fondamentale.

IN SINTESI

PER LA DIDATTICA INCLUSIVA

I presupposti su cui si basa il modello atomico a orbitali

- La doppia natura, corpuscolare e ondulatoria, dell'elettrone.
- Il **principio di indeterminazione di Heisenberg**, da cui discende l'impossibilità di attribuire al movimento degli elettroni una traiettoria definita.
- La possibilità di ottenere matematicamente, con l'**equazione d'onda di Schrödinger**, una rappresentazione grafica della **zona** in cui è **massima** la **probabilità di movimento di un elettrone**, detta **orbitale atomico**.
- La **quantizzazione dell'energia**, concetto già espresso da Bohr, secondo cui un elettrone può assumere soltanto stati energetici "permessi", detti **livelli energetici**. L'espressione "livello energetico" viene solitamente attribuito all'orbitale in cui si trova l'elettrone.

Livelli energetici e sottolivelli

Un orbitale viene indicato con un **numero**, che definisce il suo **livello energetico** (**1**, **2**, **3**, **4** ecc.), e con una **lettera** (*s*, *p*, *d*, *f*) che definisce la sua **forma**. La sua **orientazione spaziale** è indicata da altre lettere messe a pedice, tranne per l'orbitale *s* che è sferico.

La **forma** degli orbitali è:

- **sferica** → **orbitali *s***;
- **a doppio lobo** → **orbitali *p***, che sono **3**, hanno uguale energia e sono orientati nello spazio a 90° l'uno rispetto all'altro (p_x, p_y e p_z);

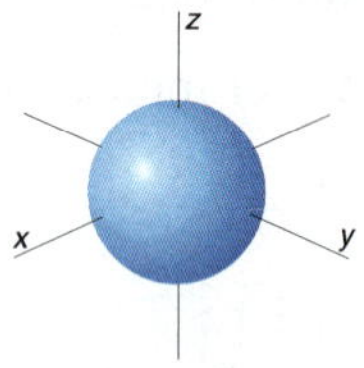

orbitale *s*

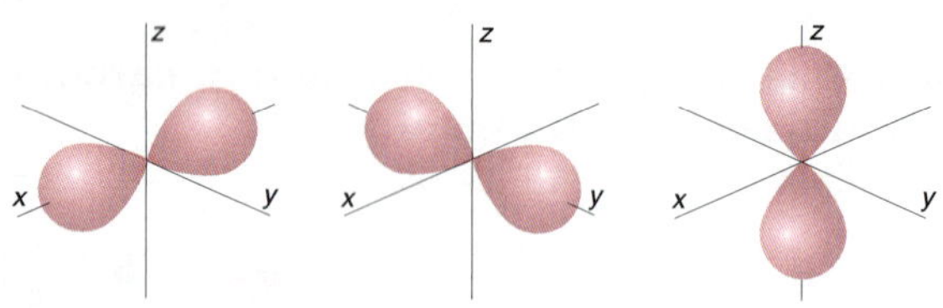

orbitali *p*

- **forme più complesse** → **orbitali *d***, che sono **5** (di uguale energia), e **orbitali *f***, che sono **7** (di uguale energia).

Gli orbitali con lo stesso livello energetico (2 o 3 oppure 4) presentano una piccola differenza di energia, perciò i livelli si suddividono in **sottolivelli**:

- **livello 2 → 2 sottolivelli (2*s*, 2*p*)**
- **livello 3 → 3 sottolivelli (3*s*, 3*p*, 3*d*)**
- **livello 4 → 4 sottolivelli (4*s*, 4*p*, 4*d*, 4*f*)**.

Come sono distribuiti gli elettroni in un atomo?

La **distribuzione degli elettroni negli orbitali** rappresenta la **configurazione elettronica dell'atomo** di un elemento.

IN SINTESI

Per costruirla si devono rispettare i seguenti criteri.

- Un qualsiasi orbitale può essere occupato al massimo da **2 elettroni**, uno dei quali ruota su se stesso in verso orario, l'altro in verso antiorario, detti perciò **elettroni appaiati**.
- A parità di energia, gli elettroni occupano il maggior numero di orbitali possibile e sono detti **elettroni spaiati**.
- Gli **elettroni occupano gli orbitali** gradualmente, **seguendo la scala delle energie**. Quindi per il **riempimento degli orbitali** si comincia dall'**1*s***, poi si seguono le frecce iniziando dalla coda e procedendo verso l'alto.

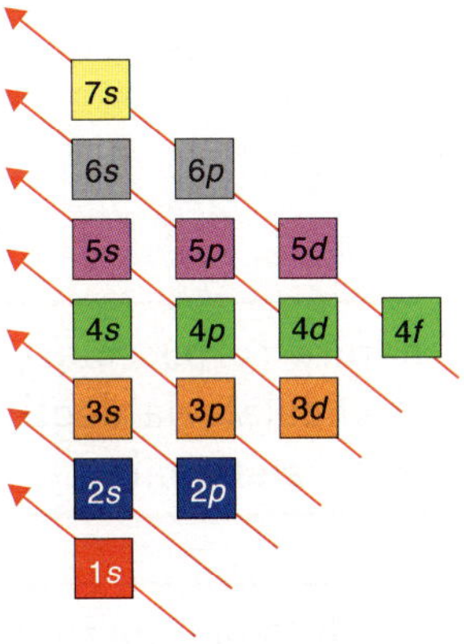

Per esempio, la configurazione elettronica dell'**atomo di ossigeno** è: $1s^2\ 2s^2\ 2p_x^2\ 2p_y^1\ 2p_z^1$ oppure $1s^2\ 2s^2\ 2p^4$.

Il massimo numero possibile di elettroni che occupano un livello *n* è dato dall'espressione: $2 \cdot n^2$, per *n* da 1 a 4.

Attraverso il riempimento graduale degli orbitali si nota che:

- gli elementi del **periodo 2** (da Li a F) e del **periodo 3** (da Na a Cl) presentano nel livello esterno (**livello di valenza**) un **numero di elettroni** (da 1 a 7), **uguale al numero del gruppo** a cui appartengono. Questi elettroni (**elettroni di valenza**) sono responsabili della **valenza**, cioè dei **legami che l'atomo può formare**;
- i **gas nobili elio He** e **neo Ne** presentano rispettivamente il livello 1 e i livelli 1 e 2 completi, e quindi una grande inerzia chimica. L'**argo Ar** non completa il livello 3, ma ha un ottetto di elettroni negli orbitali più esterni (3*s* e 3*p*), perciò ha la stessa inerzia chimica degli altri due gas nobili.

Gli orbitali ibridi

Gli **orbitali ibridi** sono così detti perché ottenuti da una **combinazione matematica**, detta **ibridazione**, di altri orbitali.

Gli orbitali ibridi più frequenti sono:

- **orbitali ibridi sp^3** → combinazione matematica di **1 orbitale *s*** e **3 orbitali *p***. Gli orbitali sp^3 sono 4, con forma a doppio lobo, uguale energia e diretti verso i vertici di un **tetraedro regolare**, formando perciò **angoli di 109,5°**. Questa ibridazione è molto frequente nell'atomo di carbonio.

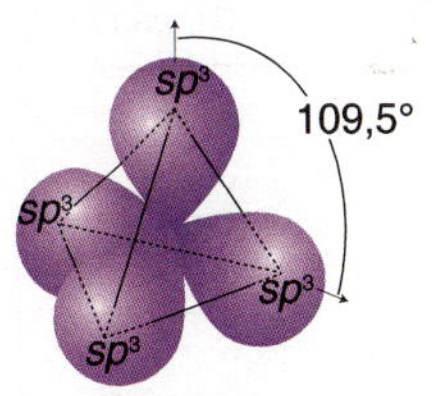

orbitali ibridi sp^3

- **orbitali ibridi sp^2** → combinazione di **1 orbitale *s*** e **2 orbitali *p***; sono 3, con forma a doppio lobo, uguale energia e orientati in modo da formare **angoli di 120°**.

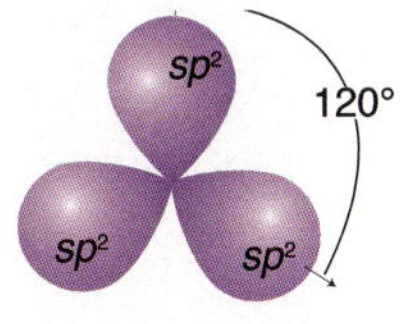

orbitali ibridi sp^2

IN SINTESI

• **orbitali ibridi *sp*** → combinazione di **1 orbitale s** e **1 orbitale *p***; sono 2, con forma a doppio lobo, uguale energia e allineati, così da formare un **angolo di 180°**.

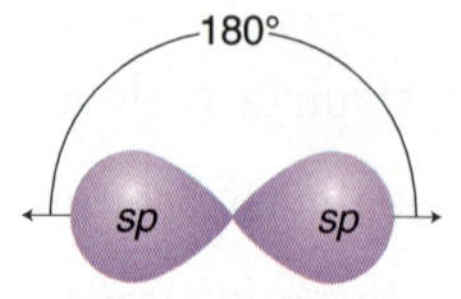

orbitali ibridi *sp*

MODELLO ATOMICO A ORBITALI

natura corpuscolare e ondulatoria degli elettroni

gli elettroni possono assumere soltanto stati energetici permessi: **LIVELLI ENERGETICI**

è possibile calcolare la probabilità di trovare l'elettrone in una certa zona intorno al nucleo

FORMA *s*, *p*, *d*, *f* E ORIENTAZIONE SPAZIALE p_x, p_y, p_z

ORBITALE
regione di spazio in cui è massima la probabilità di trovare un elettrone

LIVELLO ENERGETICO
n = 1, 2, 3, 4 .....

ORBITALI IBRIDI
sp^3 sp^2 sp
combinazione matematica di altri orbitali

$2 \cdot n^2$
numero massimo di elettroni che occupano un livello energetico n

ogni orbitale contiene un massimo di **2 elettroni appaiati**

a parità di energia, gli elettroni occupano il maggior numero di orbitali **elettroni spaiati**

CONFIGURAZIONE ELETTRONICA
gli elettroni occupano gli orbitali seguendo la scala delle energie

SCIENTIFIC ENGLISH

The Orbitals

Within each energy level, the electrons move in **orbitals**. An orbital defines the spaces or regions where electrons move.
There are different orbital shapes: these are the *s*, *p*, *d* and *f*.
The first energy level contains only one *s* orbital. The second energy level contains one *s* orbital and three *p* orbitals and the third energy level contains one *s* orbital, three *p* orbitals and five *d* orbitals.
Within each energy level, the *s* orbital is at a lower energy than the *p* orbitals. When we want to show how electrons are arranged in an atom, we need to remember the following principles:

- each orbital can only hold two electrons. Electrons that occur together in an orbital are called an **electron pair**. These electrons have spin in opposite directions around their own axes;
- an electron will always fill an orbital with the lowest possible energy;
- an electron will occupy an orbital on its own, rather than share an orbital with another electron. An electron would also rather occupy a lower energy orbital with another electron, before occupying a higher energy orbital. In other words, within one energy level, electrons will fill an *s* orbital before starting to fill *p* orbitals.

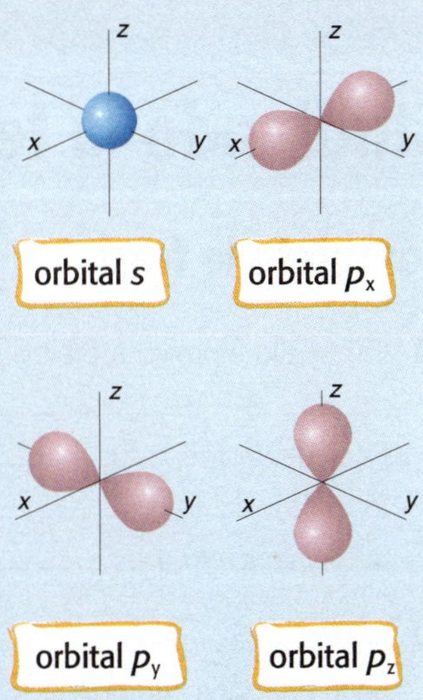

The way that electrons are arranged in an atom is called its **electron configuration**.
An element's electron configuration can be represented using **Aufbau diagrams** or energy level diagrams. An Aufbau diagram uses arrows to represent electrons. You can use the following steps to help you to draw an Aufbau diagram:

- determine the number of electrons that the atom has;
- fill the *s* orbital in the first energy level (the 1*s* orbital) with the first two electrons;
- fill the *s* orbital in the second energy level (the 2*s* orbital) with the second two electrons;
- put one electron in each of the three *p* orbitals in the second energy level (the 2*p* orbitals), and then if there are still electrons remaining, go back and place a second electron in each of the 2*p* orbitals to complete the electron pairs.

For example, the electronic configuration for oxygen is $1s^2\ 2s^2\ 2p^4$: an oxygen atom has the first energy level full, while the second energy level is not completely full.

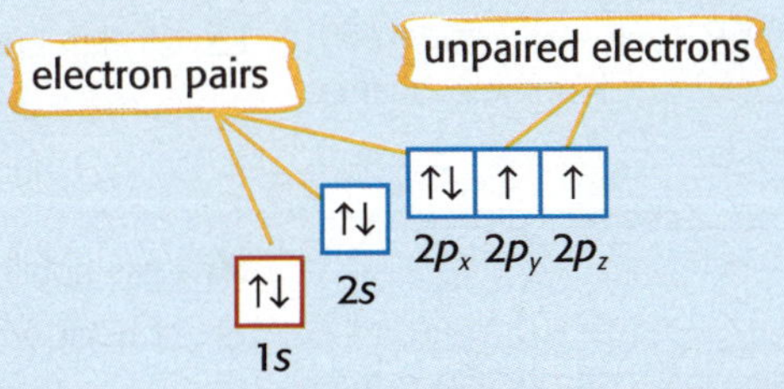

Key Words

Atomic orbital is the region in which an electron may be found around a single atom.
Electron pair is a pair of electron that occupies the same orbitals having opposite spin.
Electron configuration is the arrangement of electrons in an atom, molecule, or other physical structure.
Aufbau principle says that the electrons fill the orbitals moving by the lower to higher energy value.

Multiple Choice

1 The electron configuration of magnesium Mg ($Z = 12$) is:
A $1s^2\ 2s^2\ 2p^2\ 3s^6$
B $1s^2\ 2s^2\ 2p^6\ 3s^2$
C $1s^2\ 2s^2\ 2p^6\ 3s^4$
D $1s^2\ 2s^4\ 3p^6$

2 Which of the following atoms has electron configuration $1s^2\ 2s^2\ 2p^3$:
A sulphur S
B oxygen O
C nitrogen N
D carbon C

Questions

3 Which element has the first and the second energy level filled and seven electrons in the third energy level?
4 Draw the electron configuration of sulfur. How many electrons has sulfur in the 3*p* orbital?

STRUMENTI PER COSTRUIRE LE COMPETENZE

ALTRI TEST

Studiando la teoria...

Completa le frasi

1 Il modello atomico a orbitali si basa sulla natura .... e .... dell'elettrone, affermata dal fisico de Broglie, e sul ...., formulato dal fisico ...., che causò la "caduta" del concetto di ....

2 Si può calcolare la .... di trovare l'elettrone in una zona intorno .... con .... di Schrödinger. La rappresentazione grafica di questa zona è detta ....

3 Generalmente si dice che un orbitale ha un certo livello ...., ma in realtà è .... che ha un certo livello ....quando descrive ....

4 Secondo il concetto della ...., già espresso da ...., un elettrone può assumere soltanto .... stati energetici, detti ...., che sono suddivisi in ...., eccetto il livello ....

5 Ogni orbitale è contraddistinto da una combinazione di tre numeri quantici: il numero quantico ...., che indica ....; il numero quantico secondario, che ne specifica la .... e il numero quantico ...., che ne indica ....

6 I simboli dei numeri quantici principale, secondario e magnetico, sono ...., ..., ...

7 Gli elettroni con livello energetico ......, hanno l'energia più bassa, perché sono i più .... nucleo e quindi i ....

8 Al livello 1 compete l'orbitale .... , che ha forma ....; al livello 2 competono gli orbitali .... e ....; al livello 3 gli orbitali ...., ..., ...

9 Il numero degli orbitali *p* è ......; hanno stessa ...., forma .... e sono orientati tra loro come ....

10 La configurazione elettronica di un atomo esprime il modo in cui gli elettroni sono .... negli .... Si costruisce seguendo il principio ...., secondo cui gli elettroni occupano gli orbitali seguendo ....

11 Secondo il principio ...., 2 elettroni in uno stesso orbitale possono avere solo .... numeri quantici uguali. Il numero quantico di spin è ....

12 Dal principio di Pauli discende che un orbitale può essere occupato soltanto da ...., che hanno .... (...... e ......) e sono detti ....

13 Il numero .... di elettroni con un livello di energia *n* è uguale a ....

14 Secondo ...., gli elettroni tendono a occupare il maggior numero di orbitali possibile, se questi hanno la stessa .... In tal caso hanno .... paralleli e sono detti elettroni ....

15 Gli elementi dei periodi 2 e 3 hanno nel livello di valenza un numero di .... da 1 a 7, che è .... numero del .... a cui appartengono.

16 I gas nobili hanno sempre un .... di elettroni negli orbitali ....; perciò presentano una grande ....

17 Gli orbitali ibridi si ottengono mediante una .... (ibridazione o ibridizzazione) di alcuni .... del livello di valenza.

18 Gli orbitali ibridi sp^3 hanno forma ...., sono disposti secondo la figura geometrica di un .... con angoli di ....

19 Gli orbitali ibridi sp^2 ed sp hanno forma .... con angoli di .... e ....

Test vero-falso

1 Il numero quantico magnetico definisce l'orientazione dell'orbitale nello spazio. V F

2 La regola di Hund stabilisce che gli elettroni occupano gli orbitali gradualmente, seguendo la scala delle energie. V F

3 Lo stato di un elettrone è definito dai valori di quattro numeri quantici. V F

4 Gli orbitali che hanno lo stesso valore del numero quantico principale hanno tutti lo stesso livello energetico. V F

5 Due elettroni che occupano lo stesso orbitale hanno lo spin opposto e vengono detti elettroni appaiati. V F

6 Ogni orbitale è contraddistinto da una combinazione dei 4 numeri quantici n, ℓ, m e dal numero quantico di spin. V F

7 Gli elettroni che occupano l'orbitale $2p_x$ hanno un'energia uguale a quella degli elettroni che occupano l'orbitale $2p_z$. V F

8 La configurazione elettronica $1s^2\ 2s^2\ 2p_x^2\ 2p_y^2\ 3s^1$ non è corretta per l'atomo nello stato fondamentale, perché non segue il principio dell'Aufbau. V F

9 I gas nobili elio He e neo Ne presentano rispettivamente il livello 1 e i livelli 1 e 2 completi. V F

10 L'ibridazione sp^2 riguarda la combinazione matematica di un orbitale s e tre orbitali p del livello di valenza. V F

Test a risposta multipla

Scegli la risposta o il completamento corretti

1 Secondo il principio di esclusione di Pauli, un orbitale atomico può contenere al massimo due elettroni con:
A diverso numero quantico principale
B diverso numero quantico secondario
C diverso numero quantico di spin
D stesso numero quantico di spin

2 Il numero quantico secondario di un elettrone fornisce indicazioni:
A sulla forma dell'orbitale
B sull'energia dell'orbitale
C sull'orientazione spaziale dell'orbitale
D sulla sua rotazione in verso orario o antiorario

3 Il numero massimo di elettroni contenuto in un orbitale $4f$ è:
A 14 B 10 C 6 D 2

4 Quanti elettroni, al massimo, possono avere l'energia corrispondente al livello 2?
A 2 B 6 C 8 D 18

5 Quale orbitale *non* è individuabile?
A $2s$ B $3p_x$ C p_z D $3d_{xz}$

6 Quale configurazione elettronica *non è corretta*, perché non segue la regola di Hund?
A [Ne] $3s^2$
B [Ne] $3s^2\ 3p_x^1$
C [Ne] $3s^2\ 3p_x^2\ 3p_y^1$
D [Ne] $3s^2\ 3p_x^1\ 3p_y^1\ 3p_z^1$

7 Nel sottolivello s più esterno, gli elementi del gruppo V presentano:
A 2 elettroni
B 3 elettroni
C 5 elettroni
D 7 elettroni

8 Quale configurazione elettronica appartiene a un elemento X che forma facilmente ioni X^+?
A [He] $2s^2\ 2p^3$
B [He] $2s^2\ 2p^5$
C [He] $2s^2\ 2p^6\ 3s^1$
D [He] $2s^2\ 2p^2$

9 Il simbolo sp^3 è attribuito a un orbitale:
A che deriva dalla combinazione matematica di un orbitale p e tre orbitali s
B che deriva dalla combinazione matematica di un orbitale s e tre orbitali p
C che ha la stessa energia degli orbitali p
D che ha forma sferica

10 Nella molecola del metano CH_4 gli elettroni del carbonio si trovano in orbitali:
A ibridi sp
B ibridi sp^2
C ibridi sp^3
D di tipo s e di tipo p

Applica le tue conoscenze

10.1 Come è nato il modello atomico a orbitali?

1 La nascita del modello a orbitali si basa anche su un principio che poneva un limite alla conoscenza del movimento di un elettrone. In che cosa consiste questo limite? Quale influenza ebbe sul concetto che gli elettroni si muovono su orbite definite?

2 Alla base del modello atomico a orbitali ci sono fatti sperimentali oppure strumenti matematici?

10.2 I presupposti su cui si basa il modello atomico a orbitali

3 Quale ipotesi fu fatta da de Broglie sulla natura degli elettroni? La sua ipotesi ebbe una conferma sperimentale?

4 Qual è il principio in base al quale è impossibile ritenere che un elettrone si muova con una traiettoria definita?

5 Con quale strumento matematico è stato possibile calcolare la probabilità di trovare l'elettrone in una certa zona intorno al nucleo? Questo strumento tiene conto della natura ondulatoria dell'elettrone?

6 Quale concetto, già espresso da Bohr, rientra nel modello atomico a orbitali?

10.3 Orbitali e numeri quantici

7 Quanti e quali numeri quantici definiscono un orbitale?

8 Qual è il numero quantico che esprime le dimensioni di un orbitale?

9 Quanti valori può assumere il numero quantico magnetico per $n = 2$? Quali sono e con quali simboli vengono indicati i corrispondenti orbitali?

10.4 I livelli energetici sono divisi in sottolivelli

10 In quanti sottolivelli è diviso il livello con numero quantico principale 3?

11 I sottolivelli 2*s*, e 2*p* in che cosa differiscono?

10.5 Come sono distribuiti gli elettroni negli orbitali?

12 Quanti numeri quantici sono necessari per descrivere lo stato di un elettrone?

13 Che cosa esprime il numero quantico di spin di un elettrone? Quali valori assume?

14 Perché in un orbitale non possono esserci tre elettroni?

15 Quanti elettroni possono esserci al massimo negli orbitali che hanno numero quantico $n = 5$?

16 Gli elettroni che si trovano negli orbitali $3p_x$, $3p_y$ e $3p_z$ hanno energia uguale o diversa? Giustifica la risposta.

10.6 Costruiamo la configurazione elettronica di un atomo

17 Perché la configurazione elettronica $1s^2\ 2s^2\ 2p_x^2\ 2p_y^2$ *non* è corretta?

18 In base alla configurazione elettronica $1s^2\ 2s^2\ 2p_x^2\ 2p_y^2\ 2p_z^2\ 3s^1$, quale elettrone si muove intorno al nucleo con un maggiore grado di libertà? Giustifica la risposta.

19 Nella configurazione elettronica dello strato esterno $3s^2\ 3p_x^2\ 3p_y^1\ 3p_z^1$, quali sono gli elettroni appaiati e quali quelli spaiati?

20 Costruisci la configurazione elettronica dello scandio Sc ($Z = 21$), anche nella notazione abbreviata.

- Rispettando la scala delle energie, procedi nella costruzione, ricordando che al **livello 1** compete un solo orbitale che contiene .... Al **livello 2**, che è costituito dai due sottolivelli 2*s* e 2*p*, competono i quattro orbitali 2*s*, $2p_x$, $2p_y$ e $2p_z$, che contengono ....
  ....
  Perciò la configurazione elettronica relativa ai primi 10 elettroni è:
  ....
- Il **livello 3** è costituito dai tre sottolivelli 3*s*, 3*p* e 3*d*, ma il sottolivello 3*d* ha un'energia leggermente superiore al sottolivello 4*s* del livello 4, perciò nel continuare la configurazione elettronica devi tenerne conto:
  ....
- Lo scandio, dunque, presenta i livelli 1 e 2 ...., al contrario del livello .... Inoltre, presenta un iniziale riempimento del livello ....
- Puoi scrivere la configurazione elettronica dello scandio anche nella forma:
  ....
  oppure, in forma abbreviata: ....

21 Costruisci la configurazione elettronica del ferro Fe ($Z = 26$), anche nella forma abbreviata.

10.7 Configurazione elettronica degli elementi dei periodi 1, 2, 3

22 Costruisci la configurazione elettronica dello zinco ($Z = 30$), anche nella forma abbreviata. Questo elemento quali livelli completi presenta?

23 Gli elettroni responsabili della valenza, e quindi dei possibili legami che un atomo può formare con altri atomi, sono elettroni appaiati oppure spaiati?

24 I gas nobili hanno sempre i livelli completi? Giustifica la risposta riportando qualche esempio.

25 Che cosa hanno in comune le configurazioni elettroniche dei gas inerti?

10.8 Gli orbitali ibridi

26 Descrivi brevemente in che cosa consiste l'ibridazione degli orbitali.

27 Quali elettroni della configurazione elettronica $1s^2\ sp^3\ sp^3\ sp^3\ sp^3$ hanno la stessa energia?
Quale forma hanno gli orbitali sp^3? Qual è il valore degli angoli che essi formano?

28 Quali sono gli orbitali ibridi che formano angoli di 120°?

OBIETTIVO COMPETENZA

1 Quale elemento presenta la configurazione elettronica $1s^2\ 2s^2\ 2p^5$?
a) Completando il livello, in quale specie chimica si trasforma?
b) Quale gas nobile è isoelettronico con essa?
c) In che cosa differiscono i nuclei del gas nobile e della specie chimica individuata?

2 Stabilisci la corrispondenza tra le specie chimiche e le configurazioni elettroniche riportate. Indica in quali di esse non appare applicata la regola di Hund.

a. O^{2-}	1. [Ne] $3s^2\ 3p^2$
b. N	2. [Ar]
c. Si	3. [Ne]
d. K^+	4. [Ne] $3s^2\ 3p^3$
e. P	5. [He] $2s^2\ 2p^3$

3 Tra i metalli alcalino terrosi, quale ha $4s^2$ come elettroni di valenza?

Scrivi per esteso la configurazione elettronica dello ione che questo elemento forma, indicandone anche il simbolo, e individua il gas nobile isoelettronico con tale ione.

4 Osserva la configurazione dello strato di valenza di un elemento X:
$3s^2\ \ 3p_x^2\ \ 3p_x^1\ \ 3p_z^1$
a) Qual è l'elemento?
b) A quale gruppo e a quale periodo appartiene?
c) Quale ione forma per raggiungere la stabilità?
d) Riporta la configurazione elettronica esterna dello ione.

5 A quali cationi può essere attribuita la configurazione elettronica [He] $2s^2\ 2p^6$?

6 Quale elemento forma anioni bivalenti isoelettronici con l'elemento con $Z = 10$?

7 Quali ioni hanno lo stesso numero di elettroni del gas inerte che si trova nel terzo periodo?
a) Ca^{2+} *c*) S^{2-} *e*) F^-
b) Na^+ *d*) Br^- *f*) K^+

8 Individua quale delle seguenti configurazioni elettroniche, riferite a un atomo neutro di un elemento X, corrisponde a uno stato eccitato e quale a uno stato impossibile dell'atomo. Giustifica le tue risposte. Individua l'elemento X.
a) [He] $2s^2\ 2p^5\ 3s^1$ *b*) [He] $2s^1\ 2p^7$

9 Osserva le seguenti specie chimiche:
a) $^{11}B^{3+}$ *c*) ^{4}He *e*) $^{9}Be^{2+}$
b) $^{87}Rb^+$ *d*) $^{79}Se^{2-}$ *f*) $^{87}Sr^{2+}$
1. Disponibile in gruppi di specie isoelettroniche.
2. Indica quali livelli energetici si presentano completi nelle specie isoelettroniche individuate.
3. Individua quale ione contiene il maggior numero di neutroni nel proprio nucleo.

10 Individua lo ione X^{2-} rappresentato secondo il modello a strati privo di protoni e scrivi la sua configurazione elettronica secondo il modello a orbitali. Individua poi l'elemento che ha la stessa configurazione elettronica.

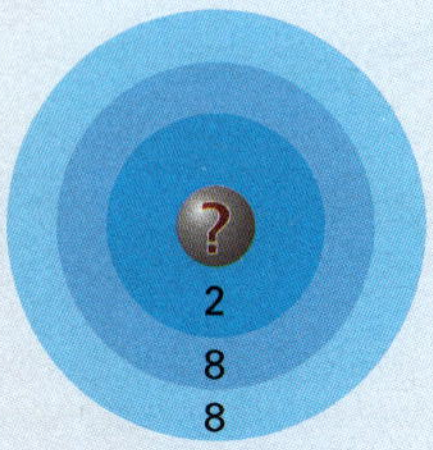

11 Un elemento presenta le seguenti energia di prima, seconda e terza ionizzazione:
$E_i' = 900$ kJ/mol $E_i'' = 1756$ kJ/mol $E_i''' = 14841$ kJ/mol
Quale configurazioone elettronica potrebbe avere questo elemento?
a) [He] $2s^1$ *c*) [He] $2s^2 2p^2$ *e*) [Ne]
b) [He] $2s^2$ *d*) [He] $2s^2 2p^3$ *f*) [Ne] $3s^1$

12 Indica il nome dell'elemento che corrisponde a ciascuna delle seguenti descrizioni:
a) gas inerte con il sottolivello $4p$ esterno completo
b) metallo alcalino con il sottolivello $3s$ semipieno
c) non metallo con elettroni di valenza $3s^2\ 3p^4$
d) metallo alcalino terroso con elettroni di valenza $2s^2$
e) non metallo con 2 elettroni nell'orbitale $3s$ e tre elettroni spaiati negli orbitali p
f) gas nobile che ha soltanto un livello pieno

13 Indica quali orbitali sono coinvolti nelle ibridazioni sp^3, sp^2, sp per l'elemento con numero atomico $Z = 6$. Specifica gli angoli che gli orbitali formano nei tre casi.

14 Quale degli elementi del terzo periodo potrebbe avere orbitali ibridi sp^3? Giustifica la tua risposta.

15 Perché gli orbitali ibridi sp si sviluppano sulla stessa retta?

5 I legami chimici e la forma delle molecole

Competenze di base

- Collegare la **formazione di composti ionici** agli elettroni di valenza, all'energia di ionizzazione e all'affinità elettronica degli atomi degli elementi costitutivi.
- Scrivere e leggere, secondo la **notazione di Stock**, formule di composti contenenti ioni comuni.
- Giustificare la **conducibilità elettrica** dei metalli e dei composti ionici allo stato fuso e in soluzione.
- Applicare la regola dell'ottetto per la scrittura di **formule di struttura** (di Lewis e con trattini) con **legami covalenti** semplici, doppi e tripli, e con **legami covalenti dativi**. Conoscere i limiti della regola dell'ottetto.
- Stabilire se un composto è ionico oppure ha **legami covalenti polari** o **apolari**.
- In base alla **teoria VSEPR**, individuare la disposizione **geometrica di molecole** in cui l'atomo centrale contiene fino a quattro coppie di elettroni; collegare tale disposizione alla **polarità** o all'**apolarità** della **molecola**.
- Ricavare la **forma** di **molecole** semplici dalla loro disposizione geometrica.
- Individuare il tipo di **legami intermolecolari** presenti in semplici sostanze, attraverso la composizione e la struttura delle loro molecole.
- Collegare lo stato di aggregazione delle sostanze, la volatilità e la temperatura di ebollizione dei liquidi alla **forza dei legami intermolecolari**.
- Prevedere la **solubilità di sostanze** in solventi polari o apolari e la formazione di **soluzioni elettrolitiche** o **non elettrolitiche**.
- Distinguere **elettroliti forti**, **deboli** e **non elettroliti**.
- Collegare l'entità delle **proprietà colligative** alla concentrazione delle soluzioni e al numero delle particelle in cui il soluto si scinde.
- Illustrare l'importanza delle proprietà colligative nei fenomeni biologici e in quelli attinenti alla vita quotidiana.

Percorso

UNITÀ 11

I legami tra ioni e tra atomi

Perché?...

- Come scriveresti la formula del composto giallo (ioduro di piombo (II), che puoi ottenere mescolando una soluzione di ioduro di potassio con una di nitrato di piombo (II)?

  ....

- Perché un metallo conduce il calore e la corrente e perché si flette senza spezzarsi?

  ....

- Perché i composti organici sono costituiti da catene di atomi di carbonio e non di un altro elemento?

  ....

- Perché nella molecola di una sostanza gli atomi si combinano secondo un certo rapporto e non altri?

  ....

11.1 Come si forma un composto ionico

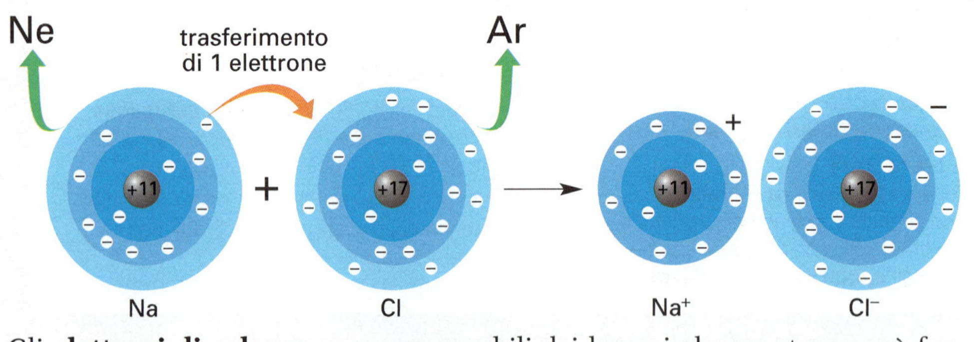

Gli **elettroni di valenza** sono responsabili dei legami che un atomo può formare con altri atomi. Infatti, i metalli alcalini, come il sodio Na ($Z = 11$), che hanno 1 elettrone di valenza, tendono a perdere 1 elettrone, mentre gli alogeni, come il cloro Cl ($Z = 17$), che hanno 7 elettroni di valenza, tendono ad acquistare 1 elettrone.
Osservando lo strato più esterno dei due ioni si nota che entrambi ospitano 8 elettroni, come i gas nobili neo Ne ($Z = 10$) e argo Ar ($Z = 18$).

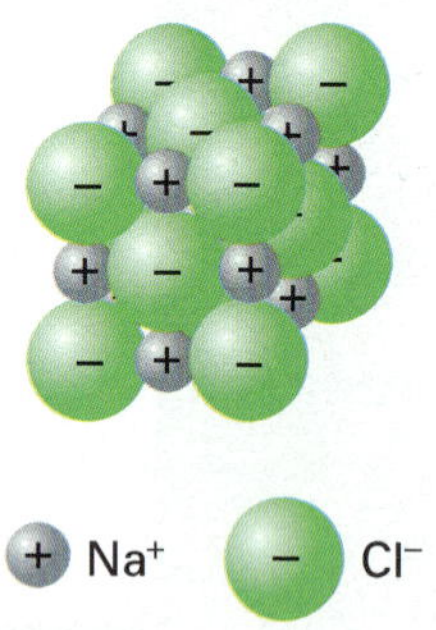

Gli ioni Na^+ e Cl^- restano legati nel cristallo del composto Na^+Cl^- (**composto ionico**), in cui la neutralità è assicurata dal rapporto 1 : 1 tra cariche positive e negative.

legame ionico

Il legame presente nei **composti ionici** è il **legame ionico**, che è il risultato delle forze di attrazione elettrostatica fra cationi e anioni, secondo la legge di Coulomb.

La formazione di un cristallo di cloruro di sodio dai suoi elementi è fortemente esotermica e la reazione che la esprime è:

$$2Na_{(s)} + Cl_{2(g)} \longrightarrow 2Na^+Cl^-_{(s)} + \text{energia termica}$$

che è il risultato delle seguenti trasformazioni, in cui ogni atomo di sodio perde 1 elettrone, che viene acquistato da 1 atomo di cloro:

$$2Na_{(s)} \longrightarrow 2Na^+ + 2e^-$$
$$Cl_{2(g)} + 2e^- \longrightarrow 2Cl^-$$

$$2Na_{(s)} + Cl_{2(g)} \longrightarrow 2Na^+Cl^-_{(s)}$$

Come il sodio e il cloro si comportano gli altri elementi che hanno rispettivamente bassa energia di ionizzazione e alta affinità elettronica; in tutti i loro composti la neutralità viene raggiunta mediante un opportuno rapporto fra gli ioni positivi e negativi.

animazione
Come si forma e si rappresenta un composto ionico

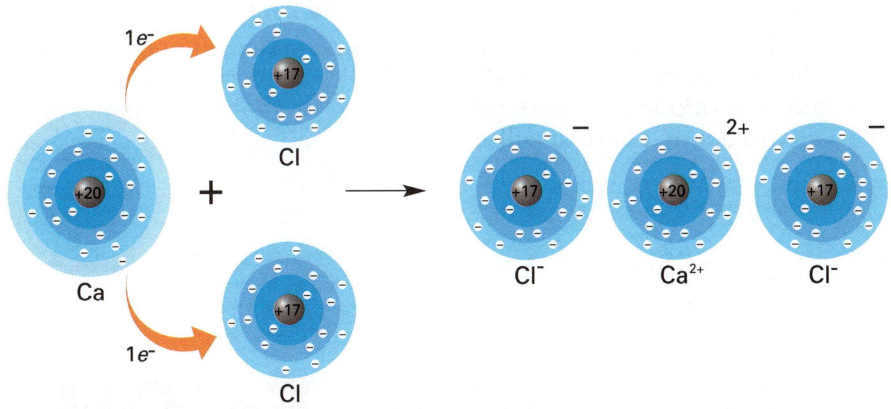

Il **cloruro di calcio**, costituito di ioni Ca^{2+} e Cl^-, dovrebbe essere rappresentato come $Ca^{2+}2Cl^-$ per indicare che in questo composto ci sono 2 ioni Cl^- per ogni ione Ca^{2+}, ma si indica sinteticamente come $CaCl_2$.

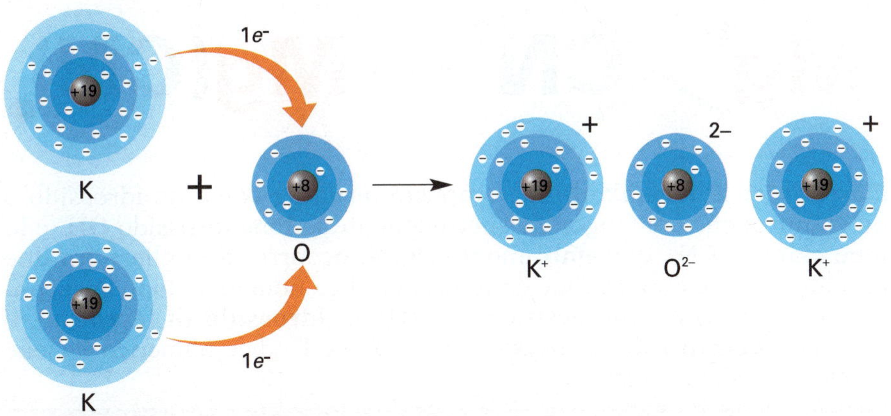

L'**ossido di potassio K_2O** è costituito da 2 ioni K^+ e 1 ione O^{2-}.

Gli elementi K e Cl sono **monovalenti**, perché i loro ioni hanno 1 carica, mentre Ca e O sono **bivalenti**, perché i loro ioni hanno 2 cariche.

Nei **composti ionici**, la **valenza** degli ioni corrisponde al **numero di cariche** (privo di segno) **di ciascuno ione**, che può essere costituito da uno o più elementi, come OH^-, CN^- ecc.

valenza nei composti ionici

Scrittura di formule e nomi di composti ionici

Quando si conosce la valenza degli ioni di un composto ionico è possibile utilizzare un sistema molto semplice per scrivere la formula del composto, che sarà un **composto binario**, se formato da due elementi, e un **composto ternario**, se formato da tre elementi.

Per scrivere la formula del **solfuro di alluminio**:

- si scrivono i due ioni, prima il catione e poi l'anione: Al^{3+} S^{2-}
- la valenza dell'alluminio (3) si mette come indice numerico dello zolfo e la valenza dello zolfo (2) diventa l'indice numerico dell'alluminio. In questo modo le 6 valenze dei due atomi di alluminio bilanciano le 6 valenze dei tre atomi di zolfo;
- non si scrivono più le cariche degli ioni: Al_2S_3.

Per scrivere la formula di un composto ternario, come un idrossido o un cianuro, che contengono rispettivamente lo ione idrossido OH^- e lo ione cianuro CN^-, entrambi monovalenti, occorre raccogliere fra due parentesi tonde l'intero ione e mettere l'indice numerico dopo la seconda parentesi, come in questi casi: $Fe(OH)_3$, **idrossido di ferro** (III), e $Mg(CN)_2$, **cianuro di magnesio**. Ricorda che l'indice numerico 1 viene omesso, in quanto sottinteso.

Ora risulta semplice scrivere la formula del composto giallo che abbiamo denominato **ioduro di piombo** (II).

cationi		anioni	
Li^+	ione litio	F^-	ione fluor**uro**
Ag^+	ione argento	Cl^-	ione clor**uro**
Cu^+	ione rame (I)	Br^-	ione brom**uro**
Cu^{2+}	ione rame (II)	I^-	ione iod**uro**
Fe^{2+}	ione ferro (II)	CN^-	ione cian**uro**
Fe^{3+}	ione ferro (III)	S^{2-}	ione solf**uro**
Mg^{2+}	ione magnesio	Se^{2-}	ione selen**iuro**
Zn^{2+}	ione zinco	H^-	ione idr**uro**
Al^{3+}	ione alluminio	OH^-	ione **idrossido**
Pb^{2+}	ione piombo (II)	O^{2-}	ione **ossido**

Nella tabella sono riportati alcuni **ioni comuni**. Nel caso in cui uno stesso **catione** abbia **più valenze** (come accade per molti elementi di transizione), la distinzione viene fatta secondo un tipo di nomenclatura detto *notazione di Stock*, indicando con un **numero romano** (I), (II), (III) (che si legge *uno, due, tre*) la **valenza del catione**.
Gli **anioni** riportati hanno il suffisso **-uro**; fanno eccezione *l'ossido* e *l'idrossido*.

Utilizzando i dati riportati nella tabella e il sistema suggerito a pagina precedente, risulta semplice sia scrivere la formula di un composto ionico sia attribuire il nome a un composto leggendone la formula. Inoltre, dalla formula di un composto puoi ricavare la valenza di uno ione conoscendo quella dell'altro ione a cui è legato.

esempio 1

Attribuisci il nome al composto che ha la formula $FeCl_3$.

Osservando la tabella comprendi che il composto è costituito dall'anione *cloruro* Cl^-, che è monovalente in quanto ha una carica negativa, e da un catione che potrebbe essere lo ione *ferro (II)* Fe^{2+} oppure lo ione *ferro (III)* Fe^{3+}. La presenza dell'indice numerico 3 accanto allo ione cloruro indica che il catione è Fe^{3+}, in quanto la sua valenza (3) bilancia la valenza complessiva dei 3 ioni monovalenti Cl^-.
Il nome del composto $FeCl_3$ è dunque **cloruro di ferro (III)**.
Se il catione fosse stato lo ione ferro (II) Fe^{2+}, il composto avrebbe avuto la formula $FeCl_2$.

esempio 2

Qual è il nome del composto che ha la formula CuOH?

Questo composto è costituito dall'anione monovalente OH^-, che nella tabella è indicato come ione *idrossido*, e da un catione che potrebbe essere lo ione *rame (I)* Cu^+ oppure lo ione *rame (II)* Cu^{2+}.

Risulta evidente che lo ione legato allo ione idrossido può essere soltanto lo ione Cu^+, che è anch'esso monovalente; perciò il composto prende il nome di **idrossido di rame (I)**.

L'idrossido di rame (II) ha invece la formula $Cu(OH)_2$.

esempio 3

Individua il nome e la valenza del ferro nel composto $Fe(OH)_3$.

Nella tabella individui lo ione idrossido che è OH^- e quindi monovalente. La formula contiene 3 gruppi idrossido, perciò le 3 cariche negative di questi gruppi devono essere bilanciate da altrettante cariche positive.
Per questo motivo il ferro deve trovarsi nella forma di **ione ferro (III) Fe^{3+}**, cioè deve essere **trivalente**.

esempio 4

Scrivi la formula del solfuro di magnesio e la configurazione elettronica dei suoi ioni, secondo il modello atomico a strati, giustificando la loro stabilità.

- Sia lo ione *solfuro* S^{2-} sia lo ione *magnesio* Mg^{2+} sono bivalenti, perciò la formula risulterebbe Mg_2S_2. Poiché nella formula di un composto gli indici numerici si scrivono con i numeri più piccoli, rispettando ovviamente il loro rapporto, devi **semplificare** e riportare la formula come **MgS**.
- Scrivi le configurazioni elettroniche dei due ioni tenendo presente i numeri atomici e le configurazioni elettroniche di Mg ($Z = 12$; Mg $\longrightarrow$ 2, 8, 2) e di S ($Z = 16$; S $\longrightarrow$ 2, 8, 6).

La configurazione elettronica del catione Mg^{2+}, che ha 10 elettroni, è **$Mg^{2+} \longrightarrow$ 2, 8** cioè **$Mg^{2+} \longrightarrow$ [Ne]**, mentre quella dell'anione S^{2-}, che ha 18 elettroni, è **$S^{2-} \longrightarrow$ 2, 8, 8** cioè **$S^{2-} \longrightarrow$ [Ar]**.

Tutti e due gli ioni sono stabili in quanto hanno la configurazione elettronica di due gas nobili, il neo Ne, che ha il primo e il secondo strato completi, e l'argo Ar che ha completi il primo e il secondo strato e il primo e il secondo sottostrato del livello 3.

Struttura e proprietà dei composti ionici

I **composti ionici** sono tutti **solidi**, molto diffusi e sono soprattutto **inorganici**. Essi si presentano in strutture tridimensionali ordinate (**reticoli cristallini**), in cui ogni ione è circondato da ioni di carica opposta secondo rigide strutture geometriche, nelle quali risultano bilanciate l'attrazione tra cationi e anioni e la repulsione delle nuvole elettroniche degli strati di valenza. In questa situazione l'energia potenziale del sistema è bassa e il composto è stabile.
Poiché in questa struttura non è possibile distinguere la molecola, come H_2O, HCl ecc., nella formula di un composto ionico si indica solo il **rapporto numerico tra gli ioni**. Per il cloruro di sodio, NaCl indica il rapporto numerico tra gli ioni Na^+ e Cl^- che è 1 : 1.

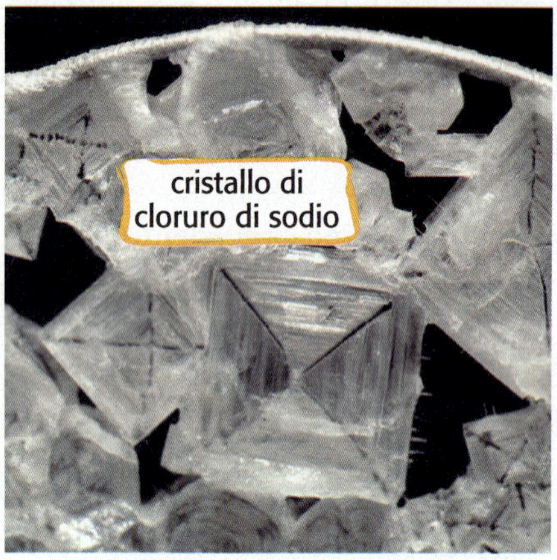

Una struttura comune a molti composti ionici è quella del **cloruro di sodio** NaCl, che forma cristalli cubici.

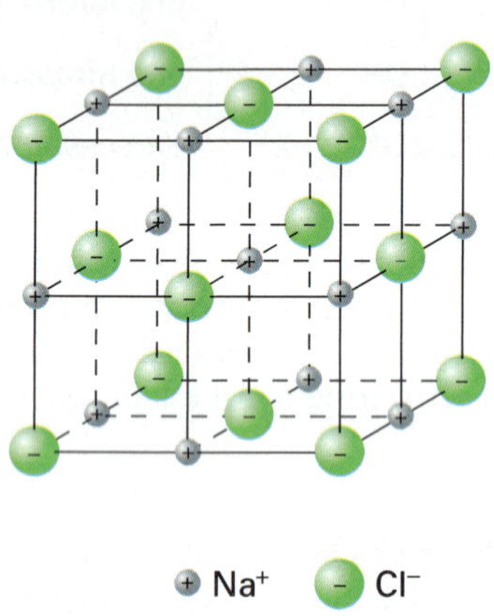

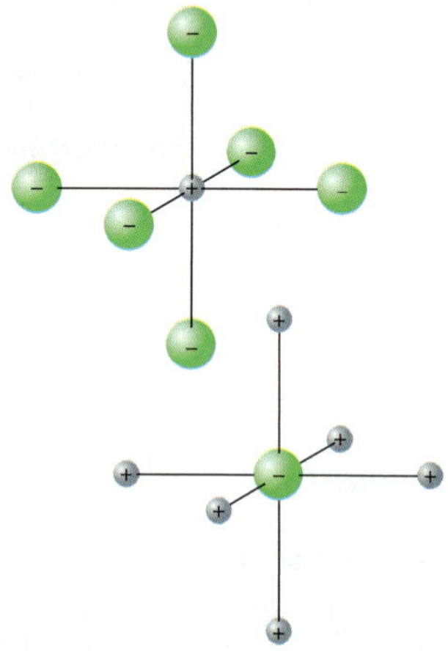

Ogni ione Na^+ risulta circondato da 6 ioni Cl^-, e ciascuno di questi, a sua volta, è circondato da 6 ioni Na^+, fatta eccezione ovviamente per gli ioni esterni.

animazione
Proprietà dei composti ionici

Nei composti ionici gli ioni sono fortemente legati, cosicché possono soltanto vibrare intorno a posizioni fisse.

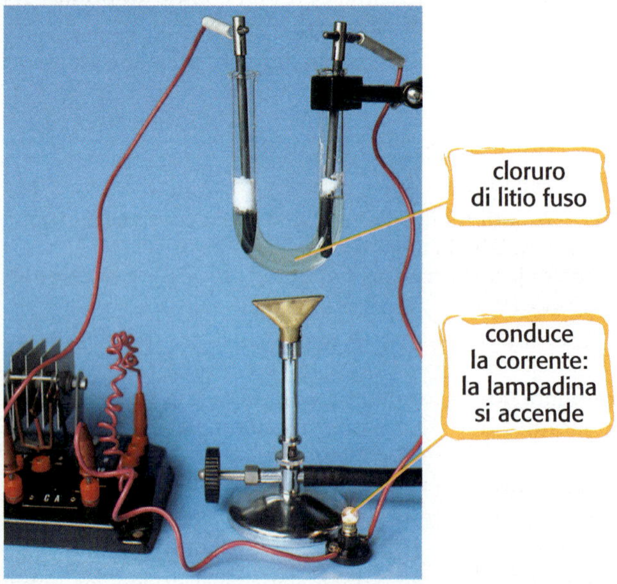

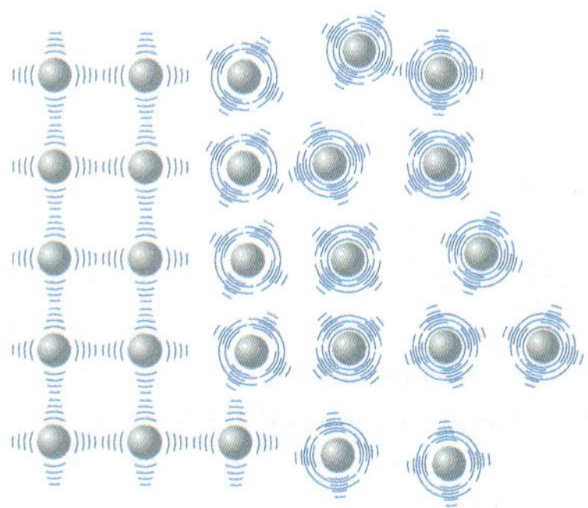

All'aumentare della temperatura le vibrazioni aumentano gradatamente fino a che la struttura cristallina si disgrega: la **fusione** del composto consiste appunto in questo fenomeno.

Una conseguenza della struttura è che i composti ionici hanno **elevati punti di fusione** e sono **buoni conduttori** di elettricità allo stato liquido. Questo tipo di conduzione dovuto al movimento degli ioni è la **corrente ionica**, diversa dalla corrente elettronica caratteristica dei metalli.

11.2 Il legame metallico

Come nei composti ionici, anche nei **metalli** ci sono ioni, ma soltanto **ioni positivi** (ordinati in una struttura tridimensionale), fra i quali sono distribuiti gli **elettroni di valenza** che si sono allontanati dai propri nuclei. Questi elettroni formano una **nuvola elettronica delocalizzata**, che fa da legante fra i vari cationi, evitando che si respingano.

animazione
Il legame metallico

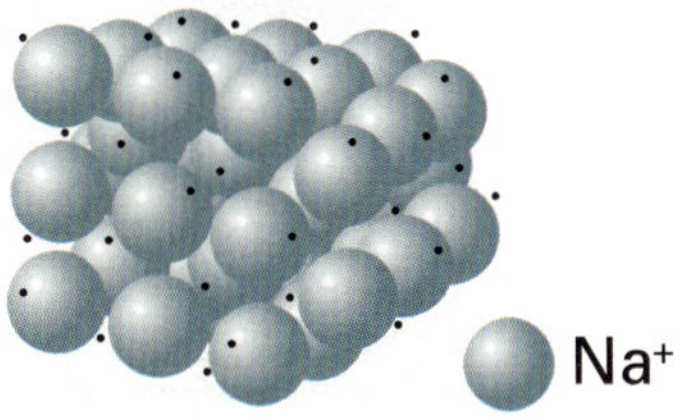

Nel caso del **sodio** fra un numero x di ioni Na^+ sono distribuiti altrettanti elettroni (1 per ogni ione), che si diffondono nell'intera struttura e rendono possibile la formazione della struttura metallica.

Il **calcio** e l'**alluminio** sono formati da ioni Ca^{2+} e Al^{3+} e hanno rispettivamente 2 e 3 elettroni per ogni ione, che formano la nuvola elettronica delocalizzata sull'intero pezzo di metallo.

Il **legame metallico** viene definito comunemente come la forza elettrostatica attrattiva esistente fra le particelle presenti nel metallo: cationi ed elettroni delocalizzati.

legame metallico

La struttura descritta giustifica le caratteristiche **proprietà dei metalli**.

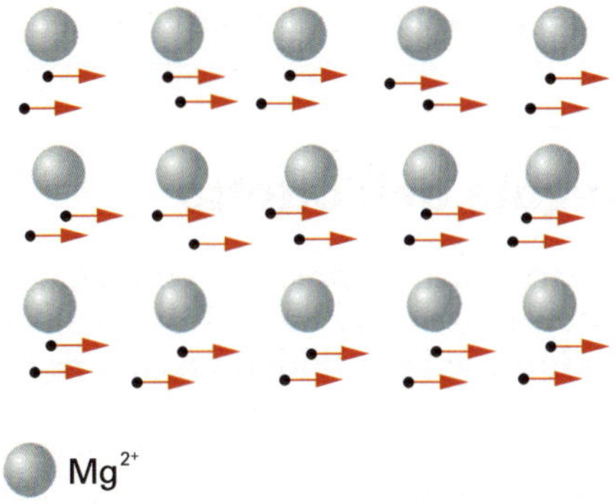

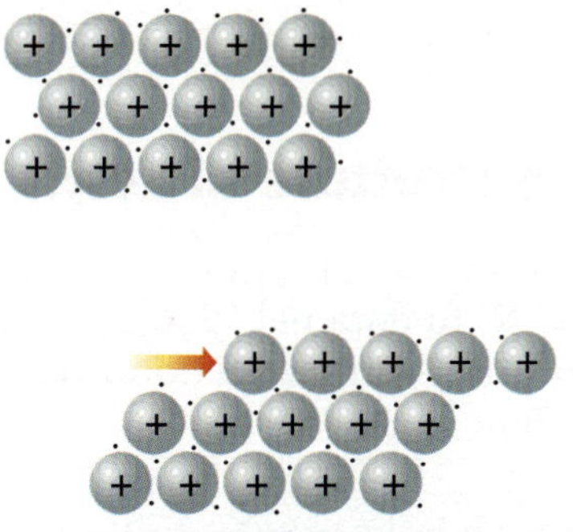

La mobilità degli elettroni è responsabile della **conducibilità elettrica** dei metalli; infatti, la corrente elettrica non è altro che un flusso di elettroni (**corrente elettronica**).
Il riscaldamento di un pezzo di metallo provoca un aumento dell'energia cinetica degli ioni che, avendo la stessa carica (positiva), non sono tra loro vincolati e possono trasmettere tale energia agli ioni adiacenti: ciò spiega la buona **conducibilità termica** dei metalli.

Un metallo non si frantuma, ma si flette (**flessibilità**) e può essere tirato in fili (**duttilità**). Gli elettroni delocalizzati fanno da schermo tra gli ioni positivi, perciò questi non si respingono e non avviene la rottura della struttura del metallo (come nel caso dei solidi ionici). Inoltre gli elettroni fanno da "lubrificante", permettendo agli strati di ioni di piegarsi e slittare senza rompersi.

11.3 Il legame covalente: una società tra atomi

animazione
Il legame covalente: una società tra atomi

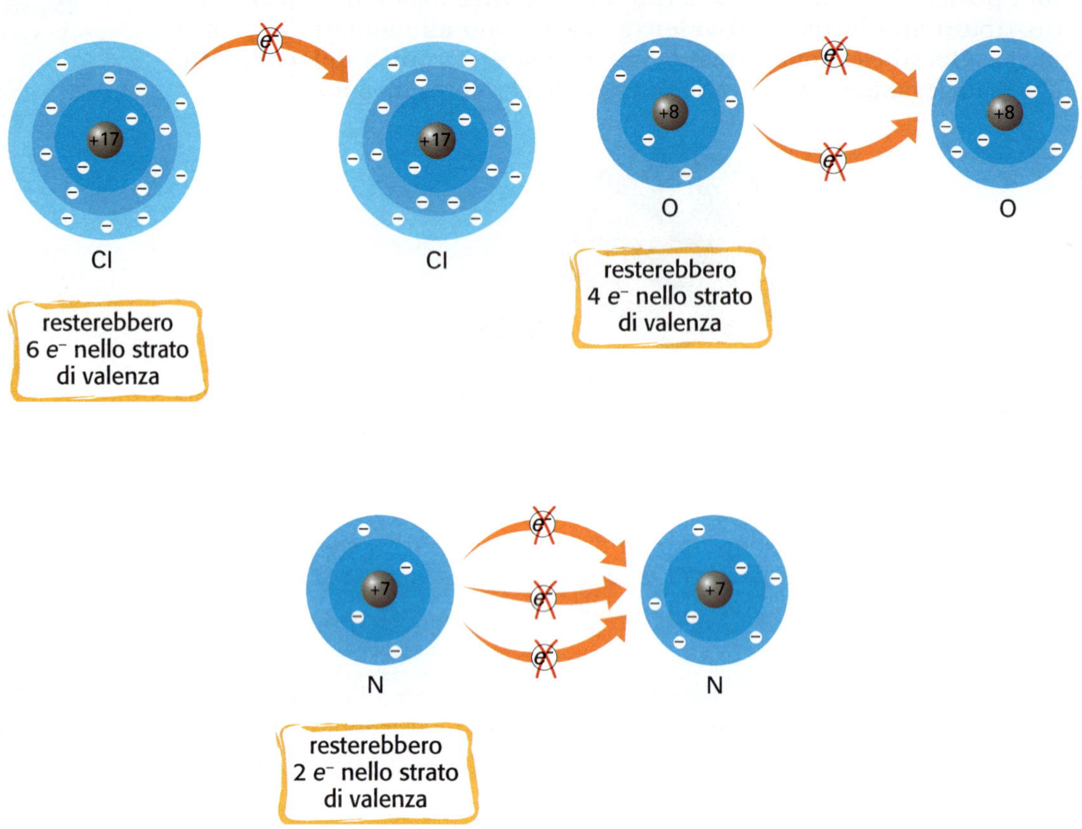

È difficile immaginare la formazione di ioni Cl^+ e Cl^-, O^{2+} e O^{2-}, N^{3+} e N^{3-} e quindi di un legame ionico, in quanto bisognerebbe ammettere uno scambio di elettroni fra atomi uguali e la formazione di ioni instabili con 6, 4 e 2 elettroni nello strato esterno.

Le strutture di Lewis e la regola dell'ottetto

La "chiave di lettura" per spiegare la struttura di molecole come Cl_2, O_2 ed N_2 fu data nel 1916 dal chimico statunitense *G. Lewis* (1875-1946), che introdusse il concetto di **legame covalente** e la cosiddetta *regola dell'ottetto*.

regola dell'ottetto

Secondo la **regola dell'ottetto**, un atomo tende a cedere o ad acquistare elettroni, oppure a metterli in comune con altri atomi, raggiungendo una condizione di stabilità che corrisponde a **8 elettroni nell'ultimo strato**.

In pratica questa regola è stata già verificata nelle pagine precedenti per spiegare la valenza degli ioni che formano i composti ionici.

espansione
Non sempre è rispettata la regola dell'ottetto

Ci sono alcune *eccezioni alla regola dell'ottetto*; per esempio, l'*idrogeno* raggiunge la stabilità con 2 elettroni nel primo strato (che in questo modo è completo) e altri elementi possono presentare un numero maggiore o minore di 8 nell'ultimo strato.

Il legame covalente

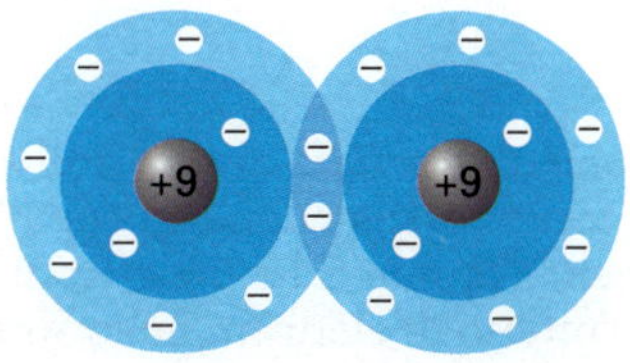

Nella molecola di fluoro F_2, ciascuno dei due atomi completa l'ottetto di elettroni nel suo strato esterno condividendo con l'altro uno dei sette elettroni del suo strato di valenza: si ha, in effetti, la sovrapposizione di una parte degli strati di valenza. Questo tipo di legame tra i due atomi crea una condizione di stabilità, dovuta a una diminuzione dell'energia potenziale del sistema, ed è un **legame covalente semplice**.

espansione
Il legame covalente secondo la teoria degli orbitali

Secondo il simbolismo introdotto da Lewis, ciascun atomo è indicato con il **simbolo dell'elemento**, circondato da tanti **punti**, quanti sono gli **elettroni nello strato di valenza** (7 nel caso del fluoro). Generalmente gli elettroni vengono rappresentati a coppie, perciò il settimo **elettrone** resta **spaiato**.
La formazione della molecola di fluoro F_2 a partire da due atomi isolati si rappresenta così:

L'elettrone che viene condiviso è l'elettrone spaiato; le restanti coppie di elettroni sono dette **coppie non leganti** o **coppie solitarie**. Questo simbolismo rappresenta la **struttura di Lewis** (**struttura a punti**).

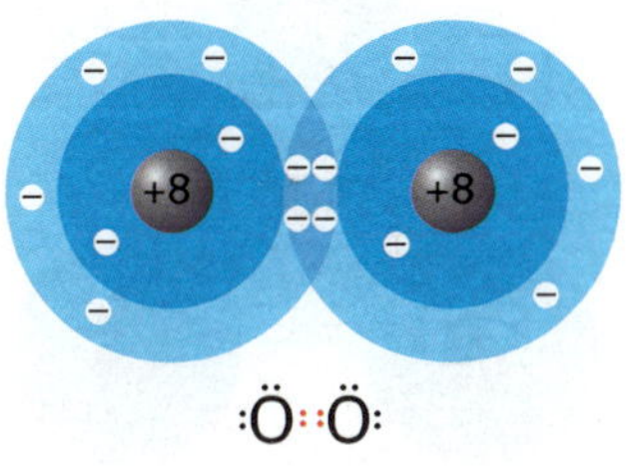

Se ciascuno dei due atomi mette in comune 2 elettroni si forma un **legame covalente doppio**, come tra i due atomi della **molecola di ossigeno** O_2; in tal caso si ha la condivisione di 4 elettroni.

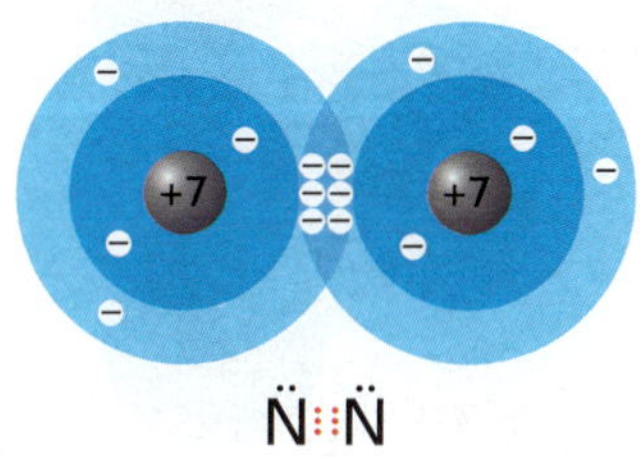

Se ciascuno dei due atomi mette in comune 3 elettroni si forma un **legame covalente triplo**, come tra i due atomi della molecola di azoto N_2; in tal caso si ha la condivisione di 6 elettroni.

Ricorda!...
Qualunque tipo di interazione possibile fra atomi o ioni è il risultato di **forze elettrostatiche** che si stabiliscono fra le particelle positive e negative della materia (elettroni e protoni) conferendo al sistema una minore energia potenziale e quindi maggiore stabilità.

Il **legame covalente** (semplice, doppio, triplo) si forma per condivisione di elettroni (2, 4, 6) tra due atomi e consiste nella forza di attrazione elettrostatica risultante che si stabilisce tra gli elettroni condivisi e i nuclei.

legame covalente

La **valenza** di un elemento che forma un legame covalente indica il **numero di elettroni che un atomo dell'elemento condivide** con un altro atomo.

valenza nel legame covalente

Negli esempi le valenze sono: 1 per il fluoro (**monovalente**), 2 per l'ossigeno (**bivalente**), 3 per l'azoto (**trivalente**).

esempio 1

Rappresenta le strutture di Lewis dello ione ossido O^{2-} e dello ione solfuro S^{2-}.

• L'ossigeno O (Z = 8) ha configurazione elettronica O ⟶ 2, 6. Nelle strutture di Lewis si riportano soltanto gli elettroni di valenza, perciò per l'atomo O puoi scrivere:

:Ö:

Lo ione ossido O^{2-} ha 2 elettroni in più e la sua configurazione elettronica è O^{2-} ⟶ 2, 8, perciò presenta una struttura di Lewis con 8 elettroni nello strato esterno, rispettando così la regola dell'ottetto:

$:\ddot{\underset{..}{O}}:^{2-}$

• Lo ione solfuro S^{2-} deriva dall'atomo di zolfo S che si trova, come l'ossigeno, nel gruppo VI. Puoi quindi dedurre che anche l'atomo S ha 6 elettroni di valenza e il suo ione S^{2-} ha l'ottetto di elettroni nello strato esterno. Le strutture di Lewis di S e di S^{2-} sono dunque, rispettivamente:

$:\ddot{S}:$ e $:\ddot{\underset{..}{S}}:^{2-}$

esempio 2

Rappresenta le strutture di Lewis dello ione magnesio Mg^{2+} e dello ione calcio Ca^{2+}.

Il magnesio Mg (Z = 12) e il calcio Ca (Z = 20) sono elementi del gruppo II, perciò hanno 2 elettroni di valenza nello strato più esterno. I loro ioni hanno rispettivamente 10 e 18 elettroni, come i gas nobili neo Ne (Z = 10) e argo Ar (Z = 18). Quindi lo ione Mg^{2+} ha la configurazione elettronica Mg^{2+} ⟶ 2, 8 e lo ione calcio Ca^{2+} ⟶ 2, 8, 8, con gli 8 elettroni esterni suddivisi in 2 sottostrati, di cui il primo contiene 2 elettroni e quello più esterno ne contiene 6; dunque gli ioni magnesio e calcio hanno un ottetto completo. Le strutture di Lewis dei due ioni sono:

$:\ddot{\underset{..}{Mg}}:^{2+}$ e $:\ddot{\underset{..}{Ca}}:^{2+}$

Anche per rappresentare i composti si utilizzano le strutture di Lewis. Tuttavia, in generale ogni coppia di elettroni condivisa viene rappresentata con un trattino, omettendo talvolta le coppie di elettroni solitarie. Queste formule vengono dette **formule di struttura**, in quanto mettono in evidenza i legami che uniscono gli atomi nelle molecole.

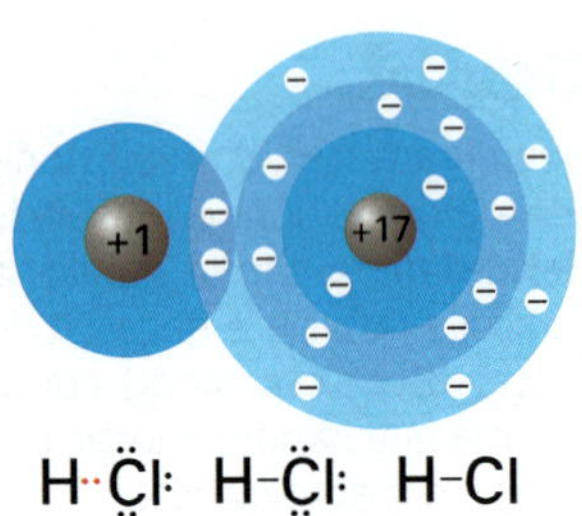

cloruro di idrogeno

Un elemento monovalente, come il **cloro**, forma un solo **legame covalente semplice**.

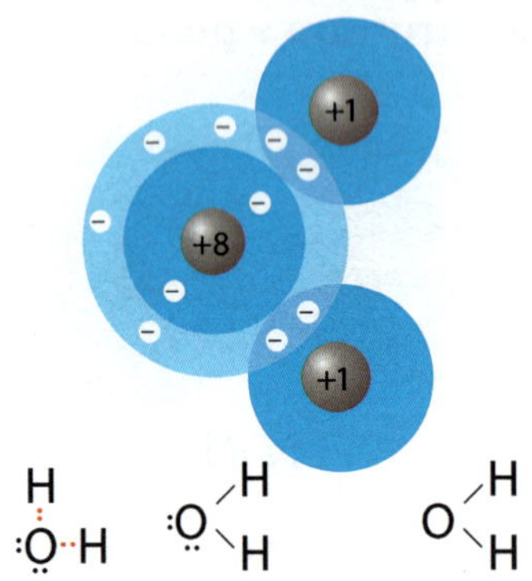

acqua

Un elemento bivalente, come l'**ossigeno**, può formare **due legami covalenti semplici**, anziché un legame covalente doppio.

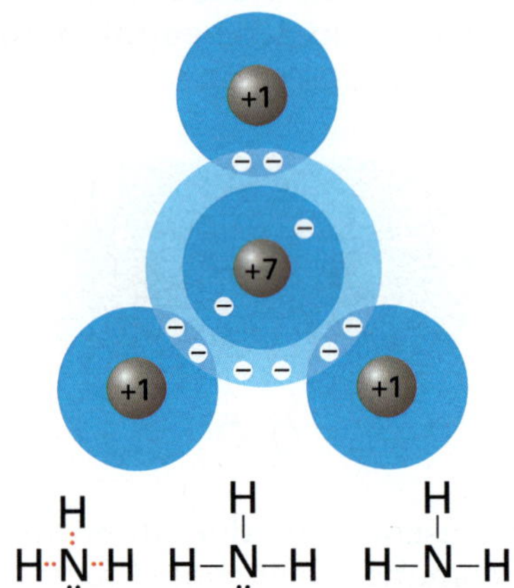

ammoniaca

Un elemento trivalente, come l'**azoto**, può formare **tre legami covalenti semplici**, anziché un legame covalente triplo.

Ricorda!...

La **valenza** *di un elemento* indica il numero di legami che può *formare*.
Nei **composti ionici** indica il numero di elettroni ceduti o acquistati dall'atomo dell'elemento, coincide quindi con la **carica dello ione**.
Nei **composti con legami covalenti** corrisponde al **numero di elettroni condivisi** dall'atomo dell'elemento.

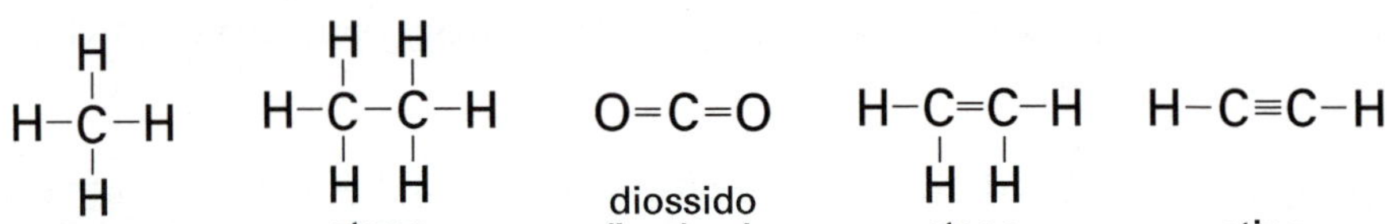

metano, etano, diossido di carbonio, etene, etino

Il **carbonio** è **tetravalente** (4 coppie di elettroni condivise), in composti con legami semplici (metano ed etano), con legame doppio (diossido di carbonio ed etene) e legame triplo (etino).

La condivisione di elettroni crea una condizione di stabilità e la formazione di una molecola.

La **molecola** è un aggregato di atomi tenuti insieme da **legami covalenti**. **molecola**

Ricorda!...

In altre parole, il concetto di **molecola** è legato alla presenza di **legami covalenti**.
Il termine "molecola" non ha significato nel caso dei composti ionici e dei metalli.
È questo il motivo per cui un composto ionico viene indicato esprimendo soltanto il rapporto tra gli ioni e un metallo viene rappresentato con il simbolo dell'atomo, come se avesse una molecola monoatomica.

esempio 3

Rappresenta le strutture di Lewis delle molecole del solfuro di idrogeno H_2S e del diossido di silicio SiO_2 e scrivi le formule di struttura, indicando ciascun legame mediante un trattino.

• L'atomo di idrogeno H ($Z = 1$), che si trova nel gruppo I della tavola periodica, ha 1 solo elettrone di valenza. Lo zolfo S ($Z = 16$), che si trova nel gruppo VI, ha 6 elettroni di valenza.
Mettendo in comune 2 dei suoi elettroni con i 2 elettroni dei due atomi di idrogeno, l'atomo di zolfo si stabilizza raggiungendo l'ottetto. Anche i due atomi di idrogeno sono stabili, in quanto si ritrovano con 2 elettroni nello strato esterno, che così risulta completo.
La struttura di Lewis di H_2S è la seguente:

H··S̤̈··H

Nella formula di struttura scritta mediante i trattini, spesso non vengono riportati (come nella struttura di Lewis) gli elettroni dello strato di valenza non coinvolti nei legami, perciò la formula di struttura di H_2S è:

H–S–H

• Il silicio Si ($Z = 14$) è un elemento del gruppo IV e ha 4 elettroni di valenza. L'ossigeno O ($Z = 8$) che si trova nel gruppo VI, ha 6 elettroni di valenza.
Il silicio raggiunge l'ottetto mettendo in comune i suoi 4 elettroni con 4 elettroni dei 2 atomi di ossigeno, mentre ciascun atomo di ossigeno raggiunge l'ottetto mettendo in comune 2 dei suoi elettroni con 2 elettroni del silicio. La struttura di Lewis e la formula di struttura di SiO_2 sono dunque:

:Ö::Si::Ö: O=Si=O

esempio 4

Scrivi la formula di struttura della molecola del diclorometano CH_2Cl_2.

• In questo caso sorge un problema: quali atomi sono legati direttamente tra loro?
Se ipotizziamo di legare gli atomi di idrogeno H (gruppo I), che hanno 1 solo elettrone di valenza, ai due atomi di cloro (gruppo VII), che hanno 7 elettroni di valenza, il carbonio (IV gruppo), che ha 4 elettroni di valenza, dovrebbe formare due doppi legami con i due atomi di cloro: questo non è possibile perché i due atomi di cloro supererebbero l'ottetto.

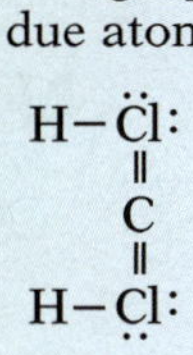

• In realtà, l'atomo di carbonio può raggiungere l'ottetto soltanto mettendo in comune 2 dei suoi 4 elettroni di valenza con i due atomi di idrogeno e gli altri 2 con i due atomi di cloro. Anche il cloro raggiunge così l'ottetto, condividendo l'elettrone spaiato con il carbonio. L'idrogeno completa il suo unico strato con 2 elettroni. In questo modo ogni atomo ha acquistato stabilità:

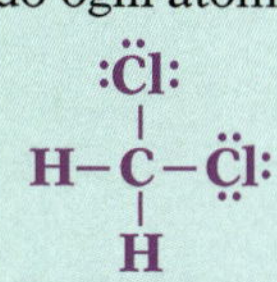

esempio 5

Rappresenta la formula di struttura della molecola dell'acido carbonico H_2CO_3.

• Gli atomi di idrogeno H (gruppo I), di carbonio (gruppo IV) e di ossigeno (gruppo VI) hanno rispettivamente 1, 4 e 6 elettroni di valenza. Anche in questo caso sorge il problema di individuare quali atomi sono legati direttamente tra loro.

• Se il carbonio fosse legato a due atomi di idrogeno:

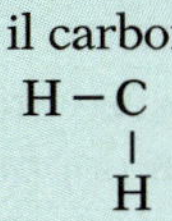

avrebbe soltanto altri 2 elettroni da condividere con tre atomi di ossigeno.

• Non è ipotizzabile nemmeno che il carbonio si leghi a due atomi H e a un atomo O per raggiungere l'ottetto:

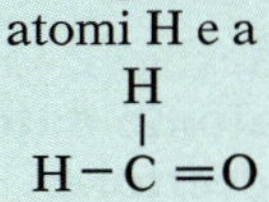

in quanto gli altri due atomi O si dovrebbero legare in questo modo:

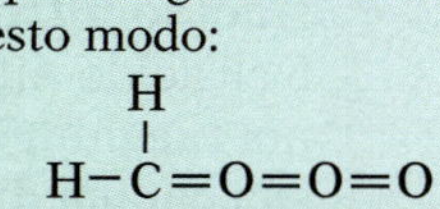

e due atomi di ossigeno risulterebbero tetravalenti.

• In definitiva, scrivendo varie strutture ipotizzabili, si comprende che una sola struttura è possibile per assicurare la completezza degli strati esterni di tutti gli atomi:

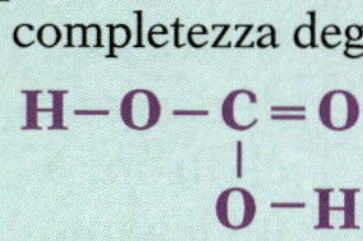

A parte qualche caso poco significativo, tutti i composti con formula bruta $\mathbf{H_xAO_y}$ in cui A è un non metallo (C, S, P, Cl ecc.), detti **ossiacidi**, come H_2CO_3, hanno gruppi O–H legati al non metallo mediante il secondo elettrone spaiato dell'ossigeno.

Il legame covalente carbonio-carbonio

Le tipiche sostanze che presentano legami covalenti sono le **sostanze organiche**. Infatti, caratteristica dell'atomo di **carbonio** è la proprietà di formare legami covalenti dotati di grande **energia di legame** con altri atomi di carbonio in catene anche lunghissime (migliaia di atomi):

$$...-C-C-C-C-C-C-...$$

Ecco perché il carbonio è l'unico elemento capace di formare tante strutture diverse, come quelle dei composti presenti negli organismi.

Composti organici molto diffusi (i componenti della **benzina** e del **petrolio**) sono gli **idrocarburi**, costituiti soltanto di **carbonio** e **idrogeno**, ma numerosissimi, anche per la presenza di legami semplici, doppi e tripli.

Ricorda!...
L'energia di due atomi legati è detta **energia di legame**, e si misura in **kJ/mol**. Questo stesso termine è adoperato per indicare l'*energia necessaria per separare i due atomi legati*. Il legame semplice C–C è un legame molto forte, che ha un'energia di legame di 348 kJ/mol.

CH_3-CH_3	$CH_2=CH_2$	$CH\equiv CH$
etano	etene	etino

Negli **idrocarburi**, come negli altri composti organici, le **formule** dei composti possono essere scritte anche in **forma condensata**, senza evidenziare i singoli legami fra carbonio e idrogeno, ma solo quelli fra gli atomi di carbonio. Talvolta vengono omessi tutti i legami, sottointenendo che in qualunque composto il **carbonio è sempre tetravalente**.

11.4 Il legame covalente dativo: una società non alla pari

espansione
Il legame covalente dativo secondo la teoria degli orbitali

N ($Z=7$) → 2, 5   ·N̈·

H··O··N̈::O
acido nitroso

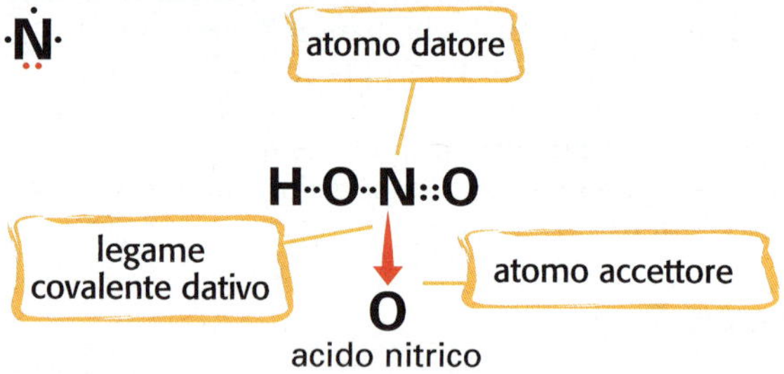

acido nitrico

L'**acido nitroso** e l'**acido nitrico** sono due composti dell'azoto.
Nell'acido nitroso l'azoto (gruppo V), che ha 5 elettroni nello strato esterno, raggiunge l'ottetto condividendo i 3 elettroni spaiati e conservando la sua coppia di elettroni non legante.
Nella formula di struttura dell'acido nitrico appare una freccia al posto della coppia non legante.
Che cosa significa?
L'azoto ha reso disponibile la sua coppia non legante per un terzo atomo di ossigeno, che in questo modo ha raggiunto l'ottetto. Questa coppia di elettroni è condivisa dai due atomi, N e O, tra i quali si è stabilito perciò un legame covalente.

Questo particolare legame è detto **legame covalente dativo** e viene indicato con una freccia che parte da un atomo, definito **atomo datore**, e ha la punta rivolta verso un altro atomo, detto **atomo accettore**.

I termini *dativo*, *datore* e *accettore* sono evidentemente *impropri*, perché l'atomo di azoto non cede la sua coppia di elettroni all'ossigeno, ma la condivide, formando una società, anche se non alla pari, perché la coppia di elettroni condivisi proviene da uno solo degli atomi.

Il **legame covalente dativo** è un *legame covalente*, diverso dal legame covalente vero e proprio, perché la coppia di elettroni condivisi è resa disponibile da un solo atomo (**datore**) per un altro atomo (**accettore**).

legame covalente dativo

11.5 Polarità dei legami

animazione
Polarità dei legami

La condivisione di elettroni nella formazione di un legame covalente non sempre è una condivisione alla pari. Infatti, alcuni atomi hanno, più di altri, la capacità di attrarre a sé gli elettroni condivisi. In altre parole, ricordando che la zona in cui è massima la probabilità di trovare un elettrone è rappresentabile come una *nube elettronica*, in alcuni casi la nuvola elettronica dei due elettroni, in parte condivisa dai due atomi, è "allungata" verso l'atomo che esercita una maggiore attrazione.

H–H
legame covalente apolare

H–Cl
legame covalente polare

Il legame covalente **H–H** è un legame **covalente apolare**, giacché gli elettroni condivisi sono ugualmente distribuiti fra i due atomi uguali. Allo stesso modo sono apolari tutti i legami covalenti presenti nelle **molecole degli elementi**.

Il legame covalente **H–Cl** è un legame **covalente polare**, giacché gli elettroni condivisi sono attratti in misura maggiore dall'atomo Cl.
La molecola H–Cl ha una parziale carica negativa (δ^-) sull'atomo che attrae di più gli elettroni (Cl) e una parziale carica positiva (δ^+) sull'altro atomo (H); essa è dunque un **dipolo elettrico**.

Lo sai?

Un **dipolo elettrico** è un sistema costituito da due cariche uguali e di segno opposto Q^+ e Q^- poste alla distanza *d*, che si indica con un freccia rivolta verso la carica negativa; talvolta viene rappresentato con un segno + e un segno – inseriti in un ovale.

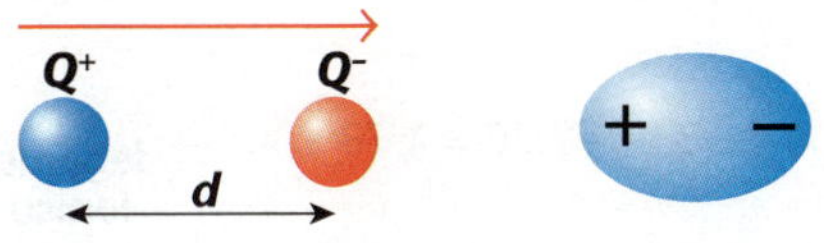

In un composto, l'entità del dipolo è espressa dal **momento dipolare** (μ), che è il prodotto della carica *Q* per la distanza *d* tra le due cariche e si misura in coulomb per metro ($C \cdot m$):

$$\mu = Q \cdot d$$

In generale, l'*elemento* il cui atomo esercita maggiore attrazione viene indicato come *più elettronegativo*.

elettronegatività

L'**elettronegatività** è una grandezza che esprime la **tendenza di un atomo di un elemento ad attrarre a sé gli elettroni del legame.**

Questa grandezza è molto utile in quanto è riferita all'atomo legato nella molecola e perciò può aiutare a comprendere alcune proprietà delle sostanze.

periodo \ gruppo	I	II	III	IV	V	VI	VII	VIII
1	H 2,20							He –
2	Li 0,98	Be 1,57	B 2,04	C 2,55	N 3,04	O 3,44	F 3,98	Ne –
3	Na 0,93	Mg 1,31	Al 1,61	Si 1,90	P 2,19	S 2,58	Cl 3,16	Ar –
4	K 0,82	Ca 1,00	Ga 1,81	Ge 2,01	As 2,18	Se 2,55	Br 2,96	Kr –
5	Rb 0,82	Sr 0,95	In 1,78	Sn 1,96	Sb 2,05	Te 2,1	I 2,66	Xe –
6	Cs 0,79	Ba 0,89	Tl 1,8	Pb 1,8	Bi 1,9	Po 2,0	At 2,2	Xe –

L'**elettronegatività** è una **proprietà periodica**: generalmente **aumenta lungo un periodo** e **diminuisce lungo un gruppo**, cosicché l'elemento più elettronegativo è il fluoro, quello meno elettronegativo è il cesio.

Per valutare la maggiore o minore **polarità di un legame** o la sua apolarità basta calcolare la **differenza fra i valori di elettronegatività** degli atomi degli elementi coinvolti nel legame.

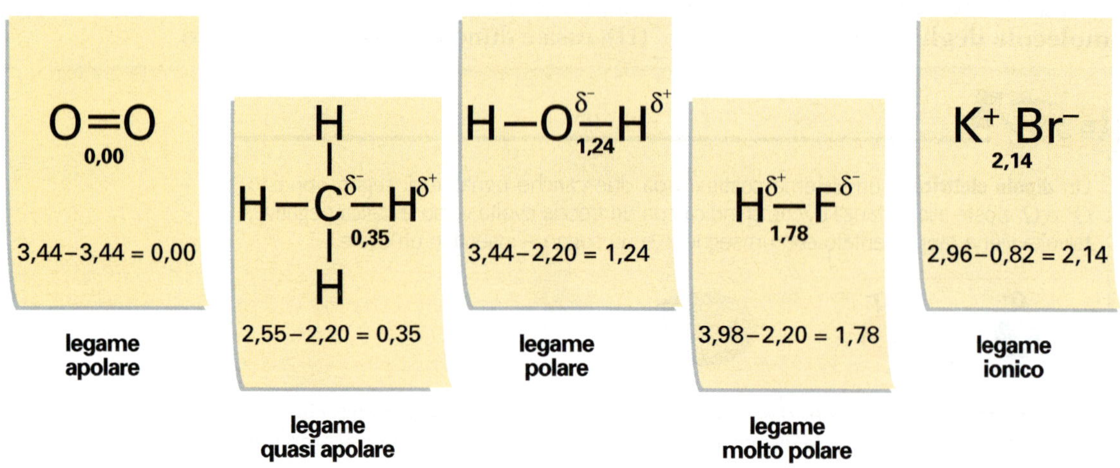

I valori della **differenza di elettronegatività** consentono di valutare la polarità dei legami covalenti.
In modo approssimato si può affermare che se tale differenza è maggiore di 2, lo spostamento dell'elettrone sull'atomo più elettronegativo è tale da rendere il legame tanto polarizzato da risultare ionico. In altre parole, l'elettrone si trasferisce completamente sull'atomo più elettronegativo.

IN SINTESI

PER LA DIDATTICA INCLUSIVA

Composti ionici

Gli elementi con **bassa energia di ionizzazione** e quelli con **alta affinità elettronica** si stabilizzano formando rispettivamente **cationi** e **anioni**. Tra questi ioni si stabiliscono forze di attrazione elettrostatica molto intense (**legame ionico**) e il **composto ionico** risultante è un **solido**, che allo **stato liquido conduce la corrente**, perché gli ioni sono liberi di muoversi.

• La **formula** di un composto ionico si scrive riportando come **indice numerico dell'anione** la **valenza del catione**, cioè la sua carica priva del segno + o –, e come **indice numerico del catione** la **valenza dell'anione**.

• Se un **catione** ha più valenze, si specifica la valenza con un numero romano (I), (II), (III), che si legge uno, due, tre (**notazione di Stock**).

• In un composto ionico non è possibile distinguere la molecola, perciò una **formula** A_xB_y indica soltanto il **rapporto numerico tra cationi e anioni**.

Il legame metallico

I **metalli** sono rappresentati con il **simbolo dell'elemento**. Hanno una **struttura** tridimensionale costituita da **cationi**, tra i quali si muovono gli elettroni di valenza, formando una **nuvola elettronica delocalizzata**.

La forza attrattiva tra cationi ed elettroni è definita **legame metallico**.

• La **conducibilità elettrica** dei metalli è dovuta alla **mobilità degli elettroni**.

• La **conducibilità termica** è dovuta alla **trasmissione di energia cinetica tra i cationi**.

• La **malleabilità** e la **duttilità** sono dovute all'**azione di schermo e di "lubrificante"** che la **nuvola elettronica** esercita tra i cationi.

Il legame covalente e il legame covalente dativo

• Il **legame covalente** tra atomi può essere **semplice**, **doppio** o **triplo** e si forma quando gli **atomi condividono** rispettivamente **2**, **4** o **6 elettroni**. Esso consiste nella forza di **attrazione elettrostatica** che si stabilisce tra i **nuclei** degli atomi e gli **elettroni condivisi**. Il **numero di elettroni condivisi** da un atomo indica la **valenza** dell'elemento.

• L'aggregato di atomi che si forma costituisce la **molecola** dell'elemento o del composto, in cui gli atomi presentano strati o sottostrati completi, generalmente con 8 elettroni. Questa è la **regola dell'ottetto**, valida anche per i composti ionici.

• La **formula di struttura** di una sostanza si rappresenta indicando i legami con trattini, oppure con le **strutture a punti di Lewis**, riportando cioè tutti gli elettroni di valenza degli atomi e affiancando gli elettroni condivisi.

IN SINTESI

- Nel **legame covalente dativo**, la coppia di elettroni condivisa è resa disponibile da uno solo degli atomi (**atomo datore**) per l'altro atomo (**atomo accettore**).

Polarità dei legami

L'**elettronegatività** è una grandezza che esprime la **tendenza di un atomo** di un elemento ad **attrarre gli elettroni di legame**.

Due atomi legati che hanno una diversa elettronegatività formano un **dipolo elettrico**, in cui **un atomo presenta una parziale carica positiva** e l'**altro atomo una parziale carica negativa**; in tal caso si è formato un **legame polare**.

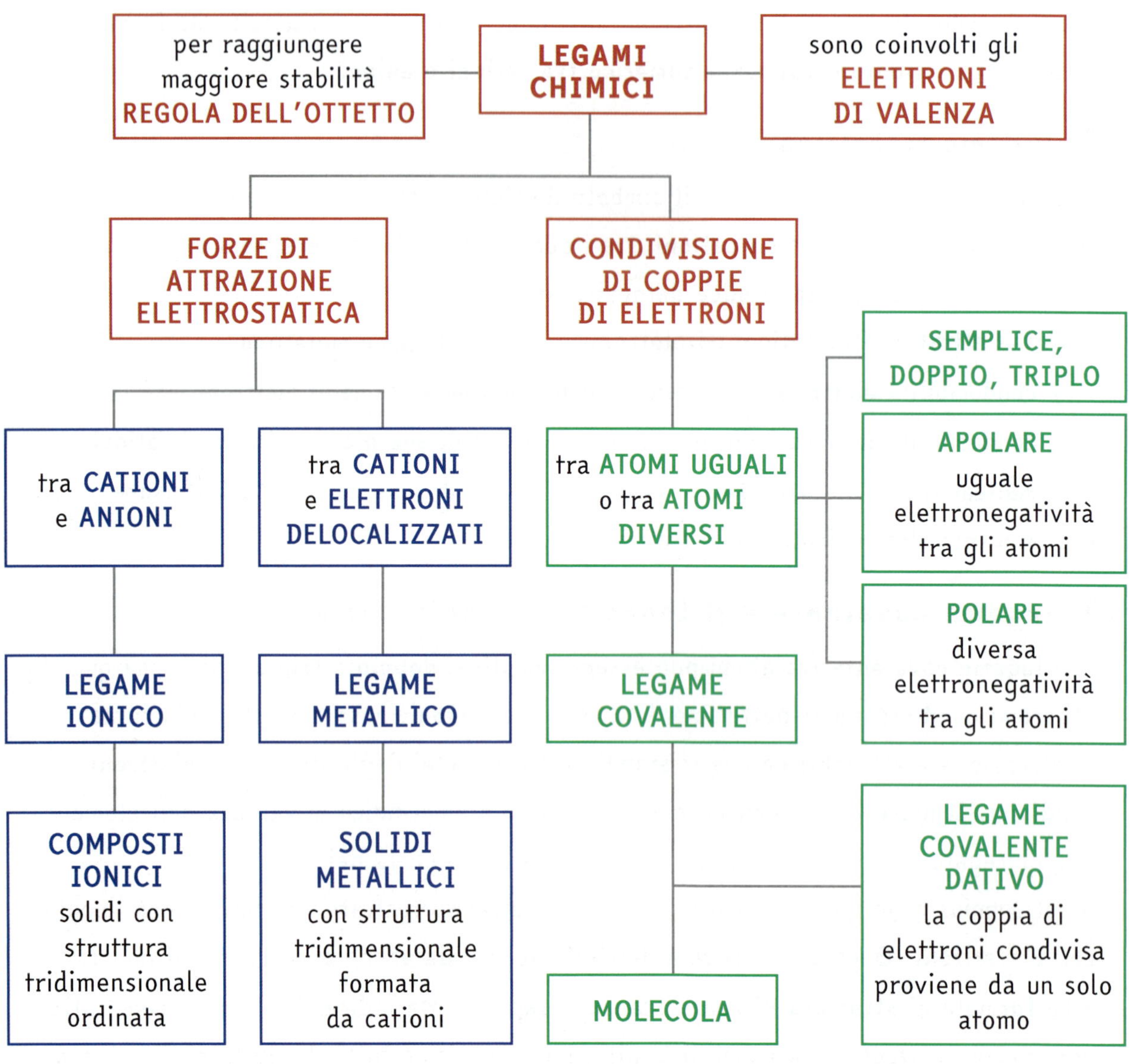

SCIENTIFIC ENGLISH

The Chemical Bonds

A **chemical bond** is formed when atoms are held together by attractive forces. This attraction occurs when electrons are shared between atoms or when electrons are exchanged between the atoms that are involved in the bond. If an electron is shared, it means that it will spend its time moving in the electron orbitals around both atoms. If an electron is exchanged it means that it is transferred from one atom to another, in other words one atom gains an electron while the other loses an electron.
The **type of bond** that is formed depends on the elements that are involved. There are three types of chemical bonding: **covalent**, **ionic** and **metallic** bonds. You need to remember that it is the valence electrons that are involved in bonding and that atoms will try to fill their outer energy levels so that they are more stable.

- **Covalent bond** involves non-metals atoms.

The outermost orbitals of the atoms overlap so that unpaired electrons in each of the bonding atoms can be shared. By overlapping orbitals, the outer energy shells of all the bonding atoms are filled. The shared electrons move in the orbitals around both atoms. As they move, there is an attraction between these negatively charged electrons and the positively charged nuclei and this force holds the atoms together in a covalent bond.

- **Ionic bond** takes place when the difference in electronegativity between the two atoms is equal to or greater than 2. This usually happens when a metal atom bonds with a non-metal atom. When the difference in electronegativity is large, one atom will attract the shared electron pair much more strongly than the other, causing electrons to be transferred from one atom to the other.

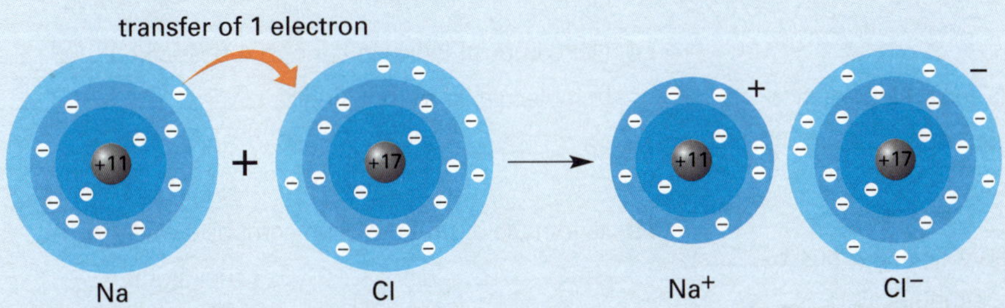

- In a **metal bond**, the valence electrons are delocalised, meaning that an atom's electrons do not stay around that one nucleus. In a metallic bond, the positive atomic nuclei (sometimes called the *atomic kernels*) are surrounded by a sea of delocalised electrons which are attracted to the nuclei.

Key Words

Chemical bond is the physical process that causes atoms and molecules to be attracted to each other, and held together in more stable chemical compounds.

Covalent bond is a form of chemical bonding where pairs of electrons are shared between atoms.

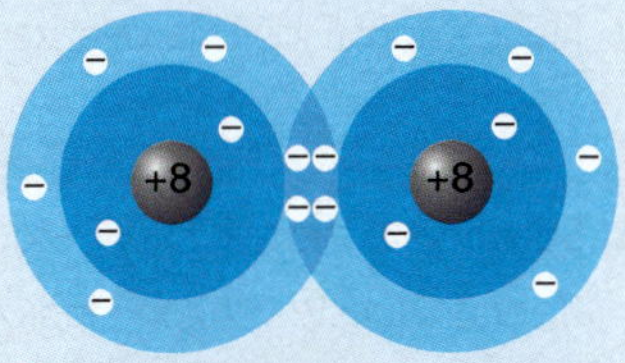

:Ö::Ö:

Key Words

Ionic bond is a chemical bond based on the electrostatic forces between two oppositely-charged ions. When ionic bonds form, a metal donates an electron, due to a low electronegativity, to form a positive ion or cation.

Metallic bond is the electrostatic attraction between the positively charged atomic nuclei of metal atoms and the delocalised electrons in the metal.

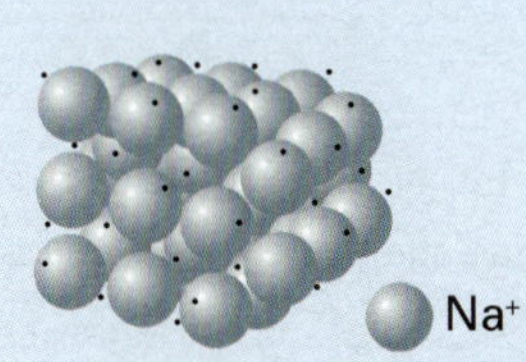

Multiple Choice

1 Which of the following substances is characterized by a metallic bond?

A Oxygen
B Copper
C Sulfur
D Nitrogen

2 Magnesium Mg and chlorine Cl react to form magnesium chloride $MgCl_2$. The chemical bond in $MgCl_2$ is:

A an ionic bond
B a covalent bond
C a metallic bond
D a weak bond

Questions

3 Which is the difference between ionic and metallic bond?

4 Two atoms with a difference of electronegativity equal to 0.5 form a compound. Through which kind of bond do they bind themselves?

STRUMENTI PER COSTRUIRE LE COMPETENZE

ALTRI TEST

Studiando la teoria...

Completa le frasi

1 Il legame ionico consiste in un'attrazione .... tra .... e .... e si instaura tra atomi che hanno elettronegatività ....

2 Nei composti ionici la valenza di uno ione è uguale ....

3 Secondo la notazione di Stock, se un catione ha cariche diverse, queste vengono indicate con ....

4 Per scrivere la formula di un composto ionico AB si mette come indice numerico di A la .... di .... e come indice numerico di B la .... di ....

5 I composti ionici sono buoni conduttori di elettricità soltanto allo stato ...., perché soltanto in questo stato hanno ....

6 Il legame metallico consiste nella forza elettrostatica .... fra .... del .... e ....

7 La conducibilità elettrica dei metalli è dovuta al flusso .... tra .... nella struttura ....

8 Tra gli atomi uniti con un legame covalente si stabilisce un'attrazione elettrostatica tra .... e .... degli atomi. Le coppie di elettroni non .... possono formare legami covalenti ....

9 Tra due atomi si forma un legame covalente semplice, doppio o triplo quando ciascun atomo .... rispettivamente ...., ... e .... con l'altro atomo.

10 Nei composti con legami covalenti, la valenza di un elemento rappresenta il .... di .... che un suo atomo .... con un altro atomo.

11 Secondo la regola dell'ottetto, uno ione costituito da un solo elemento o un atomo presentano lo strato .... con ....

12 Nelle strutture di Lewis, un atomo si rappresenta con il suo ...., circondato da tanti ...., quanti sono gli elettroni di valenza.

13 Il termine molecola indica .... di .... tenuti insieme da legami ....

14 Nei composti ionici, in cui non è possibile .... la molecola, la formula indica .... tra ....

15 La formula di struttura di un composto evidenzia i .... che .... i suoi atomi.

16 Negli idrocarburi gli atomi di carbonio sono uniti con legami ....

17 Gli elettroni dello strato di valenza di alcuni elementi possono essere in numero .... otto.

18 Un legame covalente è polare quando uno dei due atomi legati ha .... dall'altro.

Test vero-falso

1 Qualunque tipo di legame fra atomi o ioni è il risultato di forze elettrostatiche che si stabiliscono fra elettroni e protoni. V F

2 Un elemento bivalente può formare un doppio legame oppure due legami semplici. V F

3 Il composto che si forma tra lo ione Cu^{2+} e lo ione Br^- è CuBr. V F

4 Il simbolo Cu^{2+} indica lo ione rame (II). V F

5 Lo ione idrossido OH^- è monovalente. V F

6 In un pezzo di alluminio ci sono cationi Al^{3+} ed elettroni delocalizzati. V F

7 Nella formazione di un legame covalente si ha una parziale sovrapposizione degli strati di valenza dei due atomi. V F

8 Un legame dativo si forma quando un atomo cede una coppia solitaria a un altro atomo. V F

9 Nella formazione del catione ammonio NH_4^+, l'azoto è l'atomo che forma un legame dativo. V F

10 Nelle molecole F_2 e HF, ci sono rispettivamente un legame covalente apolare e un legame covalente polare. V F

Test a risposta multipla

Scegli la risposta o il completamento corretti

1 Quale affermazione, riferita ai composti ionici, *non è vera*?
- A Si formano fra elementi con bassa energia di ionizzazione e alta affinità elettronica
- B Sono buoni conduttori di elettricità allo stato solido
- C Gli ioni sono tenuti insieme da forze di attrazione elettrostatica
- D Hanno generalmente alto punto di fusione

2 Quale formula *non è corretta*?
- A Na^+OH^-
- B $Ca^{2+}O^{2-}$
- C Li^+Br^-
- D $Fe^{2+}Cl^-$

3 Quale informazione fa supporre che un composto XY sia ionico?
- A Il composto XY allo stato liquido non conduce la corrente elettrica
- B Gli elementi X e Y appartengono rispettivamente ai gruppi I e VII
- C Gli elementi X e Y sono entrambi non metalli
- D Gli elementi X e Y appartengono rispettivamente ai gruppi I e II

4 Quale affermazione, relativa alle proprietà dei metalli, *non è corretta*?
- A Il carattere metallico degli elementi è tanto maggiore quanto minore è la loro energia di ionizzazione
- B I metalli allo stato liquido sono cattivi conduttori di elettricità
- C I metalli sono in genere riducibili in fili e lamine
- D Nei metalli c'è una grande mobilità della nuvola elettronica

5 La molecola dell'ammoniaca NH_3:
- A presenta un triplo legame
- B presenta tre legami covalenti semplici
- C ha legami apolari
- D non rispetta la regola dell'ottetto

6 Gli idrocarburi sono composti:
- A solubili in acqua
- B formati da carbonio, ossigeno e idrogeno
- C tutti solidi in condizioni ordinarie
- D con legami covalenti

7 In quale composto c'è un legame ionico?
A KF B H_2O C HCl D CH_4

8 A quale sostanza si può attribuire una struttura con cationi ed elettroni delocalizzati?
A KCl B SiO_2 C Zn D CO_2

9 In quale molecola, un atomo non ha lo strato di valenza con un ottetto di elettroni?
A F_2 B BF_3 C CBr_4 D PH_3

10 Quale sostanza presenta legami covalenti doppi polari?
A CO_2 B O_2 C $BeCl_2$ D HCN

Applica le tue conoscenze

11.1 Come si forma un composto ionico

1 Rappresenta la configurazione elettronica degli ioni presenti nel fluoruro di potassio KF, secondo i modelli atomici a strati e a orbitali. Indica anche i gas nobili che hanno lo stesso numero di elettroni degli ioni.

2 Quali cationi formano gli elementi indicati per raggiungere la stabilità?
a) Rb → .... *b*) Sr → .... *c*) Al → .... *d*) Ba → ....

3 Quali anioni formano gli elementi indicati per raggiungere la stabilità?
a) O → .... *b*) Se → .... *c*) Br → .... *d*) S → ....

4 Quali cationi formano gli elementi indicati per raggiungere la stabilità.
a) Ba → .... *b*) Li → .... *c*) Cs → .... *d*) Ca → ....

5 Attribuisci i nomi ai seguenti composti:
a) Na_2O *d*) CuCl *g*) AgCN
b) ZnS *e*) $Fe(OH)_3$ *h*) $Pb(OH)_2$
c) LiBr *f*) CuO *i*) AlF_3

6 In quale rapporto numerico devono trovarsi il catione Ba^{2+} e l'anione I^- per formare un composto neutro?

7 Scrivi le formule dei seguenti composti:
a) ioduro di magnesio
b) solfuro di rame (I)
c) ossido di zinco
d) fluoruro di rame (II)
e) ossido di ferro (III)
f) cloruro di alluminio
g) idrossido di argento
h) idrossido di piombo (II)
i) cloruro di calcio
l) cianuro di potassio

8 Individua la valenza dei metalli nei seguenti composti:
a) CuI *b*) $CuCl_2$ *c*) $FeBr_3$ *d*) $Fe(OH)_2$

9 Individua la valenza dei metalli nei seguenti ossidi:
a) PtO *b*) PbO_2 *c*) NiO *d*) MnO_2 *e*) CoO *f*) PdO_2

10 Individua la valenza dei metalli nei seguenti cloruri:
a) $CoCl_3$ *b*) $NiCl_3$ *c*) $PtCl_4$ *d*) $MnCl_2$ *e*) $AuCl_3$ *f*) $PdCl_2$

11.2 Il legame metallico

11 Spiega la differenza tra la conduzione elettrica nell'alluminio e la conduzione elettrica nel composto MgF_2 liquido, descrivendo la struttura del metallo e quella del composto.

12 In 1 mol di calcio quanti sono gli elettroni delocalizzati tra gli ioni del metallo? **[$2 \times 6{,}02 \cdot 10^{23}$]**

13 Tra le seguenti sostanze indica quella (o quelle) che sono buoni conduttori di elettricità:
a $RbBr_{(l)}$ b $Br_{2(l)}$ c $Cs_{(s)}$ d $P_{(s)}$

14 Perché toccando un oggetto metallico avverti una sensazione di freddo?

11.3 Il legame covalente: una società tra atomi

15 Scrivi le strutture di Lewis delle seguenti specie chimiche:
a) Cl_2 *b*) Cl^- *c*) H *d*) H^- *e*) H_2O *f*) Ba^{2+} *g*) Na^+ *h*) H_2S

16 Scrivi le formule di struttura dei seguenti composti, osservando la posizione degli elementi nella tavola periodica e utilizzando il trattino per indicare il legame covalente.
a) PH_3 *b*) H_2S *c*) HCN *d*) CS_2 *e*) H_2O_2 *f*) HOCN

17 Indica la valenza dei singoli elementi che costituiscono i composti riportati nell'esercizio precedente.

18 Scrivi le formule di struttura dei seguenti idrocarburi:
a) $CH_2{=}CH{-}CH_3$ *b*) $CH_3{-}C{\equiv}C{-}CH_3$

19 Rappresenta i legami nel metano, mediante la sovrapposizione degli strati di valenza.

20 In quali sostanze non è possibile definire la molecola?
a $Mg(OH)_2$ b H_2S c Li d Co e Fe f Na_2O g CH_4 h NH_3 i K_2S

11.4 Il legame covalente dativo: una società non alla pari

21 Le formule dell'acido solforoso H_2SO_3 e dell'acido solforico H_2SO_4 possono essere interpretate ritenendo che lo zolfo formi legami dativi. Completa con i legami le due formule di struttura.

- Lo zolfo (gruppo VI) ha 6 elettroni di valenza:

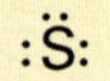

- Per scrivere la formula di struttura dell'acido solforoso, l'unica possibilità è che due atomi di ossigeno si leghino a due atomi di idrogeno, mediante legami covalenti, e completino la bivalenza legandosi allo zolfo, mediante altri due legami covalenti:

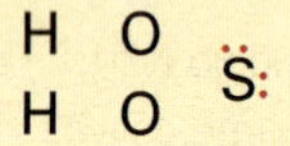

- Puoi legare il terzo atomo di ossigeno allo zolfo (atomo ....) che rende disponibile una sua ...., formando un legame dativo; in tal modo ottieni la formula di struttura dell'acido solforoso:

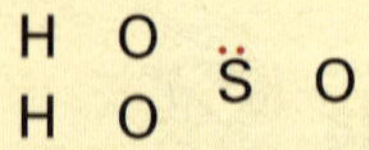

- Per ottenere la formula di struttura dell'acido solforico, che ha un atomo di ossigeno in più rispetto all'acido solforoso, unisci S ed O mediante un secondo legame dativo, dovuto alla .... ancora presente sull'..............................:

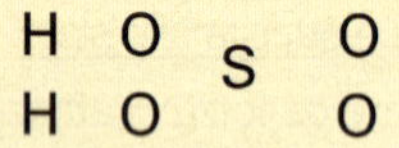

22 Scrivi la formula di struttura dell'acido fosforico H_3PO_4. Specifica, per ciascuno dei legami, se è covalente oppure covalente dativo; in quest'ultimo caso indica l'atomo datore.

11.5 Polarità dei legami

23 Calcola la differenza di elettronegatività tra H ed S nel composto H_2S. Ritieni che questo sia un composto con legami covalenti polari oppure ionici?

24 Uno stesso elemento può formare legami diversi, come avviene per il cloro in queste sostanze. Indica che tipo di legame forma il cloro in ciascuna sostanza, specificando se si tratta di un legame polare o apolare:
Cl−Cl H−Cl NaCl

25 Individua il tipo di legame che l'ossigeno forma nelle seguenti sostanze:
a) O=O *b*) H−O−H *c*) MgO

26 Quale sostanza ha molecole con legami maggiormente polari? Quale con legami apolari?
a) F_2 *b*) HBr *c*) H_2S *d*) HF *e*) PH_3 *f*) NH_3

OBIETTIVO COMPETENZA

1 Il ferro può formare i due cationi Fe^{2+} e Fe^{3+}.
a) Quale elemento del periodo 4, con alta affinità elettronica, può formare anioni monovalenti che si legano ai cationi del ferro?
b) Quali formule e quali nomi, secondo la notazione di Stock, hanno i composti contenenti gli ioni Fe^{2+} e Fe^{3+} e l'anione individuato?

2 Quale delle seguenti coppie di elementi può formare un composto ionico?
a) Al e C *b*) Cs e N *c*) Ba e B *d*) Mg e Cl *e*) Na e Ne
- Qual è la formula del composto e qual è il suo nome?
- Quali sono i gas nobili che hanno la configurazione elettronica del catione e dell'anione che formano il composto?

3 Quante moli di elettroni delocalizzati si trovano in un campione di sodio Na (*MA* = 23 u) che ha massa di 46 g? Qual è il numero degli elettroni delocalizzati? **[2 mol; $2 \times 6{,}02 \cdot 10^{23}$]**

4 Le immagini **a** e **b** rappresentano un atomo di sodio e il suo ione, senza elettroni negli strati.
a) Individua l'immagine che rappresenta l'atomo e quella dello ione, giustificando perché una delle due è più piccola dell'altra.
b) Completa le immagini inserendo gli elettroni negli strati e aggiungendo il simbolo chimico dell'atomo e dello ione.

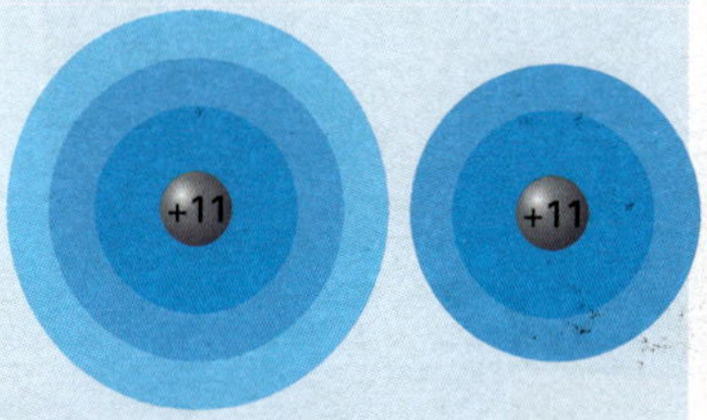

a b

5 Se metti due fili di rame in un contenitore dove c'è bromuro di sodio NaBr fuso e colleghi i fili di rame a una pila e a una lampadina disposte in serie, la lampadina si accende? Giustifica la risposta.

6 Il cloro (*MA* = 35 u) forma un composto con il bario (*MA* = 137 u) e un altro con l'idrogeno (*MA* = 1,0 u).
a) Scrivi le formule dei due composti.
b) Specifica quale tipo di legame si forma nei due composti: ionico o covalente (polare o apolare).
c) Spiega il motivo per cui atomi dello stesso elemento Cl formano legami diversi.
d) Calcola quanti grammi di bario e quanti grammi di idrogeno sono combinati con il cloro in 1 mol di ciascuno dei due composti. **[137 g di Ba; 1,0 g di H]**

7 Identifica gli atomi sottostanti specificando il nome e il gruppo di appartenenza.

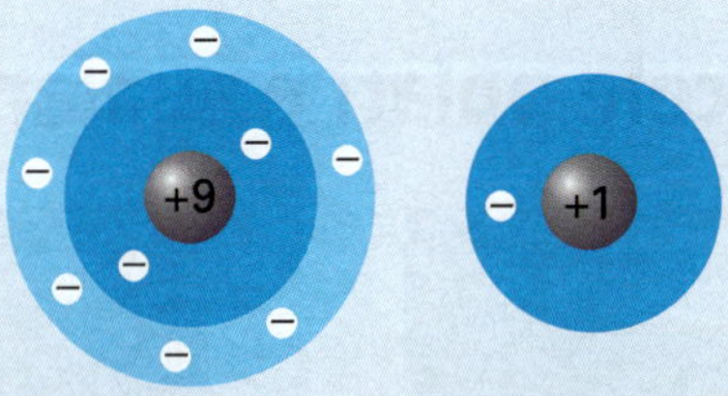

a) Descrivi il tipo di legame che si forma tra i due atomi.
b) Rappresenta il legame con le strutture di Lewis.
c) Stabilisci se entrambi gli atomi sono stabili e se rispettano la regola dell'ottetto.

8 Perché la formula di un composto ionico indica soltanto il rapporto numerico tra gli ioni e non rappresenta una molecola, al contrario di quanto accade per i composti che hanno legami covalenti?

9 Scrivi le formule di struttura secondo Lewis del propano $CH_3{-}CH_2{-}CH_3$, del propene $CH_2{=}CH{-}CH_3$ e del propino $CH{\equiv}C{-}CH_3$ mettendo in evidenza sia i legami tra gli atomi di carbonio, sia quelli tra gli atomi di carbonio e di idrogeno.
a) Specifica se i legami C—C e i legami C—H sono ionici, covalenti polari o covalenti apolari.
b) Ipotizza in quale dei tre casi (C—C, C=C, C≡C) gli atomi di carbonio si trovano a una distanza minore.

10 Nella molecola dell'acqua, il rapporto tra gli atomi di ossigeno e gli atomi di idrogeno è 2 : 1. È possibile che sia diverso (3 : 1 oppure 1 : 2 ecc.)? Giustifica la risposta.
Esprimi il rapporto tra idrogeno e ossigeno in moli e in grammi e fai un collegamento con la legge delle proporzioni definite (legge di Proust).

11 Gli atomi di cloro possono formare legami dativi con atomi di ossigeno.
a) Scrivi la configurazione elettronica del cloro in forma abbreviata e specifica con quali elettroni potrebbe formare legami dativi.
b) Scrivi le formule di struttura dell'acido ipocloroso HClO, dell'acido cloroso $HClO_2$, dell'acido clorico $HClO_3$ e dell'acido perclorico $HClO_4$.

UNITÀ 12 I legami tra molecole e proprietà delle soluzioni

Perché?...

- Perché l'acqua del mare congela a temperatura inferiore a 0 °C?

  ....

- Perché il ghiaccio galleggia sull'acqua?

  ....

- Perché è pericoloso usare un apparecchio elettrico mentre si è immersi in una vasca da bagno?

  ....

- Perché il petrolio non si scioglie nell'acqua?

  ....

12.1 Molecole polari e apolari

animazione
Polarità delle sostanze

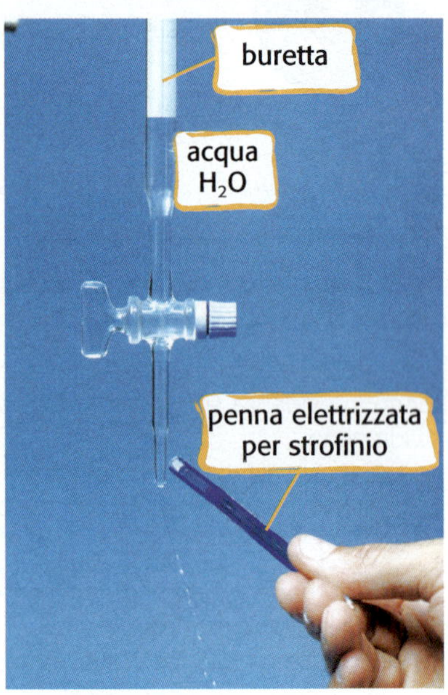

Perché il filo di acqua che scende dalla buretta si inclina, se si avvicina una penna di plastica strofinata con un panno di lana?

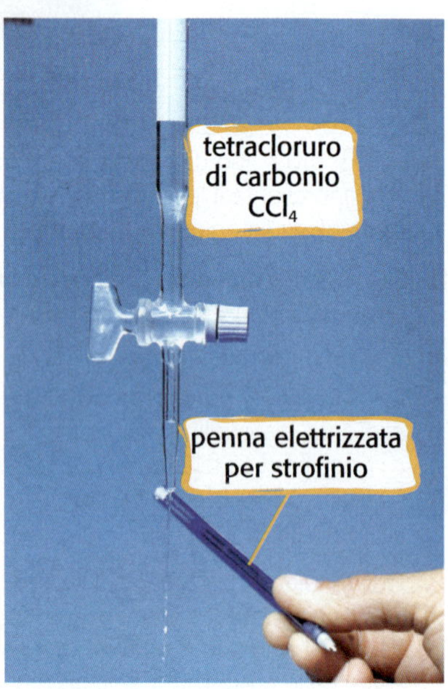

E perché non succede altrettanto, se si avvicina una penna elettrizzata per strofinio al filo di tetracloruro di carbonio che scende dalla buretta?

Lo sai?

L'**elettrizzazione per strofinio** è un fenomeno fisico che avviene quando vengono strofinati due corpi elettricamente neutri. In seguito allo strofinio, uno dei due corpi *perde elettroni* e si *carica positivamente* perché rimane con un eccesso di protoni; l'altro corpo *acquista elettroni* e si *carica negativamente*.

La spiegazione è semplice.
Osserviamo la struttura della molecola dell'acqua e del tetracloruro di carbonio e la distribuzione dei dipoli.

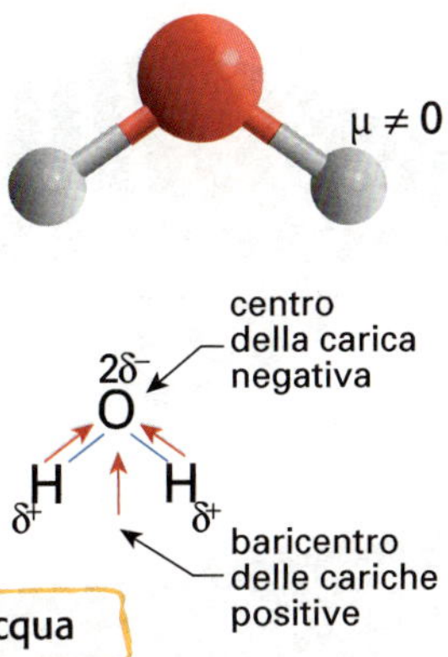

acqua

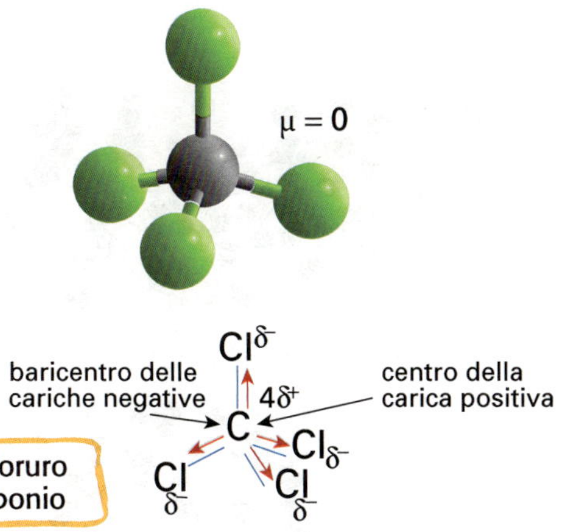

tetracloruro di carbonio

La molecola dell'**acqua** ha due legami polari, quindi è costituita da due dipoli, che sommati, come si fa per le forze secondo la regola del parallelogramma, danno un dipolo risultante con $2\delta^+$ al centro dei due atomi di idrogeno e $2\delta^-$ sull'atomo di ossigeno. Quindi l'acqua è una **sostanza polare** in quanto il centro delle cariche positive è distante da quello delle cariche negative.

Al contrario, la molecola del **tetracloruro di carbonio**, pur avendo quattro legami polari è **apolare**, perché i centri delle cariche positive e negative coincidono.
Infatti, grazie alla forma della molecola, i quattro dipoli, che sono uguali, si annullano a due a due (come accade per due forze che hanno intensità uguale, ma verso opposto).

Ricorda!...
Una **molecola è polare** se ha **legami polari** e una **forma** tale che i dipoli dovuti ai legami non si annullino; in tal caso il momento dipolare è $\mu \neq 0$.

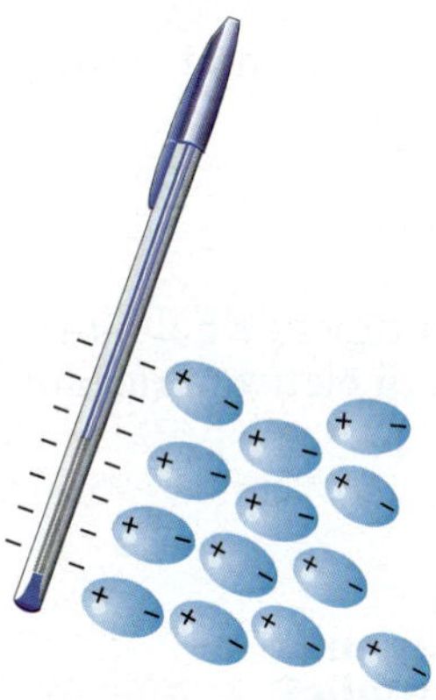

Ritornando all'esperimento con la buretta, la penna di plastica in seguito a strofinio si carica esternamente di elettroni, perciò le molecole di acqua si orientano con il polo positivo verso la penna; di conseguenza il filo di acqua si inclina. Ciò è impossibile per il tetracloruro di carbonio che non presenta dipoli.

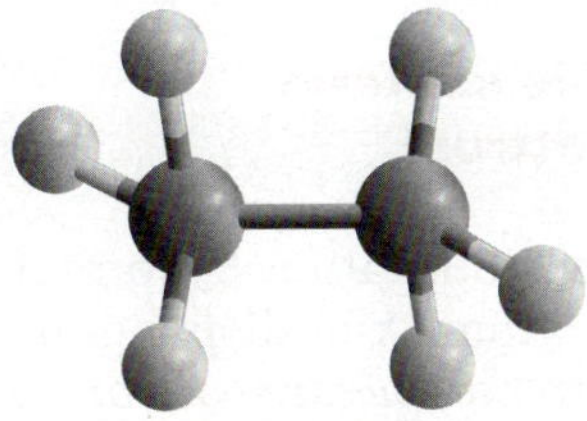

etano

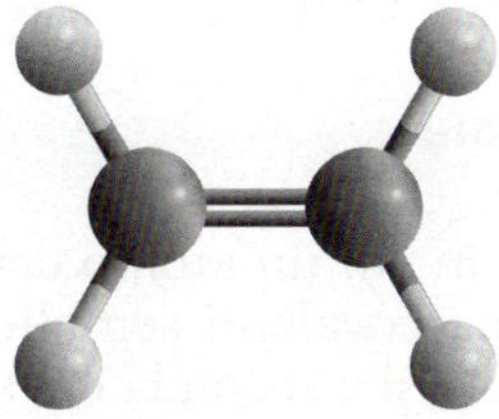

etene

etino

Caratteristiche **molecole apolari** sono le molecole degli **idrocarburi**. Infatti, il legame carbonio-carbonio è apolare e i legami carbonio-idrogeno sono quasi apolari e generalmente si annullano, a causa della forma geometrica delle molecole.

12.2 La forma e la polarità delle molecole secondo la teoria VSEPR

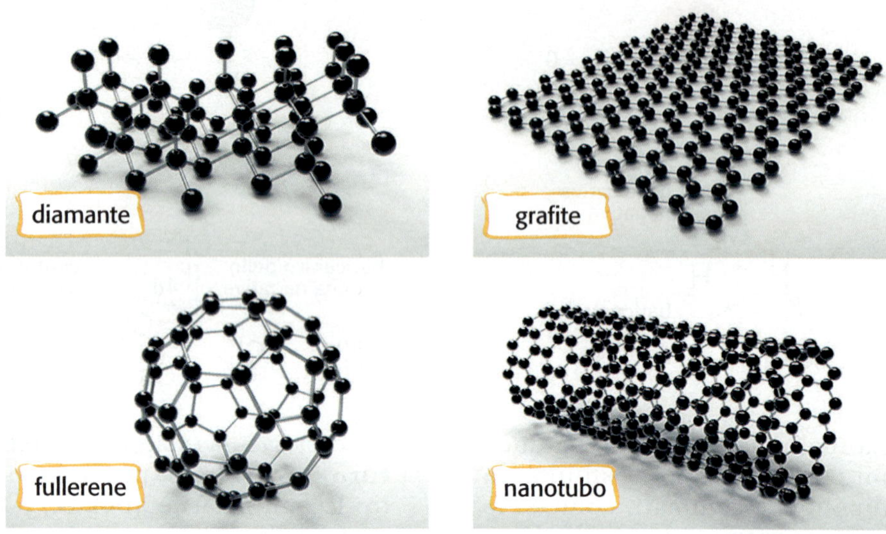

La forma di una molecola, insieme al tipo di atomi che la costituiscono e ai legami che li uniscono, contribuisce a definire le proprietà delle sostanze, dalla polarità alla solubilità e alla possibilità di presentarsi in una forma diversa come nel caso del carbonio.

espansione
Forma e polarità di molecole

Un metodo per prevedere la forma delle molecole, e quindi la loro polarità, nei casi non particolarmente complessi, è fornito dalla **teoria VSEPR** (*Valence Shell Electron Pair Repulsion*), cioè la teoria della *repulsione delle coppie di elettroni dello strato di valenza*, dovuta ai chimici statunitensi *J. Gillespie* (1924) e *R. Nyholm* (1917- 1971).

La teoria VSEPR si basa su un presupposto fondamentale.

teoria VSEPR

La forma di una molecola che ha un atomo centrale ***A*** dipende dal numero totale e dalla disposizione geometrica delle coppie di elettroni (leganti e non leganti) dello strato di valenza dell'atomo ***A***.

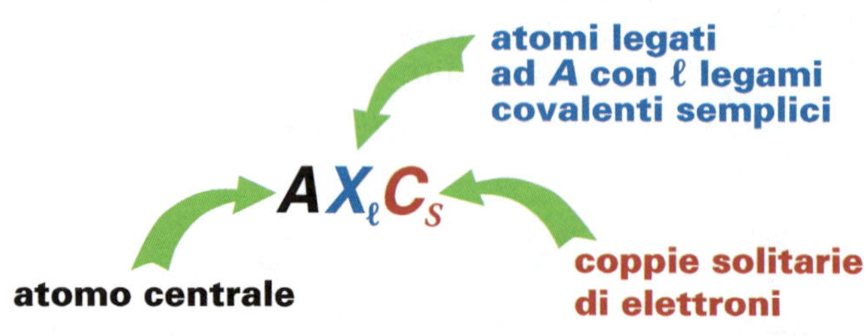

In una molecola $AX_\ell C_s$, in cui un atomo centrale ***A*** è legato a ℓ atomi ***X*** uguali mediante ℓ legami covalenti semplici, gli atomi ***X*** si dispongono intorno ad ***A*** in modi diversi a seconda del *numero complessivo di coppie di elettroni* (C_t) *dello strato di valenza dell'atomo A*.
Il numero C_t è la somma delle coppie di elettroni che formano legami (**coppie leganti** C_ℓ) e quelle che non formano legami (**coppie non leganti** o **solitarie** C_s): $C_t = C_\ell + C_s$.
Nel calcolo di C_ℓ, un *legame doppio* o *triplo* viene considerato come *semplice*, quindi corrisponde a una sola coppia legante.

$C_t = C_\ell + C_s$	angolo di legame	disposizione geometrica
2	180°	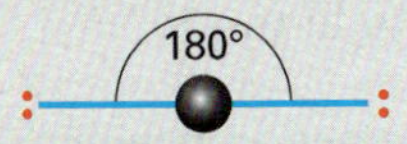
3	120°	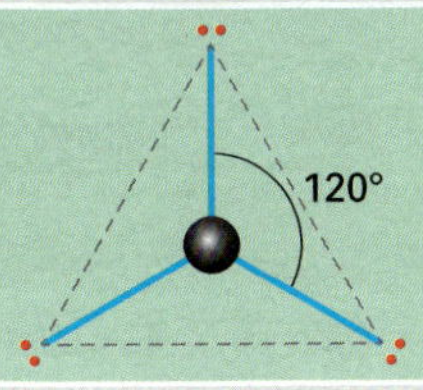
4	109,5°	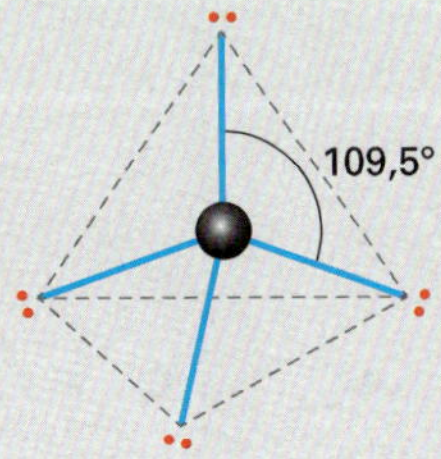

Le coppie di elettroni C_t si dispongono intorno a ***A*** alla *massima distanza possibile* l'una dall'altra, per rendere minima la repulsione. In questo modo l'angolo tra le coppie di elettroni assume il massimo valore possibile: **180°** se le coppie sono due, **120°** se le coppie sono tre, **109,5°** se le coppie sono quattro. Perciò la **disposizione geometrica** assunta dalle coppie è **lineare** per due coppie di elettroni, **triangolare** per tre coppie, **tetraedrica** se le coppie sono quattro.

La **disposizione delle coppie** C_t determina la **forma della molecola**, cioè la disposizione degli atomi l'uno rispetto all'altro, nel piano o nello spazio.

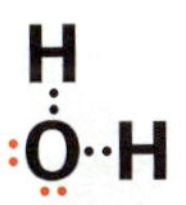

2 coppie leganti C_ℓ +
2 coppie non leganti C_s =
4 coppie di elettroni C_t

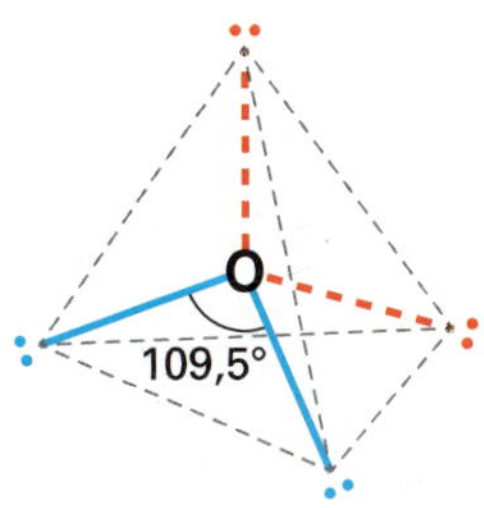

Per la **molecola dell'acqua** (C_t = **4**), la disposizione geometrica delle coppie di elettroni prevista dalla teoria VSEPR è la **disposizione tetraedrica**, in cui sono indicate in rosso le coppie di elettroni non leganti.

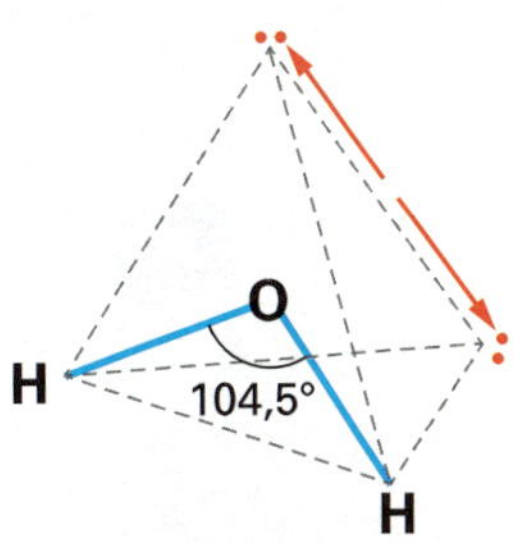

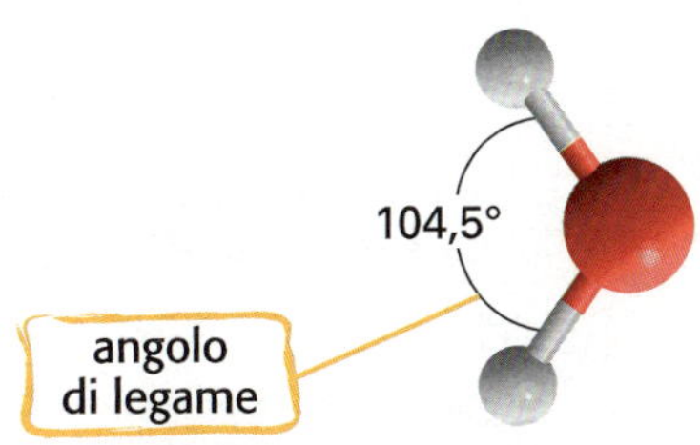

La **forma reale** della molecola dell'acqua si ricava unendo l'atomo centrale O con i 2 atomi H posti ai due vertici del tetraedro, dove erano riportate le due coppie leganti; gli altri due vertici restano occupati dalle coppie solitarie. I tre atomi, disposti in un solo piano, fanno assumere alla molecola la **forma** di una ***V* allargata**, con un **angolo di legame** di **104,5°**. Questo valore, diverso da 109,5°, è giustificato dalla presenza delle **2 coppie non leganti dell'ossigeno**, che, non essendo condivise, occupano uno spazio maggiore rispetto alle coppie leganti; perciò **si respingono** un po' costringendo i due atomi H ad avvicinarsi.

Ricorda!...

L'**angolo di legame** è l'angolo formato dalle *linee immaginarie che congiungono i nuclei degli atomi legati*.
La **forma** di una molecola AX_n, cioè il modo in cui si dispongono i suoi *n* atomi nel piano o nello spazio, *dipende dalla disposizione geometrica che assumono le coppie (leganti e non leganti) dell'atomo centrale A.*

Con la teoria VSEPR è prevedibile, oltre alla forma, anche la **polarità di molecole** in cui all'atomo centrale sono legati atomi uguali.
In quale modo?

molecola				
polarità dei legami	**dipoli**	**tipo**	**coppie di elettroni C_t**	**forma, polarità e angolo di legame**
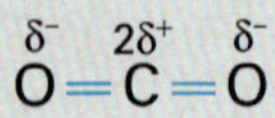 diossido di carbonio	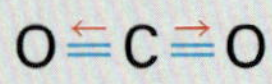 $\mu = 0$	AX_2	$C_t = C_l + C_s = 2 + 0 = 2$	lineare apolare 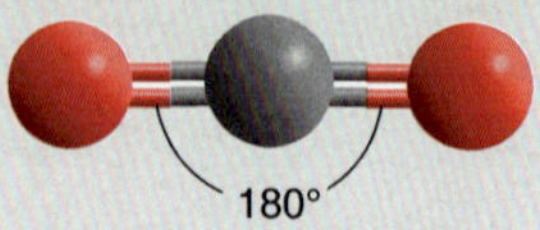
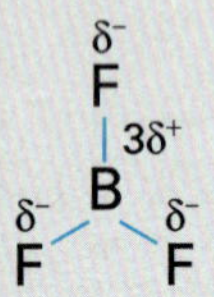 trifluoruro di boro	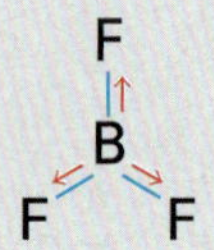 $\mu = 0$	AX_3	$C_t = C_l + C_s = 3 + 0 = 3$	triangolare apolare 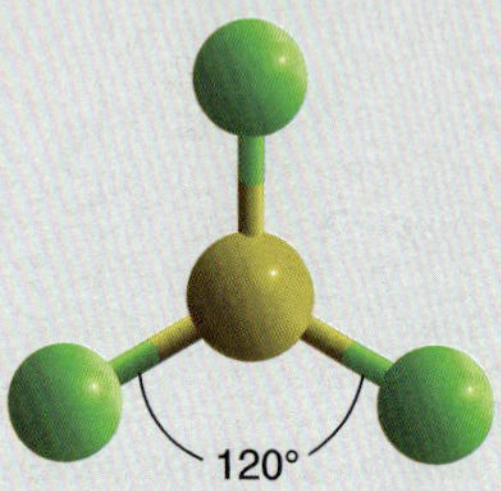
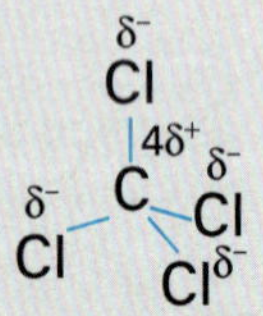 tetracloruro di carbonio	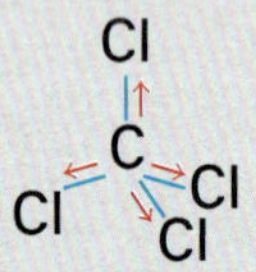 $\mu = 0$	AX_4	$C_t = C_l + C_s = 4 + 0 = 4$	tetraedrica apolare 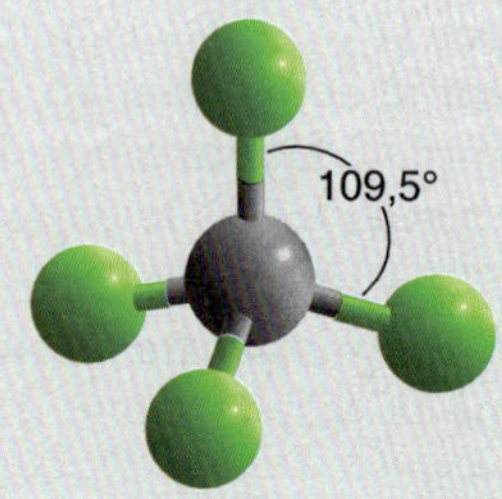
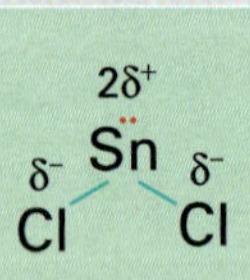 dicloruro di stagno	 $\mu \neq 0$	AX_2C_1	$C_t = C_l + C_s = 2 + 1 = 3$	angolata polare 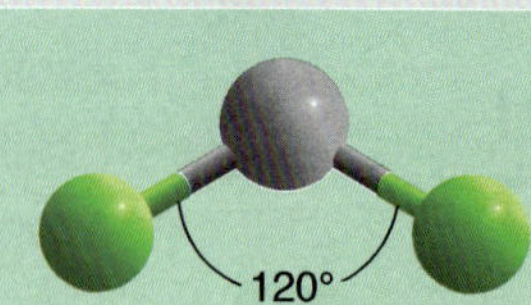
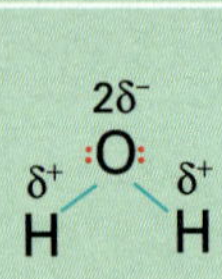 acqua	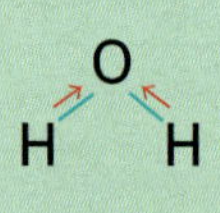 $\mu \neq 0$	AX_2C_2	$C_t = C_l + C_s = 2 + 2 = 4$	angolata polare 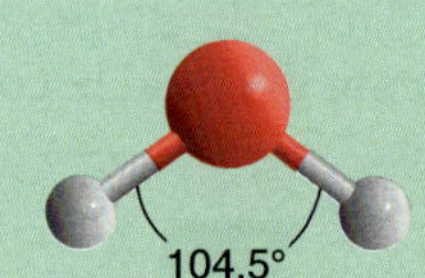
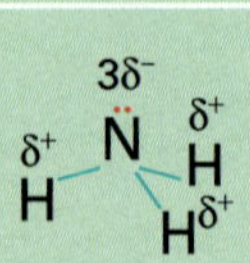 ammoniaca	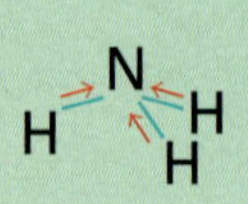 $\mu \neq 0$	AX_3C_1	$C_t = C_l + C_s = 3 + 1 = 4$	triangolare piramidale polare 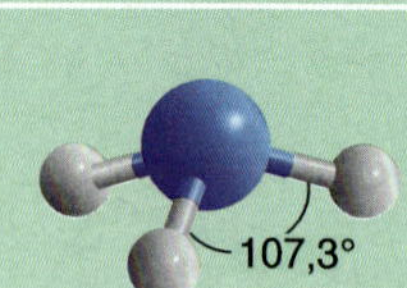

Alla **polarità di una molecola** *contribuiscono le coppie solitarie di elettroni presenti sull'atomo centrale* ***A*** *della molecola* AX_lC_s.
Infatti, osservando i dati riportati nella tabella si comprende chiaramente che:

- le molecole in cui l'atomo centrale ***A*** ha soltanto **coppie leganti** (del tipo AX_2, AX_3 e AX_4) sono **molecole apolari**, perché il dipolo risultante è $\mu = 0$;
- le molecole in cui sull'atomo centrale ***A*** sono presenti **una o due coppie solitarie** (del tipo AX_2C_1, AX_2C_2 e AX_3C_1) sono **molecole polari**, come indicato dal dipolo risultante che è $\mu \neq 0$.

La polarità dell'acqua e l'apolarità del tetracloruro di carbonio, riscontrate nell'esperimento fatto con la buretta, trovano conferma nella tipologia delle loro molecole: AX_2C_2 per l'acqua e AX_4 per il tetracloruro di carbonio.

12.3 Legami tra molecole

Molte proprietà fisiche, come le caratteristiche dei tre stati di aggregazione della materia, l'ebollizione e la fusione, la viscosità, la tensione superficiale ecc., sono una prova indiscutibile dell'esistenza di forze di attrazione tra le molecole, cioè dei **legami intermolecolari**. Tali forze vengono ricordate genericamente come **forze di van der Waals**, dal nome del chimico-fisico olandese *J. van der Waals* (1837-1923) che ne intuì l'esistenza, studiando il comportamento dei gas.
I legami intermolecolari sono molto più deboli di quelli esistenti all'interno delle molecole e sono riconducibili a tre tipi fondamentali:

- legami dovuti a **forze dipolo-dipolo**
- **legami idrogeno**
- legami dovuti a **forze di London**

espansioni
- **La tensione superficiale dell'acqua**
- **La capillarità**

schede lab
- **Effetti della tensione superficiale dell'acqua**
- **Effetti della capillarità**

animazione
Legami dovuti alle forze dipolo-dipolo

Le forze dipolo-dipolo

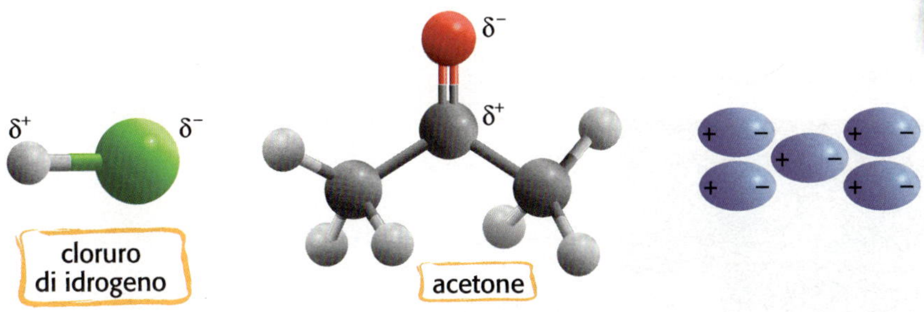

Cloruro di idrogeno HCl e acetone CH_3–CO–CH_3 (che ha il gruppo polare C=O) sono **composti polari**: i dipoli di ciascun composto si orientano avvicinando i poli di segno opposto.

Dunque i dipoli si attraggono: queste sono le **forze dipolo-dipolo**, a cui sono dovuti i legami intermolecolari propri dei **composti polari**.
Questa situazione produce i suoi effetti sulla temperatura di ebollizione, che aumenta all'aumentare dell'entità dei dipoli, cioè del loro momento dipolare.

Il legame idrogeno

animazione
Legami idrogeno

Il ghiaccio galleggia sull'acqua perché è meno denso, eppure in quasi tutte le sostanze avviene proprio il contrario: i solidi sono più densi dei corrispondenti liquidi, cosa facilmente comprensibile dal momento che in un solido le particelle che lo compongono si trovano più addensate. Quest'anomalia dell'acqua dipende dalla presenza di forze intermolecolari, dette **legami idrogeno** (o **ponti idrogeno**), che sono i legami intermolecolari più forti.

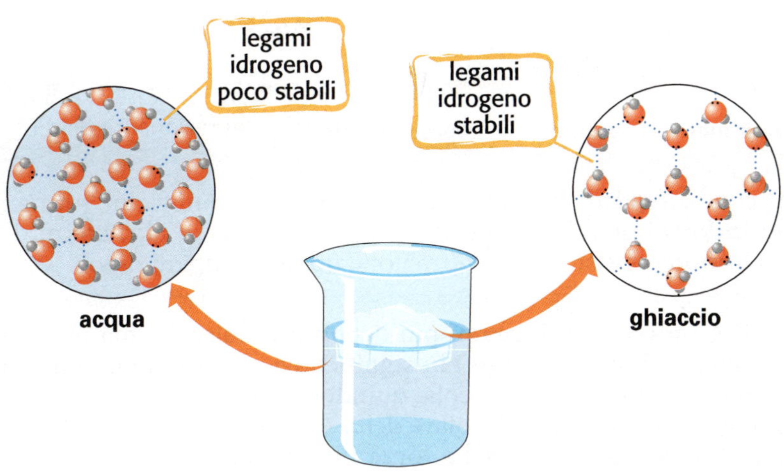

I **legami idrogeno** nell'acqua consistono in un'attrazione elettrostatica fra un **atomo di idrogeno** (polarizzato positivamente) e una coppia di elettroni non leganti dello strato esterno dell'atomo di ossigeno di una seconda molecola. La seconda molecola a sua volta, mediante un atomo di idrogeno, si lega all'ossigeno di una terza molecola e così via; si forma così un **ponte idrogeno** fra gli atomi di ossigeno delle molecole di acqua:

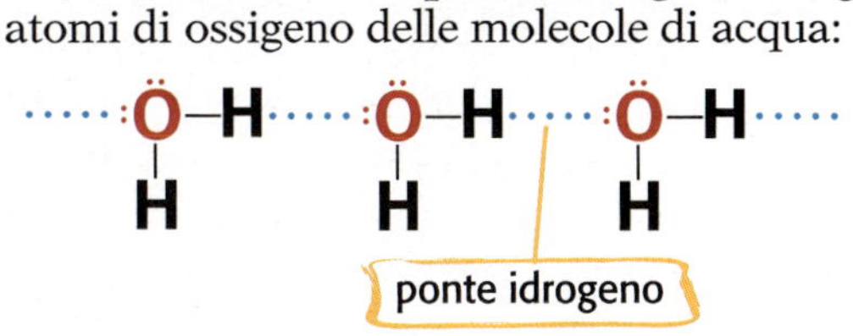

Nel ghiaccio i ponti idrogeno determinano una struttura rigida e stabile con numerosi vuoti, perciò la densità del ghiaccio è minore di quella dell'acqua. Durante la **fusione**, a **0 °C**, l'energia termica che viene somministrata al sistema provoca la rottura di una parte dei legami idrogeno (il 15% circa) presenti nel ghiaccio: le molecole dell'acqua vengono a trovarsi così più vicine e creano una struttura più compatta a cui corrisponde una maggiore densità. Continuando il riscaldamento dell'acqua fino a **4 °C** circa, la sua **densità** aumenta ancora fino al valore di **1 g/cm³**. Questo è il **valore massimo**, giacché per temperature superiori a 4 °C l'aumento dell'energia cinetica fa allontanare le molecole, con conseguente diminuzione della densità. I legami idrogeno dell'acqua sono responsabili anche del **valore elevato del suo punto di ebollizione**.

Gli elementi che formano legami idrogeno hanno atomi con dimensioni ridotte e sono ossigeno, azoto e fluoro. Perciò i **legami idrogeno** sono limitati ai composti che hanno i **gruppi N–H** e **O–H** e al **fluoruro di idrogeno H–F**.

Le forze di London

animazione
Legami dovuti alle forze di London

Che cosa accade tra molecole non polari e che non possono formare legami idrogeno, come quelle dello iodio?

Lo iodio contenuto nel becher è un solido che sublima facilmente: grazie al brinamento si riforma sotto il vetrino in forma di cristalli lucenti. La facilità con cui lo iodio sublima indica che ci devono essere deboli legami tra le molecole di iodio.

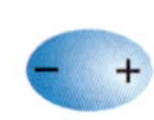

dipolo istantaneo

La presenza di una carica positiva (nucleo) e di cariche negative (elettroni) poste a una certa distanza, permette di affermare che un **atomo** mediamente è un **piccolissimo dipolo**. Inoltre, il moto continuo degli elettroni rende variabili i dipoli di questo tipo, istante per istante, sia per entità sia per direzione, per cui si tratta di **dipoli istantanei** e **variabili**.

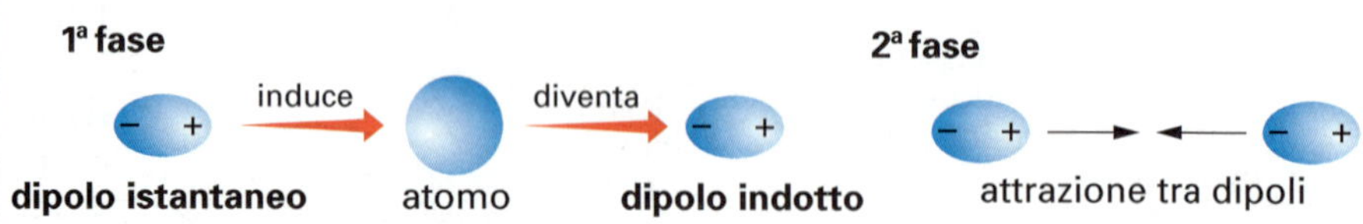

In queste condizioni l'atomo induce polarità in altri atomi vicini, formando **dipoli indotti** i quali, a loro volta, inducono dipoli in altri atomi. Le **forze di London** consistono nell'attrazione tra questi tipi di dipoli.

Le **forze di London** sono i legami più deboli tra molecole, ma presenti in ogni sostanza. Essi sono tanto più significativi quanto più grande è il numero degli elettroni nella molecola, quindi la loro intensità cresce proporzionalmente alla massa molecolare della sostanza.
Le forze di London sono le uniche forze intermolecolari presenti negli **idrocarburi**, caratteristici composti organici apolari.

Una conseguenza delle forze intermolecolari

Le forze intermolecolari sono responsabili delle **temperature di ebollizione** dei liquidi e, quindi, della loro diversa **volatilità**, cioè della facilità con cui essi evaporano.

animazione
Temperatura di ebollizione e forze intermolecolari

La differenza tra le temperature di ebollizione e la diversa volatilità dell'acqua e dell'etere sono dovute ai legami intermolecolari. Infatti, i ponti idrogeno nell'acqua sono più forti dei legami presenti nell'etere, che sono deboli legami dipolo-dipolo e forze di London.

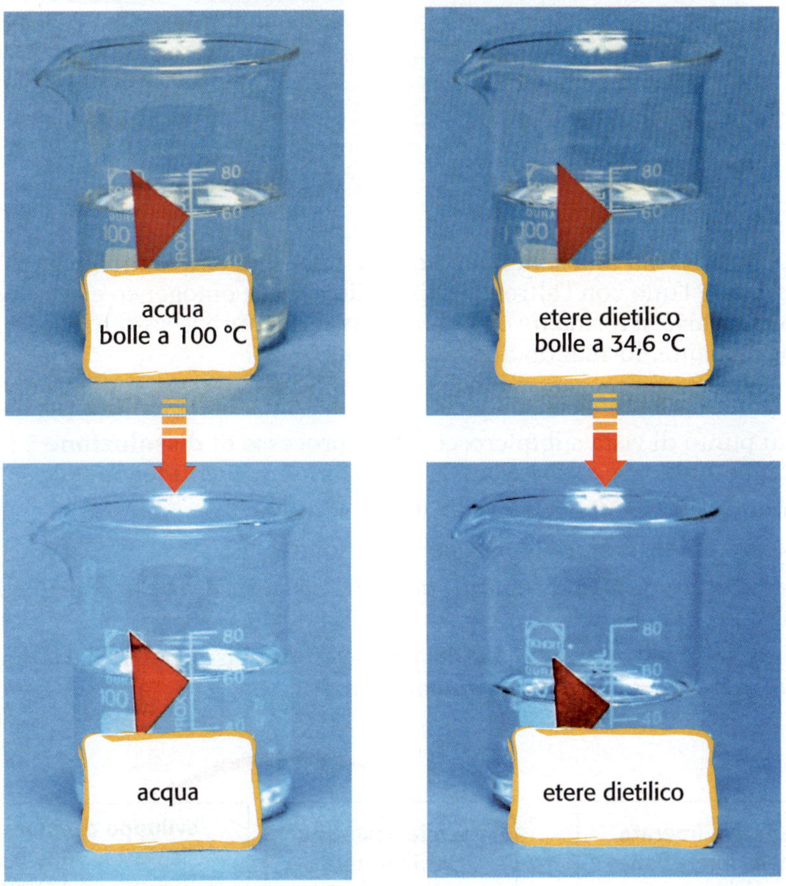

Dopo 24 ore, il confronto dei volumi iniziali con i volumi finali nel becher che contiene l'acqua e in quello che contiene l'etere dietilico consente di individuare il liquido più volatile.

La diversa volatilità dei liquidi ha come conseguenza un diverso punto di ebollizione. Il liquido più volatile è quello che bolle a temperatura più bassa.

La volatilità di un liquido è collegata alla **tensione** (o **pressione**) **di vapore**. Infatti, un liquido è tanto più volatile quanto maggiore è la sua tensione di vapore.

Ricorda!...

Da un punto di vista operativo, la **tensione di vapore** esprime la **tendenza di un liquido a passare allo stato aeriforme**.

12.4 La dissoluzione delle sostanze

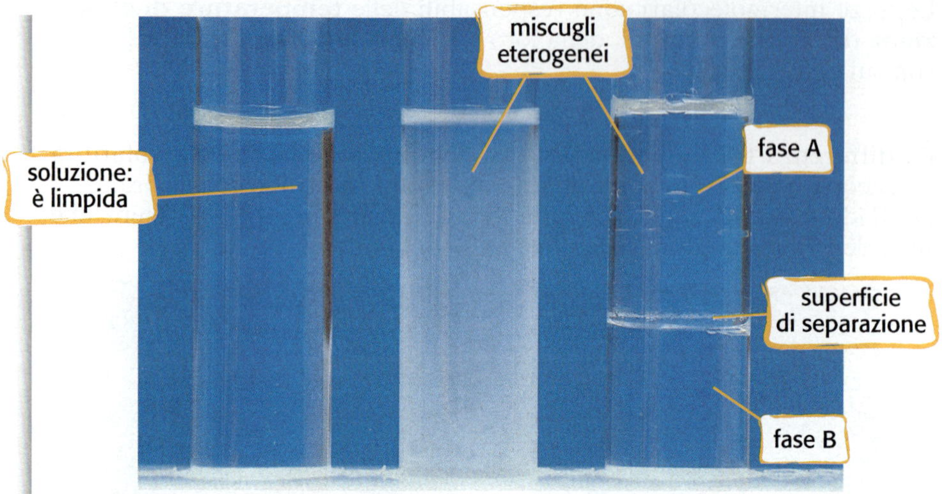

Quando si forma una soluzione liquida, i componenti si mescolano completamente l'uno con l'altro e il miscuglio appare omogeneo e limpido. In caso contrario si forma un'opalescenza o addirittura le sostanze si separano nettamente, formando due fasi distinte.

Da un punto di vista submicroscopico il processo di **dissoluzione** è abbastanza complesso e occorre che si verifichino i seguenti fenomeni:

- rottura dei legami fra le particelle del solvente,
- rottura dei legami fra le particelle del soluto,
- formazione di **nuovi legami**, *più forti dei precedenti*, fra particelle di solvente e di soluto.

Quindi, le sostanze mescolate devono avere requisiti particolari, devono essere, per così dire, *tra loro compatibili*.

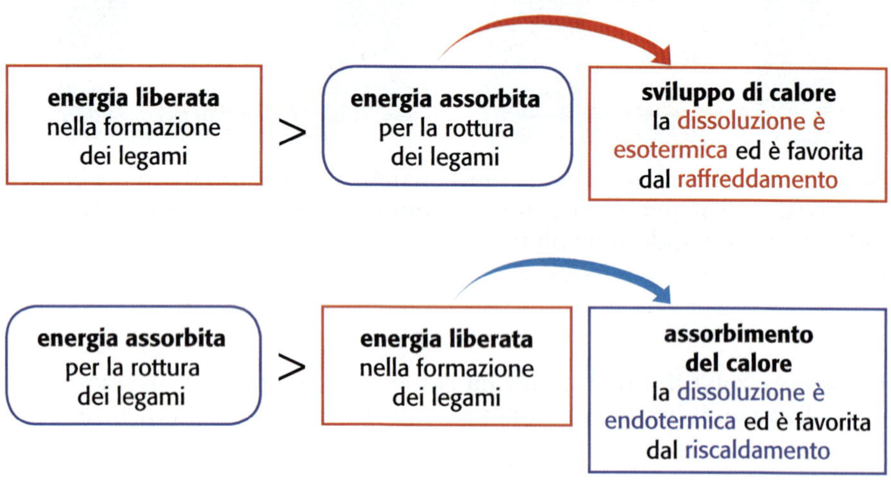

La rottura di legami tra le particelle del solvente e quelle del soluto richiede energia, mentre la formazione di nuovi legami tra le particelle del solvente e quelle del soluto avviene con liberazione di energia. Di conseguenza, la **dissoluzione** può essere un **processo esotermico** oppure **endotermico**. Nel primo caso, sottraendo il calore man mano che viene sviluppato, cioè raffreddando la soluzione, si facilita la dissoluzione; nel secondo caso, invece, la dissoluzione avviene più facilmente se la soluzione viene riscaldata.

Ricorda!...

La **dissoluzione** è favorita dal *riscaldamento* se è *endotermica*, dal *raffreddamento* se è *esotermica*.

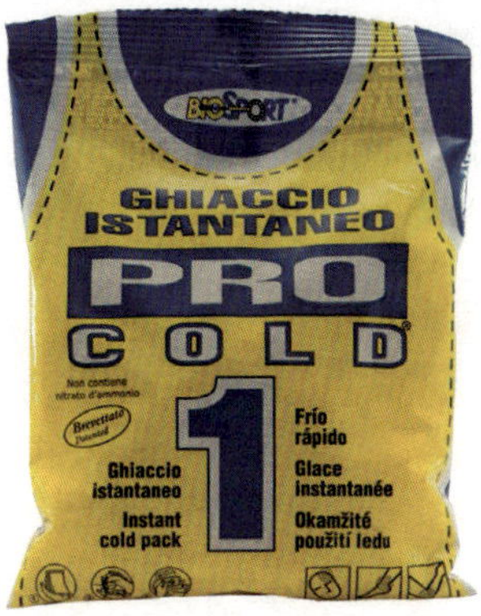

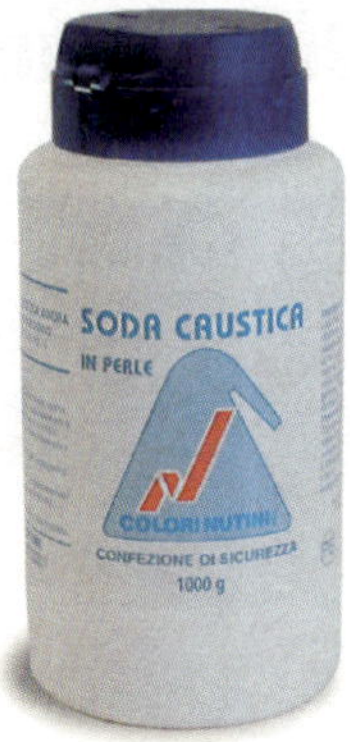

Il **ghiaccio istantaneo** si ottiene premendo su un sacchetto che contiene acqua e provocando la rottura di un secondo sacchetto, contenente sostanze che si sciolgono nell'acqua assorbendo calore dalla parte del corpo dolorante.

La **soda caustica**, che è *idrossido di sodio* NaOH, si scioglie in acqua con sviluppo di calore. Il suo uso richiede molte precauzioni in quanto il forte riscaldamento della soluzione può dare origini a schizzi, che possono provocare forti ustioni.

La **dissoluzione** è il risultato di due processi: la *rottura di legami* (*processo endotermico*) e la *formazione di legami* nuovi (*processo esotermico*). Nella maggior parte dei casi prevale il processo che richiede energia termica e quindi nella maggior parte dei casi la dissoluzione è un **processo endotermico**.

dissoluzione

Un cucchiaino di zucchero in grani si scioglie più velocemente di una zolletta di zucchero della stessa massa; inoltre, se agiti il miscuglio, la dissoluzione avviene più rapidamente. Perché?

L'*incontro* tra le molecole di zucchero e le molecole dell'acqua, necessario per la dissoluzione, è più veloce se lo zucchero è suddiviso in piccoli cristalli anziché compattato nella zolletta, perché è maggiore la superficie di contatto tra soluto e solvente; inoltre l'*incontro* è più veloce se è favorito dall'agitazione.

La **dissoluzione** di una sostanza è influenzata dalla **superficie di contatto** tra soluto e solvente e dall'**agitazione** del miscuglio, oltre che dalla **temperatura**.

fattori che influiscono sulla dissoluzione

Possiamo distinguere alcuni casi di dissoluzione.

12.5 Dissoluzione dei composti ionici

animazione
Dissoluzione dei composti ionici

I composti ionici, come il cloruro di sodio NaCl (sale da cucina), a contatto con l'acqua (sostanza polare) si sciolgono. Ma che cosa succede?

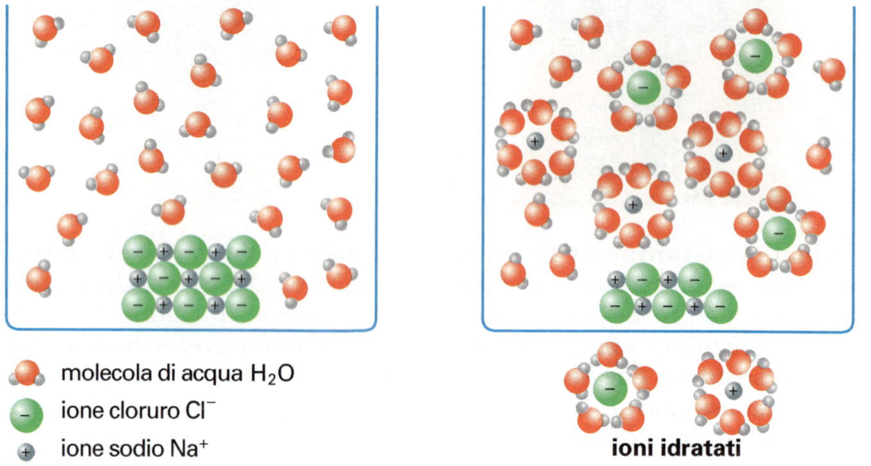

Gli ioni del cristallo di cloruro di sodio vengono circondati e attratti dai dipoli dell'acqua. Di conseguenza le forze di attrazione fra Na^+ e Cl^- risultano indebolite e la struttura cristallina si disgrega, mentre gli ioni si disperdono nell'acqua. In questo modo l'energia potenziale del sistema si abbassa ed esso diventa più stabile.
Si verifica cioè una **dissociazione ionica**, accompagnata dalla formazione di **ioni idratati**. Non è facile la riassociazione di anioni e cationi, poiché le molecole di acqua creano una vera e propria barriera fra di loro. I legami che si formano tra gli ioni e le molecole di acqua sono detti legami **ione-dipolo**.

La dissoluzione del cloruro di sodio in acqua è rappresentabile in questo modo ed è un processo leggermente endotermico:

$$NaCl_{(s)} \xrightarrow[\text{energia termica}]{H_2O_{(l)}} Na^+_{(aq)} + Cl^-_{(aq)}$$

dissociazione ionica

La **dissociazione ionica** è il fenomeno della separazione dei cationi e degli anioni di un composto ionico in una soluzione acquosa.

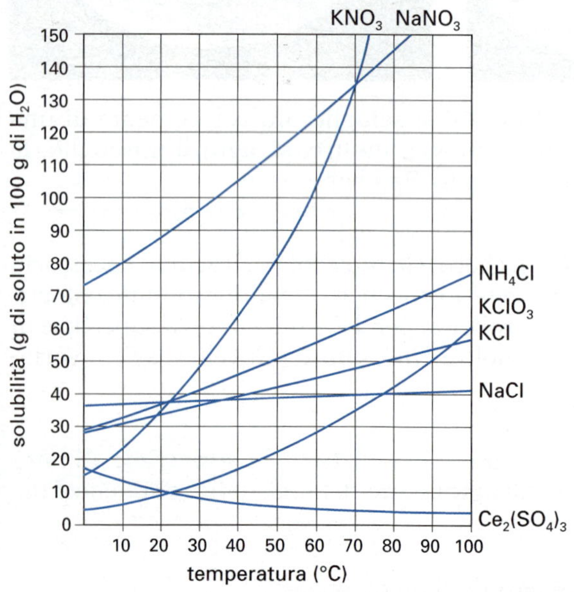

La solubilità *s* dei composti ionici riportati nel grafico aumenta all'aumentare della temperatura, fatta eccezione per il solfato di cerio (III) $Ce_2(SO_4)_3$. Perciò, la dissoluzione di questi composti è un *processo endotermico* ed è quindi favorita dal riscaldamento. Per il solfato di cerio (III), invece, la dissoluzione non è favorita dal riscaldamento, ma dal raffreddamento, perché è un *processo esotermico*.

Lo sai?

La **solubilità** *s* di una sostanza in un certo solvente esprime la **concentrazione della soluzione satura**, cioè la **massima concentrazione possibile per la sostanza in quel solvente**, e varia al variare della temperatura.
Spesso viene espressa come **grammi di soluto disciolti in 100 grammi di solvente a una data temperatura**.

12.6 Dissoluzione mediante legami idrogeno

animazione
Dissoluzione mediante legami idrogeno

I composti che contengono **gruppi OH**, come gli alcoli e gli zuccheri, si sciolgono in acqua creando una **rete di ponti idrogeno**.

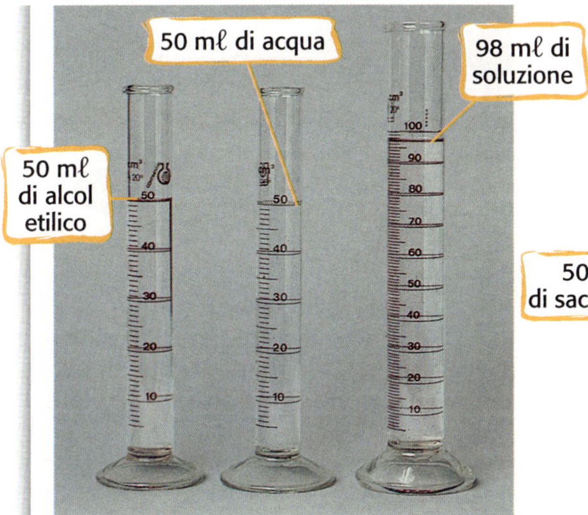

Mescolando volumi uguali (50 mℓ) di **alcol etilico** $CH_3–CH_2–OH$ e di **acqua distillata** H_2O si ottiene una soluzione che ha volume di 98 mℓ e non di 100 mℓ, come potremmo aspettarci.

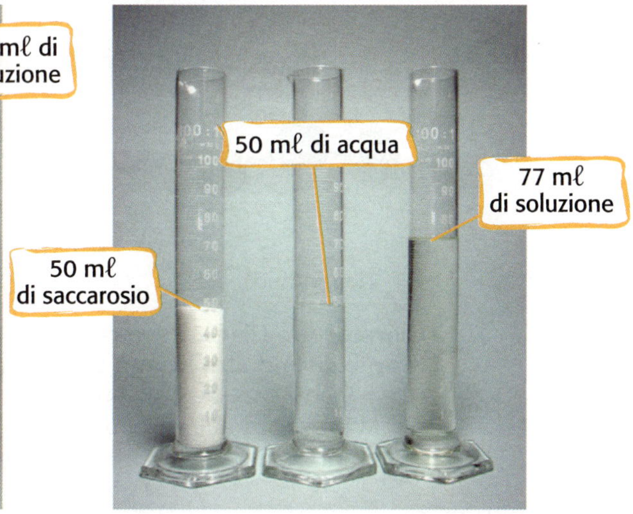

La contrazione del volume si osserva anche in una soluzione di 50 mℓ di **saccarosio** e 50 mℓ di **acqua distillata**. In realtà la quantità di zucchero è inferiore a 50 mℓ a causa dell'aria presente tra i granuli.

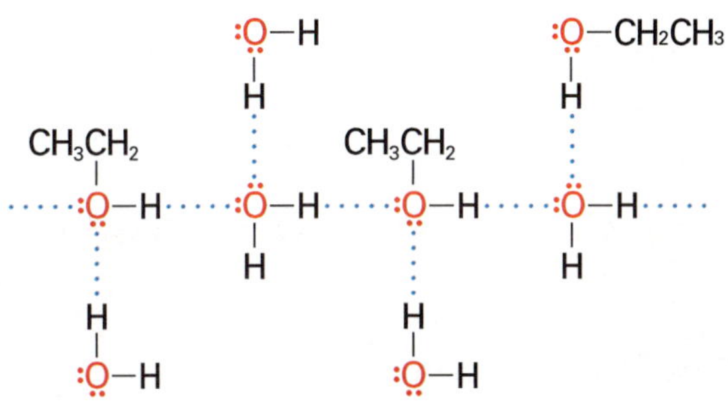

alcol etilico e acqua

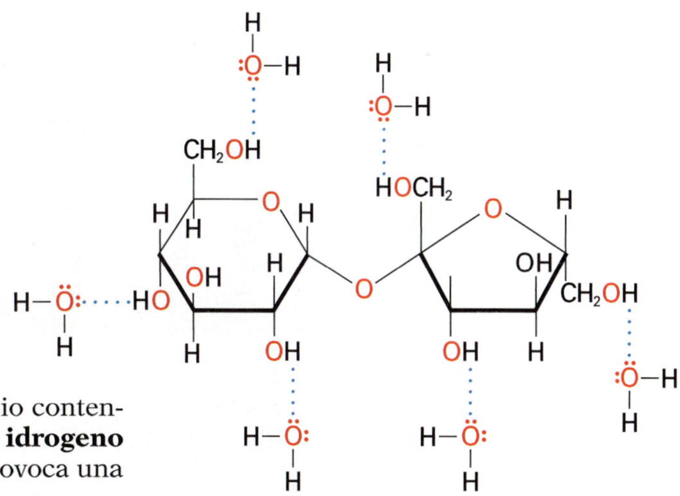

saccarosio e acqua

Dal momento che sia l'alcol etilico sia il saccarosio contengono gruppi O–H si crea una fitta rete di **ponti idrogeno** fra le loro molecole e le molecole di acqua: ciò provoca una contrazione del volume.

SOLUBILITÀ IN ACQUA

$CH_3–OH$ $CH_3–CH_2–OH$ ... $CH_3–CH_2–CH_2–CH_2–CH_2–CH_2–OH$

Non tutti gli alcoli si sciolgono in acqua, perché per alcuni è impossibile la formazione di ponti idrogeno con l'acqua. Infatti, al crescere della lunghezza della catena carboniosa diventa più difficile l'incontro tra il gruppo O–H dell'alcol e il gruppo O–H dell'acqua, tanto che, mentre gli alcoli con 1, 2 e 3 atomi di carbonio sono completamente solubili in acqua, la solubilità dell'alcol con 6 atomi di carbonio è soltanto di 0,6 g in 100 g di acqua, a 20 °C.

12.7 Dissoluzione di sostanze polari

Due **sostanze polari** si sciolgono formando legami dovuti a **forze dipolo-dipolo**. I dipoli si orientano avvicinandosi mediante i poli di segno opposto.

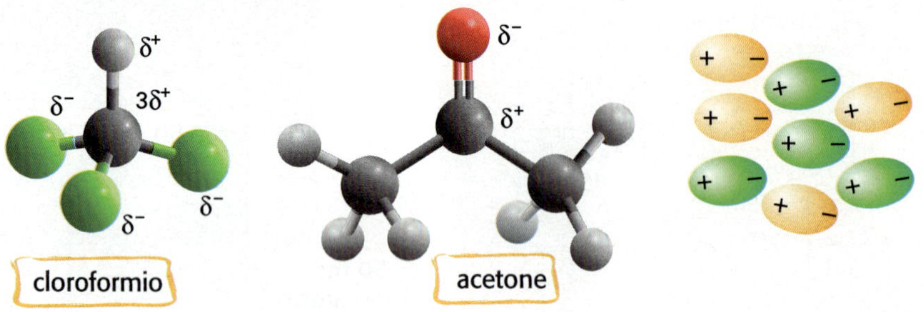

Cloroformio $CHCl_3$ e acetone CH_3–CO–CH_3 sono miscibili perché il cloroformio, avendo tre legami C–Cl e un legame C–H, ha un momento dipolare $\mu \neq 0$ ed è una sostanza polare, e perché l'acetone è una sostanza polare per la presenza del gruppo C=O.

12.8 Dissoluzione di sostanze apolari

Non si possono formare legami tra una sostanza polare e una apolare. Tuttavia, i **composti apolari** hanno la possibilità di sciogliersi l'uno nell'altro, stabilendo legami, anche se deboli, dovuti a **forze di London**.

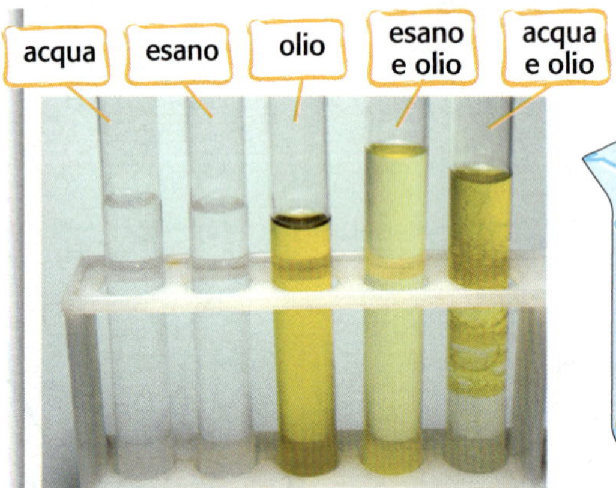

L'**olio** è una miscela di composti apolari, per questo motivo si scioglie nell'esano C_6H_{14}, che è un liquido apolare.
Al contrario, l'**olio** non si scioglie nell'**acqua**, che è invece una sostanza polare.

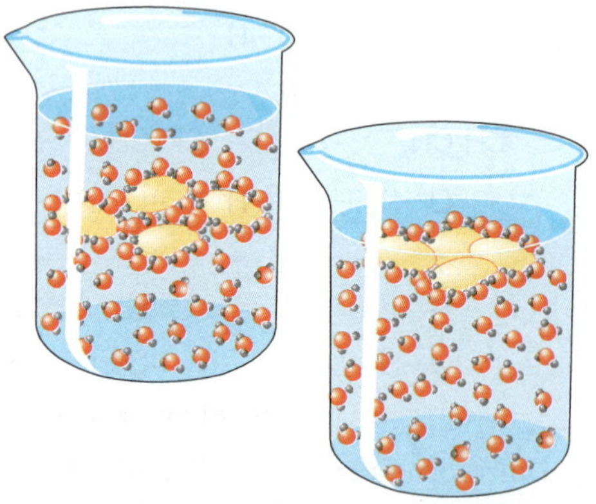

Le molecole dell'olio, una volta raggiunta l'acqua, si raggruppano tra loro "ignorando" l'acqua e si separano salendo a galla.

Il **petrolio** e la **benzina** sono miscele di **idrocarburi**, sostanze apolari, che perciò non si sciolgono in acqua. La loro dispersione in mare o nelle acque dolci provoca gravi danni all'ambiente.

Ricorda!...

In definitiva, le sostanze ioniche o le sostanze polari si sciolgono nelle sostanze polari, mentre quelle apolari si sciolgono nelle sostanze apolari, e si sciolgono tra loro le sostanze che possono formare legami idrogeno. Sinteticamente si dice che **il simile scioglie il simile**.

12.9 Alcune proprietà delle soluzioni

animazione
Proprietà delle soluzioni ioniche

Le **proprietà delle soluzioni** dipendono, oltre che dal tipo di soluto, anche dalla sua natura di composto ionico o non ionico. In particolare, la presenza di ioni in soluzione è responsabile di queste proprietà:

- formazione di **precipitati**
- **colorazione** delle soluzioni
- formazione di **soluzioni elettrolitiche**

Formazione di precipitati

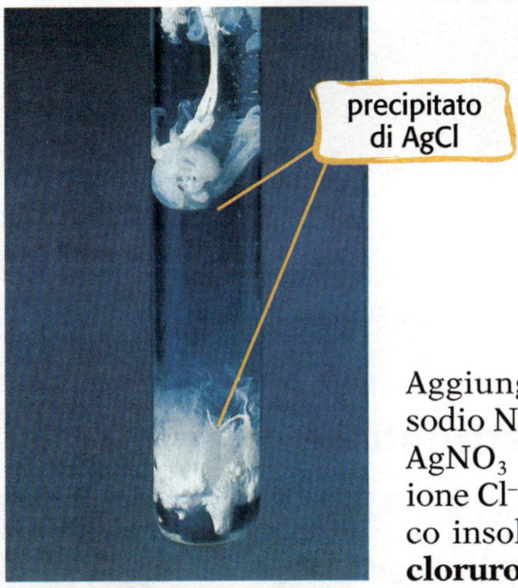

Aggiungendo a una soluzione di cloruro di sodio NaCl una soluzione di nitrato di argento $AgNO_3$ si crea un legame molto forte tra lo ione Cl^- e lo ione Ag^+ e si forma un solido bianco insolubile in acqua (**precipitato**), che è il **cloruro di argento** AgCl.

La reazione è la seguente:

$$NaCl_{(aq)} + AgNO_{3(aq)} \longrightarrow \underset{\textbf{precipitato bianco}}{\mathbf{AgCl_{(s)}}} + NaNO_{3(aq)}$$

e può anche essere scritta semplicemente così, cioè in **forma ionica**:

$$Cl^-_{(aq)} + Ag^+_{(aq)} \longrightarrow \mathbf{AgCl_{(s)}}$$

in quanto alla reazione hanno partecipato soltanto gli ioni Cl^- e Ag^+ (gli altri due, Na^+ e NO_3^-, si sono comportati da **ioni spettatori**).

In generale, mescolando due soluzioni contenenti ioni, è possibile che si formi un **precipitato**, cioè un composto solido insolubile, in quanto l'acqua non riesce a disgregarne la struttura cristallina.

formazione di precipitati

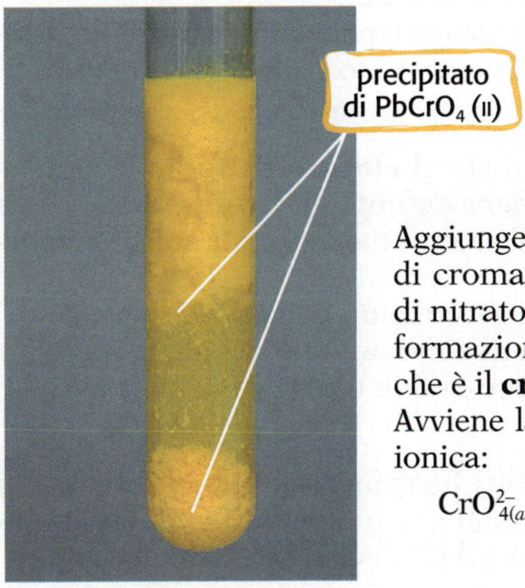

Aggiungendo goccia a goccia a una soluzione di cromato di potassio K_2CrO_4 una soluzione di nitrato di piombo (II) $Pb(NO_3)_2$, si osserva la formazione di un precipitato giallo insolubile, che è il **cromato di piombo (II)** $PbCrO_4$.
Avviene la seguente reazione, scritta in forma ionica:

$$CrO^{2-}_{4(aq)} + Pb^{2+}_{(aq)} \longrightarrow \underset{\textbf{precipitato giallo}}{PbCrO_{4(s)}}$$

espansioni
- **Acque dure e acque dolci**
- **Perché si aggiunge il sale nella lavastoviglie**

Colorazione delle soluzioni

Alcuni **ioni** impartiscono un **colore** caratteristico alle loro soluzioni. Questa proprietà può essere utilizzata per il riconoscimento degli ioni stessi.

Formazione di soluzioni elettrolitiche

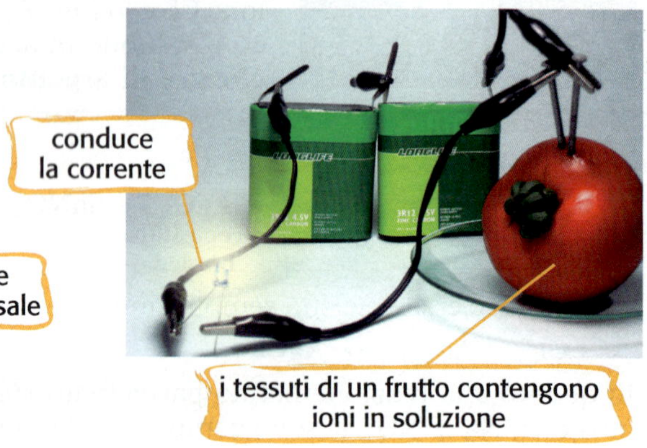

La corrente elettronica, dovuta al flusso di elettroni lungo il filo metallico, ha l'unica funzione di mettere in moto gli ioni presenti nella soluzione, generando cioè una corrente di ioni (**corrente ionica**).
Questa corrente chiude il circuito consentendo l'accensione del LED.

scheda lab
Conducibilità di soluzioni

La forte luminosità del LED conferma che il **cloruro di sodio** è completamente dissociato in ioni e perciò viene definito **elettrolita forte**, come tutti i composti che si comportano allo stesso modo: la sua soluzione perciò è una **soluzione elettrolitica**.
Sono soluzioni elettrolitiche anche il succo di un pomodoro e l'acqua del rubinetto, ma in questi casi il LED ha una minore luminosità, in quanto è minore la concentrazione degli ioni presenti in queste soluzioni.

composti ionici e soluzioni elettrolitiche

I **composti ionici** sono detti **elettroliti forti** in quanto le loro soluzioni acquose (**soluzioni elettrolitiche**) sono ottimi conduttori di elettricità grazie alla presenza degli ioni, che sono il risultato della dissociazione.

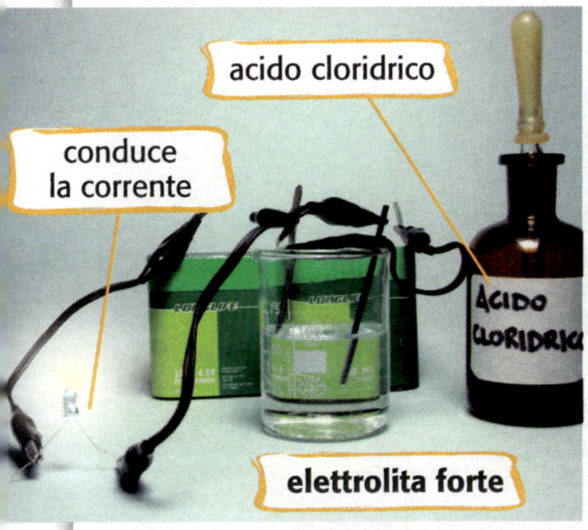

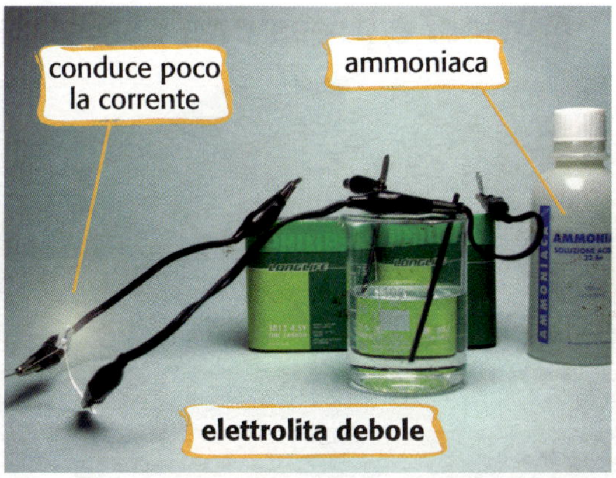

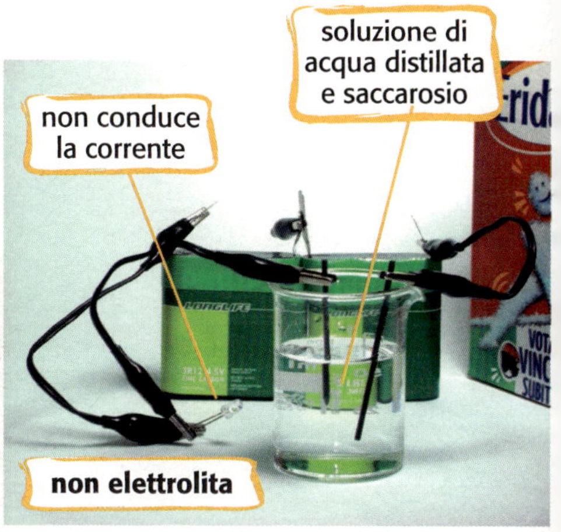

Molti *composti non ionici* producono ioni quando reagiscono con l'acqua. Alcuni di essi alla fine della reazione si ritrovano completamente sotto forma di ioni, come l'*acido cloridrico*, perciò anch'essi sono **elettroliti forti**, (come i composti ionici) e conducono bene la corrente.

Altri composti, come l'*ammoniaca*, producono ioni solo in parte, quindi conducono poco la corrente e sono detti **elettroliti deboli**.

Infine, sono **non elettroliti** i composti che, come lo *zucchero* e l'*alcol*, si sciolgono in acqua senza formare ioni.

Gli **elettroliti forti** sono composti (ionici o non ionici), che **in acqua** si trovano completamente sotto forma di **ioni**. Gli **elettroliti deboli** sono composti non ionici, che in acqua si trovano solo **parzialmente sotto forma di ioni**. I **non elettroliti** sono composti non ionici, che **non formano ioni** quando si sciolgono in acqua.

elettroliti forti e deboli e non elettroliti

12.10 Proprietà colligative

L'acqua del mare congela a temperatura inferiore a 0 °C, il sale che si sparge d'inverno sulle strade ritarda la formazione del ghiaccio. E inoltre la soluzione di acqua e sale che si usa per la cottura della pasta bolle a temperatura maggiore di 100 °C e il pesce viene essiccato cospargendolo di sale.

Questi e tanti altri fenomeni trovano una giustificazione in alcune proprietà delle soluzioni, dette **proprietà colligative**: la *pressione osmotica*, l'*innalzamento ebullioscopico* e l'*abbassamento crioscopico*.

Osmosi e pressione osmotica

Se in una macedonia si cospargono di zucchero i pezzi di frutta, si forma un succo dolce e profumato.

I ceci secchi tenuti a bagno nell'acqua, prima di cucinarli, si gonfiano fino a raddoppiare il loro volume.

Che cosa è accaduto?
L'acqua ha attraversato spontaneamente le membrane cellulari dei pezzi di frutta e dei ceci: dai pezzi di frutta è fuoriuscita l'acqua, nei ceci è entrata l'acqua in cui sono stati immersi. Questo fenomeno spontaneo è detto **osmosi**.

In natura vi sono membrane, come quelle delle cellule, dette **membrane semipermeabili**, perché a contatto con una soluzione si comportano come un setaccio, permettendo il passaggio delle particelle del solvente, ma non di quelle del soluto.

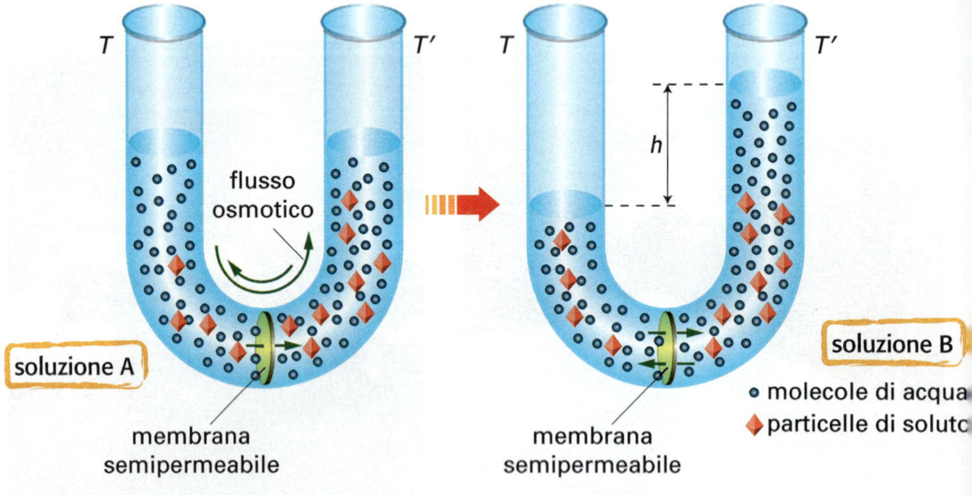

Una membrana semipermeabile separa una soluzione acquosa più diluita, per esempio di zucchero, (soluzione *A*) da una più concentrata (soluzione *B*). Inizialmente le due soluzioni presentano lo stesso livello nei rami *T* e *T′* del tubo. Attraverso la membrana semipermeabile avviene spontaneamente il passaggio di acqua nei due sensi, ma il flusso è nettamente più intenso dalla soluzione *A* verso la soluzione *B*.
Con il passare del tempo, la soluzione *A* diventa più concentrata, mentre la soluzione *B* si diluisce e il suo livello aumenta nel ramo *T′* fino a un'altezza *h*, che è tanto maggiore quanto maggiore è la differenza tra le concentrazioni delle due soluzioni.

Il passaggio spontaneo di solvente da una soluzione più diluita a una soluzione più concentrata, attraverso una membrana semipermeabile è il fenomeno dell'**osmosi** e il flusso di solvente che si crea è detto **flusso osmotico**.

espansione
Osmosi e pressione osmotica

Quando la soluzione nel ramo *T'* ha raggiunto l'altezza *h*, esercita una **pressione idrostatica** che blocca il flusso osmotico e il sistema si trova in una **situazione di equilibrio**. Questo fenomeno si verifica, in misura ancora più intensa, se la membrana semipermeabile separa una soluzione di zucchero (o altro soluto) dal solvente puro (acqua).
Se sulla soluzione nel ramo *T'* si esercita una pressione π uguale alla pressione idrostatica generata dal flusso osmotico, le soluzioni *A* e *B* ritornano ad avere lo stesso livello. La pressione π è detta **pressione osmotica** ed è direttamente proporzionale alla molarità della soluzione più concentrata.

Lo sai?

La **pressione idrostatica** esercitata da una colonna di liquido di altezza *h* è data dal prodotto della densità del liquido per l'accelerazione di gravità per l'altezza della colonnina:

$$p = \rho \cdot g \cdot h$$ **legge di Stevino**

video
L'uovo "nudo"
e l'osmosi

Nel caso della macedonia, il flusso osmotico avviene dall'interno delle cellule dei pezzi di frutta, ricchi di acqua, verso l'esterno dove è presente lo zucchero appena umido; al contrario, l'acqua entra nei ceci secchi, dove l'acqua è quasi assente.

L'**osmosi** è un **fenomeno** fisico **spontaneo** che consiste nel passaggio delle particelle di solvente attraverso una membrana semipermeabile, da una soluzione più diluita a una più concentrata, oppure dal solvente puro alla soluzione.

osmosi

L'osmosi è un fenomeno fondamentale per la vita, perché regola la quantità di acqua presente nelle cellule.

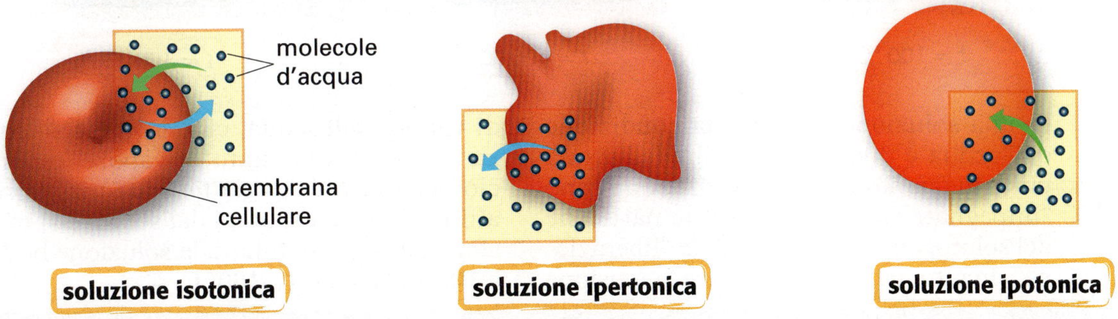

Le soluzioni all'interno e all'esterno della cellula hanno la stessa concentrazione (**soluzioni isotoniche**): la cellula mantiene il suo volume.

L'ambiente esterno alla cellula è costituito da una soluzione con concentrazione maggiore (**soluzione ipertonica**) di quella all'interno della cellula: la cellula perde acqua e diminuisce di volume. Se il flusso osmotico si prolunga, la cellula si disidrata.

L'ambiente esterno alla cellula è costituito da una soluzione con concentrazione minore (**soluzione ipotonica**) di quella all'interno della cellula: la cellula si gonfia perché acquista acqua.

Innalzamento ebullioscopico

L'acqua, com'è noto, bolle a 100 °C. Che cosa accade quando nell'acqua si fa sciogliere un soluto, come lo zucchero? L'acqua non bolle più a 100 °C, ma a una temperatura superiore, 100,13 °C.
Che cosa impedisce all'acqua della soluzione di bollire ancora a 100 °C, come l'acqua pura?

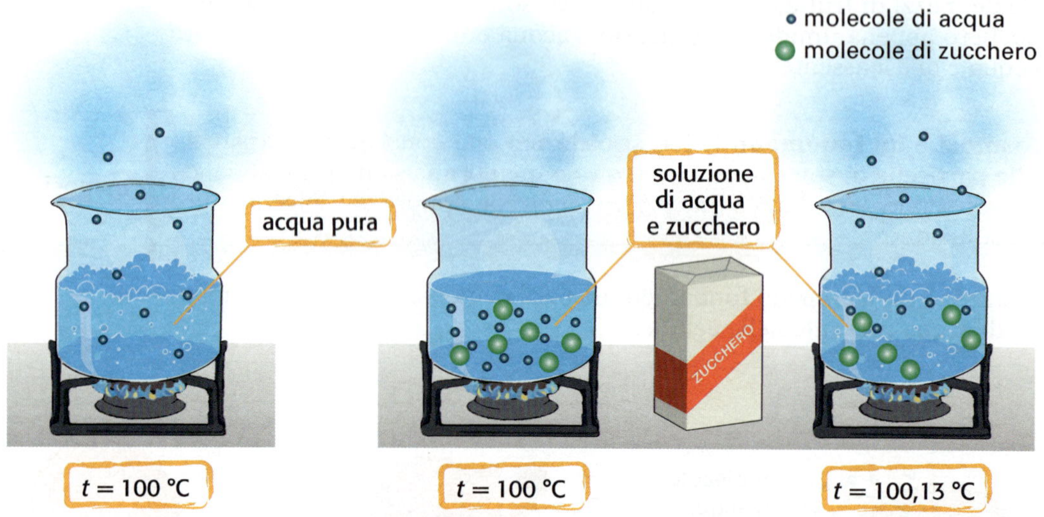

In una soluzione acquosa, la condizione dell'acqua è diversa da quella dell'acqua pura, in quanto le molecole di acqua sono "impegnate" nei legami con le particelle del soluto, che ne ostacolano la "liberazione". In altre parole, diminuisce la tensione di vapore dell'acqua, cioè la sua tendenza a passare allo stato di vapore, e perciò occorre un'energia termica maggiore affinché l'acqua si liberi dal soluto e si trasformi in vapore. Infatti, la soluzione bolle a 100,13 °C e non a 100 °C.

L'innalzamento della temperatura di ebollizione (0,13 °C) è detto **innalzamento ebullioscopico** ($\Delta T_{eb.}$) ed esprime la differenza tra la temperatura di ebollizione dell'acqua nella soluzione e la temperatura di ebollizione dell'acqua pura ($t_{eb.\ soluzione} - t_{eb.\ solvente}$): 100,13 °C – 100 °C = 0,13 °C. Esso è direttamente proporzionale alla **molalità m** della soluzione, cioè al numero di moli di soluto sciolte in 1 kg di solvente.

innalzamento ebullioscopico

L'**innalzamento ebullioscopico** ($\Delta T_{eb.}$) indica la differenza tra la temperatura di ebollizione del solvente in una soluzione e quella del solvente puro.

Abbassamento crioscopico

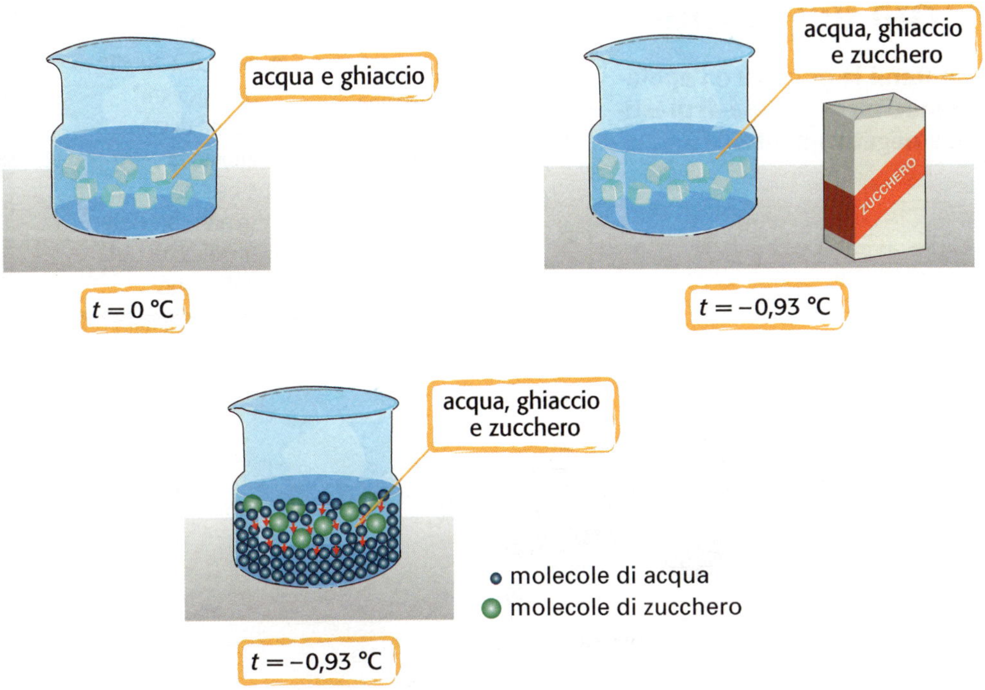

Quando una soluzione di acqua e zucchero solidifica, si verifica un fenomeno analogo a quello che avviene quando bolle una soluzione: la temperatura di solidificazione dell'acqua non è 0 °C, come quella dell'acqua pura, ma più bassa: –0,93 °C. Anche la spiegazione è analoga a quella precedente. Le molecole del soluto trattengono le molecole di acqua "impegnandole" nei legami; si genera quindi un ostacolo alla separazione del solvente e quindi alla sua solidificazione.

scheda lab
L'effetto del sale sul ghiaccio

L'abbassamento della temperatura di solidificazione (0,93 °C) è detto **abbassamento crioscopico** ($\Delta T_{cr.}$), ed è dato dalla differenza tra la temperatura di solidificazione dell'acqua e la temperatura di solidificazione dell'acqua nella soluzione ($t_{sol.\ solvente} - t_{sol.\ soluzione}$): 0 °C – (–0,93 °C) = 0,93 °C. Esso è direttamente proporzionale alla **molalità m** della soluzione, cioè al numero di moli di soluto sciolte in 1 kg di solvente.

espansione
Innalzamento ebullioscopico e abbassamento crioscopico

L'**abbassamento crioscopico** ($\Delta T_{cr.}$) indica la differenza tra la temperatura di solidificazione di un solvente puro e quella del solvente in una soluzione.

abbassamento crioscopico

La **pressione osmotica**, l'**innalzamento ebullioscopico** e l'**abbassamento crioscopico** di una soluzione **aumentano al crescere della concentrazione**.
Per soluzioni di uguale concentrazione, queste proprietà **sono influenzate dal numero di particelle di soluto** presenti nelle soluzioni e non dalla loro natura. Esse sono dette **proprietà colligative**.

proprietà colligative

Per questo motivo le soluzioni che contengono elettroliti, come il cloruro di sodio NaCl, che è dissociato in 2 ioni, e il solfato di sodio Na_2SO_4, che è dissociato in 3 ioni, presentano una pressione osmotica, un innalzamento ebullioscopico e un abbassamento crioscopico che, a parità di concentrazione, sono superiori a quelli di una soluzione di zucchero in cui non sono presenti ioni.

espansione
Proprietà colligative delle soluzioni di elettroliti forti

IN LABORATORIO

Polarità e apolarità dei liquidi

In questa esercitazione valuterai la polarità o l'apolarità di alcuni liquidi utilizzando un materiale di plastica elettrizzato, che si carica negativamente.

Materiali
- 20-25 mℓ di acetone $CH_3–CO–CH_3$
- 20-25 mℓ di benzina
- 20-25 mℓ di cicloesano C_6H_{12} (o altro idrocarburo)
- 20-25 mℓ di acqua distillata
- bacchetta di ebanite (o penna Bic)
- almeno 2 burette con sostegni*
- panno di lana
- imbuto di vetro
- 4 becher (o altri contenitori)
- fazzoletti di carta
- palloncino

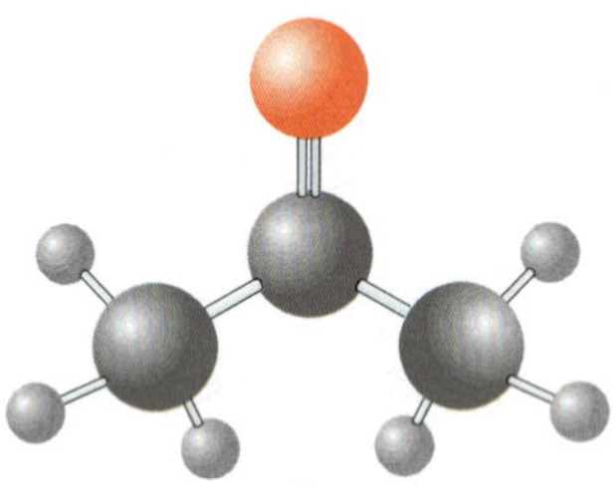
acetone

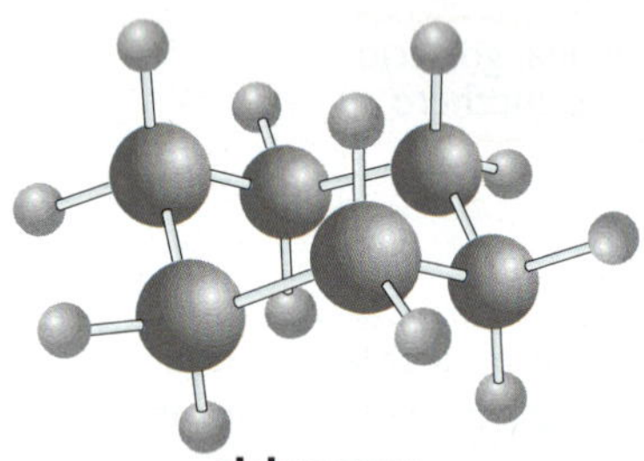
cicloesano

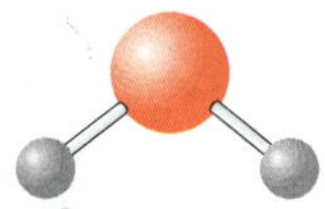
acqua

Procedimento

1 Mediante l'imbuto, versa in una buretta 20-25 mℓ di acqua distillata e metti un becher sotto la buretta per raccogliere l'acqua.

2 Strofina con molta energia la bacchetta con il panno di lana, apri il rubinetto della buretta e avvicina la bacchetta al sottile getto d'acqua. Osserva che cosa accade e compila la tabella. Ripeti l'esperimento strofinando energicamente con il panno di lana il palloncino dopo averlo gonfiato.

3 Allontana tutta l'acqua dalla buretta raccogliendola nel becher.

4 In mancanza di burette disponibili, con la stessa buretta ripeti l'esperimento, lavandola un paio di volte con un po' di acetone. Utilizza poi l'acetone, la bacchetta e il palloncino. Riporta i dati richiesti nella tabella.

5 Con una buretta e l'imbuto *ben asciutti*, ripeti l'esperimento utilizzando il cicloesano e poi la benzina, sia con la bacchetta sia con il palloncino. Riporta i dati nella tabella.

campioni	il filo di liquido viene deviato		campione polare	
	sì	no	sì	no
acqua				
acetone				
cicloesano				
benzina				

Rispondi

- Che cosa accade sulla bacchetta o sul palloncino in seguito allo strofinio con il panno di lana?
- Che cosa accade alle molecole dei campioni che hanno mostrato polarità?
- Nelle molecole dei campioni che hanno mostrato polarità, quali sono i legami responsabili della polarità dell'intera molecola?
- Come giustifichi l'apolarità dei campioni che non hanno mostrato la deviazione del filo di liquido?

*In mancanza delle burette è possibile utilizzare 4 siringhe da 50 mℓ, ciascuna collegata a un tubicino di plastica (del tipo usato per la fleboclisi) fornito di una pinzetta stringitubo.

Riconoscimento di ioni nelle acque

In questa esercitazione osserverai la formazione di precipitati, che possono consentire il riconoscimento di ioni presenti nelle soluzioni.
In particolare, lo ione calcio (insieme allo ione magnesio) è responsabile della "durezza" dell'acqua, tanto che le acque ricche di questi ioni, dette acque dure, vengono distinte da quelle povere, dette acque dolci.

Materiali

- 1 cucchiaino di cloruro di sodio NaCl (sale fino da cucina)
- 10-15 mℓ di soluzione di nitrato di argento $AgNO_3$ (circa 5 g in 100 mℓ di soluzione)
- 10-15 mℓ di soluzione satura di ossalato di sodio $Na_2C_2O_4$
- 1 cucchiaino di cloruro di calcio $CaCl_2$
- acqua distillata e acqua del rubinetto
- acqua oligominerale e acqua minerale molto dura
- contagocce, provette, spatole

Esperimento 1

Procedimento

1 Versa in una provetta mezzo cucchiaino di cloruro di sodio e aggiungi la minima quantità di acqua distillata per ottenere una soluzione. Aggiungi goccia a goccia la soluzione di nitrato di argento fino a quando osservi la formazione di un solido (il cloruro di argento) che indica la presenza dello ione cloruro Cl^- nella soluzione:

$$Ag^+_{(aq)} + Cl^-_{(aq)} \longrightarrow \underset{\text{cloruro di argento}}{AgCl_{(s)}} \qquad [1]$$

2 Ripeti l'esperimento con 2-3 mℓ di acqua del rubinetto, acqua distillata e poi con le due acque minerali.

Esperimento 2

Procedimento

1 Versa in una provetta mezzo cucchiaino di cloruro di calcio e aggiungi la minima quantità di acqua distillata per ottenere una soluzione. Aggiungi goccia a goccia la soluzione satura di ossalato di sodio. Gli ioni calcio Ca^{2+} presenti nella soluzione formano un precipitato bianco di ossalato di calcio:

$$Ca^{2+}_{(aq)} + C_2O^{2-}_{4(aq)} \longrightarrow \underset{\text{ossalato di calcio}}{CaC_2O_{4(s)}} \qquad [2]$$

2 Ripeti l'esperimento con acqua del rubinetto, acqua distillata e poi con le due acque minerali.

precipitato di ossalato di calcio

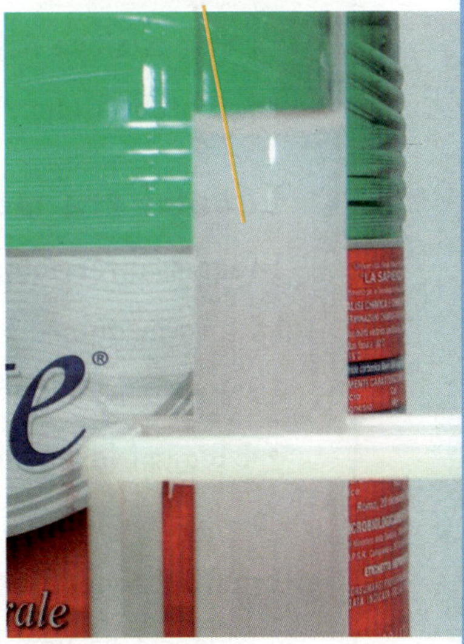

Rispondi

- In quali delle acque esaminate è presente lo ione cloruro? E in quali lo ione calcio?
- Quali sono i sintomi che hai notato nelle reazioni **[1]** e **[2]**?
- Scrivi le reazioni **[1]** e **[2]** complete, cioè in forma non ionica.
- Quali sono gli ioni spettatori nelle reazioni **[1]** e **[2]**?

IN SINTESI

PER LA DIDATTICA INCLUSIVA

Molecole polari e apolari

La **polarità** o la apolarità di un composto dipendono dal tipo di **legame**, **polare** o **apolare**, che tiene uniti gli atomi nella molecola e dalla **forma della molecola**:

- H_2O ha **legami polari** e una **forma a V**; **i dipoli non si annullano** → **molecola polare**
- CCl_4 ha **legami polari** e una **forma tetraedrica**; **i dipoli si annullano** → **molecola apolare**

La forma e la polarità di una molecola secondo la teoria vsepr

Quando in una molecola $AX_\ell C_s$ un atomo A ha un numero C_s di coppie di elettroni non leganti ed è legato con ℓ legami semplici ad atomi X uguali, è circondato da un numero di coppie di elettroni:

$$C_t = C_\ell \text{ (coppie leganti)} + C_s \text{ (coppie solitarie)}.$$

Le **coppie C_t si dispongono** intorno all'atomo A **alla massima distanza possibile**, per rendere **minima la repulsione**, e l'**angolo tra le coppie** di elettroni assume il **massimo valore possibile**: **180°** per due coppie, **120°** per tre coppie, **109,5°** per quattro coppie. Perciò la **disposizione geometrica** assunta dalle coppie è **lineare** per due coppie di elettroni, **triangolare** per tre coppie, **tetraedrica**, se le coppie sono quattro.

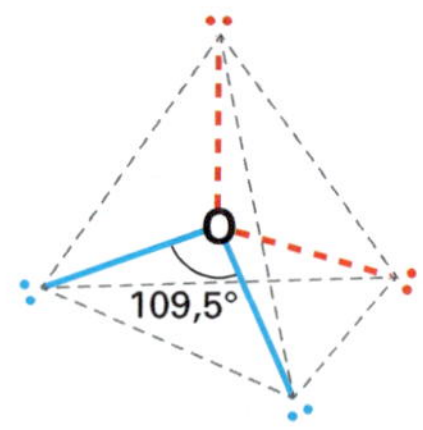

disposizione tetraedrica

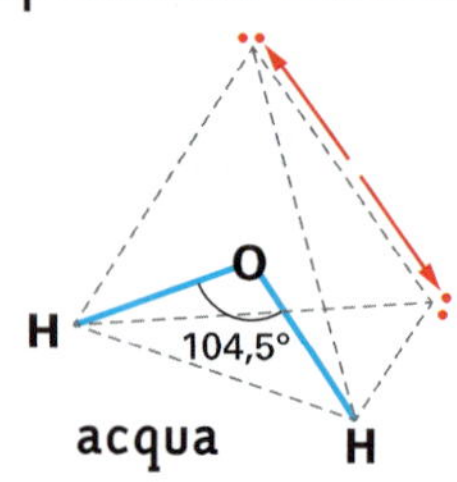

acqua

La **disposizione delle coppie C_t** determina la **forma della molecola**, cioè la disposizione degli atomi l'uno rispetto all'altro.

Legami tra molecole

I **legami intermolecolari** sono i legami tra le molecole di una sostanza.
La loro maggiore o minore intensità in un liquido, lo rende più o meno volatile ed è responsabile di una temperatura di ebollizione più o meno alta.

- I **legami idrogeno** (o **ponti idrogeno**), **i più forti**, sono presenti nei composti che contengono i **gruppi O–H** o **N–H**, e nel **fluoruro di idrogeno** HF.
I ponti idrogeno presenti nel ghiaccio creano una struttura con molti vuoti, perciò il ghiaccio ha una densità inferiore a quella dell'acqua a 0 °C.
- I **legami dipolo-dipolo** sono presenti nei **composti polari**.
- I **legami dovuti alle forze di London** si trovano in **ogni sostanza**, ma sono i **più deboli**.
Hanno origine dalla proprietà degli atomi di essere **piccolissimi dipoli**, per la presenza di protoni (positivi) e elettroni (negativi).

IN SINTESI

La dissoluzione delle sostanze

Una **soluzione** si ottiene quando si formano **legami intermolecolari tra le molecole del soluto e quelle del solvente**. Si dice che **"il simile scioglie il simile"**, perché le due sostanze devono avere un'affinità (polarità o apolarità o possibilità di formare ponti idrogeno).

La **dissoluzione** può essere un **processo esotermico** oppure **endotermico**, e quindi è facilitata rispettivamente dal raffreddamento o dal riscaldamento della soluzione; inoltre, è favorita da una grande **superficie di contatto** tra soluto e solvente e dall'**agitazione** del miscuglio.

La dissoluzione dei **composti ionici** in acqua (detta **dissociazione ionica**) consiste nella separazione degli ioni che, attratti dai dipoli delle molecole di acqua, formano **ioni idratati**.

Le **soluzioni dei composti ionici conducono la corrente elettrica**; sono dette **soluzioni elettrolitiche** e i composti ionici **elettroliti forti**, in quanto completamente dissociati in ioni. Gli **elettroliti deboli** si scindono parzialmente in ioni e i **non elettroliti** non si scindono affatto.

Gli **ioni** presenti in una soluzione acquosa possono formare un **precipitato** (composto solido insolubile in acqua) e talvolta presentano una **colorazione caratteristica**.

- La dissoluzione di **composti non ionici** può avvenire per formazione di **legami idrogeno** o di **legami dipolo-dipolo** fra le loro molecole.
- La dissoluzione di una **sostanza apolare** avviene soltanto in un'altra sostanza apolare, e i **legami** che si formano sono **dovuti alle forze di London**.

Proprietà colligative

- Il valore delle **proprietà colligative** delle soluzioni **aumenta al crescere della concentrazione** ed è influenzato dal **numero di particelle di soluto**, e non dalla loro natura.
- L'**osmosi** consiste nel passaggio spontaneo di solvente da una soluzione più diluita (o dal solvente puro) a una soluzione più concentrata, attraverso una **membrana semipermeabile**, ed è collegata a una proprietà colligativa, detta **pressione osmotica**.
- Una **soluzione** A si dice **isotonica**, **ipotonica** o **ipertonica** rispetto a una soluzione B, se ha una pressione osmotica, rispettivamente, uguale, minore o maggiore.
- Una soluzione acquosa bolle a una temperatura superiore a quella dell'acqua pura (100 °C), presenta cioè un **innalzamento ebullioscopico**, perché le particelle del soluto ostacolano l'evaporazione dell'acqua.
- Analogamente, una soluzione acquosa solidifica a temperatura inferiore a 0 °C, presenta cioè un **abbassamento crioscopico**, per l'ostacolo posto dalle particelle di soluto alla solidificazione dell'acqua.

IN SINTESI

MOLECOLE

- **LEGAMI INTERMOLECOLARI**
  - IDROGENO
  - DIPOLO-DIPOLO
  - dovuti a FORZE DI LONDON
  - tra soluto e solvente
    - **DISSOLUZIONE**
      - COMPOSTI IONICI
        - dissociazione ionica
        - ioni idratati
      - COMPOSTI NON IONICI
        - legami idrogeno
        - legami dipolo-dipolo
      - COMPOSTI APOLARI
        - legami dovuti a forze di London
    - **SOLUZIONI**
      - di elettroliti forti
      - di elettroliti deboli
      - di non elettroliti
    - **PROPRIETÀ COLLIGATIVE**
      Il loro valore:
      - aumenta al crescere della concentrazione
      - dipende dal numero e non dal tipo di particelle del soluto

      - pressione osmotica
      - abbassamento crioscopico
      - innalzamento ebulloscopico

- **TEORIA VSEPR** $AX_\ell C_s$
  - le coppie di elettroni leganti e non leganti intorno all'atomo *A* si dispongono alla massima distanza per rendere minima la repulsione
    - **POLARITÀ DELLA MOLECOLA**
      - polare $\mu \neq 0$ coppie di elettroni leganti e non leganti
      - apolare $\mu = 0$ solo coppie di elettroni leganti
    - **FORMA DELLA MOLECOLA**
      - lineare
      - triangolare
      - tetraedrica
      - piramidale
      - angolata

SCIENTIFIC ENGLISH

The Intermolecular Forces

When atoms are joined to one another they form molecules, and these molecules in turn have forces that bind them together. These forces are known as **intermolecular forces**.

Molecules can be **polar** or **non-polar**: a polar molecule is one in which there is a difference in electronegativity between the atoms in the molecule, such that the shared electron pair spends more time close to the atom that attracts it more strongly. The result is that one end of the molecule will have a slightly positive charge (δ^+), and the other end will have a slightly negative charge (δ^-). The molecule is said **to be an electric dipole**.

However, it is important to remember that just because the bonds within a molecule are polar, the molecule itself may not necessarily be polar. The shape of the molecule may also affect its polarity.

The intermolecular forces are named **van der Waals forces** thanks to the physicist *Johannes van der Waals* (1837 -1923), who recognised that there were weak attractive and repulsive forces between the molecules. These forces can be divided into three types: **dipole-dipole forces**, **London forces** and **hydrogen bonds**.

Dipole-dipole forces occur when one dipole molecule comes in contact with another dipole molecule: the positive pole of the one molecule will be attracted to the negative pole of the other, and the molecules will be held together. Examples of molecules that are held together by dipole-dipole forces are HCl, FeS, KBr, SO_2 and NO_2.

London forces are also sometimes called *dipole-induced dipole* or *momentary dipole* forces and are present among non-polar molecules when, in particular conditions, the molecule could have a temporary dipole. These forces are found in the halogens (e.g. F_2 and I_2), the noble gases (e.g. Ne and Ar) and in other non-polar molecules such as carbon dioxide and methane.

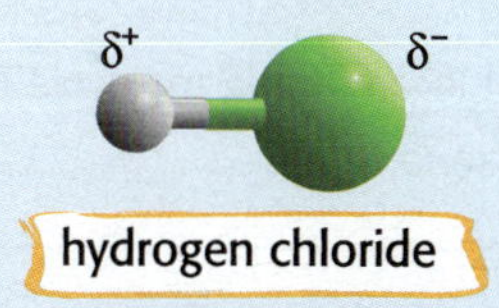

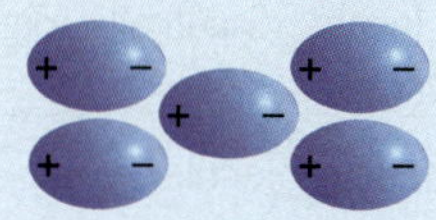

Hydrogen bonds involves a hydrogen atom that must be attached to another atom that is strongly electronegative, such as oxygen, nitrogen or fluorine. Water molecules for example, are held together by hydrogen bonds between the hydrogen atom of one molecule and the oxygen atom of another.

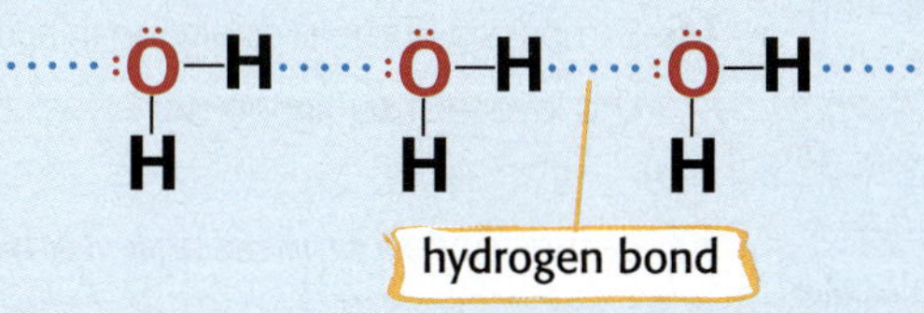

Multiple Choice

1 Ammonia NH_3 can form:

- **A** dipole-dipole interactions
- **B** hydrogen bonds
- **C** London's interactions
- **D** metallic bonds

2 Nitrogen N_2 is:

- **A** a non-polar molecule
- **B** a polar molecule
- **C** a permanent dipole
- **D** an ionic molecule

Key Words

Electric dipole is a separation of positive and negative charges.

Dipole moment is a measure of the charge system's overall separation.

Intermolecular forces are forces that act between stable molecules.

van der Waals forces are weak intermolecular forces, and can be divided into dipole-dipole forces, London forces and hydrogen bond.

STRUMENTI PER COSTRUIRE LE COMPETENZE

ALTRI TEST

Studiando la teoria...

Completa le frasi

1 Una molecola è polare se ha .... e una forma tale che il .... è .... 0.

2 Gli idrocarburi sono composti con molecole ....

3 La teoria VSEPR permette di prevedere la .... e la .... di una molecola $AX_{\ell}C_{s}$.

4 La .... di una molecola è determinata dalla repulsione e dalla conseguente disposizione delle .... e .... di elettroni dell'atomo *A*.

5 La polarità di una molecola è collegata alla presenza di coppie .... sull'atomo *A*.

6 I legami tra le molecole (legami ....) sono: ...., ... e ....

7 I legami dovuti alle forze dipolo-dipolo consistono nell'attrazione tra i .... di segno .... delle molecole ....

8 I legami idrogeno si stabiliscono tra .... che hanno gruppi ...., ... e nel composto .... Sono detti "ponte idrogeno", perché .... di una molecola si lega alla coppia .... di una seconda molecola, formando .... tra le due ....

9 Le forze di London consistono nell'attrazione tra i .... e ...., presenti in ogni atomo.

10 Quando due sostanze formano una soluzione si creano legami fra le .... del .... e quelle del ....

11 Da un punto di vista energetico, la dissoluzione può essere un processo ...., oppure più frequentemente .... Essa è influenzata da tre fattori: ...., ... tra soluto e solvente, ...

12 La dissociazione ionica consiste nella separazione degli .... di un composto .... in .... e nella formazione di legami tra .... e molecole ...., detti legami ....

13 Il colore che alcuni ioni impartiscono a una soluzione può essere utilizzato per ....

14 Un composto ionico si scioglie in acqua formando ioni ....

15 I composti contenenti gruppi O–H o N–H possono sciogliersi in acqua, perché si formano .... tra .... del composto e quelle ....

16 È impossibile che si sciolgano in acqua i composti ...., che invece si sciolgono nei ....

17 L'espressione *il simile scioglie il simile* significa che le sostanze .... o .... si sciolgono nelle sostanze ...., quelle apolari si sciolgono in sostanze .... e si sciolgono l'una nell'altra le sostanze che possono formare ....

18 Mescolando due soluzioni contenenti ioni, è possibile che si formi un "precipitato", cioè .... in ....

19 La soluzione di un composto ionico viene detta soluzione ...., perché .... la corrente elettrica, e il composto ionico è detto ....

20 I composti ionici e quelli non ionici, che reagendo con l'acqua si ritrovano completamente in forma di ...., sono detti .... e le loro soluzioni sono soluzioni ...., perché .... la corrente elettrica.

21 .... sono i composti che reagendo con l'acqua producono ioni soltanto .... I composti che si sciolgono in acqua senza formare ioni sono .... e .... la corrente elettrica.

22 Il fenomeno dell'osmosi consiste nel passaggio di ...., attraverso una membrana ...., da una soluzione a concentrazione .... (o dal solo ....) a una soluzione a concentrazione ....

23 La presenza di un soluto in acqua fa .... la .... di vapore dell'acqua.

24 Le soluzioni hanno una temperatura di ebollizione e una temperatura di solidificazione rispettivamente .... e .... di quelle del ....

Test vero-falso

1 Una molecola è sicuramente polare se ha legami polari. V F

2 Secondo la teoria VSEPR la molecola dell'acqua è lineare. V F

3 La presenza di un numero maggiore di legami idrogeno nel ghiaccio lo rende più denso dell'acqua. V F

4 Le forze di London sono presenti solo tra le molecole delle sostanze apolari. V F

5 I legami intermolecolari più forti sono i legami idrogeno. V F

6 Se la solubilità di un composto aumenta con l'aumentare della temperatura, è conveniente riscaldare la soluzione per accelerare la dissoluzione. V F

7 La benzina è insolubile in acqua perché è formata soprattutto da idrocarburi. V F

8 L'acqua del rubinetto non è una soluzione elettrolitica. V F

9 L'osmosi è un fenomeno che avviene solo se viene somministrata energia. V F

10 In una soluzione di acqua e sale la tensione di vapore dell'acqua è minore di quella dell'acqua pura. V F

Test a risposta multipla

Scegli la risposta o il completamento corretti

1 Quale specie chimica presenta un atomo con ibridazione sp^3 e angoli diversi da 109,5°?

A Metano CH_4
B Ione ammonio
C Tetracloruro di carbonio CCl_4
D Acqua H_2O

2 Quale affermazione giustifica la maggiore temperatura di ebollizione dell'acqua H_2O ($t_{eb.}$ = 100 °C; MM = 18 u) rispetto a quella dell'etere dietilico $CH_3CH_2OCH_2CH_3$ ($t_{eb.}$ = 34,6 °C; MM = 74 u)?

A Tra gli atomi delle molecole dell'acqua ci sono forti legami covalenti
B La massa molecolare dell'acqua è minore di quella dell'etere dietilico
C Nel vapor d'acqua i legami intermolecolari sono più deboli di quelli presenti nell'acqua
D Nell'acqua ci sono i legami intermolecolari più forti, legami idrogeno, assenti nell'etere

3 È consigliabile adoperare l'acqua per pulire una lattina sporca di benzina?

A Sì, perché l'acqua forma legami idrogeno con gli idrocarburi
B Sì, perché l'acqua forma legami dipolo-dipolo con gli idrocarburi
C No, perché l'acqua ha una densità diversa da quella della benzina
D No, perché gli idrocarburi sono sostanze apolari

4 A proposito dell'espressione "il simile scioglie il simile", che cosa è "simile" tra soluto e solvente?

A La densità

B La massa molecolare

C La natura polare o apolare delle particelle costituenti

D Lo stato di aggregazione del soluto e del solvente

5 Nella seguente reazione di precipitazione, quali sono gli "ioni spettatori"?

$$Pb(NO_3)_{2(aq)} + 2KCl_{(aq)} \rightarrow PbCl_{2(s)} + 2KNO_{3(aq)}$$

A $Pb^{2+}_{(aq)}$ e $Cl^{-}_{(aq)}$

B $K^{+}_{(aq)}$ e $NO^{-}_{3(aq)}$

C $Pb^{2+}_{(aq)}$ e $NO^{-}_{3(aq)}$

D $K^{+}_{(aq)}$ e $Cl^{-}_{(aq)}$

6 Quali fenomeni si verificano durante la dissociazione ionica del bromuro di potassio KBr in acqua?

A I dipoli dell'acqua attraggono gli ioni K^+ e Br^-, trasformandoli in atomi K e Br

B I dipoli dell'acqua formano legami dipolo-dipolo con gli ioni K^+ e Br^-, trasformandoli in ioni idratati

C I dipoli dell'acqua formano legami idrogeno con gli ioni K^+ e Br^-, trasformandoli in ioni idratati

D I dipoli dell'acqua attraggono gli ioni K^+ e Br^-, trasformandoli in ioni idratati

7 Quale miscela è un buon elettrolita?

A Acqua distillata ed etanolo

B Acqua distillata e cicloesano

C Acqua distillata e zucchero

D Acqua distillata e sale da cucina

8 L'acqua del rubinetto è una soluzione elettrolitica perché:

A contiene ossigeno disciolto

B contiene sostanze apolari disciolte

C contiene vari sali disciolti

D essa stessa è un composto ionico

9 Quale tipo di alimento *non* conduce la corrente elettrica?

A Patata

B Fetta biscottata

C Foglia di lattuga

D Cocomero

10 Per una soluzione di cloruro di potassio KCl, quale affermazione *non è corretta*?

A Contiene ioni idratati

B Conduce bene la corrente elettrica

C Bolle a una temperatura superiore a 100 °C

D Solidifica a una temperatura superiore a 0 °C

Applica le tue conoscenze

12.1 Molecole polari e apolari

1 Se in una molecola di un composto ci sono legami polari, è possibile affermare che il composto è polare?

2 Da che cosa dipende la polarità di un composto?

3 Il tetrabromuro di carbonio è un composto polare o apolare?
Ritieni che il composto $CHBr_3$ conservi il carattere (polare o apolare) del tetrabromuro di carbonio? Giustifica la risposta.

12.2 La forma e la polarità delle molecole secondo la teoria VSEPR

4 Secondo la teoria VSEPR, quale fattore determina la disposizione delle coppie di elettroni leganti e non leganti del guscio di valenza?

5 Giustifica la forma e l'angolo di legame in questa molecola secondo la teoria VSEPR.

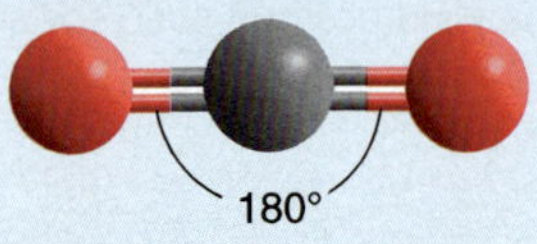

6 Disegna la formula di Lewis del solfuro di diidrogeno H_2S, riportando tutte le coppie di elettroni. Secondo la teoria VSEPR, a quale classe di composti $AX_\ell C_s$ appartiene H_2S? Dopo aver individuato i valori di ℓ e di C_s, indica la forma della molecola e specifica se è polare o apolare.

7 Disegna le formule di Lewis delle molecole del cianuro di idrogeno HCN e dell'etino C_2H_2, ricordando che il carbonio è sempre tetravalente. Stabilisci la forma delle molecole in base alla teoria VSEPR.

8 Secondo la teoria VSEPR, che cosa hanno in comune l'acqua e il tetracloruro di carbonio?

12.3 Legami tra molecole

9 A 18 °C e 1 atm il fluoruro di idrogeno HF (MM = 20 u) è un liquido e il cloruro di idrogeno HCl (MM = 36,5 u) è un gas.

a) Quali forze intermolecolari presenti nei due composti giustificano il loro differente stato di aggregazione?

b) In quale dei due composti sono più intensi i legami intermolecolari dovuti alle forze di London?

10 Indica tutti i tipi di legami intermolecolari presenti nei seguenti composti:
a) H_2S *b*) H_2O *c*) CH_4

11

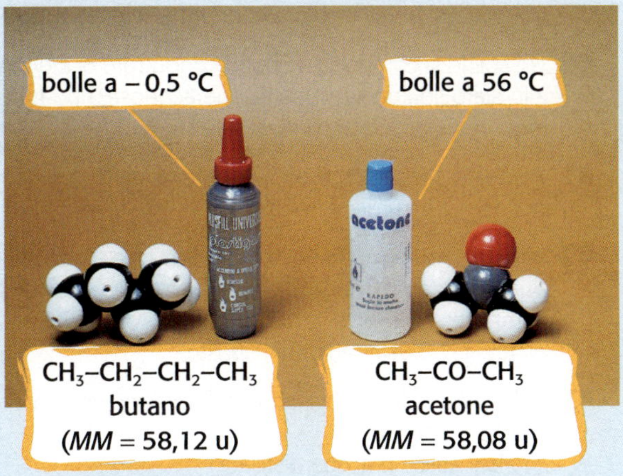

A temperatura ordinaria (circa 18 °C) e a 1 atm il butano è un gas, che viene liquefatto e venduto in bombolette, mentre l'acetone è un liquido. Eppure hanno la stessa massa molecolare. Come giustifichi la grande differenza delle due temperature di ebollizione?

12 Indica quale tipo di legame tiene unite le molecole nelle seguenti sostanze:
a) Br_2 *d*) PH_3
b) HF *e*) CH_3OH
c) $CH_3–CH_3$ *f*) HCl

13 Perché il ghiaccio secco, che è diossido di carbonio solido $CO_{2(s)}$ (*MM* = 44 u), non fonde come la maggior parte dei solidi, ma sublima rapidamente già nelle condizioni ordinarie di temperatura e di pressione? In quale modo influisce la sua bassa massa molecolare?

14 Quando si comprime un gas, come il propano e il butano, in una bombola per ottenere il gas liquefatto, quali legami intermolecolari intervengono?

15 Quali tipi di legami intermolecolari sono presenti tra le molecole di ammoniaca NH_3?

16 Nelle condizioni ordinarie di temperatura e pressione (circa 18 °C e 1 atm) questi tre alogeni si trovano in uno stato di aggregazione diverso.

a) Quali sono i legami intermolecolari presenti nei tre alogeni?
b) Come si giustifica la differenza dei tre stati di aggregazione?

12.4 La dissoluzione delle sostanze

17 Spiega brevemente in che cosa consiste il processo di dissoluzione di un soluto in un solvente.

18 In quale caso la dissoluzione avviene con assorbimento di energia termica?

19 Normalmente, nel preparare una soluzione, si agita il miscuglio con una bacchettina o un agitatore magnetico. Perché?

20 Per raffreddare velocemente una bottiglia contenente una bibita, è preferibile immergerla in un cestello contenente ghiaccio tritato oppure una uguale quantità di ghiaccio a cubetti? Motiva la risposta.

21 Generalmente il lavaggio di mani, panni o altro risulta più efficace in acqua calda. Perché?

12.5 Dissoluzione dei composti ionici

22 Osserva il grafico di pagina 248 e indica:
a) per quale sostanza la dissoluzione è maggiormente favorita dal riscaldamento.
b) per quale sostanza il riscaldamento contribuisce pochissimo alla dissoluzione.
c) in quale caso il riscaldamento non facilita la dissoluzione

23 Quando si scioglie in acqua l'idrossido di sodio NaOH, che è un composto ionico, la soluzione si riscalda notevolmente.
a) Rappresenta la dissoluzione di questo composto in acqua.
b) Specifica se la dissoluzione è esotermica o endotermica e, quindi, se è prevalso il processo di rottura dei legami tra Na^+ e OH^- oppure quello di formazione dei legami tra questi ioni e i dipoli dell'acqua.
c) Specifica se è opportuno raffreddare o riscaldare il miscuglio per facilitare la dissoluzione dell'idrossido.

24 Alla temperatura di 80 °C una soluzione è costituita di 40 g di KCl e 100 g di acqua.
Osserva il grafico di pagina 248, calcola i grammi di KCl che occorre aggiungere alla soluzione per renderla satura. [10 g]

12.6 Dissoluzione mediante legami idrogeno

25 Perché l'acqua è un buon solvente dell'alcol etilico e non di un idrocarburo come il metano?

26 Mescolando alcol etilico e acqua oppure saccarosio e acqua si osserva una contrazione del volume. In altri termini si può affermare che *i volumi non sono sempre additivi*. Le masse dei corpi sono additive oppure non additive?

27 Ritieni che mescolando un volume V_1 di saccarosio con un volume V_2 di alcol etilico la soluzione risultante abbia un volume uguale, minore o maggiore di $V_1 + V_2$? Perché?

28 Perché una soluzione di acqua e zucchero non conduce la corrente elettrica?

29 Perché l'acqua è un buon solvente dell'alcol etilico CH_3CH_2–OH e non dell'etere dimetilico CH_3–O–CH_3, che ha la stessa formula bruta C_2H_6O?

30 Osserva la formula della vitamina C, riportata a fianco, e giustifica la solubilità in acqua di questo composto.

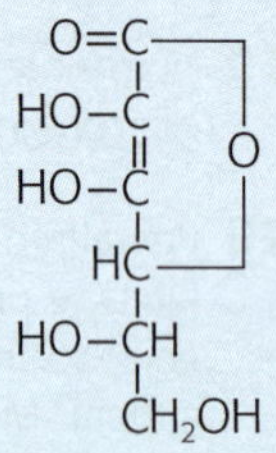

12.7 Dissoluzione di sostanze polari

31 L'acqua e l'acetone formano un soluzione. È possibile che si formino legami dipolo-dipolo? Giustifica la risposta.

32 Quale coppia di composti può formare una soluzione mediante legami dipolo-dipolo? Giustifica la risposta.
a) CH_3Cl e $SnCl_2$
b) CBr_4 e $CHCl_3$
c) CH_3–CH_3 e BF_3

33 La dissoluzione dell'acido solforico H_2SO_4 (*MM* = 98 g/mol) in acqua avviene con forte sviluppo di calore: 96 kJ/mol. Quanti kilojoule e quante calorie si sviluppano, sciogliendo in acqua 24,5 g di acido? **[24 kJ; 5733 cal]**

12.8 Dissoluzione di sostanze apolari

34 Le macchie di grasso sugli abiti non si eliminano con l'acqua, ma con la benzina. È ipotizzabile che i grassi abbiano molecole polari?

35 Quale prodotto è adatto per lavare una lattina sporca di olio per motori?
a) Soluzione di acqua e sale da cucina
b) Benzina
c) Acqua distillata
d) Acqua del rubinetto
e) Soluzione acquosa di alcol etilico

36 Mescolando quantità più o meno uguali di acqua, etere etilico, saccarosio e tetracloruro di carbonio, quante fasi si ottengono? Quali sostanze sono contenute in ciascuna fase? Quali sono i legami tra le sostanze in ciascuna fase?

12.9 Alcune proprietà delle soluzioni

37 Scrivi in forma ionica le seguenti reazioni, indicando quali sono gli ioni spettatori.
a) $2AgNO_{3(aq)} + Na_2CO_{3(aq)} \longrightarrow \underset{\text{precipitato}}{Ag_2CO_{3(s)}} + 2NaNO_{3(aq)}$
b) $Pb(NO_3)_{2(aq)} + 2NaCl_{(aq)} \longrightarrow \underset{\text{precipitato}}{PbCl_{2(s)}} + 2NaNO_{3(aq)}$
c) $CuSO_{4(aq)} + K_2S_{(aq)} \longrightarrow \underset{\text{precipitato}}{CuS_{(s)}} + K_2SO_{4(aq)}$

38 Quali proprietà deve avere una sostanza perché una sua soluzione conduca la corrente elettrica?

39 Tra l'acqua di mare, l'acqua del rubinetto e un'acqua oligominerale qual è il migliore conduttore elettrolitico?

40 Un solido si comporta da buon conduttore di elettricità sia allo stato liquido sia in soluzione acquosa. Può trattarsi di iodio oppure di cloruro di potassio?

41 Perché è pericoloso avere apparecchi elettrici molto vicini quando si è immersi nell'acqua di una vasca da bagno?

42 Il metanolo è un composto organico che si scioglie in acqua allo stesso modo in cui si scioglie l'alcol etilico. Si comporta da elettrolita forte, debole, oppure come non elettrolita? Giustifica la tua risposta.

43 Individua quali miscugli sono soluzioni elettrolitiche:
a) olio e benzina
b) alcol etilico e acqua distillata
c) succo di ananas e acqua distillata
d) zucchero e acqua distillata
e) cloruro di sodio e acqua
f) olio ed esano

44 I seguenti composti sciolti in acqua formano soluzioni alcune colorate, altre incolori.

$NaNO_{3(aq)} \longrightarrow$ incolore — $Na_2CrO_{4(aq)} \longrightarrow$ gialla
$KMnO_{4(aq)} \longrightarrow$ viola — $CuSO_{4(aq)} \longrightarrow$ azzurra
$KCl_{(aq)} \longrightarrow$ incolore — $K_2SO_{4(aq)} \longrightarrow$ incolore

Indica il colore delle soluzioni:
a) $K_2CrO_{4(aq)}$
b) $NaMnO_{4(aq)}$
c) $KNO_{3(aq)}$
d) $Cu(NO_3)_{2(aq)}$

12.10 Proprietà colligative

45 Gli anticongelanti, come il glicol etilenico $C_2H_6O_2$, aggiunti all'acqua nei radiatori delle automobili, sono utili in inverno grazie ad una proprietà colligativa delle soluzioni. Quale?

46 Il pesce viene essiccato cospargendolo di sale. Quale proprietà è utilizzata in questa tecnica? Giustifica la risposta.

47 Nei contenitori rappresentati in figura, che cosa accade dopo breve tempo al livello delle due soluzioni? Giustifica la risposta.

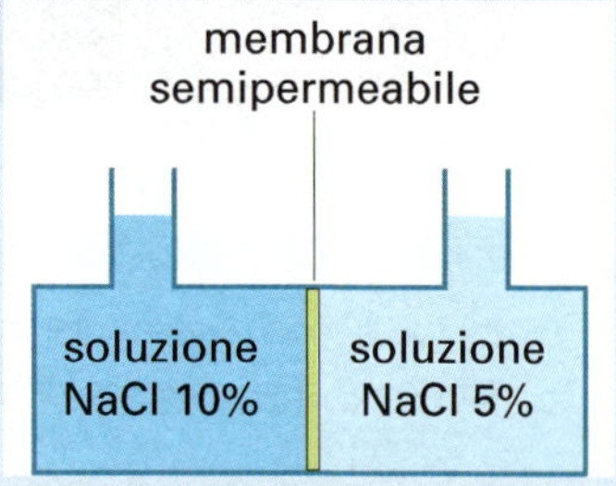

OBIETTIVO COMPETENZA

1 Relativamente alla molecola del cloruro di berillio $BeCl_2$ (Be: $Z = 4$):
a) scrivi la configurazione elettronica del berillio e giustifica la sua bivalenza;
b) riporta la formula di struttura, specifica la forma e l'angolo di legame in base alla teoria VSEPR.

2 La dissoluzione del cloruro di sodio NaCl in acqua è un processo endotermico, che avviene con assorbimento di 3,9 kJ/mol dall'ambiente circostante.
a) Quanti kilojoule vengono assorbiti quando si sciolgono in acqua 24 g di cloruro di sodio? **[1,6 kJ]**
b) Questa dissoluzione sarebbe favorita da un riscaldamento oppure da un raffreddamento?

3 Due delle seguenti coppie di materiali conducono la corrente elettrica. Quali sono?
a) Ferro e zolfo
b) Mercurio e una soluzione acquosa di alcol etilico
c) Acqua minerale e rame
d) Una soluzione acquosa di sale da cucina e una soluzione di olio ed esano
e) Stagno e una soluzione acquosa di ioduro di potassio

4 Qual è la differenza tra la corrente elettrica che passa attraverso un metallo e quella che attraversa la soluzione di un composto ionico?

5 L'etere etilico può agire rapidamente come analgesico, contro il mal di denti, quando viene introdotto in un orecchio.
a) A quale fenomeno è dovuto il forte raffreddamento che si avverte nell'orecchio?
b) Il fenomeno è endotermico o esotermico?
c) Quale tipo di legami intermolecolari si rompono durante il raffreddamento?
d) Perché il dolore si attutisce?
e) Sarebbe consigliabile sostituire l'etere (*p.eb* = 34,6 °C) con l'alcol etilico (*p.eb* = 78,4 °C)?

6 Il metano CH_4 e il tetracloruro di carbonio CCl_4 sono composti che presentano la medesima struttura molecolare e sono ugualmente apolari. Giustifica la notevole differenza fra i loro punti di ebollizione che sono, rispettivamente, −164 °C e 76,8 °C.

7 La trielina (o tricloroetilene) 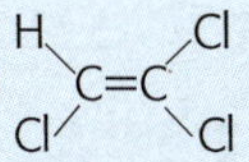 è un ottimo solvente, praticamente apolare e insolubile in acqua, che veniva adoperato per eliminare dagli indumenti macchie di unto.
A quali tipi di legami sono collegabili le proprietà solventi di questo composto?
Fai una ricerca e scrivi un breve testo sui danni che può causare l'uso della trielina.

8 Quando piove e si teme la formazione di ghiaccio sulle strade, si sparge il sale preventivamente, per evitare pericoli ai mezzi di trasporto e ai pedoni. Giustifica questa pratica, ricordando che il sale e l'acqua formano una soluzione.

9 Immagina di aver dimenticato di mettere in frigorifero le bottiglie delle bibite da offrire ai tuoi amici e di doverle raffreddare velocemente. Hai a disposizione un contenitore, ghiaccio a cubetti, ghiaccio tritato, sale grosso, sale fino e un cucchiaio. Come opereresti? Giustifica la tua risposta.

10 Questi modelli rappresentano la disposizione geometrica delle coppie di elettroni di tre molecole, riportate nella tabella di pagina 242.

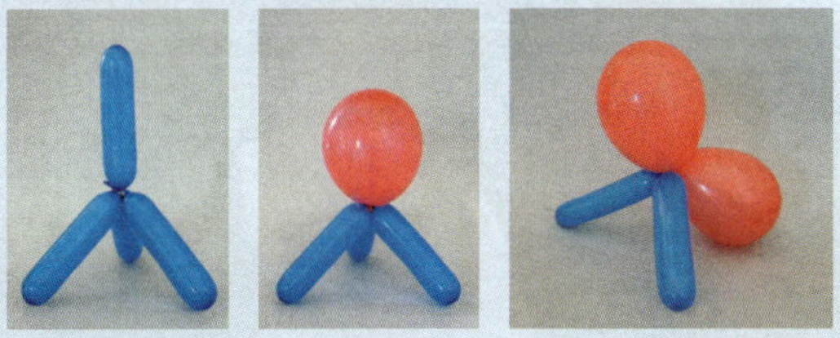

a) Quali sono le molecole?
b) Qual è la loro disposizione geometrica?
c) Che cosa rappresentano i palloncini rossi?
Prova a costruire tu stesso questi modelli.

11 Riscaldando lo *zolfo rombico* (forma cristallina dello zolfo), finché si ottiene un liquido bruno, e raffreddando in acqua questo liquido, si ottengono lunghi nastri gommosi, costituiti di *zolfo plastico*, detto anche *zolfo amorfo*, perché non ha una struttura cristallina.
Queste due forme di zolfo sono dette **allotropi**. Fai una ricerca per conoscere il significato del termine **allotropia** e altri elementi che presentano questa proprietà.

6 Equilibri chimici e spontaneità delle reazioni

Competenze di base

- Interpretare un diagramma energia-tempo per individuare l'**energia di attivazione** di una reazione diretta e di una reazione inversa, l'energia dello **stato di transizione** e stabilire se la reazione è esotermica o endotermica.
- Prevedere come varia la **velocità di una reazione** al variare della temperatura, della concentrazione, dello stato di suddivisione dei reagenti e in presenza di catalizzatori.
- Collegare il valore della **costante di equilibrio** al grado di **completezza di una reazione**.
- Utilizzare il **principio di Le Châtelier** per prevedere lo spostamento di un equilibrio e la **resa di una reazione**.
- Ricavare il **prodotto di solubilità** di un elettrolita forte, conoscendone la solubilità e viceversa.
- Distinguere la velocità dalla **spontaneità di una reazione**.
- Interpretare dati numerici relativi alla variazione di **entalpia**, alla variazione di **entropia** e alla variazione dell'**energia libera** in una reazione.
- Valutare la spontaneità di una reazione mediante la relazione che collega la variazione di entalpia e di entropia, la temperatura e la variazione di energia libera.
- Giustificare il **carattere anfiprotico** dell'**acqua**.
- Riconoscere il comportamento di un acido e di una **base** in soluzione acquosa e distinguere un acido o una base forte, in base alla **costante di acidità** o **di basicità**.
- Individuare le **coppie coniugate** in una reazione acido-base.
- Riconoscere l'**acidità**, la **basicità** e la **neutralità** di una soluzione attraverso le concentrazioni degli ioni idronio o degli ioni idrossido, oppure attraverso il valore del **pH** o del **pOH**.
- Utilizzare gli **indicatori** per valutare i valori approssimati del pH di un campione.
- Individuare prodotti acidi e basici che fanno parte delle esperienze quotidiane e riconoscere la frequenza con cui le reazioni acido-base avvengono nell'ambiente.

Percorso

UNITÀ 13 Velocità e spontaneità delle reazioni

Perché?...

- Perché la combustione del gas del fornello, benché produca calore, richiede la fiamma di un accendino o di un fiammifero per avviarsi?
- Perché la bassa temperatura di un congelatore allunga i tempi di conservazione degli alimenti?
- Perché le marmitte attualmente in uso sono dette "catalitiche"?
- Perché alcune reazioni avvengono spontaneamente, al contrario di altre?

13.1 Velocità delle reazioni

Le esplosioni sono dovute a reazioni velocissime.

La lievitazione avviene con una discreta velocità.

La carta ingiallisce a causa di una reazione molto lenta.

animazione
La velocità delle reazioni

La **velocità** è un aspetto importante delle **reazioni chimiche**, tanto da essere oggetto di studio di una branca della chimica detta **cinetica chimica**.
Una *reazione molto lenta*, per esempio, in un'industria può aumentare i tempi di lavorazione e in genere i costi di produzione, con un'incidenza negativa sull'economicità del prodotto. Allo stesso modo una *reazione troppo veloce* può risultare incontrollabile e, se istantanea, come un esplosione, diventa indesiderabile.

cinetica chimica

La **cinetica chimica** studia la **velocità** con cui avvengono le reazioni, i fattori che influiscono su di essa e le modalità per rendere più o meno veloci le reazioni.

13.2 L'energia di attivazione

In ogni reazione si verifica sempre la rottura dei legami nelle molecole dei reagenti e la formazione di nuovi legami nelle molecole dei prodotti della reazione, accompagnate da una variazione dell'energia potenziale immagazzinata nei legami. Secondo la **teoria delle collisioni**, affinché ciò avvenga è indispensabile che le molecole dei reagenti si urtino secondo una determinata orientazione spaziale e con un'energia cinetica sufficiente.

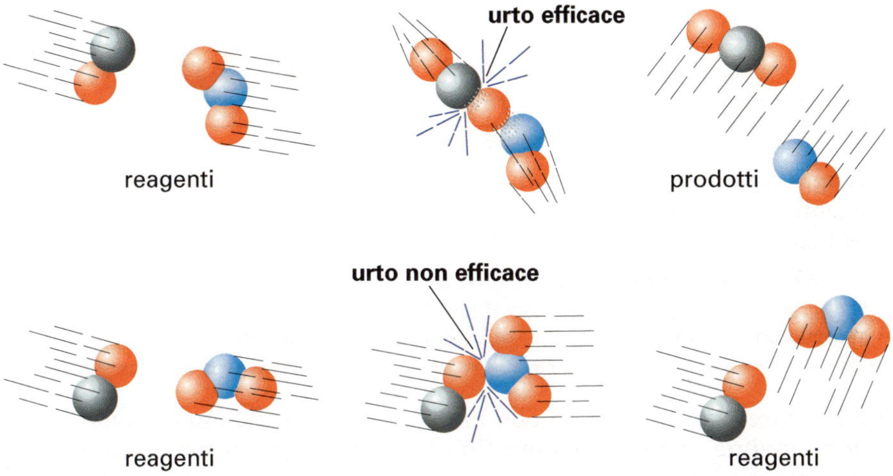

In altre parole, una reazione è possibile solo quando fra le molecole dei reagenti si verificano **urti efficaci**. Quando l'urto è efficace si forma un *aggregato* con elevata energia potenziale, che è per così dire *informe*, nel quale mentre si rompono alcuni legami (quelli dei reagenti) se ne formano altri (quelli dei prodotti). L'aggregato perciò viene detto **stato di transizione** o **complesso attivato**.

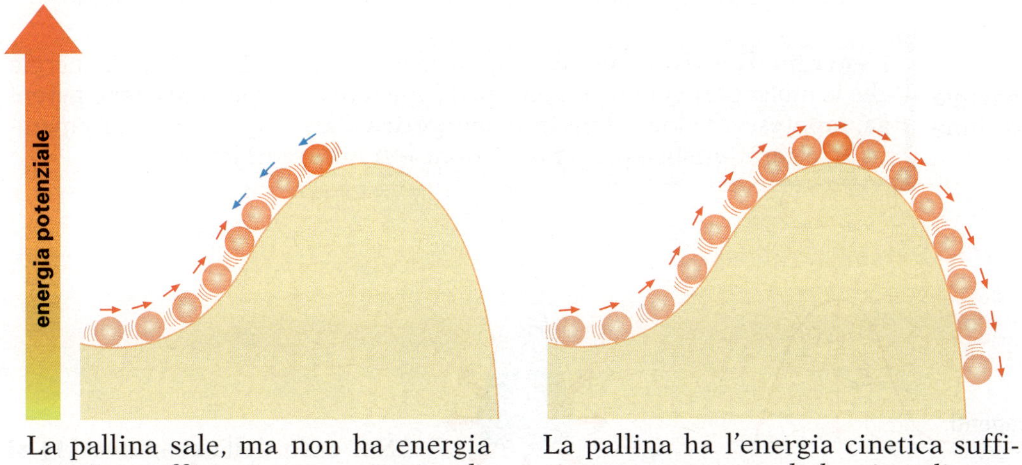

La pallina sale, ma non ha energia cinetica sufficiente per superare la barriera di energia potenziale: perciò rotola di nuovo giù.
Questa situazione corrisponde a quella che si verifica nel caso di **urti non efficaci**.

La pallina ha l'energia cinetica sufficiente per superare la barriera di energia potenziale.
Questa situazione corrisponde a quella che si verifica quando si forma lo **stato di transizione**.

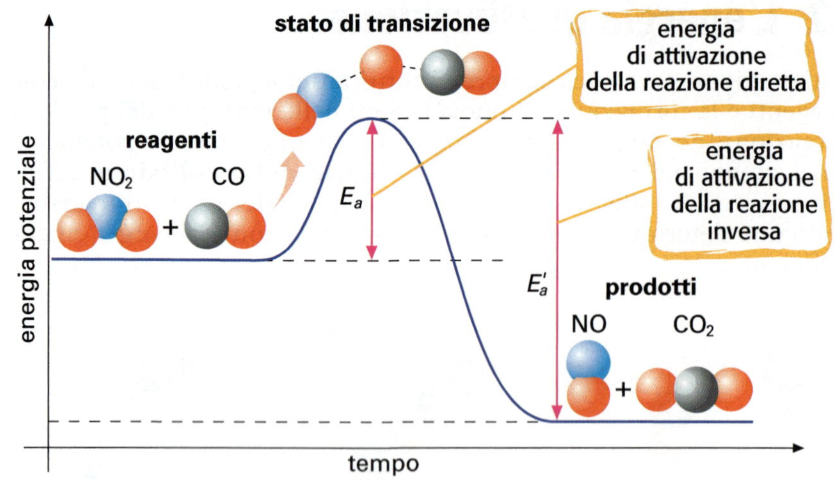

Il diagramma rappresenta come varia nel tempo l'energia potenziale dei reagenti mentre si trasformano nei prodotti, passando attraverso lo stato di transizione, ed è riferito alla reazione:

$CO_{(g)}$	+	$NO_{2(g)}$	$\longrightarrow$	$CO_{2(g)}$	+	$NO_{(g)}$	**[1]**
ossido di carbonio		diossido di azoto		diossido di carbonio		ossido di azoto	

Puoi notare che man mano che i reagenti si modificano cambia anche la loro energia: prima aumenta fino a raggiungere un massimo, in corrispondenza dello *stato di transizione*, poi decresce fino al valore che compete ai prodotti. È evidente dunque che la formazione dello stato di transizione richiede che i reagenti acquistino una certa quantità di energia potenziale, che prende il nome di **energia di attivazione** (E_a).

Man mano che si formano, i prodotti della reazione **[1]**, che rappresenta la **reazione diretta**, diventano i reagenti della **reazione inversa** **[2]**:

$CO_{2(g)}$	+	$NO_{(g)}$	$\longrightarrow$	$CO_{(g)}$	+	$NO_{2(g)}$	**[2]**
diossido di carbonio		ossido di azoto		ossido di carbonio		diossido di azoto	

Ricorda!...

Prima di poter dare origine ai prodotti, i reagenti devono superare necessariamente la **"barriera"** dell'**energia di attivazione**. Ciò accade sia per le reazioni endotermiche sia per quelle esotermiche.

Anche per la reazione inversa occorre un'energia di attivazione (E'_a), che in questo caso è maggiore di E_a, ma lo stato di transizione è lo stesso.

energia di attivazione

L'**energia di attivazione** (E_a) rappresenta la quantità minima di energia che le molecole dei reagenti devono acquistare affinché la reazione avvenga, rappresenta cioè la **barriera energetica** che i reagenti devono superare. E_a è caratteristica per ogni reazione e si misura in **joule** (**J**).

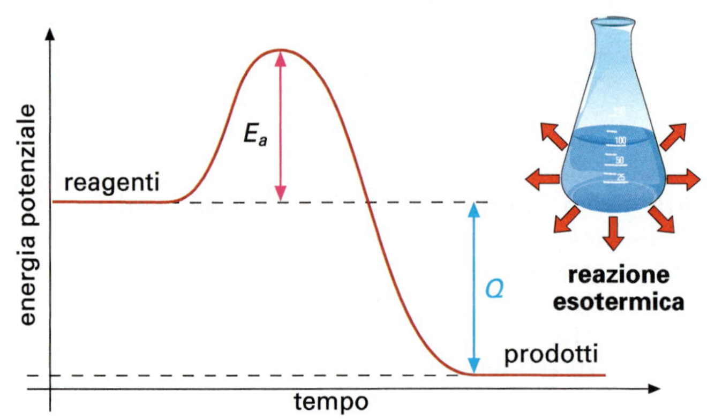

Nel caso della reazione **[1]** **si libera calore** (***Q***) poiché l'energia dei reagenti è maggiore di quella dei prodotti: la reazione avviene cioè con sviluppo di energia, che è energia termica, perciò è una **reazione esotermica**.

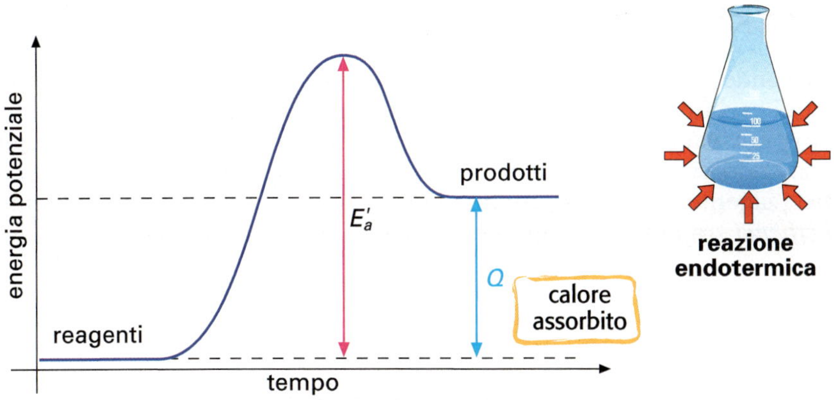

La **reazione** inversa **[2]** è **endotermica**, richiede cioè **somministrazione di calore** (***Q***), in quanto l'energia dei reagenti è minore di quella dei prodotti.

Come puoi osservare, tutte e due le reazioni hanno bisogno di una certa quantità di energia per avviarsi che è l'energia di attivazione E_a ed E'_a.
È per questo che la combustione del metano o della legna, pur essendo reazioni esotermiche, hanno bisogno di un innesco: è sufficiente una fiamma o una scarica elettrica, anche piccolissima.
In definitiva qualsiasi reazione, sia endotermica sia esotermica, ha bisogno di un'**energia di attivazione** per avviarsi.

13.3 La velocità di reazione e i fattori che la influenzano

La **velocità** di una **reazione** A + B → C + D, **può essere calcolata** misurando la concentrazione, espressa in molarità M, di un reagente (A o B), oppure di un prodotto (C o D) al tempo iniziale t_i e al tempo finale t_f e dividendo la variazione di concentrazione ottenuta per l'intervallo di tempo $\Delta t = t_f - t_i$.

velocità di una reazione

definizione

La **velocità di una reazione** può essere definita come la diminuzione della concentrazione di un reagente, o l'aumento della concentrazione di un prodotto, nell'unità di tempo.

formula

$$v = \frac{\text{variazione della concentrazione (di un reagente o di un prodotto)}}{\Delta t} \quad [3]$$

La **velocità delle reazioni varia**, ovviamente, a seconda della **natura dei reagenti**. Per esempio, il magnesio reagisce con l'ossigeno quando viene riscaldato energicamente, al contrario del potassio che reagisce molto vivacemente con l'acqua senza interventi dall'esterno.

Ma ora prendiamo in esame i **fattori che influiscono sulla velocità di una determinata reazione**.

Tali fattori sono:

- la **superficie di contatto**,
- la **concentrazione**,
- la **temperatura**,
- i **catalizzatori**.

Superficie di contatto

Per accendere il fuoco in un barbecue si utilizza la carbonella e non grossi pezzi di carbone. Se si usasse polvere di carbone la combustione sarebbe molto più vivace, addirittura violenta. La spiegazione è evidente: maggiore è la suddivisione del carbone, *maggiore* è la *superficie di contatto* con l'altro reagente, l'ossigeno, condizione che rende *maggiore la probabilità di urti efficaci* tra i due reagenti; perciò la *reazione è più rapida*.

Immergendo un **nastro di magnesio Mg** nell'acido cloridrico diluito $HCl_{(aq)}$, contenuto nel becher, si ha la reazione:

$$Mg_{(s)} + 2HCl_{(aq)} \rightarrow MgCl_{2(aq)} + H_{2(g)}$$

che avviene un po' lentamente e si manifesta con lo sviluppo di idrogeno sotto forma di bollicine.

La stessa reazione, eseguita in una capsula con una massa uguale di **magnesio Mg in polvere**, avviene velocemente producendo l'idrogeno che forma la schiuma.

aumento della superficie di contatto

Quando almeno un reagente è allo stato solido, l'**aumento della sua superficie di contatto** con l'altro reagente rende **più veloce la reazione**, in quanto aumenta la probabilità di urti efficaci tra le molecole dei reagenti.

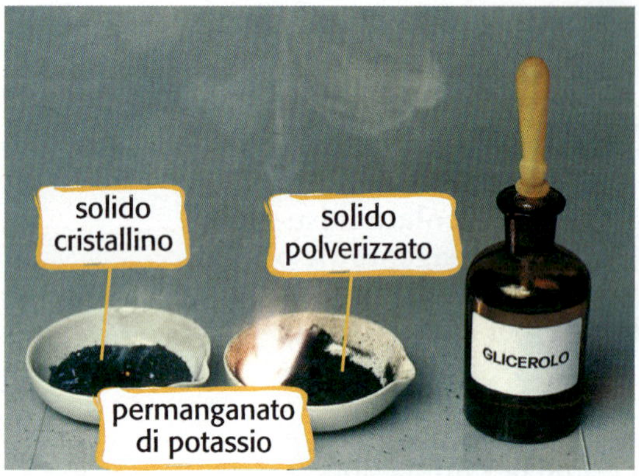

Aggiungendo 2 o 3 gocce di glicerolo $C_3H_8O_3$ in una capsula che contiene un po' di **permanganato di potassio $KMnO_4$** in forma di **cristallini** e in una seconda capsula contenente la stessa quantità di composto ridotto **in polvere** molto fine, avviene la stessa reazione esotermica, che nel secondo caso produce addirittura una fiamma!

Concentrazione

video lab
Velocità di reazione e concentrazione

Che cosa accade quando aumenta la concentrazione di un reagente? Questo fattore può influire sulla frequenza con cui avvengono gli urti efficaci tra le molecole dei reagenti?

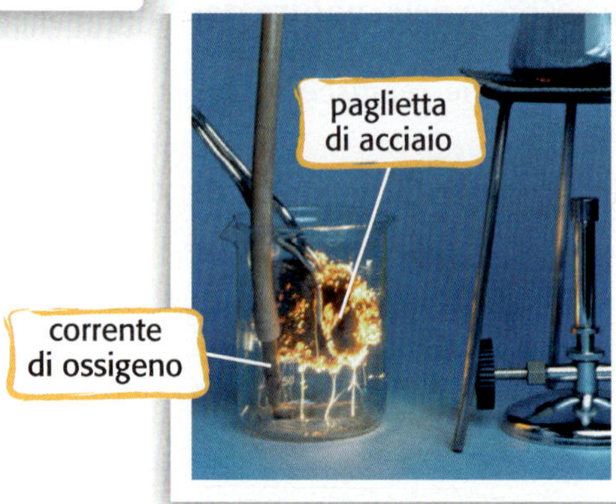

Se su una paglietta di acciaio arriva una corrente di ossigeno puro, la paglietta brucia con grande vivacità. Non si osserverebbe lo stesso effetto con una corrente di aria, giacché nell'aria la concentrazione dell'ossigeno è soltanto il 21% in volume.

Un comportamento analogo si osserva se una reazione avviene in soluzione.

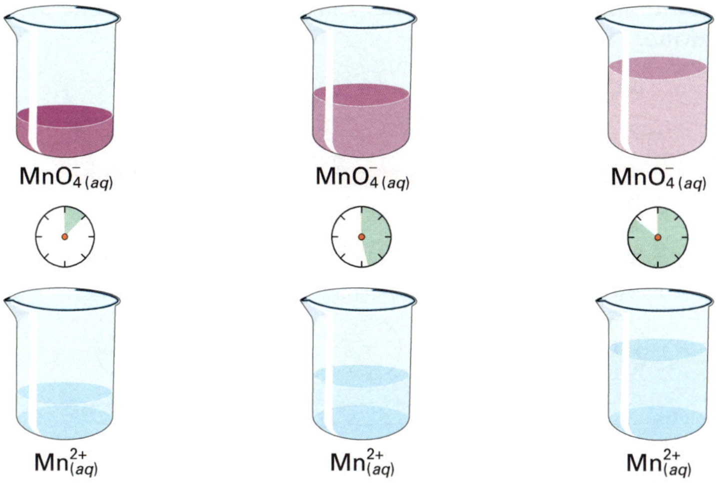

I tre becher contengono soluzioni di permanganato di potassio $KMnO_4$ (di colore viola) che hanno concentrazioni decrescenti (come indica l'intensità del colore) e volumi crescenti, calcolati in modo che le masse di permanganato siano uguali. In ogni becher vengono aggiunti lo stesso volume di una soluzione di ossalato di sodio $Na_2C_2O_4$ (incolore) e qualche goccia di acido solforico H_2SO_4. La reazione tra $KMnO_4$ e $Na_2C_2O_4$ è resa visibile dalla scomparsa del colore viola di $KMnO_4$ che si trasforma in solfato di manganese (II) $MnSO_4$, di colore rosa pallido, quasi incolore:

$KMnO_{4(aq)}$ → $MnSO_{4(aq)}$
violetto **incolore**

ma il tempo necessario alla scomparsa del colore viola è tanto minore quanto più concentrata (e quindi più colorata) è la soluzione.

Perciò la **velocità della reazione è tanto maggiore quanto maggiore è la concentrazione** della soluzione di permanganato. Lo stesso effetto sulla velocità si riscontrerebbe aumentando la concentrazione dell'ossalato di sodio.

L'**aumento della concentrazione** dei reagenti accresce la probabilità di collisione, e quindi di urti efficaci, fra le particelle dei reagenti, perciò la **velocità della reazione aumenta**.

aumento della concentrazione

La relazione matematica tra la velocità v di una reazione generica $aA + bB \rightarrow cC + dD$ e i fattori che la influenzano è:

$$v = k\,[A]^m \cdot [B]^n \qquad [4]$$

dove:

- k è la **costante di velocità,** caratteristica per una determinata reazione, in cui compaiono gli altri fattori da cui dipende la velocità della reazione (frequenza e orientamento degli urti, temperatura ed energia di attivazione).
- **[A]** e **[B]** sono le concentrazioni molari dei reagenti;
- m ed n sono numeri determinati sperimentalmente e spesso hanno valori diversi dai coefficienti stechiometrici a e b;

velocità di reazione

Temperatura

video lab
Velocità di reazione e temperatura

Quando aumenta la temperatura dei reagenti aumenta anche la velocità della reazione.

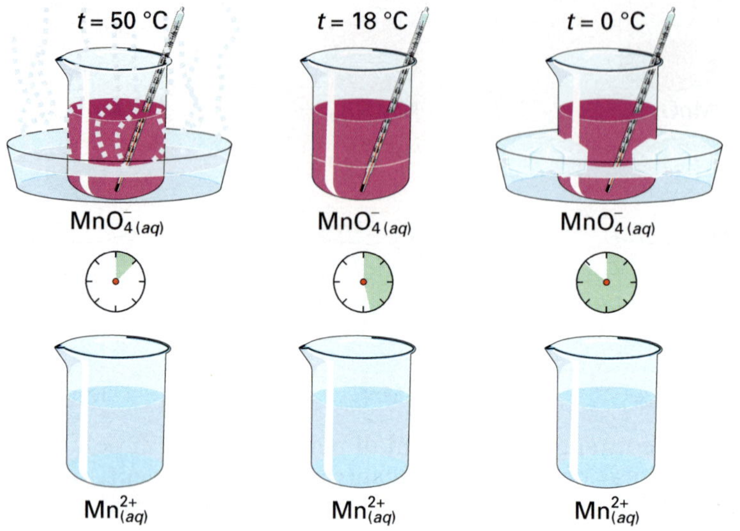

Con un esperimento simile a quello descritto per la concentrazione, è possibile osservare che la decolorazione del permanganato di potassio è tanto più veloce quanto maggiore è la temperatura della miscela di reazione. Questa è costituita da volumi uguali di soluzioni di permanganato di potassio con la stessa concentrazione e masse uguali di ossalato di sodio.

aumento della temperatura

L'**aumento della temperatura** dei reagenti provoca l'aumento dell'energia cinetica delle loro particelle. Di conseguenza aumenta anche il numero delle particelle che hanno un'energia sufficiente per superare la barriera dell'energia di attivazione e **aumenta la velocità della reazione**.

Conservare un alimento nel surgelatore significa allungare di molto i tempi delle possibili reazioni che lo farebbero decomporre e, quindi, conservarlo inalterato per un certo tempo. Usare i surgelati consente di mangiare cibi che hanno conservato la loro freschezza.

I catalizzatori

Quale effetto hanno gli speroni su un cavallo? Gli danno forse più energia?

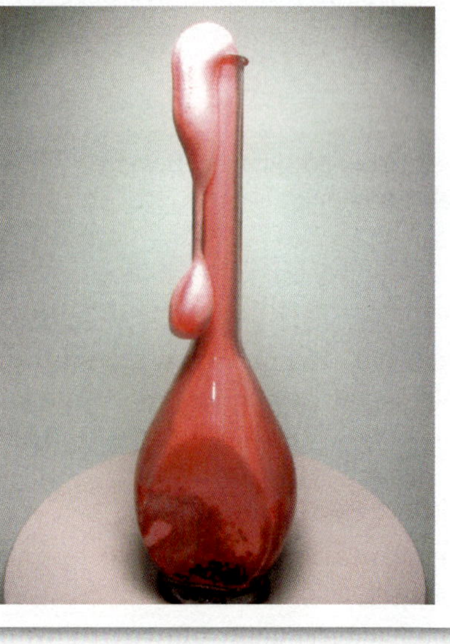

In una bottiglia a collo stretto e lungo versiamo 80-90 mℓ di acqua ossigenata H_2O_2 a 24 volumi, un cucchiaio di colorante alimentare, 30-40 mℓ di detersivo per stoviglie e una bustina di lievito liofilizzato.
Il lievito contiene **enzimi** (*proteine*) che rendono più veloce la reazione di decomposizione dell'acqua ossigenata:

$$2H_2O_{2(aq)} \longrightarrow 2H_2O_{(l)} + O_{2(g)}$$

Gli enzimi sono detti **catalizzatori biologici**.

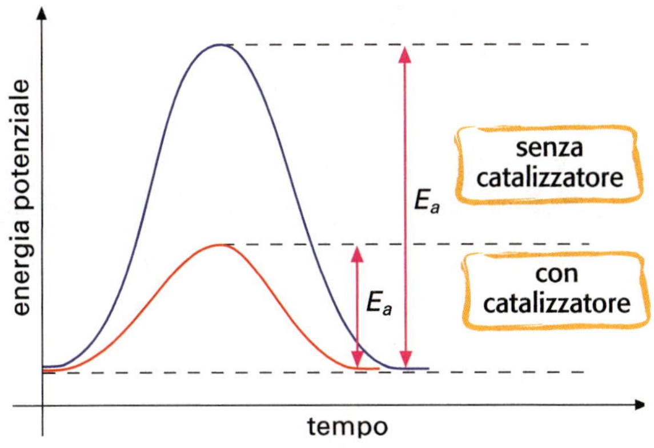

In presenza di un **catalizzatore** si verifica un **abbassamento dell'energia di attivazione**. Perciò risulta certamente maggiore il numero di molecole con energia sufficiente a superare la barriera energetica rappresentata dall'energia di attivazione E_a, e la reazione risulta più veloce.

È opportuno chiarire che un catalizzatore non è in grado di far avvenire una reazione che per la natura dei reagenti non può avvenire. Il suo ruolo è **accelerare una reazione**, così come gli speroni stimolano un'andatura più veloce del cavallo, senza tuttavia fornirgli energia, che gli deriva soltanto dal lavoro muscolare e dalla biada che mangia. Inoltre, i catalizzatori sono sufficienti in quantità molto ridotte e talvolta partecipano alla reazione, ma in ogni caso si ritrovano tali e quali alla fine della reazione.

I **catalizzatori** sono sostanze capaci di **accelerare una reazione**, anche se presenti in quantità molto piccole. Non possono però in alcun modo far avvenire una reazione di per sé impossibile.

catalizzatori

Un'importate utilizzazione dei catalizzatori è la **marmitta catalitica**, un dispositivo che viene montato sull'impianto di scarico di un motore a combustione interna. Ha la funzione di rendere meno nocivi i gas di scarico, riducendo così l'inquinamento.

espansione
La marmitta catalitica

Negli **organismi** migliaia di reazioni avvengono con velocità adeguate alle funzioni vitali, proprio grazie all'azione catalitica degli **enzimi**.
Inoltre, si ricorre all'azione di **enzimi contenuti in certi microrganismi** per la produzione di *vino*, *birra*, *alcol* e *aceto*.
Infine, la scoperta di particolari enzimi capaci di suddividere il DNA in frammenti che possono essere isolati e riprodotti (**enzimi di restrizione**) ha segnato la nascita dell'**ingegneria genetica**. Si tratta di un insieme di tecniche che, permettendo di operare sui geni, ha reso possibile molteplici applicazioni industriali tra cui la produzione di proteine terapeutiche, come l'*insulina*, e rappresenta oggi uno dei campi su cui la ricerca scientifica punta maggiormente.
L'**azione degli enzimi è altamente specifica**, nel senso che essi sono in grado di accelerare soltanto gruppi di reazioni o addirittura una sola reazione specifica.

Lo sai?

Il **DNA** (**acido deossiribonucleico**) è una sostanza organica complessa presente nelle cellule di tutti gli esseri viventi. Il DNA contiene tutte le informazioni necessarie per dirigere e coordinare il funzionamento della cellula e dell'intero organismo.

13.4 L'equilibrio chimico è un equilibrio dinamico

animazione
L'equilibrio chimico: un equilibrio dinamico

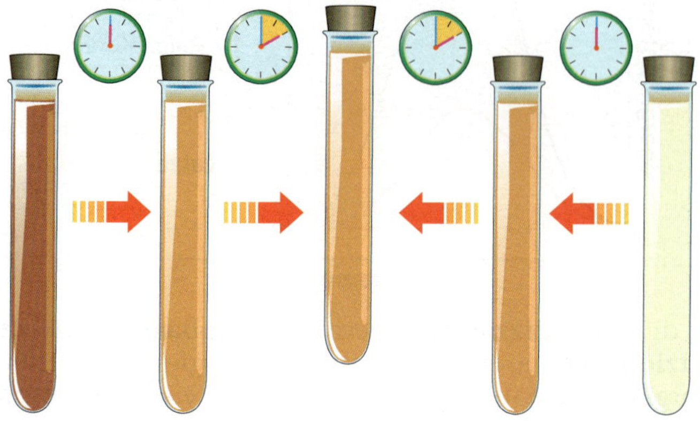

Nella provetta *a* ha inizio la **reazione diretta**:

$$2NO_{2(g)} \longrightarrow N_2O_{4(g)}$$

rosso bruno → **incolore**

durante la quale 2 mol di diossido di azoto NO_2, gas di colore rosso bruno, si trasformano nel gas incolore tetraossido di diazoto N_2O_4. Dopo un po' di tempo, il contenuto della provetta appare di un colore più chiaro (provetta *b*) e tale rimane con il passar del tempo (provetta *c*).

Nella provetta *d* ha inizio la **reazione inversa**:

$$N_2O_{4(g)} \longrightarrow 2NO_{2(g)}$$

incolore → **rosso bruno**

In questo caso, partendo da 1 mol di tetraossido di diazoto N_2O_4, che è un gas incolore, dopo un po' di tempo appare un colore bruno chiaro (provetta *e*), della stessa intensità di quello presente nella provetta *b*, che resta invariato nel tempo (provetta *c*).

In entrambi i casi potremmo credere che la *reazione sia finita*. Anche se usata normalmente, questa espressione non è precisa perché la **reazione non è completa**. Infatti, la presenza dello stesso colore bruno chiaro nelle provette *b*, *c*, *e* è un segnale evidente della contemporanea presenza dei due gas: il colore bruno di NO_2 è reso più chiaro dalla presenza di una parte di N_2O_4 incolore.
Dunque, in primo luogo la reazione non è veramente finita, nel senso che non è completa; in secondo luogo non è finita, nel senso che si tratta solo di un *arresto apparente*.

Un arresto apparente

La velocità di una reazione aumenta (o diminuisce) al crescere (o al diminuire) della concentrazione di un reagente. Ciò avviene sia per la **reazione diretta [5]**, sia per la **reazione inversa [6]**:

$$2NO_{2(g)} \longrightarrow N_2O_{4(g)} \qquad \textbf{reazione diretta [5]}$$

rosso bruno → incolore

$$N_2O_{4(g)} \longrightarrow 2NO_{2(g)} \qquad \textbf{reazione inversa [6]}$$

incolore → rosso bruno

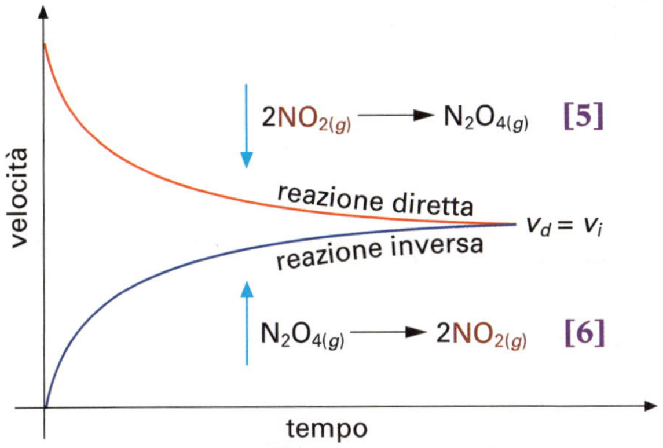

Man mano che la reazione diretta **[5]** procede, la sua velocità v_d diminuisce, perché la concentrazione di NO_2 diminuisce; al contrario, la velocità v_i della reazione inversa **[6]** aumenta, perché aumenta la concentrazione di N_2O_4, che inizialmente era uguale a 0.
Dopo un certo tempo, le due velocità diventano uguali ($v_d = v_i$), cioè la velocità con cui si forma N_2O_4 è uguale a quella con cui si forma NO_2: in queste condizioni si è stabilito un **equilibrio**.

È evidente che questo stato di equilibrio chimico, a livello submicroscopico, non è uno stato di quiete, come appare, invece, osservando il colore nelle provette. L'equilibrio chimico è, infatti, un **equilibrio dinamico**, in cui il numero degli urti efficaci fra le molecole di NO_2 è uguale a quello degli urti efficaci fra le molecole di N_2O_4, nello stesso intervallo di tempo.

Ricorda!...

L'**equilibrio chimico** è un **equilibrio dinamico**, in quanto avvengono contemporaneamente e con la stessa velocità la reazione diretta e quella inversa. Pertanto corrisponde a una condizione di *arresto apparente*.

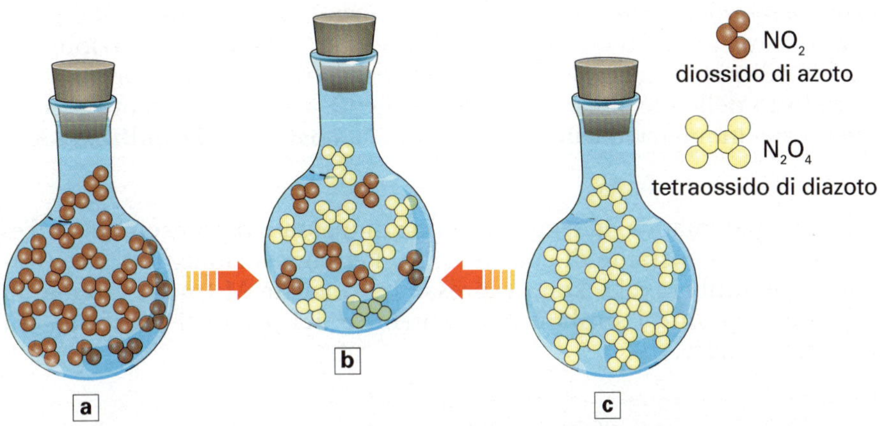

La condizione di equilibrio (*b*) viene raggiunta sia partendo da NO_2 (*a*), sia partendo da N_2O_4 (*c*). A livello submicroscopico, l'equilibrio è dinamico, perché le due reazioni, diretta e inversa, continuano a svolgersi con la stessa velocità.

Per esprimere l'equilibrio fra reagenti e prodotti di reazione, si inserisce una **doppia freccia** nell'equazione che rappresenta la reazione **[5]**:

$$\underset{\text{rosso bruno}}{2NO_{2(g)}} \rightleftarrows \underset{\text{incolore}}{N_2O_{4(g)}}$$ **reazione reversibile [7]**

La trasformazione indicata nell'equazione **[7]** descrive una **reazione reversibile**, in quanto sono rappresentate contemporaneamente la *reazione diretta*, da sinistra verso destra, e la *reazione inversa*, da destra verso sinistra.

Una **reazione** è **reversibile**, e si indica con una *doppia freccia*, quando i reagenti si trasformano nei prodotti, e viceversa.

reazione reversibile

13.5 La costante di equilibrio

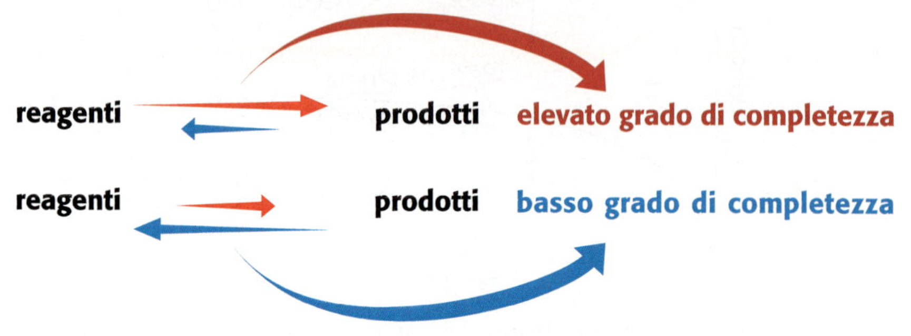

Ogni reazione ha un suo **grado di completezza**, che è più o meno elevato a seconda che prevalga la reazione diretta o la reazione inversa.

La grandezza che esprime il grado di completezza di una reazione è la sua **costante di equilibrio K_e**, che varia al variare della temperatura.

Per una generica reazione, in cui con le lettere A, B, C e D sono indicate le sostanze che si trovano nelle condizioni di equilibrio, e con le lettere a, b, c, d i rispettivi coefficienti stechiometrici:

$$aA + bB \rightleftarrows cC + dD \qquad [8]$$

è valida la **legge di azione di massa**, formulata dai chimici norvegesi *Guldberg* e *Waage*.

legge di azione di massa

A una determinata temperatura, in una **miscela di reazione all'equilibrio**, c'è un rapporto costante tra il prodotto delle concentrazioni dei prodotti di reazione, elevate ai rispettivi coefficienti stechiometrici, e il prodotto delle concentrazioni dei reagenti, elevate ai rispettivi coefficienti stechiometrici. Questo rapporto è la **costante di equilibrio K_e**.

In forma matematica, la legge di azione di massa è rappresentata dall'equazione della costante di equilibrio K_e. Per convenzione, le concentrazioni all'equilibrio, che sono espresse in molarità M (mol/ℓ), vengono indicate mediante i simboli dei reagenti e dei prodotti racchiusi tra parentesi quadre.

equazione della costante di equilibrio

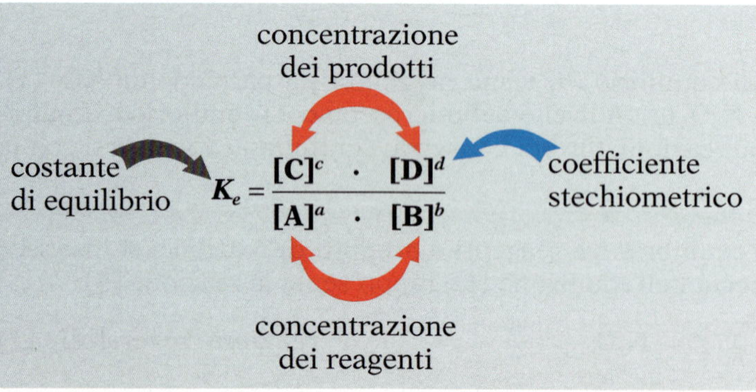

$$K_e = \frac{[C]^c \cdot [D]^d}{[A]^a \cdot [B]^b} \qquad [9]$$

I valori delle concentrazioni all'equilibrio, pur non essendo uguali, restano costanti a una determinata temperatura, a meno che non si intervenga sul sistema in equilibrio, come sarà chiarito tra breve.

COSTANTE DI EQUILIBRIO K_e

RESA DELLA REAZIONE

Conoscere il valore della costante di equilibrio K_e è utile per stabilire la resa di una reazione. Infatti, tanto più grande è K_e, tanto più il prodotto $[C]^c \cdot [D]^d$ è maggiore del prodotto $[A]^a \cdot [B]^b$ e ciò significa che, raggiunto l'equilibrio, il grado di completezza della reazione è elevato, cioè è elevata la **resa della reazione**. In altre parole, nella miscela di reazione la concentrazione dei prodotti della reazione è elevata. Qualora K_e assuma valori particolarmente grandi, la reazione può essere considerata *completa* e *irreversibile* e perciò viene *indicata con un'unica freccia*.

Ricorda!...

La costante di equilibrio di una reazione K_e è un indice molto significativo della sua maggiore o minore completezza. Quanto più elevato è il valore di K_e, maggiore è la quantità dei reagenti che si è trasformata e quindi più alta è la **resa della reazione diretta**.

Una **reazione** è **irreversibile** quando la costante di equilibrio K_e assume valori particolarmente grandi oppure quando la reazione inversa diventa praticamente impossibile, per esempio quando si forma un gas che sfugge dalla miscela di reazione.

reazione irreversibile

esempio 1

Nella preparazione dell'ammoniaca dagli elementi (*sintesi dell'ammoniaca*), nella miscela di reazione all'equilibrio, a 472 °C, le concentrazioni sono: $[N_2] = 4{,}00 \cdot 10^{-2}$ mol/ℓ, $[H_2] = 1{,}20 \cdot 10^{-1}$ mol/ℓ, $[NH_3] = 2{,}70 \cdot 10^{-3}$ mol/ℓ.
Calcola la K_e della reazione e valuta la resa della reazione.

- La reazione di sintesi dell'ammoniaca è:

$$N_{2(g)} + 3H_{2(g)} \rightleftarrows 2NH_{3(g)}$$

- La costante di equilibrio è:

$$K_e = \frac{[NH_3]^2}{[N_2] \cdot [H_2]^3}$$

Sostituendo i valori delle concentrazioni, si ottiene:

$$K_e = \frac{(2{,}70 \cdot 10^{-3}\ \text{mol}/\ell)^2}{4{,}00 \cdot 10^{-2}\ \text{mol}/\ell \times (1{,}20 \cdot 10^{-1}\ \text{mol}/\ell)^3} = \mathbf{1{,}05 \cdot 10^{-1}\ mol^{-2} \cdot \ell^2}$$

- Il valore, molto piccolo, di K_e indica che all'equilibrio, a 472 °C, la concentrazione di ammoniaca nella miscela è molto piccola, cioè la **resa della reazione è bassa**.

13.6 Come rendere più completa una reazione

I sistemi che hanno raggiunto l'equilibrio si trovano in uno stato di stabilità. Tuttavia, se il sistema riceve una *sollecitazione* dall'esterno, l'equilibrio viene turbato e il sistema raggiunge un nuovo stato di equilibrio, caratterizzato da nuovi valori delle concentrazioni delle sostanze che partecipano alla reazione: si dice, in tal caso, che *l'equilibrio si sposta*.
La direzione in cui si sposta un equilibrio è prevedibile in base al **principio dell'equilibrio mobile**, detto anche **principio di Le Châtelier**, dal nome del chimico francese *H. Le Châtelier* (1850-1936) che lo formulò.

espansione
La resa di una reazione

Ogni sistema in equilibrio soggetto a una perturbazione tende a minimizzarne gli effetti, raggiungendo un nuovo stato di equilibrio.

principio di Le Châtelier

L'importanza pratica di questo principio sta nel fatto che, spostando opportunamente l'equilibrio di un sistema, è possibile ottenere un aumento della quantità dei prodotti della reazione, cioè un aumento della **resa di una reazione** e, quindi, una riduzione dei costi di produzione. Ciò è molto importante sia nei processi industriali sia nei laboratori di ricerca.

Ricorda!...

I **catalizzatori** hanno l'unico effetto di rendere più veloce una reazione, senza influire in alcun modo sull'equilibrio e quindi sulla resa della reazione.

I fattori in grado di turbare uno stato di equilibrio sono la **temperatura**, la **concentrazione** e la **pressione**.

Effetto della temperatura

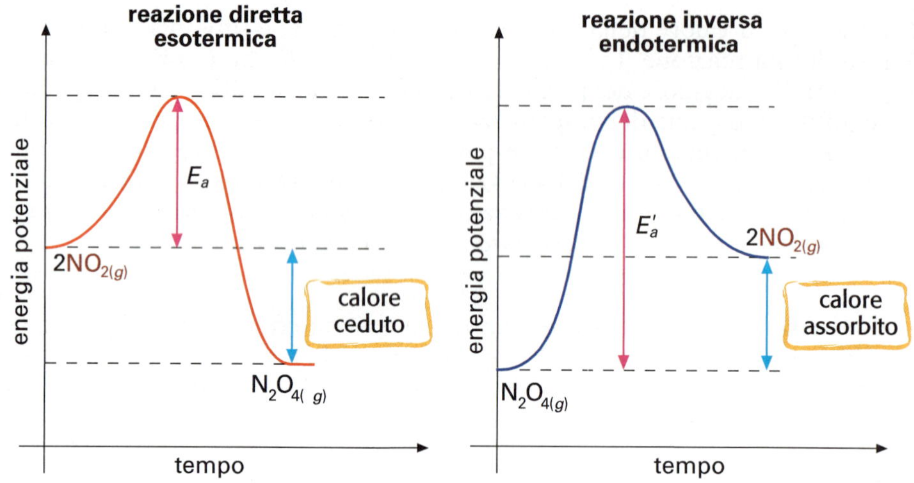

Se una reazione diretta è esotermica, la sua reazione inversa è endotermica, e viceversa, e il calore rispettivamente ceduto o assorbito è lo stesso. Perciò una variazione di temperatura influisce, comunque, su una miscela di sostanze in equilibrio.

In tre provette è stato preparato il diossido di azoto $NO_{2(g)}$, che si trasforma in tetraossido di diazoto N_2O_4, stabilendo l'equilibrio:

$$2NO_{2(g)} \underset{\text{reazione endotermica inversa}}{\overset{\text{reazione esotermica diretta}}{\rightleftharpoons}} N_2O_{4(g)} \quad [13]$$

Questo equilibrio può essere scritto separando le reazioni diretta e inversa e considerando l'energia termica emessa o assorbita rispettivamente come un prodotto e un reagente della reazione:

$$2NO_{2(g)} \rightarrow N_2O_{4(g)} + \text{energia termica}$$

$$N_2O_{4(g)} + \text{energia termica} \rightarrow 2NO_{2(g)}$$

Immergendo tre provette contenenti diossido di azoto in tre contenitori con acqua a temperature diverse, si osservano tre differenti colori: nella prima provetta è presente soprattutto diossido di azoto NO_2 rosso bruno, nella terza provetta prevale il tetraossido di diazoto N_2O_4 incolore, in quella centrale c'è una miscela dei due gas. Che cosa è accaduto?

scheda lab
Effetto della temperatura su un equilibrio

Il calore dell'acqua bollente ha creato una perturbazione nella miscela, a cui il sistema ha risposto cercando di minimizzarla: quindi l'equilibrio si è spostato in modo che il calore dell'acqua venisse assorbito, in accordo con il principio di Le Châtelier, ed è prevalsa la reazione endotermica, cioè quella inversa. Raffreddando il sistema è accaduto il contrario: l'equilibrio si è spostato a favore della reazione esotermica, che è quella diretta.

Un **aumento della temperatura** di una miscela di sostanze all'equilibrio favorisce la **reazione endotermica**. La **diminuzione della temperatura** favorisce la **reazione esotermica**.

effetto della temperatura

Effetto della concentrazione

Il cromato di sodio Na_2CrO_4 (solido giallo) si trasforma in dicromato di sodio $Na_2Cr_2O_7$ (solido rosso-arancio) quando viene aggiunto acido cloridrico $HCl_{(aq)}$ a una sua soluzione. Viceversa il dicromato si trasforma in cromato per aggiunta di idrossido di sodio $NaOH_{(aq)}$. Perciò, regolando l'aggiunta dell'acido e dell'idrossido, si può ottenere una miscela dei due sali in equilibrio:

$$\underset{\textbf{giallo}}{Na_2CrO_{4(aq)}} \underset{NaOH_{(aq)}}{\overset{HCl_{(aq)}}{\rightleftharpoons}} \underset{\textbf{rosso-arancio}}{Na_2Cr_2O_{7(aq)}}$$

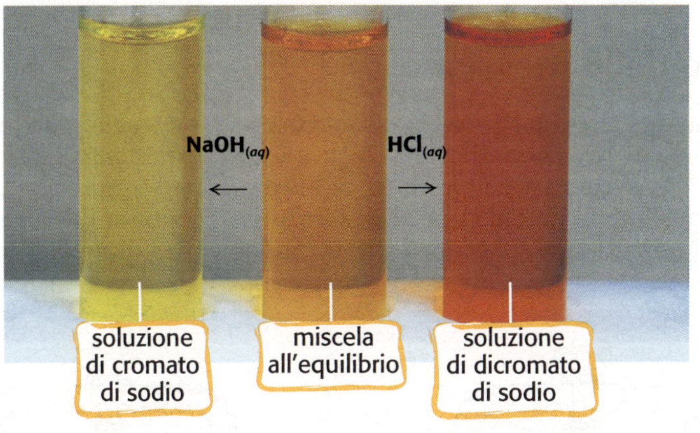

Partendo dalla miscela all'equilibrio, è possibile spostare tale equilibrio in un senso o nell'altro, aggiungendo nella provetta centrale $HCl_{(aq)}$ per ottenere una maggiore quantità di dicromato di sodio, oppure $NaOH_{(aq)}$ per ottenere una maggiore quantità di cromato di sodio.

Un caratteristico sistema in equilibrio si genera nel sottosuolo in presenza di **rocce calcaree**. Le acque sotterranee, che contengono diossido di carbonio CO_2, sciolgono in parte il carbonato di calcio $CaCO_3$ contenuto nelle rocce calcaree, trasformandolo in bicarbonato di calcio $Ca(HCO_3)$, che è solubile in acqua:

$$\underset{\text{insolubile}}{CaCO_{3(s)}} + CO_{2(g)} + H_2O_{(l)} \underset{\text{deposizione}}{\overset{\text{solubilizzazione}}{\rightleftharpoons}} \underset{\text{solubile}}{Ca(HCO_3)_{2(aq)}}$$

Lo spostamento di questo equilibrio dà origine alle **stalattiti** e alle **stalagmiti**, formazioni tipiche delle grotte calcaree, e perciò costituite da carbonato di calcio. Infatti, durante lo stillicidio e l'evaporazione dell'acqua, il CO_2 disciolto si allontana; questa diminuzione di concentrazione determina lo spostamento dell'equilibrio verso sinistra: in tal modo avviene la deposizione lentissima del carbonato di calcio.

effetto della concentrazione

In un sistema in equilibrio, l'**aumento** della concentrazione di una sostanza favorisce la reazione che provoca il consumo di tale sostanza. Al contrario, la **diminuzione** della concentrazione di una sostanza favorisce la reazione con cui questa sostanza si forma nuovamente.

Secondo il *principio dell'equilibrio mobile,* la variazione della concentrazione di un reagente o di un prodotto provoca uno spostamento dell'equilibrio a favore della reazione diretta o inversa. Interventi per aumentare la concentrazione dei prodotti, e quindi la resa di una reazione, sono molto comuni sia nei processi industriali sia nei laboratori di ricerca.

Effetto della pressione

Nelle reazioni in cui intervengono **sostanze allo stato gassoso** anche una **variazione di pressione** può provocare uno spostamento dell'equilibrio a favore dei reagenti o dei prodotti. Naturalmente, l'equilibrio può essere modificato anche da **variazioni del volume** occupato dalla miscela in equilibrio, in quanto pressione e volume sono collegati mediante la legge di Boyle.

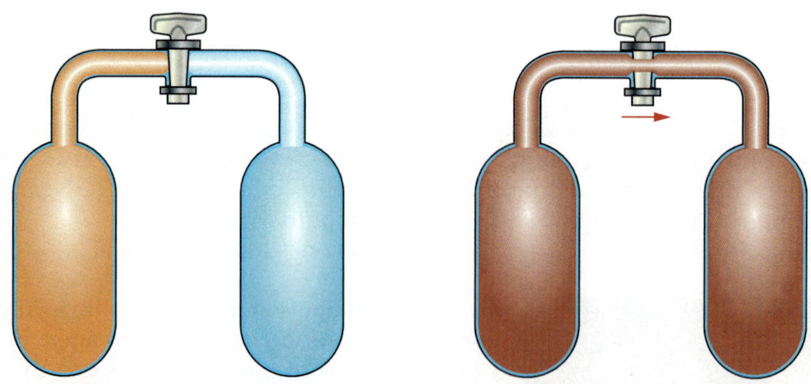

Nel contenitore, mantenuto a temperatura costante, è stato introdotto il tetraossido di diazoto N_2O_4, incolore. La leggera colorazione bruna indica che si è stabilito l'equilibrio tra questo composto e il diossido di azoto NO_2, che è di colore bruno, nel rapporto 1 mol : 2 mol:

$$\underset{\substack{\textbf{incolore}\\ \textbf{1 mol}}}{N_2O_{4(g)}} \rightleftarrows \underset{\substack{\textbf{rosso bruno}\\ \textbf{2 mol}}}{2\mathbf{NO_{2(g)}}}$$

Aprendo il rubinetto, aumenta il volume a disposizione della miscela; l'equilibrio si sposta con formazione di altro diossido di azoto NO_2, come indica la colorazione bruna più intensa:

$$\underset{\substack{\textbf{incolore}\\ \textbf{1 mol}}}{N_2O_{4(g)}} \rightleftarrows \underset{\substack{\textbf{rosso bruno}\\ \textbf{2 mol}}}{2\mathbf{NO_{2(g)}}}$$

L'**aumento del volume** è una perturbazione, che il sistema ha minimizzato, secondo il principio di Le Châtelier, spostando l'equilibrio nel verso che gli permette di occupare il volume maggiore, cioè verso la formazione della sostanza (NO_2) a cui corrisponde il maggior numero di moli (2 mol), e quindi il maggior numero di molecole.

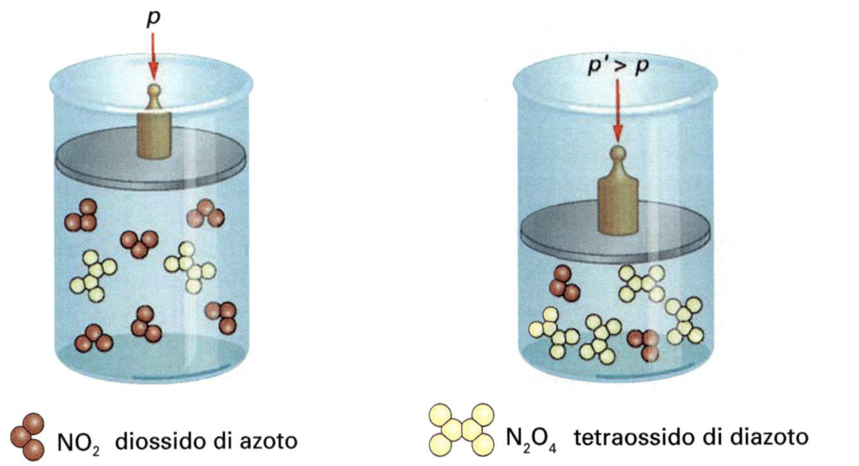

Un **aumento di pressione** sulla miscela all'equilibrio provoca una "risposta" del sistema opposta a quella precedente: è favorita la formazione del tetraossido di diazoto a cui compete il minor numero di moli (1 mol) e quindi di molecole:

$$\underset{\substack{\textbf{incolore}\\ \textbf{1 mol}}}{N_2O_{4(g)}} \rightleftarrows \underset{\substack{\textbf{rosso bruno}\\ \textbf{2 mol}}}{2\mathbf{NO_{2(g)}}} \qquad \underset{\substack{\textbf{incolore}\\ \textbf{1 mol}}}{N_2O_{4(g)}} \leftarrow \underset{\substack{\textbf{rosso bruno}\\ \textbf{2 mol}}}{2\mathbf{NO_{2(g)}}}$$

Una variazione di pressione ha influenza soltanto nelle reazioni in cui intervengono sostanze allo stato gassoso in cui il numero di moli dei reagenti è diverso da quello dei prodotti della reazione, perciò la pressione non ha alcun effetto su un equilibrio del tipo:

$$\underset{\textbf{2 mol}}{H_{2(g)} + Cl_{2(g)}} \rightleftarrows \underset{\textbf{2 mol}}{2HCl_{(g)}}$$

effetto della pressione

In un sistema gassoso all'equilibrio un **aumento di pressione** (e quindi una **diminuzione del volume**) favorisce la reazione da cui si forma la sostanza con minor numero di moli.
Una **diminuzione della pressione** (e quindi un **aumento del volume**) favorisce la reazione da cui si forma la sostanza con maggior numero di moli.
Qualsiasi variazione di pressione o di volume non ha alcun effetto sull'equilibrio, se la reazione avviene senza variazione del numero delle moli.

esempio 1

La sintesi dell'ammoniaca viene realizzata a pressione elevata, circa 200 atm, per migliorarne la resa. Perché?

- Il rapporto tra i reagenti e il prodotto è 4 mol : 2 mol:

$$\underset{\text{4 mol}}{N_{2(g)} + 3H_{2(g)}} \rightleftarrows \underset{\text{2 mol}}{NH_3}$$

- Se, raggiunto l'equilibrio, la miscela gassosa viene compressa, l'**equilibrio si sposta** nel verso che permette alla miscela di occupare il volume minore, cioè **verso la formazione di NH_3**, che è presente nella miscela con un numero di moli inferiore (2 mol) a quello dei reagenti (4 mol).

espansione
La sintesi dell'ammoniaca: processo Haber

13.7 L'equilibrio in una soluzione satura

Il cromato di piombo (II) $PbCrO_4$ è un sale poco solubile in acqua; infatti si forma come precipitato quando si fa reagire una soluzione di cromato di sodio Na_2CrO_4 con un soluzione di nitrato di piombo (II) $Pb(NO_3)_2$:

$$\underset{}{Na_2CrO_{4(aq)}} + Pb(NO_3)_{2(aq)} \longrightarrow \underset{\text{solido giallo}}{PbCrO_{4(s)}} + 2NaNO_{3(aq)}$$

La soluzione contenente il precipitato di cromato di piombo (II) è una soluzione satura, nella quale la parte sciolta nell'acqua è costituita da ioni piombo idratati $Pb^{2+}_{(aq)}$ e ioni cromato idratati $CrO^{2-}_{4(aq)}$, perché il cromato di piombo (II) è un sale e quindi un elettrolita forte.

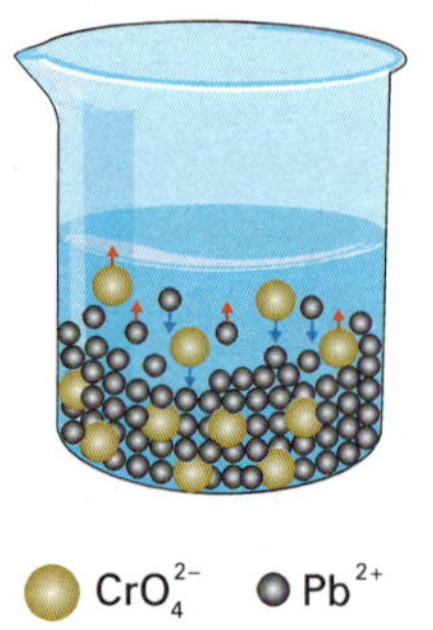

Nella soluzione satura con il corpo di fondo si stabilisce un **equilibrio dinamico** tra gli ioni idratati presenti nella soluzione e il solido: il numero di ioni di soluto Pb^{2+} e $CrO^{2-}_{4(aq)}$ che staccandosi dal solido passano in soluzione è uguale al numero degli ioni che, nello stesso tempo, dalla soluzione vanno a depositarsi sul solido.

espansione
Spostamento di un equilibrio di solubilità

Questo equilibrio è detto **equilibrio di solubilità** ed è un *equilibrio eterogeneo* perché riguarda due fasi distinte, il corpo di fondo e la soluzione:

$$\underset{\text{corpo di fondo}}{PbCrO_{4(s)}} \rightleftarrows \underset{\text{ione piombo (II)}}{Pb^{2+}_{(aq)}} + \underset{\text{ione cromato}}{CrO^{2-}_{4(aq)}}$$

Applicando la legge di azione di massa a questo sistema in equilibrio si ha:

$$K_e = \frac{[Pb^{2+}] \cdot [CrO_4^{2-}]}{[PbCrO_4]}$$

Il termine al denominatore è costante, perché $PbCrO_4$ è una fase solida (non in soluzione), perciò può essere moltiplicato per la costante K_e; si ottiene così una nuova costante K_{ps}, detta **prodotto di solubilità**:

$$K_{ps} = [PbCrO_4] \cdot K_e = [Pb^{2+}] \cdot [CrO_4^{2-}]$$

Per il cromato di piombo (II), a 20 °C, il prodotto di solubilità ha questo valore:

$$K_{ps} = 2 \cdot 10^{-14}\ mol^2 \cdot \ell^{-2}$$

Come tutte le costanti di equilibrio, il prodotto di solubilità è un indice del grado di completezza della reazione, perciò il valore riportato, molto basso, indica che la concentrazione di ioni $Pb^{2+}_{(aq)}$ e $CrO^{2-}_{4(aq)}$ nella soluzione è molto bassa.

prodotto di solubilità

definizione	In generale, quando in una soluzione satura di un composto ionico è presente un corpo di fondo A_aB_b, il **prodotto di solubilità K_{ps}** è dato dal prodotto delle concentrazioni degli ioni presenti nella soluzione, ognuna elevata al coefficiente stechiometrico che compare nell'equilibrio di solubilità.
formula	$K_{ps} = [A^{b+}]^a \cdot [B^{a-}]^b$ **[10]**

esempio 1

Scrivi l'espressione del prodotto di solubilità per il fluoruro di calcio CaF_2.

- In una soluzione satura di fluoruro di calcio si stabilisce l'equilibrio di solubilità:

$$CaF_{2(s)} \rightleftarrows Ca^{2+}_{(aq)} + 2F^{-}_{(aq)}$$

Applicando la legge di azione di massa a questo sistema si ha:

$$K_e = \frac{[Ca^{2+}] \cdot [F^-]^2}{[CaF_2]}$$

- Quindi il prodotto di solubilità è:

$$\mathbf{K_{ps} = [Ca^{2+}] \cdot [F^-]^2}$$

Il prodotto di solubilità K_{ps} può essere espresso anche mediante la solubilità s, come nell'**esempio 2**. La solubilità, com'è noto, esprime la concentrazione di una sostanza in una sua soluzione satura.

esempio 2

La solubilità s del fluoruro di calcio CaF_2 è $3{,}32 \cdot 10^{-4}$ mol/ℓ a 25 °C. Calcola il prodotto di solubilità K_{ps} del composto a tale temperatura.

- Il valore della solubilità s di CaF_2 indica che in 1 ℓ di soluzione satura di CaF_2 ci sono $3{,}32 \cdot 10^{-4}$ mol di composto sciolto.

Poiché CaF_2 è un composto ionico, quindi completamente dissociato in ioni, nella soluzione c'è una concentrazione di ioni Ca^{2+} uguale alla solubilità s, e una concentrazione doppia ($2s$) di ioni F^-:

$$[Ca^{2+}] = s = 3{,}32 \cdot 10^{-4} \text{ mol/ℓ}$$

$$[F^-] = 2s = 2 \times 3{,}32 \cdot 10^{-4} \text{ mol/ℓ} = 6{,}64 \cdot 10^{-4} \text{ mol/ℓ}$$

- Pertanto, sostituendo questi valori nell'equazione del prodotto di solubilità, si ricava il valore richiesto:

$$K_{ps} = [Ca^{2+}] \cdot [F^-]^2 = s \cdot (2s)^2 = 3{,}32 \cdot 10^{-4} \text{ mol/ℓ} \times (6{,}64 \cdot 10^{-4} \text{ mol/ℓ})^2 = \mathbf{1{,}46 \cdot 10^{-10} \text{ mol}^3/\text{ℓ}^3}$$

13.8 La forza motrice delle reazioni

Un sale si scioglie spontaneamente nell'acqua, ma è necessaria un'evaporazione o una distillazione per separare il sale dall'acqua. Un gas si espande spontaneamente in tutto lo spazio disponibile, ma occorre una compressione per riportare il gas al volume iniziale. Ed è certo che un chiodo arrugginito non torna lucente spontaneamente!

animazione **Spontaneità di una reazione**

C'è dunque una "forza motrice" che fa avvenire spontaneamente certe trasformazioni fisiche e chimiche? E che invece impedisce alle trasformazioni inverse di avvenire spontaneamente?

Una trasformazione che avviene spontaneamente in un verso non avviene spontaneamente nel verso opposto.

spontaneità e non spontaneità

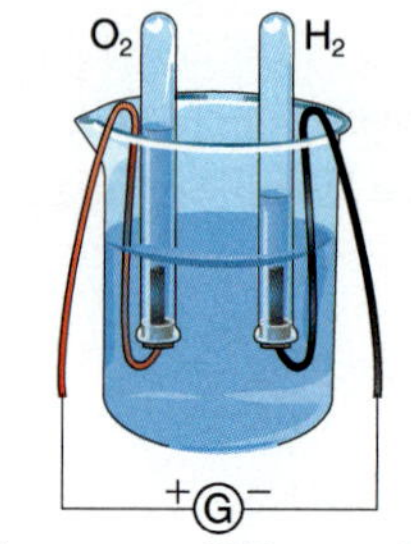

$H_2O_{(l)} \longrightarrow 2H_{2(g)} + O_{2(g)}$

È ben noto che la decomposizione dell'acqua nei suoi elementi avviene per elettrolisi, e quindi è una reazione che richiede un lavoro elettrico.

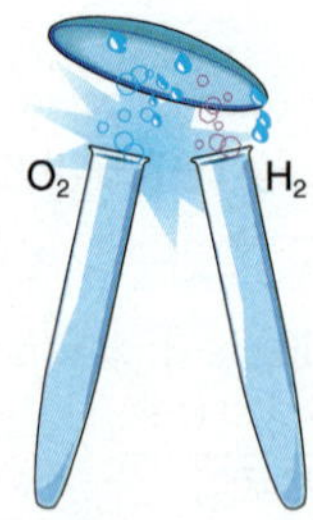

$2H_{2(g)} + O_{2(g)} \longrightarrow H_2O_{(l)}$

La reazione inversa (*sintesi dell'acqua*) è invece una reazione spontanea, tuttavia essa avviene con estrema lentezza, tanto che per renderla visibile in tempi brevi si utilizza una fiammella che fornisce l'energia di attivazione necessaria.

Ricorda!...

La **termodinamica** non si occupa dell'aspetto cinetico di una *reazione*, cioè del tempo necessario perché essa avvenga, ma soltanto della possibilità che essa *evolva spontaneamente* verso la condizione di equilibrio.

Esiste un collegamento tra la spontaneità di una reazione e la velocità con cui avviene?
Non c'è collegamento tra la velocità di una reazione e la sua spontaneità, tanto che la prima proprietà è oggetto di studio della **cinetica chimica**, la seconda è oggetto di studio della **termodinamica**.
Perciò un processo può risultare termodinamicamente spontaneo pur richiedendo un tempo lunghissimo (come la sintesi dell'acqua); oppure può richiedere un tempo breve, ma avvenire solo se, per così dire, costretto (come la decomposizione dell'acqua negli elementi).

Le trasformazioni esotermiche sono sempre spontanee?

In termodinamica, il **calore di reazione** assorbito o sviluppato durante una reazione, a pressione costante, viene espresso mediante una grandezza detta **entalpia** $\boldsymbol{H}$.

variazione di entalpia a pressione costante (calore di reazione)

Il **calore di reazione** corrisponde alla **variazione di entalpia** ΔH, che accompagna la reazione a pressione costante e si misura in $\mathbf{kJ \cdot mol^{-1}}$:

$$\Delta H = H_{prodotti} - H_{reagenti}$$

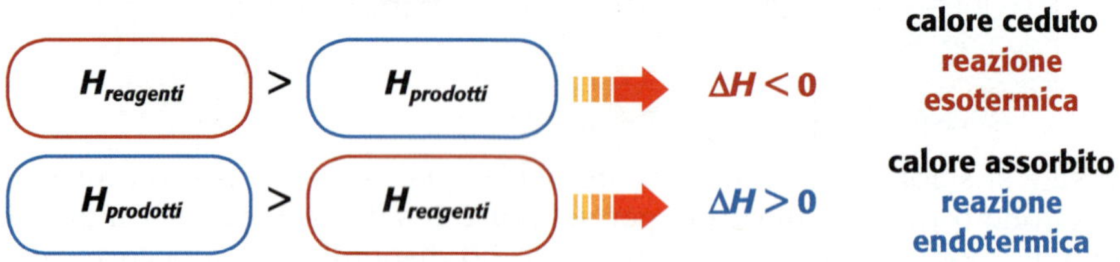

Il simbolo ΔH rappresenta la differenza tra l'entalpia dei prodotti della reazione e l'entalpia dei reagenti. Il valore **negativo** indica che la **reazione** è **esotermica**, il valore **positivo** indica che la **reazione** è **endotermica**.

Ricorda!...

Una **reazione** è **esotermica**, se avviene con diminuzione di entalpia ($\Delta H < 0$); è **endotermica** se avviene con aumento di entalpia ($\Delta H > 0$).

Nelle reazioni che avvengono nel nostro organismo durante il metabolismo e quando bruciano i combustibili fossili, il calore prodotto viene detto **entalpia di combustione** e viene espresso come **potere calorifico**.

Molte reazioni esotermiche sono spontanee, come la formazione di rame metallico $Cu_{(s)}$ e solfato di zinco $ZnSO_{4(aq)}$ da solfato di rame (II) $CuSO_{4(aq)}$ e zinco $Zn_{(s)}$, per non parlare della combustione del metano, della benzina o di altri combustibili:

$$CuSO_{4(aq)} + Zn_{(s)} \rightarrow Cu_{(s)} + ZnSO_{4(aq)}$$

reazione esotermica spontanea

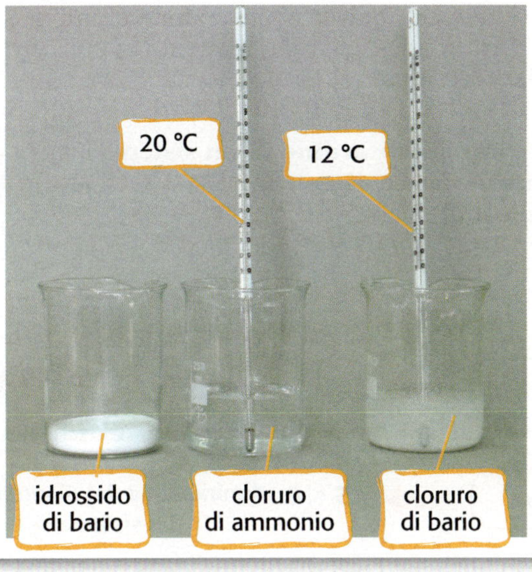

Ma ci sono anche reazioni endotermiche che sono spontanee, come la precipitazione di cloruro di bario $BaCl_{2(s)}$ dalla reazione tra idrossido di bario $Ba(OH)_{2(s)}$ e cloruro di ammonio $NH_4Cl_{(aq)}$:

$$Ba(OH)_{2(s)} + 2NH_4Cl_{(aq)} \rightarrow BaCl_{2(s)} + 2NH_{3(aq)} + 2H_2O_{(l)}$$

reazione endotermica spontanea

Questo dimostra che l'**esotermicità non** è un **sintomo** sicuro della **spontaneità** di una reazione.

esotermicità e spontaneità

Anche alcune trasformazioni fisiche, come l'evaporazione e la sublimazione, sono trasformazioni endotermiche spontanee. La dissoluzione di alcuni sali, come il nitrato di ammonio NH_4NO_3, in acqua, provoca addirittura un fenomeno macroscopico: il cartoncino resta aderente al becher a causa del sottile strato di ghiaccio che si forma sotto il becher.

scheda lab
Calore molare di dissoluzione

Le trasformazioni che avvengono con aumento del disordine sono sempre spontanee?

L'esperienza mette in evidenza che uno stato di disordine è più probabile di uno stato di ordine!
Infatti, la tendenza al disordine è spontanea.

Una grandezza che può variare durante una trasformazione chimica è l'**entropia *S***. In una reazione, il valore dell'entropia aumenta al crescere del disordine delle particelle che si verifica.

variazione di entropia

L'**entropia** è una misura dello **stato del disordine di un sistema** e viene misurata in **kJ · K⁻¹ · mol⁻¹**. La **variazione di entropia ΔS** che si verifica durante una reazione è data dalla differenza:

$$\Delta S = S_{prodotti} - S_{reagenti}$$

$S_{prodotti} > S_{reagenti}$ → $\Delta S > 0$ **aumento del disordine del sistema**

$S_{reagenti} > S_{prodotti}$ → $\Delta S < 0$ **diminuzione del disordine del sistema**

Il valore **positivo** di ΔS indica un **aumento del disordine** delle particelle.
Il valore **negativo** di ΔS indica una **diminuzione del disordine** delle particelle.

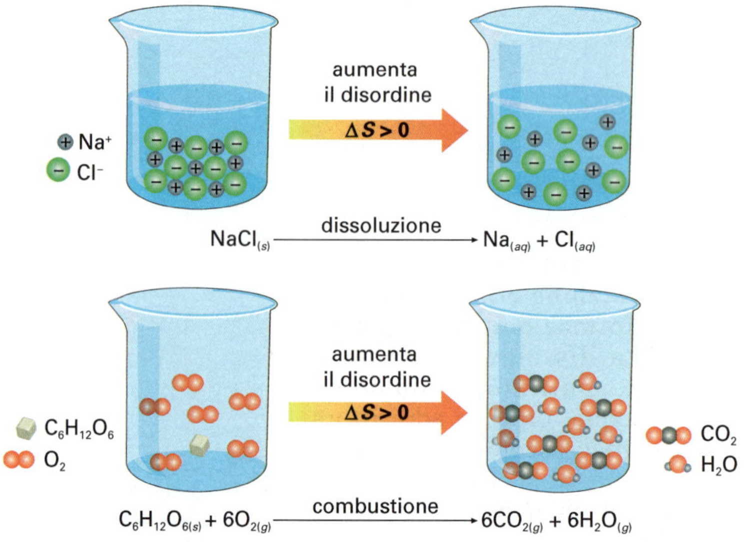

Varie trasformazioni spontanee avvengono con aumento di entropia, come la dissoluzione del sale in acqua, in cui le particelle di soluto si mescolano disordinatamente con quelle del solvente, e reazioni, come la combustione, che avvengono con formazione o aumento del numero di molecole di sostanze allo stato gassoso, che si muovono disordinatamente.

$$2H_{2(g)} + O_{2(g)} \xrightarrow{\Delta S < 0} 2H_2O_{(l)}$$

Altre reazioni avvengono spontaneamente, ma con diminuzione di entropia, come la sintesi dell'acqua, in cui elementi allo stato gassoso si trasformano in un composto liquido, in cui i legami intermolecolari costringono le molecole a una disposizione più ordinata.

Un **aumento dell'entropia non** è un **sintomo** sicuro della **spontaneità** di una reazione.

aumento di entropia e spontaneità

L'energia libera

La variazione di entalpia e la variazione di entropia valutate singolarmente non permettono di stabilire la spontaneità di una reazione. Tuttavia, il loro valore compare nell'**equazione di Gibbs**, una relazione che permette di stabilire quando una reazione è spontanea.
In questa relazione compare la differenza di **energia libera *G*** tra prodotti e reagenti, misurata in **kJ · mol**$^{-1}$:

$$\Delta G = G_{prodotti} - G_{reagenti}$$

La variazione di entalpia ΔH, la variazione di entropia ΔS e la temperatura assoluta T definiscono la **variazione di energia libera** ΔG di una reazione.

definizione

contributo entalpico

$$\Delta G = \Delta H - T\Delta S \qquad [11]$$

differenza di energia libera; contributo entropico

formula

equazione di Gibbs

Studi termodinamici permettono di trarre queste conclusioni:

$\Delta G < 0$	$\Delta G = 0$	$\Delta G > 0$
la reazione diretta è spontanea	**il sistema è in equilibrio**	**la reazione inversa è spontanea**

Se $\Delta G < 0$, la reazione diretta avviene spontaneamente; la reazione inversa non è spontanea ($\Delta G > 0$) e richiede energia.
Se $\Delta G = 0$, la reazione non tende a evolvere in nessuno dei due versi: il sistema ha raggiunto l'equilibrio.
Se $\Delta G > 0$, la reazione inversa avviene spontaneamente e la reazione diretta richiede energia.

Ricorda!...
Soltanto attraverso il valore di ΔG è possibile valutare la spontaneità di una reazione. Se $\Delta G < 0$ la **reazione diretta** è **spontanea** e la **reazione inversa non** è **spontanea**, perché $\Delta G > 0$.

Un **processo** è **spontaneo** se l'energia libera dei prodotti è minore di quella dei reagenti, se cioè avviene con diminuzione dell'energia libera (**$\Delta G < 0$**). Il grado di spontaneità del processo è tanto maggiore quanto maggiore è il valore assoluto di ΔG.

condizione di spontaneità di una reazione

esempio 1

Verifica se la combustione del glucosio $C_6H_{12}O_{6(s)} + 6O_{2(g)} \rightarrow 6CO_{2(g)} + 6H_2O_{(l)}$, alla temperatura di 25 °C e 1 atm, è una reazione spontanea. Il ΔH è – 2815 kJ/mol; il ΔS è $1{,}84 \cdot 10^{-1}$ kJ · K^{-1} · mol^{-1}.

- Il valore negativo di ΔH indica che la reazione è esotermica. Il valore positivo di ΔS indica che la reazione avviene con un aumento del disordine molecolare; infatti, da un reagente solido (glucosio) si ottiene un prodotto liquido (acqua).
- Il contributo entropico e quello entalpico sono favorevoli alla spontaneità della reazione, come indica il valore negativo di ΔG, che si ricava dall'equazione di Gibbs **[11]**:

$$\Delta G = \Delta H - T\Delta S = -2815 \text{ kJ} \cdot \text{mol}^{-1} - 298 \text{ K} \times 1{,}84 \cdot 10^{-1} \text{ kJ} \cdot \text{K}^{-1} \cdot \text{mol}^{-1} = \mathbf{-2{,}87 \cdot 10^3 \text{ kJ} \cdot \text{mol}^{-1}}$$

IN LABORATORIO

Decomposizione dell'acqua ossigenata

In questa esercitazione osserverai l'effetto di alcuni fattori sulla decomposizione dell'acqua ossigenata, che è molto lenta a temperatura ambiente. In particolare noterai l'azione dell'enzima catalasi, contenuto nel fegato e nella patata:

$$2H_2O_{2(aq)} \longrightarrow 2H_2O_{(l)} + O_{2(g)}$$

Materiali

- 50 mℓ di acqua ossigenata a 12 volumi
- 1 punta di cucchiaino di diossido di manganese MnO_2
- pezzetti di fegato o di patata
- cilindro da 10 mℓ (o siringa da 5 mℓ)
- 7 becher da 10 mℓ e cucchiaini di plastica
- fornellino elettrico e fiammiferi
- coltellino e termometro tarato fino a 100 °C

Esperimento 1

Procedimento

1 Versa in un becher 4-5 mℓ di acqua ossigenata e lasciala a temperatura ambiente (campione 1 di riferimento). Prendi nota del volume utilizzato (V) per poterlo adoperare nei punti successivi.

2 Versa un volume *V* uguale di acqua ossigenata in un altro becher e riscaldalo a 30-35 °C (campione 2).

3 Prepara un altro campione con lo stesso volume *V* di acqua ossigenata e una puntina di cucchiaino di diossido di manganese (campione 3) e un quarto campione con lo stesso volume *V* di acqua ossigenata e un pezzetto di fegato o di patata (campione 4).

4 Con 1, 2 o 3 crocette indica la diversa velocità con cui avviene la decomposizione dell'acqua ossigenata:

campione 2 ....

campione 3 ....

campione 4 ....

5 Avvicina velocemente un fiammifero spento, ma ancora incandescente, al campione 4.

6 Osserva anche che cosa accade nel campione 1.

Rispondi

- Quale fattore ha reso più veloce la decomposizione del campione 2? E quelle dei campioni 3 e 4?
- Perché avvicinando un fiammifero incandescente al campione 4, si ravviva la fiamma?
- Che cosa è avvenuto nel campione 1?

Esperimento 2

Procedimento

1 Prepara tre campioni di dimensioni simili con pezzetti di fegato o di patata. Lasciane uno intero (**campione 5**); un secondo campione dovrà essere ben sminuzzato (**campione 6**) e il terzo cotto in un po' di acqua portata all'ebollizione (**campione 7**).

2 Versa uguali quantità (4-5 mℓ) di acqua ossigenata in tre becher.

3 Aggiungi, separatamente nei tre becher, il campione di patata o di fegato intero, quello sminuzzato e quello cotto. Osserva la velocità con cui l'acqua ossigenata si decompone e con 1, 2 o 3 crocette indica la diversa velocità di decomposizione dei campioni:

campione 5 ....

campione 6 ....

campione 7 ....

Rispondi

- Quale fattore ha reso più veloce la decomposizione nel **campione 6** rispetto al **campione 5**?
- Che cosa è accaduto nel **campione 7**?
- A che cosa attribuisci il comportamento del **campione 7**?

Variazione di entalpia di una reazione

In questa esercitazione misurerai la variazione di entalpia ΔH relativa alla reazione tra idrossido di sodio $NaOH_{(aq)}$ e acido cloridrico $HCl_{(aq)}$, osservando la variazione di temperatura subìta dalla miscela di reazione in un calorimetro, costituito da un contenitore di polistirene oppure da un thermos*.

Per il calcolo di ΔH si fanno le seguenti approssimazioni:

- la densità d della soluzione è 1 g/mℓ; quindi 1 mℓ di soluzione ha massa 1 g;
- il calore specifico della soluzione è 4,186 J · °C^{-1} · g^{-1}, cioè 1 g di soluzione, assorbendo o cedendo 4,186 J, aumenta o diminuisce la propria temperatura di 1 °C;
- il volume è additivo;
- la variazione di temperatura subìta dal contenitore e dall'ambiente circostante è trascurabile.

Pertanto, calcolerai il calore di reazione mediante l'espressione:

$$\Delta H \text{ (J)} = 4{,}186 \text{ (J} \cdot \text{°C}^{-1} \cdot \text{g}^{-1}) \cdot V_{miscela} \text{ (g)} \cdot \Delta t \text{ (°C)} \qquad [1]$$

in cui puoi esprimere il valore del volume in grammi perché la densità è 1 g/mℓ.

Materiali

- 100 mℓ soluzione 1 M di idrossido di sodio $NaOH_{(aq)}$
- 100 mℓ soluzione 1 M di acido cloridrico $HCl_{(aq)}$
- agitatore ad anello ricavato da un filo di rame
- becher da 250 mℓ
- 2 cilindri da 100 mℓ
- 2 termometri a gambo lungo
- polistirene espanso
- elastico, colla, chiodi di varia misura

Procedimento

1 Costruisci il calorimetro con pezzi di polistirene e colla, dandogli la forma adatta a contenere il becher.

2 Servendoti dei chiodi, fai due fori sul coperchio, uno centrale e l'altro a piccola distanza, di *larghezza minima* per inserire il gambo del termometro e il gambo dell'agitatore.

3 Inserisci l'agitatore nel foro centrale del coperchio e un termometro in quello laterale. Per fissare il termometro al giusto livello ed evitare che scivoli sul fondo del becher, avvolgi un elastico intorno al termometro, immediatamente al di sopra della zona di contatto con il coperchio.

4 In un cilindro misura un volume di $NaOH_{(aq)}$, compreso fra 70 e 80 mℓ, ma che devi leggere *esattamente*, e versalo nel becher con cautela, per evitare che il liquido schizzi. Dopo qualche minuto leggi la temperatura della soluzione con il secondo termometro:

$V =$ .... mℓ $t =$ .... °C

5 Preleva un volume di $HCl_{(aq)}$ *uguale* a quello di $NaOH_{(aq)}$, servendoti del secondo cilindro. Dopo qualche minuto leggi la temperatura (devi asciugare il termometro prima di questa misura).

$V =$ .... mℓ $t =$ .... °C

6 Se le temperature delle due soluzioni differiscono per più di 0,5 °C, riscalda leggermente (anche con le mani intorno al contenitore) la più fredda, affinché le temperature diventino uguali. Inserisci il becher nel calorimetro e versa velocemente tutta la soluzione dell'acido in quella dell'idrossido (evitando che il liquido schizzi fuori del cilindro). Copri il calorimetro con il coperchio e registra *immediatamente* la temperatura della miscela:

$t_{\text{miscela}} =$ .... °C

7 *Subito dopo*, agita la miscela evitando movimenti troppo bruschi dell'agitatore, che produrrebbero calore per attrito. Continuando l'agitazione, misura la temperatura a intervalli di 20-30 s e registra il massimo valore t_{max} raggiunto dalla miscela.

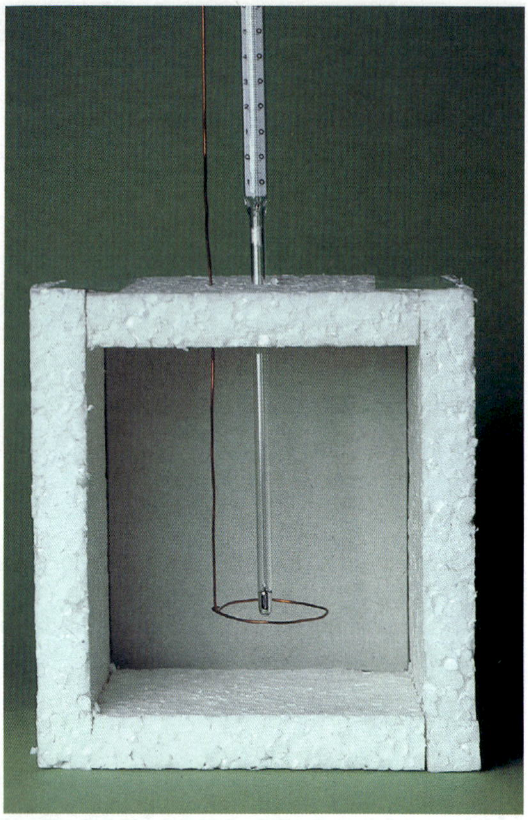

t_1 (°C)	t_2 (°C)	t_3 (°C)	t_4 (°C)	t_5 (°C)	t_6 (°C)	t_7 (°C)	t_8 (°C)	t_9 (°C)	t_{10} (°C)
....	....	....	....	....	....	....	....	....	....

$t_{\text{max}} =$ .... °C

8 Calcola il volume totale della miscela, che esprimerai in grammi perché $d = 1$ g/mℓ, e la differenza tra la temperatura t_{max} della miscela e quella delle soluzioni di HCl e NaOH prima del mescolamento. Infine, sostituisci questi dati nella relazione **[1]** per ottenere il valore della variazione di entalpia ΔH della reazione che è avvenuta:

$V_{\text{miscela}} = 2V =$ .... g

$\Delta t = t_{\text{max}} - t_{\text{miscela}} =$ .... °C

$\Delta H = 4{,}186\ (\text{J} \cdot {}^\circ\text{C}^{-1} \cdot \text{g}^{-1}) \times$ .... (g) × .... (°C) = ... J

9 Ripeti l'esperimento a partire dal **punto 4**, dopo aver lavato e asciugato il becher.

Rispondi

- Scrivi la reazione che è avvenuta.
- NaOH, HCl e NaCl sono elettroliti forti, al contrario dell'acqua, perciò scrivi la reazione in forma ionica, omettendo ovviamente gli ioni spettatori.
- Il ΔH ottenuto è positivo o negativo? Dunque hanno entalpia H maggiore i reagenti oppure i prodotti della reazione?
- La reazione tra $NaOH_{(aq)}$ e $HCl_{(aq)}$ è esotermica oppure endotermica?

* Se si adopera un thermos, è necessario adeguare il materiale alle dimensioni del thermos.

IN SINTESI

PER LA DIDATTICA INCLUSIVA

La velocità di reazione e i fattori che la influenzano

Una reazione, diretta o inversa, sia esotermica sia endotermica, avviene solo se le particelle dei reagenti acquistano un'energia (**energia di attivazione E_a**) sufficiente a scontrarsi con **urti efficaci** per formare un **aggregato** (**stato di transizione**).

Se la **reazione diretta** è **esotermica**, la **reazione inversa** è **endotermica** e viceversa, e il **calore ceduto è uguale a quello assorbito**.

Secondo la **cinetica chimica** una **reazione** diventa **più veloce** in seguito a un **aumento** della **superficie di contatto tra i reagenti**, della **concentrazione**, della **temperatura della miscela di reazione** e anche se è presente un **catalizzatore**, che **fa abbassare l'energia di attivazione**.

L'equilibrio chimico

La **velocità** di una **reazione diretta diminuisce** nel tempo, mentre **aumenta** la **velocità** della **reazione inversa**. Quando le due velocità sono uguali, si è raggiunto un **equilibrio dinamico**; la **reazione** è **reversibile** e si indica con una **doppia freccia**.

In tali condizioni le **concentrazioni molari dei reagenti e dei prodotti** della reazione sono collegate tra loro mediante la **costante di equilibrio K_e**, il cui valore più o meno elevato indica il **grado di completezza della reazione**.

Un **sistema in equilibrio**, sottoposto a una **perturbazione** (variazioni di temperatura o di concentrazione di reagenti o di prodotti oppure di pressione), tende a **minimizzarne gli effetti**. Infatti, si modifica fino al raggiungimento di un nuovo stato di equilibrio (**principio dell'equilibrio mobile** o **di Le Châtelier**).

L'equilibrio in una soluzione satura

In una **soluzione satura** di un composto ionico si stabilisce un **equilibrio dinamico fra gli ioni che passano in soluzione e quelli che si depositano sul corpo di fondo**, a cui corrisponde la costante di equilibrio K_{ps} (**prodotto di solubilità**).

La forza motrice delle reazioni

La **termodinamica** è la branca della chimica che si occupa della **spontaneità di una reazione**, ignorando la velocità con cui avviene.

La grandezza che esprime la **spontaneità di una reazione** è la differenza di **energia libera G** tra prodotti e reagenti, che tiene conto del calore assorbito o ceduto (**calore di reazione**), della **temperatura assoluta** e della variazione dello stato di disordine delle particelle (**variazione di entropia**).

IN SINTESI

REAZIONE DIRETTA
$aA + bB \longrightarrow cC + dD$

REAZIONE INVERSA
$cC + dD \longrightarrow aA + bB$

REAGENTI

CALORE DI REAZIONE
- ceduto: **reazione esotermica**
- assorbito: **reazione endotermica**

urti efficaci tra le particelle

ENERGIA DI ATTIVAZIONE E_a

stato di transizione

PRODOTTI

SPONTANEITÀ DELLE REAZIONI

EQUAZIONE DI GIBBS
$\Delta G = \Delta H - T\Delta S$

- calore di reazione ΔH a pressione costante
- variazione dell'entropia ΔS
- temperatura assoluta T

$\Delta G < 0 \longrightarrow$ reazione diretta spontanea
$\Delta G > 0 \longrightarrow$ reazione inversa spontanea
$\Delta G = 0 \longrightarrow$ sistema in equilibrio

VELOCITÀ DI REAZIONE
- superficie di contatto
- concentrazione
- temperatura
- catalizzatori

EQUILIBRIO DINAMICO
$aA + bB \rightleftarrows cC + dD$
velocità uguali

perturbato da:
- temperatura
- concentrazione
- pressione

costante di equilibrio → **resa della reazione**

PRINCIPIO DI LE CHÂTELIER

SCIENTIFIC ENGLISH

Activation Energy and the Activated Complex

Reactions will not take place until the system reaches a minimum amount of energy. This energy is called the **activation energy**. Activation energy is the *threshold energy* or the energy that must be overcome in order for a chemical reaction to occur.
It is possible to draw an energy diagram to show the energy changes that take place during a particular reaction.

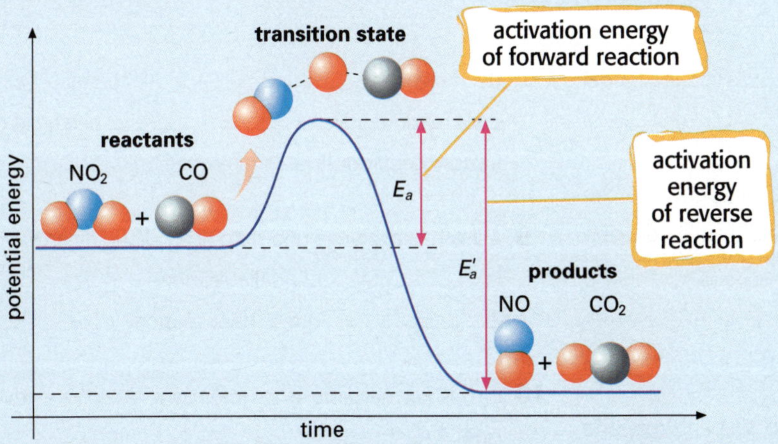

Key Words

Activation energy or 'threshold energy' is the energy that must be overcome in order for a chemical reaction to occur.

Activated complex is a transitional structure in a chemical reaction that results from the effective collisions between reactant molecule and which remains while old bonds break and new bonds form.

The reaction between NO_2 and CO needs energy in order to proceed and this is the activation energy. Once the reaction has started, an in-between, temporary state is reached where the two reactants combine to give the specie $[NO_2CO]$. This state is called a **transition state** and, for every specific reaction, the energy that is needed to reach this state is the activation energy of the reaction. The compound that is formed in this transition state is called the **activated complex**. The transition state lasts for only a very short time, after which either the original bonds reform or the bonds are broken and a new product forms.
The activation energy can be modified using a **catalysts**: it helps to speed up the rate of a reaction by lowering the activation energy.

A particular group of catalyst are **enzymes**: there are many enzymes in the human body, without which lots of important reactions would never take place. Cellular respiration is one example of a reaction that is catalysed by enzymes.

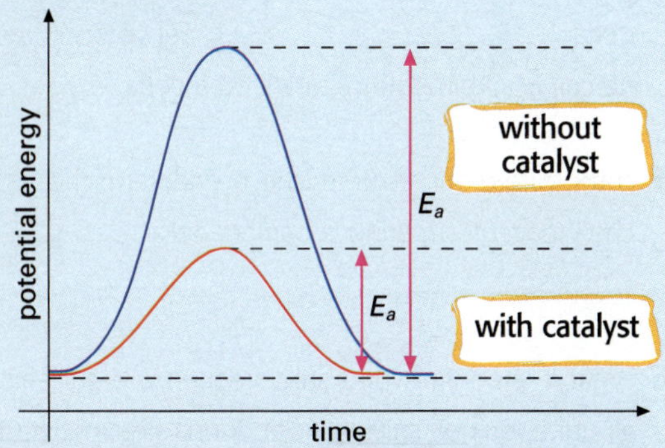

Multiple Choice

1 Activation energy is:
- **A** the same for all reactions
- **B** the energy that reactants have to overcome to get the reaction occur
- **C** the same for the forward and reverse reactions
- **D** not influenced by the presence of catalyst

2 The activated complex:
- **A** is formed when system reaches the equilibrium
- **B** is formed while old bonds break and new bonds form
- **C** has always an energy lower than energy of reactant and higher than energy of products
- **D** has a definite structure

Questions

3 Which are the effects of the catalyst on activation energy?

4 Do you think that the presence of catalyst increases or decreases the rate of reaction?

STRUMENTI PER COSTRUIRE LE COMPETENZE

ALTRI TEST

Studiando la teoria...

Completa le frasi

1 Una reazione avviene quando tra le .... dei .... avvengono ....

2 Affinché una reazione possa avvenire è indispensabile che ai reagenti venga somministrata una certa quantità di energia, detta ...., per formare un aggregato, detto .... o ....

3 Lo stato di .... è lo stesso, sia per la reazione .... sia per la reazione ....

4 In una reazione l'energia dei reagenti può essere superiore o inferiore a quella ....; nel primo caso la reazione avviene con emissione di calore e viene detta ...., nel secondo caso avviene con assorbimento di calore ed è detta ....

5 Tutte le reazioni, esotermiche o endotermiche, richiedono che i reagenti superino la barriera della ....

6 I fattori che influiscono sulla frequenza e sull'efficacia degli urti e, quindi, sulla velocità di una determinata reazione sono ...., ... e ...., nel caso di un reagente .... L'aumento dell'entità di uno di questi fattori provoca .... della reazione.

7 I catalizzatori provocano un .... dell'energia di attivazione e quindi un .... della velocità di reazione.

8 Durante lo svolgersi di una reazione, la velocità della reazione diretta ...., in quanto le concentrazioni dei reagenti .... Al contrario, la velocità della reazione inversa ...., perché le concentrazioni dei prodotti della reazione ....

9 Il sistema raggiunge uno stato di equilibrio dinamico quando la .... della reazione .... diventa .... quella della reazione ....

10 In misura maggiore o minore, ogni reazione è reversibile, cioè ....

11 Secondo la legge di azione di massa, nelle condizioni di equilibrio, a temperatura costante, c'è un rapporto costante tra il .... delle concentrazioni dei ...., elevate ai rispettivi ...., e il .... delle concentrazioni dei ...., elevate ai rispettivi .... Questo rapporto è detto .... e si indica con il simbolo ....

12 Quanto più elevato è il valore di K_e, ... è la quantità dei reagenti che si è .... e quindi più .... è la resa della reazione ....

13 Quando K_e assume valori molto grandi, la reazione può essere considerata .... e .... e perciò viene indicata con .... freccia.

14 Se un sistema all'equilibrio subisce una sollecitazione dall'esterno, risponde alla perturbazione secondo il principio .... o ...., cioè tende a minimizzare gli effetti della perturbazione, raggiungendo un .... stato di equilibrio. In questo stato, le concentrazioni dei reagenti e dei prodotti assumono valori .... quelli iniziali.

15 I fattori che possono alterare uno stato di equilibrio, cioè "spostare l'equilibrio", sono ...., ... e .... I catalizzatori .... l'equilibrio.

16 Spostando opportunamente l'equilibrio di un sistema, si può ottenere un aumento della quantità dei prodotti della reazione, cioè un aumento della ....

17 In una soluzione satura con il corpo di fondo si stabilisce un .... dinamico tra gli .... presenti nella .... e il .... Questo equilibrio è detto equilibrio ....

18 Applicando la legge di azione di massa a una soluzione satura, si ottiene il .... K_{ps}, che è uguale al prodotto delle concentrazioni .... nella soluzione, ognuna elevata al .... che compare nell'equilibrio di solubilità.

19 La spontaneità di una reazione .... dalla sua velocità. È collegata al valore della variazione di ...., della variazione di .... e alla .... a cui avviene la reazione.

20 Una reazione è sicuramente spontanea, se avviene con .... dell'..

21 Quando una reazione diretta presenta un valore positivo di ΔG, è sicuramente ...., la sua reazione inversa è sicuramente ....

Test vero-falso

1 Un aumento di temperatura fa aumentare l'energia cinetica delle particelle e rende più probabili gli urti efficaci. V F

2 La velocità di una reazione è tanto maggiore quanto minore è l'energia di attivazione. V F

3 Una reazione è endotermica quando l'energia dei reagenti è minore di quella dei prodotti della reazione. V F

4 Quando i reagenti si trovano in soluzione, reagiscono tanto più velocemente quanto più le soluzioni sono diluite. V F

5 Quando una reazione raggiunge lo stato di equilibrio, la reazione diretta e quella inversa non avvengono più. V F

6 Il valore della costante di equilibrio di una reazione indica se la reazione diretta avviene in misura maggiore o minore. V F

7 Un aumento della temperatura fa aumentare la resa di una reazione esotermica. V F

8 Se si aggiunge un catalizzatore quando una reazione è allo stato di equilibrio, la reazione avviene in modo completo. V F

9 Esiste una relazione fra la velocità di una reazione e la sua spontaneità. V F

10 La formazione di un corpo di fondo in una soluzione satura avviene con diminuzione di entropia. V F

Test a risposta multipla

Scegli la risposta o il completamento corretti

1 L'energia di attivazione di una reazione:

A è uguale per tutte le reazioni
B è la barriera energetica che i reagenti devono superare per trasformarsi nei prodotti
C è uguale nella reazione diretta e nella reazione inversa
D non è influenzata dalla presenza di un catalizzatore

2 Quale affermazione, riferita allo stato di transizione, è corretta?

A Si forma quando il sistema ha raggiunto l'equilibrio
B Si forma quando si verificano urti efficaci tra i reagenti
C Ha una struttura ben definita
D Ha un'energia minore di quella dei reagenti e maggiore di quella dei prodotti

3 I dati riportati riguardano quattro reazioni del tipo A → B. Quali dati possono essere attribuiti alla reazione che ha energia di attivazione E_a maggiore?

A $E_{reag.} = 50$ kJ/mol $E_{stato\ trans.} = 90$ kJ/mol
B $E_{reag.} = 30$ kJ/mol $E_{stato\ trans.} = 40$ kJ/mol
C $E_{reag.} = 70$ kJ/mol $E_{stato\ trans.} = 100$ kJ/mol
D $E_{reag.} = 120$ kJ/mol $E_{stato\ trans.} = 130$ kJ/mol

4 Che cosa esprime il calore di reazione?

A La differenza tra l'energia dei reagenti e quella dei prodotti della reazione
B La differenza tra l'energia dello stato di transizione e quella dei reagenti
C La differenza tra l'energia dei prodotti di reazione e quella dello stato di transizione
D La differenza tra l'energia dei prodotti di reazione e quella dei reagenti

5 I catalizzatori sono sostanze che influenzano:

A la concentrazione dei reagenti e dei prodotti nelle condizioni di equilibrio

B la resa di una reazione

C solo la velocità della reazione diretta

D la velocità sia della reazione diretta sia di quella inversa

6 Si dice che una reazione ha raggiunto l'equilibrio quando:

A le concentrazioni dei reagenti sono uguali a quelle dei prodotti

B i reagenti si sono completamente trasformati nei prodotti

C la reazione diretta e quella inversa hanno la stessa velocità

D la reazione diretta e quella inversa hanno velocità uguale a zero

7 Indica quale affermazione è corretta, riferita alla reazione:

$$2NO_{2(g)} \underset{\text{reazione endotermica}}{\overset{\text{reazione esotermica}}{\rightleftarrows}} N_2O_{4(g)}$$

A È una reazione irreversibile

B La reazione diretta è favorita dal riscaldamento

C La reazione inversa non è favorita dal riscaldamento

D La reazione diretta è favorita da un aumento di pressione

8 Quale prodotto di solubilità K_{ps} di sali, tutti con formula XY, indica la minore solubilità in acqua?

A $K_{ps} = 5{,}0 \cdot 10^{-13}$

B $K_{ps} = 1{,}2 \cdot 10^{-16}$

C $K_{ps} = 1{,}8 \cdot 10^{-10}$

D $K_{ps} = 9{,}1 \cdot 10^{-6}$

9 Quali valori di ΔG e ΔH sono plausibili, se un composto si scioglie in acqua spontaneamente con raffreddamento?

A $\Delta G = -20$ kJ, $\Delta H = -19$ kJ

B $\Delta G = -20$ kJ, $\Delta H = 15$ kJ

C $\Delta G = 20$ kJ, $\Delta H = -15$ kJ

D $\Delta G = 20$ kJ, $\Delta H = 15$ kJ

10 Un processo è spontaneo:

A se avviene con grande velocità

B in un verso se non è spontaneo nel verso opposto

C se evolve nel senso di un aumento dell'ordine del sistema

D se si svolge in maniera esotermica

Applica le tue conoscenze

13.2 L'energia di attivazione

1 Quale influenza ha sulla velocità di una reazione il maggiore o minore valore dell'energia dello stato di transizione?

2 Secondo la teoria delle collisioni, tutte le particelle dei reagenti sono potenzialmente in grado di reagire? Quali effettivamente reagiscono?

3 Lo stato di transizione per una reazione diretta e per la reazione inversa è lo stesso?

4 In una reazione esotermica, l'energia di attivazione della reazione diretta è maggiore, uguale o minore rispetto a quella della reazione inversa?

5 Traccia il diagramma energia-tempo per la generica trasformazione esotermica:

$$A + B \rightarrow C + D$$

sapendo che l'energia dei reagenti è 160 kJ/mol, quella dei prodotti è 40 kJ/mol e che l'energia di attivazione per la reazione diretta E_a è 30 kJ/mol.
Qual è il valore del calore che viene ceduto, in kJ/mol? **[120 kJ/mol]**

6 Una reazione fra un reagente allo stato solido e uno allo stato liquido è più o meno veloce della reazione effettuata con i due reagenti in soluzione, a parità di ogni altra condizione? Giustifica la risposta secondo la teoria delle collisioni.

7 In una reazione endotermica reversibile, i reagenti hanno energia $E_{reag} = 20$ kJ/mol, i prodotti della reazione hanno $E_{prod} = 80$ kJ/mol e lo stato di transizione ha energia $E_a = 90$ kJ.

a) A quanti kilojoule per mole corrisponde il calore assorbito? **[60 kJ/mol]**

b) Qual è il valore in kilojoule per mole dell'energia di attivazione E_a? **[70 kJ/mol]**

c) Qual è il valore in kilojoule per mole dell'energia di attivazione della reazione inversa E'_a? **[10 kJ/mol]**

8 A quale delle seguenti reazioni si riferisce il diagramma?

a) Combustione del metano

b) Decomposizione dell'acqua in idrogeno e ossigeno

c) Trasformazione del diossido di azoto in ossido di azoto

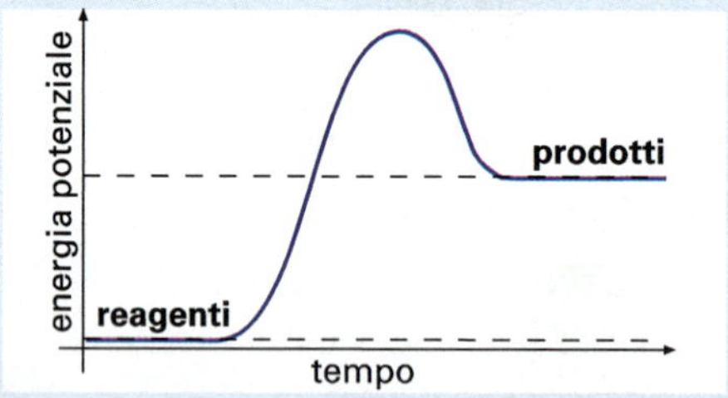

13.3 La velocità di reazione e i fattori che la influenzano

9 Quale influenza ha il valore più o meno elevato del calore di reazione sulla velocità di una reazione? Quale variazione subisce tale calore in presenza di un catalizzatore?

10 Quale influenza ha l'energia potenziale dello stato di transizione sulla velocità di un reazione? Quale variazione subisce tale energia in presenza di un catalizzatore?

11 Volendo produrre diossido di carbonio in laboratorio si può far gocciolare l'acido cloridrico sul marmo, che è carbonato di calcio impuro. È preferibile usare un pezzo di marmo intero oppure uno frantumato?

12 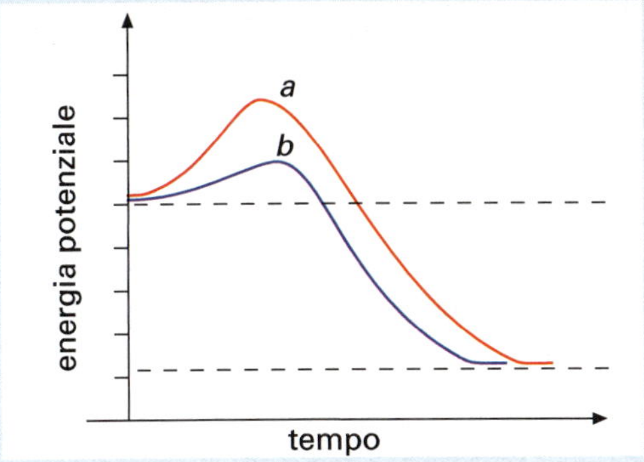

Le due curve *a* e *b* riportate nel grafico sono relative alla stessa reazione, in presenza e in assenza di catalizzatore. Qual è la curva che indica l'andamento della reazione in assenza di catalizzatore?

13 Perché la velocità di reazione ha il valore più alto all'inizio della reazione?

14 Individua due esempi di reazioni che hanno bassa velocità e due esempi di reazioni veloci, tratti dall'esperienza quotidiana.

15 Perché il surgelamento allunga i tempi di conservazione degli alimenti?

13.4 L'equilibrio chimico è un equilibrio dinamico

16 In una reazione reversibile, quando la velocità della reazione inversa raggiunge il valore massimo?

17 L'ossigeno può essere preparato decomponendo con il riscaldamento il clorato di potassio $KClO_3$:

$2KClO_{3(s)} \rightarrow 2KCl_{(s)} + 3O_{2(g)}$

Perché questa reazione è irreversibile?

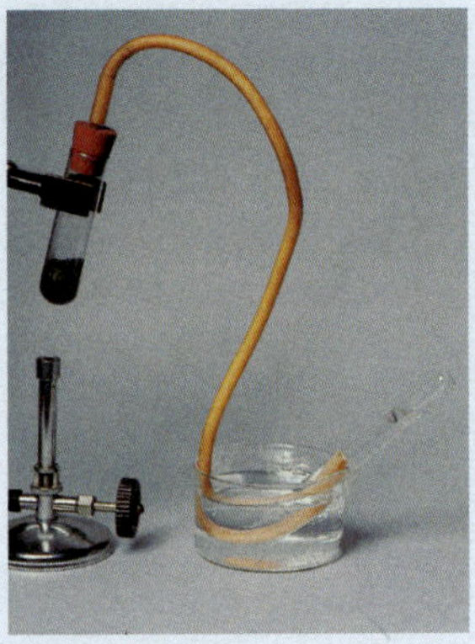

18 La combustione della benzina in un autoveicolo è una reazione reversibile o irreversibile?

13.5 La costante di equilibrio

19 Scrivi le espressioni delle costanti di equilibrio K_e delle reazioni:

a) $3O_{2(g)} \rightarrow 2O_{3(g)}$

b) $4NH_{3(g)} + 3O_{2(g)} \rightarrow 2N_{2(g)} + 6H_2O_{(g)}$

20 Nelle condizioni di equilibrio le sostanze che partecipano alla reazione

$$2SO_{2(g)} + O_{2(g)} \rightleftarrows 2SO_{3(g)}$$

hanno le seguenti concentrazioni: $[SO_2] = 1 \cdot 10^{-2}$ mol/ℓ; $[SO_3] = 1 \cdot 10^{-1}$ mol/ℓ; $[O_2] = 2 \cdot 10^{-1}$ mol/ℓ.
Calcola il valore della costante di equilibrio K_e.

- Scrivi l'espressione della costante di equilibrio:

$$K_e = \frac{[SO_3]^2}{\dots\dots\dots}$$

- Poi sostituisci i valori delle concentrazioni molari, ricordando le eventuali potenze a cui occorre elevarle:

$$K_e = \frac{(1 \cdot 10^{-1}\ \text{mol/ℓ})^2}{\dots\dots\dots} = \dots\dots\dots$$

21 Per la sintesi dell'ammoniaca, a 127 °C, sono state misurate le seguenti concentrazioni nelle condizioni di equilibrio: $[NH_3] = 3{,}1 \cdot 10^{-2}$ mol/ℓ, $[N_2] = 8{,}5 \cdot 10^{-1}$ mol/ℓ e $[H_2] = 3{,}1 \cdot 10^{-3}$ mol/ℓ.

Calcola il valore della costante di equilibrio K_e a 127° C per questa reazione. **[$3{,}8 \cdot 10^4$ mol^{-2} · ℓ^2]**

13.6 Come rendere più completa una reazione

22 La calce viva CaO viene preparata dal carbonato di calcio $CaCO_3$. Se fosse fatta in un contenitore chiuso avverrebbe la seguente reazione endotermica:

$$CaCO_{3(s)} \rightleftarrows CaO_{(s)} + CO_{2(g)}$$

Per ottenere una buona resa di CaO dovresti raffreddare oppure riscaldare la miscela in equilibrio?

23 Se la reazione riportata nell'esercizio precedente fosse fatta in un contenitore aperto, sarebbe reversibile o irreversibile? Sarebbe possibile intervenire per aumentare la resa della reazione?

24 Per ottenere buone rese dalle seguenti reazioni reversibili, occorre operare a temperatura alta o bassa, a pressione alta o bassa? Giustifica le risposte.

a) $H_{2(g)} + CO_{2(g)} \rightleftarrows H_2O_{(g)} + CO_{(g)}$ reazione endotermica

b) $2SO_{2(g)} + O_{2(g)} \rightleftarrows 2SO_{3(g)}$ reazione esotermica

25 L'emoglobina è la proteina che assicura il trasporto di ossigeno dai polmoni alle cellule del corpo. L'equilibrio che regola l'azione di questa proteina è il seguente:

emoglobina + O_2 $\rightleftarrows$ ossiemoglobina

In che verso l'equilibrio viene spostato nei polmoni? E nelle cellule?

26 In quale verso si sposta il seguente equilibrio in seguito alle modifiche indicate? In quale caso si ha la migliore resa della reazione diretta?

$NH_4Cl_{(aq)} + NaOH_{(aq)} \rightleftarrows NH_{3(g)} + NaCl_{(aq)} + H_2O_{(l)}$

a) aumento della concentrazione di $NaCl_{(aq)}$
b) aumento della concentrazione di $NaOH_{(aq)}$
c) diminuzione della concentrazione di $NH_4Cl_{(aq)}$

27 Per decomposizione termica dell'etano $CH_3-CH_{3(g)}$ si ottengono etene $CH_2=CH_{2(g)}$ e idrogeno $H_{2(g)}$.
Scrivi la reazione e specifica in che modo viene influenzata la resa della reazione se, raggiunto l'equilibrio:
a) viene abbassata la temperatura
b) viene immesso idrogeno nel contenitore in cui è presente la miscela di reazione
c) viene aumentata la pressione.

13.7 L'equilibrio in una soluzione satura

28 Quali sono le relazioni che esprimono il prodotto di solubilità del solfato di calcio $CaSO_4$ e quello del solfato di argento Ag_2SO_4? **[$K_{ps} = [Ca^{2+}] \cdot [SO_4^{2-}]$; $K_{ps} = [Ag^+]^2 \cdot [SO_4^{2-}]$]**

29 La solubilità *s* del carbonato di argento Ag_2CO_3 a 25 °C è $1,15 \cdot 10^{-4}$ mol/ℓ. Qual è il valore del prodotto di solubilità K_{ps} di questo composto, a 25 °C?

- Nella soluzione satura del carbonato di argento si ha il seguente equilibrio di solubilità:

  $Ag_2CO_{3(s)} \rightleftarrows 2Ag^+_{(aq)} +$ ....

- Applicando la legge di azione di massa a questo sistema:

  $K_{ps} = \dfrac{[Ag^+]^2 \cdot \text{..............}}{\text{..................}}$

  si ottiene il prodotto di solubilità:

  $K_{ps} = [Ag^+]^2 \cdot$ ....

- Il carbonato di argento è un sale e, poiché è un elettrolita forte, la parte sciolta in acqua è completamente dissociata in ioni $Ag^+_{(aq)}$ e ....

- Poiché 1 mol di Ag_2CO_3 produce 1 mol di ioni .... e 2 mol di ioni ...., in 1 ℓ di soluzione ci sono $1,15 \cdot 10^{-4}$ mol di ioni .... e 2 × .... mol di ioni ....:
  Questi valori esprimono le concentrazioni degli ioni, che vengono sostituiti nel prodotto di solubilità:

  $K_{ps} = [Ag^+]^2 \cdot$ .... =
  = (......................... mol/ℓ)^2 × $1,15 \cdot 10^{-4}$ mol/ℓ =
  = ...

30 Calcola il prodotto di solubilità del bromuro di piombo $PbBr_2$ a 20 °C. La solubilità di questo sale a questa temperatura è $2,3 \cdot 10^{-2}$ mol/ℓ. **[$4,9 \cdot 10^{-5}$ mol³/ℓ³]**

31 Lo ione carbonato reagisce con l'acido cloridrico secondo la reazione:

$CO^{2-}_{3(aq)} + 2HCl_{(aq)} \rightarrow CO_{2(g)} + H_2O_{(l)} + Cl^-_{(aq)}$

Che cosa accade versando una certa quantità di acido cloridrico in una soluzione che contiene carbonato di calcio $CaCO_3$ come corpo di fondo?

13.8 La forza motrice delle reazioni

32 Indica quali grandezze occorre conoscere per valutare:
a) l'endotermicità o l'esotermicità di una reazione;
b) il grado di completezza di una reazione;
c) la spontaneità di una reazione.

33 A 27 °C la fusione del ghiaccio è una trasformazione spontanea? Esotermica o endotermica? L'entropia aumenta o diminuisce?

34 Ha maggiore entropia 1 kg di acqua a temperatura ambiente oppure 1 kg di vapor d'acqua alla stessa temperatura?

35 Verifica l'eventuale spontaneità della trasformazione dell'etino $CH\equiv CH$ in etene $CH_2=CH_2$ a 27 °C. A questa temperatura $\Delta H = -175$ kJ · mol⁻¹; $\Delta S = -1,11 \cdot 10^{-1}$ kJ · K⁻¹ · mol⁻¹.
Specifica se il contributo entalpico e il contributo entropico sono favorevoli alla spontaneità della reazione e giustifica il valore di ΔG.

- La reazione in esame è la seguente:

  $CH\equiv CH_{(g)} + H_{2(g)} \rightarrow CH_2=CH_{2(g)}$

- La relazione che permette di verificare la spontaneità della reazione è l'equazione di Gibbs:

  $\Delta G =$ .... $- T\Delta S$

  nella quale, ricordando di esprimere la temperatura in kelvin, il prodotto $T\Delta S$ assume il valore:

  $T\Delta S =$ .... K × (.................................. kJ · K⁻¹ · mol⁻¹) =
  = ... kJ · mol⁻¹

- Nell'equazione si sostituiscono i valori noti:

  $\Delta G =$ .... kJ · mol⁻¹ + ... kJ · mol⁻¹ = ... kJ · mol⁻¹

  Il valore negativo di ΔG indica che la reazione è spontanea.

- Il contributo entalpico è .... alla spontaneità della reazione, in quanto il valore di ΔH è ....
  Il contributo entropico, invece, è .... Infatti, il valore negativo di ΔS indica che il sistema evolve nel verso di un disordine ...., in quanto da 2 mol di prodotti gassosi (acetilene e idrogeno) si forma 1 mol di prodotto gassoso (etene).
  Tuttavia il ΔG risulta negativo in quanto il valore di ΔH è ...., in valore assoluto, del valore del prodotto $-T\Delta S$.

36 Alla temperatura di 25 °C la decomposizione del carbonato di calcio:

$CaCO_{3(s)} \rightarrow CaO_{(s)} + CO_{2(g)}$

presenta i seguenti valori:

$\Delta H = 178,3$ kJ/mol e $\Delta S = 0,1589$ kJ · K⁻¹ · mol⁻¹.

Stabilisci se la decomposizione del carbonato è un processo spontaneo e se il contributo entalpico e il contributo entropico sono favorevoli alla spontaneità della trasformazione.

[$\Delta G = 130,9$ kJ · mol⁻¹]

OBIETTIVO COMPETENZA

1 La formazione di ossido di azoto NO dagli elementi è fortemente endotermica (sono necessari circa 90 kJ/mol):

$$N_{2(g)} + O_{2(g)} \rightarrow 2NO_{(g)}$$

a) La reazione inversa, cioè la decomposizione dell'ossido negli elementi, è esotermica o endotermica?
b) La reazione diretta è favorita o sfavorita da un aumento di pressione?
c) Quanti kilojoule sono associati a tale reazione per 10 mol di prodotto decomposto? **[900 kJ]**

2 L'ossido di azoto NO si forma nei motori delle automobili, perciò si ritrova nei gas di scarico e causa gravi problemi di inquinamento atmosferico.
a) Utilizzando le informazioni dell'esercizio precedente, giustifica la formazione di NO nei motori.
b) Fai una ricerca e descrivi in un breve testo il funzionamento della marmitta catalitica, il dispositivo utilizzato per ridurre l'inquinamento dovuto all'ossido di azoto e ad altri prodotti della combustione del carburante.

3 Scrivi l'equazione della reazione che esprime la fotosintesi, specificando se questo processo è esotermico o endotermico.
Valuta quale effetto ha ciascuno dei seguenti cambiamenti su tale processo:
a) aumento della concentrazione del diossido di carbonio
b) diminuzione della concentrazione di ossigeno
c) aumento della temperatura

4 La trasformazione del diossido di zolfo SO_2 in triossido di zolfo SO_3 avviene grazie all'ossigeno dell'aria. Avverrebbe con velocità uguale, maggiore o minore se venisse realizzata soltanto con ossigeno puro?

5 Immagina che per dare inizio alla reazione diretta:

$$A_{(aq)} + B_{(aq)} \xrightleftharpoons{\text{esotermica}} C_{(aq)} + D_{(aq)}$$

si operi in tre diverse condizioni di concentrazione e di temperatura:
1. $[A_{(aq)}] = 0{,}1$ M $[B_{(aq)}] = 0{,}2$ M $t =$ 40 °C
2. $[A_{(aq)}] = 0{,}1$ M $[B_{(aq)}] = 0{,}1$ M $t =$ 10 °C
3. $[A_{(aq)}] = 0{,}1$ M $[B_{(aq)}] = 0{,}1$ M $t =$ 180 °C

a) Puoi individuare in quale delle tre condizioni la reazione diretta è più veloce? E in quale condizione è più lenta?
b) In quale delle tre condizioni è favorita la reazione inversa?

6 Nell'immagine viene aggiunta acqua in un becher in cui si è stabilito il seguente equilibrio:

$$BiCl_{3(aq)} + H_2O_{(l)} \rightleftharpoons \underset{\text{precipitato bianco}}{BiOCl_{(s)}} + 2HCl_{(aq)}$$

Quale fenomeno si sta verificando? C'è coerenza con il principio di Le Châtelier?

7 Un cristallo di cromato di piombo messo in una sua soluzione satura, in un contenitore chiuso, assume nel tempo contorni diversi, pur non variando la massa. Come giustifichi questo fenomeno?

8 La costante di equilibrio della reazione di formazione dell'ossido di azoto gassoso NO dagli elementi (*sintesi dell'ossido di azoto*) a 25 °C è molto piccola ($K_e = 1 \cdot 10^{-30}$). Scrivi la reazione inversa e l'espressione della costante di equilibrio indicandone il valore. **[$K_e = 1 \cdot 10^{30}$]**

9 La solubilità del solfato di piombo $PbSO_4$ (*MM* = 303 u) alla temperatura di 25 °C è $3{,}45 \cdot 10^{-2}$ g/ℓ. Qual è il valore di K_{ps} di questo composto? **[$1{,}30 \cdot 10^{-8}$ mol²/ℓ²]**

10 Perché la dissoluzione di un gas in acqua avviene con diminuzione di entropia, mentre la dissoluzione di un solido avviene generalmente con aumento di entropia?

11 Illustra in un breve testo il concetto di *spontaneità* di una reazione e in che modo il fattore entalpico e il fattore entropico contribuiscono all'evoluzione spontanea della reazione verso lo stato di equilibrio.

12 La sintesi dell'ammoniaca viene fatta utilizzando un catalizzatore, pur essendo una reazione spontanea. Perché?

UNITÀ 14 Gli acidi, le basi e il pH

Perché?...

- È vero che tutti gli acidi sono sostanze dannose, corrosive, tossiche, talvolta velenose?

....

- Perché alcuni prodotti per la pulizia della pelle hanno un pH acido?

....

- Perché il colore delle ortensie varia a seconda del tipo di terreno di coltura?

....

animazione
L'acqua è un elettrolita debolissimo

14.1 Un elettrolita debolissimo: l'acqua

Nell'acqua pura ritroviamo un esempio particolare di equilibrio chimico. Tra le molecole di un campione di acqua avviene la reazione:

$$H_2O_{(l)} + H_2O_{(l)} \underset{\text{reazione inversa}}{\overset{\text{reazione diretta}}{\rightleftharpoons}} H_3O^+_{(aq)} + OH^-_{(aq)} \qquad [1]$$

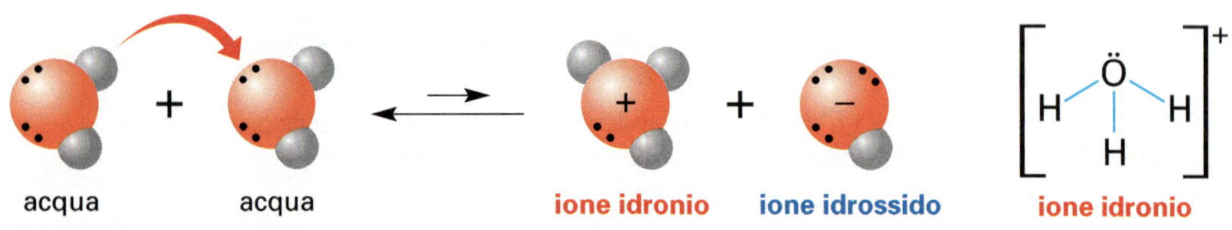

Una molecola di acqua, utilizzando una coppia di elettroni non legante dell'ossigeno, "capta", per così dire, un protone H^+ dell'altra molecola e condivide con esso la coppia di elettroni, formando un **legame covalente dativo**. In questo modo si ottengono lo **ione idronio H_3O^+** e contemporaneamente lo **ione idrossido OH^-**.

La reazione tra le due molecole viene detta **reazione di ionizzazione**, perché si generano ioni da un composto con legami covalenti polari, al contrario di quanto accade nella dissociazione ionica.

Ricorda!...
La ionizzazione è diversa dalla **dissociazione ionica** in cui un composto ionico si scinde negli ioni da cui è costituito.

La **ionizzazione** è una reazione in cui si formano ioni da reagenti con legami covalenti polari.

ionizzazione

Più precisamente, nel caso dell'acqua si tratta di una **reazione di autoionizzazione**, perché è la sola acqua che fa da reagente. Per semplicità, spesso lo **ione idronio** viene scritto come ione $H^+_{(aq)}$ (**protone**), cosicché la reazione di autoionizzazione dell'acqua può essere scritta nella forma:

$$H_2O_{(l)} \rightleftharpoons H^+_{(aq)} + OH^-_{(aq)} \quad [2]$$

Lo sai?
Lo **ione H⁺** è detto **protone** in quanto è un atomo di idrogeno ^1_1H (costituito cioè da un protone e un solo elettrone), che ha perso il suo elettrone.

Poiché nell'autoionizzazione dell'acqua la **reazione inversa prevale** decisamente su quella diretta, l'**equilibrio** è molto **spostato a sinistra**, il che vuol dire che nell'acqua ci sono pochissimi ioni, mentre la maggior parte delle molecole è in forma non ionizzata: 1-2 H^+ e altrettanti OH^- per ogni miliardo di molecole di acqua!

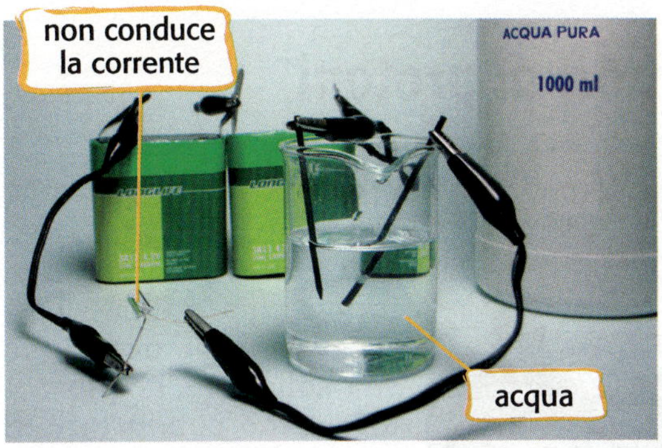

Per questo motivo l'**acqua** pura è un **elettrolita debolissimo** e ha una conducibilità molto bassa, che non permette l'accensione del LED.

Lo sai?
Un **elettrolita** è una sostanza in grado di condurre la corrente elettrica per la presenza di ioni.

Il prodotto ionico dell'acqua

Le concentrazioni degli ioni idronio e degli ioni idrossido che compaiono nell'equilibrio **[2]**, espresse in molarità M (mol/ℓ), sono collegate attraverso la costante di equilibrio K_e:

$$K_e = \frac{[H^+_{(aq)}] \cdot [OH^-_{(aq)}]}{[H_2O_{(l)}]}$$

Il termine $[H_2O_{(l)}]$ è **costante**, perché H_2O è un liquido puro, perciò la relazione assume la forma:

$$K_e \cdot [H_2O_{(l)}] = [H^+_{(aq)}] \cdot [OH^-_{(aq)}]$$

e il prodotto fra le concentrazioni di H^+ e OH^- prende il nome di **prodotto ionico dell'acqua.**

Il **prodotto ionico dell'acqua** K_w è il prodotto delle molarità degli ioni idronio e degli ioni idrossido e ha un valore costante a ogni temperatura.

definizione

a 25 °C

$$K_w = [H^+_{(aq)}] \cdot [OH^-_{(aq)}] = 1 \cdot 10^{-14}\ (mol/\ell)^2 \quad [3]$$

da cui si ricava:

$$[H^+_{(aq)}] = \frac{K_w}{[OH^-_{(aq)}]} \quad [4] \qquad [OH^-_{(aq)}] = \frac{K_w}{[H^+_{(aq)}]} \quad [5]$$

formula

prodotto ionico dell'acqua

Poiché dalla ionizzazione dell'acqua si forma uno ione $H_3O^+_{(aq)}$ per ogni ione $OH^-_{(aq)}$, la molarità degli ioni idronio è uguale a quella degli ioni idrossido, cioè $1 \cdot 10^{-7}$ mol/ℓ ($1 \cdot 10^{-7}$ M), che è un valore molto piccolo:

$$[H^+_{(aq)}] = [OH^-_{(aq)}] = \sqrt{1 \cdot 10^{-14}\ (\text{mol}/\ell)^2} = 1 \cdot 10^{-7}\ \text{mol}/\ell$$

L'uguaglianza:

$$[H^+_{(aq)}] = [OH^-_{(aq)}] = 1 \cdot 10^{-7}\ \text{M}$$

esprime la **neutralità**. Dunque in queste condizioni l'**acqua** pura è **neutra**.

neutralità

La **neutralità** corrisponde a una condizione in cui nell'acqua la molarità degli ioni idronio è uguale a quella degli ioni idrossido.
A 25 °C vale:

$$[H^+_{(aq)}] = [OH^-_{(aq)}] = 1 \cdot 10^{-7}\ \text{M} \quad [6]$$

14.2 Acidi e basi: datori e accettori di protoni

animazione
Acidi e basi: datori e accettori di protoni

Il cloruro di idrogeno HCl è un composto non ionico, ma polare. Tuttavia, come è noto, una sua soluzione acquosa è un ottimo conduttore di elettricità, ciò significa che il **cloruro di idrogeno** è un **elettrolita forte**. La soluzione acquosa di HCl viene indicata come $HCl_{(aq)}$ e prende il nome di **acido cloridrico**.

In acqua, infatti, avviene la reazione:

$HCl_{(g)}$	+	$H_2O_{(l)}$	⟶	$H_3O^+_{(aq)}$	+	$Cl^-_{(aq)}$
cloruro di idrogeno **acido**		acqua **base**		**ione idronio**		**ione cloruro**

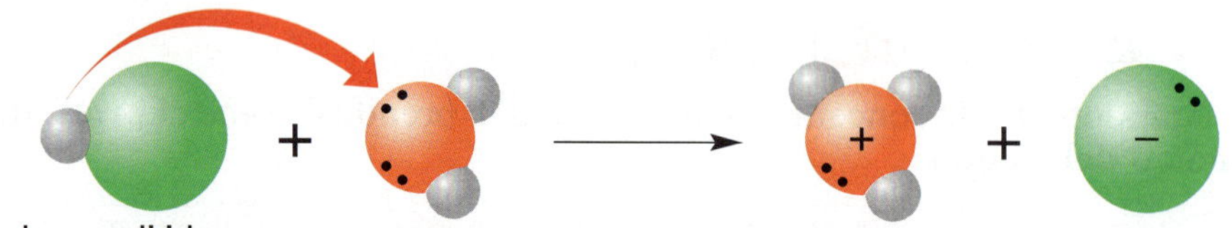

L'HCl reagisce cedendo un protone H^+ all'acqua, che lo lega a sé mediante un **legame covalente dativo** e forma lo **ione idronio H_3O^+**, mentre si libera lo **ione cloruro Cl^-**.
Questa reazione è una *ionizzazione*. La presenza di un'unica freccia indica che la **reazione è completa** (l'equilibrio è completamente spostato a destra) e perciò la presenza di soli ioni nella soluzione giustifica il comportamento da elettrolita forte di HCl in acqua.

La reazione può essere scritta più semplicemente usando il simbolo $HCl_{(aq)}$ per intendere che l'HCl si trova nell'acqua con cui reagisce:

$$\underset{\textbf{acido cloridrico}}{HCl_{(aq)}} \longrightarrow H^+_{(aq)} + Cl^-_{(aq)}$$

Generalmente, i composti con legami covalenti polari tra l'idrogeno e un elemento molto elettronegativo cedono protoni all'acqua formando ioni H_3O^+, perciò sono detti **acidi**. In questi casi l'acqua si comporta come accettore di protoni e per questo viene definita **base**.

Un **acido** è un **datore di protoni**, cioè una sostanza che **cede** protoni H^+, una **base** è un **accettore di protoni**, cioè una sostanza che **accetta** protoni H^+.

acidi e basi secondo Brønsted e Lowry

Questa definizione di acido e di base fu introdotta nel 1923, quasi contemporaneamente, da due chimico-fisici, il danese *J. Brønsted* (1879-1947) e l'inglese *T. Lowry* (1874-1936). Essa ha consentito di avere una visione unitaria di una gran parte delle trasformazioni chimiche, creando la base per una vera e propria teoria (**teoria di Brønsted e Lowry**).

Ricorda!...

Gli **acidi** sono sostanze che in acqua producono **ioni idronio H_3O^+** (o più semplicemente **protoni H^+**).

In una **soluzione acquosa di ammoniaca NH_3** avviene la reazione:

$$\underset{\substack{\text{ammoniaca}\\ \textbf{base}}}{NH_{3(g)}} + \underset{\substack{\text{acqua}\\ \textbf{acido}}}{H_2O_{(l)}} \rightleftharpoons \underset{\substack{\textbf{ione}\\ \textbf{ammonio}}}{NH^+_{4(aq)}} + \underset{\substack{\textbf{ione}\\ \textbf{idrossido}}}{OH^-_{(aq)}}$$

Ricorda!...

Le **basi** sono sostanze che in acqua producono **ioni idrossido OH^-**.

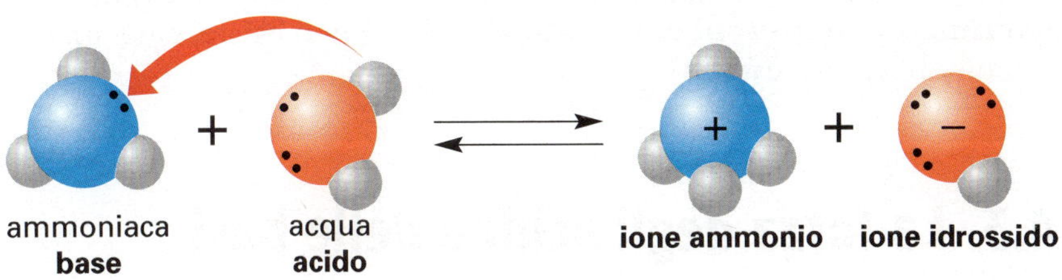

L'**acqua** cede un protone H^+ all'ammoniaca, quindi si comporta da **acido**. L'**ammoniaca** si comporta da base e si trasforma nello **ione ammonio NH_4^+**, nel quale l'azoto tiene legato a sé un idrogeno mediante la sua coppia di elettroni non leganti, formando cioè un **legame covalente dativo**. In soluzione si sono formati **ioni idrossido OH^-**.

La doppia freccia nella reazione indica che l'**ammoniaca**, diversamente dall'acido cloridrico, è un **elettrolita alquanto debole**, perché non si ionizza completamente, come dimostra anche la luce fioca del LED.

L'acqua dunque è un acido oppure una base?
Esaminando le due reazioni dell'acqua, con il cloruro di idrogeno HCl e con l'ammoniaca NH_3, possiamo comprendere una proprietà dell'acqua.

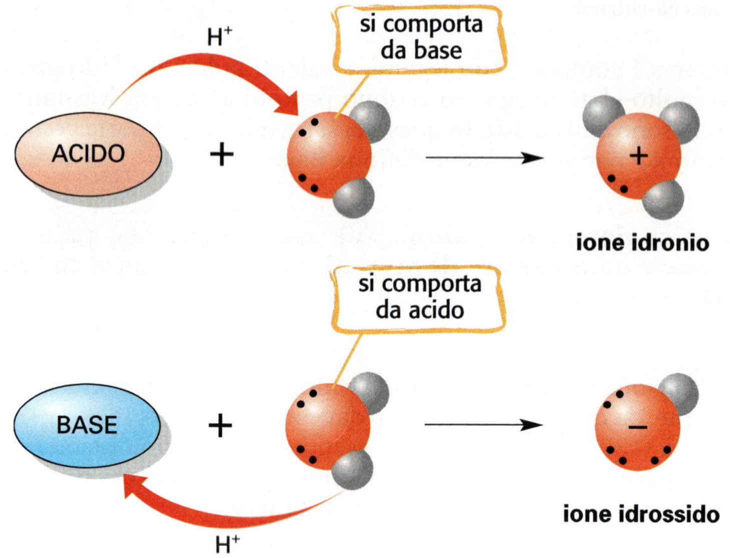

L'acqua è una sostanza che si comporta da base o da acido, a seconda della natura della sostanza con cui reagisce, perciò viene detta **sostanza anfiprotica** o **anfotera**.

reazioni acido-base

Quando si parla di una **reazione acido-base** si intende una **reazione di trasferimento di protoni dall'acido alla base**; non esiste, cioè, un acido senza una base e viceversa.

14.3 La forza degli acidi e delle basi

Non tutti gli acidi sono elettroliti forti, come l'acido cloridrico; analogamente non tutte le basi sono elettroliti deboli, come l'ammoniaca.
Si definiscono **acidi** e **basi forti** le sostanze che in acqua si comportano da elettroliti forti, cioè quelli che sono **completamente ionizzati**. Sono **deboli** gli **acidi** e le **basi** che in acqua si comportano da elettroliti deboli, cioè quelli che subiscono una **ionizzazione parziale**.

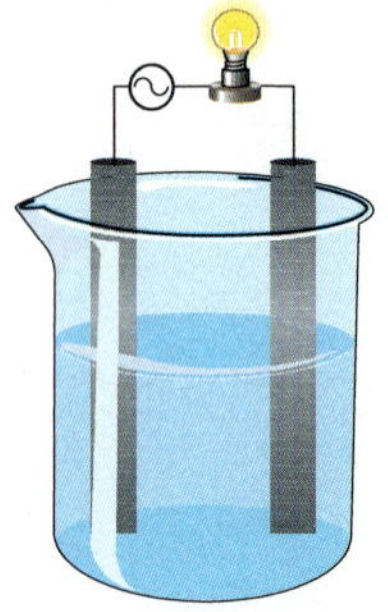

$HNO_{3(l)} + H_2O_{(l)} \longrightarrow NO^-_{3(aq)} + H_3O^+_{(aq)}$

L'**acido nitrico** è un **acido forte**, come evidenzia la forte luminosità della lampadina.

$HF_{(g)} + H_2O_{(l)} \rightleftarrows F^-_{(aq)} + H_3O^+_{(aq)}$

L'**acido fluoridrico** è un **acido debole**, come evidenzia la debole luminosità della lampadina.

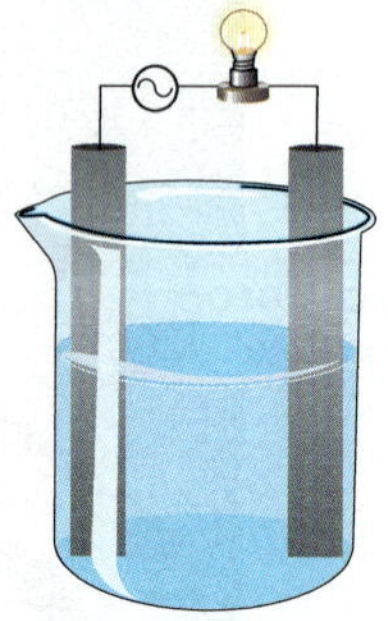

$CH_3COOH_{(l)} + H_2O_{(l)} \rightleftarrows CH_3COO^-_{(aq)} + H_3O^+_{(aq)}$

L'**acido acetico** è un **acido debole**, come evidenzia la debole luminosità della lampadina.

Possiamo scrivere in forma semplificata le reazioni di ionizzazione per un acido forte, come l'acido nitrico HNO_3, e per due acidi deboli, come l'acido fluoridrico HF (inorganico) e l'acido acetico CH_3COOH (organico):

$$HNO_{3(aq)} \longrightarrow H^+_{(aq)} + NO^-_{3(aq)} \qquad \textbf{acido forte}$$

$$HF_{(g)} \rightleftarrows H^+_{(aq)} + F^-_{(aq)} \qquad \textbf{acido debole}$$

$$CH_3COOH_{(aq)} \rightleftarrows H^+_{(aq)} + CH_3COO^-_{(aq)} \qquad \textbf{acido debole}$$

Un **acido** o una **base** sono **forti**, se in soluzione acquosa sono completamente in forma ionizzata, cioè sotto forma di ioni. Al contrario, un **acido** o una **base** sono **deboli**, se in soluzione acquosa sono in parte ionizzati e in parte in forma non ionizzata.

forza di acidi e basi

La ionizzazione dell'**acido nitrico** è un reazione irreversibile, quindi la costante di equilibrio K_e è molto grande.
Per l'**acido fluoridrico** e l'**acido acetico**, le due costanti di equilibrio K_e hanno un valore piuttosto basso e sono indicate come **costanti di acidità** $\boldsymbol{K_a}$, perché riferite all'equilibrio di acidi:

$$K_a = \frac{[H^+] \cdot [F^-]}{[HF]} = 6{,}3 \cdot 10^{-4}\ \text{mol}/\ell \quad \text{e} \quad K_a = \frac{[H^+] \cdot [CH_3COO^-]}{[CH_3COOH]} = 1{,}8 \cdot 10^{-5}\ \text{mol}/\ell$$

acidi forti	reazione di ionizzazione	K_a (mol/ℓ)
	$\longrightarrow$	
acido perclorico	$HClO_{4(aq)} + H_2O_{(l)} \longrightarrow H_3O^+_{(aq)} + ClO^-_{4(aq)}$	molto grande
acido iodidrico	$HI_{(aq)} + H_2O_{(l)} \longrightarrow H_3O^+_{(aq)} + I^-_{(aq)}$	molto grande
acido bromidrico	$HBr_{(aq)} + H_2O_{(l)} \longrightarrow H_3O^+_{(aq)} + Br^-_{(aq)}$	molto grande
acido cloridrico	$HCl_{(aq)} + H_2O_{(l)} \longrightarrow H_3O^+_{(aq)} + Cl^-_{(aq)}$	molto grande
acido nitrico	$HNO_{3(aq)} + H_2O_{(l)} \longrightarrow H_3O^+_{(aq)} + NO^-_{3(aq)}$	molto grande
acido solforico	$H_2SO_{4(aq)} + H_2O_{(l)} \longrightarrow H_3O^+_{(aq)} + HSO^-_{4(aq)}$	grande (1,0 · 10^6)
acidi deboli	**reazione di ionizzazione**	**K_a (mol/ℓ)**
	$\rightleftarrows$	
acido solforoso	$H_2SO_{3(aq)} + H_2O_{(l)} \rightleftarrows H_3O^+_{(aq)} + HSO^-_{3(aq)}$	1,4 · 10^{-2}
ione idrogenosolfato	$HSO^-_{4(aq)} + H_2O_{(l)} \rightleftarrows H_3O^+_{(aq)} + SO^{2-}_{4(aq)}$	1,0 · 10^{-2}
acido fosforico	$H_3PO_{4(aq)} + H_2O_{(l)} \rightleftarrows H_3O^+_{(aq)} + H_2PO^-_{4(aq)}$	6,9 · 10^{-3}
acido fluoridrico	$HF_{(aq)} + H_2O_{(l)} \rightleftarrows H_3O^+_{(aq)} + F^-_{(aq)}$	6,3 · 10^{-4}
acido nitroso	$HNO_{2(aq)} + H_2O_{(l)} \rightleftarrows H_3O^+_{(aq)} + NO^-_{2(aq)}$	4,6 · 10^{-4}
acido acetico	$CH_3COOH_{(aq)} + H_2O_{(l)} \rightleftarrows H_3O^+_{(aq)} + CH_3COO^-_{(aq)}$	1,8 · 10^{-5}
acido carbonico	$H_2CO_{3(aq)} + H_2O_{(l)} \rightleftarrows H_3O^+_{(aq)} + HCO^-_{3(aq)}$	4,5 · 10^{-7}
acido solfidrico	$H_2S_{(aq)} + H_2O_{(l)} \rightleftarrows H_3O^+_{(aq)} + HS^-_{(aq)}$	8,9 · 10^{-8}
acido ipocloroso	$HClO_{(aq)} + H_2O_{(l)} \rightleftarrows H_3O^+_{(aq)} + ClO^-_{(aq)}$	4,0 · 10^{-8}
acido cianidrico	$HCN_{(aq)} + H_2O_{(l)} \rightleftarrows H_3O^+_{(aq)} + CN^-_{(aq)}$	6,2 · 10^{-10}
ione idrogenocarbonato	$HCO^-_{3(aq)} + H_2O_{(l)} \rightleftarrows H_3O^+_{(aq)} + CO^{2-}_{3(aq)}$	5,6 · 10^{-11}

FORZA DEGLI ACIDI

Alcuni acidi comuni, distinti in base alla forza, mediante la costante di acidità K_a.

Alcuni degli acidi riportati nella tabella hanno 1 atomo di idrogeno, altri ne hanno 2 o 3, come H_2SO_4 e H_3PO_4. Per questo motivo gli acidi vengono distinti in **acidi monoprotici**, **diprotici** e **triprotici**, a seconda del **numero di protoni** che possono cedere all'acqua o a un'altra base.

$$H_2SO_{4(l)} + H_2O_{(l)} \longrightarrow H_3O^+_{(aq)} + HSO^-_{4(aq)} \qquad K_{a1} = 1{,}0 \cdot 10^6 \text{ mol/ℓ}$$

acido solforico, **acido forte** — ione idrogenosolfato

$$HSO^-_{4(aq)} + H_2O_{(l)} \rightleftarrows H_3O^+_{(aq)} + SO^{2-}_{4(aq)} \qquad K_{a2} = 1{,}0 \cdot 10^{-2} \text{ mol/ℓ}$$

ione idrogenosolfato, **acido di media forza** — ione solfato

> **Ricorda!...**
> Anche uno **ione** può comportarsi da **acido** se contiene atomi di idrogeno.

L'**acido solforico $H_2SO_{4(aq)}$** è un **acido diprotico**, perché in acqua può dar luogo a due reazioni acido-base. I valori delle due costanti K_{a1} e K_{a2} indicano che l'acido solforico è un **acido forte**, mentre lo **ione idrogenosolfato** HSO_4^-, che si forma dalla sua ionizzazione, è un **acido meno forte**; infatti, poiché è uno ione negativo è meno propenso a perdere il protone, che è positivo, trasformandosi nello ione bivalente negativo SO_4^{2-}.

$$H_2CO_{3(aq)} + H_2O_{(l)} \rightleftarrows H_3O^+_{(aq)} + HCO^-_{3(aq)} \qquad K_{a1} = 4{,}5 \cdot 10^{-7} \text{ mol/ℓ}$$

acido carbonico, **acido debole** — ione idrogenocarbonato

$$HCO^-_{3(aq)} + H_2O_{(l)} \rightleftarrows H_3O^+_{(aq)} + CO^{2-}_{3(aq)} \qquad K_{a2} = 5{,}6 \cdot 10^{-11} \text{ mol/ℓ}$$

ione idrogenocarbonato, **acido molto debole** — ione carbonato

Anche l'**acido carbonico** è un **acido diprotico**, ma è un **acido debole**, perciò lo **ione idrogenocarbonato**, che si forma dalla sua ionizzazione, è un acido ancora più debole.

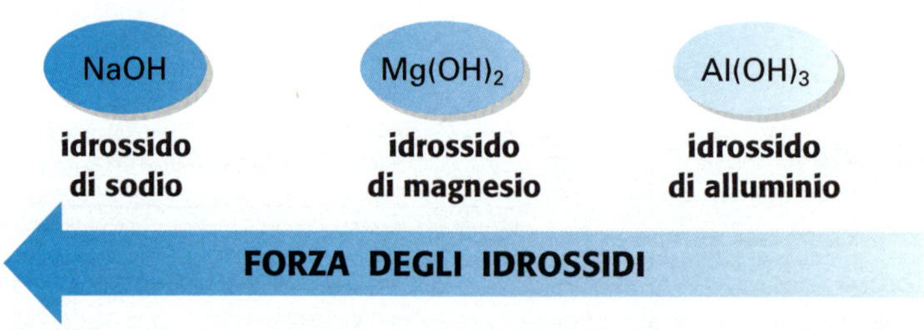

Per quanto riguarda le basi, gli **idrossidi** del **gruppo I** sono **basi forti**, seguite da quelli del **gruppo II**; gli idrossidi del **gruppo III** e tutti gli altri sono **basi** più o meno **deboli**.

Gli **idrossidi dei gruppi I** e **II** sono **basi forti**, perché sono composti ionici e quindi in soluzione acquosa producono ioni idrossido $OH^-_{(aq)}$:

$$NaOH_{(aq)} \xrightarrow{\text{dissociazione ionica}} Na^+_{(aq)} + OH^-_{(aq)}$$

base forte

> **Ricorda!...**
> Gli **acidi** e le **basi** vengono definiti **forti** quando in acqua risultano completamente ionizzati (o dissociati, nel caso degli idrossidi dei gruppi I e II). Sono **deboli** quando la loro ionizzazione non è completa.

Tra le **basi** di media forza o **deboli**, oltre all'ammoniaca, ci sono le **ammine**, come la **metilammina** $CH_3–NH_2$ che sono *basi organiche*, e sono accettori di protoni grazie alla coppia non legante presente sull'azoto:

$$CH_3–\ddot{N}H_{2(g)} + H_2O_{(l)} \rightleftarrows CH_3–NH^+_{3(aq)} + OH^-_{(aq)}$$

base di media forza

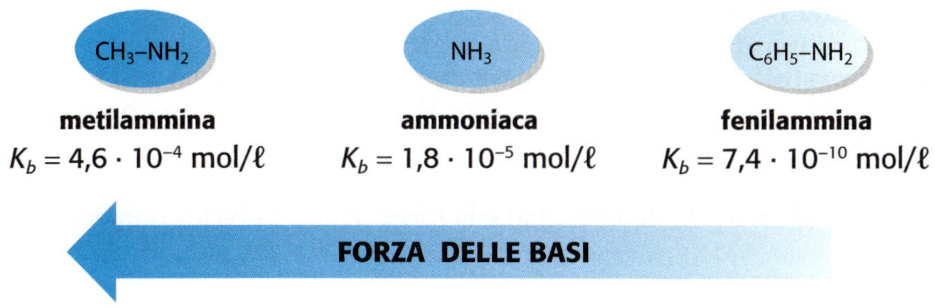

Il valore della costante di equilibrio delle basi, detta **costante di basicità K_b**, indica la loro maggiore o minore forza.

La **costante di acidità K_a** e la **costante di basicità K_b** sono gli "indicatori" della forza di un acido e di una base. Maggiore è il loro valore, maggiore è la tendenza di un acido a cedere un protone e la tendenza di una base ad accettarlo.

costanti di acidità e basicità e forza di acidi e basi

14.4 Acidi e basi coniugati

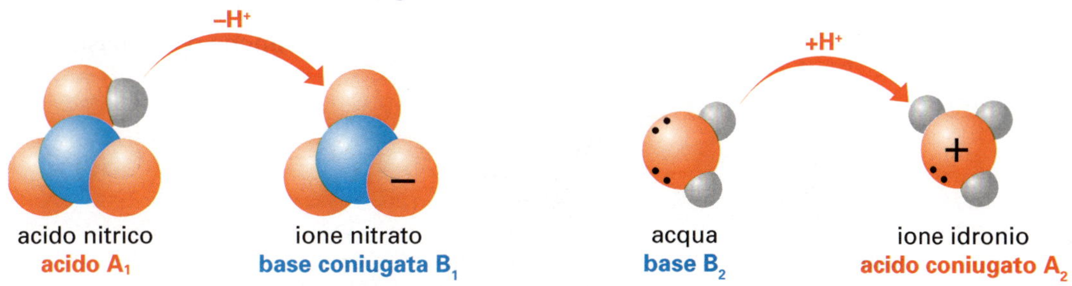

B₂ **coppia coniugata 2** A₂

$$HNO_{3(l)} + H_2O_{(l)} \longrightarrow NO^-_{3(aq)} + H_3O^+_{(aq)} \qquad K_a \text{ grande} \qquad [7]$$

A₁ **coppia coniugata 1** B₁

Secondo la teoria di Brønsted e Lowry, ogni **acido A**, cedendo un protone, si trasforma nella sua **base coniugata B**. Il termine *"coniugata"* indica che la base a sua volta, acquistando un protone, potrebbe riformare l'acido di partenza. Analogamente, ogni **base B**, acquistando un protone, si trasforma nel suo **acido coniugato A**, che, cedendo il protone, potrebbe riformare la base di partenza.
Ne consegue che la reazione di ionizzazione di un acido, come l'acido nitrico HNO_3, può essere interpretata come una reazione che coinvolge due coppie coniugate acido-base: A_1-B_1 (HNO_3 e NO_3^-) e A_2-B_2 (H_3O^+ e H_2O).

Ogni **acido** ha la sua **base coniugata**, che è la specie chimica che si forma quando l'acido ha ceduto il protone.
Ogni **base** ha il suo **acido coniugato**, che è la specie chimica che si forma quando la base ha acquistato il protone.
Una reazione acido-base coinvolge due **coppie coniugate acido-base**.

acidi e basi coniugati

Osservando la reazione **[7]**, è facile trarre questa conclusione: poiché l'acido nitrico $HNO_{3(aq)}$ è un **acido molto forte** (K_a grande), la **reazione** è **irreversibil**e, quindi la sua base coniugata (ione nitrato $NO^-_{3(aq)}$) non ha alcuna tendenza a trasformarsi in $HNO_{3(aq)}$, perciò è una **base molto debole**.

Nel caso di un acido debole, qual è la forza della sua base coniugata?

B₂ — **coppia coniugata 2** — A₂

$$HNO_{2(l)} + H_2O_{(l)} \rightleftarrows NO^-_{2(aq)} + H_3O^+_{(aq)} \qquad K_a = 4{,}6 \cdot 10^{-4}\ mol/\ell \qquad [8]$$

A₁ — **coppia coniugata 1** — B₁

La **reazione [8]** è **reversibile** in quanto l'acido nitroso HNO_2 è un **acido alquanto debole**, come dimostra la sua costante di acidità, perciò lo ione nitrito NO_2^- si comporta da **base coniugata debole**, in grado di acquistare il protone, riformando l'acido, fino al raggiungimento dell'equilibrio.

Quanto è stato esposto per gli acidi è valido anche per le basi.

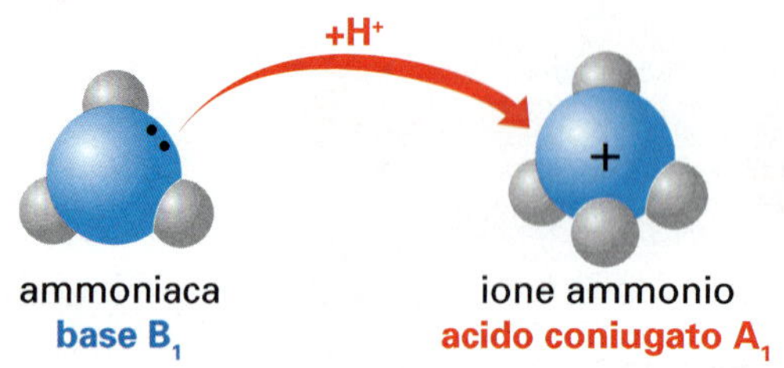

A₂ — **coppia coniugata 2** — B₂

$$\underset{\text{ammoniaca}}{NH_{3(g)}} + \underset{\text{acqua}}{H_2O_{(l)}} \rightleftarrows \underset{\text{ione ammonio}}{NH^+_{4(aq)}} + \underset{\text{ione idrossido}}{OH^-_{(aq)}} \qquad K_b = 1{,}8 \cdot 10^{-5}\ mol/\ell \qquad [9]$$

B₁ — **coppia coniugata 1** — A₁

Nella reazione acido-base **[9]**, l'ammoniaca è la **base B_1**, che acquistando un protone forma il suo **acido coniugato A_1** (lo ione ammonio), mentre l'acqua è l'**acido A_2** che cedendo un protone forma la sua **base coniugata B_2** (lo ione idrossido). Perciò anche questo equilibrio coinvolge 2 coppie coniugate acido-base. Poiché l'ammoniaca è una *base di media forza*, il suo *acido coniugato* è *abbastanza debole*.

La **forza di un acido** e la **forza della sua base coniugata** sono strettamente collegate, anche da un punto di vista quantitativo. Infatti, dalla costante di acidità K_a dell'acido è possibile ricavare la costante di basicità K_b della sua base coniugata. Si riscontra che maggiore è la forza di un acido (o di una base), minore è la forza della sua base coniugata (o del suo acido coniugato).

espansione
La forza di acidi e basi coniugati

14.5 Quando una soluzione è acida e quando è basica

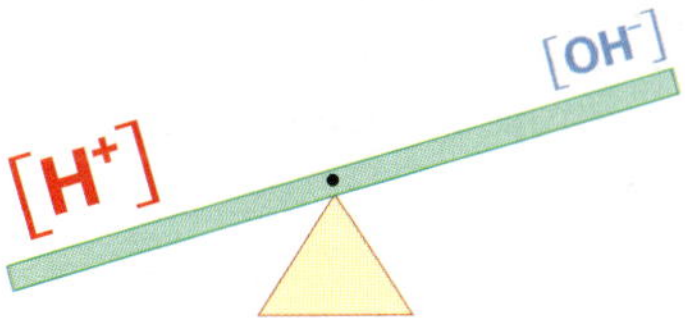

soluzione acida

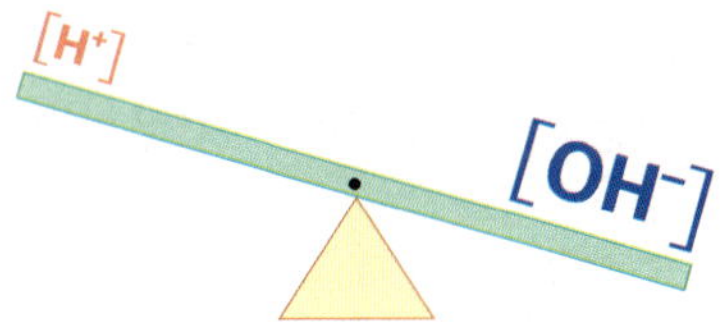

soluzione basica

Se un acido nell'acqua neutra fa aumentare la concentrazione [$H^+_{(aq)}$], per esempio, da $1 \cdot 10^{-7}$ M a $1 \cdot 10^{-5}$ M, la **soluzione** è **acida**. Poiché il prodotto ionico dell'acqua K_w è costante, la concentrazione [$OH^-_{(aq)}$] deve diventare inferiore a 10^{-7} M:

soluzione acida

[$H^+_{(aq)}$] = $1 \cdot 10^{-5}$ M

Dalla relazione **[5]** si ricava:

$$[OH^-_{(aq)}] = \frac{1 \cdot 10^{-14}\ (\text{mol}/\ell)^2}{1 \cdot 10^{-5}\ \text{mol}/\ell} = 1 \cdot 10^{-9}\ \text{M}$$

Analogamente, se una base nell'acqua neutra fa aumentare la concentrazione [$OH^-_{(aq)}$], per esempio, da $1 \cdot 10^{-7}$ M a $1 \cdot 10^{-6}$ M, la **soluzione** è **basica** e la concentrazione [$H^+_{(aq)}$] diventa inferiore a 10^{-7} M:

soluzione basica

[$OH^-_{(aq)}$] = $1 \cdot 10^{-6}$ M

Dalla relazione **[4]** si ricava:

$$[H^+_{(aq)}] = \frac{1 \cdot 10^{-14}\ (\text{mol}/\ell)^2}{1 \cdot 10^{-6}\ \text{mol}/\ell} = 1 \cdot 10^{-8}\ \text{M}$$

animazione
Quando una soluzione è acida? Quando è basica?

Ricorda!...
- gli **acidi** aumentano la concentrazione degli ioni $H^+_{(aq)}$ già presenti nell'acqua
- le **basi** aumentano la concentrazione degli ioni $OH^-_{(aq)}$ già presenti nell'acqua

Una **soluzione acquosa** è **acida** quando la concentrazione degli ioni $H^+_{(aq)}$ è maggiore della concentrazione degli ioni $OH^-_{(aq)}$.

soluzione acquosa acida

Una **soluzione acquosa** è **basica** quando la concentrazione degli ioni $OH^-_{(aq)}$ è maggiore della concentrazione degli ioni $H^+_{(aq)}$.

soluzione acquosa basica

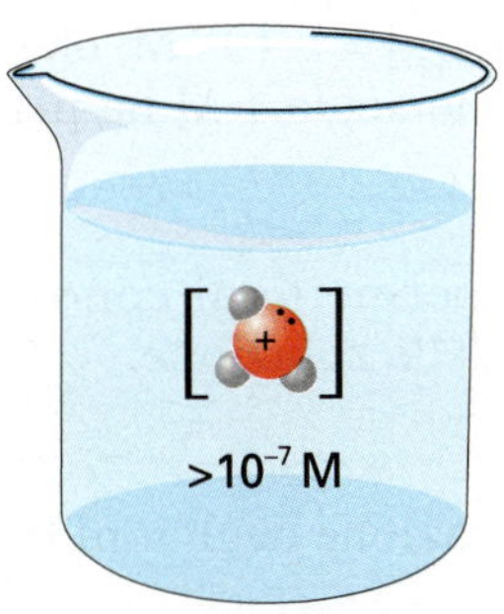

soluzione acida

A 25 °C, una **soluzione acquosa è acida** quando:

[$H^+_{(aq)}$] > $1 \cdot 10^{-7}$ M
[$OH^-_{(aq)}$] < $1 \cdot 10^{-7}$ M

soluzione neutra

A 25 °C, una **soluzione acquosa è neutra** quando:

[$H^+_{(aq)}$] = $1 \cdot 10^{-7}$ M
[$OH^-_{(aq)}$] = $1 \cdot 10^{-7}$ M

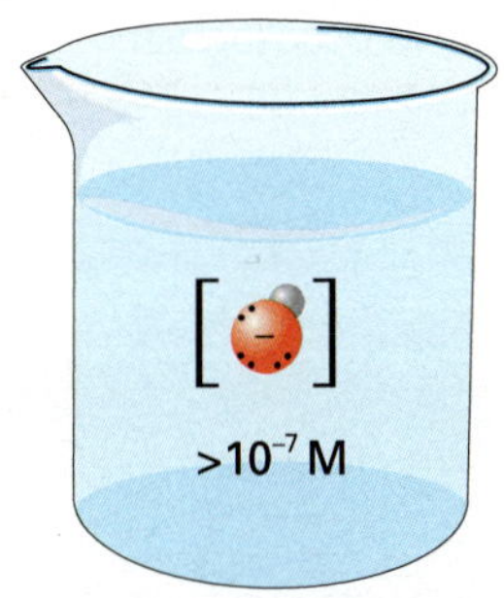

soluzione basica

A 25 °C, una **soluzione acquosa è basica** quando:

[$H^+_{(aq)}$] < $1 \cdot 10^{-7}$ M
[$OH^-_{(aq)}$] > $1 \cdot 10^{-7}$ M

14.6 Il pH di una soluzione

Anziché esprimere il carattere neutro, acido o basico di una soluzione mediante le concentrazioni $[H^+_{(aq)}]$ e $[OH^-_{(aq)}]$, è più comodo utilizzare una grandezza, il **pH**, attraverso la quale l'acidità, la neutralità o la basicità di una soluzione si esprimono con un numero compreso tra 0 e 14.

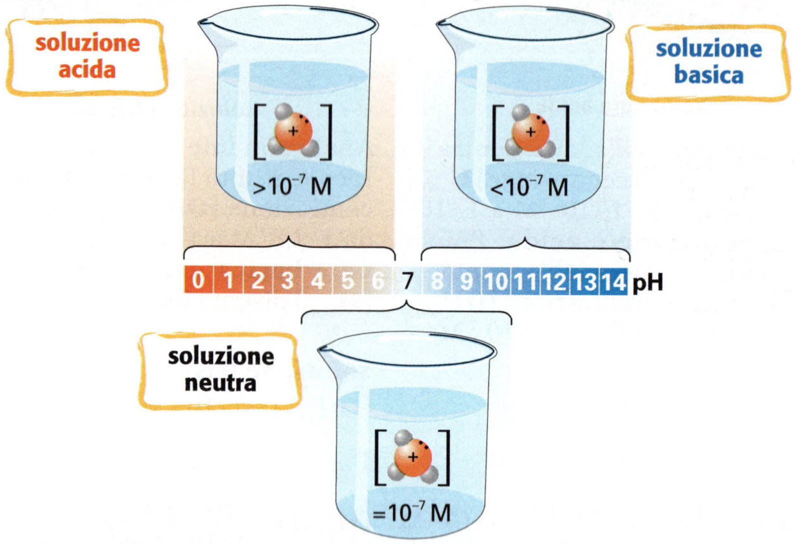

A valori di $[H^+_{(aq)}]$ compresi fra $1 \cdot 10^{-1}$ M e $1 \cdot 10^{-14}$ M corrispondono valori di pH compresi fra 1 e 14.
Il pH 0 corrisponde a una forte acidità, che decresce fino a pH 7, cui corrisponde la neutralità; pH maggiori di 7 indicano basicità crescente.

pH

definizione	Il **pH** è il logaritmo negativo, in base 10, della concentrazione molare dello ione $H^+_{(aq)}$.
formula	$\mathbf{pH = -log\,[H^+_{(aq)}]}$ **[10]**

Lo sai?

Il **logaritmo in base 10** di un numero è l'esponente al quale bisogna elevare 10 per ottenere il numero stesso; così, se $[H^+_{(aq)}]$ è $1 \cdot 10^{-7}$ M il suo logaritmo è –7.

Pertanto il **pH di una soluzione neutra**, a 25 °C, è:

$$\mathbf{pH} = -\log [H^+_{(aq)}] = -\log 1 \cdot 10^{-7} = -(-7) = \mathbf{7}$$

Analogamente, per una soluzione acida che abbia $[H^+_{(aq)}] = 1 \cdot 10^{-3}$ M il pH è 3. Invece, a un pH = 8 corrisponde il valore $[H^+_{(aq)}] = 1 \cdot 10^{-8}$ M, che indica il carattere basico della soluzione. Una soluzione acida 1 M ha pH = 0 in quanto $[H^+_{(aq)}] = 1$ M $= 10^0$ M.

Dalla formula **[9]** si ricava la relazione che permette di conoscere la **molarità degli ioni $H^+_{(aq)}$** quando è noto il pH della soluzione:

$$\mathbf{[H^+_{(aq)}] = 1 \cdot 10^{-pH}} \quad \textbf{[11]}$$

Perciò se il pH di una soluzione è 3, la concentrazione degli ioni $H^+_{(aq)}$ è:

$$[H^+_{(aq)}] = 1 \cdot 10^{-pH} = 1 \cdot 10^{-3}\ M$$

Oltre al pH, nei calcoli risulta utile una grandezza, il **pOH**:

$$\mathbf{pOH = -log\,[OH^-_{(aq)}]} \quad \textbf{[12]}$$

Mediante calcoli che riguardano i logaritmi, si ricava che:

$$\mathbf{pH + pOH = 14} \quad \textbf{[13]}$$

Una soluzione che ha pH = 5 ha quindi un valore del pOH = 14 – 5 = 9

esempio 1

Calcola il pH di una soluzione di acido cloridrico $HCl_{(aq)}$ $1 \cdot 10^{-3}$ M.

L'acido cloridrico è un acido forte, cioè completamente ionizzato, perciò ogni molecola di acido produce 1 $H^+_{(aq)}$ e 1 $Cl^-_{(aq)}$. Quindi la concentrazione dello ione $H^+_{(aq)}$ è uguale alla concentrazione di $HCl_{(aq)}$: $[H^+_{(aq)}] = 1 \cdot 10^{-3}$ M.
Il pH, dunque, risulta:

$$pH = -\log [H^+_{(aq)}] = -\log 1 \cdot 10^{-3} = -(-3) = \mathbf{3}$$

esempio 2

Calcola il pH di una soluzione $1 \cdot 10^{-3}$ M di idrossido di sodio NaOH.

- NaOH è un composto ionico, quindi è una base forte, cioè completamente dissociata; perciò la concentrazione degli ioni $OH^-_{(aq)}$ è $1 \cdot 10^{-3}$ M, uguale a quella di NaOH:

$$[OH^-_{(aq)}] = 1 \cdot 10^{-3}\ M$$

- Dalla relazione **[4]** si ricava:

$$[H^+_{(aq)}] = \frac{1 \cdot 10^{-14}\ (mol/\ell)^2}{1 \cdot 10^{-3}\ mol/\ell} = 1 \cdot 10^{-11}\ M$$

Il pH della soluzione è:

$$pH = -\log 1 \cdot 10^{-11} = \mathbf{11}$$

- Il problema può essere risolto anche calcolando prima il pOH mediante la reazione **[12]**:

$$pOH = -\log [OH^-_{(aq)}] = -\log 1 \cdot 10^{-3} = 3$$

e ricavando poi il pH dalla relazione **[13]**:

$$pH = 14 - 3 = \mathbf{11}$$

esempio 3

Una soluzione di acido solforico H_2SO_4 ($MM = 98$ u) ha molarità $M = 0{,}5 \cdot 10^{-5}\ mol \cdot \ell^{-1}$.
Qual è il pH di questa soluzione?

- La soluzione in esame ha una concentrazione bassa, cioè è abbastanza diluita; perciò possiamo ammettere che, in base al principio di Le Châtelier anche la seconda ionizzazione dell'acido solforico sia praticamente completa:

$$\underset{\text{ione idrogenosolfato}}{HSO^-_{4(aq)}} + H_2O_{(l)} \rightarrow H_3O^+_{(aq)} + \underset{\text{ione solfato}}{SO^{2-}_{4(aq)}}$$

- Per questo motivo, l'acido solforico si comporta da acido diprotico, cioè cede 2 protoni, e quindi la concentrazione di H_3O^+ è il doppio di quella dell'acido:

$$[H^+_{(aq)}] = 2 \times 0{,}5 \cdot 10^{-5}\ mol \cdot \ell^{-1} = 1 \cdot 10^{-5}\ mol \cdot \ell^{-1}.$$

Il pH della soluzione è:

$$pH = -\log [H^+_{(aq)}] = -\log 1 \cdot 10^{-5} = \mathbf{5}$$

esempio 4

Una soluzione acquosa ha pH = 2. Diluendo 1 ℓ di questa soluzione fino al volume di 10 ℓ, quale valore assume il pH della nuova soluzione?

- Questo problema si risolve intuitivamente, evitando calcoli complessi, sulla base di questa riflessione: diluendo la soluzione da 1 ℓ a 10 ℓ, la sua concentrazione diventa 10 volte minore.

- Al pH = 2 corrisponde la concentrazione di $H^+_{(aq)}$:

$$[H^+_{(aq)}] = 1 \cdot 10^{-pH} = 1 \cdot 10^{-2}\ mol \cdot \ell^{-1}$$

- Nella soluzione diluita la concentrazione di $H^+_{(aq)}$ è 1/10 di quella iniziale:

$$[H^+_{(aq)}] = \frac{1 \cdot 10^{-2}\ mol \cdot \ell^{-1}}{10} = 1 \cdot 10^{-3}\ mol \cdot \ell^{-1}$$

e il pH è:

$$pH = -\log [H^+_{(aq)}] = -\log 1 \cdot 10^{-3} = \mathbf{3}$$

14.7 Come distinguere un acido da una base

espansione
Preparazione di indicatori da prodotti naturali

Gli **indicatori acido-base** sono composti che spesso si trovano in prodotti presenti in natura. Ogni indicatore assume un certo colore caratteristico al di sotto di un certo valore del pH e un colore diverso al di sopra di un altro valore del pH: questo fenomeno di variazione del colore di un indicatore viene detto **viraggio**. Nell'intervallo compreso fra i due valori del pH (detto *intervallo di viraggio*), che generalmente è di circa 2 unità, l'indicatore assume un colore intermedio.

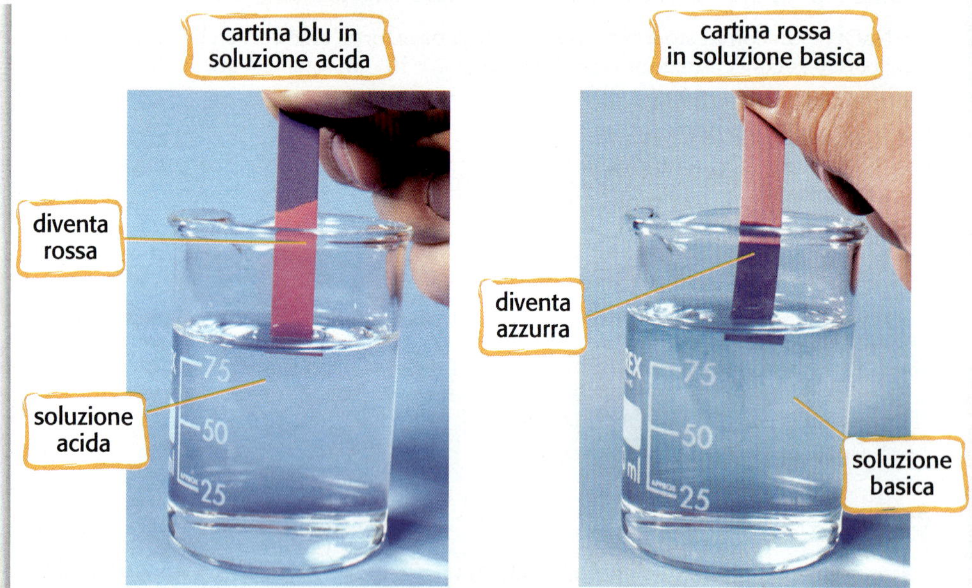

Il **tornasole** ha un intervallo di viraggio 5,5-7,9.
Una cartina al tornasole blu diventa rossa a contatto con un acido. Una cartina al tornasole rossa diventa blu a contatto con una base.

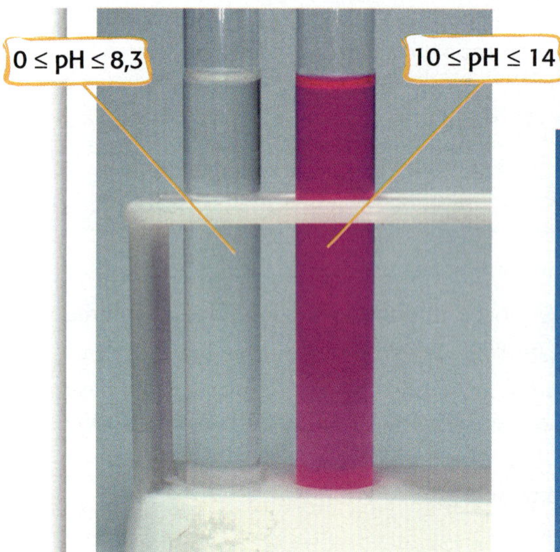

La **fenolftaleina** è incolore al di sotto del pH 8,3 e assume un colore viola intenso al di sopra del pH 10. Nell'intervallo 8,3-10 acquista un colore leggermente violetto.

La **cartina universale** è impregnata con una *miscela di indicatori*, perciò può assumere vari colori che vanno dal giallo al blu per pH basici e dal giallo al rosso per pH acidi.

Ricorda!...
Ogni indicatore acido-base ha un suo **intervallo di viraggio**, una proprietà caratteristica che dipende dalla composizione della sua molecola.

14.8 Acidi e basi nella vita quotidiana

Gli **acidi** sono sostanze dannose, corrosive, tossiche o addirittura velenose? E le basi?

Con gli acidi abbiamo a che fare continuamente, per non dire che è acido il pH della nostra pelle e che conviviamo con un acido, l'**acido cloridrico**, presente nel nostro stomaco.

video lab
Il potere di un acido

Tra gli acidi inorganici (detti anche *acidi minerali* perché si preparano spesso da minerali) uno dei più importanti è l'**acido solforico H_2SO_4**, molto usato in campo industriale (trattamenti di materiali plastici, concimi, vernici ecc.). Nella forma commerciale di acido solforico concentrato (al 98% in peso) è molto corrosivo, tanto da bucare la stoffa e carbonizzare lo zucchero.

Ma leggi ciò che è scritto testualmente in una farmacopea italiana del 1857:

*«... L'acido solforico diluito in grado estremo è prescritto come bevanda rinfrescativa e astringente. Chiamasi **limonata minerale** un liquido composto d'acqua addolcita, aromatizzata con qualche poco di tintura di limone o di cedro, e contenente **goccie 10 o 12 d'acido solforico concentrato per ogni libbra**. Mescolando **una parte di acido concentrato con sei parti d'acqua stillata**, ottiensi il così detto **spirito di vetriuolo** delle Farmacie, usato per acidulare il Mele rosato, il Diamoron, o simili altri medicamenti ...».*

Anche l'**acido fosforico H_3PO_4** concentrato del commercio è un acido minerale corrosivo, ma in piccole quantità è un componente della Coca-cola.

Ricorda!...

La **pericolosità degli acidi** è collegata alla loro **concentrazione**.

espansione
Acidi e basi per le pulizie

Dunque l'acido solforico è una sostanza corrosiva oppure è una sostanza che potrebbe servire a preparare una limonata? E l'acido fosforico?
Gli acidi possono essere decisamente pericolosi, ma almeno alcuni di essi possono essere gradevoli al gusto: tutto dipende da una grandezza che è responsabile delle proprietà delle soluzioni, la **concentrazione**!

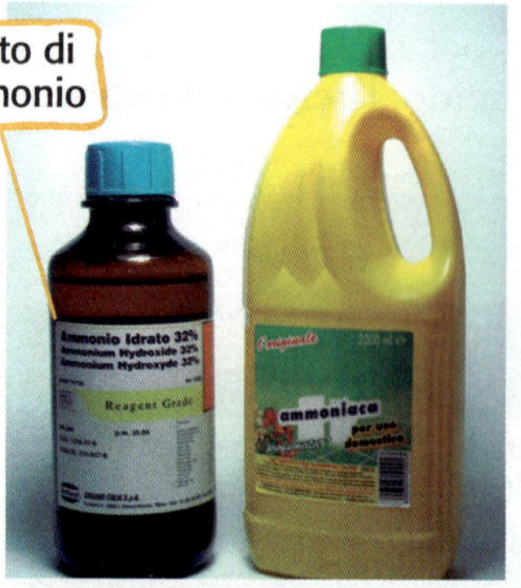

Alcune basi sono molto comuni. L'**ammoniaca** viene usata per smacchiare e, in genere, come sgrassante. Il prodotto commerciale usato nei laboratori prende il nome di **idrato di ammonio**.

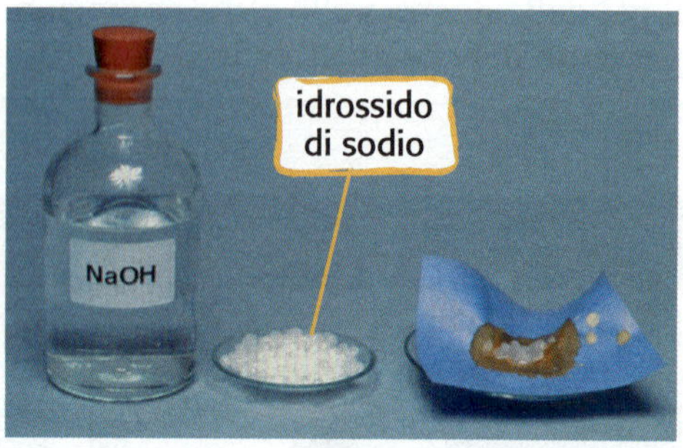

La **soda caustica**, che è l'**idrossido di sodio commerciale**, è una base che, soprattutto allo stato solido, attacca la pelle e produce lesioni. Si può notare l'effetto sul pezzo di carta.

Generalmente gli idrossidi hanno un sapore amarognolo particolare e le loro soluzioni sono scivolose al tatto, come una saponata.

caratteristiche di acidi e basi

ACIDI	BASI
• hanno un sapore aspro e anche acidulo • possono essere corrosivi (se concentrati) • sono datori di protoni H^+ • fanno aumentare la concentrazione degli ioni H^+ dell'acqua pura • fanno diminuire il pH 7 dell'acqua pura • colorano in rosso la cartina al tornasole • sono elettroliti (deboli o forti) • la loro forza è definita dal valore della costante di acidità K_a	• hanno un sapore amarognolo • sono scivolose al tatto • possono essere caustiche (se concentrate) • sono accettori di protoni H^+ • fanno aumentare la concentrazione degli ioni OH^- dell'acqua pura • fanno aumentare il pH 7 dell'acqua pura • colorano in blu la cartina al tornasole • sono elettroliti (deboli o forti) • la loro forza è definita dal valore della costante di basicità K_b

IN LABORATORIO

Uso degli indicatori e valutazione del pH

In questo esperimento puoi valutare l'acidità, la basicità e la neutralità di alcuni materiali, usando le cartine al tornasole rossa e blu o la cartina neutra.
Inoltre, valuterai il pH degli stessi materiali per mezzo della cartina universale e con il pHmetro.

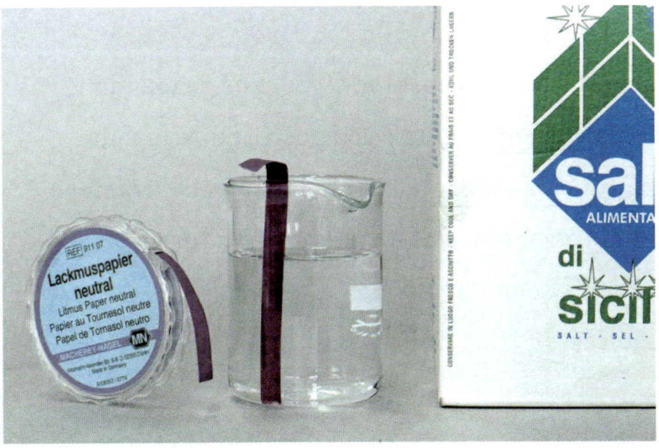

Materiali

- acqua distillata
- 20-30 mℓ di acido cloridrico $HCl_{(aq)}$ e di idrossido di sodio $NaOH_{(aq)}$ 0,1 M
- 20-30 mℓ di ammoniaca $NH_{3(aq)}$ (confezione di farmacia un po' diluita)
- 20-30 mℓ di acido acetico $CH_3COOH_{(aq)}$
- mezzo cucchiaino di cloruro di sodio NaCl sciolto in acqua distillata
- cartina universale e cartine al tornasole (rossa, blu e neutra)
- bacchette di vetro e contagocce monouso
- becher o bicchierini di plastica trasparenti
- pHmetro
- campioni vari (arancia, yogurt, succo di limone o pomodoro, latte, ortaggi, sapone, gel per capelli, anticalcare, acido muriatico, candeggina, sgrassatore, bicarbonato di sodio ecc.)

Procedimento

1. Immergi l'estremità di una bacchetta di vetro in acqua distillata versata in un becher.
2. Tocca più di una volta un pezzo delle cartine al tornasole con l'estremità bagnata della bacchetta. Scrivi nella tabella il termine *acido*, *basico* o *neutro*.
3. Ripeti queste operazioni con ciascuna soluzione indicata nella tabella, avendo cura di lavare bene la bacchetta ogni volta che cambi la soluzione da esaminare.

indicatori	acqua distillata	$HCl_{(aq)}$	$NaOH_{(aq)}$	$NH_{3(aq)}$	$CH_3COOH_{(aq)}$	$NaCl_{(aq)}$
cartine al tornasole	....	....	....	....	....	....
cartina universale	....	....	....	....	....	....
pHmetro	....	....	....	....	....	....

4. Utilizzando la cartina universale, osserva i colori assunti dalla cartina con le sostanze indicate in tabella e riporta i termini *acido, basico, neutro* e il valore del pH.
5. Misura il pH dell'acqua distillata e delle soluzioni con il pHmetro e riporta i valori nella tabella.
6. Con un indicatore a tua scelta, individua il carattere acido, basico o neutro dei campioni disponibili. Se il campione è solido ne puoi usare una piccola quantità, mettendola direttamente sulla cartina universale o sulle cartine al tornasole bagnate. Riporta qui sotto i nomi dei campioni acidi, basici o neutri.

CAPIONI ACIDI: ....

CAMPIONI BASICI: ....

CAMPIONI NEUTRI: ....

IN SINTESI

PER LA DIDATTICA INCLUSIVA

Gli acidi e le basi e la loro forza

L'**acqua** è un **elettrolita molto debole**, che dà una **reazione di autoionizzazione**:

$$H_2O_{(l)} \rightleftarrows H^+_{(aq)} + OH^-_{(aq)}$$

Nell'acqua pura, a 25 °C, le concentrazioni degli ioni $H^+_{(aq)}$ e $OH^-_{(aq)}$ hanno lo stesso valore (**condizione di neutralità**): $[H^+_{(aq)}] = [OH^-_{(aq)}] = 1 \cdot 10^{-7}$ M.

• Secondo la **teoria di Brønsted e Lowry**, i composti **datori di protoni**, che cioè reagendo cedono **protoni**, sono definiti **acidi**. Gli **accettori di protoni**, cioè i composti che reagendo **acquistano protoni**, sono definiti **basi**. In acqua gli **acidi** fanno **aumentare la concentrazione** degli **ioni H^+**, le **basi** quella degli **ioni OH^-**. Se si trovano **completamente sotto forma di ioni**, gli **acidi** e le **basi** sono detti **forti**, altrimenti sono **deboli**.

L'**acqua** è una **sostanza anfiprotica**, perché reagisce da base in presenza di un acido e da acido in presenza di una base.

• La forza degli acidi e delle basi è definita dalla **costante di acidità K_a** e dalla **costante di basicità K_b**, che hanno un valore tanto più grande quanto maggiore è la loro forza.

• Ogni **acido**, cedendo un protone, forma la **sua base coniugata**, che è tanto più debole quanto più forte è l'acido. Analogamente ogni **base**, acquistando un protone, forma il suo **acido coniugato**, che è tanto più debole quanto più forte è la base.

Soluzioni acide, basiche e pH

A 25 °C, una **soluzione** è:

acida, se $[H^+_{(aq)}] > 10^{-7}$ M **basica**, se $[H^+_{(aq)}] < 10^{-7}$ M

Il carattere neutro, acido o basico di una soluzione si esprime mediante il **pH** o il **pOH**:

$$pH = -\log [H^+_{(aq)}] \qquad pOH = -\log [OH^-_{(aq)}]$$

I loro valori sono collegati mediante la relazione **pH + pOH = 14**.

Il pH assume valori crescenti da **0** (**forte acidità**) a **7** (**neutralità**), che indicano un'acidità decrescente fino alla neutralità, e da **7** a **14** (**forte basicità**), che indicano una basicità crescente.

Gli indicatori acido-base

Gli **indicatori acido-base** sono composti che generalmente si ritrovano in fiori e ortaggi. Ogni indicatore ha un **colore** diverso sopra e sotto un intervallo di pH (**intervallo di viraggio**).

Acidi e basi nella vita quotidiana

Gli **acidi** sono presenti in moltissime bevande, con cui formano **soluzioni molto diluite**, nella maggior parte dei cibi e in molti detergenti.

Gli acidi e le basi risultano pericolosi, ma **soltanto** in **soluzioni alquanto concentrate**.

IN SINTESI

ACQUA
elettrolita molto debole
$$H_2O_{(l)} \rightleftarrows H^+_{(aq)} + OH^-_{(aq)}$$
REAZIONE DI AUTOIONIZZAZIONE

a 25 °C
$K_w = [H^+_{(aq)}] \cdot [OH^-_{(aq)}] = 1 \cdot 10^{-14}$ $(mol/\ell)^2$
PRODOTTO IONICO DELL'ACQUA

a 25 °C
NEUTRALITÀ
$[H^+_{(aq)}] = [OH^-_{(aq)}] = 1 \cdot 10^{-7}$ M

TEORIA DI BRØNSTED E LOWRY

ACIDI
datori di H^+
hanno una **base coniugata**

in soluzione
- aumenta $[H^+_{(aq)}]$
- diminuisce $[OH^-_{(aq)}]$

BASI
accettori di H^+
hanno un **acido coniugato**

in soluzione
- aumenta $[OH^-_{(aq)}]$
- diminuisce $[H^+_{(aq)}]$

FORZA
dipende da
costante di acidità K_a
costante di basicità K_b

ACQUA SOSTANZA ANFIPROTICA
- si comporta da **base** in presenza di un acido
- si comporta da **acido** in presenza di una base

$pH = -\log [H^+_{(aq)}]$
$pOH = -\log [OH^-_{(aq)}]$

SOLUZIONE ACIDA	SOLUZIONE NEUTRA	SOLUZIONE BASICA
$[H^+_{(aq)}] > 10^{-7}$ M $[OH^-_{(aq)}] < 10^{-7}$ M	$[H^+_{(aq)}] = 10^{-7}$ M $[OH^-_{(aq)}] = 10^{-7}$ M	$[H^+_{(aq)}] < 10^{-7}$ M $[OH^-_{(aq)}] > 10^{-7}$ M
pH da 0 a 7	pH = 7	pH da 7 a 14

SCIENTIFIC ENGLISH

Acids and Bases: the Brønsted-Lowry Theory

The Brønsted-Lowry theory defines **acids** and **bases** in terms of their ability to donate or accept protons.

An **acid** is a substance that gives away protons H^+, and is therefore called a **proton donor**.

A **base** is a substance that takes up protons, and is therefore called a **proton acceptor**.

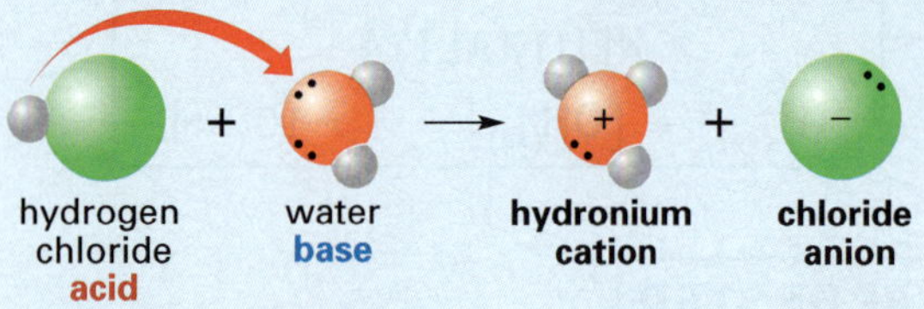

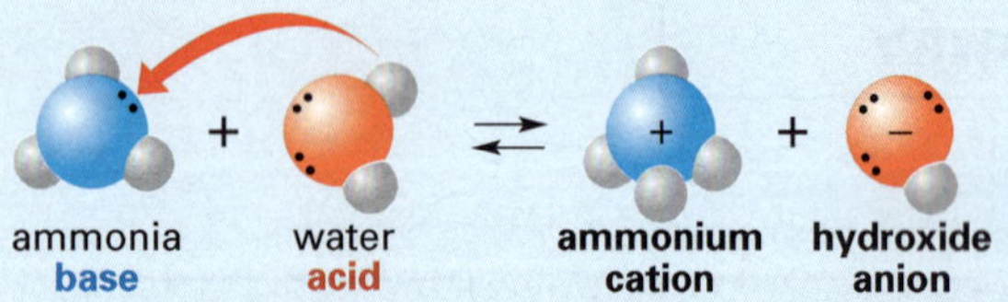

Let consider the reaction between hydrogen chloride and water:

$$HCl_{(g)} + H_2O_{(l)} \longrightarrow H_3O^+_{(aq)} + Cl^-_{(aq)}$$

In this reaction, hydrogen chloride HCl is a proton donor and is therefore the acid. In this case, water acts as a base because it accepts a proton to form H_3O^+.

Now let consider the reaction between ammonia and water:

$$NH_{3(g)} + H_2O_{(l)} \longrightarrow + NH^+_{4(aq)} + OH^-_{(aq)}$$

In this reaction, water donates a proton and is therefore an acid. Ammonia accepts the proton and is therefore the base.

Notice that in the previous equation, water acted as a base and that in this equation it acts as an acid. Water can act as both an acid and a base depending on the reaction. This is also true of other substances. These substances are said to be **amphoteric**.

Key Words

Acid is a substance that gives away protons.

Base is a substance that accepts protons.

Amphoteric substance is one that can react as either an acid or base.

Conjugate pair is a pair of compounds that transform one into each other by the gain or loss of a proton.

Look at the reaction between hydrochloric acid and ammonia to form ammonium and chloride ions:

$$HCl_{(aq)} + NH_{3(aq)} \longrightarrow NH^+_{4(aq)} + Cl^-_{(aq)}$$

Looking firstly at the **forward reaction**, the changes that take place can be shown as follows:

$$HCl_{(aq)} \longrightarrow Cl^-_{(aq)} + H^+_{(aq)} \quad \text{and} \quad NH_{3(aq)} + H^+_{(aq)} \longrightarrow NH^+_{4(aq)}$$

Looking at the **reverse reaction**, the changes that take place are as follows:

$$NH^+_{4(aq)} \longrightarrow NH_{3(aq)} + H^+_{(aq)} \quad \text{and} \quad Cl^-_{(aq)} + H^+_{(aq)} \longrightarrow HCl_{(aq)}$$

conjugated pair

$$\underset{\text{acid 1}}{HCl_{(aq)}} + \underset{\text{base 2}}{NH_{3(aq)}} \rightleftarrows \underset{\text{acid 2}}{NH^+_{4(aq)}} + \underset{\text{base 1}}{Cl^-_{(aq)}}$$

conjugated pair

In the forward reaction, HCl is a proton donor (acid) and NH_3 is a proton acceptor (base). In the reverse reaction, Cl^- is the proton acceptor (base) and NH_4^+ is the proton donor (acid).

In the reaction the pair HCl and Cl^- and the pair NH_3 and NH_4^+ are **conjugated pairs**.

A **conjugate acid-base pair** is two compounds in a reaction that change into each other through the loss or gain of a proton.

Multiple Choice

1 Which of the following is an acid?

A $Ca(OH)_2$
B KOH
C HNO_3
D NaCl

2 Which of the following is a conjugate acid-base pair?

A HF and F^-
B HF and HBr
C H_2SO_4 and K_2SO_4
D NH_4^+ and NH_4OH

Questions

3 Water is an amphoteric substance: what does it mean?

4 Why H_2SO_4 is a Brønsted-Lowry acid?

STRUMENTI PER COSTRUIRE LE COMPETENZE

ALTRI TEST

Studiando la teoria...

Completa le frasi

1 L'acqua pura è un .... molto debole, cioè conduce .... la corrente elettrica.

2 Nell'acqua si genera un equilibrio tra le molecole di ...., gli ioni .... e gli ioni .... La reazione che genera questo equilibrio è detta .... e l'equilibrio è molto spostato verso ....

3 Viene detto prodotto ionico dell'acqua K_w il prodotto .... degli ioni .... e degli ioni .... Il valore di K_w varia soltanto con la temperatura; a 25 °C, K_w = ...

4 La neutralità corrisponde alla condizione in cui nell'acqua sono uguali .... degli ioni .... e degli ioni ....

5 A 25 °C, nell'acqua pura le concentrazioni molari $[H_3O^+_{(aq)}]$ e $[OH^-_{(aq)}]$ hanno entrambe il valore di ....

6 Le sostanze che si comportano da acidi hanno un legame polare fra l'idrogeno e un elemento ....; per reazione con l'acqua tale legame si spezza e l'acqua si trasforma in .... Questa reazione è detta ....

7 Una soluzione è acida quando la concentrazione degli ioni $H^+_{(aq)}$ è .... della concentrazione degli ioni ....

8 Le basi sono sostanze che dall'acqua acquistano .... e fanno perciò aumentare .... degli ioni ....

9 Una soluzione è basica quando la concentrazione degli ioni $OH^-_{(aq)}$ è .... della concentrazione degli ioni ....

10 Brønsted e Lowry hanno definito gli acidi come .... e le basi come ....

11 L'acqua è una sostanza ...., perché si comporta da base in presenza di ...., e da acido in presenza di ....

12 Una reazione tra un acido e una base consiste in un trasferimento di ....

13 Gli acidi e le basi vengono definiti forti se sono ...., deboli se sono ....

14 La forza degli acidi e delle basi è tanto maggiore quanto .... è il valore della loro .... di equilibrio, detta rispettivamente .... e ....

15 Gli acidi sono definiti monoprotici, diprotici o triprotici in base al numero di .... che possono cedere, che sono rispettivamente ...., ... e ....

16 Ogni acido ha la sua ...., che è ciò che .... dell'acido, quando ha .... Maggiore è la forza dell'acido, ... è quella della sua ....

17 Ogni base ha il suo ...., che è la specie chimica che .... quando la base ha .... Maggiore è la forza della base, ... è quella del suo ....

18 A una reazione acido-base partecipano due coppie .... acido-base.

19 L'acidità e la basicità di una soluzione vengono misurate mediante il .... e il ....

20 Il pH è una grandezza collegata alla concentrazione molare di $H^+_{(aq)}$ mediante la relazione: pH = ... Analogamente, per il pOH si ha: pOH = ...

21 Il pH e il pOH sono collegati tra loro mediante la relazione: .... + ... = ...

22 A 25 °C, la neutralità è espressa da un pH uguale a ....; valori .... di 7 indicano acidità; valori .... di 7 indicano ....

23 Dalla relazione pH = ... si ricava la relazione che permette di conoscere la molarità degli ioni H^+, quando si conosce il pH della soluzione, cioè ....

24 Gli .... sono sostanze che permettono di valutare approssimativamente il pH di una sostanza, in quanto assumono colori .... in soluzioni a diverso ....

25 Gli acidi sono molto diffusi. La pericolosità di alcuni acidi forti è collegata alla loro ....

Test vero-falso

1. L'acqua subisce una reazione di autoionizzazione e non di dissociazione, perché è un composto con legami covalenti e non ionici. V F
2. Il prodotto ionico dell'acqua K_w esprime il prodotto delle concentrazioni molari degli ioni $H_3O^+_{(aq)}$, e degli ioni OH^-. V F
3. L'acqua si comporta da accettore di protoni con un acido e da datore di protoni con una base. V F
4. La forza degli acidi o delle basi è valutabile per mezzo della loro costante di acidità o di basicità. V F
5. Se in una soluzione aumenta la concentrazione $[H^+_{(aq)}]$ per l'aggiunta di un acido, certamente diminuisce la concentrazione $[OH^-_{(aq)}]$. V F
6. Il valore 8 del pH indica che la soluzione è poco acida. V F
7. Il pH di una soluzione è indipendente dal suo volume, in quanto esprime una concentrazione. V F
8. Il succo gastrico ha un pH neutro, così da rendere più facile la digestione dei cibi. V F
9. L'acido carbonico è un componente di tutte le bibite gassate. V F
10. Gli acidi forti, come l'acido solforico, sono sempre molto pericolosi, a qualunque concentrazione vengano usati. V F

Test a risposta multipla

Scegli la risposta o il completamento corretti

1 L'acqua pura:
- A è un elettrolita forte
- B si ionizza producendo ioni H_3O^+ e ioni OH^-
- C si dissocia producendo ioni H^+ e ioni OH^-
- D non subisce alcuna trasformazione

2 La condizione di neutralità, a qualsiasi temperatura, è espressa dalla relazione:
- A $[H^+_{(aq)}] = [OH^-_{(aq)}]$
- B $[H^+_{(aq)}] > [OH^-_{(aq)}]$
- C $[OH^-_{(aq)}] > [H^+_{(aq)}]$
- D $[H^+_{(aq)}] = 1 \cdot 10^{-14}$

3 L'ammoniaca:
- A è un accettore di protoni
- B è una base forte
- C è un elettrolita forte
- D ha formula NH_4

4 Relativamente all'acido nitrico HNO_3 e all'acido nitroso HNO_2, quale affermazione *non è vera*?
- A HNO_3 è un acido forte, HNO_2 è un acido debole
- B HNO_3 è un elettrolita forte, HNO_2 è un elettrolita debole
- C HNO_3 contiene una percentuale di ossigeno superiore a quella di HNO_2
- D HNO_3 presenta legami ionici, HNO_2 legami covalenti polari

5 La base coniugata dell'acido cloridrico è:
- A forte come l'acido
- B un po' meno forte
- C alquanto debole
- D molto debole

6 Quale soluzione ha concentrazione $[OH^-_{(aq)}] = 1 \cdot 10^{-10}$ M?
- A Una soluzione di $KOH_{((aq)}$ $1 \cdot 10^{-4}$ M
- B Una soluzione di $HCl_{((aq)}$ $1 \cdot 10^{-4}$ M
- C Una soluzione di $KOH_{((aq)}$ $1 \cdot 10^{-7}$ M
- D Una soluzione di $HCl_{((aq)}$ $1 \cdot 10^{-10}$ M

7 A parità di concentrazione molare M, quale soluzione ha il pH più alto?
- A $HCl_{(aq)}$
- B $KOH_{(aq)}$
- C $NH_{3(aq)}$
- D $CH_3–NH_{2(aq)}$

8 A quale valore del pH corrisponde la maggiore concentrazione di ioni idrossido OH^-?

A 3 B 5 C 7 D 10

9 Aggiungendo 2 o 3 mℓ di una soluzione di idrossido di potassio $KOH_{(aq)}$ $1 \cdot 10^{-4}$ M a 1 ℓ di una soluzione di $HCl_{(aq)}$ $1 \cdot 10^{-4}$ M:

A il pH assume un valore inferiore a 4

B il pH assume un valore uguale a 7

C diminuisce la concentrazione $[H^+_{(aq)}]$

D diminuisce la concentrazione $[OH^-_{(aq)}]$

10 Quale acido è comune nella nostra alimentazione?

A Acido cloridrico

B Acido solforico

C Acido nitroso

D Acido acetico

Applica le tue conoscenze

14.1 Un elettrolita debolissimo: l'acqua

1 Definisci il comportamento dell'acqua come base e come acido secondo Brønsted e Lowry.

2 In che cosa è diversa la reazione di ionizzazione di un acido dal fenomeno della dissociazione di un composto ionico?

14.2 Acidi e basi: datori e accettori di protoni

3 Quali proprietà della molecola dell'acqua la rendono in grado di autoionizzarsi, cioè di accettare un protone formando lo ione idronio e di cedere un protone formando lo ione idrossido?

4 Secondo la teoria di Brønsted e Lowry perché non può esistere un acido senza che ci sia una base?

5 Quali delle seguenti sostanze possono comportarsi come datori di protoni? Quali come accettori di protoni, formando legami covalenti dativi?

a) H_2S *c*) HBr   *e*) HNO_3

b) CH_3-NH_2 *d*) $C_6H_5-NH_2$

14.3 La forza degli acidi e delle basi

6 Nella scrittura di una reazione, quale simbolismo viene utilizzato per indicare la differenza tra la reazione di ionizzazione di un acido debole e quella di un acido forte?

7

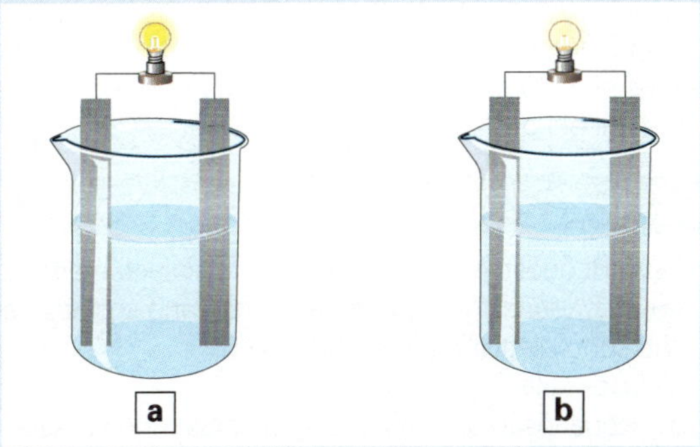

Quale dei due becher contiene una soluzione 0,1 M di acido solforoso e quale una soluzione 0,1 M di acido solforico?

8 Qual è l'acido è più forte? E quale il più debole?

a) $HNO_{2(aq)}$ $K_a = 4{,}6 \cdot 10^{-4}$

b) $CH_3COOH_{(aq)}$ $K_a = 1{,}8 \cdot 10^{-5}$

c) $HF_{(aq)}$ $K_a = 6{,}3 \cdot 10^{-4}$

d) $HClO_{(aq)}$ $K_a = 6{,}2 \cdot 10^{-10}$

9 Individua l'acido diprotico e scrivi le due reazioni di ionizzazione successive:

a) $HNO_{3(aq)}$ *b*) $H_3PO_{4(aq)}$ *c*) $H_2SO_{3(aq)}$

14.4 Acidi e basi coniugati

10 Scrivi le basi coniugate delle seguenti specie chimiche:

a) HCN ....   *d*) HSO_4^- ....

b) $HBrO_3$ ....   *e*) HCO_3^- ....

c) H_3BO_3 ....   *f*) NH_4^+ ....

11 Individua le coppie coniugate acido-base nelle seguenti reazioni:

a) $HF_{(g)} + H_2O_{(l)} \rightarrow H_3O^+_{(aq)} + F^-_{(aq)}$

b) $C_6H_5NH_{2(l)} + H_2O_{(l)} \rightarrow C_6H_5NH^+_{3(aq)} + OH^-_{(aq)}$

14.5 Quando una soluzione è acida e quando è basica

12 Qual è la coppia di valori che esprime le concentrazioni $[H^+_{(aq)}]$ e $[OH^-_{(aq)}]$ in 1 ℓ di una soluzione che contiene 0,1 mol di HCl?

$[[H^+_{(aq)}] = 1 \cdot 10^{-1}$ M e $[OH^-_{(aq)}] = 1 \cdot 10^{-13}$ M]

13 La concentrazione $[OH^-_{(aq)}]$ in una soluzione è $1 \cdot 10^{-9}$ M. La soluzione è basica, acida o neutra? Quale tipo di sostanza dovresti aggiungere alla soluzione per portare la concentrazione $[OH^-_{(aq)}]$ al valore $1 \cdot 10^{-7}$ M ?

14 È più acida una soluzione in cui $[H^+_{(aq)}] = 1 \cdot 10^{-3}$ mol/ℓ oppure una soluzione in cui $[OH^-_{(aq)}] = 1 \cdot 10^{-11}$ mol/ℓ?

14.6 Il pH di una soluzione

15 Calcola il pH delle soluzioni che hanno le seguenti concentrazioni di H^+ e di OH^-:

a) $[H^+_{(aq)}] = 1 \cdot 10^{-7}$ M **[pH = 7]**

b) $[H^+_{(aq)}] = 1 \cdot 10^{-10}$ M **[pH = 10]**

c) $[OH^-_{(aq)}] = 1 \cdot 10^{-5}$ M **[pH = 9]**

d) $[OH^-_{(aq)}] = 1 \cdot 10^{-13}$ M **[pH = 1]**

16 Calcola il pH di una soluzione di KOH con concentrazione $1 \cdot 10^{-2}$ M. **[pH = 12]**

17 Calcola il pH e il pOH di una soluzione di acido iodidrico $HI_{(aq)}$ che contiene 0,030 mol di acido in 3,0 ℓ di soluzione.

- Per calcolare il pH occorre conoscere la concentrazione molare $[H^+_{(aq)}]$. Poiché l'acido iodidrico è un acido forte, è completamente ionizzato, perciò la concentrazione $[H^+_{(aq)}]$ è uguale a quella di HI. Occorre dunque trovare la molarità dell'acido.

- La relazione da cui puoi ricavare la molarità M è:

$$M = \frac{n_{soluto}\ (mol)}{V_{soluzione}\ (\ell)}$$

Perciò la concentrazione molare dell'acido iodidrico è

$[HI_{(aq)}] = \frac{\dots\dots}{\dots\dots}$

- La concentrazione degli ioni H^+ è:

$[H^+_{(aq)}] = [HI_{(aq)}] = \dots\dots$

Dunque, il valore del pH è:

$pH = -\log [H^+_{(aq)}] = -\log \dots\dots = \dots\dots$

- Il valore del pOH si ricava dalla relazione

pH + pOH = ...

Dunque, il valore del pOH è:

pOH = 14 − ...... = ...

18 Calcola il pH e il pOH di una soluzione di HBr (acido forte) che contiene 0,45 mol di acido in 4500 mℓ di soluzione. **[pH = 1; pOH = 13]**

19 Il pH di una soluzione di acido nitrico $HNO_{3(aq)}$ è 2. Calcola la molarità della soluzione.
Poiché l'acido nitrico è un acido forte, è completamente ionizzato, quindi la concentrazione di HNO_3 è uguale a quella degli ioni H^+.

- In primo luogo calcola la concentrazione molare $[H^+_{(aq)}]$ mediante la relazione **[11]**:

$[H^+_{(aq)}] = 1 \cdot 10^{-pH} = \dots\dots$

- L'uguaglianza $[H^+_{(aq)}] = [HNO_{3(aq)}]$ ti permette di affermare che il valore che hai ottenuto è la molarità richiesta.

20 Una soluzione di acido cloridrico $HCl_{(aq)}$ ha pH = 3. Calcola la molarità della soluzione. **[$1 \cdot 10^{-3}$ M]**

21 La concentrazione di ioni $H^+_{(aq)}$ in una soluzione di acido nitrico $HNO_{3(aq)}$ è $1 \cdot 10^{-3}$ M. Qual è la concentrazione di $HNO_{3(aq)}$ in mol/ℓ? Qual è il pH della soluzione? **[$1 \cdot 10^{-3}$ M; pH = 3]**

22 Vuoi preparare una soluzione di idrossido di sodio NaOH (*MM* = 40 u) con pH = 8 avendo a disposizione un pallone da 100 mℓ. Quante moli e quanti grammi di idrossido di sodio occorrono?

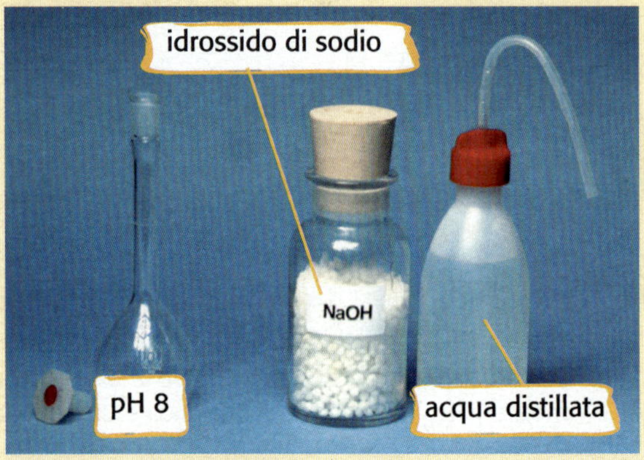

- Dal valore del pH puoi ricavare quello della concentrazione $[H^+_{(aq)}]$ mediante la relazione **[11]**:

$[H^+_{(aq)}] = 1 \cdot 10^{-pH} = \dots\dots$

- La concentrazione di OH^- è uguale a quella di NaOH in quanto questa base è forte:

$[OH^-_{(aq)}] = [NaOH_{(aq)}] = \frac{\dots\dots}{\dots\dots} = \dots\dots$

- Il valore trovato esprime le moli di idrossido presenti in 1 ℓ di soluzione:

moli NaOH = ...

- Pertanto per preparare 100 mℓ di soluzione (che sono la decima parte di 1 ℓ) occorre la decima parte delle moli presenti in 1 ℓ di soluzione, cioè:

......

Naturalmente potresti risolvere la seguente proporzione:

1000 mℓ : ...... mol = 100 mℓ : *x* mol

- La massa in grammi di idrossido di sodio si ricava dalla relazione:

$n\ (mol) = \frac{m\ (g)}{M\ (g \cdot mol^{-1})}$ e quindi:

$m = \dots\dots mol \times 40\ g \cdot mol^{-1} = \dots\dots$

23 Quante moli e quanti grammi di cloruro di idrogeno HCl occorrono per preparare 0,5 ℓ di una soluzione con pH = 4? **[$5 \cdot 10^{-5}$ mol; $1,82 \cdot 10^{-3}$ g]**

24 Sull'etichetta di una bottiglia da 25 ml leggi "HNO_3 $1,0 \cdot 10^{-3}$ M". Quante moli di acido sono contenute nella soluzione? Qual è il suo pH? **[$2,5 \cdot 10^{-5}$ mol; pH = 3]**

25 Quante moli di idrossido di potassio KOH occorrono per preparare 2,5 ℓ di una soluzione con pH = 9? **[$2,5 \cdot 10^{-5}$ mol]**

14.7 Come distinguere un acido da una base

26 Quali soluzioni rendono blu una cartina universale?
a) $CH_3COOH_{(aq)}$
b) $Ca(OH)_{2(aq)}$
c) $LiOH_{(aq)}$
d) $NH_{3(aq)}$
e) $HClO_{4(aq)}$

27 Aggiungendo l'indicatore fenolftaleina a una soluzione osservi un colore rosso-violaceo. Quali valori potrebbe assumere il pH della soluzione?

14.8 Acidi e basi nella vita quotidiana

28 Quali di questi prodotti, inseriti in un circuito elettrico, fanno accendere un LED, perché contengono sostanze acide, che sono elettroliti più o meno forti?
a) Coca-cola
b) acqua distillata
c) limone
d) aceto
e) acqua minerale non gassata
f) soluzione acquosa di zucchero

- Quali sono i nomi degli acidi?

29 Da quale alimento si prepara lo yogurt? Quale sostanza è responsabile del suo sapore acidulo?
Fai una ricerca per conoscere quale componente dell'alimento si trasforma nella sostanza responsabile del sapore acidulo dello yogurt.

OBIETTIVO COMPETENZA

1 L'acido cloridrico e l'acido fluoridrico sono acidi di forza diversa.
a) Quale dei due ha la costante di acidità più elevata?
b) La causa della diversa forza dei due acidi può essere collegata a una diversa polarità dei legami H—Cl e H—F? È collegabile ai legami intermolecolari presenti nei due composti? Giustifica le risposte.

2 Il marmo è costituito prevalentemente da carbonato di calcio $CaCO_3$.
Versando una soluzione acquosa di acido cloridrico su un pezzetto di marmo, questo pian piano si scioglie, mentre si formano bollicine di gas dovute alla decomposizione dell'acido carbonico.
a) Quale trasformazione chimica avviene?
b) Quale sostanza si libera formando bollicine?
c) In che modo la trasformazione è collegata al principio di Le Châtelier?

3 500 mℓ di una soluzione di acido perclorico (*MM* = 100 u) contengono $0{,}50 \cdot 10^{-2}$ mol di acido.
a) Qual è la molarità della soluzione?
b) Qual è la sua concentrazione espressa in % *m*/*V*?
c) Qual è il pH della soluzione?
d) Quante moli di idrossido di potassio occorre aggiungere ai 500 mℓ di soluzione di acido affinché il pH assuma il valore 7?

4 Individua l'acido che ha la base coniugata più forte e quello che ha la base coniugata più debole:
a) acido cianidrico
b) acido solforico
c) acido acetico
d) acido iodidrico
e) acido nitroso

5 Qual è il pH delle soluzioni 10^{-4} M contenute nei due palloni tarati, che hanno volumi di 250 mℓ e 100 mℓ? Quante moli di HCl e quante di HNO_3 sono contenute nei due palloni?
[pH = 4 e pH = 4; $2{,}5 \cdot 10^{-5}$ mol di HCl e $1 \cdot 10^{-5}$ mol di HNO_3]

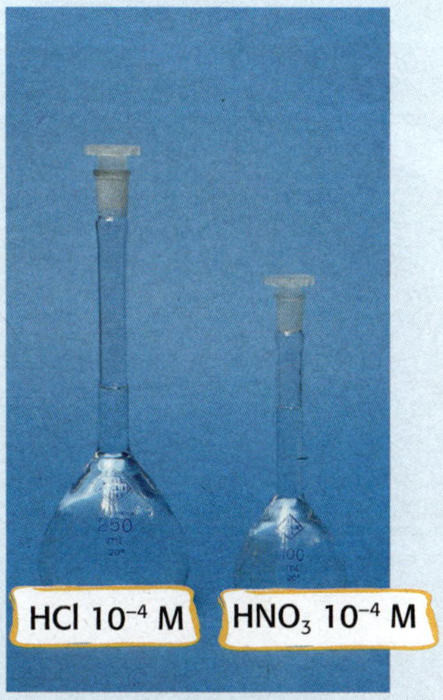

6 La candeggina è una soluzione di ipoclorito di sodio NaClO e rende azzurra una cartina al tornasole. Quindi è una soluzione acida o basica?
In questa soluzione esiste il seguente equilibrio, dove è presente il cloro, un gas fortemente irritante per le vie respiratorie:

$$Cl_{2(aq)} + 2NaOH_{(aq)} \rightleftarrows NaCl_{(aq)} + NaClO_{(aq)} + H_2O_{(l)}$$

a) Per aggiunta di un acido, per esempio $HCl_{(aq)}$, quale specie chimica reagisce e quindi diminuisce?
b) Di conseguenza, l'equilibrio si sposta a destra o a sinistra?
c) Il pH aumenta o diminuisce?
d) Perché, dunque, la mescolanza di candeggina e un acido può risultare pericolosa?

7 L'Aspirina è il nome commerciale di un farmaco molto utilizzato. Fai una ricerca per conoscere qual è l'acido responsabile delle sue proprietà antinfiammatorie (cioè il "principio attivo") e quale collegamento esiste tra l'acido e la corteccia del salice.

8 Scrivi la reazione di ionizzazione dell'acido solforoso, che è un acido debole, evidenziando l'acqua come reattivo.
Aggiungendo acqua alla soluzione di questo acido, la sua ionizzazione aumenta. In base a quale principio della chimica?

9 Calcola il pOH e il pH di una soluzione contenente $4 \cdot 10^{-3}$ g di NaOH ($M = 40\ g \cdot mol^{-1}$) in 10 mℓ di soluzione. **[pOH = 2; pH = 12]**

10 In una soluzione acquosa, l'acido acetico è ionizzato parzialmente, al contrario dell'acido cloridrico, che è un acido forte.
Il pH di una soluzione 0,1 M di acido acetico è maggiore, uguale o minore rispetto a quello di una soluzione di HCl di uguale molarità? Giustifica la tua risposta.

11 La concentrazione di ioni idronio in una soluzione di acido nitrico è $1 \cdot 10^{-3}$ M. Qual è la concentrazione di HNO_3 in mol/ℓ e in g/ℓ? Qual è il pH e il pOH della soluzione?
[$1 \cdot 10^{-3}$ mol/ℓ; $6{,}3 \cdot 10^{-2}$ g/ℓ; pH = 3; pOH = 11]

12 Il pH di un campione di acqua prelevato da un lago soggetto a inquinamento ambientale risulta 4,3. Avendo a disposizione la cartina universale, le cartine al tornasole rossa e blu e la fenolftaleina, quale indicatore devi utilizzare per rilevare tale valore?

13 L'acido acetico utilizzato in laboratorio, che è al 99,9% in volume, può produrre forti ustioni sulla pelle. Come si giustifica il fatto che lo assumiamo normalmente sotto forma di aceto?

14 Osserva le etichette di prodotti che puoi trovare in casa (bevande, prodotti per la pulizia, farmaci ecc.), individua l'eventuale presenza di acidi e indica i loro nomi.

15 Una soluzione acquosa ha pH = 0. Diluendo 1 ℓ di questa soluzione fino al volume di 10 ℓ, quale valore assume il pH della nuova soluzione? **[pH = 1]**

Composti chimici e fenomeni elettrici

7

Competenze di base

- **Scrivere** e **leggere formule** di ossidi acidi e basici, idrossidi, idracidi, ossiacidi e sali, utilizzando anche i numeri di ossidazione.
- Scrivere **reazioni** per **preparare** semplici **composti**.
- Riconoscere il **carattere acido**, **basico** o **neutro di un sale**, riferendosi alla forza dell'acido e della base da cui esso deriva.
- Giustificare il carattere acido, basico o neutro di un sale mediante **reazioni di idrolisi**.
- Individuare **coppie di sostanze** con cui è possibile preparare un **tampone** acido o basico; descrivere il funzionamento di un tampone.
- Individuare la **sostanza ossidante** e la **sostanza riducente** in una **reazione di ossido-riduzione**, attraverso la variazione dei numeri di ossidazione di loro elementi e **bilanciare** la reazione con il metodo delle semireazioni.
- Riconoscere la frequenza con cui le reazioni di ossido-riduzione avvengono nell'ambiente.
- Conoscere il criterio qualitativo per individuare una sostanza che può agire da ossidante o da riducente.
- Utilizzare la tabella dei **potenziali di riduzione standard** per stabilire la **spontaneità di una reazione**.
- Calcolare il **voltaggio di una pila**, mediante i potenziali di riduzione standard.
- Descrivere il **funzionamento di una pila**, giustificando la funzione del catodo e dell'anodo.
- Ipotizzare accoppiamenti di semipile adatti a formare una pila.
- Descrivere il **funzionamento di una cella elettrolitica**, evidenziandone le differenze e le analogie con una pila.
- Descrivere l'importanza delle **leggi di Faraday** per applicazioni pratiche.
- Collegare il **potere riducente** o **ossidante** di elementi con la presenza, nei loro atomi, di **strati di valenza** quasi vuoti o quasi pieni.

Percorso

UNITÀ 15

Classificazione e proprietà dei composti inorganici

Perché?...

- Come si scrivono le formule dei composti inorganici? E come si leggono?
  ....
- Quale significato ha la frase sul cioccolato?
  ....
- Come si prepara un sale?
  ....
- Perché si usa il bicarbonato di sodio contro il bruciore di stomaco?
  ....

15.1 Il numero di ossidazione

animazione
Il numero di ossidazione

In questa unità imparerai a conoscere vari composti, a scriverne e a leggerne le formule e ad attribuire loro un nome. Prima però è necessario fare una premessa su una proprietà che viene attribuita agli elementi, che prende il nome di **numero di ossidazione**.

Nell'ossigeno molecolare, nell'acqua e nell'acqua ossigenata, l'**ossigeno** è *bivalente* in quanto condivide 2 dei suoi elettroni spaiati con gli altri atomi, per formare *legami covalenti*. Si tratta però di tipi diversi di legame covalente a causa della diversa elettronegatività degli atomi coinvolti.

O=O	H–O–H	H–O–O–H
ossigeno	acqua	acqua ossigenata
Nella **molecola O_2**, gli elettroni del doppio legame sono ugualmente ripartiti tra i due atomi di ossigeno, perché questi hanno la stessa elettronegatività.	Nella **molecola H_2O**, l'ossigeno è legato a due atomi di idrogeno, che sono meno elettronegativi, perciò gli elettroni sono ripartiti in modo diverso.	Nella **molecola H_2O_2**, gli elettroni del legame O–O sono ugualmente ripartiti, ma ciascun ossigeno è legato a un atomo di idrogeno, che è meno elettronegativo.

Lo sai?

L'**elettronegatività** è una grandezza che esprime la tendenza di un atomo ad attirare a sé gli elettroni di legame.

L'**ossigeno** in queste tre sostanze presenta uno *"stato elettronico"* differente. Questa diversità si evidenzia attraverso i **numeri di ossidazione** riportati su ciascun atomo di ossigeno. Tali numeri sono calcolabili attribuendo gli elettroni di ciascun legame all'elemento più elettronegativo.

0 0 O=O	+1 −2 +1 H−O−H	+1 −1 −1 +1 H−O−O−H
ossigeno	acqua	acqua ossigenata
Nel caso della **molecola O_2**, gli elettroni sono ugualmente ripartiti tra i due atomi, perciò nella molecola dell'elemento O_2 gli elettroni del doppio legame non vengono attribuiti a nessuno dei due atomi e ciascun atomo di **ossigeno** assume **numero di ossidazione 0**.	Nella **molecola H_2O**, lo stato elettronico dell'ossigeno è differente, in quanto l'ossigeno è più elettronegativo dell'idrogeno. Perciò i due elettroni messi in comune dai due atomi di idrogeno vengono attribuiti all'**ossigeno**, che assume **numero di ossidazione −2**.	Nella **molecola H_2O_2**, lo stato elettronico dell'ossigeno è ancora differente: gli elettroni del legame O−O sono ugualmente ripartiti, perciò viene attribuito all'ossigeno soltanto l'elettrone dell'idrogeno. Ciascun atomo di **ossigeno** assume **numero di ossidazione −1**.

Gli **atomi di idrogeno**, hanno **numero di ossidazione +1** sia nell'acqua sia nell'acqua ossigenata, in quanto privati, almeno apparentemente, del proprio elettrone di legame.

È opportuno tener presente che i **numeri di ossidazione** *non sono vere cariche*, come quelle che vengono scritte per gli ioni, ma **cariche apparenti**, che vengono convenzionalmente attribuite agli atomi uniti con legami covalenti in base alla loro elettronegatività.
Per essere chiari, nel composto **CaO** c'è un **legame ionico** tra lo ione Ca^{2+} e lo ione O^{2-} e le cariche degli ioni corrispondono realmente a elettroni perduti e acquistati.
Al contrario, nel composto **HCl** c'è un **legame covalente** polare e scrivendo:

+1 −1
H−Cl

viene soltanto messo in evidenza che la coppia di elettroni del legame è spostata verso il cloro, che è più elettronegativo dell'idrogeno.

Nei due esempi si può anche notare la differenza nella scrittura delle cariche degli ioni e dei numeri di ossidazione: nella **carica degli ioni** il segno + o − viene scritto dopo il numero (**2+** e **2−**), nei **numeri di ossidazione**, invece, il segno precede il numero (**+1** e **−1**).

Il **numero di ossidazione (n.o.) di un elemento** è una misura dello stato elettronico in cui un suo atomo si trova in una molecola e si calcola **attribuendo gli elettroni di ciascun legame covalente all'elemento più elettronegativo**. Perciò il numero di ossidazione è una **carica apparente**, diversa dalla carica degli ioni, che è reale.

numero di ossidazione

Come si calcola il numero di ossidazione

Come possiamo individuare il numero di ossidazione di un elemento in un composto, senza scrivere la formula di struttura e conoscere l'elettronegatività degli elementi? A questo scopo sono utili alcune indicazioni.

1 L'**idrogeno nei composti** ha sempre numero di ossidazione +1, eccetto in alcuni casi, per esempio quando è legato a elementi del gruppo I, che sono meno elettronegativi:

+1 −1	+1 −2 +1	+1 −1	+1 −1
H–Br	H–S–H	LiH	NaH

2 L'**ossigeno nei composti** ha numero di ossidazione −2, eccetto in qualche caso, come nei *perossidi*, composti come l'acqua ossigenata, caratterizzati dal legame O–O, nei quali è −1:

−2 +4 −2	−2 +4 −2	+1 −1 −1 +1
O=S=O	O=C=O	H–O–O–H

3 **In un composto la somma dei numeri di ossidazione è 0**. La verifica si fa ricordando che il numero di ossidazione è riferito all'atomo singolo:

+1 −2	+1 −1
H_2O	H_2O_2
$(+1 \times 2) + (-2) = 0$	$(+1 \times 2) + (-1 \times 2) = 0$

4 Negli **elementi**, come O_2, N_2 ecc., il numero di ossidazione di ciascun atomo è 0. Tale è anche nel carbonio di alcuni composti organici, come l'aldeide formica CH_2O, il cui numero di ossidazione si ricava con una semplice equazione:

0 0
N≡N

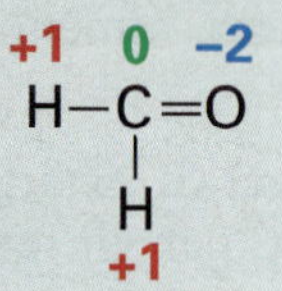

$$(+1 \times 2) + (-2) + x = 0$$
$$x = 0$$

calcolo del numero di ossidazione

5 **In uno stesso composto un elemento può avere numeri di ossidazione diversi**, come gli atomi C nel propene $CH_2{=}CH{-}CH_3$. In questo caso con un'equazione si ricava il numero di ossidazione per ogni carbonio, tenendo conto soltanto degli atomi H a cui è legato e trascurando i legami tra gli atomi C, che hanno la stessa elettronegatività:

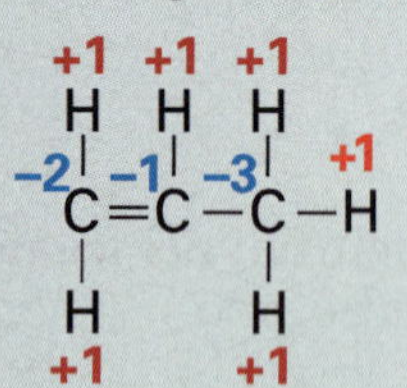

$(+1 \times 2) + x = 0$ $\quad x = -2$

$+1 + x = 0$ $\quad x = -1$

$(+1 \times 3) + x = 0$ $\quad x = -3$

6 Nei **composti ionici** ci sono ioni con cariche reali. Per tale motivo la carica di uno ione viene considerata anche come numero di ossidazione (+1 per Na^+, +2 per Ca^{2+}, −1 per Cl^-):

+1 −1	+2 −1
Na^+Cl^-	$Ca^{2+}Cl_2^-$

Se lo ione è costituito da **più atomi**, la **somma** dei loro **numeri di ossidazione è uguale** alla **carica dello ione**:

CO_3^{2-}

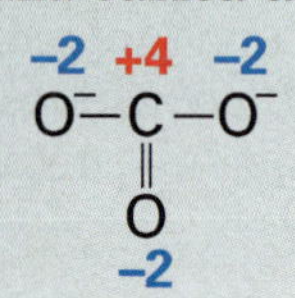

$$(-2 \times 3) + 4 = -6 + 4 = -2$$

Ricorda!...

- La **somma dei numeri di ossidazione** in un **composto** è sempre **uguale a 0**.
- Negli **ioni costituiti da più atomi** la somma dei numeri di ossidazione è **uguale alla carica dello ione**.

esempio 1

Calcola il numero di ossidazione del fosforo nell'acido fosforico H_3PO_4 e nell'acido fosforoso H_3PO_3.

1. H_3PO_4

- Si moltiplica per 4 il numero di ossidazione dell'ossigeno (**−2**), ottenendo −8.
- Si moltiplica per 3 il numero di ossidazione dell'idrogeno (**+1**) e si ha +3. La somma dei due valori è −8 + 3 = −5.
- Poiché la somma dei numeri di ossidazione deve risultare uguale a 0, il fosforo ha necessariamente il numero di ossidazione uguale e opposto a −5, cioè **+5**:

+1 x −2
H_3PO_4
+3 x −8

In pratica si può ricavare il numero di ossidazione di P (x) con la seguente equazione:

$+3 + x - 8 = 0 \qquad x = +8 - 3 = +5$

2. H_3PO_3

- Si moltiplica per 3 il numero di ossidazione dell'ossigeno (**−2**), ottenendo −6.
- Si moltiplica per 3 il numero di ossidazione dell'idrogeno (**+1**) e si ha +3. La somma dei due valori è −6 + 3 = −3.
- Poiché la somma dei numeri di ossidazione deve risultare uguale a 0, il fosforo ha necessariamente il numero di ossidazione uguale e opposto a −3, cioè **+3**:

+1 x −2
H_3PO_3
+3 x −6

In pratica si può ricavare il numero di ossidazione di P (x) con la seguente equazione:

$+3 + x - 6 = 0 \qquad x = +6 - 3 = +3$

esempio 2

Calcola il numero di ossidazione del carbonio nell'acido carbonico H_2CO_3.

- Moltiplicando per 3 il numero di ossidazione dell'ossigeno (**−2**) si ottiene −6.
- Moltiplicando per 2 il numero di ossidazione dell'idrogeno (**+1**) si ottiene +2. La somma dei due valori è −6 +2 = −4.
- Il carbonio ha numero di ossidazione uguale e opposto a −4, cioè **+4**, in quanto la somma dei numeri di ossidazione deve risultare uguale a 0:

+1 x −2
H_2CO_3
+2 x −6

Ovvero $+2 + x - 6 = 0 \qquad x = +6 - 2 = +4$

Ricorda!...

Il **numero di ossidazione** di un elemento in un composto è uguale in valore assoluto alla somma dei numeri di ossidazione degli altri elementi del composto e ha segno contrario.

esempio 3

Calcola il numero di ossidazione dell'azoto nel composto N_2O_3.

- Si moltiplica per 3 il numero di ossidazione dell'ossigeno (**−2**), ottenendo −6.
- Poiché la somma dei numeri di ossidazione deve risultare uguale a 0, il numero complessivo dei numeri di ossidazione dei due atomi di azoto è +6.
- Ricordando che il numero di ossidazione è riferito a ogni singolo atomo, ciascun atomo N ha numero di ossidazione che è $\frac{+6}{2} = +3$.
- Puoi facilmente controllare che la somma dei numeri di ossidazione nel composto N_2O_3 è 0:

+3 −2
N_2O_3
$(+3 \times 2) + (-2 \times 3) = 0$

esempio 4

Calcola il numero di ossidazione dello zolfo nel solfuro di sodio Na_2S, che è un composto ionico, in cui c'è lo ione Na^+.

- Moltiplicando per 2 la carica dello ione sodio (**+1**), che corrisponde al numero di ossidazione **+1**, si ottiene +2.
- Lo zolfo ha numero di ossidazione uguale e opposto a +2, cioè uguale alla carica dello ione S^{2-}.

+1 x
Na_2S
$+2 + x = 0 \qquad x = -2$

esempio 5

Calcola il numero di ossidazione dello zolfo nello ione SO_4^{2-}.

- Si moltiplica per 4 il numero di ossidazione dell'ossigeno (**−2**) ottenendo −8.
- La somma dei numeri di ossidazione degli elementi presenti nello ione SO_4^{2-} deve essere uguale alla carica dello ione, perciò, indicando con x il numero di ossidazione di S puoi ricavarlo dalla seguente equazione:

$x - 8 = -2 \qquad x = -2 + 8 = +6$

15.2 Sostanze a carattere acido: idracidi

animazione
Nomenclatura dei composti inorganici

Gli **idracidi** sono *composti binari* costituiti da **idrogeno** e un **non metallo** (indicato come **Nme**). Nella tabella sono indicati cinque idracidi: i primi quattro sono detti **acidi alogenidrici**; il quinto è l'**acido solfidrico**. A questi va aggiunto l'**acido cianidrico**, un idracido ternario con formula **H–C≡N**. Questo composto è estremamente tossico, perché blocca la respirazione cellulare.

Ricorda!...

Generalmente per denominare i composti si seguono le regole proposte dalla **IUPAC** (*Unione Internazionale di Chimica Pura e Applicata*) o la **notazione di Stock**. Talvolta, anche in questo libro, si fa uso della **nomenclatura tradizionale**, perché ancora di uso comune. Per la **scrittura delle formule** dei composti (fatta eccezione per gli ossiacidi) si applica il metodo riportato per i composti ionici, utilizzando i numeri di ossidazione degli atomi, anziché le cariche degli ioni.

L'**acido cloridrico $HCl_{(aq)}$** è un acido molto comune che, se concentrato, corrode il marmo (costituito da carbonato di calcio $CaCO_3$) ed è il componente di prodotti commerciali (come l'*acido muriatico*) il cui uso richiede precauzioni.

idracidi	n.o. del Nme	suffisso	nome tradizionale acido-Nme-suffisso	suffisso	nome IUPAC Nme-suffisso-di idrogeno
HF	−1	-idrico	acido fluoridrico	-uro	fluoruro di idrogeno
HCl	−1		acido cloridrico		cloruro di idrogeno
HBr	−1		acido bromidrico		bromuro di idrogeno
HI	−1		acido iodidrico		ioduro di idrogeno
H_2S	−2		acido solfidrico		solfuro di diidrogeno

idracidi

composti binari
elementi costitutivi: **H + alogeni**
H + S

come si scrive la formula

- Si fa precedere il simbolo **H** a quello del **non metallo**;
- si tiene presente il numero di ossidazione del non metallo. Il numero di ossidazione del non metallo si mette come indice numerico dell'idrogeno, quello dell'idrogeno diventa l'indice numerico dell'alogeno o dello zolfo. Nelle formule si omette l'indice 1. In tal modo la somma algebrica dei numeri di ossidazione risulta 0.

come si costruisce il nome

1. Secondo la nomenclatura tradizionale, si fa precedere il termine **acido** al nome del **non metallo** seguito dal suffisso **-idrico**.
2. Secondo la nomenclatura IUPAC, si aggiunge "**di idrogeno**" al nome del **non metallo**, seguito dal suffisso **-uro**.

come si preparano

Alcuni idracidi vengono preparati per **sintesi dagli elementi in forma gassosa**, e poi sciolti in acqua:

$$H_{2(g)} + Br_{2(g)} \longrightarrow 2HBr_{(g)} \xrightarrow{H_2O_{(l)}} 2HBr_{(aq)}$$

15.3 Sostanze a carattere acido: ossidi acidi

Gli **ossidi acidi** (comunemente detti **anidridi**) sono *composti binari* costituiti da un **non metallo** e da **ossigeno**.

espansione
Gli ossidi del carbonio

Il più diffuso e noto ossido acido è il **diossido di carbonio** (*anidride carbonica*), non solo perché collegato ai processi della respirazione cellulare, delle fermentazioni, della fotosintesi clorofilliana, ma anche perché se ne fa uso nelle bevande frizzanti.
Generalmente il diossido si forma per combustione delle sostanze carboniose, insieme al **monossido di carbonio CO**, e si può riconoscere perché reagisce con l'idrossido di calcio $Ca(OH)_2$, formando un precipitato bianco di carbonato di calcio.

schede lab
• Respirazione di un cece
• Riconoscimento degli ossidi di carbonio

Il **carattere acido** del diossido di carbonio è messo in evidenza quando viene aggiunto un pezzetto di *ghiaccio secco* (che è anidride carbonica allo stato solido) a una soluzione contenente l'indicatore blu di bromotimolo, perché si osserva il viraggio dal colore blu al colore giallo, dovuto alla formazione dell'acido carbonico.

Il ghiaccio secco **sublima** molto rapidamente. Per questa sua proprietà viene utilizzato nelle **scenografie**. Per ottenere in modo semplice un vapore bianco, molto simile al fumo, basta mettere il ghiaccio secco in acqua calda; per colorare i fumi si utilizzano opportune luci di scena.

ossidi acidi	n.o. del Nme	prefissi e suffissi	nome tradizionale anidride-Nme-suffisso	nome IUPAC prefisso-ossido di-prefisso-Nme
SO_2	+4	-osa	anidride solforosa	diossido di zolfo
SO_3	+6	-ica	anidride solforica	triossido di zolfo
N_2O_3	+3	-osa	anidride nitrosa	triossido di diazoto
N_2O_5	+5	-ica	anidride nitrica	pentaossido di diazoto
P_2O_3	+3	-osa	anidride fosforosa	triossido di difosforo
P_2O_5	+5	-ica	anidride fosforica	pentaossido di difosforo
CO_2	+4	-ica	anidride carbonica	diossido di carbonio
Cl_2O	+1	ipo-...-osa	anidride ipoclorosa	ossido di dicloro
Cl_2O_3	+3	-osa	anidride clorosa	triossido di dicloro
Cl_2O_5	+5	-ica	anidride clorica	pentaossido di dicloro
Cl_2O_7	+7	per-...-ica	anidride perclorica	eptaossido di dicloro

ossidi acidi anidridi

composti binari
elementi costitutivi: **non metallo** + **O**

come si scrive la formula

- Si fa seguire il simbolo **O** al simbolo del **non metallo**;
- si tiene presente il numero di ossidazione del non metallo e quello dell'ossigeno (–2);
- per individuare gli indici numerici si procede come indicato per gli idracidi.

come si costruisce il nome

1 Secondo una **nomenclatura tradizionale** ancora in uso, i prefissi e i suffissi sono i seguenti:

- se l'anidride è unica il suffisso è **-ica**;
- se le anidridi sono due i suffissi sono: **-osa** per l'anidride in cui il non metallo ha numero di ossidazione minore, **-ica** per l'anidride in cui il non metallo ha numero di ossidazione maggiore;
- se le anidridi sono quattro si abbina il prefisso **ipo-** al suffisso **-osa** per indicare il numero di ossidazione più basso del non metallo; si abbina il prefisso **per-** al suffisso **-ica** per indicare il numero di ossidazione più alto del non metallo.

numero di ossidazione →

ipo-...-osa	-osa	-ica	per-...-ica
+1	+3	+5	+7
Cl_2O	Cl_2O_3	Cl_2O_5	Cl_2O_7
anidride ipoclorosa	anidride clorosa	anidride clorica	anidride perclorica

atomi di ossigeno →

Osserva che nel caso di **più anidridi contenenti lo stesso non metallo** si ha un aumento contemporaneo del suo numero di ossidazione e del numero di atomi di ossigeno nella molecola dell'anidride.

2 Secondo la **nomenclatura IUPAC**, occorre specificare con prefissi (*di-*, *tri-*, *tetra-*, *penta-* ecc.) il numero di atomi di ciascun elemento presente nella molecola. Soltanto il prefisso *mono-* può essere omesso.

come si preparano

Gli ossidi acidi si preparano molto spesso da composti che si ritrovano in natura. Alcuni si ottengono anche per sintesi, come:

$$P_{4(s)} + 5O_{2(g)} \longrightarrow 2P_2O_{5(s)}$$

esempio 1

Scrivi la formula dell'anidride arsenica.

- L'arsenico è un elemento del gruppo V e ha gli stessi numeri di ossidazione, più comuni, dell'azoto e del fosforo: + 3 e +5.
- Il suffisso *–ica* corrisponde al numero di ossidazione più alto dell'arsenico, che è **+5**. Il numero di ossidazione dell'ossigeno è **–2**. Attribuendo all'arsenico l'indice numerico 2 e all'ossigeno l'indice numerico 5 si ottiene:

$$\overset{+5}{As_x}\ \overset{-2}{O_y} \qquad As_2O_5$$

esempio 2

Individua il nome dell'ossido acido I_2O_5, secondo le nomenclature tradizionale e IUPAC.

- Ricordando che in un composto la somma dei numeri di ossidazione è 0 e che il numero di ossidazione dell'ossigeno è **–2**, si ricava il numero di ossidazione x dello iodio:

$$2x + (-2 \times 5) = 0 \qquad x = +10/2 = +5$$

- Come per il cloro, al numero di ossidazione +5 corrisponde il suffisso *–ica*, per cui il nome tradizionale del composto è **anidride iodica**; secondo la nomenclatura IUPAC è **pentaossido di diiodio**.

Il **diossido di zolfo** (anidride solforosa) SO_2 si forma facendo bruciare un pizzico di zolfo. All'aria si trasforma in **triossido di zolfo** (anidride solforica) SO_3, che a contatto con la cartina universale inumidita forma l'**acido solforico** H_2SO_4. Per questo motivo la cartina assume il colore rosso.

Molte lavorazioni industriali, l'utilizzazione di combustibili fossili, i gas emessi dai vulcani e dagli incendi sono responsabili della presenza del **diossido di zolfo** SO_2 nell'atmosfera. Esso all'aria si trasforma in **acido solforico** H_2SO_4:

$$2SO_{2(g)} + O_{2(g)} \longrightarrow 2SO_{3(g)} \xrightarrow{H_2O} H_2SO_{4(aq)}$$

Questo fenomeno, insieme alla formazione di acido nitrico HNO_3 dai suoi ossidi, ha elevato notevolmente l'**acidità delle piogge**, che già di per sé sono leggermente acide per la presenza di CO_2.

espansione
Le piogge acide

L'aumento dell'acidità delle precipitazioni provoca gravi danni all'apparato fogliare delle piante e di conseguenza la distruzione di vaste aree di foreste.

La presenza di acido solforico nelle precipitazioni danneggia gravemente le strutture architettoniche realizzate in marmo e calcare, che vengono corrosi da questa sostanza.

15.4 Sostanze a carattere acido: ossiacidi

Gli **ossiacidi** sono *composti ternari* costituiti da **idrogeno**, un **non metallo** e **ossigeno**.
Per questi composti è ancora in uso la nomenclatura tradizionale, perciò qui viene omessa la nomenclatura IUPAC, secondo la quale gli ossiacidi sono detti **ossoacidi**.

L'**acido solforico** $H_2SO_{4(aq)}$ è utilizzato nelle industrie di materiali plastici, concimi, vernici ecc. Reagisce violentemente con il carbonato di calcio $CaCO_3$ ed è responsabile delle "piogge acide", insieme all'acido nitrico HNO_3.

ossiacidi	n.o. del Nme	prefissi e suffissi	nome tradizionale acido-prefisso-Nme-suffisso
H_2SO_3	+4	-oso	acido solforoso
H_2SO_4	+6	-ico	acido solforico
HNO_2	+3	-oso	acido nitroso
HNO_3	+5	-ico	acido nitrico
H_3PO_3	+3	-oso	acido fosforoso
H_3PO_4	+5	-ico	acido fosforico
H_2CO_3	+4	-ico	acido carbonico
$HClO$	+1	ipo-...-oso	acido ipocloroso
$HClO_2$	+3	-oso	acido cloroso
$HClO_3$	+5	-ico	acido clorico
$HClO_4$	+7	per-...-ico	acido perclorico

ossiacidi

composti ternari
elementi costitutivi: **H + non metallo + O**

come si scrive la formula

- In questo caso il metodo più semplice consiste nello scrivere la formula della corrispondente anidride (in cui il non metallo ha lo stesso numero di ossidazione) e far reagire l'anidride con acqua, secondo le indicazioni riportate alla voce "come si preparano". In caso contrario, dopo aver scritto i simboli dei tre elementi e il loro numero di ossidazione (per esempio $\overset{+1}{H}\ \overset{+4}{C}\ \overset{-2}{O}$) occorrerebbe procedere per tentativi per individuare gli indici numerici giusti di H e O.

come si costruisce il nome

- Si sostituisce il termine acido al termine anidride e si utilizzano gli stessi prefissi e suffissi usati per le anidridi, perché il numero di ossidazione del non metallo è lo stesso delle corrispondenti anidridi.

numero di ossidazione →

ipo-...-oso	-oso	-ico	per-...-ico
+1	+3	+5	+7
$HClO$	$HClO_2$	$HClO_3$	$HClO_4$
acido ipocloroso	acido cloroso	acido clorico	acido perclorico

atomi di ossigeno →

come si preparano

- Si ottengono per reazione tra l'ossido acido e l'acqua:

$CO_{2(g)} + H_2O_{(l)} \longrightarrow H_2CO_{3(aq)}$ $\qquad$ $SO_{3(l)} + H_2O_{(l)} \longrightarrow H_2SO_{4(aq)}$

- In alcuni casi, fatta la somma, si deve semplificare:

$Cl_2O_{(g)} + H_2O_{(l)} \longrightarrow H_{\not{2}}Cl_{\not{2}}O_{\not{2}(aq)}$ cioè $2HClO_{(aq)}$

- In qualche caso, a seconda del rapporto stechiometrico tra l'anidride e l'acqua, si ottengono ossiacidi diversi, in cui ovviamente il non metallo ha lo stesso numero di ossidazione.
Per esempio, l'anidride fosforica può formare tre ossiacidi, che si distinguono mediante i prefissi **meta**, **piro** e **orto**; quest'ultimo, più comune, è detto semplicemente *acido fosforico*:

$P_2O_{5(s)} + H_2O_{(l)} \rightarrow H_{\not{2}}P_{\not{2}}O_{\not{6}}$ cioè $HPO_{3(aq)}$
anidride fosforica — acido metafosforico

$P_2O_{5(s)} + \mathbf{2}H_2O_{(l)} \rightarrow H_4P_2O_{7(aq)}$ acido pirofosforico
anidride fosforica

$P_2O_{5(s)} + \mathbf{3}H_2O_{(l)} \rightarrow H_{\not{6}}P_{\not{2}}O_{\not{8}}$ cioè $H_3PO_{4(aq)}$
anidride fosforica — acido ortofosforico (acido fosforico)

15.5 Sostanze a carattere basico: ossidi basici

Gli **ossidi basici** sono *composti binari* costituiti da un **metallo** (indicato come **Me**) e **ossigeno**.

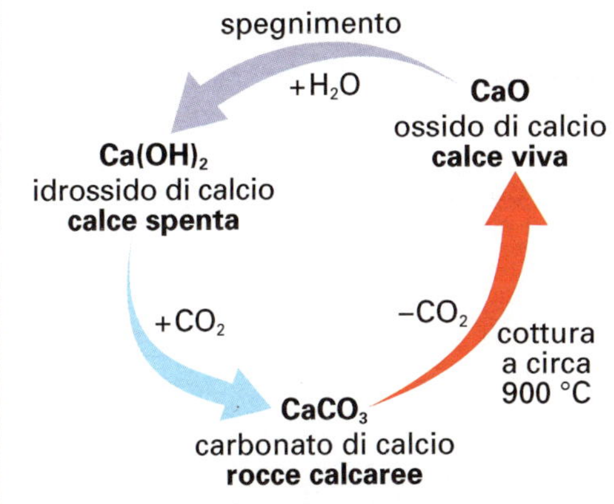

L'**ossido di calcio CaO** (detto *calce viva*) si ottiene dalla cottura di rocce calcaree in appositi forni. Dalla reazione tra l'ossido di calcio e l'acqua si ottiene l'idrossido di calcio $Ca(OH)_2$ (*calce spenta*), che viene utilizzato per l'edilizia e, a contatto con il CO_2 dell'aria, si trasforma in carbonato di calcio.

ossidi basici	n.o. del Me	notazione di Stock ossido-Me-(n. romano)	nome IUPAC prefisso-ossido di-prefisso-Me	nome tradizionale ossido-Me-suffisso
Li_2O	+1	ossido di litio	ossido di dilitio	ossido di litio
CaO	+2	ossido di calcio	ossido di calcio	ossido di calcio
FeO	+2	ossido di ferro (II)	ossido di ferro	ossido ferroso
Fe_2O_3	+3	ossido di ferro (III)	triossido di diferro	ossido ferrico
MnO	+2	ossido di manganese (II)	ossido di manganese	ossido manganoso
Mn_2O_3	+3	ossido di manganese (III)	triossido di dimanganese	ossido manganico
PbO	+2	ossido di piombo (II)	ossido di piombo	ossido piomboso
PbO_2	+4	ossido di piombo (IV)	diossido di piombo	ossido piombico
Al_2O_3	+3	ossido di alluminio	triossido di dialluminio	ossido di alluminio
Hg_2O	+1	ossido di mercurio (I)	ossido di dimercurio	ossido mercuroso
HgO	+2	ossido di mercurio (II)	ossido di mercurio	ossido mercurico

ossidi basici

composti binari
elementi costitutivi: **metallo + O**

come si scrive la formula

- Si fa seguire il simbolo **O** a quello del **metallo**;
- si tiene presente il numero di ossidazione del metallo e quello dell'ossigeno (–2) e si utilizza lo stesso metodo descritto per gli idracidi e gli ossidi acidi.

come si costruisce il nome

1. Secondo la **notazione di Stock**, si fa seguire al termine ossido il nome del metallo. Se il metallo ha più numeri di ossidazione, si indicano con un numero romano.
2. Secondo la **nomenclatura IUPAC**, si specifica con prefissi il numero degli atomi di ciascun elemento. Il prefisso *mono-* può essere omesso.
3. Secondo la **nomenclatura tradizionale** si usano i suffissi indicati per gli ossidi acidi.

come si preparano

Alcuni ossidi si ottengono per sintesi:

$$2Zn_{(s)} + O_{2(g)} \longrightarrow 2ZnO_{(s)} \qquad 2Cu_{(s)} + O_{2(g)} \longrightarrow 2CuO_{(s)}$$

esempio 1

Il cobalto forma due ossidi: CoO e Co_2O_3. Qual è il loro nome IUPAC? E quale il nome secondo la notazione di Stock e secondo la nomenclatura tradizionale?

• Secondo la nomenclatura IUPAC, occorre specificare con prefissi il numero degli atomi di cobalto e di ossigeno. Sottintendendo il prefisso *mono-*, i nomi sono:

CoO	Co_2O_3
ossido di cobalto	**triossido di dicobalto**

• Secondo la notazione di Stock, occorre conoscere i numeri di ossidazione di Co nei due composti e indicarli con numeri romani.
I numeri di ossidazione, indicati con x per CoO e con y per Co_2O_3, si ricavano dalle equazioni:

$$x + (-2) = 0 \qquad 2y + (-2 \times 3) = 0$$

da cui:

$$x = +2 \qquad y = \frac{+6}{2} = +3$$

• I nomi dei due ossidi sono:

CoO	Co_2O_3
ossido di cobalto (II)	**ossido di cobalto (III)**

• Secondo la nomenclatira tradizionale, i due ossidi si distinguono per il suffisso *-oso* e *-ico*, che vanno attribuiti rispettivamente all'ossido in cui è minore il numero di ossidazione di Co e all'ossido in cui il numero di ossidazione è maggiore. I nomi dei due ossidi sono:

CoO	Co_2O_3
ossido cobaltoso	**ossido cobaltico**

15.6 Sostanze a carattere basico: idrossidi

Gli **idrossidi** sono *composti ternari* costituiti da un **metallo** e dal **gruppo idrossido OH**.
Questi composti hanno generalmente un sapore amarognolo e le loro soluzioni sono scivolose al tatto, come una saponata. Hanno un carattere basico, che è molto accentuato per i metalli dei gruppi I e II.
Un idrossido diverso dai precedenti è l'**idrossido di ammonio NH_4OH**, che è presente in forma ionica in una soluzione acquosa, in equilibrio con l'ammoniaca:

$$\underset{\text{ammoniaca}}{NH_{3(g)}} + \underset{\text{acqua}}{H_2O_{(l)}} \rightleftharpoons \underset{\text{ione ammonio}}{NH^+_{4(aq)}} + \underset{\text{ione idrossido}}{OH^-_{(aq)}}$$

Il carattere basico della soluzione di **idrossido di magnesio** $Mg(OH)_2$, ottenuta da Mg in acqua calda, è reso evidente dal colore violetto assunto dall'indicatore fenolftaleina.

idrossidi	n.o. del Me	notazione di Stock idrossido-Me-(n. romano)	nome tradizionale idrossido-Me-suffisso
NaOH	+1	idrossido di sodio	idrossido di sodio
$Mg(OH)_2$	+2	idrossido di magnesio	idrossido di magnesio
$Fe(OH)_2$	+2	idrossido di ferro (II)	idrossido ferroso
$Fe(OH)_3$	+3	idrossido di ferro (III)	idrossido ferrico
CuOH	+1	idrossido di rame (I)	idrossido rameoso
$Cu(OH)_2$	+2	idrossido di rame (II)	idrossido rameico
$Pb(OH)_2$	+2	idrossido di piombo (II)	idrossido piomboso
$Pb(OH)_4$	+4	idrossido di piombo (IV)	idrossido piombico
AgOH	+1	idrossido di argento	idrossido di argento
$Al(OH)_3$	+3	idrossido di alluminio	idrossido di alluminio

idrossidi

composti ternari
elementi costitutivi: **metallo** + **O** +**H**

come si scrive la formula

- si fa seguire il simbolo **OH** al simbolo del **metallo**;
- si tiene presente che il numero di ossidazione del metallo è lo stesso di quello del metallo nell'ossido basico;
- si tiene presente che il numero di ossidazione del gruppo $\overset{-2}{O}-\overset{+1}{H}$ è –1;
- si raccoglie fra parentesi tonde il gruppo OH e si attribuisce a questo gruppo l'indice numerico opportuno, secondo il criterio esposto in precedenza, facendo in modo che la somma dei numeri di ossidazione sia 0.

come si costruisce il nome

1 Secondo la **notazione di Stock**, si fa seguire il nome del **metallo** al termine **idrossido**, seguito dal numero romano nel caso di più idrossidi con lo stesso **metallo**.

2 Secondo la **nomenclatura tradizionale**, si utilizzano i suffissi **-oso** e **-ico**, rispettivamente per il numero di ossidazione minore e maggiore del **metallo**.

come si preparano

La preparazione di alcuni idrossidi si effettua trattando con acqua il corrispondente ossido; talvolta si ottengono direttamente trattando il metallo con acqua:

$$CaO_{(s)} + H_2O_{(l)} \longrightarrow Ca(OH)_{2(aq)} \qquad 2Na_{(s)} + 2H_2O_{(l)} \longrightarrow 2NaOH_{(aq)} + H_{2(g)}$$

esempio 1

Scrivi la formula dell'idrossido di nichel (III) e riporta il nome tradizionale. I numeri di ossidazione del nichel sono **+2** e **+3**.

- Il numero romano III indica, secondo la notazione di Stock, che il numero di ossidazione del nichel è +3. Poiché il numero di ossidazione del gruppo O–H è **–1**, la formula del composto è:

  $Ni(OH)_3$

- La nomenclatura tradizionale prevede il suffisso *-ico* per il metallo con numero di ossidazione più alto, che in questo caso è +3, perciò il composto può essere denominato anche **idrossido nichelico**.

15.7 Che cosa sono i sali

I **sali** sono composti che si possono considerare derivati dagli acidi (idracidi e ossiacidi) per sostituzione degli atomi di idrogeno H con atomi di un metallo.

I sali sono molto diffusi in natura, come il sale da cucina, il **cloruro di sodio**, caratteristico deposito delle saline, e il **carbonato di calcio**, costituente delle rocce calcaree, dei gusci e degli scheletri di molti organismi e che si può formare come precipitato bianco nelle acque dure.

video lab
Un esame qualitativo delle nostre acque

I **sali** sono indispensabili all'organismo, che ne perde molti durante la sudorazione, tanto che spesso si ricorre a prodotti a base di sali di potassio e magnesio per integrarne le perdite.

Sali degli idracidi

idracido	anione dell'acido	nome dell'anione suffisso -uro	simbolo e n.o. del Me	formula del sale	nome tradizionale del sale
HF	F^-	fluoruro	Ca +2	CaF_2	fluoruro di calcio
HCl	Cl^-	cloruro	Fe +3	$FeCl_3$	cloruro ferrico
HBr	Br^-	bromuro	Li +1	LiBr	bromuro di litio
HI	I^-	ioduro	Cu +1	CuI	ioduro rameoso
H_2S	S^{2-}	solfuro	Fe +2	Fe_2S_3	solfuro ferrico
HCN	CN^-	cianuro	K +1	KCN	cianuro di potassio

Sali degli ossiacidi

ossiacidi	anione dell'acido	prefissi e suffissi	nome dell'anione	simbolo e n.o. del Me	formula del sale	nome tradizionale del sale
H_2SO_3	SO_3^{2-}	-ito	solfito	Na +1	Na_2SO_3	solfito di sodio
H_2SO_4	SO_4^{2-}	-ato	solfato	Al +3	$Al_2(SO_4)_3$	solfato di alluminio
HNO_2	NO_2^-	-ito	nitrito	Ca +2	$Ca(NO_2)_2$	nitrito di calcio
HNO_3	NO_3^-	-ato	nitrato	Fe +3	$Fe(NO_3)_3$	nitrato ferrico
H_3PO_3	PO_3^{3-}	-ito	fosfito	K +1	K_3PO_3	fosfito di potassio
H_3PO_4	PO_4^{3-}	-ato	fosfato	Ag +1	Ag_3PO_4	fosfato di argento
H_2CO_3	CO_3^{2-}	-ato	carbonato	Ca +2	$CaCO_3$	carbonato di calcio
HClO	ClO^-	ipo-...-ito	ipoclorito	Li +1	LiClO	ipoclorito di litio
$HClO_2$	ClO_2^-	-ito	clorito	Cu +1	$CuClO_2$	clorito rameoso
$HClO_3$	ClO_3^-	-ato	clorato	Sn +2	$Sn(ClO_3)_2$	clorato stannoso
$HClO_4$	ClO_4^-	per-...-ato	perclorato	Cu +2	$Cu(ClO_4)_2$	perclorato rameico

composti binari
elementi costitutivi: **metallo** + **alogeno** o **zolfo** o **gruppo cianuro**

→ **sali degli idracidi**

composti ternari
elementi costitutivi: **metallo** + **non metallo** + **ossigeno**

→ **sali degli ossiacidi**

come si scrive la formula

- Si fa seguire al simbolo del **metallo** quello dell'**anione** che si ottiene dall'acido, dopo aver staccato gli atomi di idrogeno;
- nel caso di acidi diprotici o triprotici, gli anioni possono contenere atomi di idrogeno, per esempio HSO_4^-, HCO_3^-, $H_2PO_4^-$;
- si tiene presente il numero di ossidazione del **metallo** e quello dell'anione (che coincide con la sua carica);
- si utilizza il metodo descritto per i composti ionici:

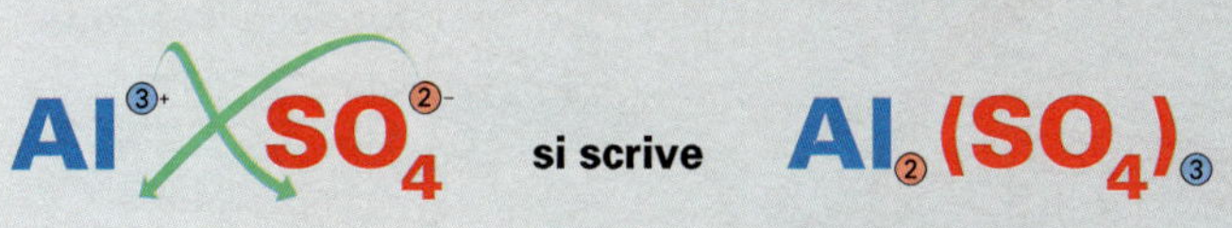

come si costruisce il nome

Si fanno le seguenti sostituzioni dei suffissi (i prefissi restano invariati):

per i sali degli idracidi
-idrico ⟶ -uro

per i sali degli ossiacidi
ipo-...-oso ⟶ ipo-...-ito
-oso ⟶ -ito
-ico ⟶ -ato
per-...-ico ⟶ per-...-ato

Se l'anione di un sale contiene atomi di idrogeno, si specifica il numero degli atomi di idrogeno con i prefissi *monoidrogeno-* e *diidrogeno-*, conservando il suffisso. Per esempio, $NaHSO_4$ è il monoidrogenosolfato di sodio.

Ricorda!...

Un aiuto per ricordare i suffissi degli ossiacidi e dei corrispondenti sali:

GUST**OSO** SQUIS**ITO**
AM**ICO** CIOCCOL**ATO**

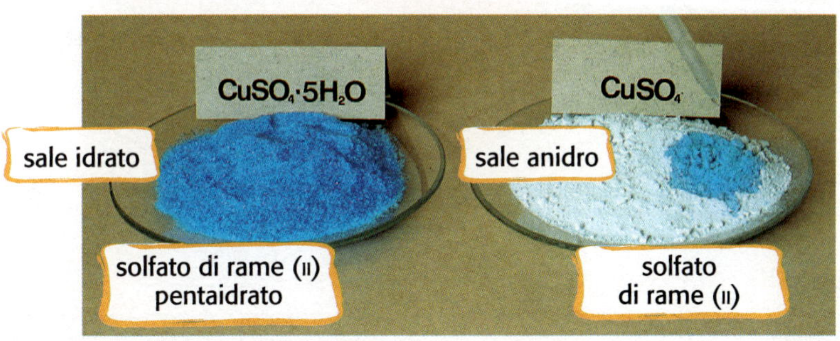

Un tipo particolare di sali sono i **sali idrati**, nei quali viene indicato il numero delle molecole di acqua, preceduto da un puntino.
In seguito a riscaldamento prolungato, un sale idrato, come il solfato di rame (II) pentaidrato $CuSO_4 \cdot 5H_2O$, perde le 5 molecole di acqua di idratazione e si trasforma nel sale $CuSO_4$, quando è completamente anidro.

esempio 1

Scrivi la formula del nitrito ferrico e specifica la valenza del ferro. I numeri di ossidazione del ferro sono **+2** e **+3**.

- Il suffisso *-ito* indica che il sale deriva dall'acido nitroso HNO_2, quindi l'anione del sale è NO_2^- e il suo numero di ossidazione è −1 (come la carica). Il suffisso *-ico* indica il numero di ossidazione +3 del catione (come la carica), e quindi la **trivalenza del ferro**: Fe^{3+}
- Riportiamo gli ioni, indicando con x e y i loro indici numerici. La carica dell'anione diventa l'indice numerico x del catione (che si sottintende) e la carica del catione diventa l'indice numerico y dell'anione; l'anione viene racchiuso tra parentesi:

$Fe_x^{3+}\ NO_{2y}^-$ $\quad$ $Fe(NO_2)_3$

Come si preparano i sali

espansione
Classificazione delle reazioni

I **sali** molto spesso si ricavano dalle rocce in cui sono presenti, ma possono essere ottenuti come **prodotto** della **reazione** tra una **sostanza a carattere acido** e una **sostanza a carattere basico**. La sostanza acida fornisce l'**anione** del sale, quella basica fornisce il **catione**. Queste reazioni vengono dette **salificazioni**.

sale

Un **sale** è un composto costituito dall'anione derivante da un acido e dal catione derivante da una base.

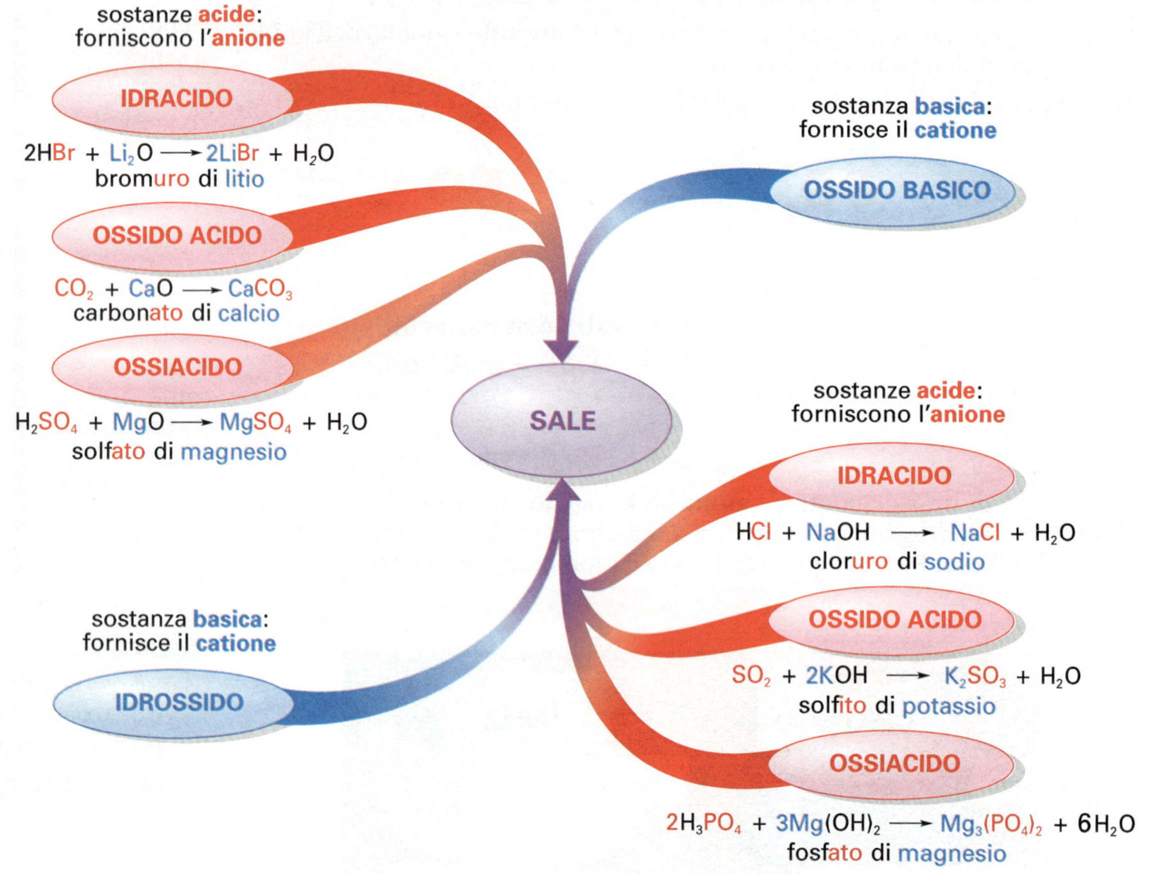

Reazioni di preparazione dei sali.

esempio 2

In quanti modi è possibile preparare il solfato di magnesio?

- Scriviamo innanzitutto la formula del sale. Come indicato dal suffisso *-ato*, l'anione di questo sale, che deriva dell'acido solforico H_2SO_4, è $\mathbf{SO_4^{2-}}$ e ha numero di ossidazione –2. Il catione è $\mathbf{Mg^{2+}}$ e ha numero di ossidazione +2, in quanto il magnesio è un elemento del gruppo II:

$$\mathbf{Mg^{2+}SO_4^{2-}} \qquad \mathbf{MgSO_4}$$

- La preparazione di questo sale prevede la reazione tra l'anidride solforica $\mathbf{SO_3}$ o l'acido solforico $\mathbf{H_2SO_4}$ (composti a carattere acido) e l'ossido di magnesio $\mathbf{MgO}$ o l'idrossido di magnesio $\mathbf{Mg(OH)_2}$ (composti a carattere basico), perciò esistono quattro possibili reazioni di preparazione.

1. $\mathbf{SO}_{3(l)} + \mathbf{MgO}_{(s)} \rightarrow \mathbf{MgSO}_{4(s)}$
2. $\mathbf{H_2SO}_{4(aq)} + \mathbf{MgO}_{(s)} \rightarrow \mathbf{MgSO}_{4(aq)} + H_2O_{(l)}$
3. $\mathbf{SO}_{3(l)} + \mathbf{Mg(OH)}_{2(aq)} \rightarrow \mathbf{MgSO}_{4(aq)} + H_2O_{(l)}$
4. $\mathbf{H_2SO}_{4(aq)} + \mathbf{Mg(OH)}_{2(aq)} \rightarrow \mathbf{MgSO}_{4(aq)} + 2H_2O_{(l)}$

15.8 I sali sono sostanze acide, basiche o neutre?

Saggiando con una cartina di indicatore universale il pH di una soluzione di **cloruro di ammonio** NH_4Cl si nota un carattere **acido**. Nel caso invece di una soluzione di **acetato di sodio** CH_3COONa si osserva un carattere **basico**. Una soluzione di **cloruro di sodio** NaCl, invece, risulterebbe **neutra**.

Da che cosa dipendono queste differenze?
Il diverso pH delle soluzioni dei tre sali si spiega tenendo presente che in acqua i sali sono dissociati nei relativi cationi e anioni e conoscendo le reazioni che possono avvenire in acqua.
Esaminiamo ciò che avviene in ciascun caso.

$$NH_4Cl_{(s)} \xrightarrow{H_2O_{(l)}} NH^+_{4(aq)} + Cl^-_{(aq)}$$ **dissociazione ionica**

Il **cloruro di ammonio NH_4Cl** in acqua si dissocia nel catione ammonio NH_4^+ e nell'anione cloruro Cl^-.

$$\underset{\text{acido}}{NH^+_{4(aq)}} + \underset{\text{base}}{H_2O_{(l)}} \longrightarrow NH_{3(aq)} + H_3O^+_{(aq)}$$ **reazione acido-base** pH < 7

Lo ione ammonio è l'acido coniugato dell'ammoniaca NH_3, che è una base debole, e perciò tende a ritrovarsi prevalentemente in questa forma. Infatti NH_4^+ si comporta da acido, cedendo un protone all'acqua e formando NH_3. Lo ione idronio H_3O^+, che si forma contemporaneamente, è responsabile dell'acidità della soluzione.

$$Cl^-_{(aq)} + H_2O_{(l)} \longrightarrow$$ **nessuna reazione**

Lo ione Cl^- non dà alcuna reazione, perché è la base coniugata dell'acido cloridrico HCl, un acido che tende a rimanere in forma completamente ionizzata in quanto è un acido molto forte.

$$CH_3COONa_{(s)} \xrightarrow{H_2O_{(l)}} CH_3COO^-_{(aq)} + Na^+_{(aq)}$$ **dissociazione ionica**

L'**acetato di sodio** CH_3COONa solido viene dissociato dall'acqua nell'anione acetato CH_3COO^- e nel catione sodio Na^+.

$$\underset{\text{base}}{CH_3COO^-_{(aq)}} + \underset{\text{acido}}{H_2O_{(l)}} \longrightarrow CH_3COOH_{(aq)} + OH^-_{(aq)}$$ **reazione acido-base** pH > 7

Lo ione acetato CH_3COO^- è la base coniugata dell'acido acetico CH_3COOH, che è un acido debole, e tende perciò a rimanere prevalentemente nella forma non ionizzata. Infatti, lo ione acetato CH_3COO^- si comporta da base "strappando" un protone all'acqua e formando CH_3COOH; contemporaneamente si liberano ioni idrossido OH^- che rendono basica la soluzione.

$$Na^+_{(aq)} + H_2O_{(l)} \longrightarrow$$ **nessuna reazione**

Lo ione Na^+ non dà alcuna reazione, in quanto l'idrossido di sodio NaOH, che potrebbe formare con l'acqua, è una base forte e, come tale, tende a dissociarsi in Na^+ e OH^-.

schede lab
- Titolazione di una soluzione di idrossido di sodio
- Titolazione dell'aceto

Una soluzione di **cloruro di sodio NaCl** non altera la neutralità dell'acqua. Perché?

$$Na^+_{(aq)} + H_2O_{(l)} \longrightarrow \textbf{nessuna reazione}$$

$$Cl^-_{(aq)} + H_2O_{(l)} \longrightarrow \textbf{nessuna reazione}$$

Il catione Na^+ deriva dalla base forte NaOH, l'anione Cl^- deriva dall'acido forte HCl. Come si è detto in precedenza, entrambi gli ioni non hanno alcuna tendenza a reagire con l'acqua per riformare la base e l'acido.

animazione
Idrolisi dei sali

In conclusione, generalizzando, si ha una variazione del pH in questi casi:

- se il **catione** di un sale è l'**acido coniugato di una base debole** aumenta **$[H^+] \longrightarrow pH < 7$**
- se l'**anione** di un sale è la **base coniugata di un acido debole** aumenta **$[OH^-] \longrightarrow pH > 7$**

Questo fenomeno viene ricordato come **idrolisi salina**, termine ancora in uso ma non appropriato, in quanto *"idrolisi"* vuol dire *"scissione dovuta all'acqua"*.

idrolisi salina

L'**idrolisi salina** consiste in una **reazione acido-base** che avviene tra alcuni sali e l'acqua: un sale il cui **anione** è la **base coniugata di un acido debole** (come CH_3COOH) rende **basica la soluzione**; un sale il cui **catione** è l'**acido coniugato di una base debole** (come NH_3) rende **acida la soluzione**.

Come riconoscere la natura acida, basica o neutra di un sale attraverso la formula

Esiste un sistema "veloce" per riconoscere se un sale sciolto in acqua rende basica o acida la soluzione, oppure non ha alcun effetto sulla neutralità dell'acqua, che possiamo sintetizzare con la frase "**vince il più forte!**". Osserviamo le formule di questi sali e riferiamoci agli esempi precedenti.

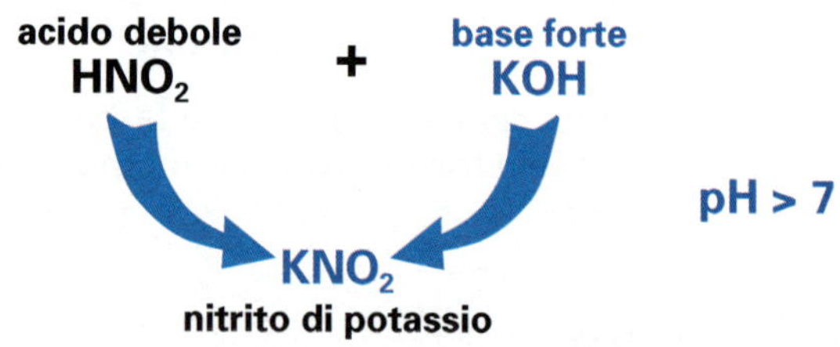

Il nitrito di potassio è un sale che deriva dall'acido nitroso HNO_2 (**acido debole**) e dall'idrossido di potassio KOH (**base forte**), perciò si comporta come l'acetato di sodio: **una sua soluzione acquosa è basica**.

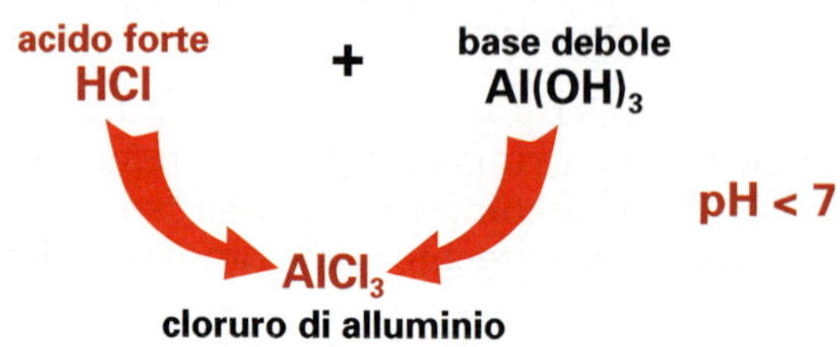

Il cloruro di alluminio è un sale che deriva dall'acido cloridrico HCl (**acido forte**) e dall'idrossido di alluminio $Al(OH)_3$ (**base debole**), perciò si comporta come il cloruro di ammonio: **una sua soluzione acquosa è acida**.

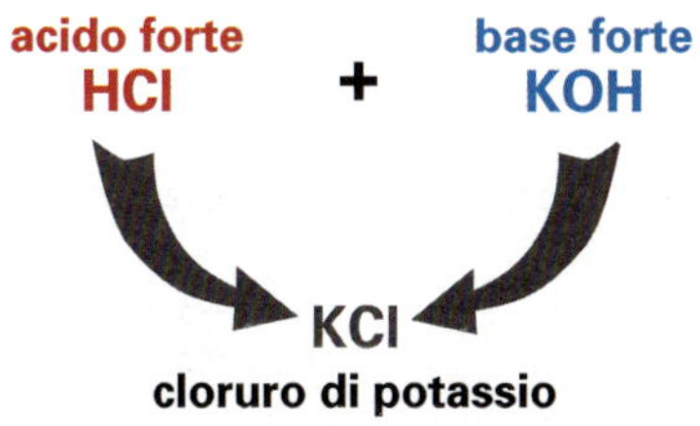

pH = 7

Il cloruro di potassio è un sale che deriva dall'acido cloridrico HCl (**acido forte**) e dall'idrossido di potassio KOH (**base forte**), perciò si comporta come il cloruro di sodio: **una sua soluzione acquosa è neutra**.

Tutti i sali che derivano da un **acido debole** e da una **base forte** in soluzione si comportano da basi e perciò **innalzano il pH = 7 dell'acqua pura**. — sali basici

Tutti i sali che derivano da una **base debole** e da un **acido forte** in soluzione si comportano da acidi e perciò **abbassano il pH = 7 dell'acqua pura**. — sali acidi

Tutti i sali che derivano da un **acido forte** e da una **base forte** in soluzione si comportano da sostanze neutre e perciò **non alterano il pH = 7 dell'acqua pura**. Altrettanto succede per sali che derivano da un acido e una base ugualmente deboli. — sali neutri

i sali e il pH

esempio 1

Il bicarbonato di sodio è un comune sale presente nelle nostre abitazioni, ed è il **monoidrogenocarbonato di sodio** $NaHCO_3$, spesso adoperato contro l'acidità di stomaco, che si avverte in certi casi dopo un pasto. A che cosa è dovuta questa sua proprietà di sostanza "antiacida"?

• In acqua il bicarbonato di sodio viene dissociato:

$$NaHCO_{3(s)} \xrightarrow{H_2O_{(l)}} HCO^-_{3(aq)} + Na^+_{(aq)}$$

• Lo ione monoidrogenocarbonato (o ione bicarbonato) si comporta da base e reagisce con l'acqua formando l'acido carbonico, che è un acido debole, e ioni idrossido OH^-:

$$HCO^-_{3(aq)} + H_2O_{(l)} \rightleftarrows H_2CO_{3(aq)} + OH^-_{(aq)} \qquad \mathbf{pH > 7}$$

Lo ione Na^+, com'è noto, non dà alcuna reazione.

• **La formazione di ioni OH^- rende basica la soluzione e giustifica l'uso del bicarbonato contro l'acidità di stomaco.**

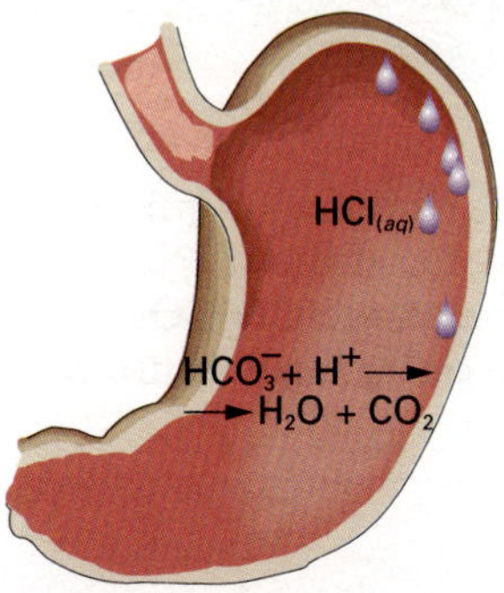

Le cellule che rivestono le pareti del nostro stomaco producono acido cloridrico, che favorisce la digestione e costituisce una barriera nei confronti di agenti patogeni (funghi, batteri ecc.). Quando la produzione di acido cloridrico è eccessiva il pH si abbassa oltre certi limiti, con conseguente "bruciore di stomaco".

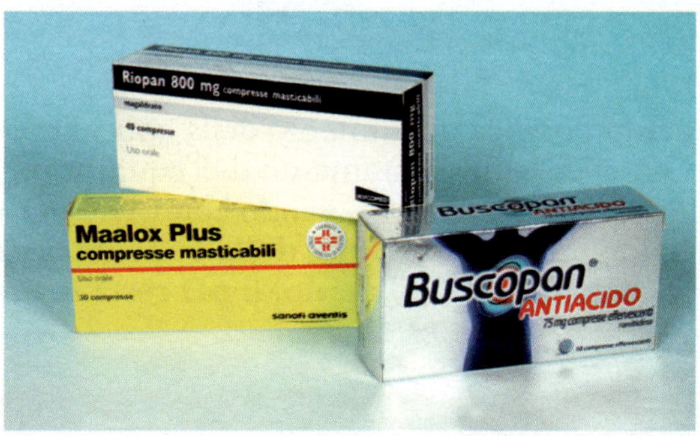

In questi casi si ricorre a farmaci, detti *antiacidi*, che sono sostanze basiche, come il bicarbonato di sodio $NaHCO_3$, che reagisce con gli ioni H^+ prodotti dall'HCl, *neutralizzando* l'eccesso di questo acido nello stomaco. L'acido carbonico H_2CO_3, che si forma dalla reazione, si decompone in H_2O e CO_2.

15.9 Le soluzioni tampone

Una **soluzione tampone** (o **tampone**) è costituita da due sostanze.

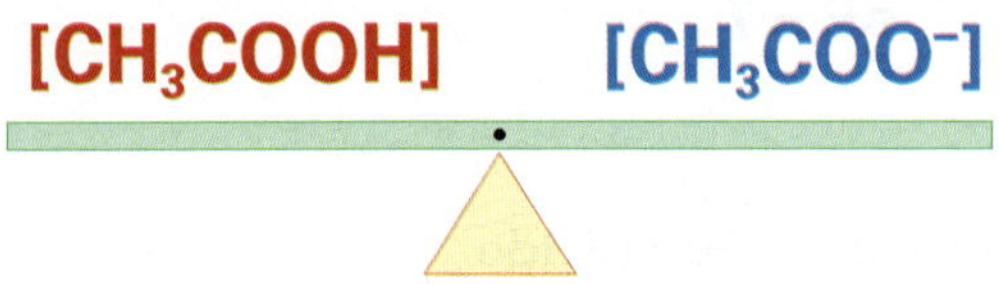

tampone acido pH ≈ 5

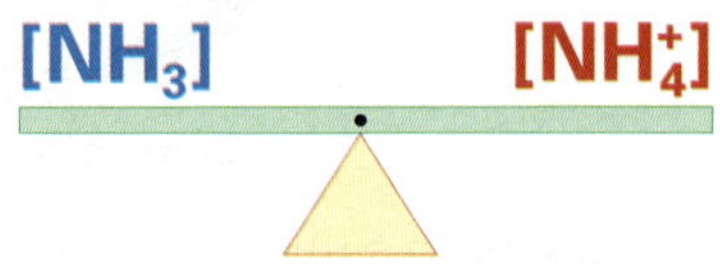

tampone basico pH ≈ 9

Il **tampone acido** è costituito da un acido debole, che nell'esempio è l'acido acetico CH_3COOH, e dalla sua base coniugata, CH_3COO^-, quest'ultima sotto forma di sale CH_3COONa, in cui il catione deriva dalla base forte NaOH. Il suo **pH** è **circa 5**.

Il **tampone basico** è costituito da una base debole, che nell'esempio è l'ammoniaca NH_3, e dal suo acido coniugato NH_4^+, che si trova sotto forma di sale NH_4Cl, in cui l'anione deriva dall' acido forte HCl. Il suo **pH** è **circa 9**.

soluzione tampone

Una **soluzione tampone** è caratterizzata da un **proprio pH**, acido o basico, ed è costituita da una soluzione di due sostanze: un acido debole e un suo sale, il cui catione deriva da una base forte (**tampone acido**), oppure una base debole e un suo sale, il cui anione deriva da un acido forte (**tampone basico**).

Che cosa accade quando alla soluzione tampone viene aggiunto un po' di acido o un po' di base?

$$\underset{\text{acido}}{CH_3COOH_{(aq)}} + H_2O_{(l)} \rightleftharpoons \underset{\text{base coniugata}}{CH_3COO^-_{(aq)}} + H_3O^+_{(aq)} \qquad [1]$$

Nel tampone acido, contenente acido acetico e acetato di sodio, indipendentemente dal catione presente nel sale (Na^+ o altro), si stabilisce l'equilibrio [1] tra l'acido e la sua base coniugata, che è l'equilibrio di ionizzazione dell'acido acetico.

$$\underset{\text{acido}}{CH_3COOH_{(aq)}} + H_2O_{(l)} \xrightleftharpoons{+H_3O^+_{(aq)}} \underset{\text{base coniugata}}{CH_3COO^-_{(aq)}} + H_3O^+_{(aq)}$$

tampone acido pH ≈ 5

L'**aggiunta di un acido** provoca un aumento della concentrazione di $H_3O^+_{(aq)}$ e quindi, in base al principio di Le Châtelier, uno spostamento dell'equilibrio [1] verso sinistra. Precisamente, gli ioni H_3O^+ aggiunti *si consumano,* reagendo con CH_3COO^- e formando CH_3COOH; di conseguenza, si ha soltanto una **diminuzione della concentrazione della base coniugata e un aumento della concentrazione dell'acido**. Il **pH** resta **invariato**.

$$\underset{\text{acido}}{CH_3COOH_{(aq)}} + H_2O_{(l)} \xrightleftharpoons{+OH^-_{(aq)}} \underset{\text{base coniugata}}{CH_3COO^-_{(aq)}} + H_3O^+_{(aq)}$$

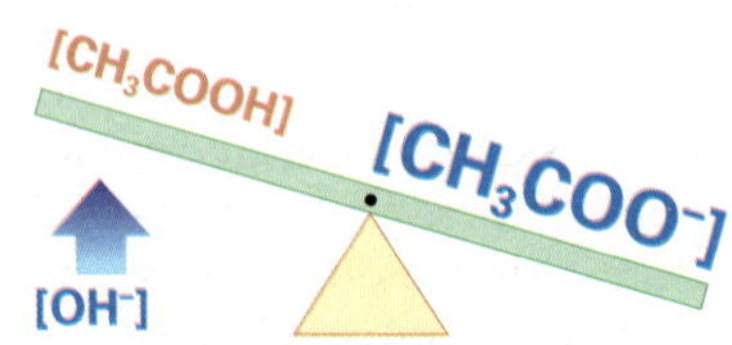

tampone basico pH ≈ 9

Con l'**aggiunta di una base**, gli ioni OH^- *si consumano*, reagendo con gli ioni H_3O^+ con cui formano acqua (**$OH^-_{(aq)}$** + $H_3O^+_{(aq)} \rightleftharpoons 2H_2O_{(l)}$). Di conseguenza, gli ioni H_3O^+ diminuiscono e, in base al principio di Le Châtelier, l'equilibrio [1] si sposta verso destra: **aumenta la concentrazione della base coniugata e diminuisce quella dell'acido**. Il **pH** resta **invariato**.

In maniera analoga funziona il **tampone basico**, costituito da NH_3 e NH_4Cl: nella soluzione si stabilisce l'equilibrio **[2]** tra la base e il suo acido coniugato.

$$\underset{\text{base}}{NH_{3(g)}} + H_2O_{(l)} \rightleftharpoons \underset{\text{acido coniugato}}{NH^+_{4(aq)}} + OH^-_{(aq)} \qquad [2]$$

$$\underset{\text{base}}{NH_{3(g)}} + H_2O_{(l)} \xrightleftharpoons{+H_3O^+_{(aq)}} \underset{\text{acido coniugato}}{NH^+_{4(aq)}} + OH^-_{(aq)}$$

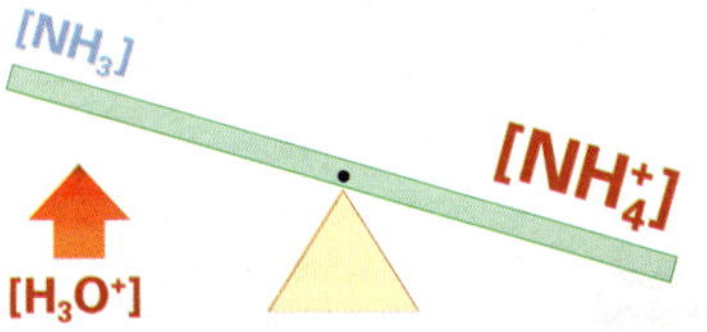

$$\underset{\text{base}}{NH_{3(g)}} + H_2O_{(l)} \xrightleftharpoons{+OH^-_{(aq)}} + \underset{\text{acido coniugato}}{NH^+_{4(aq)}} + OH^-_{(aq)}$$

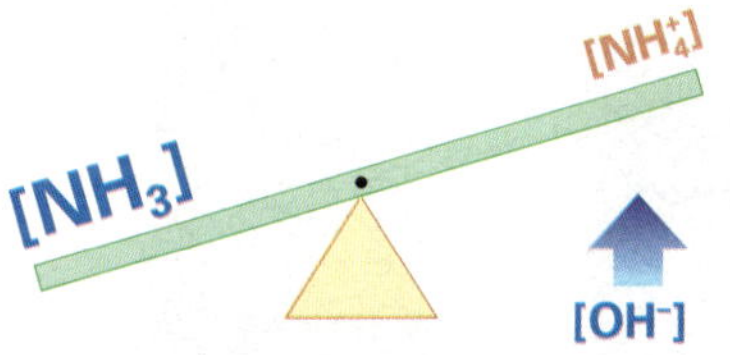

L'**aggiunta di H_3O^+ o di OH^- non altera il pH della soluzione**, perché entrambi gli ioni vengono *consumati*: gli H_3O^+ reagendo con gli OH^- per formare H_2O, gli OH^- reagendo con NH_4^+ per formare NH_3. L'unica variazione che si verifica è lo *spostamento dell'equilibrio* a destra o a sinistra e quindi una *variazione di concentrazione* dell'acido NH_4^+ e della sua base coniugata NH_3.

animazione
La funzione di un tampone

Aggiungendo **piccole quantità** di un **acido** o di una **base** a una soluzione tampone, gli ioni **H_3O^+** e gli ioni **OH^- vengono consumati**, quindi il **pH** della soluzione tampone **non varia**. Si modificano, invece, le concentrazioni dell'acido e della sua base coniugata.

azione del tampone

Come si calcola il pH di un tampone?

Il calcolo della concentrazione $[H^+_{(aq)}]$ di un tampone acido e della concentrazione $[OH^-_{(aq)}]$ di un tampone basico si effettua mediante una semplice equazione, conoscendo le concentrazioni dei due componenti del tampone e la costante di acidità K_a dell'acido, oppure la costante di basicità K_b della base.
Per i due tamponi esaminati si ha:

$$[H^+_{(aq)}] = K_a \cdot \frac{[CH_3COOH]}{[CH_3COONa]} \qquad \text{e} \qquad [OH^-_{(aq)}] = K_b \cdot \frac{[NH_3]}{[NH_4Cl]}$$

Quando le due concentrazioni della frazione sono uguali (come in genere avviene nel preparare il tampone), si ha:

$$[H^+_{(aq)}] = K_a \cdot \frac{\cancel{[CH_3COOH]}}{\cancel{[CH_3COONa]}} = K_a = 1{,}8 \cdot 10^{-5}\,\text{mol}/\ell \qquad \text{pH} \approx 5$$

$$[OH^-_{(aq)}] = K_b \cdot \frac{\cancel{[NH_3]}}{\cancel{[NH_4Cl]}} = K_b = 1{,}8 \cdot 10^{-5}\,\text{mol}/\ell \qquad \text{pOH} \approx 5 \quad \text{pH} \approx 9$$

IN LABORATORIO

Riconoscimento del diossido di carbonio

In questa esercitazione è descritta una reazione di salificazione che costituisce anche un saggio per il riconoscimento del diossido di carbonio CO_2:

$$\underset{\text{acqua di calce}}{Ca(OH)_{2(aq)}} + CO_{2(aq)} \longrightarrow \underset{\text{sale}}{CaCO_{3(s)}} + H_2O_{(l)}$$

Materiali

- 200-300 mℓ di acqua di calce*
- 2 bottiglie piccole di una bibita gassata
- 3-4 mℓ di soluzione idroalcolica di fenolftaleina
- pezzo di candela di 2-3 cm e un supporto rigido su cui fissarlo
- barattolo trasparente a bocca larga (alto circa 13 cm) con tappo
- becher o bicchierini di plastica trasparenti
- siringhe da 10 mℓ con ago
- spiedini di legno lunghi
- fiammiferi
- cannucce da bibita
- chiodo
- plastilina
- fornellino elettrico

Procedimento

1. Servendoti della siringa da 10 mℓ versa 8-10 mℓ di acqua di calce in un becher e osserva che cosa avviene con il passare del tempo.
2. Versa 8-10 mℓ di acqua di calce in un becher ed espira più volte attraverso la cannuccia nel liquido, osservando la trasformazione che avviene.
   Ripeti l'esperimento aggiungendo all'acqua di calce qualche goccia di soluzione dell'indicatore fenolftaleina fino alla comparsa di un tenue colore viola. Espira nel liquido fino a quando scompare il colore viola.
3. Versa un po' di acqua di calce nel barattolo a bocca larga (fino a circa 2 cm di altezza). Con qualche goccia di cera fissa il pezzo di candela sul supporto e sistema il tutto sul fondo del barattolo, evitando di bagnare lo stoppino.
   Accendi la candela con lo spiedino di legno, chiudi il barattolo e agitalo delicatamente, con un movimento rotatorio. Osserva la trasformazione che avviene.
4. Con l'ago della siringa, fora la parte alta (priva di liquido) del collo della bottiglia, dopo averla un po' agitata e aspira tutto il gas possibile. Versa lentamente il gas in un po' di acqua di calce e osserva ciò che accade.

Rispondi

- Quale fenomeno hai osservato dopo un po' di tempo nel becher lasciato sul banco al **punto 1**? A che cosa è dovuto?
- Perché al **punto 2** la soluzione si è decolorata?
- Qual è il nome del sale che si forma al **punto 2**, al **punto 3** e al **punto 4**? Qual è il suo aspetto?
- Da quali trasformazioni ha origine, al **punto 2** e al **punto 3**, il reagente che, insieme con l'idrossido di calcio, è responsabile della formazione del sale? Si tratta di trasformazioni fisiche oppure chimiche?
- La sostanza che si sviluppa dalla bibita gassata ha origine da un fenomeno fisico oppure chimico?

*Per preparare l'**acqua di calce** devi versare 2-3 cucchiai del **grassello di calce** del commercio in una bottiglia contenente 700-800 mℓ di **acqua distillata** ben calda e agitare energicamente il miscuglio. Dopo aver tenuto un po' a riposo la miscela, sul fondo della bottiglia si separa la calce non sciolta e nella parte superiore si forma uno strato non del tutto limpido. Filtra questa miscela e conservala ben tappata: questa è l'acqua di calce, cioè una *soluzione acquosa satura di idrossido di calcio*.

IN SINTESI

PER LA DIDATTICA INCLUSIVA

Il numero di ossidazione

Il **numero di ossidazione** di un atomo indica il suo **stato elettronico** in una molecola e si calcola attribuendo **gli elettroni di ciascun legame covalente all'atomo più elettronegativo**, perciò è una **carica apparente**; nei **composti ionici**, invece, è una **carica reale.**

Il numero di ossidazione si ricava tenendo presente che i numeri di ossidazione dell'idrogeno e dell'ossigeno sono rispettivamente **+1** e **−2** e che in un composto la **somma dei numeri di ossidazione è 0**.

Classificazione dei composti inorganici

I **composti inorganici** sono **binari** se costituiti da **2 elementi**, **ternari** se costituiti da **3 elementi,** e sono classificabili in:

- **composti a carattere acido**: idracidi, ossidi acidi (o anidridi) e ossiacidi
- **composti a carattere basico**: ossidi basici e idrossidi.

I loro **nomi** sono definiti dalla **nomenclatura** IUPAC o dalla **notazione di Stock** oppure sono **nomi tradizionali.**

I **sali** derivano dagli acidi (come HCl e H_2SO_4), per sostituzione degli atomi di idrogeno con un metallo.

In pratica, la loro preparazione può avvenire per reazione tra: **un composto a carattere acido** (idracido, anidride o ossiacido) e **un composto a carattere basico** (ossido o idrossido).

Alcuni **sali** hanno **carattere acido** o **basico**, a seconda della loro reazione con l'acqua (idrolisi salina).

- I sali acidi derivano da un acido forte e una base debole (come cloruro di ammonio) e in soluzione producono ioni $H_3O^+_{(aq)}$.
- I sali basici derivano da un acido debole e una base forte (come acetato di sodio) e in soluzione producono ioni $OH^-_{(aq)}$.
- I **sali neutri** derivano da un acido forte e una base forte (come cloruro di sodio).

Le soluzioni tampone

Una **soluzione tampone** (o **tampone**) è caratterizzata da un **proprio pH.**

- Un tampone acido è costituito da un **acido debole** e **un suo sale derivante da una base forte**, come acido acetico e acetato di sodio.
- Un tampone basico è costituito da una **base debole** e **un suo sale derivante da un acido forte**, come ammoniaca e cloruro di ammonio.

IN SINTESI

In entrambi i casi, aggiungendo piccole quantità di un acido o di una base alla soluzione tampone, gli ioni H_3O^+ e gli ioni OH^- **vengono consumati**, quindi il **pH della soluzione tampone non varia**. Si modificano, invece, le concentrazioni dei due composti da cui è costituito il tampone.

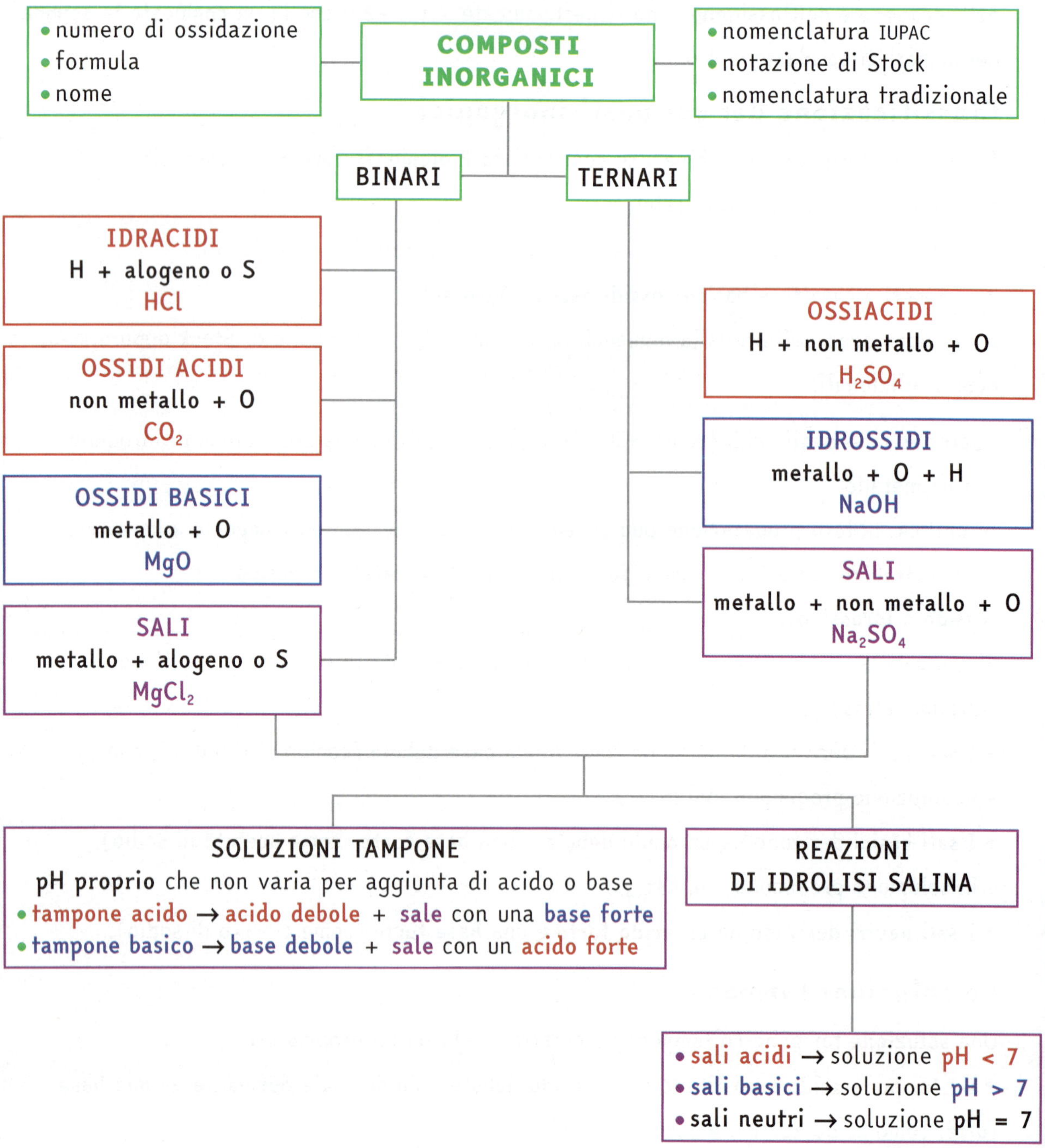

SCIENTIFIC ENGLISH

Acid Rains

Acid rain refers to the deposition of acidic components in rain, snow and dew. Acid rain occurs when sulfur dioxide SO_2 and nitrogen oxides NO_x are emitted into the atmosphere, undergo chemical transformations, and are absorbed by water droplets in clouds.

Carbon dioxide CO_2 reacts with water in the atmosphere to form carbonic acid H_2CO_3, that dissociates to form hydrogen ions and hydrogen carbonate ions HCO_3^-.

Nitric oxide NO is formed during lightning storms when nitrogen and oxygen react and it also contributes to the natural acidity of rainwater. In air, NO is oxidised to form nitrogen dioxide NO_2, which then reacts with water in the atmosphere to form nitric acid HNO_3, that dissociates in water to produce hydrogen ions and nitrate ions NO_3^-.

Sulphur dioxide SO_2 in the atmosphere first reacts with oxygen to form sulphur trioxide SO_3, before reacting with water to form sulphuric acid H_2SO_4. Sulphuric acid dissociates in a similar way to the previous reactions producing hydrogen ions H^+.

Although these reactions do take place naturally, human activities can greatly increase the concentration of these gases in the atmosphere, so that rain becomes far more acidic than it would otherwise be. The burning of fossil fuels in industries, vehicles etc. is one of the biggest culprits.
Acid rain can also affect buildings and monuments, many of which are made from marble and limestone.

Acid rain can have a very damaging effect on the environment. In rivers, dams and lakes, increased acidity can mean that some species of animals and plants will not survive. Acid rain can also degrade soil minerals, producing metal ions that are washed into water systems. Some of these ions may be toxic e.g. Al^{3+}. From an economic perspective, altered soil pH can drastically affect agricultural productivity.

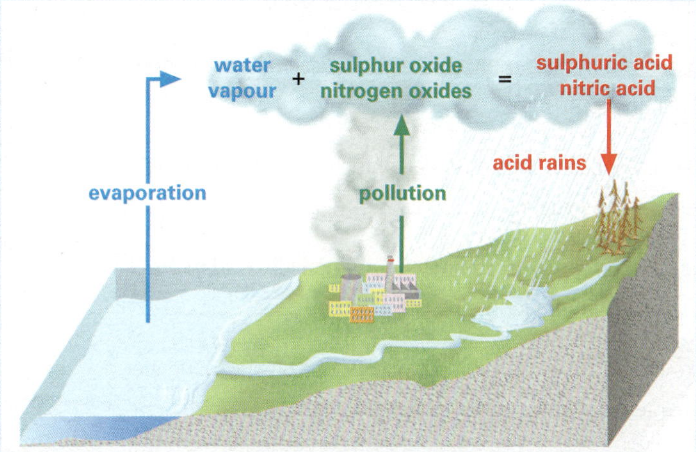

Key Words

Acid is a compound that transfers hydrogen ions in solution.

Acidic is a term that pertains to acid or to its properties.

Acid rains are caused by the reactions of carbon dioxide, nitrogen dioxide and sulphur dioxide with water of atmosphere that products acid compounds which increases the natural acidity of rain.

Marble is a metamorphic rock derived from calcareous sedimentary rocks, such as limestone and dolomite.

Limestone is a sedimentary rock formed by calcium carbonate.

Multiple Choice

1 Which substance does not reacts with water to form acid rains?
A SO_3
B NO_2
C CO_2
D Fe_2O_3

2 Which compounds are produced in the reaction between sulphuric acid and calcium carbonate?
A $CaSO_2$ and CO_2
B $CaSO_4$ and CO_4
C $CaSO_4$ and CO_2
D $CaCO_3$ and $CaSO_4$

Questions

3 What are the human activities that increase the natural acidity of rainwater?
4 Why the monuments are damaged by acid rains?

STRUMENTI PER COSTRUIRE LE COMPETENZE

ALTRI TEST

Studiando la teoria...

Completa le frasi

1 Il numero di ossidazione di un elemento indica lo .... in cui un suo atomo si trova quando è legato a un altro in una molecola, mediante un legame ....

2 Il numero di ossidazione si calcola attribuendo gli elettroni di ciascun legame all'atomo ....

3 Il numero di ossidazione di uno stesso elemento in composti diversi può ....

4 I numeri di ossidazione dell'idrogeno e dell'ossigeno sono quasi sempre, rispettivamente, ... e ....

5 Il numero di ossidazione è 0 .... e .... di alcuni composti organici.

6 Il numero di ossidazione non è una carica reale, come quella di uno ione, ma ....

7 Nei composti ionici biatomici il numero di ossidazione degli elementi è uguale ....

8 In un composto la somma dei numeri di ossidazione è ....; in uno ione è uguale alla ....

9 In uno stesso composto (in particolare se organico), un elemento può avere numeri di ossidazione ....

10 Il numero di ossidazione di un elemento in una molecola si calcola facendo la .... dei numeri di ossidazione degli altri elementi e cambiando .... al numero ottenuto.

11 I 4 acidi alogenidrici sono: l'acido ...., ..., ... e .... Alcuni si ottengono per reazione tra l'.............................. e l'alogeno.

12 Gli ossidi acidi (o anidridi) sono costituiti da .... e .... Alcuni si ottengono per reazione tra .... e il ....

13 Gli ossiacidi sono costituiti da ...., ... e .... Si ottengono per reazione tra le corrispondenti anidridi e ....

14 Gli ossidi basici sono costituiti da .... e .... Alcuni si ottengono per reazione tra .... e ....

15 Gli idrossidi sono costituiti da .... e il gruppo .... Gli idrossidi possono essere preparati mediante una reazione tra .... e ....

16 I sali possono essere considerati derivati dagli acidi per sostituzione degli atomi di .... con atomi di ....

17 La preparazione dei sali richiede che una sostanza acida, cioè un .... o un .... o un ...., reagisca con una sostanza ...., cioè un .... o un ....

18 Le soluzioni dei sali sono basiche o acide quando subiscono una reazione di .... Un sale che deriva da un acido .... e da una base forte dà un pH .... 7. Un sale che deriva da una base .... e da un acido forte dà un pH .... 7.

19 Un sale non subisce la reazione di ...., se deriva da una base e un acido entrambi .... o ugualmente .... In tal caso una sua soluzione ha pH 7

20 La caratteristica di una soluzione tampone è avere un .... pH, acido o basico, che .... per piccole aggiunte di un acido o di una base.

21 Un tampone acido è costituito da un acido .... e un suo salе, il cui catione deriva da una base ....

22 Un tampone basico è costituito da una base .... e un suo sale, il cui anione deriva da un acido ....

Test vero-falso

1 Un elemento può presentare numeri di ossidazione diversi in composti diversi e anche nello stesso composto. V F

2 Soltanto nelle molecole degli elementi, come H_2, il numero di ossidazione degli atomi è 0. V F

3 Nei composti ionici il numero di ossidazione di uno ione coincide con la sua carica. V F

4 Lo zolfo forma un idracido in cui presenta numero di ossidazione −1. V F

5 Le anidridi hanno carattere acido perciò sono dette ossidi acidi. V F

6 L'acido $HClO_4$ è detto acido ipocloroso e il cloro presenta il numero di ossidazione più basso. V F

7 Un sale si può preparare facendo reagire un'anidride con un ossiacido. V F

8 L'idrolisi dell'acetato di sodio è una reazione acido-base che avviene tra lo ione acetato (che si comporta da base) e l'acqua che si comporta da acido. V F

9 Tutti i sali che derivano da una base debole (come l'ammoniaca) e da un acido forte (come l'acido cloridrico) in soluzione danno un $pH < 7$. V F

10 Una soluzione tampone formata da ammoniaca e cloruro di ammonio ha $pH = 5$ e $pOH = 9$. V F

Test a risposta multipla

Scegli la risposta o il completamento corretti

1 Quale acido *non può* essere preparato da un'anidride?

A Acido bromidrico
B Acido ipocloroso
C Acido nitrico
D Acido solforico

2 Quale composto è il componente del prodotto commerciale che ha il nome di *acido muriatico*?

A Acido fluoridrico
B Acido fosforico
C Acido cloridrico
D Acido solfidrico

3 Quale ossido è un'anidride?

A K_2O
B FeO
C I_2O_3
D Hg_2O

4 Quale composto è presente nelle bevande gassate e le rende frizzanti?

A Acido cloridrico
B Anidride solforica
C Cloruro di sodio
D Anidride carbonica

5 In quale ossiacido il non metallo ha numero di ossidazione più alto?

A H_2SO_3
B H_3PO_3
C HNO_3
D $HClO$

6 Qual è il nome IUPAC dell'ossido di alluminio?

A Triossido di dialluminio
B Ossido di alluminio (III)
C Diossido di trialluminio
D Ossido di alluminio

7 Quale soluzione salina subisce un'idrolisi, rendendo rossa una cartina al tornasole?

A $NaCl_{(aq)}$
B $NH_4Cl_{(aq)}$
C $NaHCO_{3(aq)}$
D $CH_3COONa_{(aq)}$

8 Quali composti, in soluzione, reagiscono tra loro formando il composto $Fe(NO_3)_3$?

1. acido nitrico **3.** triossido di diferro
2. acido nitroso **4.** idrossido di ferro (II)

A 1 e 3
B 1 e 4
C 2 e 3
D 2 e 4

9 Indica la formula e il nome del sale che si forma per reazione tra l'acido fosforico e l'idrossido rameico:

A Cu_3PO_4 fosfato di rame (I)
B $Cu_3(PO_4)_2$ fosfato di rame (II)
C Cu_3PO_3 fosfito di rame (I)
D $Cu_3(PO_3)_2$ fosfito di rame (II)

10 L'idrolisi dell'acetato di sodio consiste in:

A una dissociazione dell'acetato in catione sodio e anione acetato
B una reazione acido-base tra l'anione acetato e l'acqua
C una reazione acido-base tra il catione sodio e l'acqua
D una reazione acido-base tra il catione e l'acqua e tra l'anione e l'acqua

Applica le tue conoscenze

15.1 Il numero di ossidazione

1 Calcola il numero di ossidazione dello zolfo S nell'acido solforico H_2SO_4 e nell'acido solforoso H_2SO_3. [+6 e +4]

2 Calcola il numero di ossidazione del bromo Br nei seguenti composti: HBr; HBrO; $HBrO_3$. [–1; +1; +5]

3 Calcola il numero di ossidazione del fosforo P nel composto P_2O_5. [+5]

4 Qual è l'elemento con il più alto numero di ossidazione nei seguenti composti? Qual è il suo numero di ossidazione?

H_4SiO_4 $NaClO_4$ Co_2O_3 K_3PO_4 [Cl; +7]

5 Qual è il numero di ossidazione dello zolfo S nel solfato di calcio $CaSO_4$? [+6]

6 Calcola il numero di ossidazione del cromo nello ione dicromato $Cr_2O_7^{2-}$, ricordando che il numero di ossidazione è riferito all'atomo singolo. [+6]

7 Calcola il numero di ossidazione del fosforo nello ione pirofosfato $P_2O_7^{4-}$. [+5]

15.2 Sostanze a carattere acido: idracidi

8 Qual è l'idracido presente nel nostro organismo?

9 Quale tipo di legame tiene unito l'idrogeno agli alogeni nei quattro acidi alogenidrici?

10 Qual è il nome dell'idracido HCN, secondo la nomenclatura IUPAC?

11 Scrivi la reazione di sintesi per ottenere il cloruro di idrogeno HCl.

15.3 Sostanze a carattere acido: ossidi acidi

12 Riporta il nome di qualche bevanda di tuo gusto che contiene l'ossido acido responsabile del suo sapore frizzante.

13 Scrivi le formule delle seguenti anidridi:
a) anidride bromica *c*) anidride periodica
b) anidride ipoiodosa *d*) anidride clorosa

14 Assegna il nome tradizionale e il nome IUPAC al composto Br_2O_7.

15.4 Sostanze a carattere acido: ossiacidi

15 Per quanto riguarda la composizione delle loro molecole, in che cosa differiscono gli ossiacidi dagli idracidi?

16 Lo zolfo forma tre acidi in cui presenta i numeri di ossidazione –2, +4 e +6. Scrivi le formule di questi acidi e i relativi nomi.

17 Scrivi la reazione che trasforma un'anidride dello zolfo in uno degli acidi responsabili delle piogge acide.

18 Scrivi le reazioni per ottenere i seguenti ossiacidi dai corrispondenti ossidi acidi:

a) H_2SO_3 *b*) $HClO_3$ *c*) H_3PO_4

19 Scrivi le formule dei due ossiacidi dell'arsenico As, osservando la posizione di questo elemento nella tavola periodica e ricordando che ha un comportamento simile a quello dell'elemento che lo precede nel gruppo. I numeri di ossidazione di questi due elementi sono –3, +3 e +5. Assegna il nome ai due acidi.

- L'arsenico si trova nel gruppo V della tavola periodica ed è preceduto dal ....
- In un ossiacido i numeri di ossidazione del non metallo possono essere soltanto positivi, cioè .... e .... Per analogia con l'acido fosforoso e l'acido fosforico, riportati nella tabella a pag. 340, le formule richieste sono: ....
....

20 Scrivi le formule dei due ossiacidi del selenio Se, facendo riferimento agli ossiacidi dello zolfo, che precede il selenio nello stesso gruppo della tavola periodica. I numeri di ossidazione dello zolfo e del selenio sono –2, +4 e +6.

15.5 Sostanze a carattere basico: ossidi basici

21 Osservando i numeri di ossidazione dei seguenti elementi di transizione, scrivi le formule dei vari ossidi che possono formare e attribuisci loro il nome secondo i tre tipi di nomenclatura descritti.

a) rame +1, +2 *c*) cobalto +2, +3
b) nichel +2, +3 *d*) argento +1

22 Assegna il nome, secondo la notazione di Stock, all'ossido di palladio PdO_2.

15.6 Sostanze a carattere basico: idrossidi

23 Completa la tabella che riguarda la preparazione di alcuni idrossidi, ricordando che il numero di ossidazione del metallo nell'idrossido e nell'ossido sono uguali.

idrossido	reagenti	reazione bilanciata con cui si forma l'idrossido
KOH	ossido + acqua	
$Mg(OH)_2$	ossido + acqua	
$Fe(OH)_3$	ossido + acqua	
HgOH	ossido + acqua	
$Cu(OH)_2$	ossido + acqua	

24 Quale colore assumerebbe la fenoftaleina in una soluzione concentrata di soda caustica?

15.7 Che cosa sono i sali

25 I fumi bianchi che si formano all'imboccatura delle bottiglie indicano la formazione di un sale bianco per reazione tra l'acido e la base in esse contenute. Di quale sale si tratta?

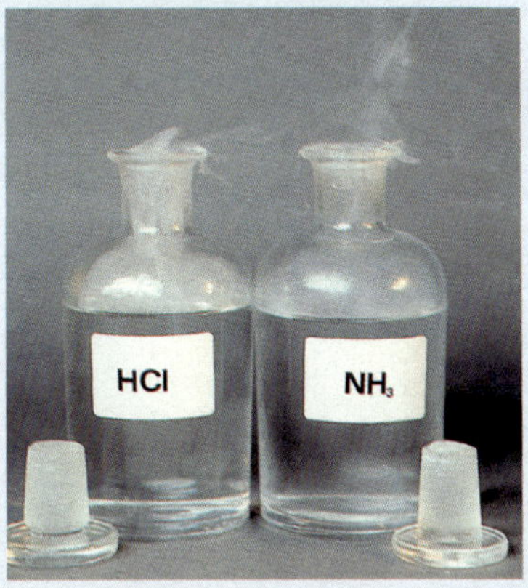

26 Scrivi la reazione con cui si potrebbe preparare il cloruro di alluminio, utilizzando un idrossido e un acido.

- Per la scelta dei due reagenti occorre che in primo luogo tu scriva la formula del sale che devi preparare, cioè $AlCl_3$.
- Per il catione del sale (l'alluminio) userai il corrispondente idrossido, che è ...., per l'anione del sale devi utilizzare l'acido da cui esso deriva, cioè ....
- Ora puoi utilizzare questi due reagenti per scrivere la reazione, ricordando che si forma anche l'acqua:

  .... + ... $\longrightarrow AlCl_3 + H_2O$

  e bilanciarla:

  .... + ... $\longrightarrow$ .... + ...

27 Completa la tabella che riguarda la preparazione di alcuni sali da idrossidi e acidi.

idrossido	acido	sale	reazione bilanciata con cui si forma il sale
	H_2SO_4	solfato di potassio	
	HCl	cloruro di calcio	
$Fe(OH)_3$		fosfato ferrico	
	HI	ioduro di litio	
$Cu(OH)_2$		solfuro rameico	

28 Scrivi le seguenti reazioni bilanciate e attribuisci il nome ai sali che si formano:

a) $Al(OH)_3$ + acido solforoso ....

b) anidride solforica + $Ca(OH)_2$ ....

c) anidride carbonica + ossido di ferro (II) ....

d) ossido di magnesio + HClO ....

29 L'acido cloridrico può essere preparato facendo gocciolare l'acido solforico sul cloruro di sodio solido contenuto nella beuta e raccogliendo in acqua il cloruro di idrogeno gassoso che si forma.

a) Scrivi l'equazione della reazione che si verifica.

b) Questa reazione viene definita talvolta come "reazione di spostamento". Quale significato puoi attribuire a questa espressione?

30 Spiega in che cosa consiste l'idrolisi salina.

15.8 I sali sono sostanze acide, basiche o neutre?

31 Sciogliendo in acqua l'ipoclorito di sodio NaClO e saggiando il pH con una cartina universale, troveresti un valore del pH uguale, maggiore o minore di 7?

- In primo luogo devi osservare che NaClO è un sale costituito dal catione Na^+ e dall'anione ClO^-.
- Ricordi certamente che lo ione Na^+ non reagisce con ...., perché deriva da una base ....
- Invece l'anione ClO^- deriva da un acido debole, perciò reagisce con ....:

  $ClO^-_{(aq)}$ + ... $\longrightarrow$ .... + ...

  ione ipoclorito — acido debole

- La formazione di .... ti fa comprendere che la soluzione ha un pH .... 7.

32 Completa la tabella, riferendoti alla scala della forza degli acidi.

sali in soluzione	pH < 7	pH = 7	pH > 7
Na_2SO_3			
NH_4Br			
$Ca(NO_2)_2$			
KNO_3			
$NaClO_4$			

15.9 Le soluzioni tampone

33 Qual è la proprietà caratteristica delle soluzioni tampone?

34 Individua la coppia di composti che, sciolta in acqua, forma un tampone acido e quella che forma un tampone basico:

a) $HNO_2/NaNO_2$ *b*) HBr/KBr *c*) NH_3/NH_4Br

35 Scrivi la reazione che avviene aggiungendo un po' di acido cloridrico a una soluzione tampone formata da ammoniaca e cloruro di ammonio.

OBIETTIVO COMPETENZA

1 Tra gli idracidi, quali sono elettroliti deboli? In quale di essi si formano legami intermolecolari molto forti? Di quali legami si tratta?

2 1 mol di ossido di dipotassio viene sciolta in acqua e la soluzione è portata a 1 ℓ.
a) Scrivi l'equazione della reazione che si verifica.
b) La soluzione ottenuta dopo la reazione ha un pH minore, uguale o maggiore di 7? Giustifica la tua risposta.
c) Quante moli di prodotto si ottengono? **[2 mol]**
d) Qual è la molarità della soluzione ottenuta? **[2 M]**

3 Completa e bilancia la reazione tra acido iodidrico e idrossido di magnesio:
$2HI_{(aq)} + Mg(OH)_{2(aq)} \longrightarrow$ ....
a) Qual è il nome del sale che si forma?
b) Quante moli di sale si formano da 4 mol di acido iodidrico? **[2 mol]**
c) Quanti grammi? **[556 g]**

4 L'acido cianidrico H—C≡N è un veleno ad azione rapidissima, perché blocca le funzioni respiratorie. Nelle "camere a gas" veniva prodotto facendo cadere palline di cianuro di potassio in acido solforico. Scrivi la reazione.

5 Contro le scottature prodotte dall'acido solforico si ricorre a una soluzione di bicarbonato di sodio. Quale effetto ha questo composto sull'acido solforico?

6 Vengono mescolati 1 ℓ di $NaOH_{(aq)}$ 0,1 M e 1 ℓ di $HCl_{(aq)}$ 0,1 M.
a) Scrivi l'equazione della reazione tra i due composti.
b) I due composti reagiscono completamente, oppure resta un eccesso di uno dei due che non ha reagito?
c) Qual è il pH della soluzione risultante, a 25 °C? Giustifica la tua risposta. **[pH = 7]**
d) Qual è la concentrazione $[OH^-_{(aq)}]$, a 25 °C? **[$1 \cdot 10^{-7}$ mol/ℓ]**
e) Per valutare la fine della reazione, utilizzeresti come indicatore la fenolftaleina oppure la cartina universale? Giustifica la risposta.

7 Il bicarbonato di sodio è un efficace antiacido, ma il suo uso prolungato può provocare piccole lesioni alla parete dello stomaco, a causa della formazione di anidride carbonica, quando il bicarbonato reagisce con l'acido cloridrico presente nello stomaco.
a) Completa la reazione:
$NaHCO_{3(aq)}$ + ... $\longrightarrow$ .... + $NaCl_{(aq)}$ + ...
b) Quanti grammi di CO_2 si sviluppano quando si assumono 0,84 g di bicarbonato? **[0,44 g]**

8 Lo ione idrogenocarbonato è una *specie chimica anfiprotica*, come l'acqua; ma il bicarbonato di sodio ha un carattere basico. Completa le reazioni, giustificando il comportamento acido e basico di questo ione e spiega perché l'idrogenocarbonato di sodio è un composto basico.
a) $\underset{\text{acido}}{HCO_3^-} + H_2O_{(l)} \rightleftarrows$ ....
b) $\underset{\text{base}}{HCO_3^-} + H_2O_{(l)} + \rightleftarrows$ ....

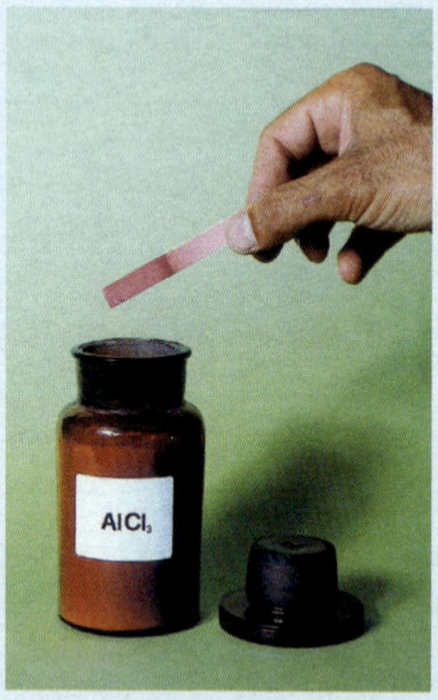

9 Una cartina universale è stata inumidita ed esposta al contatto dei fumi che escono dalla boccetta, che contiene cloruro di alluminio $AlCl_3$. Perché la cartina diventa rossa?

10 Per mantenere il pH di una soluzione a un valore 7 potresti preparare un tampone con acido nitrico e nitrato di potassio? Giustifica la risposta.

11 Definisci il termine "valenza" nel caso di elementi che presentano legami covalenti e ionici. Indica se e in quale caso c'è differenza tra valenza e numero di ossidazione. Giustifica la risposta.

12 Ricordando i componenti dell'aria non inquinata, quale potrebbe essere il pH dell'acqua piovana? Leggermente basico, leggermente acido oppure neutro?

13 In che modo potresti riconoscere il carattere acido o basico di un ossido solubile in acqua di cui non conosci il nome?
Riporta un esempio di un ossido acido e di un ossido basico con il colore che una cartina al tornasole acquisterebbe in una loro soluzione.

UNITÀ 16 Ossido-riduzioni ed elettrochimica

Perché?...

- Quando si parla di ossidazione, si intende un fenomeno in cui interviene sempre l'ossigeno, come nella combustione?
- Come si fa la doratura o l'argentatura di un oggetto metallico?
- In che modo una pila produce energia elettrica?
- Perché soltanto alcuni elementi si trovano in natura allo stato elementare?

16.1 Le reazioni di ossido-riduzione

Le immagini che osservi fanno parte dell'esperienza quotidiana e tutte sono collegabili a un tipo di trasformazioni chimiche: le **reazioni di ossido-riduzione**.

Le macchie che anneriscono l'argento si formano dopo che il metallo è stato ossidato dall'ossigeno dell'aria.

L'ossigeno ossida l'alcol etilico contenuto nel vino, trasformandolo in acido acetico (componente dell'aceto).

La formazione della ruggine è il prodotto dell'ossidazione del ferro in presenza di aria umida.

16.2 Le reazioni in cui variano i numeri di ossidazione

animazione
Le reazioni di ossido-riduzione

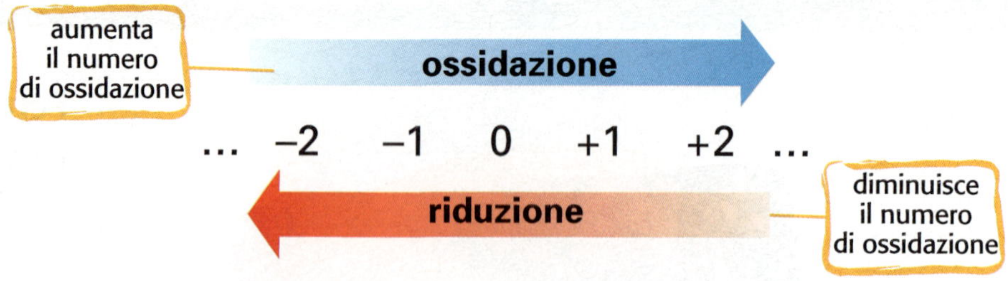

Nelle **reazioni di ossido-riduzione**, dette **reazioni redox**, si **verificano variazioni dei numeri di ossidazione** (n.o.) di alcuni elementi. Si tratta di due trasformazioni che possono avvenire soltanto contemporaneamente: un'**ossidazione** e una **riduzione**. L'**ossidazione** consiste in un **aumento del numero di ossidazione**, la **riduzione** in una **diminuzione**.

Ricorda!...
L'**ossidante** è la sostanza in cui un elemento **si riduce**, cioè il suo **numero di ossidazione diminuisce**; il **riducente** è la sostanza in cui un elemento **si ossida**, cioè il suo **numero di ossidazione aumenta**.

Nelle reazioni di ossido-riduzione un elemento A si ossida e *contemporaneamente* un altro elemento B si riduce. Tuttavia solitamente si dice che si ossida la sostanza che contiene A e si riduce quella che contiene B.
La sostanza che si ossida provoca la riduzione dell'altra sostanza, perciò è detta **riducente**; quella che si riduce è detta **ossidante**, perché provoca l'ossidazione dell'altra. Naturalmente in una reazione di ossido-riduzione non può esserci un riducente senza il relativo ossidante.

reazione di ossido-riduzione

Una **reazione di ossido-riduzione** è una reazione in cui variano i numeri di ossidazione di due (talvolta più) elementi. Alla **riduzione** corrisponde una **diminuzione del numero di ossidazione**, all'**ossidazione** corrisponde, invece, un **aumento**.

video lab
La sintesi dell'acqua

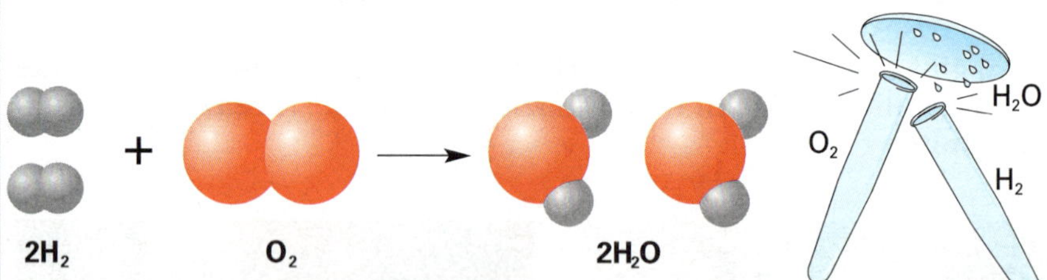

OSSIDAZIONE
aumenta il numero di ossidazione dell'idrogeno

$$\overset{0}{2H_{2(g)}} + \overset{0}{O_{2(g)}} \rightarrow 2\overset{+1}{H_2}\overset{-2}{O_{(g)}}$$

RIDUZIONE
diminuisce il numero di ossidazione dell'ossigeno

La **sintesi dell'acqua** è una reazione di ossido-riduzione. Si tratta di una reazione spontanea, ma lentissima, tanto da dover essere accelerata innescandola con una fiammella. L'ossigeno si riduce e l'idrogeno si ossida, quindi l'ossigeno è l'**ossidante** e l'idrogeno è il **riducente**.

Ricorda!...
Le **reazioni di sintesi di composti binari** sono reazioni di ossido-riduzione, in quanto i reagenti sono gli elementi, che assumono valori del numero di ossidazione diverso da 0 nel composto che formano.

La reazione di ossido-riduzione più comune è la **combustione**, come quella del metano.

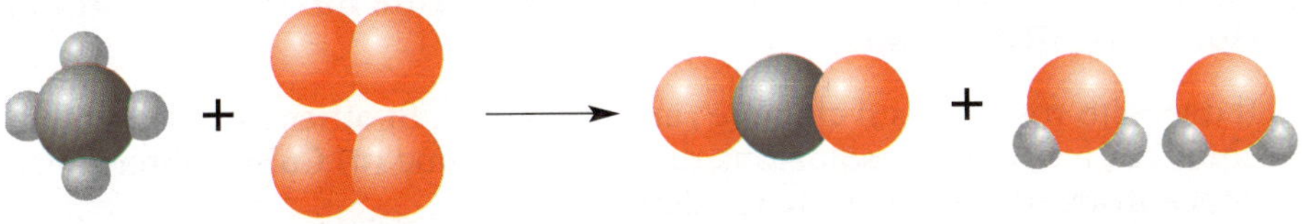

CH_4 $2O_2$ CO_2 $2H_2O$

OSSIDAZIONE
aumenta il numero di ossidazione del carbonio

$$\overset{-4}{C}H_{4(g)} + 2\overset{0}{O}_{2(g)} \rightarrow \overset{+4}{C}\overset{-2}{O}_{2(g)} + 2H_2\overset{-2}{O}_{(g)}$$

RIDUZIONE
diminuisce il numero di ossidazione dell'ossigeno

Nella reazione di combustione del metano l'**ossidante** è l'ossigeno e il **riducente** è il metano. L'ossigeno ridotto si ritrova nei due composti CO_2 e H_2O.

Vediamo nel dettaglio le reazioni responsabili dei fenomeni illustrati a pagina 361.

1 Per esposizione all'aria l'**argento viene ossidato** dall'ossigeno:

OSSIDAZIONE

$$\underset{\text{riducente}}{4\overset{0}{Ag}_{(s)}} + \underset{\text{ossidante}}{\overset{0}{O}_{2(g)}} \rightarrow \underset{\text{ossido di argento}}{2\overset{+1}{Ag}_2\overset{-2}{O}_{(s)}}$$

RIDUZIONE

ossidazione dell'argento all'aria

Successivamente si annerisce, perché nell'aria sono generalmente presenti piccole quantità di solfuro di idrogeno:

$$Ag_2O_{(s)} + \underset{\text{solfuro di diidrogeno}}{H_2S_{(g)}} \rightarrow \underset{\text{solfuro di argento}}{Ag_2S_{(s)}} + H_2O_{(l)}$$

formazione del solfuro di argento nero

2 La **formazione di aceto dal vino** è dovuta all'ossidazione dell'alcol etilico ad acido acetico, componente dell'aceto. L'ossidante è l'ossigeno dell'aria, il riducente è l'alcol in cui si ossida soltanto il carbonio del gruppo $-CH_2OH$:

OSSIDAZIONE

$$\underset{\substack{\text{alcol etilico}\\ \text{riducente}}}{\overset{-3}{C}H_3-\overset{-1}{C}H_2OH_{(l)}} + \underset{\text{ossidante}}{\overset{0}{O}_{2(g)}} \rightarrow \underset{\text{acido acetico}}{\overset{-3}{C}H_3-\overset{+3}{C}OOH_{(l)}} + H_2\overset{-2}{O}_{(l)}$$

RIDUZIONE

ossidazione dell'alcol etilico

3 La **ruggine** è costituita essenzialmente da un ossido di ferro che contiene un numero variabile di molecole d'acqua. Si forma all'aria in seguito a varie trasformazioni, dovute all'ossigeno e all'umidità, che possono essere espresse complessivamente così:

OSSIDAZIONE

$$\underset{\text{riducente}}{4\overset{0}{Fe}_{(s)}} + \underset{\text{ossidante}}{3\overset{0}{O}_{2(g)}} \xrightarrow{H_2O_{(l)}} \underset{\substack{\text{ossido di ferro (III)}\\ (\textit{ruggine})}}{2\overset{+3}{Fe}_2\overset{-2}{O}_3 \cdot nH_2O_{(s)}}$$

RIDUZIONE

ossidazione del ferro

Quando in una reazione di ossido-riduzione intervengono **composti ionici**, la reazione avviene con un **reale trasferimento di elettroni dal riducente all'ossidante**.

Il deposito rossiccio sui chiodi è rame metallico. Si ottiene immergendo i chiodi di ferro in una soluzione di solfato di rame (II) $CuSO_4$ abbastanza concentrata, dove avviene la reazione:

il ferro cede 2 elettroni

$$\overset{+2}{CuSO_{4(aq)}} + \overset{0}{Fe_{(s)}} \rightarrow \overset{0}{Cu_{(s)}} + \overset{+2}{FeSO_{4(aq)}}$$

solfato di rame (II) | ferro | rame | solfato di ferro (II)

lo ione rame acquista 2 elettroni

Questa **reazione** si può scrivere più semplicemente in **forma ionica**, cioè riportando soltanto le specie chimiche che partecipano alla reazione e non gli ioni spettatori:

$$\overset{+2}{Cu^{2+}_{(aq)}} + \overset{0}{Fe_{(s)}} \rightarrow \overset{0}{Cu_{(s)}} + \overset{+2}{Fe^{2+}_{(aq)}}$$

ossidante | riducente

In questo caso, poiché i solfati sono composti ionici, il numero di ossidazione degli ioni rameici Cu^{2+} e degli ioni ferrosi Fe^{2+} rappresenta anche la loro carica. La reazione avviene con un reale trasferimento di elettroni dal ferro, che si ossida cedendo 2 elettroni, allo ione Cu^{2+}, che si riduce acquistandoli. Quindi il **ferro** è il **riducente** e lo **ione rame (II)** l'**ossidante**.

Ricorda!...

Le reazioni di ossido-riduzione dei composti ionici avvengono per **trasferimento di elettroni** dal riducente e all'ossidante.

16.3 Come bilanciare le reazioni di ossido-riduzione

Spesso il **bilanciamento di una reazione di ossido-riduzione** diventa lungo e complicato, se si utilizza il metodo già descritto, come nel caso della reazione non bilanciata tra alcol etilico CH_3CH_2OH e dicromato di potassio $K_2Cr_2O_7$, di cui viene riportato soltanto l'anione che partecipa alla reazione:

$$CH_3\text{–}CH_2OH_{(l)} + Cr_2O^{2-}_{7(aq)} + H^+_{(aq)} \longrightarrow CH_3\text{–}COOH_{(aq)} + Cr^{3+}_{(aq)} + H_2O_{(l)}$$

alcol etilico | ione dicromato rosso-arancio | acido acetico | ione cromico verde

Per tale motivo, nel bilanciamento delle ossido-riduzioni si utilizza il *metodo della variazione del numero di ossidazione* oppure il *metodo delle semireazioni*, detto anche *metodo ionico-elettronico*. Entrambi prevedono che si segua una successione di operazioni, che risultano più semplici con il primo metodo. Tuttavia, in questo testo viene descritto il metodo delle semireazioni in quanto collegato alle semireazioni e ai potenziali di riduzione, che saranno trattati nelle pagine successive.

Metodo delle semireazioni

Con il **metodo delle semireazioni** o **metodo ionico-elettronico** una reazione viene considerata come somma di due trasformazioni: una **semireazione di ossidazione** e una **semireazione di riduzione**. Le due semireazioni vengono bilanciate separatamente e poi sommate per ottenere la reazione di ossido-riduzione bilanciata.
Il bilanciamento prevede queste operazioni.

espansione
Bilanciamento di rezioni redox con il metodo della variazione del n.o.

1 Si individuano le **specie** chimiche che presentano una **variazione del n.o.** e le variazioni di questo numero. Se la reazione avviene in soluzione acquosa con composti che sono elettroliti forti, risulta conveniente scriverla in **forma ionica**, perché il bilanciamento risulta molto più semplice.

2 Si individuano, tra i reagenti, la **specie che si ossida** e la **specie che si riduce**.

3 Si scrivono separatamente la semireazione di ossidazione e quella di riduzione, bilanciando le masse e le cariche.

Se la reazione avviene in **ambiente acido**, il bilanciamento delle cariche si effettua inserendo ioni idronio H^+. In **ambiente basico**, si bilanciano le cariche inserendo gli ioni idrossido OH^-. Gli ioni H^+ e OH^- possono partecipare alla reazione sia come reagenti sia come prodotti.

4 *Si bilanciano gli elettroni*, ceduti e acquistati, moltiplicando ciascuna semireazione per un coefficiente che renda uguali i numeri degli elettroni ceduti e acquistati, in modo da poterli eliminare nell'operazione successiva.

5 *Si sommano le due semireazioni* e si fanno le opportune semplificazioni.

metodo delle semireazioni o ionico-elettronico

Ricorda!...
Nel caso di **composti non ionici** non si ha un trasferimento di elettroni, ma solo un **aumento** o una **diminuzione** del **numero di ossidazione**; tuttavia si usano ugualmente le espressioni "elettroni ceduti" o "elettroni acquistati", perché risultano più immediate.

esempio 1

Completiamo e bilanciamo la reazione tra il diossido di manganese MnO_2 e il cloruro ferroso $FeCl_2$, da cui si ottengono il cloruro di manganese (II) $MnCl_2$ e il cloruro ferrico $FeCl_3$. La reazione avviene in **ambiente acido**, per la presenza di acido cloridrico $HCl_{(aq)}$:

$$MnO_{2(s)} + FeCl_{2(aq)} \longrightarrow MnCl_{2(aq)} + FeCl_{3(aq)}$$ **reazione incompleta**

In forma ionica, la reazione è:

$$MnO_{2(s)} + Fe^{2+}_{(aq)} \longrightarrow Mn^{2+}_{(aq)} + Fe^{3+}_{(aq)}$$

1 Nella reazione variano soltanto i numeri di ossidazione del manganese e del ferro:

ossidazione $(-1e^-)$

$$\overset{+4}{Mn}O_{2(s)} + \overset{+2}{Fe}{}^{2+}_{(aq)} \rightleftarrows \overset{+2}{Mn}{}^{2+}_{(aq)} + \overset{+3}{Fe}{}^{3+}_{(aq)}$$

riduzione $(+2e^-)$

Il manganese mostra una diminuzione del n.o. da +4 a +2, mentre il n.o del ferro aumenta da +2 a +3.

2 MnO_2 si riduce, Fe^{2+} si ossida.

3 Scriviamo la **semireazione di riduzione**, inserendo innanzitutto gli elettroni acquistati:

$$MnO_{2(s)} + 2e^- \longrightarrow Mn^{2+}_{(aq)}$$

Affinché la semireazione sia completa, occorre aggiungere tra i prodotti H_2O, che serve a bilanciare gli atomi O di MnO_2. Tra i reagenti si aggiungono ioni H^+ che servono a bilanciare sia le cariche negative degli elettroni sia H_2O:

$$MnO_{2(s)} + H^+_{(aq)} + 2e^- \longrightarrow Mn^{2+}_{(aq)} + H_2O_{(l)}$$

esempio 1

Poiché MnO_2 contiene 2 atomi di ossigeno, è necessario premettere il coefficiente stechiometrico **2** a H_2O. Il bilanciamento è completo con il coefficiente **4** assegnato a H^+. Infatti, le masse risultano bilanciate e le cariche sono +2 nel prodotto Mn^{2+} e altrettante nei reagenti (+4 −2 = +2):

$MnO_{2(s)} + 4H^+_{(aq)} + 2e^- \longrightarrow Mn^{2+}_{(aq)} + 2H_2O_{(l)}$ **semireazione di riduzione bilanciata**

Scriviamo la **semireazione di ossidazione**, inserendo gli elettroni ceduti. Le masse sono bilanciate e anche le cariche, che sono infatti 2 nel reagente e altrettante (+3 −1 = +2) nel prodotto:

$Fe^{2+}_{(aq)} \longrightarrow Fe^{3+}_{(aq)} + 1e^-$ **semireazione di ossidazione bilanciata**

4 **5** Per bilanciare gli elettroni è sufficiente moltiplicare per **2** la semireazione di ossidazione e poi sommare le due semireazioni effettuando le semplificazioni opportune:

$MnO_{2(s)} + 4H^+_{(aq)} + 2e^- \longrightarrow Mn^{2+}_{(aq)} + 2H_2O_{(l)}$

$(Fe^{2+}_{(aq)} \longrightarrow Fe^{3+}_{(aq)} + 1e^-) \times 2$

$MnO_{2(s)} + 4H^+_{(aq)} + \cancel{2e^-} \longrightarrow Mn^{2+}_{(aq)} + 2H_2O_{(l)}$ **semireazione di riduzione**

$2Fe^{2+}_{(aq)} \longrightarrow 2Fe^{3+}_{(aq)} + \cancel{2e^-}$ **semireazione di ossidazione**

$MnO_{2(s)} + 4H^+_{(aq)} + 2Fe^{2+}_{(aq)} \longrightarrow Mn^{2+}_{(aq)} + 2Fe^{3+}_{(aq)} + 2H_2O_{(l)}$ **reazione di ossido-riduzione**

esempio 2

Eseguiamo il completamento e il bilanciamento della reazione, scritta in forma ionica, tra ipoclorito di sodio NaClO e iodio I_2, da cui si ottengono iodato di sodio $NaIO_3$ e cloruro di sodio NaCl. La soluzione avviene in **ambiente basico**, per la presenza di idrossido di sodio NaOH:

$\overset{+1}{Cl}O^-_{(aq)} + \overset{0}{I}_{2(s)} \longrightarrow \overset{+5}{I}O^-_{3(aq)} + \overset{-1}{Cl}^-_{(aq)}$ **reazione incompleta**

1 **2** Nella reazione variano soltanto i n.o. del cloro (diminuzione da +1 a−1) e dello iodio (aumento da 0 a +5 per ogni atomo di iodio). Quindi lo ione ipoclorito ClO^- si riduce e lo iodio I_2 si ossida.

3 Scriviamo la **semireazione di riduzione**, inserendo innanzitutto gli elettroni acquistati:

$ClO^-_{(aq)} + 2e^- \longrightarrow Cl^-_{(aq)}$

Affinché la semireazione sia completa, occorre aggiungere tra i prodotti ioni OH^-, che servono a bilanciare le cariche negative e gli atomi O di ClO^-. Di conseguenza, si aggiunge H_2O tra i reagenti per bilanciare gli atomi H:

$ClO^-_{(aq)} + 2e^- + H_2O_{(l)} \longrightarrow Cl^-_{(aq)} + OH^-_{(aq)}$

Poiché le cariche negative tra i reagenti sono 3, occorre anteporre il coefficiente **2** al gruppo idrossido per bilanciare le cariche:

$ClO^-_{(aq)} + 2e^- + H_2O_{(l)} \longrightarrow Cl^-_{(aq)} + 2OH^-_{(aq)}$ **semireazione di riduzione bilanciata**

Scriviamo la **semireazione di ossidazione**, inserendo gli elettroni ceduti, che sono 10 in quanto riferiti ai due atomi di iodio di I_2:

$I_{2(s)} \longrightarrow 2IO^-_{3(aq)} + 10e^-$

Per bilanciare le 12 cariche negative del prodotto e degli elettroni, si aggiungono **12** gruppi idrossido OH^- ai reagenti; il bilanciamento dell'idrogeno e dell'ossigeno richiede l'aggiunta di **6** molecole di acqua:

$I_{2(s)} + 12OH^-_{(aq)} \longrightarrow 2IO^-_{3(aq)} + 10e^- + 6H_2O_{(l)}$ **semireazione di ossidazione bilanciata**

4 **5** Per bilanciare gli elettroni è sufficiente moltiplicare per **5** la semireazione di ossidazione, e poi sommare le due semireazioni effettuando le semplificazioni opportune:

$(ClO^-_{(aq)} + 2e^- + H_2O_{(l)} \longrightarrow Cl^-_{(aq)} + 2OH^-_{(aq)}) \times 5$

$5ClO^-_{(aq)} + \cancel{10e^-} + 5H_2O_{(l)} \longrightarrow 5Cl^-_{(aq)} + 10OH^-_{(aq)}$ **semireazione di riduzione**

$I_{2(s)} + 12OH^-_{(aq)} \longrightarrow 2IO^-_{3(aq)} + \cancel{10e^-} + 6H_2O_{(l)}$ **semireazione di ossidazione**

$5ClO^-_{(aq)} + I_{2(s)} + 2OH^-_{(aq)} \longrightarrow 2IO^-_{3(aq)} + 5Cl^-_{(aq)} + H_2O_{(l)}$ **reazione di ossido-riduzione**

esempio 3

Completiamo e bilanciamo la reazione tra lo ione permanganato MnO_4^- e l'acqua ossigenata H_2O_2 in **ambiente acido**, da cui si ottengono lo ione manganese (II) Mn^{2+} e l'ossigeno O_2:

$$\overset{+7}{Mn}O^-_{4(aq)} + H_2\overset{-1}{O}_{2(aq)} \longrightarrow \overset{+2}{Mn}^{2+}_{(aq)} + \overset{0}{O}_{2(g)}$$ **reazione incompleta**

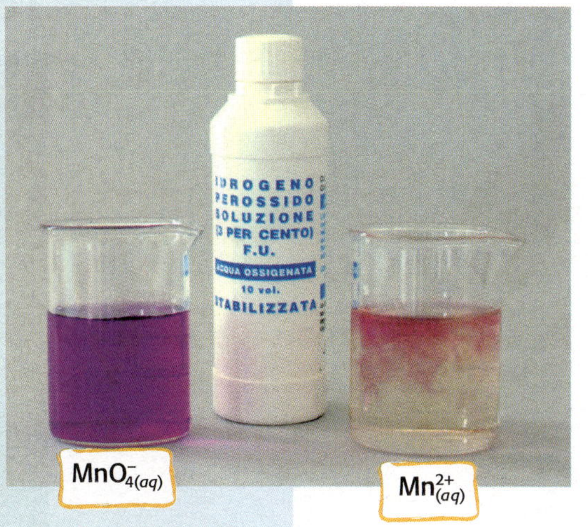

1 **2** Nella reazione variano soltanto i numeri di ossidazione del manganese (da +7 a +2) e dell'ossigeno (da –1 a 0). Lo ione MnO_4^- si riduce e H_2O_2 si ossida.

3 Scriviamo la **semireazione di riduzione**, inserendo gli elettroni acquistati:

$$MnO_4^- + 5e^- \longrightarrow Mn^{2+}_{(aq)}$$

Affinché la semireazione sia completa, occorre aggiungere tra i prodotti H_2O (che serve a bilanciare gli atomi O dello ione MnO_4^-) e tra i reagenti ioni H^+ che servono per bilanciare le cariche e H_2O:

$$MnO_4^- + H^+_{(aq)} + 5e^- \longrightarrow Mn^{2+}_{(aq)} + H_2O_{(l)}$$

Poiché MnO_4^- contiene 4 atomi di ossigeno, è necessario premettere il coefficiente **4** a H_2O. Il bilanciamento è completo con il coefficiente **8** assegnato a H^+. Infatti, le masse risultano bilanciate e le cariche sono +2 nel prodotto Mn^{2+} e altrettante nei reagenti (–1 + 8 –5 = +2):

$$MnO^-_{4(aq)} + 8H^+_{(aq)} + 5e^- \longrightarrow Mn^{2+}_{(aq)} + 4H_2O_{(l)}$$ **semireazione di riduzione bilanciata**

Scriviamo la **semireazione di ossidazione**, inserendo gli elettroni ceduti:

$$H_2O_{2(aq)} \longrightarrow O_{2(g)} + 2e^-$$

Per bilanciare le 2 cariche negative degli elettroni occorre aggiungere **2** ioni H^+ tra i prodotti:

$$H_2O_{2(aq)} \longrightarrow O_{2(g)} + 2H^+_{(aq)} + 2e^-$$ **semireazione di ossidazione bilanciata**

4 **5** Per bilanciare gli elettroni occorre moltiplicare per **2** la semireazione di riduzione e per **5** quella di ossidazione, e poi sommarle effettuando le semplificazioni opportune:

$$(MnO^-_{4(aq)} + 8H^+_{(aq)} + 5e^- \longrightarrow Mn^{2+}_{(aq)} + 4H_2O_{(l)}) \times 2$$
$$(H_2O_{2(aq)} \longrightarrow O_{2(g)} + 2H^+_{(aq)} + 2e^-) \times 5$$

$$2MnO^-_{4(aq)} + 16H^+_{(aq)} + \cancel{10e^-} \longrightarrow 2Mn^{2+}_{(aq)} + 8H_2O_{(l)}$$ **semireazione di riduzione**

$$5H_2O_{2(aq)} \longrightarrow 5O_{2(g)} + 10H^+_{(aq)} + \cancel{10e^-}$$ **semireazione di ossidazione**

$$2MnO^-_{4(aq)} + 6H^+_{(aq)} + 5H_2O_{2(aq)} \longrightarrow 2Mn^{2+}_{(aq)} + 8H_2O_{(l)} + 5O_{2(g)}$$ **reazione di ossido-riduzione**

Reazioni di dismutazione

La **dismutazione** (o **disproporzione** oppure **ossido-riduzione interna**) è una reazione di ossido-riduzione in cui **lo stesso elemento si ossida e si riduce**, come nel caso del sistema in equilibrio presente nella candeggina, in cui il cloro Cl_2 si ossida a ipoclorito di sodio NaClO e si riduce a cloruro di sodio NaCl. Industrialmente, questo prodotto, utilizzato come sbiancante e disinfettante, viene ottenuto per gorgogliamento del cloro nell'idrossido di sodio NaOH:

$$Cl_{2(g)} + NaOH_{(aq)} \rightleftarrows NaClO_{(aq)} + NaCl_{(aq)} + H_2O_{(l)}$$

ossidazione (–1e^-)

$$\overset{0}{Cl}_{2(g)} + OH^-_{(aq)} \rightleftarrows \overset{+1}{Cl}O^-_{(aq)} + \overset{-1}{Cl}^-_{(aq)} + H_2O_{(l)}$$

riduzione (+1e^-)

Il cloro è l'elemento che subisce la dismutazione, in quanto si ossida trasformandosi in ione ipoclorito ClO^- e contemporaneamente si riduce trasformandosi in ione cloruro Cl^-.

Il bilanciamento di questa reazione è molto semplice.
Il cloro risulta bilanciato, al contrario dell'idrogeno e delle cariche (–1 nel reagente OH^- e –2 nei prodotti della reazione). È sufficiente premettere il coefficiente 2 al gruppo idrossido per bilanciare sia gli atomi di idrogeno sia le cariche:

$$Cl_{2(g)} + 2OH^-_{(aq)} \rightleftarrows ClO^-_{(aq)} + Cl^-_{(aq)} + H_2O_{(l)}$$

16.4 Potere ossidante e potere riducente

Il cloro che si forma nella beuta a destra per reazione tra $MnO_{2(s)}$ e $HCl_{(aq)}$, viene fatto gorgogliare nella beuta a sinistra, in cui è stata versata una soluzione di ioduro di potassio KI, che è incolore.
A che cosa è dovuto il colore violetto che si è formato?

La **reazione** che avviene è **spontanea** (**$\Delta G < 0$**), al contrario della reazione inversa (**$\Delta G > 0$**). Il cloro Cl_2 agisce da ossidante, mentre lo ione ioduro I^- agisce da riducente, trasformandosi in iodio I_2, che in acqua assume colore viola:

$$\overset{0}{Cl_{2(g)}} + \underset{\text{incolore}}{2\overset{-1}{I^-_{(aq)}}} \rightleftarrows 2\overset{-1}{Cl^-_{(aq)}} + \underset{\text{viola}}{\overset{0}{I_{2(aq)}}}$$

scheda lab
Il potere ossidante degli alogeni

Questo risultato mette in evidenza che il cloro ha un **potere ossidante** maggiore di quello dello iodio, ovvero il cloro ha una **capacità di ridursi** maggiore dello iodio.
Esaminando la reattività degli alogeni, si può concludere che:

potere ossidante degli alogeni

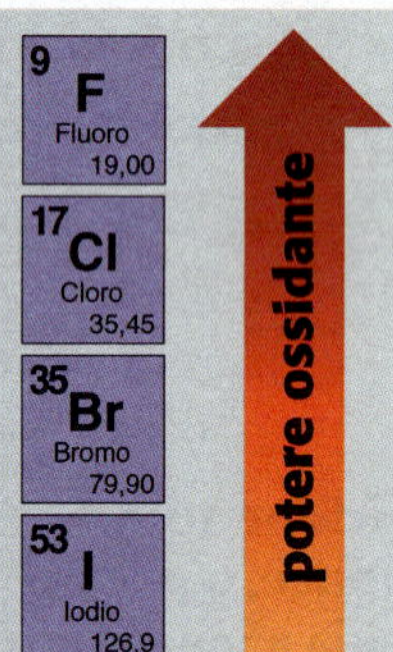

il **potere ossidante** degli **alogeni diminuisce al crescere del numero atomico *Z***, cioè diminuisce scendendo lungo il gruppo VII.

Generalmente i **metalli** hanno un certo **potere riducente**.

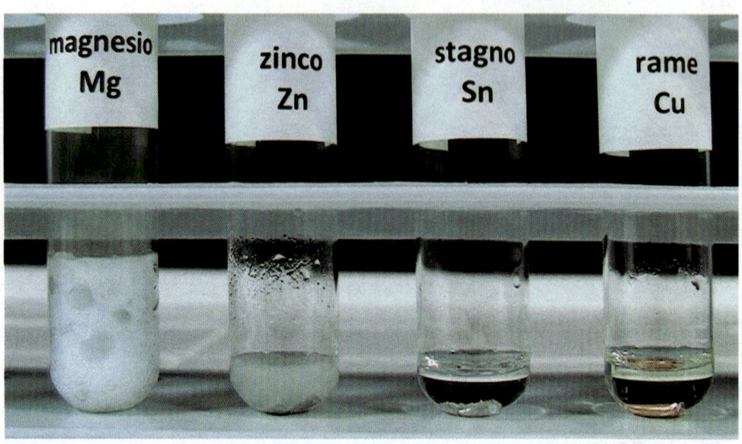

Nelle provette sono stati inseriti pezzetti di magnesio, zinco, stagno e rame, ai quali è stato aggiunto acido cloridrico $HCl_{(aq)}$, un elettrolita forte che, com'è noto, produce ioni $H^+_{(aq)}$. Lo sviluppo della schiuma è dovuto alla formazione di idrogeno gassoso, che è poco nella provetta contenente Sn e assente nella provetta contenente Cu.

Dunque, il magnesio, lo zinco, lo stagno e il rame a contatto con gli ioni $H^+_{(aq)}$ mostrano un comportamento diverso:

$$\overset{0}{Mg}_{(s)} + 2\overset{+1}{H}{}^+_{(aq)} \longrightarrow \overset{+2}{Mg}{}^{2+}_{(aq)} + \overset{0}{H}_{2(g)}$$ **reazione molto veloce**

$$\overset{0}{Zn}_{(s)} + 2\overset{+1}{H}{}^+_{(aq)} \longrightarrow \overset{+2}{Zn}{}^{2+}_{(aq)} + \overset{0}{H}_{2(g)}$$ **reazione abbastanza veloce**

$$\overset{0}{Sn}_{(s)} + 2\overset{+1}{H}{}^+_{(aq)} \longrightarrow \overset{+2}{Sn}{}^{2+}_{(aq)} + \overset{0}{H}_{2(g)}$$ **reazione alquanto lenta**

$$\overset{0}{Cu}_{(s)} + 2\overset{+1}{H}{}^+_{(aq)}$$ **nessuna reazione**

video lab
Il potere riducente di alcuni metalli

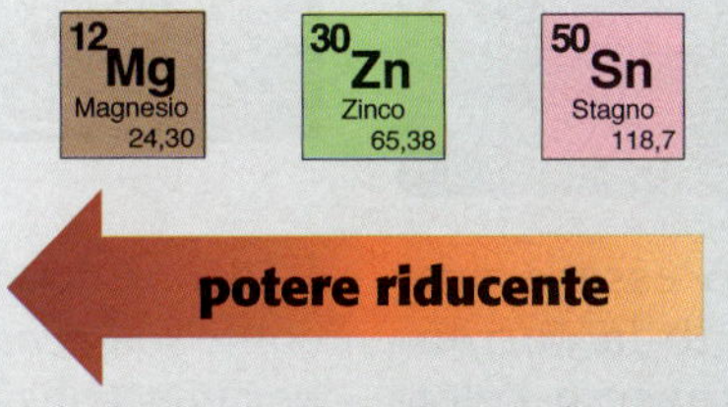

Alcuni **metalli**, come il magnesio, lo zinco e lo stagno, si comportano da riducenti nei riguardi dello ione idronio H^+, con reazioni che presentano $\Delta G < 0$ e una minore o maggiore energia di attivazione e quindi una maggiore o minore velocità. Altri, come il rame, non danno alcuna reazione.

potere riducente di alcuni metalli

silvite KCl

fluorite CaF_2

I **metalli alcalini** hanno un'energia di prima ionizzazione molto bassa e quindi non si ritrovano in natura come elementi, ma soltanto come cationi monovalenti nei sali. Questa proprietà, esaminata alla luce delle reazioni di ossido-riduzione, indica che i metalli alcalini hanno un **forte potere riducente**, in quanto tendono a cedere elettroni, cioè hanno una **grande capacità di ossidarsi**. Allo stesso modo si comportano i metalli alcalino-terrosi, che formano cationi bivalenti:

$$\overset{0}{K} \longrightarrow \overset{+1}{K}{}^+ + e^- \qquad \overset{0}{Ca} \longrightarrow \overset{+2}{Ca}{}^{2+} + 2e^-$$

Per questo motivo la reazione tra un metallo alcalino o alcalino-terroso (come il potassio e il magnesio) e un alogeno (come il cloro e il fluoro) è fortemente spontanea (**$\Delta G < 0$**) e rende impossibile la presenza dei metalli in natura come elementi.

$$2\overset{0}{K}_{(s)} + \overset{0}{Cl}_{2(g)} \longrightarrow 2\overset{+1}{K}\overset{-1}{Cl}_{(s)} \qquad \overset{0}{Ca}_{(s)} + \overset{0}{F}_{2(g)} \longrightarrow \overset{+2}{Ca}\overset{-1}{F}_{2(s)}$$

ossidazione	=	cessione di elettroni
riduzione	=	acquisto di elettroni
riducente	=	specie che cede elettroni
ossidante	=	specie che acquista elettroni
potere riducente	=	capacità di ossidarsi
potere ossidante	=	capacità di ridursi

reazioni di ossido-riduzione

16.5 La chimica e l'elettricità

animazione
Pile ed elettrolisi

La chimica delle reazioni di ossido-riduzione è utilizzata in moltissimi processi industriali collegati all'elettricità. In particolare queste reazioni trovano applicazione nelle **pile** e nell'**elettrolisi**, il cui studio costituisce una branca della chimica, detta **elettrochimica**.

La produzione di metalli, le tecniche di cromatura, ramatura, argentatura utilizzano reazioni di ossido-riduzione.

L'idrogeno può essere prodotto utilizzando la corrente elettrica attraverso l'elettrolisi dell'acqua.

L'idrossido di sodio NaOH, noto come *soda caustica*, viene preparato per elettrolisi di soluzioni acquose di cloruro di sodio.

16.6 Le pile

Su una lamina di zinco Zn (o un filo zincato) immersa in una soluzione di solfato di rame (II) $CuSO_4$, dopo alcuni minuti, si osserva la formazione di un deposito di rame rossiccio.
Infatti, lo zinco si è comportato da riducente nei confronti dello ione rame Cu^{2+}, che si è trasformato in rame metallico Cu.

Avviene la reazione:

$$\overset{0}{Zn_{(s)}} + \overset{+2}{Cu}SO_{4(aq)} \longrightarrow \overset{+2}{Zn}SO_{4(aq)} + \overset{0}{Cu_{(s)}}$$

solfato di rame → solfato di zinco

che è **spontanea** ($\Delta G < 0$) e, scritta in **forma ionica**, assume forma:

$$Zn_{(s)} + Cu^{2+}_{(aq)} \longrightarrow Zn^{2+}_{(aq)} + Cu_{(s)}$$

Questa reazione è la somma delle due **semireazioni**:

$Zn_{(s)} \longrightarrow Zn^{2+}_{(aq)} + 2e^-$	**semireazione di ossidazione**	[1]
$Cu^{2+}_{(aq)} + 2e^- \longrightarrow Cu_{(s)}$	**semireazione di riduzione**	[2]
$Zn_{(s)} + Cu^{2+}_{(aq)} \longrightarrow Zn^{2+}_{(aq)} + Cu_{(s)}$	**reazione di ossido-riduzione**	[3]

La pila Daniell

La reazione [3] può essere utilizzata per la produzione di corrente elettrica, purché gli elettroni liberati da $Zn_{(s)}$ siano costretti a percorrere un conduttore metallico prima di dar luogo alla riduzione di $Cu^{2+}_{(aq)}$. Ciò avviene nella **pila Daniell**, che prende il nome dal suo ideatore, il chimico inglese *J. Daniell* (1790-1845). In altre pile avvengono reazioni di ossido-riduzione diverse, ma la logica del procedimento è la stessa.

Le **pile** sono sistemi che **producono corrente elettrica a spese di reazioni di ossido-riduzione spontanee**, cioè che presentano $\Delta G < 0$.

pila

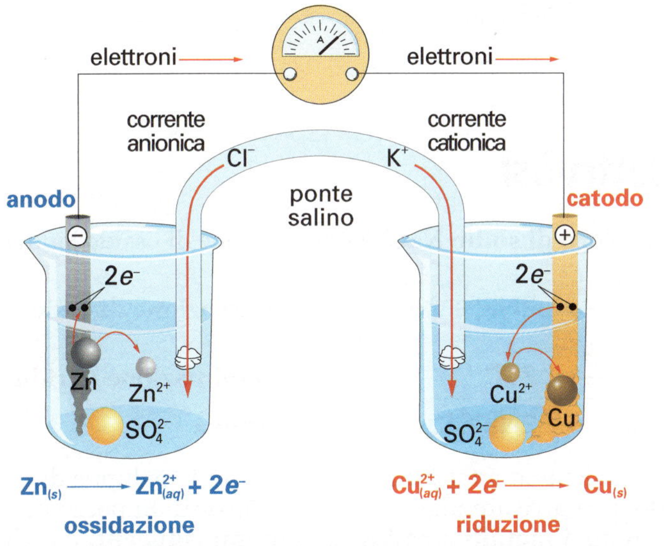

Nella **pila Daniell** l'ossidazione e la riduzione vengono realizzate in due scomparti distinti (*semipile*) e collegati da un *ponte salino*, cioè da un tubo di vetro a *U* riempito con una massa gelatinosa di *agar-agar* imbevuta di una soluzione di un sale (KCl o altro).
La semipila in cui si verifica l'ossidazione è detta **semipila anodica**, quella in cui si verifica la riduzione è la **semipila catodica**.

La **semipila anodica** è formata da un elettrodo di zinco (**anodo**), immerso in una soluzione di ioni $Zn^{2+}_{(aq)}$, cioè da entrambe le specie che intervengono nella semireazione [1].
La **semipila catodica**, invece, è formata da un elettrodo di rame (**catodo**) immerso in una soluzione di ioni $Cu^{2+}_{(aq)}$, cioè da entrambe le specie che prendono parte alla semireazione [2].
L'anodo (Zn) si consuma passando in soluzione come ione Zn^{2+}; il catodo aumenta di spessore perché si forma il metallo (Cu).

Collegando i due elettrodi con un conduttore metallico, si stabilisce (come rivela l'amperometro inserito nel circuito) un **flusso di corrente elettronica dall'anodo al catodo**, dovuto al trasferimento spontaneo degli elettroni dalla semipila anodica (dove si producono gli elettroni) a quella catodica (dove gli elettroni vengono consumati). L'**anodo**, pertanto, risulta essere il **polo negativo** della pila, mentre il **catodo** è il **polo positivo**.
Contemporaneamente alla corrente elettronica che fluisce nel circuito esterno, nel circuito interno, costituito dalle due soluzioni e dal ponte salino, gli **ioni del ponte salino** creano una **corrente ionica**: gli ioni K^+ si spostano verso il catodo (*corrente cationica*) e gli ioni Cl^- verso l'anodo (*corrente anionica*): così si compensa la diminuzione di ioni Cu^{2+} al catodo e l'aumento di ioni Zn^{2+} all'anodo e la soluzione resta neutra.

Lo sai?

L'**amperometro** è uno strumento che misura l'intensità di corrente elettrica.

La capacità della pila di generare il flusso di elettroni nel circuito esterno viene misurata attraverso il **voltaggio** della pila, che è 1,10 V, se le concentrazioni delle soluzioni di ioni Zn^{2+} e Cu^{2+} sono 1 M e la temperatura è 25 °C. Durante il funzionamento della pila, il valore del voltaggio della pila (così come quello dell'intensità delle correnti elettronica e ionica) diminuisce gradualmente, fino ad annullarsi, quando il sistema raggiunge l'equilibrio. In tali condizioni la pila risulta scarica. Ciò accade per qualsiasi altra pila. Per convenzione la pila Daniell viene schematizzata, come ogni altra pila, riportando, nell'ordine indicato, le specie chimiche che sono impegnate nell'ossidazione, seguite da quelle che sono impegnate nella riduzione, separate da trattini semplici e doppi:

$$Zn_{(s)} / Zn^{2+}_{(aq)} // Cu^{2+}_{(aq)} / Cu_{(s)} \quad [4]$$

semipila anodica — semipila catodica
ossidazione — **riduzione**

16.7 L'elettrolisi

La **sintesi del cloruro di sodio NaCl** è una reazione di ossido-riduzione:

$$\overset{0}{2Na}_{(s)} \longrightarrow 2Na^+ + 2e^- \qquad \text{semireazione di ossidazione}$$

$$\overset{0}{Cl}_{2(g)} + 2e^- \longrightarrow 2Cl^- \qquad \text{semireazione di riduzione}$$

$$2Na_{(s)} + Cl_{2(g)} \longrightarrow 2Na^+Cl^-_{(s)} + \text{energia termica} \quad [5]$$

Questa reazione avviene spontaneamente e con grande sviluppo di energia termica, quando si fa arrivare una corrente di cloro su un pezzo di sodio, perché, come è noto, i **metalli alcalini** sono ottimi **riducenti** e il **cloro** è un ottimo **ossidante**.

È facile immaginare che occorre energia per far avvenire la reazione inversa alla **[5]**, cioè la decomposizione del cloruro di sodio in sodio Na e cloro Cl_2. Il procedimento utilizzato a tale scopo è l'**elettrolisi**, in cui si utilizza energia elettrica.

elettrolisi

L'**elettrolisi** è un processo con cui si realizza una **reazione di ossido-riduzione non spontanea (ΔG > 0)** che si fa avvenire "forzatamente" a spese di energia elettrica.

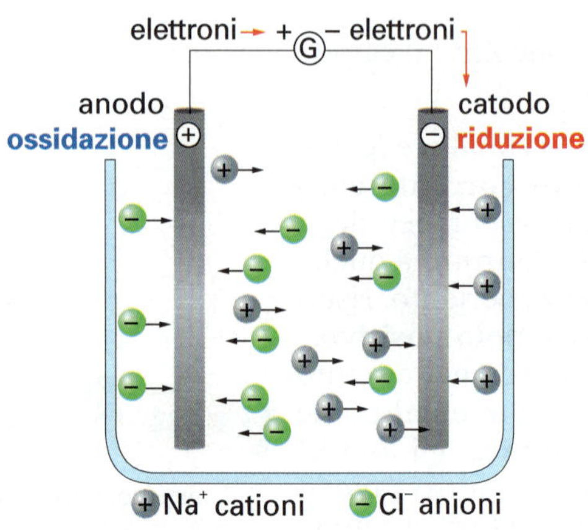

Una cella elettrolitica è formata da due elettrodi inerti (di carbone o platino) immersi, nel caso della decomposizione di NaCl, in questo composto fuso. Un elettrodo, collegato al polo negativo di un generatore di corrente (G), che alimenta il circuito, è il polo negativo ed è il **catodo**, dove avviene la **riduzione** di Na^+. Ovviamente, all'altro elettrodo, l'**anodo**, si verifica l'**ossidazione** di Cl^-. La funzione del generatore è "pompare" gli elettroni verso il catodo, "aspirandoli" dall'anodo. È evidente che gli ioni positivi Na^+ dispersi nel liquido migrano al catodo (infatti sono detti **cationi**), quelli negativi (**anioni**) migrano, invece, all'anodo. Il sodio metallico liquido e il cloro gassoso che si formano vengono raccolti separatamente.

Nella cella avviene la reazione:

$$2Na^+Cl^-_{(l)} + \textbf{energia elettrica} \longrightarrow \overset{0}{2Na}_{(l)} + \overset{0}{Cl}_{2(g)}$$

che è la somma delle due semireazioni:

$$\overset{-1}{2Cl^-} \longrightarrow \overset{0}{Cl}_{2(g)} + 2e^- \quad \text{semireazione di ossidazione (all'anodo)}$$

$$\overset{+1}{2Na^+} + 2e^- \longrightarrow \overset{0}{2Na}_{(l)} \quad \text{semireazione di riduzione (al catodo)}$$

$$2Na^+ + 2Cl^- \longrightarrow \overset{0}{2Na}_{(l)} + \overset{0}{Cl}_{2(g)} \quad \text{reazione di ossido-riduzione} \quad [6]$$

scheda lab
Elettrolisi dello ioduro di potassio

L'elettrolisi dell'acqua

scheda lab
Elettrolisi dell'acqua

Al contrario della sintesi, la decomposizione dell'acqua negli elementi richiede energia elettrica, perciò può avvenire solo per elettrolisi.

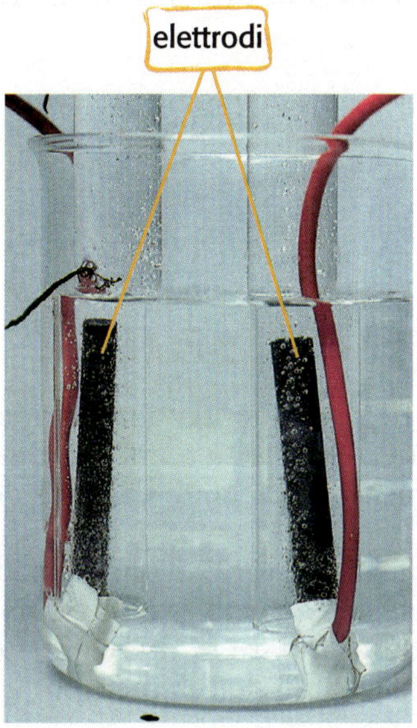

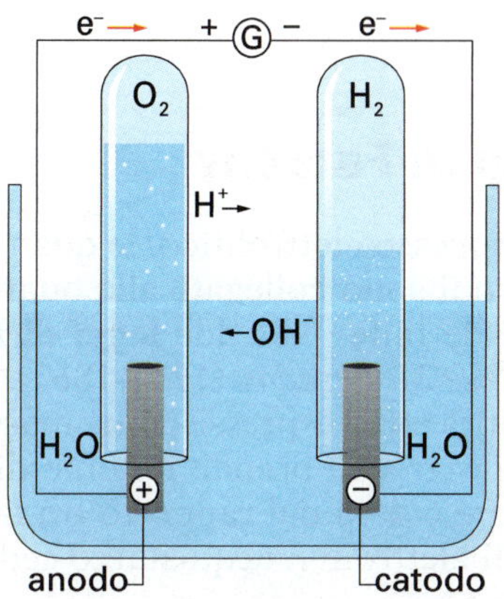

L'elettrolisi dell'acqua può essere realizzata collegando i poli di un generatore di corrente a due elettrodi di carbonio grafitico, inseriti in due provette capovolte: si osserva lo **sviluppo di idrogeno al catodo** (polo negativo), dove avviene la riduzione, e lo **sviluppo di ossigeno all'anodo** (polo positivo), dove avviene l'ossidazione.
Per assicurare la conducibilità elettrica all'acqua, che è un elettrolita debolissimo, si aggiunge generalmente un sale, come il solfato di sodio o il bicarbonato di sodio.

La reazione complessivamente può essere scritta così:

$$\overset{+1\ -2}{2H_2O}_{(l)} + \textbf{energia elettrica} \longrightarrow \overset{0}{O}_{2(g)} + \overset{0}{2H}_{2(g)}$$

Il volume dell'idrogeno è il doppio di quello dell'ossigeno in quanto il rapporto stechiometrico tra le moli dei due gas è 2 : 1, come appare nella reazione.

Ricorda!...

Sia in una pila sia in una cella elettrolitica il **catodo** è sempre l'elettrodo dove avviene la **riduzione**, l'**anodo** quello dove avviene l'**ossidazione**; tuttavia, il loro segno è diverso nelle pile e nelle celle elettrolitiche.

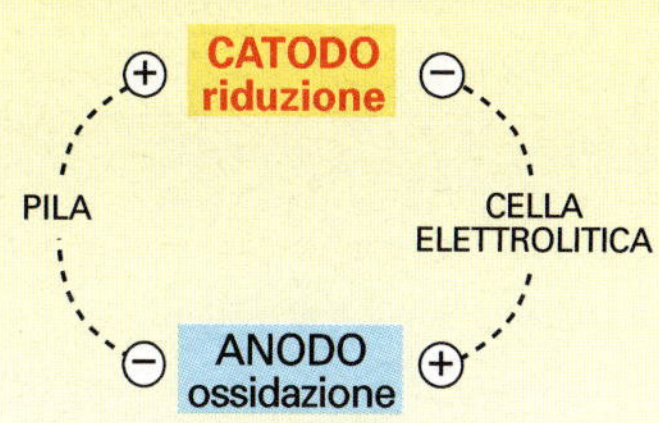

all'**Anodo** avviene l'**Ossidazione**
vocale con vocale
al **Catodo** avviene la **Riduzione**
consonante con consonante

L'argentatura

L'**argentatura** è un processo elettrolitico che consiste nella deposizione di argento su un oggetto.

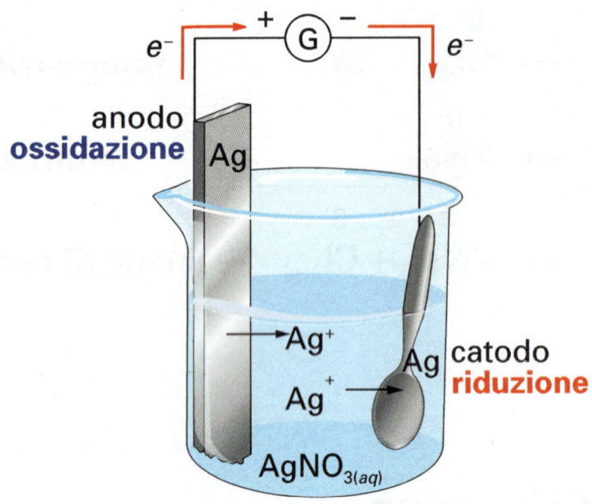

L'anodo è costituito di una sbarretta di argento $Ag_{(s)}$ puro, che si ossida producendo ioni $Ag^{+}_{(aq)}$ e libera elettroni che raggiungono il catodo. Gli ioni Ag^+, presenti anche nella soluzione elettrolitica di nitrato di argento $AgNO_3$, si riducono al catodo, formando uno strato di argento sull'oggetto:

$Ag_{(s)} \longrightarrow Ag^{+}_{(aq)} + e^-$ **all'anodo**

$Ag^{+}_{(aq)} + e^- \longrightarrow Ag_{(s)}$ **al catodo**

Le leggi di Faraday

In ogni processo elettrolitico, le quantità degli elementi che si formano ai due elettrodi sono collegate alla quantità di elettricità q che attraversa il circuito e definite dalle due **leggi di Faraday**, enunciate dal fisico e chimico inglese *M. Faraday* (1791-1867).
Tali quantità sono espresse come masse m (in grammi), e anche mediante una grandezza che prende il nome di **massa equivalente** (o **equivalente**) ***ME***, che è data dal rapporto tra la massa molare M dell'elemento e il numero di elettroni n acquistati o ceduti da 1 mol dell'elemento:

$$\textbf{massa equivalente } ME = \frac{M}{n}$$

Le due leggi di Faraday sono riassunte nella relazione seguente, in cui la quantità di elettricità q viene espressa mediante il prodotto dell'intensità I della corrente per il tempo di durata t dell'elettrolisi:

$$m = \frac{M \cdot q}{n \cdot F} = \frac{M \cdot I \cdot t}{n \cdot F} \qquad [7]$$

In questa relazione la massa m è espressa in grammi, la massa molare M in $g \cdot mol^{-1}$, l'intensità di corrente I in ampere (A) e il tempo in secondi (s).
F è la **costante di Faraday**, che vale 96 500 A · s/mol.

La relazione **[7]** può assumere la forma:

$$\frac{m}{\frac{M}{n}} = \frac{I \cdot t}{F} \qquad [8]$$

Sostituendo la massa equivalente ME al rapporto M/n, si ottiene:

$$\frac{m}{ME} = \frac{I \cdot t}{F} \qquad [9]$$

Il rapporto tra la massa m e la massa equivalente ME indica il **numero di equivalenti** della sostanza depositata al catodo o all'anodo, perciò l'espressione finale delle leggi di Faraday diventa:

il **numero di equivalenti** di una specie chimica **che si riduce** (o **si ossida**) durante l'elettrolisi è proporzionale alla quantità di elettricità $q = I \cdot t$ che ha attraversato il circuito.

numero di equivalenti → $\frac{m}{ME} = \frac{I \cdot t}{F} = \frac{q}{F}$ ← quantità di elettricità **[10]**

leggi di Faraday

esempio 1

Per elettrolisi di un sale di rame (II) si ottiene rame metallico Cu. Calcoliamo la quantità, in grammi, di rame Cu (MA = 63,55 u) che si deposita sul catodo in 20 h, con una corrente di intensità costante di 25 A.

- Il numero di elettroni acquistati dallo ione rame (II) Cu^{2+} è 2, la sua massa equivalente ME è 63,55/2 g/mol = 31,8 g/mol, e il tempo, espresso in secondi, è 72 000 s.
- Sostituiamo i valori noti nella relazione **[10]**:

$$\frac{m}{31{,}8\ \text{g/mol}} = \frac{25\ \text{A} \times 72\ 000\ \text{s}}{96\ 500\ \text{A} \cdot \text{s/mol}}$$

- Infine ricaviamo la massa richiesta:

$$m = \frac{25\ \text{A} \times 72\ 000\ \text{s} \times 31{,}8\ \text{g/mol}}{96\ 500\ \text{A} \cdot \text{s/mol}} = \mathbf{593\ g}$$

esempio 2

Per quanto tempo deve passare una corrente elettrica di intensità 15 A per ottenere la riduzione di 10 g di $Ag^+_{(aq)}$(MA = 107,9 u)?

- Sostituiamo nella relazione **[10]** i valori noti, tenendo presente che il numero di elettroni acquistati da Ag^+ è 1:

$$\frac{10\ \text{g}}{107{,}9\ \text{g/mol}} = \frac{15\ \text{A} \times t}{96\ 500\ \text{A} \cdot \text{s/mol}}$$

- Ricaviamo t:

$$t = \frac{10\ \text{g} \times 96\ 500\ \text{A} \cdot \text{s/mol}}{107{,}9\ \text{g/mol} \times 15\ \text{A}} = \mathbf{596\ s}$$

NELLE PILE	NELLE CELLE ELETTROLITICHE
• **avvengono reazioni di ossido-riduzione spontanee $\Delta G < 0$**	• **avvengono reazioni di ossido-riduzione non spontanee $\Delta G > 0$**
• **si produce energia elettrica**	• **si consuma energia elettrica**
• **l'anodo è l'elettrodo negativo**	• **l'anodo è l'elettrodo positivo**
• **il catodo è l'elettrodo positivo**	• **il catodo è l'elettrodo negativo**
• all'anodo avviene la semireazione di ossidazione	• all'anodo avviene la semireazione di ossidazione
• al catodo avviene la semireazione di riduzione	• al catodo avviene la semireazione di riduzione

pile e celle elettrolitiche

16.8 Come prevedere l'andamento di una reazione di ossido-riduzione

Spesso è indispensabile avere delle indicazioni qualitative oppure dati quantitativi per risolvere problemi pratici. Per esempio, come costruire una pila con un certo voltaggio? Che cosa accade se l'elettrolisi del cloruro di sodio è fatta in soluzione acquosa anziché dopo averlo fatto fondere? In che cosa consiste il processo di corrosione del ferro che arreca tanti danni economici? E come è possibile evitarlo o almeno ridurlo?
Anche quando si vuole preparare una sostanza con una nuova reazione di ossido-riduzione, è necessario disporre di un criterio per capire se la reazione ipotizzata è termodinamicamente possibile, cioè se ha un $\Delta G < 0$.

$$Cl_{2(g)} + 2I^-_{(aq)} \longrightarrow 2Cl^-_{(aq)} + I_{2(aq)}$$

$$I_{2(s)} + 2Cl^-_{(aq)} \longrightarrow 2I^-_{(aq)} + Cl_{2(aq)}$$

È possibile prevedere se il cloro Cl_2 ossida lo ione ioduro I^- o se lo iodio I_2 ossida lo ione cloruro Cl^-, senza ricorrere all'esperimento mostrato in precedenza?

Quale sostanza si ossida e quale si riduce?

In generale, è possibile stabilire, sulla base di criteri qualitativi e quantitativi, se una specie chimica A ossida una specie B o viceversa.

1 In base a un **criterio di tipo qualitativo**, un **composto agisce da ossidante** se contiene un *elemento che ha un elevato numero di ossidazione* e che *può assumere numeri di ossidazione più bassi*.
Per esempio, l'acido nitrico HNO_3 è ossidante, perché l'azoto ha il massimo n.o. +5 e in altri composti può ritrovarsi con n.o. minore (+3 nell'acido nitroso HNO_2 e +2 nell'ossido di azoto NO). Anche gli ioni permanganato $MnO^-_{4(aq)}$ e dicromato $Cr_2O^{2-}_{7(aq)}$) sono forti ossidanti in quanto Mn e Cr hanno il massimo numero di ossidazione, rispettivamente +7 e +6 e possono assumere numeri di ossidazione inferiori in MnO_2, Mn^{2+}, Cr^{3+} ecc.
Analogamente, un **composto agisce da riducente** se contiene un elemento che *può aumentare il proprio numero di ossidazione*.
Inoltre, se un **composto** contiene un elemento che si trova in uno stato di ossidazione intermedio fra quelli possibili, **agisce da ossidante o da riducente** a seconda della sostanza con cui viene messo a reagire. L'acido cloroso $HClO_2$ può agire da ossidante, perché il numero di ossidazione del cloro può diminuire da +3 a +1 (in HClO), ma può agire da riducente, se il cloro passa da +3 a +5 (in $HClO_3$).

2 Un **criterio quantitativo** permette di stabilire se fra due sostanze (elemento o composto) può avvenire una reazione di ossido-riduzione spontanea e se tale reazione è più o meno completa. Questo criterio si basa su una **scala del potere ossidante** delle sostanze, espresso mediante una grandezza, detta **potenziale di riduzione E_{rid}**.

potenziale di riduzione

Il **potenziale di riduzione E_{rid}** esprime la **tendenza di una sostanza a ridursi**, quindi ad **agire da ossidante**: maggiore è il potenziale di riduzione di una specie chimica, maggiore è il suo potere ossidante.

I potenziali di riduzione

POTERE OSSIDANTE (tendenza a ridursi)

forma ossidata	riduzione → / ← ossidazione	forma ridotta	E^0_{rid} (V)
$F_{2(g)} + 2e^-$	⇄	$2F^-$	+2,87
$H_2O_{2(aq)} + 2H^+ + 2e^-$	⇄	$2H_2O$	+1,78
$MnO_4^- + 8H^+ + 5e^-$	⇄	$Mn^{2+} + 4H_2O$	+1,51
$Au^{3+} + 3e^-$	⇄	$Au_{(s)}$	+1,50
$ClO_4^- + 8H^+ + 8e^-$	⇄	$Cl^- + 4H_2O$	+1,39
$Cl_{2(g)} + 2e^-$	⇄	$2Cl^-$	+1,36
$O_{2(g)} + 4H^+ + 4e^-$	⇄	$2H_2O$	+1,23
$Cr_2O_7^{2-} + 14H^+ + 6e^-$	⇄	$2Cr^{3+} + 7H_2O$	+1,23
$MnO_{2(s)} + 4H^+ + 2e^-$	⇄	$Mn^2 + 2H_2O$	+1,22
$Br_{2(l)} + 2e^-$	⇄	$2Br^-$	+1,07
$NO_3^- + 4H^+ + 3e^-$	⇄	$NO_{(g)} + 2H_2O$	+0,96
$Ag^+ + e^-$	⇄	$Ag_{(s)}$	+0,80
$Fe^{3+} + e^-$	⇄	Fe^{2+}	+0,77
$O_{2(g)} + 2H^+ + 2e^-$	⇄	$H_2O_{2(aq)}$	+0,69
$I_{2(s)} + 2e^-$	⇄	$2I^-$	+0,54
$Cu^+ + e^-$	⇄	$Cu_{(s)}$	+0,52
$Cu^{2+} + 2e^-$	⇄	$Cu_{(s)}$	+0,34
$SO_4^{2-} + 4H^+ + 2e^-$	⇄	$H_2SO_{3(aq)} + H_2O$	+0,17
$Sn^{4+} + 2e^-$	⇄	Sn^{2+}	+0,15
$S_{(s)} + 2H^+ + 2e^-$	⇄	$H_2S_{(aq)}$	+0,14
$2H^+ + 2e^-$	⇄	**$H_{2(g)}$**	**+0**
$Pb^{2+} + 2e^-$	⇄	$Pb_{(s)}$	−0,13
$Sn^{2+} + 2e^-$	⇄	$Sn_{(s)}$	−0,14
$Ni^{2+} + 2e^-$	⇄	$Ni_{(s)}$	−0,26
$O_{2(g)} + 2H_2O + 4e^-$	⇄	$4OH^-$	−0,40
$Fe^{2+} + 2e^-$	⇄	$Fe_{(s)}$	−0,45
$Cr^{3+} + 3e^-$	⇄	$Cr_{(s)}$	−0,74
$Zn^{2+} + 2e^-$	⇄	$Zn_{(s)}$	−0,76
$2H_2O + 2e^-$	⇄	$H_{2(g)} + 2OH^-$	−0,83
$Al^{3+} + 3e^-$	⇄	$Al_{(s)}$	−1,66
$Mg^{2+} + 2e^-$	⇄	$Mg_{(s)}$	−2,37
$Na^+ + e^-$	⇄	$Na_{(s)}$	−2,71
$Ca^{2+} + 2e^-$	⇄	$Ca_{(s)}$	−2,87
$Sr^{2+} + 2e^-$	⇄	$Sr_{(s)}$	−2,89
$Ba^{2+} + 2e^-$	⇄	$Ba_{(s)}$	−2,91
$Cs^+ + e^-$	⇄	$Cs_{(s)}$	−2,92
$K^+ + e^-$	⇄	$K_{(s)}$	−2,93
$Rb^+ + e^-$	⇄	$Rb_{(s)}$	−2,98
$Li^+ + e^-$	⇄	$Li_{(s)}$	−3,04

POTERE RIDUCENTE (tendenza a ossidarsi)

I valori dei **potenziali di riduzione** sono misurati in volt (V) e definiti **standard** E^0_{rid}, in quanto riferiti a condizioni standard, precisamente alla temperatura di 298 K, alla pressione di 100 kPa (per i gas) e alla concentrazione 1 M (per sostanze in soluzione). Tutti gli ioni sono in soluzione acquosa e l'acqua è allo stato liquido.

Le specie chimiche riportate nella tabella sono scritte come **coppie** in cui a sinistra compare sempre la forma con numero di ossidazione maggiore, **forma ossidata**, e a destra la **forma ridotta**. A ogni coppia, quindi, corrisponde una **semireazione di riduzione**.
Per esempio, nella semireazione relativa al fluoro:

$$F_{2(g)} + 2e^- \longrightarrow 2F^-_{(aq)} \qquad +2,87\ V$$

forma ossidata — ossidante; forma ridotta — riducente

Il valore +2,87 V indica che il fluoro, che ha il più alto valore di E^0_{rid} tra quelli riportati, è l'ossidante più energico.
Nella parte centrale della tabella compare la coppia $\mathbf{H^+_{(aq)}/H_{2(g)}}$, a cui è stato assegnato per convenzione $\boldsymbol{E^0_{rid} = 0\ V}$; questo valore divide le coppie con potenziale positivo da quelle con potenziale negativo.

Spontaneità delle reazioni di ossido-riduzione

In base ai valori dei potenziali di riduzione riportati nella tabella è possibile valutare se, *in condizioni standard*, una reazione di ossido-riduzione è spontanea oppure no (in condizioni diverse da quelle standard i potenziali variano, perciò la scala riportata in tabella non costituisce più un riferimento valido).

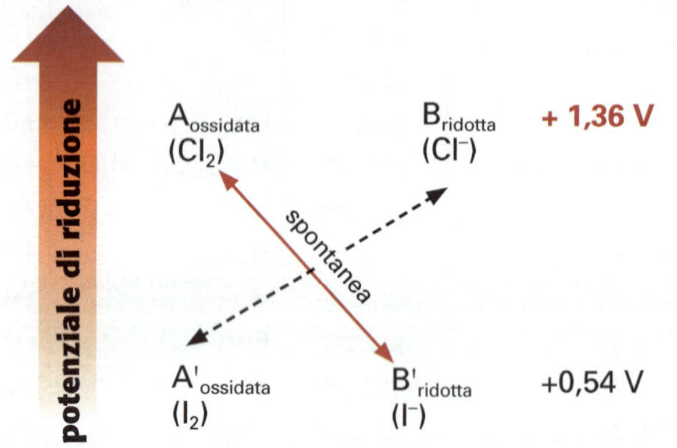

La forma ossidata $A_{ossidata}$ (per esempio Cl_2) di una coppia può ossidare la forma ridotta $B'_{ridotta}$ (per esempio I^-) di una coppia che si trova più in basso nella scala dei potenziali; non può accadere il contrario, almeno spontaneamente.

Ricorda!...
In una reazione di ossido-riduzione, la **forma ossidata** della coppia che ha un potenziale E^0_{rid} più alto **ossida** la **forma ridotta** della coppia che ha un potenziale E^0_{rid} più basso.

La differenza fra i due valori, cioè +1,36 V – 0,54 V = 0,82 V, è positiva, mentre la differenza +0,54 V – 1,36 V = –0,82 V è negativa: dunque avviene spontaneamente la reazione in cui il cloro agisce da ossidante, secondo la semireazione scritta nella tabella, mentre lo ione ioduro agisce da riducente, secondo la reazione inversa a quella scritta nella tabella:

$$Cl_{2(g)} + 2e^- \longrightarrow 2Cl^-_{(aq)} \qquad \textbf{semireazione di riduzione}$$
$$2I^-_{(aq)} \longrightarrow I_{2(aq)} + 2e^- \qquad \textbf{semireazione di ossidazione}$$
$$Cl_{2(g)} + 2I^-_{(aq)} \longrightarrow 2Cl^-_{(aq)} + I_{2(aq)} \qquad \textbf{reazione di ossido-riduzione}$$

In generale:

spontaneità delle reazioni di ossido-riduzione

In condizioni standard, un'**ossido-riduzione** avviene **spontaneamente**, se la **differenza fra i potenziali di riduzione standard** delle due coppie è un **numero positivo**. Maggiore è questo numero, cioè maggiore è la distanza fra le due coppie nella scala dei potenziali, maggiore è il grado di completezza della reazione di ossido-riduzione (cioè la sua costante di equilibrio K_e) e maggiore è la sua spontaneità ($\Delta G < 0$).

esempio 1

Nel becher a sinistra, lo ione $Ag^+_{(aq)}$, presente nella soluzione, ossida il rame Cu, di cui è costituita la lamina immersa nella soluzione, riducendosi ad argento Ag, che si deposita sulla lamina. Il sintomo della reazione è la comparsa del colore azzurro, dovuto allo ione rame (II) $Cu^{2+}_{(aq)}$, che si è formato nella soluzione.
Nel becher a destra, la soluzione è azzurra, perché contiene lo ione $Cu^{2+}_{(aq)}$, ma questo ione non viene ridotto a rame metallico, né l'Ag della lamina passa in soluzione come ione $Ag^+_{(aq)}$.
Perché è avvenuta la reazione diretta e non quella inversa?

$$Ag^+_{(aq)} + Cu_{(s)} \rightleftarrows Ag_{(s)} + Cu^{2+}_{(aq)}$$

- Scriviamo le semireazioni, riportate nella tabella dei potenziali di riduzione standard, per le coppie Ag^+/Ag e Cu^{2+}/Cu:

$Ag^+_{(aq)} + e^- \longrightarrow Ag_{(s)}$	$Cu^{2+}_{(aq)} + 2e^- \longrightarrow Cu_{(s)}$
$E^0_{rid} = +0{,}80\ V$	$E^0_{rid} = +0{,}34\ V$

- La differenza tra i potenziali 0,80 V − 0,34 V = **+0,46 V** è positiva. È negativa, invece, la differenza 0,34 V − 0,80 V = −0,46 V. Di conseguenza, avviene spontaneamente solo la reazione in cui l'agente ossidante è Ag^+, che ha il maggior valore di E^0_{rid}.

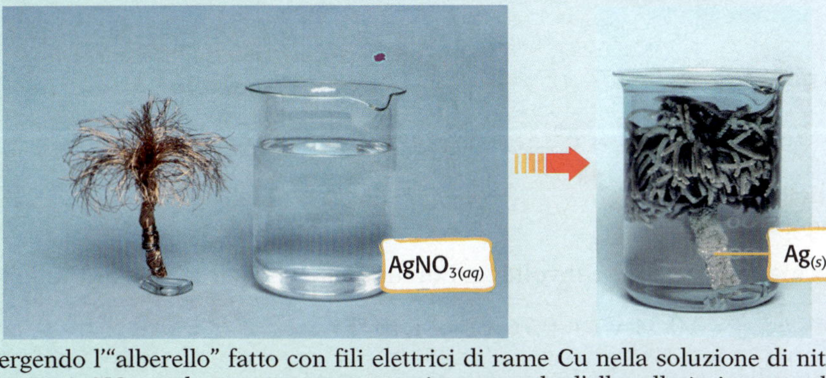

Immergendo l'"alberello" fatto con fili elettrici di rame Cu nella soluzione di nitrato di argento $AgNO_{3(aq)}$, dopo un certo tempo si osserva che l'alberello è ricoperto di un manto di argento. Dunque, come è "nato" l'alberello di argento?

scheda lab
Un alberello d'argento

esempio 2

Stabilisci se il rame viene ossidato dall'acido nitrico HNO_3 oppure dall'acido solforico H_2SO_4.

- Scriviamo le coppie, riportate nella tabella dei potenziali di riduzione standard:

$NO^-_{3(aq)} + 4H^+_{(aq)} + 3e^- \longrightarrow NO_{(g)} + 2H_2O_{(l)}$	$E^0_{rid} = +0{,}96\ V$
$SO^{2-}_{4(aq)} + 4H^+_{(aq)} + 2e^- \longrightarrow H_2SO_{3(aq)} + H_2O_{(l)}$	$E^0_{rid} = +0{,}17\ V$
$Cu^{2+}_{(aq)} + 2e^- \longrightarrow Cu_{(s)}$	$E^0_{rid} = +0{,}34\ V$

- La differenza tra i valori di E^0_{rid} di NO_3^- e Cu^{2+} è: 0,96 V − 0,34 V = **0,62 V > 0**
La differenza tra i valori di E^0_{rid} di SO_4^{2-} e Cu^{2+} è: 0,17 V − 0,34 V = **−0,17 V < 0**
Questi risultati indicano che l'acido nitrico è in grado di ossidare il rame.

L'esame dei potenziali E^0_{rid} permette di trarre queste conclusioni sul comportamento di alcuni gruppi di elementi.

ossidanti e riducenti

- **Alogeni** ⟶ **forti ossidanti** (potere ossidante decrescente con l'aumentare di Z).
- **Metalli alcalini** e **alcalino terrosi** ⟶ **forti riducenti**.
- **Metalli** con potenziale $E^0_{rid} > 0$ (sopra la coppia $H^+_{(aq)}/H_{2(g)}$) ⟶ **non riducono $H^+_{(aq)}$**.
- **Metalli** con **potenziale $E^0_{rid} < 0$** (sotto la coppia $H^+_{(aq)}/H_{2(g)}$) ⟶ **si ossidano riducendo $H^+_{(aq)}$**.
- **Molti metalli che non riducono H^+** ⟶ **si ossidano riducendo gli anioni di alcuni acidi** (NO_3^-, ClO_4^-, ecc.)
- **Pochi metalli (metalli nobili)**, come l'oro ⟶ **si ossidano solo con reazioni particolari**.

16.9 Il voltaggio delle pile

scheda lab
Costruzione di una pila

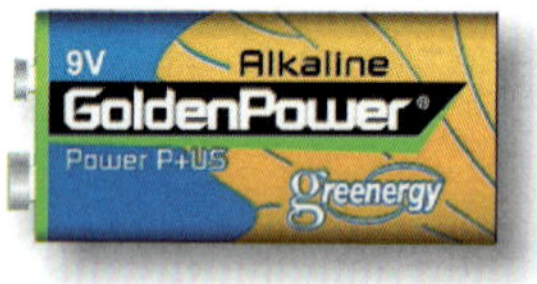

Che cosa esprime il voltaggio di una pila? In quale modo è possibile conoscerlo, senza misurarlo materialmente? Per esempio, il valore 1,10 V della pila Daniell?

Il **voltaggio** di una pila esprime il suo "potenziale" e quindi la possibilità di essere adoperata per un orologio, per un cordless, per un apparecchio fotografico o un computer. Da un punto di vista quantitativo, il voltaggio esprime la *differenza di potenziale* (*ddp*) esistente fra gli elettrodi della pila quando il circuito è aperto, perciò il suo valore è dato dalla differenza ΔE^0_{rid} fra il potenziale di riduzione della semireazione che si verifica al catodo e quello della semireazione che si verifica all'anodo. In condizioni standard:

voltaggio della pila

potenziale della coppia con E^0_{rid} minore

$$\Delta E^0_{pila} = E^0_{catodo} - E^0_{anodo} \qquad [11]$$

potenziale della coppia con E^0_{rid} maggiore

Questa relazione permette di calcolare il voltaggio di una pila, che per la pila di Daniell è:

$$\Delta E^0_{pila} = E^0_{catodo} - E^0_{anodo} = +0{,}34\ V - (-0{,}76\ V) = +1{,}10\ V$$

espansione
La corrosione

Inoltre, è possibile stabilire se una pila ipotizzata con un certo catodo e un certo anodo può effettivamente funzionare, cioè se la reazione prevista avviene spontaneamente.

esempio 1

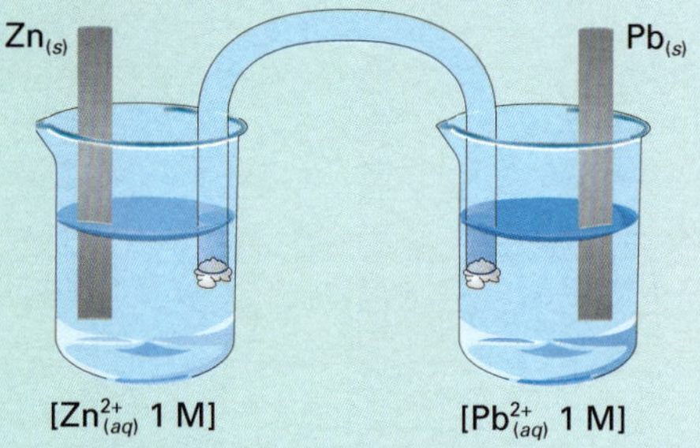

Verifichiamo se è possibile costruire la pila:

$Zn_{(s)} / Zn^{2+}_{(aq)} // Pb^{2+}_{(aq)} / Pb_{(s)}$

semipila anodica **ossidazione** — **semipila catodica** **riduzione**

Una reazione di ossido-riduzione avviene spontaneamente se la differenza ΔE^0_{rid} è positiva. Perciò effettuiamo un controllo, riportando i valori relativi alle due coppie:

$Pb^{2+}_{(aq)} / Pb_{(s)} \quad E^0_{rid} = -0{,}13\ V \qquad Zn^{2+}_{(aq)} / Zn_{(s)} \quad E^0_{rid} = -0{,}76\ V$

e sostituendo questi valori nella relazione **[11]**:

$$\Delta E^0_{pila} = E^0_{catodo} - E^0_{anodo} = -0{,}13\ V - (-0{,}76\ V) = +0{,}63\ V$$

- Il valore positivo ottenuto di indica che la pila ideata può effettivamente funzionare e può generare una differenza di potenziale di 0,63 V.
- La pila non funzionerebbe, invece, se tentassimo di costruirla invertendo l'anodo con il catodo, poiché il valore del voltaggio risulterebbe negativo:

$$\Delta E^0_{pila} = -0{,}76\ V + 0{,}13\ V = -0{,}63\ V$$

IN LABORATORIO

L'acqua ossigenata è un ossidante o un riducente?

In questa esercitazione eseguirai due esperimenti che riguardano il comportamento dell'acqua ossigenata nelle reazioni di ossido-riduzione.

Materiali

- 10 mℓ di aceto (che contiene acido acetico CH_3COOH)
- 10 mℓ di acqua ossigenata H_2O_2 a 10-12 volumi
- pochi cristalli di dicromato di potassio $K_2Cr_2O_7$
- pochi cristalli di ioduro di potassio KI
- acqua distillata
- cilindro da 10 mℓ (o siringa monouso da 10 mℓ)
- provette
- spatole
- contagocce monouso
- spiedini di legno
- fiammiferi

Esperimento 1

Procedimento

1 Preleva pochi cristalli di dicromato di potassio, versali in una provetta e aggiungi 8-10 mℓ di acqua distillata in modo da ottenere una soluzione ben colorata in arancio.

2 Aggiungi alla soluzione 7-8 gocce di aceto, in cui sono presenti i protoni dell'acido acetico, e poi, goccia a goccia, l'acqua ossigenata, fino a che noti una trasformazione. Avvicina velocemente alla schiuma che si forma la punta ancora incandescente di uno spiedino appena spento.
La reazione, scritta in forma ionica, è:

$$3H_2O_{2(aq)} + Cr_2O^{2-}_{7(aq)} + 8H^+_{(aq)} \longrightarrow 3O_{2(g)} + 2Cr^{3+}_{(aq)} + 7H_2O_{(l)} \qquad [1]$$

Esperimento 2

Procedimento

1 Sciogli pochi cristalli di ioduro di potassio in 8-10 mℓ di acqua distillata, aggiungi alla soluzione 7-8 gocce di aceto e poi alcune gocce di acqua ossigenata, fino a che noti una trasformazione. La reazione, scritta in forma ionica, è:

$$H_2O_{2(aq)} + 2I^-_{(aq)} + 2H^+_{(aq)} \longrightarrow 2H_2O_{(l)} + I_{2(aq)} \qquad [2]$$

Rispondi

- Quali "sintomi" presenta la reazione **[1]**? E la reazione **[2]**?
- Nella reazione **[1]** qual è il n.o. del cromo in $Cr_2O_7^{2-}$ e in Cr^{3+}? Quale quello dell'ossigeno in H_2O_2 e in O_2?
- Nella reazione **[1]** quale sostanza è l'ossidante? Quale il riducente?
- Nella reazione **[2]** qual è il n.o. dello iodio in I^- e in I_2? Quale quello dell'ossigeno in H_2O_2 e in H_2O?
- Nella reazione **[2]** quale sostanza è l'ossidante? Quale il riducente?
- Dunque, l'acqua ossigenata è un ossidante oppure un riducente?

Potere ossidante del permanganato di potassio

Il permanganato di potassio $KMnO_4$ ha un forte potere ossidante in quanto il manganese ha un elevato numero di ossidazione. In soluzione acida, lo ione permanganto $MnO^-_{4(aq)}$ (di colore viola) si trasforma in ione manganese (II) $Mn^{2+}_{(aq)}$ (rosa pallidissimo, quasi incolore).

Materiali

- 20-30 mℓ di soluzione acquosa di permanganato di potassio $KMnO_4$ (circa 0,2% *m/V*)
- 2 mℓ di aceto (che contiene acido acetico)
- 4 mℓ di acqua ossigenata H_2O_2 a 12 o 24 vol
- 10-15 mℓ di acido muriatico
- 2 becher da 100 mℓ
- 1 provetta e portaprovette
- spiedino di legno e fiammiferi
- contagocce e siringa da 10 mℓ

Esperimento 1

Procedimento

1 Servendoti di un contagocce versa in un becher circa 2 mℓ di aceto.
2 Aggiungi 3-4 mℓ di acqua ossigenata all'aceto con un secondo contagocce.
3 Con la siringa versa nel secondo becher circa 10 mℓ della soluzione acquosa di permanganato di potassio.
4 Aggiungi la soluzione di acqua ossigenata a quella di permanganato e avvicina subito alla schiuma che si forma lo spiedino di legno appena spento e ancora incandescente, senza farlo bagnare.

Scritta in forma ionica, la reazione è:

$$2MnO^-_{4(aq)} + 5H_2O_{2(aq)} + 6H^+_{(aq)} \longrightarrow 2Mn^{2+}_{(aq)} + 5O_{2(g)} + 8H_2O_{(l)} \quad [1]$$

Per odorare un liquido è buona norma non avvicinare il naso all'imboccatura del contenitore, per evitare gli effetti provocati da sostanze irritanti, tossiche e maleodoranti.
È opportuno dirigere i vapori verso il naso, con il movimento della mano.

Esperimento 2

Procedimento

1 Servendoti della siringa versa in una provetta circa 10 mℓ di soluzione acquosa di permanganato di potassio.
2 Con un contagocce aggiungi goccia a goccia l'acido muriatico alla soluzione, fino a che avverti l'odore pungente del cloro, che è come quello della candeggina.

La reazione scritta in forma ionica è:

$$2MnO^-_{4(aq)} + 10Cl^-_{(aq)} + 16H^+_{(aq)} \longrightarrow 2Mn^{2+}_{(aq)} + 5Cl_{2(g)} + 8H_2O_{(l)} \quad [2]$$

Rispondi

- Quali sono i "sintomi" delle reazioni **[1]** e **[2]**?
- A che cosa è dovuto il fenomeno che hai osservato avvicinando lo spiedino alla fiamma?
- Riporta i n.o. degli elementi che hanno subìto una variazione del n.o. nelle reazioni **[1]** e **[2]**.
- Quale specie chimica ha agito da riducente nelle reazioni **[1]** e **[2]**?
- Nelle reazioni **[1]** e **[2]**, l'ossigeno dello ione MnO_4^- in quale prodotto della reazione si ritrova? Ha cambiato il proprio n.o.?
- Perché nelle reazioni **[1]** e **[2]** il comportamento dei reagenti non rispecchia i valori di E^0_{rid} riportati nella tabella?

IN SINTESI

PER LA DIDATTICA INCLUSIVA

Le reazioni di ossido-riduzione

Le **reazioni di ossido-riduzione** (o **redox**), come una combustione, sono le reazioni in cui **contemporaneamente** si ha l'**ossidazione** di un elemento, cioè un **aumento del numero di ossidazione** (n.o.), e la **riduzione** di un altro elemento, cioè la **diminuzione del n.o**.
La sostanza che **si ossida** è il **riducente**; quella che **si riduce** è l'**ossidante**.

OSSIDAZIONE
aumenta il numero di ossidazione dell'idrogeno

$$\overset{0}{2H_{2(g)}} + \overset{0}{O_{2(g)}} \rightarrow \overset{+1\;-2}{2H_2O_{(g)}}$$

RIDUZIONE
diminuisce il numero di ossidazione dell'ossigeno

OSSIDAZIONE
aumenta il numero di ossidazione del carbonio

$$\overset{-4}{CH_{4(g)}} + \overset{0}{2O_{2(g)}} \rightarrow \overset{+4-2}{CO_{2(g)}} + \overset{-2}{2H_2O_{(g)}}$$

RIDUZIONE
diminuisce il numero di ossidazione dell'ossigeno

Nel caso di **composti ionici** si verifica un reale **trasferimento di elettroni**, dal **riducente**, che **cede elettroni**, all'**ossidante** che **acquista elettroni**.
Il **bilanciamento** degli elettroni trasferiti dal riducente all'ossidante è il primo passo per bilanciare la reazione.

Una **sostanza A può ossidare spontaneamente una sostanza B**, soltanto se ha un **potenziale di riduzione maggiore di quello di B**, cioè una **maggiore tendenza a ridursi di B** e, quindi, **un maggiore potere ossidante**.
Perciò gli **alogeni**, che hanno un **forte potere ossidante**, reagiscono spontaneamente con i **metalli alcalini**, che hanno un **basso potere ossidante** (e quindi un **forte potere riducente**).
Vari **metalli** hanno un **buon potere riducente**, ma alcuni, come il rame, l'argento e l'oro hanno bisogno di ossidanti energici per ossidarsi, trasformandosi in cationi.

La chimica e l'elettricità

Le **reazioni redox** che avvengono **con trasferimento di elettroni** trovano applicazione nelle **pile**, in cui si fanno avvenire **reazioni spontanee $\Delta G < 0$**, per **produrre energia elettrica**, e nell'**elettrolisi**, un processo in cui si realizzano **reazioni non spontanee $\Delta G > 0$**, che perciò richiedono energia elettrica.

- In una **pila** gli elettroni si trasferiscono dall'elettrodo dove vengono prodotti, che è sede dell'**ossidazione** (**anodo**), a quello dove vengono consumati, dove avviene la **riduzione** (**catodo**), attraversando un conduttore elettrico in cui è inserito un utilizzatore, come una lampadina. L'anodo e il catodo sono, rispettivamente, il **polo negativo** e il **polo positivo** della pila. Nella **pila Daniell**, l'elettrodo di zinco è l'anodo, dove lo zinco si ossida a ione zinco, e l'elettrodo di rame è il catodo, dove lo ione rame (II) si riduce a rame.

IN SINTESI

• L'**elettrolisi** permette di ottenere **sostanze che non si trovano in natura allo stato elementare**, come il sodio e il cloro. In questo caso, si inseriscono due elettrodi inerti, collegati ai poli positivo e negativo di una batteria, in una soluzione contenente il cloruro di sodio **NaCl** allo stato liquido. I cationi Na^+ raggiungono l'elettrodo negativo (catodo), dove si riducono a sodio metallico **Na**; gli anioni Cl^-, invece, raggiungono l'elettrodo positivo (anodo), dove si ossidano a cloro Cl_2.
Nell'**elettrolisi dell'acqua**, si sviluppa l'**idrogeno** $H_{2(g)}$, al catodo, e l'**ossigeno** $O_{2(g)}$, all'anodo.
Gli aspetti quantitativi dell'elettrolisi sono regolati dalle **leggi di Faraday**.

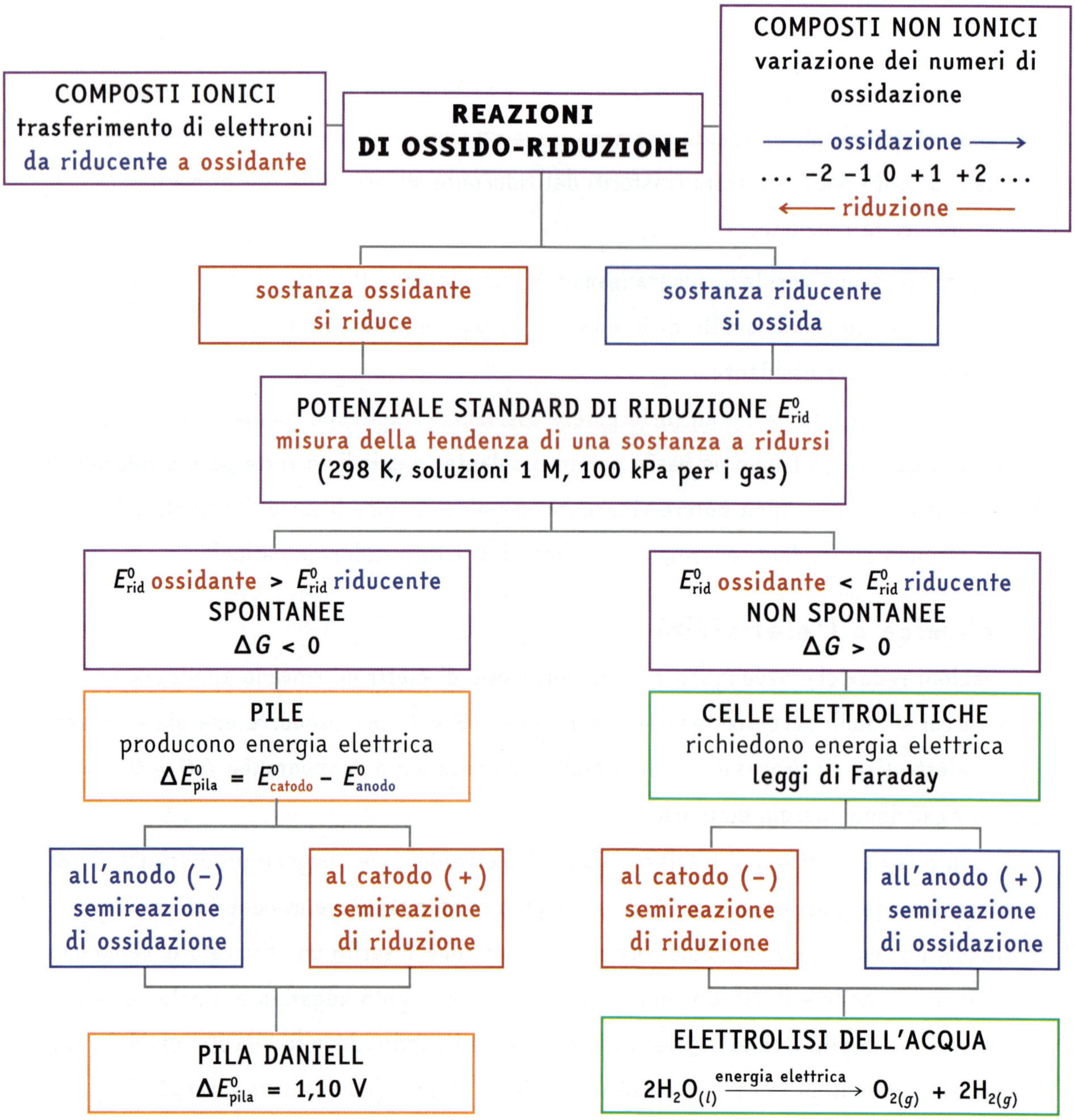

SCIENTIFIC ENGLISH

Galvanic Cell and Electrolytic Cell

It should be much clearer now that there are a number of differences between a **galvanic cell** and an **electrolytic cell**. Some of these differences have been summarised in table.

	Galvanic cell	Electrolytic cell
reaction	spontaneous ($\Delta G < 0$) : $\Delta E^0_{rid} > 0$	non-spontaneous ($\Delta G > 0$): $\Delta E^0_{rid} < 0$
energy changes	chemical potential energy from chemical reactions is converted to electrical energy	an external supply of electrical energy causes a chemical reaction to occur
metals used for electrode	two metals with different reaction potentials are used as electrodes	the same metal can be used for both the cathode and the anode
charge of the anode (oxidation)	negative	positive
charge of the cathode (reduction)	positive	negative
the electrolyte solutions	the electrolyte solutions are kept separate from one another, and are connected only by a salt bridge	the cathode and anode are in the same electrolyte
applications	run batteries, electroplating	electrolysis e.g. of water, NaCl
scheme	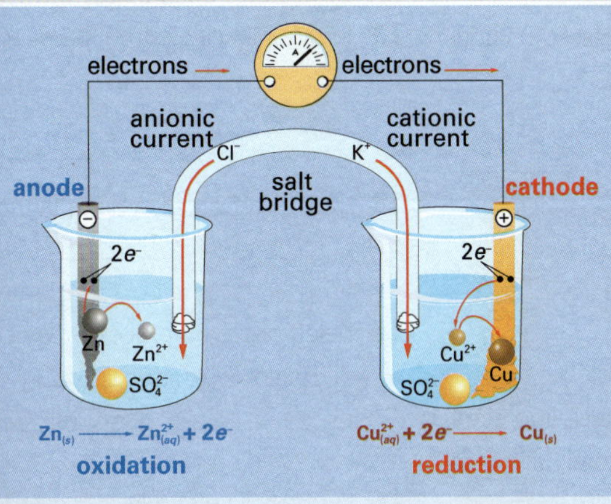	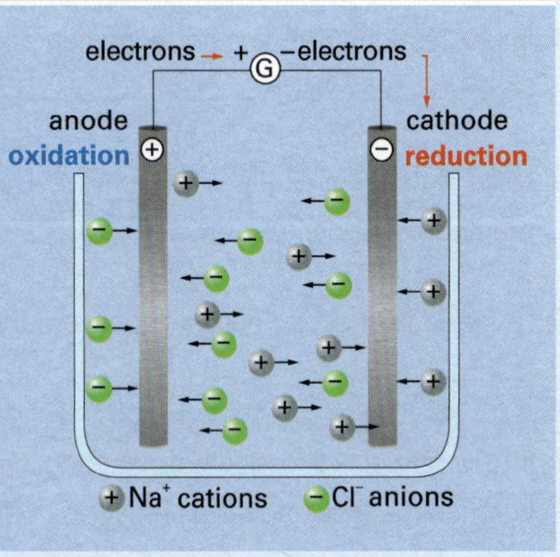

Multiple Choice

1 In a galvanic cell the ΔE^0_{rid} is always:
- **A** more than 0
- **B** less than 0
- **C** equal to 0
- **D** equal to 1

2 In an electrolytic cell ΔG is always:
- **A** more than 0
- **B** less than 0
- **C** equal to 0
- **D** equal to 1

3 The reaction that takes place at anode is:
- **A** an oxidation
- **B** a reduction
- **C** an addition
- **D** a substitution

4 The charge of the cathode is negative in:
- **A** galvanic cell
- **B** electrolytic cell
- **C** an acid-base reaction
- **D** an exothermic reaction

Questions

5 In which cell does take place the conversion from chemical to electrical energy?

6 In a galvanic cell, why is necessary to have a salt bridge?

Key Words

Galvanic cell is an electrochemical cell where a spontaneous chemical reaction produces a current in the external circuit.

Electrolytic cell is an electrochemical cell that uses electricity to drive a non-spontaneous reaction. In an electrolytic cell, electrolysis occurs.

Anode is the electrode where oxidation takes place.

Cathode is the electrode where reduction takes place.

STRUMENTI PER COSTRUIRE LE COMPETENZE

ALTRI TEST

Studiando la teoria...

Completa le frasi

1 Una reazione di ossido-riduzione (o ....) è una reazione in cui .... i numeri di ossidazione di .... o .... elementi.

2 All'ossidazione corrisponde .... del numero di ossidazione. Alla riduzione corrisponde .... del numero di ossidazione.

3 L'ossidante è la sostanza che si .... Il riducente è la sostanza che si ....

4 In una reazione di ossido-riduzione non può esserci un riducente senza il relativo ....

5 Nella sintesi dell'acqua il riducente è l'.................................., mentre l'ossidante è l'..................................

6 La reazione di ossido-riduzione più comune è ....

7 In una reazione di ossido-riduzione a cui partecipano composti ionici avviene un reale passaggio di elettroni dallo ione che si .... allo ione che si ....

8 Il bilanciamento di una reazione di ossido-riduzione può essere fatto con il metodo che considera la reazione come la somma di ...., una di .... l'altra ....

9 Il potere ossidante di una specie chimica esprime la sua capacità di ....; gli alogeni hanno .... potere ossidante, che diminuisce al .... del loro numero atomico.

10 I metalli alcalini hanno un forte potere ...., quindi una grande capacità di .... Per questo motivo in natura si trovano soltanto come ioni .... nei composti ....

11 Le pile sono sistemi che producono .... mediante reazioni .... che avvengono ...., hanno cioè ΔG ....

12 In una pila la produzione di elettroni (semireazione di ....) e il consumo di elettroni (semireazione di ....) avvengono rispettivamente .... e .... Per questo motivo il polo negativo e quello positivo di una pila sono rispettivamente .... e ....

13 In una pila gli elettroni passano spontaneamente ...., attraversando un ....

14 Nella pila Daniell avviene la reazione:
.... + ... $\longrightarrow$ .... + ...

15 L'elettrolisi è un processo con cui si fa avvenire una reazione di ossido-riduzione ...., cioè con un valore .... di ΔG, utilizzando ....

16 In una cella elettrolitica, il catodo è il polo negativo in quanto è collegato al polo .... del generatore di corrente. L'anodo è il polo positivo in quanto collegato al polo .... del generatore di corrente. I cationi e gli anioni si dirigono rispettivamente verso .... e ....

17 Sia nelle pile sia nelle celle elettrolitiche l'ossidazione avviene .... e la riduzione ....

18 I segni (+ e –) del catodo e dell'anodo nella pila e nella cella elettrolitica sono ....

19 L'elettrolisi viene spesso utilizzata per ottenere ...., che in natura si ritrovano solo come composti a causa della loro ....

20 L'elettrolisi dell'acqua è un processo in seguito al quale si ottengono .... e ....

21 Secondo le leggi di ...., la quantità di sostanza che si forma al catodo e all'anodo di una cella elettrolitica è direttamente proporzionale alla quantità di .... che .... la cella.

22 Al contrario della sintesi dell'acqua (processo ....), la decomposizione dell'acqua negli elementi è un processo ....

23 Il potenziale di riduzione di una sostanza esprime il suo potere ...., cioè la sua la tendenza a ....

24 Un'ossido-riduzione avviene spontaneamente se la .... fra i potenziali di riduzione delle due coppie è un numero ....

25 Il voltaggio ΔE^0 di una pila si ottiene facendo la .... tra il potenziale E^0_{rid} della semireazione che avviene .... e il potenziale E^0_{rid} della semireazione che avviene ....

Test vero-falso

1 In una reazione di ossido-riduzione, alla riduzione corrisponde una diminuzione del numero di ossidazione, all'ossidazione corrisponde un aumento. V F

2 Nei composti ionici, una reazione di ossido-riduzione avviene per trasferimento reale di elettroni. V F

3 In una semireazione di riduzione, la specie chimica che si riduce acquista elettroni. V F

4 Nelle pile avvengono reazioni di ossido-riduzione a spese di energia elettrica. V F

5 Nella pila Daniell, lo zinco si ossida e il rame si riduce. V F

6 L'elettrolisi dell'acqua è un processo spontaneo, quindi ha un $\Delta G > 0$, al contrario della sintesi dell'acqua. V F

7 In seguito all'elettrolisi dell'acqua, l'ossigeno si riduce e l'idrogeno si ossida. V F

8 Le leggi di Faraday permettono di calcolare la massa di una sostanza che si ossida o si riduce in una cella elettrolitica. V F

9 Una specie chimica può ossidare un'altra specie chimica che ha un potenziale di riduzione minore. V F

10 In una pila la differenza ΔE^0 è sempre < 0. V F

Test a risposta multipla

Scegli la risposta o il completamento corretti

1 In quale trasformazione il numero di ossidazione dello zolfo subisce la variazione più grande?

A $SO_2 \rightarrow SO_3$
B $H_2S \rightarrow H_2SO_3$
C $H_2SO_3 \rightarrow H_2SO_4$
D $S \rightarrow SO_2$

2 Durante una reazione di ossido-riduzione il numero di ossidazione della sostanza riducente:

A aumenta
B non varia
C diminuisce
D aumenta o diminuisce a seconda della natura dell'ossidante

3 Uno ione si comporta da riducente quando:

A si riduce
B acquista elettroni
C riduce un'altra specie chimica
D acquista protoni

4 In quale reazione l'ossigeno subisce una dismutazione?

A $2H_2O_{2(aq)} \rightarrow 2H_2O_{(l)} + O_{2(g)}$
B $2NO_{2(g)} \rightarrow N_2O_{4(g)}$
C $2H_2O_{(l)} \rightarrow 2H_{2(g)} + O_{2(g)}$
D $CaO_{(s)} + H_2O_{(l)} \rightarrow Ca(OH)_{2(aq)}$

5 In quale trasformazione l'azoto subisce una riduzione?

A Sintesi dell'ossido di azoto NO
B Sintesi dell'ammoniaca NH_3
C Formazione di acido nitrico HNO_3 dal pentaossido di diazoto N_2O_5
D Formazione di nitrato di calcio $Ca(NO_3)_2$ da ossido di calcio CaO e acido nitrico HNO_3

6 Quale trasformazione comporta una reazione di ossido-riduzione?

A Formazione di un sale dall'acido e dall'idrossido corrispondenti
B Formazione di un precipitato in una sua soluzione satura
C Formazione del monossido di carbonio per combustione
D Formazione di un acido dalla sua anidride

7 **Nella reazione:**

$$2ZnS_{(s)} + 3O_{2(g)} \rightarrow 2ZnO_{(s)} + 2SO_{2(g)}$$

A lo zinco si ossida e l'ossigeno si riduce
B lo zinco si ossida e lo zolfo si riduce
C lo zolfo si ossida e lo zinco si riduce
D lo zolfo si ossida e l'ossigeno si riduce

8 **Quale reazione presenta un $\Delta G < 0$?**

A $F_{2(g)} + 2I^-_{(aq)} \rightarrow 2F^-_{(aq)} + I_{2(aq)}$
B $Br_{2(l)} + 2Cl^-_{(aq)} \rightarrow 2Br^-_{(aq)} + Cl_{2(aq)}$
C $Cl_{2(g)} + 2F^-_{(aq)} \rightarrow 2Cl^-_{(aq)} + F_{2(aq)}$
D $I_{2(s)} + 2Br^-_{(aq)} \rightarrow 2I^-_{(aq)} + Br_{2(aq)}$

9 **Quale affermazione *non è corretta*?**
Una pila è un sistema in cui avviene:

A una riduzione al catodo e un'ossidazione all'anodo
B un trasferimento di elettroni dall'anodo al catodo
C una reazione esotermica
D una produzione di energia elettrica

10 **Relativamente a una pila e a una cella elettrolitica è possibile affermare che:**

A solo nella pila al catodo avviene la riduzione
B nell'una e nell'altra il catodo è l'elettrodo dove avviene la riduzione
C solo nella cella elettrolitica al catodo avviene la riduzione
D in entrambe occorre somministrare energia elettrica

Applica le tue conoscenze

16.2 Le reazioni in cui variano i numeri di ossidazione

1 Indica il numero di ossidazione del fosforo prima e dopo ciascuna delle seguenti trasformazioni:

a) $P_4 \rightarrow P_2O_3$
b) $P_2O_3 \rightarrow P_2O_5$
c) $PH_3 \rightarrow P_4$
d) $P_2O_5 \rightarrow H_3PO_4$

2 Indica la trasformazione in cui il numero di ossidazione dell'azoto diminuisce:

A $NO_2 \rightarrow N_2O_4$
B $N_2O_3 \rightarrow N_2O_5$
C $N_2O_3 \rightarrow HNO_2$
D $N_2 \rightarrow NH_3$

3 Individua in quale trasformazione il cloro *non* presenta una variazione del numero di ossidazione:

A $Cl_2O \rightarrow HClO$
B $Cl_2O_3 \rightarrow Cl_2O_7$
C $Cl_2 \rightarrow Cl_2O_5$
D $HClO \rightarrow HClO_3$

4 Il disegno si riferisce alla sintesi dell'ossido di calcio CaO, che è una reazione di ossido-riduzione. Completa, riportando sulle frecce i termini "ossidazione" oppure "riduzione", il numero di elettroni ceduti o acquistati da ciascun atomo e il numero dei protoni H^+ e degli elettroni e^- nell'atomo e nel suo ione. Specifica quale elemento è l'ossidante e quale è il riducente.

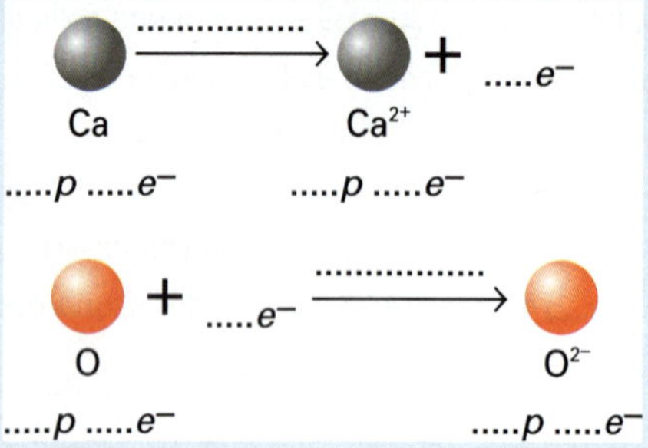

5 La sintesi dell'ammoniaca è espressa dalla reazione:

$$3H_{2(g)} + N_{2(g)} \rightarrow 2NH_{3(g)}$$

1. È una reazione di ossido-riduzione?
2. Quale sostanza si ossida? Quale si riduce?
3. Qual è l'ossidante? Qual è il riducente?

1. Osserva se i numeri di ossidazione dell'idrogeno prima della reazione (in H_2) e dopo la reazione (in NH_3) sono diversi. Essi sono rispettivamente: ....
Ripeti l'osservazione per l'azoto. I suoi numeri di ossidazione prima e dopo la reazione sono rispettivamente: ....
Dunque questa reazione è ....

2. L'ossidazione consiste nell'aumento del numero di ossidazione, perciò si ossida ....
Al contrario, la riduzione comporta la diminuzione del numero di ossidazione, perciò si riduce ....

3. L'ossidante è la sostanza che ossida un'altra sostanza e quindi a sua volta si riduce, perciò l'ossidante è .... Il riducente (che invece si ossida) è ....

6 Quale reazione è un'ossido-riduzione?

a) $Na_2O_{(s)} + H_2O_{(l)} \rightarrow 2NaOH_{(aq)}$
b) $HCl_{(aq)} + NaOH_{(aq)} \rightarrow NaCl_{(aq)}$
c) $Cl_{2(g)} + H_{2(g)} \rightarrow 2HCl_{(g)}$

Specifica quali sono:
- la sostanza che si ossida e quella che si riduce;
- l'ossidante e il riducente.

7 In una delle seguenti trasformazioni, l'azoto si riduce, in un'altra si ossida. Le altre due reazioni non sono reazioni di ossido-riduzione. Individua ciascuna di queste reazioni. (*Non è necessario che tu scriva le reazioni*).

a) Formazione di N_2 e O_2 dall'ossido di azoto NO
b) Formazione di pentaossido di diazoto N_2O_5 dal triossido di diazoto N_2O_3
c) Formazione di acido nitroso HNO_2 dal triossido di diazoto N_2O_3 e acqua H_2O
d) Formazione di nitrito di bario $Ba(NO_2)_2$ da ossido di bario BaO e acido nitroso HNO_2.

8 La preparazione dell'idrogeno in laboratorio può essere realizzata mediante zinco e acido cloridrico:

$Zn_{(s)} + HCl_{(aq)} \rightarrow ZnCl_{2(aq)} + H_{2(g)}$

a) bilancia la reazione
b) individua l'elemento che si ossida e quello che si riduce.

9 In quale delle seguenti trasformazioni, il secondo composto deriva da una riduzione del primo? Indica i numeri di ossidazione degli elementi in cui c'è una variazione.

a) $H_2O_{2(aq)} \rightarrow H_2O_{(l)}$ *b*) $CH_{4(g)} \rightarrow CO_{2(g)}$
c) $FeSO_{4(aq)} \rightarrow Fe_2(SO_4)_{3(aq)}$

16.3 Come bilanciare le reazioni di ossido-riduzione

10 Completa e bilancia la reazione, che avviene in ambiente acido:

$MnO^-_{4(aq)} + Cl^-_{(aq)} \rightarrow Mn^{2+}_{(aq)} + Cl_{2(g)}$

1 Calcolando i numeri di ossidazione dei vari elementi, puoi notare che variano soltanto quelli del manganese, che da +7 diventa ...., e del cloro che da −1 diventa ....

$\overset{+7}{Mn}O^-_{4(aq)} + \overset{-1}{Cl^-_{(aq)}} \rightarrow \overset{........}{Mn^{2+}_{(aq)}} + \overset{........}{Cl_{2(g)}}$

2 Lo ione MnO_4^- si ....; lo ione Cl^- si ....

3 Scrivi la **semireazione di riduzione**, inserendo in primo luogo gli elettroni acquistati:

$MnO^-_{4(aq)}$ + ... $e^- \rightarrow Mn^{2+}_{(aq)}$

Affinché la semireazione sia completa, occorre aggiungere tra i prodotti H_2O (che serve a bilanciare gli atomi O dello ione $MnO^-_{4(aq)}$) e tra i reagenti ioni H^+, che ti serviranno per bilanciare sia le cariche sia H_2O.

$MnO^-_{4(aq)} + H^+_{(aq)}$ .... $e^- \rightarrow Mn^{2+}_{(aq)} + H_2O_{(l)}$

Poiché MnO_4^- contiene 4 atomi di ossigeno, è necessario premettere il coefficiente .... a H_2O. Il bilanciamento delle masse richiede il coefficiente .... per lo ione H^+. In questo modo anche le cariche dei reagenti (−1 .... = +2) risultano uguali alla carica dello ione Mn^{2+}.

$MnO^-_{4(aq)}$ + ...$H^+_{(aq)}$ .... $e^- \rightarrow Mn^{2+}_{(aq)}$ + ...$H_2O_{(l)}$ **semireazione di riduzione bilanciata**

Scrivi la **semireazione di ossidazione** inserendo gli elettroni ceduti. Il bilanciamento delle masse e delle cariche richiede il coefficiente stechiometrico .... per lo ione cloruro:

.... $Cl^-_{(aq)} \rightarrow Cl_{2(g)}$ + ...e^- **semireazione di ossidazione bilanciata**

4 **5** Per bilanciare gli elettroni, che vanno poi eliminati, devi moltiplicare per .... la semireazione di riduzione e per .... quella di ossidazione, e poi sommare le due semireazioni effettuando le semplificazioni opportune:

($MnO^-_{4(aq)}$ + ...$H^+_{(aq)}$ + ...$e^- \rightarrow Mn^{2+}_{(aq)}$ + ...$H_2O_{(l)}$) × ....

(........$Cl^-_{(aq)} \rightarrow Cl_{2(g)}$ + ...e^-) × ....

........$MnO^-_{4(aq)}$ + ...$H^+_{(aq)}$ + ...$e^- \rightarrow$ ....$Mn^{2+}_{(aq)}$ + ...$H_2O_{(l)}$

........$Cl^-_{(aq)} \rightarrow$ ....$Cl_{2(g)}$ + ...e^-

---

........$MnO^-_{4(aq)}$ + ...$H^+_{(aq)}$ + ...$Cl^-_{(aq)} \rightarrow$ ....$Mn^{2+}_{(aq)}$ + ...$Cl_{2(g)}$ + ...$H_2O_{(l)}$

11 Completa e bilancia le reazioni che avvengono in ambiente acido:

a) $SO_{2(aq)} + Br_{2(l)} \rightarrow SO^{2-}_{4(aq)} + Br^-_{(aq)}$
b) $H_2S_{(aq)} + Cl_{2(g)} \rightarrow S_{(s)} + Cl^-_{(aq)}$

12 Completa e bilancia la reazione in cui lo ione permanganato $MnO^-_{4(aq)}$ si trasforma nello ione manganese $Mn^{2+}_{(aq)}$. La reazione avviene in ambiente acido:

$MnO^-_{4(aq)} + H_2O_{2(aq)} \rightarrow Mn^{2+}_{(aq)} + O_{2(g)}$

13 Completa e bilancia la reazione, che avviene in ambiente acido:

$MnO^-_{4(aq)} + SO_{2(aq)} \rightarrow Mn^{2+}_{(aq)} + SO^{2-}_{4(aq)}$

14 Completa e bilancia la reazione che avviene in ambiente basico:

$Bi_2O_{3(s)} + ClO^-_{(aq)} \rightarrow BiO^-_{3(aq)} + Cl^-_{(aq)}$

15 Individua gli elementi che subiscono una variazione del numero di ossidazione nella reazione *a*), che riguarda la preparazione dell'ossigeno, rappresentata nella immagine, e nella reazione *b*). Per ciascun elemento indica i numeri di ossidazione iniziale e finale.

a) $2KClO_{3(s)} \rightarrow 2KCl_{(s)} + 3O_{2(g)}$
b) $Br_{2(l)} + 2NaOH_{(aq)} \rightarrow NaBrO_{(aq)} + NaBr_{(aq)} + H_2O_{(l)}$

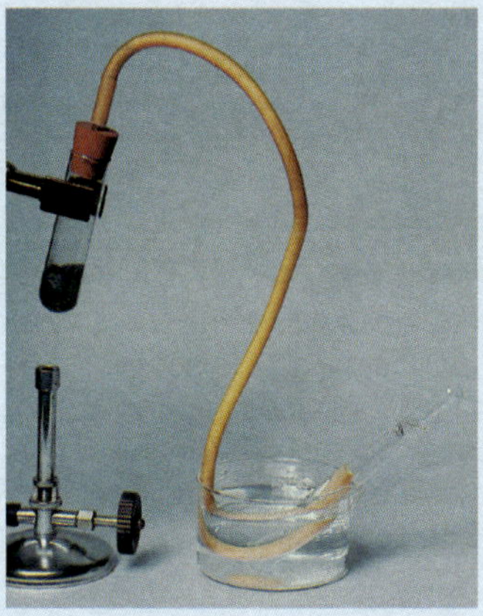

16.4 Potere ossidante e potere riducente

16 Il piombo si può ottenere riscaldando energicamente il carbonato di piombo (II) con il carbonio, che si trasforma in diossido di carbonio. Facendolo gocciolare in acqua fredda, il piombo solidifica. Scrivi la reazione bilanciata, specificando la specie riducente e quella ossidante, la variazione del numero di ossidazione che esse subiscono e il numero di elettroni ceduti e acquistati.

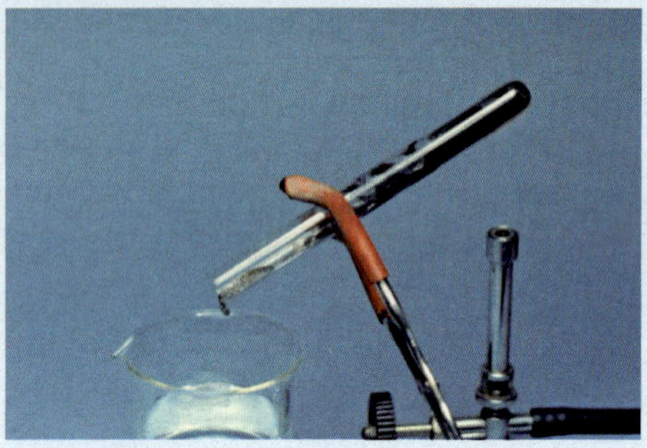

17 Indica gli i ioni che possono essere ossidati dal cloro Cl_2:

☐ I^-
☐ F^-
☐ Br^-

18 Spiega perché la sintesi del cloruro di sodio è fortemente spontanea.

19 Nell'acqua del mare sono contenute piccole quantità di ione Br^-. È possibile ottenere bromo dall'acqua di mare trattandola con cloro? Giustifica la risposta.

16.6 Le pile

20 Una pila viene realizzata facendo avvenire la seguente reazione, scritta in forma ionica:

$$Zn_{(s)} + Pb^{2+}_{(aq)} \rightarrow Zn^{2+}_{(aq)} + Pb_{(s)}$$

Indica:
a) la semireazione che esprime la riduzione
b) la semireazione che esprime l'ossidazione
c) a quale elettrodo (anodo o catodo) avviene l'ossidazione
d) a quale elettrodo (anodo o catodo) avviene la riduzione
e) se la reazione è spontanea.

21 Perché non è possibile realizzare una pila con la reazione inversa a quella scritta nel precedente esercizio?

22 Descrivi come realizzeresti praticamente questa pila e il suo funzionamento:

$$Cr_{(s)} / Cr^{3+}_{(aq)} // Cu^{2+}_{(aq)} / Cu_{(s)}$$

16.7 L'elettrolisi

23 Facendo l'elettrolisi del bromuro di potassio fuso $KBr_{(l)}$:
a) che cosa si forma al polo positivo?
b) questo polo è il catodo oppure l'anodo?
c) che cosa si forma al polo negativo?
d) questo polo è il catodo oppure l'anodo?

24 Metti in evidenza le differenti modalità, da un punto di vista energetico, con cui avvengono la sintesi e l'elettrolisi dell'acqua.

25 Individua le due frasi in cui c'è un errore e riscrivile correttamente.
a) Una pila e una cella elettrolitica sono dispositivi in cui avvengono reazioni di ossido-riduzione.
b) Sia in una pila sia in una cella elettrolitica avviene una reazione con $\Delta G < 0$.
c) Sia in una pila sia in una cella elettrolitica la semireazione di riduzione avviene al catodo.
d) Sia in una pila sia in una cella elettrolitica il catodo è l'elettrodo che ha il segno negativo.

26 Sottoponendo a elettrolisi una soluzione di solfato di rame (II) $CuSO_4$ con una corrente di 2,6 A per un tempo di 3 h, quanti grammi di rame si depositano al catodo? **[9,2 g]**

27 Un campione di cloruro di alluminio fuso $AlCl_{3(l)}$ viene sottoposto a elettrolisi per 1 h, utilizzando una corrente di 10,0 A. Quanti grammi di alluminio si producono? **[3,36 g]**

16.8 Come prevedere l'andamento di una reazione di ossido-riduzione

28 Indica quali specie chimiche vengono ridotte dallo ione $Fe^{2+}_{(aq)}$, in condizioni standard:
a) $Zn^{2+}_{(aq)}$
b) $Cr^{3+}_{(aq)}$
c) $Br_{2(l)}$
d) $Cr_2O^{2-}_{7(aq)}$
e) $Ag^{+}_{(aq)}$
f) $MnO^{-}_{4(aq)}$

29 In base ai potenziali E^0_{rid} stabilisci quali reazioni avvengono spontaneamente:
a) $H_2S_{(aq)} + Cl_{2(g)} \rightarrow S_{(s)} + 2Cl^-_{(aq)} + 2H^+_{(aq)}$
b) $2Cl^-_{(aq)} + Cu^{2+}_{(aq)} \rightarrow Cu_{(s)} + Cl_{2(g)}$
c) $2MnO^-_{4(aq)} + 16H^+_{(aq)} + 10Br^-_{(aq)} \rightarrow 2Mn^{2+}_{(aq)} + 8H_2O_{(l)} + 5Br_{2(l)}$

16.9 Il voltaggio delle pile

30 Verifica se è possibile costruire la pila:

$$Cu_{(s)} / Cu^{2+}_{(aq)} // Pb^{2+}_{(aq)} / Pb_{(s)}$$

31 Calcola il voltaggio della pila nelle condizioni standard:

$$Ni_{(s)} / Ni^{2+}_{(aq)} // Ag^{+}_{(aq)} / Ag_{(s)}$$ **[1,06 V]**

OBIETTIVO COMPETENZA

1 Indica quante moli di elettroni sono necessarie per ridurre completamente:
a) 1 mol di ione argento ad argento
b) 1 mol di triossido di zolfo a diossido di zolfo
c) 2 mol di acido nitrico ad acido nitroso [1 mol; 2 mol; 4 mol]

2 La reazione dell'idrogeno con l'ossigeno è una reazione di combustione:

$$2H_{2(g)} + O_{2(g)} \rightarrow 2H_2O_{(g)}$$

a) L'idrogeno raggiunge il suo massimo numero di ossidazione?
b) È maggiore l'energia di attivazione della reazione scritta o quella della decomposizione dell'acqua negli elementi?
c) Quante moli di acqua si formano da 2 moli di H_2 e 2 mol di O_2? [2 mol]

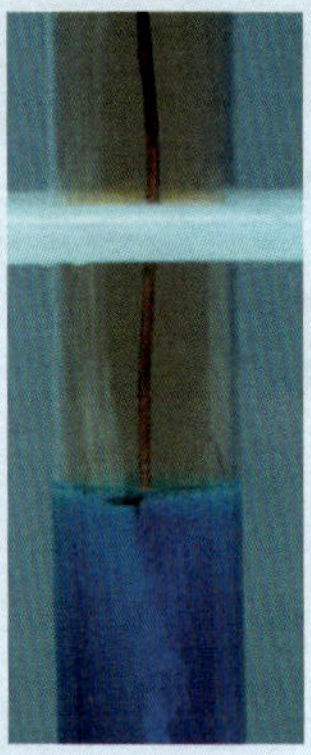

3 Bilancia la reazione, scritta in forma ionica, tra lo ione nitrato $NO^-_{3(aq)}$ e il rame $Cu_{(s)}$, da cui si ottengono diossido di azoto NO_2, che è un gas, e lo ione rame (II) $Cu^{2+}_{(aq)}$:

$$NO^-_{3(aq)} + Cu_{(s)} + H^+_{(aq)} \rightarrow NO_{2(g)} + Cu^{2+}_{(aq)} + H_2O_{(l)}$$

a) A che cosa è dovuto il colore azzurro della soluzione?
b) A che cosa è dovuto il colore rosso bruno che si osserva sopra la soluzione?

4 Nel motore delle auto elettriche, l'energia elettrica viene trasformata nel lavoro necessario al movimento. L'energia elettrica deriva da una o più batterie ricaricabili, che costituiscono una specie di "serbatoio" di energia.
Fai una ricerca sul termine "batteria" e sull'uso di batterie ricaricabili che si fa oggi nella cosiddetta "elettronica di consumo". Riassumi in un breve testo quanto hai trovato e indica qualche vantaggio che le auto elettriche presentano rispetto a quelle con motore a scoppio, cioè a combustione interna.

5 Completa le frasi, attraverso le quali si giustifica l'impossibilità di trovare in natura il sodio allo stato elementare.
a) L'elemento sodio si trova nel gruppo .... della tavola periodica, perciò un suo atomo ha .... nello strato di ....
b) L'atomo Na .... facilmente l'elettrone del guscio di valenza, come dimostra .... valore dell'energia di ionizzazione; perciò Na viene ossidato con .... facilità a ....
c) Lo ione .... è più stabile dell'atomo ...., in quanto ha la configurazione del gas nobile ....
d) Il sodio ha un forte potere ...., perciò reagisce con il cloro, che ha un forte potere ...., con una trasformazione che ha ΔG ....

6 Il cloro Cl_2 è un forte ossidante, quindi si riduce con grande facilità. Giustifica questa proprietà del cloro, collegandola agli elettroni di valenza di un suo atomo e alla configurazione elettronica che assume un suo ione.

7 Perché l'acido cloridrico non ossida il rame, mentre l'ossidazione avviene con l'acido nitrico?

8 Considera la pila:

$$Cu_{(s)} / Cu^{2+}_{(aq)} // Ag^+_{(aq)} / Ag_{(s)}$$

a) disegnala schematicamente
b) calcola il voltaggio
c) indica il polo positivo e quello negativo
d) scrivi le semireazioni di ossidazione e di riduzione e la reazione complessiva
[$\Delta E^0_{pila} = 0{,}46$ V]

9 Indica quali metalli potresti utilizzare per ottenere $H_{2(g)}$ da una soluzione di $HCl_{(aq)}$? Tra essi quale si utilizza realmente e perché?
☐ sodio ☐ potassio ☐ ferro ☐ rame

10 Riflettendo su quanto accade nella pila Daniell, rispondi alla domanda: "È possibile conservare una soluzione di solfato di rame (II) in un contenitore di zinco?".

11 Gli acciai inox (o acciai inossidabili) sono leghe a base di ferro e carbonio che presentano la caratteristica proprietà di resistere alla corrosione, contrariamente al ferro.
Fai una ricerca sul termine corrosione e sulla composizione dell'acciaio e dell'acciaio inox. Scrivi un breve testo per giustificare la differenza di comportamento tra questi due materiali.

8 Composti del carbonio

Competenze di base

- Riconoscere la grande diffusione dei **composti organici** nella vita quotidiana e i motivi che ne giustificano il numero elevatissimo e la suddivisione in classi.
- Applicare ai composti organici i concetti fondamentali esaminati per i composti inorganici.
- Attribuire il nome ai vari tipi di **idrocarburi**, osservandone le formule di struttura; viceversa dal nome risalire alla loro formula. Giustificarne l'insolubilità in acqua e la solubilità in solventi apolari.
- Motivare la differente reattività di **alcani** (e **cicloalcani**), **alcheni** (e **cicloalcheni**) e **idrocarburi aromatici**.
- Individuare la classe di appartenenza di un composto (alcol, aldeide, chetone, etere, acido carbossilico, ammina), attraverso il **gruppo funzionale** e attribuirgli il nome.
- Utilizzare le proprietà chimiche che collegano **alcoli**, **aldeidi**, **chetoni** e **acidi carbossilici** per la loro preparazione.
- Utilizzare per gli acidi carbossilici e le ammine i concetti acquisiti per gli acidi e per le basi inorganici.
- Riconoscere **carboidrati**, **grassi** e **proteine** come sostanze da cui ricaviamo energia e materia.
- Distinguere la trasformazione del **glucosio** in condizioni aerobiche da quella che avviene in condizioni anaerobiche.
- Conoscere la struttura di un **monosaccaride** e distinguerlo da un **disaccaride** e da un **polisaccaride**.
- Conoscere la struttura di un **grasso** e la sua trasformazione in sapone.
- Riconoscere una **proteina** come polimero di **amminoacidi**, la complessità delle diverse strutture e il fenomeno della denaturazione.
- Valutare l'azione catalitica degli **enzimi** nelle reazioni biologiche.

Percorso

UNITÀ 17

Gli idrocarburi

Perché?...

- Qual è il significato del termine "organico"?
- Quali differenze ci sono tra i composti organici e quelli inorganici?
- Qual è la fonte principale di combustibili e carburanti?
- Che cos'è il polistirene espanso?

17.1 La nascita della chimica organica

Nel 1828 il chimico tedesco *F. Wölher* (1800-1882) ottenne in laboratorio i **cristalli di urea**, che è un componente dell'urina dei mammiferi, partendo da un composto inorganico. Questo determinò il crollo della convinzione dell'esistenza di una misteriosa scintilla della vita, che rendeva possibile la formazione di certi composti *solo negli organismi*. Da quel momento si cominciarono a preparare in laboratorio molte altre sostanze prodotte dagli organismi, come l'*acido acetico*, il *metano*, l'*alcol etilico* ecc.

Le nuove sostanze preparate in laboratorio avevano una caratteristica comune: contenevano tutte l'elemento **carbonio**.

espansione
Vita o non vita?

I composti contenenti il carbonio furono detti **composti organici** e quando si parla di **chimica organica** si intende la *chimica dei composti del carbonio*. Pochissimi composti del carbonio, tra cui il monossido e il diossido di carbonio e il carbonato di calcio, sono classificati come composti inorganici.

Oltre al **carbonio**, nei composti organici, a parte qualche rara eccezione, è presente sempre l'**idrogeno**, generalmente l'**ossigeno**, spesso l'**azoto** e lo **zolfo**, talvolta il **fosforo** e più raramente **metalli**, come il ferro e il magnesio.

composti organici

La **chimica organica** è quella parte della chimica che studia i **composti** contenenti l'elemento **carbonio**, che perciò sono detti **composti organici**.

17.2 Le caratteristiche dei composti organici

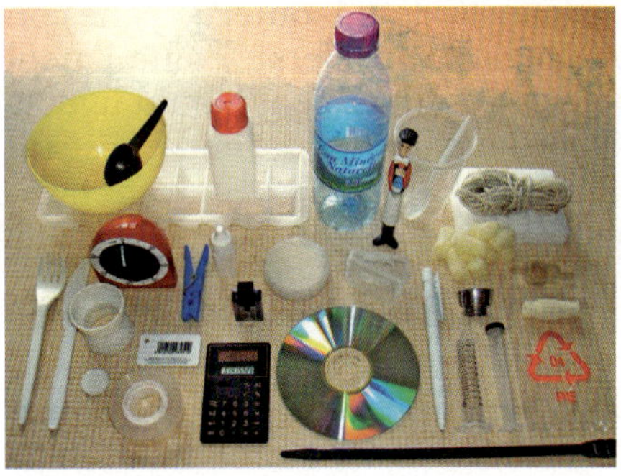

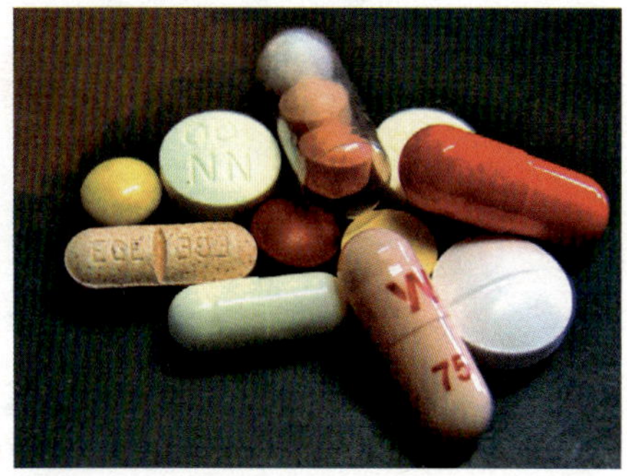

I composti organici sono numerosissimi (oltre 37 milioni), di gran lunga più numerosi di quelli inorganici, e sono quelli con cui più comunemente abbiamo a che fare nella vita quotidiana.

Il numero dei composti organici è sempre in aumento in quanto l'industria prepara nuovi composti a partire da sostanze più semplici: la varietà crescente di **materie plastiche** con cui si fabbricano oggetti, le **fibre sintetiche** con cui ci vestiamo e arrediamo la nostra casa e i **farmaci** non sono che comunissimi esempi.

Per i composti organici restano validi tutti i concetti fondamentali esaminati per i composti inorganici (legami, velocità di reazione, acidità e basicità, reazioni di ossido-riduzione, legge di Lavoisier ecc.); tuttavia i composti del carbonio hanno **caratteristiche specifiche**, perciò sono suddivisi in varie **classi** e descritti separatamente.

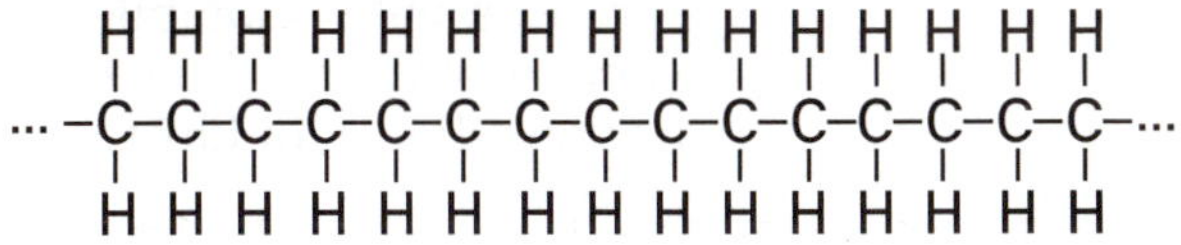

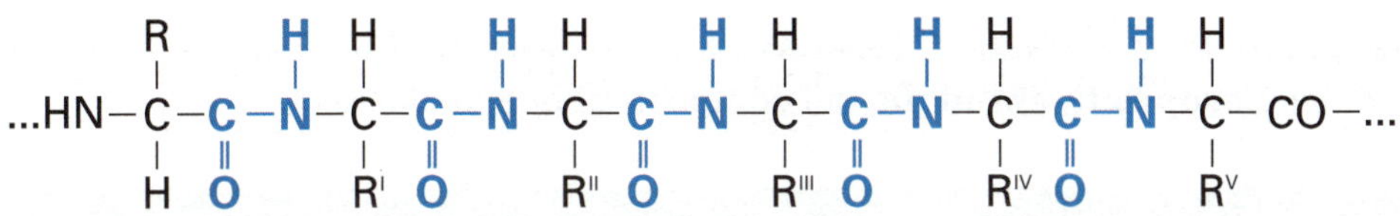

Fra tutti gli elementi, il **carbonio**, che è sempre **tetravalente**, è l'unico che forma catene anche lunghissime (**catene carboniose**), in cui gli atomi sono uniti fra loro in modo molto stabile, e **sostanze** particolarmente **complesse**, come le *proteine*, i *polisaccaridi*, gli *acidi nucleici* ecc.

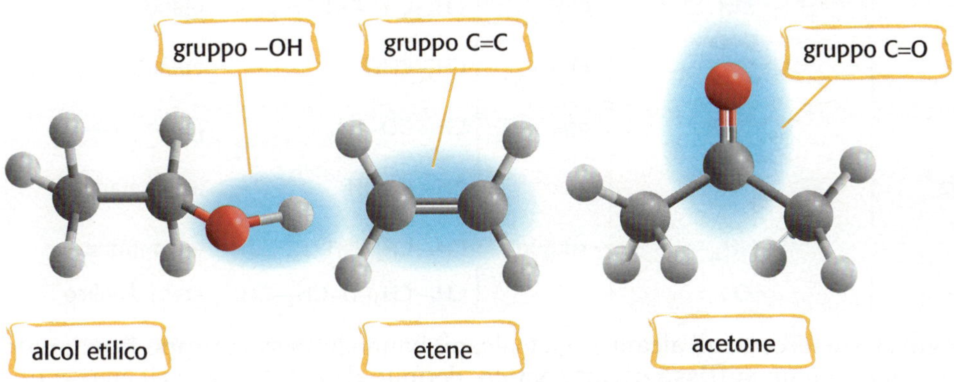

Le **proprietà chimiche** dei composti organici dipendono essenzialmente da un gruppo di atomi, detto **gruppo funzionale**, legato alla catena carboniosa o interno ad essa, come il gruppo –OH degli alcoli, il doppio legame C=C e il gruppo C=O dei chetoni.

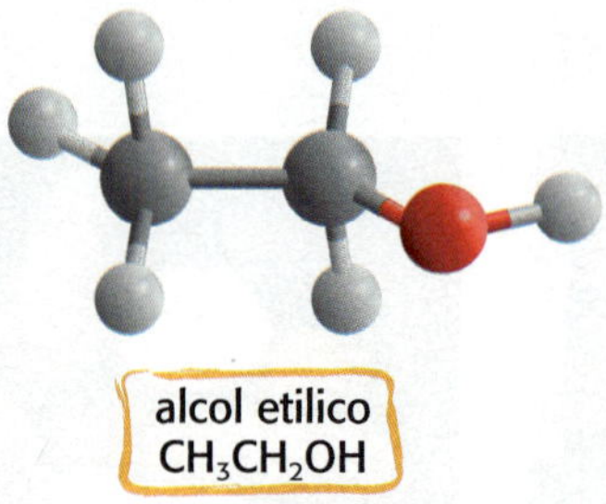

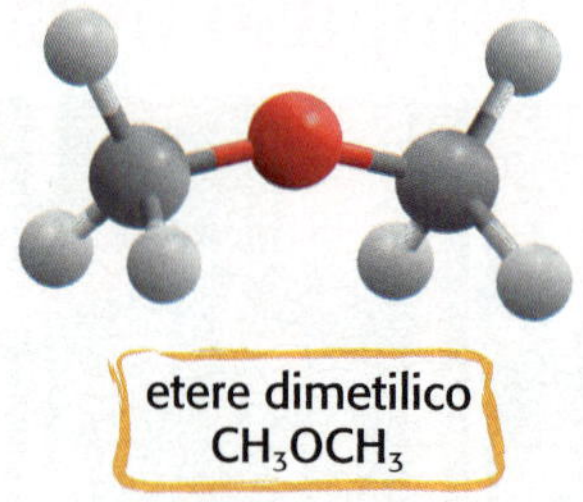

Molti composti, detti **isomeri**, anche con gruppi funzionali diversi, come l'alcol etilico e l'etere dimetilico, hanno uguale formula bruta e diversa formula di struttura. Per questo motivo di norma per i composti organici si riportano le formule di struttura.

Le **proprietà fisiche** (come la scarsa solubilità in acqua e l'infiammabilità) spesso non si ritrovano nei composti inorganici.

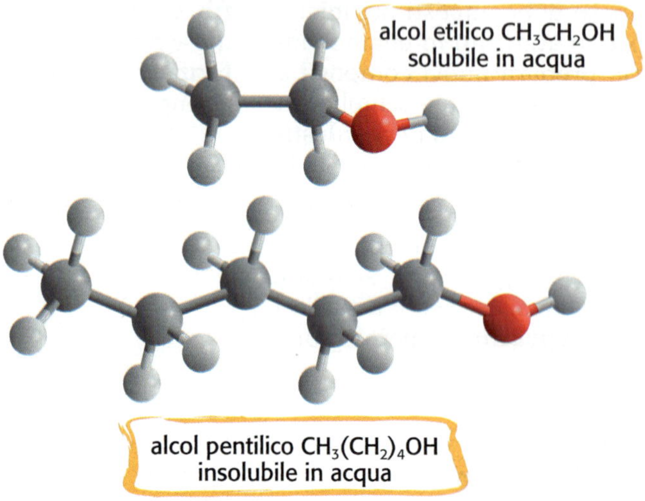

In particolare, la **solubilità in acqua** dipende in parte dal tipo di *gruppo funzionale*, che può formare con l'acqua legami idrogeno (come l'–OH dell'alcol etilico) o legami dipolo-dipolo (come il C=O dell'acetone), ma soprattutto dalla *lunghezza della catena carboniosa* apolare. Per esempio, l'alcol etilico è molto solubile in acqua, mentre l'alcol pentilico è praticamente insolubile, perché la catena carboniosa più lunga ostacola la formazione di legami idrogeno con l'acqua.

gruppo funzionale

Il **gruppo funzionale** di una classe di composti è un gruppo di atomi responsabile, in massima parte, delle **proprietà chimiche** dei composti di quella classe.

classe di composti	gruppo funzionale	suffisso	formula e nome del composto	
alcani	nessuno	-ano	CH_3-CH_3	et**ano**
alcheni	$-C{=}C-$	-ene	$CH_2{=}CH_2$	et**ene**
alchini	$-C{\equiv}C-$	-ino	$CH{\equiv}C-CH_3$	prop**ino**
alcol	$-OH$	-olo	CH_3-CH_2-OH	etan**olo**
aldeidi	$-\underset{\underset{H}{\mid}}{C}{=}O$	-ale	CH_3-CHO	etan**ale**
chetoni	$>C{=}O$	-one	$CH_3-CO-CH_3$	propan**one**
acidi carbossilici	$-\underset{\underset{O}{\Vert}}{C}-OH$	-oico	CH_3-COOH	acido etan**oico**
ammine	$-NH_2$	-ammina	$CH_3-CH_2-NH_2$	etil**ammina**
eteri	$-O-$		$CH_3-CH_2-O-CH_2-CH_3$	etere dietilico

I composti di ogni classe (eccetto gli alcani e i cicloalcani) hanno lo stesso **gruppo funzionale** e il nome che termina con un **suffisso caratteristico**, definito dalla IUPAC. Per gli eteri si utilizza ancora una nomenclatura di uso comune.
Nella tabella sono riportate le **formule condensate**, cioè scritte raggruppando gli atomi C e H in gruppi CH_3 e CH_2, senza esplicitare i legami. Analogamente sono stati raggruppati gli atomi dei gruppi funzionali.

17.3 Gli idrocarburi

Gli **idrocarburi** sono **composti organici** molto diffusi e sono costituiti soltanto di **carbonio** e **idrogeno**.

Gli idrocarburi sono numerosissimi, perché le **catene carboniose** possono essere **aperte** o **chiuse** e anche **ramificate**, cioè con piccole catene laterali.
Qui nelle catene sono riportati soltanto i legami degli atomi di carbonio e sono sottintesi gli atomi H legati.

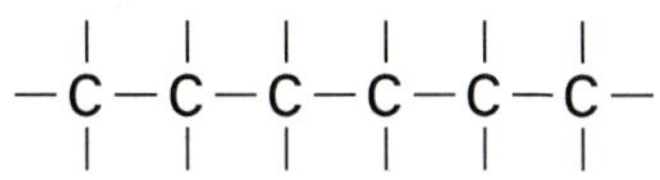

catena aperta lineare
(6 atomi C)

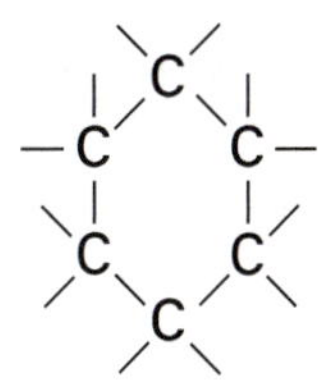

catena ad anello
(6 atomi C)

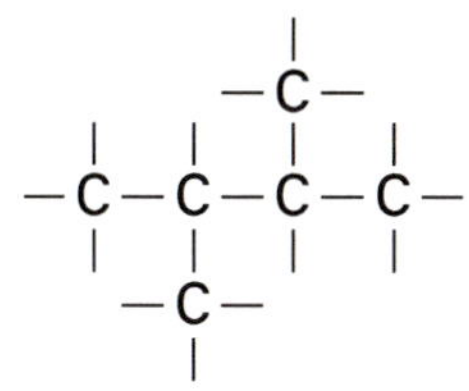

catena aperta ramificata
(6 atomi C)

Gli idrocarburi possono contenere **legami covalenti semplici**, **doppi** e **tripli** e presentare rispettivamente un'ibridazione sp^3, sp^2, sp.

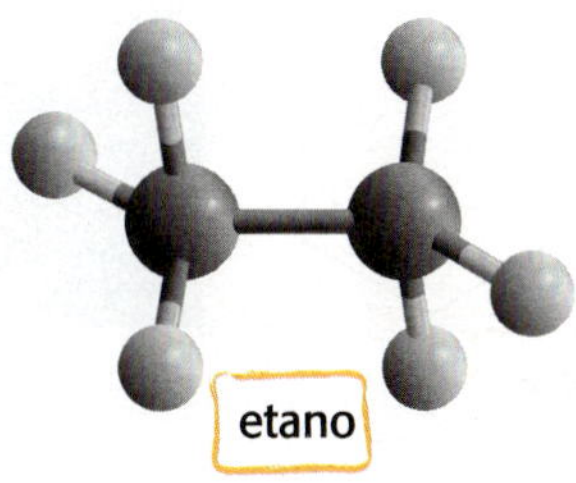

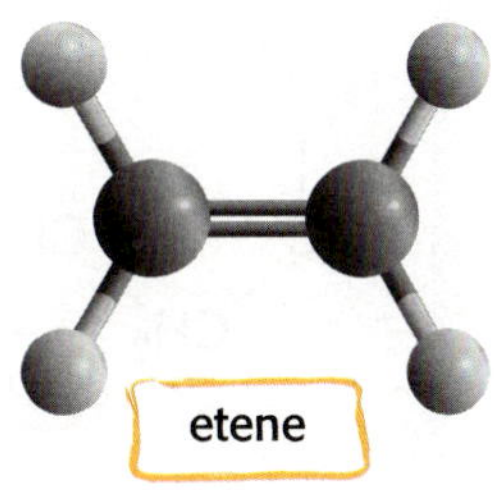

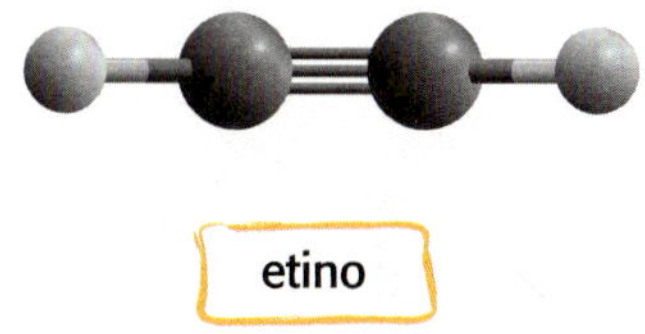

Gli *idrocarburi a catena aperta* sono detti **idrocarburi alifatici** e si suddividono in alcani, alcheni e alchini.

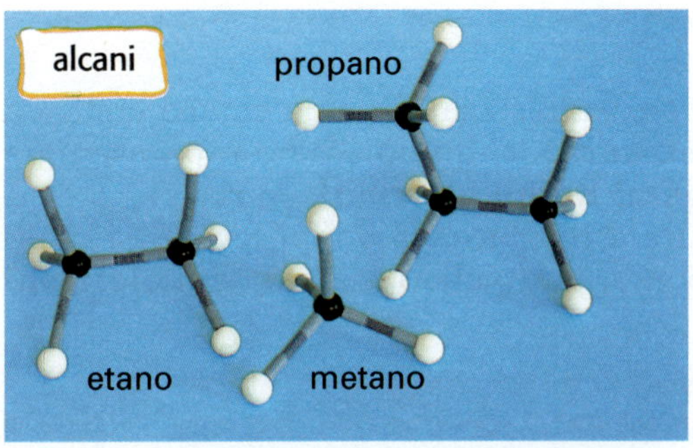

Gli **alcani** presentano solo **legami semplici** –C–C–, come l'etano $CH_3–CH_3$ e il propano $CH_3–CH_2–CH_3$.
Sono **detti idrocarburi saturi**, in quanto ogni atomo di carbonio esprime la sua tetravalenza mediante quattro legami semplici.

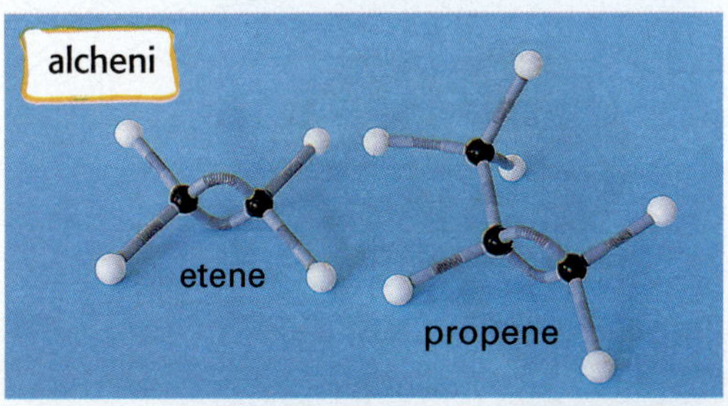

Gli **alcheni** hanno **un legame doppio** –C=C–, come l'etene $CH_2=CH_2$ e il propene $CH_3–CH=CH_2$.

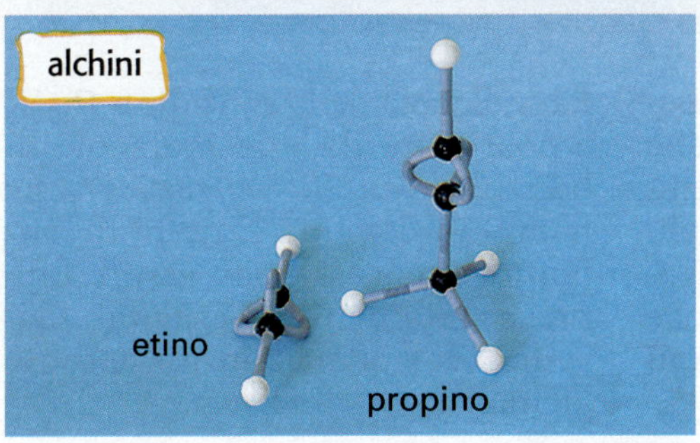

Gli **alchini** hanno **un legame triplo** –C≡C–, come l'etino CH≡CH e il propino CH≡C–CH_3. Alcheni e alchini sono detti **idrocarburi insaturi**, perché non tutti gli atomi di carbonio esprimono la loro tetravalenza con quattro legami semplici.

Gli idrocarburi **cicloalifatici** sono *idrocarburi* a *catena chiusa* che hanno **molecole cicliche** costituite da 3, 4, 5, 6 e più atomi di carbonio.
Per brevità, nelle formule di questi composti si omette l'indicazione degli atomi di carbonio e di idrogeno, giacché si sottintende che a ogni vertice della figura geometrica disegnata ci sono 1 atomo di carbonio e tanti atomi di idrogeno quanti sono necessari per raggiungere la tetravalenza del carbonio.

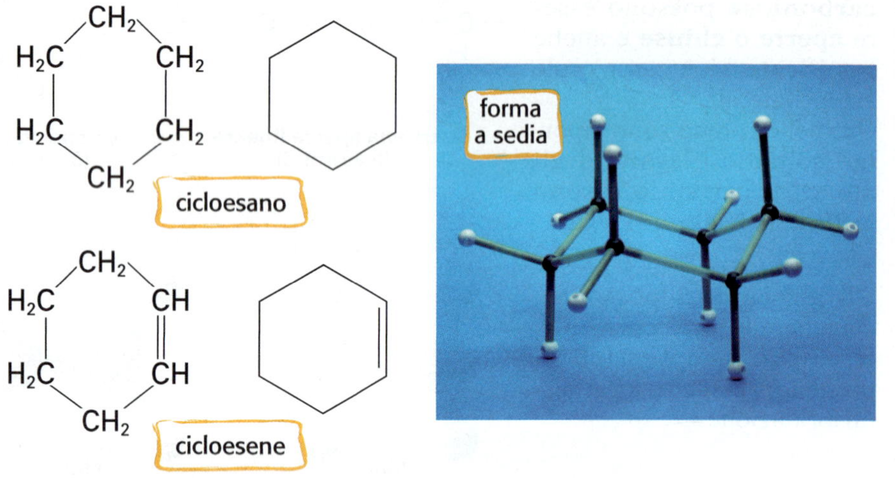

Il **cicloesano C_6H_{12} è rappresentato con un esagono,** ma in realtà la forma più stabile, in cui presenta angoli di 109,5°, caratteristici dell'ibridazione *sp*^{3}, è la forma "a sedia", così detta perché mostra dei ripiegamenti che ricordano questo oggetto.
Il **cicloesene C_6H_{10}** presenta un *legame doppio*.

Gli **idrocarburi aromatici** sono caratterizzati da una catena ciclica a 6 atomi di carbonio (*anello benzenico*), che può essere rappresentata con **3 legami semplici e 3 legami doppi alternati**. In realtà i 6 elettroni che dovrebbero contribuire a formare i 3 doppi legami si muovono fra tutti gli atomi di carbonio, tanto che vengono detti **elettroni delocalizzati**.

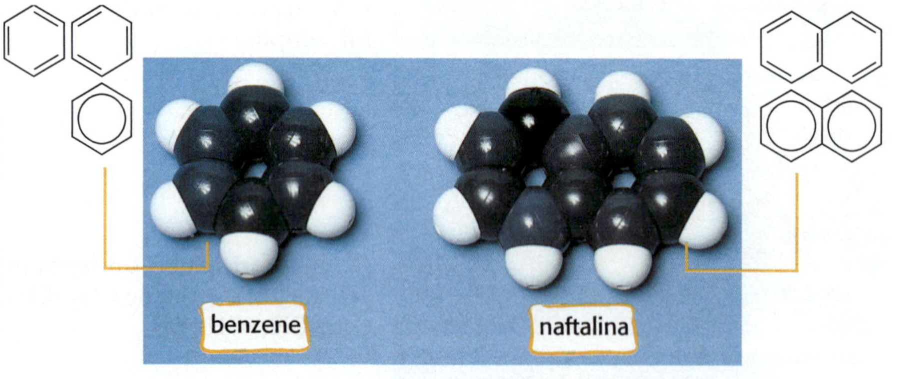

Il **benzene C_6H_6**, che è l'idrocarburo aromatico più semplice, viene rappresentato o con i legami semplici e doppi alternati oppure, più frequentemente, come un esagono con un cerchio all'interno, che rappresenta appunto i 6 elettroni delocalizzati.

La molecola della **naftalina $C_{10}H_8$** è costituita da due molecole di benzene (*anelli benzenici*) che hanno in comune 2 atomi di carbonio. Anch'essa può essere rappresentata con due esagoni, ciascuno dei quali con un cerchio all'interno.

- **idrocarburi alifatici** *a catena aperta*
  - **saturi** → **alcani**: tutti legami semplici **C–C**, ibridazione sp^3
  - **insaturi**
    - → **alcheni**: 1 legame doppio **C=C**, ibridazione sp^2
    - → **alchini**: 1 legame triplo **C≡C**, ibridazione sp
- **idrocarburi alifatici** *a catena chiusa* (**cicloalifatici**)
  - **saturi** → **cicloalcani**: tutti legami semplici **C–C**, ibridazione sp^3
  - **insaturi** → **cicloalcheni**: 1 legame doppio **C=C**, ibridazione sp^2
- **idrocarburi aromatici** → una o più catene chiuse con doppi legami **C=C** (elettroni delocalizzati), ibridazione sp^2

idrocarburi

Proprietà fisiche

Tutti gli **idrocarburi** sono **sostanze apolari**, perciò le uniche *forze intermolecolari* presenti in questi composti sono le **forze di London**. La loro apolarità li rende anche **insolubili in acqua**. Spesso sono **infiammabili** e hanno generalmente una **densità inferiore a quella dell'acqua**.

L'**insolubilità** degli idrocarburi e la loro **densità** inferiore a quella dell'acqua sono la causa del galleggiamento delle chiazze di petrolio in seguito alla fuoriuscita del greggio da un pozzo o da una petroliera. Questi eventi sono sempre causa di disastri ecologici.

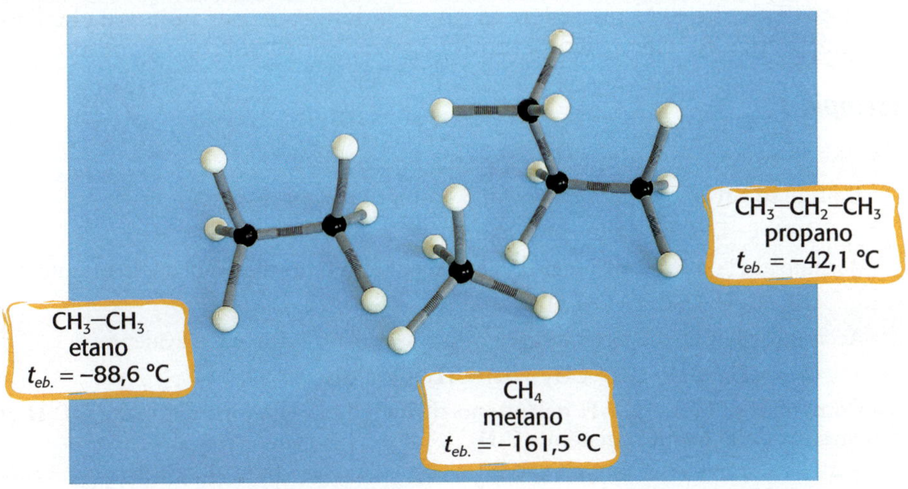

L'aumento dei **punti di ebollizione**, che si osserva passando dal metano all'etano e poi al propano, tutte sostanze gassose, indica che le forze di London crescono di pari passo con la massa molecolare. Il decano (idrocarburo con 10 atomi di carbonio) addirittura è un liquido, che bolle a 174,1 °C!

17.4 Gli alcani

La **formula bruta** generale degli **alcani** è C_nH_{2n+2}, in cui *n* indica il numero degli atomi di carbonio.

animazione
Nomenclatura degli idrocarburi

Gli alcani a catena lineare

Gli **alcani a catena lineare** sono costituiti da catene di atomi di carbonio legati tra loro con **legami semplici** e legati ad atomi di idrogeno.

formula	gruppo funzionale	prefisso (indica il numero di atomi C)	suffisso	nome IUPAC prefisso-ano
CH_4	nessuno (tutti i legami sono semplici)	met- = 1 C	-ano	metano
$CH_3–CH_3$		et- = 2 C		etano
$CH_3–CH_2–CH_3$		prop- = 3 C		propano
$CH_3–CH_2–CH_2–CH_3$		but- = 4 C		butano
$CH_3–CH_2–CH_2–CH_2–CH_3$		pent- = 5 C		pentano
$CH_3–CH_2–CH_2–CH_2–CH_2–CH_3$		es- = 6 C		esano
$CH_3–(CH_2)_5–CH_3$		ept- = 7 C		eptano
$CH_3–(CH_2)_6–CH_3$		ott- = 8 C		ottano
$CH_3–(CH_2)_7–CH_3$		non- = 9 C		nonano
$CH_3–(CH_2)_8–CH_3$		dec- = 10 C		decano

alcani a catena lineare

Elementi costitutivi: **C + H** **catene carboniose con legami semplici**

come si scrive la formula

- Si costruisce una catena carboniosa con tanti atomi C quanti sono quelli indicati dal prefisso e li si unisce con legami semplici;
- si aggiungono accanto al primo e all'ultimo carbonio 3 atomi H (si ottengono 2 gruppi CH_3) e soltanto 2 atomi H ai carboni interni alla catena (si ottengono così i gruppi CH_2): in tal modo è assicurata la *tetravalenza* di ciascun *carbonio*. Se la catena è lunga, la formula si abbrevia, raccogliendo tra parentesi i gruppi $–CH_2–$, come nella tabella.

come si costruisce il nome

- Si fa precedere il prefisso che indica il numero di atomi C al suffisso **-ano**. Talvolta si fa precedere al nome la lettera *n*, per indicare che l'alcano è lineare, cioè privo di ramificazioni. Per esempio, *n*-pentano.

esempio 1

Scrivi la formula di struttura e la formula bruta dell'ottano.

- Il prefisso **ott-** indica una catena di 8 atomi di carbonio, perciò scrivi:

  C–C–C–C–C–C–C–C

- Accanto al 1° e all'8° C aggiungi H_3, per rispettare la tetravalenza di questi due atomi:

  $CH_3–C–C–C–C–C–C–CH_3$

- Accanto agli altri 6 C aggiungi H_2; così ciascun carbonio è tetravalente:

  $CH_3–CH_2–CH_2–CH_2–CH_2–CH_2–CH_2–CH_3$ **ottano**

- Contando gli atomi C e H dell'ottano ritrovi che la sua formula bruta è C_8H_{18}, ricavabile dalla formula generale C_nH_{2n+2}.

esempio 2

Attribuisci il nome al composto $CH_3–CH_2–CH_2–CH_2–CH_2–CH_2–CH_3$.

- Conta il numero di atomi C che compongono la catena: sono **7**.
- Il prefisso corrispondente a 7 atomi C è **ept-** e il suffisso caratteristico degli alcani è **-ano**; perciò il nome del composto è **eptano**.

Gli alcani a catena ramificata

Togliendo un atomo di idrogeno dalla formula degli alcani si ricavano le formule dei **residui alchilici R–**.
Il nome dei residui alchilici si costruisce sostituendo il suffisso **-ile** al suffisso dell'alcano corrispondente.

residuo alchilico R–	suffisso	nome IUPAC di R–	nome IUPAC dell'alcano
CH_3–		met**ile**	met**ano**
CH_3–CH_2–	-ile	et**ile**	et**ano**
CH_3–CH_2–CH_2–		prop**ile**	prop**ano**
CH_3–CH_2–CH_2–CH_2–		but**ile**	but**ano**

Spesso i residui R– si trovano legati a una catena carboniosa e si ottengono così gli *alcani a catena ramificata*.

alcani a catena ramificata

come si scrive la formula

- Si costruisce la catena carboniosa dell'alcano e la si numera a partire indifferentemente da destra o da sinistra;
- si lega il **residuo alchilico R–** all'atomo C, indicato dal numero con cui inizia il nome dell'alcano, e si toglie un atomo H a questo carbonio, per rispettarne la tetravalenza.

come si costruisce il nome

- Si numera la catena dell'alcano a partire dal carbonio terminale più vicino al residuo alchilico;
- si riporta il nome dell'alcano preceduto dal numero del carbonio su cui c'è R– e dal nome di R–.

esempio 3

Scrivi la formula del 3-etilesano e del composto a catena lineare con la stessa formula bruta, cioè il suo isomero lineare.

- Scrivi la formula dell'esano e numera gli atomi di carbonio:

$^1CH_3–^2CH_2–^3CH_2–^4CH_2–^5CH_2–^6CH_3$ **esano**

- Lega il radicale etile (**CH_3–CH_2–**) al carbonio 3 e togli un atomo H a questo stesso C:

$CH_3–CH_2–CH–CH_2–CH_2–CH_3$ **3-etil**esano
$\qquad\qquad\;|$
$\qquad\quad\;\; CH_2$
$\qquad\qquad\;|$
$\qquad\quad\;\; CH_3$

- Il 3-etilesano ha complessivamente 8 atomi di carbonio, perciò il suo isomero lineare è l'**ottano**:

$CH_3–CH_2–CH_2–CH_2–CH_2–CH_2–CH_2–CH_3$ ovvero $CH_3–(CH_2)_6–CH_3$

esempio 4

Assegna il nome al composto:

$CH_3–CH_2–CH–CH–CH_3$
$\qquad\qquad\;|\quad\;\;|$
$\qquad\quad\; CH_3\; CH_3$

- Numera la catena carboniosa, iniziando dal carbonio terminale più vicino al residuo alchilico (che è il metile) e individua il nome dell'idrocarburo che ha 5 atomi C (che è il pentano):

$^5CH_3–^4CH_2–^3CH–^2CH–^1CH_3$
$\qquad\qquad\quad\;|\qquad\;|$
$\qquad\qquad\; CH_3\;\; CH_3$

- Componi il nome del composto iniziando con **2,3-dimetil** per indicare la posizione dei gruppi CH_3 e completando con il nome pentano. Dunque il composto è il **2,3-dimetilpentano**.

Proprietà chimiche degli alcani

animazione
Proprietà chimiche degli idrocarburi

Gli **alcani** presentano una notevole **inerzia chimica** verso molti reagenti, tanto che nel passato venivano denominati **paraffine** (che vuol dire "poco affine"). Infatti, gli alcani non hanno un gruppo funzionale e hanno legami covalenti molto forti che sono difficilmente attaccabili da altri reagenti. La reazione più caratteristica degli alcani e più utilizzata per la produzione di energia termica è la **combustione**.

1 g di propano (*MM* = 44,1 u) brucia producendo 50,45 kJ e 1 mol produce 2225 kJ:

$$\underset{\text{propano}}{CH_3{-}CH_2{-}CH_{3(g)}} + 5O_{2(g)} \rightarrow 3CO_{2(g)} + 4H_2O_{(g)} + 2225\ \text{kJ} \quad [1]$$

Ricorda!...

Gli alcani hanno una **scarsissima reattività** per la mancanza di un gruppo funzionale e la presenza di forti legami covalenti.

Il petrolio è la fonte principale degli alcani

Il **petrolio** è un combustibile fossile, originato da processi di alterazione di resti di organismi. Com'è noto, si tratta di una *fonte di energia non rinnovabile*. Il petrolio (il cosiddetto *oro nero*) è una miscela molto complessa di sostanze liquide (tra cui soprattutto alcani e idrocarburi cicloalifatici e aromatici), con alcuni composti solidi (*bitumi* e *asfalti*) e altri gassosi che vengono liquefatti, come il GPL (*gas di petrolio liquefatti*).

Il petrolio, estratto dai pozzi sulla terraferma o offshore, viene sottoposto a **distillazione frazionata** e ad altri processi di lavorazione nelle raffinerie per ricavarne **combustibili** (industriali e domestici), **carburanti**, **lubrificanti**, **solventi** ecc. Inoltre, l'**industria petrolchimica** utilizza sostanze ricavate dal petrolio per la produzione di materie plastiche, gom me, fibre sintetiche ecc.

espansione
La benzina verde

17.5 Gli alcheni e gli alchini

Gli **alcheni** e gli **alchini** sono costituiti da catene di atomi di carbonio in cui è presente, rispettivamente, un legame doppio –C=C– e un legame triplo –C≡C–. La **formula bruta** generale è C_nH_{2n} per gli **alcheni** e C_nH_{2n-2} per gli **alchini**.

alcheni	gruppo funzionale e suffisso	nome IUPAC prefisso -ene
$CH_2=CH_2$		etene
$CH_2=CH-CH_3$	–C=C– -ene	propene
$CH_2=CH-CH_2-CH_3$		1-butene
$CH_3-CH=CH-CH_2-CH_3$		2-pentene

alchini	gruppo funzionale e suffisso	nome IUPAC prefisso -ino
$CH≡CH$		etino
$CH≡C-CH_3$	–C≡C– -ino	propino
$CH_3-CH_2-C≡CH$		1-butino
$CH_3-C≡C-CH_2-CH_3$		2-pentino

Il prefisso che indica il numero di atomi C è lo stesso degli alcani. L'etene viene anche denominato **etilene** e l'etino **acetilene**.

alcheni e alchini

Elementi costitutivi: **C + H catene carboniose con doppio legame** (alcheni)
catene carboniose con triplo legame (alchini)

come si scrive la formula

- Si costruisce una catena carboniosa come si fa per un alcano e si numerano gli atomi C;
- nel caso di un **alchene**, si inserisce un **legame doppio** tra il carbonio indicato dal numero con cui inizia il nome e il carbonio successivo e si toglie 1 atomo H a ciascuno di questi due atomi;
- nel caso di un **alchino**, si inserisce un **legame triplo**, togliendo 2 atomi H a ciascuno dei carboni.
  In tal modo il carbonio conserva la sua tetravalenza.

come si costruisce il nome

- Si sostituisce il suffisso dell'alcano corrispondente con il suffisso **-ene** nel caso di un alchene e **-ino** nel caso di un alchino;
- si numera la catena iniziando dall'estremità più vicina al carbonio legato con legame doppio o triplo, anche in presenza di ramificazioni;
- si premette al nome il numero del primo atomo C sul quale si trova il legame doppio o quello triplo.

esempio 1

Scrivi la formula dei seguenti composti:
- 2-esene
- 2-esino

- Scrivi la catena con 6 atomi di carbonio come se si trattasse di un alcano e numera gli atomi C:

$$^{1}CH_3-^{2}CH_2-^{3}CH_2-^{4}CH_2-^{5}CH_2-^{6}CH_3$$
esano

Sostituisci un doppio legame al legame semplice che c'è tra il carbonio 2 e il carbonio 3; poi togli un atomo H a ciascuno di questi due atomi:

$$^{1}CH_3-^{2}CH=^{3}CH-^{4}CH_2-^{5}CH_2-^{6}CH_3$$
2-esene

- Sostituisci il triplo legame al legame semplice dell'esano che unisce gli atomi di carbonio 2 e 3 e togli due atomi H a ciascuno dei due carboni:

$$^{1}CH_3-^{2}C≡^{3}C-^{4}CH_2-^{5}CH_2-^{6}CH_3$$
2-esino

esempio 2

Attribuisci il nome al composto $CH_2{=}CH{-}CH_2{-}\underset{\displaystyle CH_3}{\underset{|}{CH}}{-}CH_3$

Gli atomi C che compongono la catena sono 5, perciò l'alcano corrispondente è il pentano. Il suffisso da sostituire è **-ene**, perché c'è un legame doppio. Si inizia a numerare la catena dal carbonio terminale più vicino al gruppo funzionale (–C=C–), che si trova perciò tra il carbonio 1 e il carbonio 2. Il gruppo metile CH_3– (che è una ramificazione) viene a trovarsi sul carbonio 4 e il termine "metil" è riportato all'inizio del nome dell'alchene, che è perciò: **4-metil-1-pentene**.

Proprietà chimiche degli alcheni e degli alchini

Gli alcheni sono **molto reattivi** per la presenza del doppio legame.
Una reazione caratteristica del **doppio legame –C=C–** è l'**addizione del bromo**, che viene utilizzata per riconoscere la presenza di questo gruppo funzionale; essa avviene sia con un alchene sia con un cicloalchene. I due atomi di bromo si legano ai due atomi del gruppo –C=C–, spezzando un legame, perciò il legame doppio diventa un legame semplice.
La **reazione** è detta **di addizione** in quanto i due reagenti si combinano formandone uno, come in una vera e propria operazione aritmetica.

Ricorda!...
La caratteristica reazione dei composti che hanno il **doppio legame –C=C–** è la **reazione di addizione**, che trasforma il legame doppio in legame semplice.

La reazione di addizione del bromo avviene sul gruppo –C=C– del cicloesene. Questo doppio legame può essere riportato in qualsiasi posizione nel ciclo, in quanto i 6 atomi di carbonio sono equivalenti; di conseguenza, ai due atomi su cui si lega il bromo si assegnano i numeri 1 e 2:

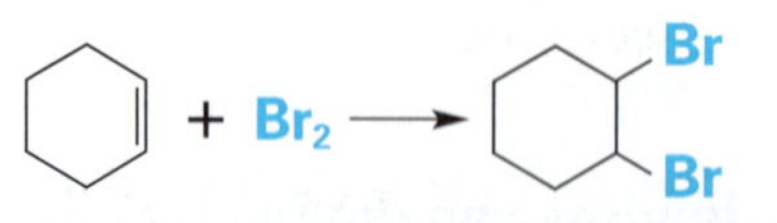

[2]

cicloesene   1,2-dibromocicloesano

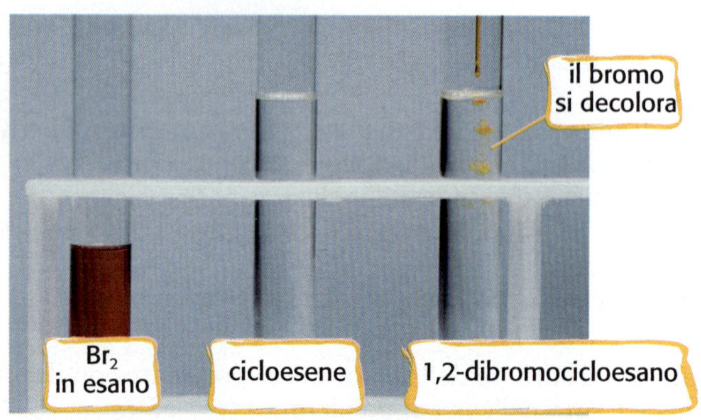

La reazione di addizione si manifesta attraverso la scomparsa del colore bruno del bromo: nella provetta a destra le gocce di bromo sciolto nell'esano perdono il loro colore a contatto con il cicloesene, perché formano l'1-2-dibromocicloesano che è incolore.

Perché negli alcheni si rompe un legame del gruppo funzionale –C=C–?

Nel carbonio ritroviamo l'ibridazione sp^2. Il quarto orbitale che non partecipa all'ibridazione, per esempio il $2p_z$, conserva tutte le sue caratteristiche. In particolare così come l'orbitale $2p_z$ è perpendicolare agli orbitali $2p_x$ e $2p_y$, in questa situazione è perpendicolare al piano in cui si trovano i 3 orbitali ibridi.

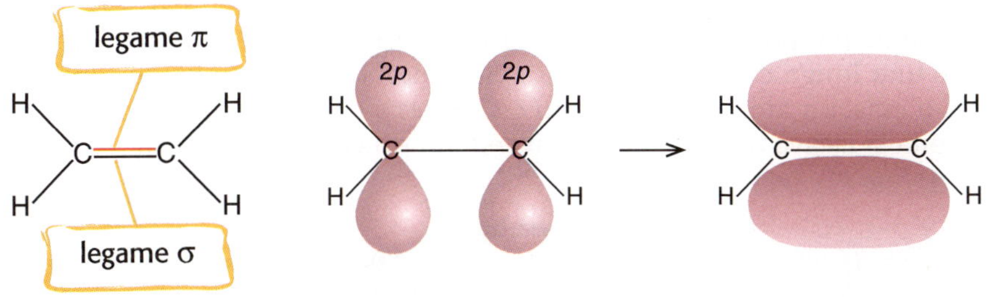

Nella molecola dell'etene CH_2=CH_2, ciascun atomo di carbonio è unito a due atomi di idrogeno e all'altro atomo di carbonio mediante gli orbitali sp^2. Questi si sovrappongono parzialmente, analogamente a quanto accade nella formazione di un legame nel modello atomico a strati, in cui si ha la sovrapposizione degli strati di valenza. In questo modo si formano legami, detti **legami σ** (legami sigma). I due orbitali 2*p* (1 per ogni carbonio), che non hanno partecipato all'ibridazione formano un legame, detto **legame π** (legame pi greco), diverso dal legame σ, perché la nuvola elettronica non si estende lungo la linea immaginaria che congiunge i due nuclei del carbonio (come per il legame σ), bensì sopra e sotto tale linea.

Per questo motivo *il legame π è più debole* e può essere "attaccato" facilmente da un reagente: nella reazione con Br_2, infatti, questo reagente si addiziona al cicloesene rompendo il legame π.
Allo stesso modo si comportano gli alchini, come l'etino CH≡CH, che possono dare una doppia reazione di addizione perché il triplo legame è formato da 1 legame σ e da 2 legami π.

La **polimerizzazione** è una reazione in cui centinaia o migliaia di molecole di un composto (detto **monomero**, che significa "una parte") si legano tra loro in sequenza, formando una macromolecola, che è appunto il **polimero** (che significa "più parti").
Nel caso di un alchene la reazione è una **polimerizzazione per addizione**, infatti si rompe il legame π del gruppo −C=C− e le molecole si addizionano l'una all'altra formando il polimero in cui si ritrovano tutti legami semplici.

Un **polimero** è una macromolecola costituita dall'unione di centinaia o migliaia di molecole di un **monomero**. **polimero**

Il **polietene** (o **polietilene**) è forse il polimero con il quale abbiamo più a che fare nella vita quotidiana. Circa la metà degli oggetti di "plastica" è realizzata in polietilene, indicato con la sigla PE: sacchetti, bottiglie, contenitori, giocattoli, laminati, film per alimenti e per serre, rivestimenti per carta e cartone ecc.

Ricorda!...

Il **cracking** (che significa *rottura*) è un trattamento cui vengono sottoposte le frazioni del petrolio con temperatura di ebollizione più elevata, attraverso il quale si ottengono miscele di molecole più piccole, adatte in particolare a essere usate come benzina.

Il polietene è il più semplice di tutti i polimeri commerciali. La sua molecola è una lunga catena di atomi di carbonio, con due atomi di idrogeno legati a ciascun atomo di carbonio e si ottiene dall'etene (o etilene), che a sua volta si ricava dal petrolio attraverso un processo di cracking.

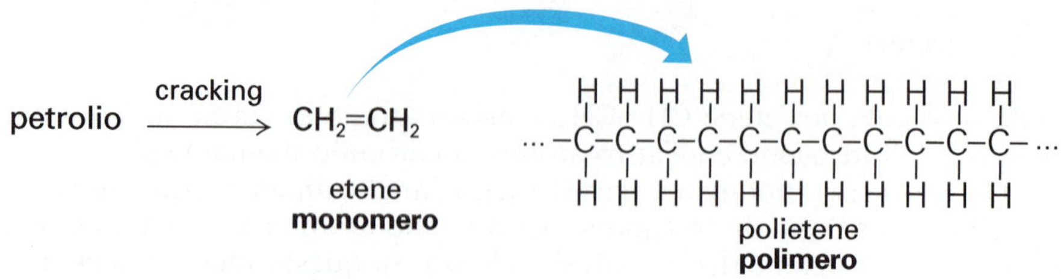

Il polietene può essere scritto anche in modo più semplice, indicando con la lettera *n* un numero molto grande di gruppi $-CH_2-CH_2-$ uniti l'uno all'altro:

$$\underset{\text{etene}}{nCH_2=CH_2} \longrightarrow \underset{\text{polietene}}{[CH_2-CH_2]_n} \qquad [3]$$

L'**etene** è prodotto da molte piante. È una sostanza gassosa che influisce sulla germinazione e sull'invecchiamento della pianta: provoca la maturazione dei frutti, lo sviluppo dei germogli, la caduta delle foglie in autunno e la morte di parti della pianta. Inoltre, la sua liberazione agevola la maturazione di altri frutti: spesso vengono raccolti pomodori non ancora maturi, portati a destinazione e messi a contatto con frutti già maturi; questi, liberando etene, favoriscono la maturazione.

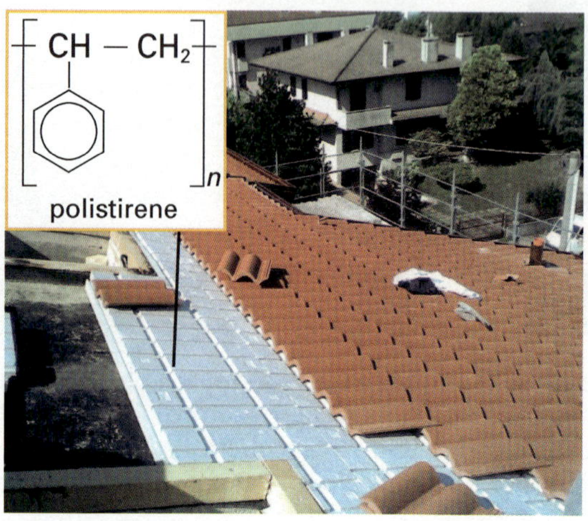

Il **polistirene espanso** (EPS) (detto anche impropriamente *polistirolo espanso*) è una delle forme più note del **polistirene** (PS) e si trova tra i primi posti nella produzione mondiale dei polimeri sintetici. Si ottiene dallo **stirene**, una molecola che ha il gruppo $-CH=CH_2$ legato a un C del benzene.
Viene utilizzato come materiale coibente, oppure per realizzare l'imballaggio di materiale fragile.

17.6 Proprietà chimiche degli idrocarburi aromatici

Gli **idrocarburi aromatici**, come il **benzene** e il **toluene** $-CH_3$, non danno la reazione di addizione degli alcheni.

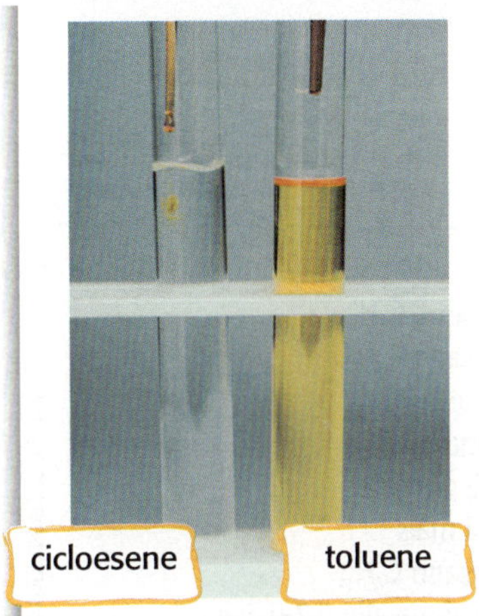

Nelle due provette viene fatta gocciolare una soluzione di bromo Br_2 in esano. Nella provetta di sinistra, il bromo perde il suo colore bruno a contatto con il **cicloesene**, perché si addiziona sul legame –C=C–, mentre rimane inalterato nella provetta a destra, colorando il **toluene** che è un liquido incolore.

Le teoria degli orbitali atomici fornisce una giustificazione del fatto che gli idrocarburi aromatici non danno reazioni di addizione sull'anello.

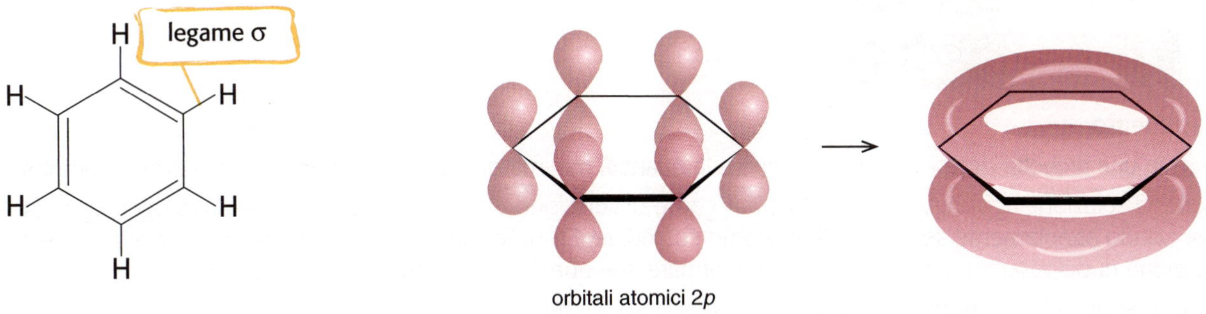

Nella molecola del **benzene** ciascun atomo di carbonio presenta ibridazione sp^2, gli angoli di legame misurano 120° e la struttura della molecola è quella di un anello esagonale con lati tutti uguali. I tre orbitali ibridi sp^2 di ciascun carbonio formano 1 legame σ C–H e 2 legami σ C–C. I sei orbitali 2*p* (uno per ciascun carbonio), che non hanno partecipato all'ibridazione, sono perpendicolari all'anello benzenico. Essi, anziché formare tre legami π, ciascuno localizzato tra 2 atomi C, come negli alcheni, si sovrappongono formando una specie di "doppia ciambella". Si tratta, in pratica, di una **nuvola elettronica delocalizzata**, cioè diffusa sopra e sotto l'anello benzenico e costituita da 6 elettroni liberi di muoversi tra un carbonio e l'altro. Questa situazione elettronica dà grande stabilità al benzene. Di conseguenza, una reazione di addizione sul benzene non avviene, perché distruggerebbe il sestetto di elettroni delocalizzati generando un composto meno stabile.

Tuttavia, il benzene dà **reazioni di sostituzione** che lasciano intatta la nuvola di elettroni delocalizzata: uno o più atomi di idrogeno dell'anello benzenico, uniti agli atomi di carbonio con legami σ, possono essere sostituiti da atomi di elementi diversi, come il bromo Br, o da gruppi di atomi, in presenza di un catalizzatore:

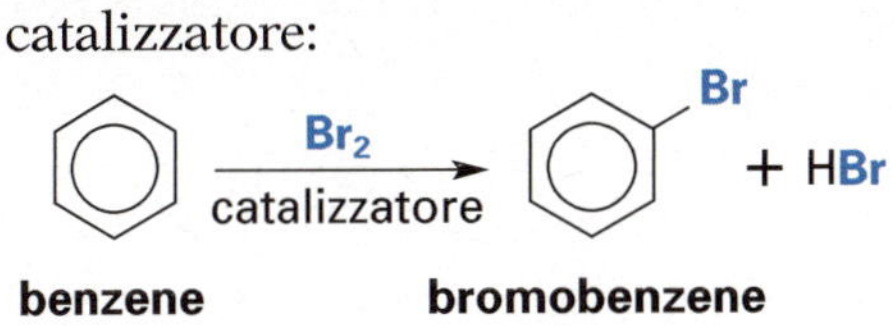

IN LABORATORIO

Addizione del bromo sul doppio legame C=C

In questa esercitazione osserverai la caratteristica reazione del gruppo funzionale degli alcheni e dei cicloalcheni con il bromo. Questa reazione avviene anche per gli oli, che pur avendo altri gruppi funzionali (e quindi non essendo alcheni) presentano anche il doppio legame –C=C–:

$$-CH{=}CH- + \underset{\text{rosso bruno}}{Br_2} \longrightarrow -\underset{Br}{CH}-\underset{Br}{CH}-$$

Materiali

- 2 mℓ di cicloesene C_6H_{10}
- 2 mℓ di cicloesano C_6H_{12}
- 2 mℓ di toluene C_7H_8
- 2 mℓ di benzina
- 2 mℓ di olio di girasole
- 2 mℓ di olio di mais
- 20-30 mℓ di esano C_6H_{14}
- 2-3 mℓ di soluzione allo 0,2-0,3% in volume di bromo Br_2 in esano
- 6 provette
- contagocce

Procedimento

1. Versa in una provetta circa 1 mℓ di cicloesene e la quantità minima di esano, necessaria per sciogliere il composto.
2. A questa soluzione aggiungi, una per volta, 3-4 gocce di soluzione di bromo, agitando bene dopo ogni aggiunta, e osservando attentamente se il colore del bromo scompare. Se occorrono più di 3-4 gocce per fare assumere alla soluzione di cicloesene un colore rosa, puoi affermare che questo composto ha reagito con il bromo.
3. Indica con un "sì" oppure un "no" nella tabella il risultato ottenuto.
4. Ripeti l'esperimento con gli altri reagenti indicati nella tabella e riporta i risultati ottenuti.

sostanza	decolorazione del bromo	
	sì	no
cicloesene		
cicloesano		
toluene		
benzina		
olio di girasole		
olio di mais		

Rispondi

- Perché alcuni prodotti non hanno reagito con il bromo?
- Scrivi la reazione che è avvenuta tra il bromo e il cicloesene.

IN SINTESI

PER LA DIDATTICA INCLUSIVA

I composti organici

La **chimica organica** studia i composti contenenti l'**elemento carbonio** (**composti organici**).

Per i composti organici **sono validi tutti i concetti fondamentali enunciati per i composti inorganici**; tuttavia essi presentano alcune caratteristiche specifiche.

I **composti organici**:

- sono formati da **catene di atomi di carbonio**, anche lunghissime (**catene carboniose**);
- contengono un gruppo di atomi (**gruppo funzionale**) che è il principale responsabile delle loro proprietà chimiche in base al quale sono suddivisi in **classi**;
- in genere, sono **insolubili in acqua**, e spesso sono **infiammabili**;
- sono detti **isomeri** quando hanno la **stessa formula bruta** e **diversa formula di struttura**.

Gli idrocarburi

I **suffissi** previsti dalla nomenclatura IUPAC per distinguere gli **alcani**, gli **alcheni** e gli **alchini**: sono, rispettivamente **-ano**, **-ene**, **-ino**:

et**ano** CH_3-CH_3 et**ene** $CH_2=CH_2$ et**ino** $CH \equiv CH$

Gli **idrocarburi cicloalifatici** hanno in più il **prefisso ciclo-**: **cicloesano**, **ciclopentene** ecc.

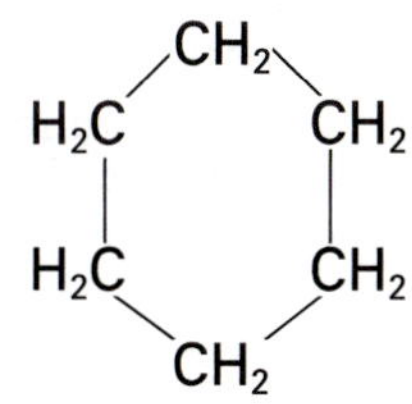

cicloesano

Proprietà caratteristiche

- Gli **alcani** sono molto diffusi in natura, sono i componenti principali del **petrolio**, da cui si ottengono vari **combustibili**, come la benzina.
- Gli alcani hanno un scarsissima reattività, ma sono utilizzati per produrre energia mediante **combustione**, come quella del **metano**, comunemente adoperato nelle abitazioni.
- Gli **alcheni** e i **cicloalcheni** danno **reazioni di addizione** sul doppio legame **C=C**, che è costituito da un legame forte, detto **legame sigma** (**legame σ**), e un **legame pi greco** (**legame π**), che viene spezzato facilmente.

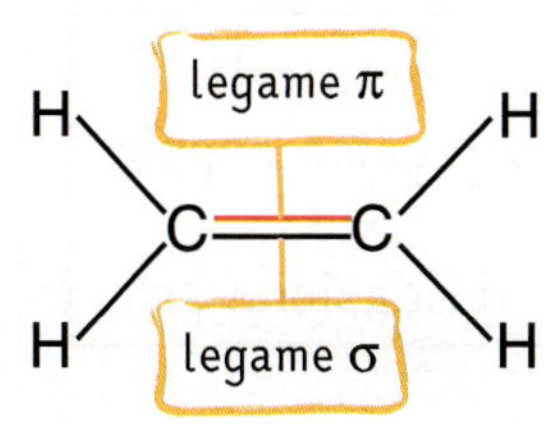

Per esempio, reagendo con il bromo, l'etene dà l'1,2-dibromoetano:

$$CH_2=CH_2 + Br_2 \rightarrow \underset{\displaystyle Br}{CH_2}-\underset{\displaystyle Br}{CH_2}$$

IN SINTESI

• Gli **alchini** possono dare una **doppia reazione di addizione**, perché il triplo legame è formato da 1 legame sigma e da 2 legami pi greco.

• Gli **idrocarburi aromatici**, come il **benzene**, hanno 3 legami pi greco, che però non sono localizzati tra gli atomi di carbonio, come negli alcheni, ma formano un'**unica nuvola elettronica delocalizzata**, costituita di 6 elettroni (1 per ogni carbonio), che viene indicata con un cerchio interno all'anello.

Essi danno **reazioni di sostituzione**. Per esempio un atomo H dell'anello benzenico può essere sostituito da un atomo di bromo.

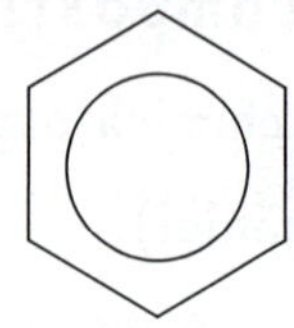

benzene

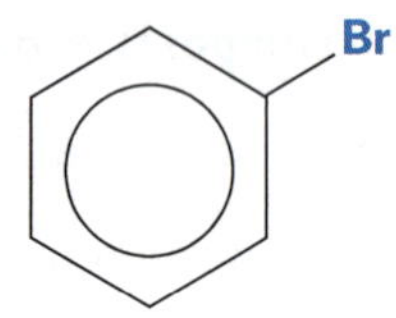

bromobenzene

IDROCARBURI

- costituiti da **carbonio** e **idrogeno**
- • sostanze apolari • insolubili in acqua

- **ALIFATICI** – catena aperta
  - **ALCANI** – tutti legami semplici –C–C– ibridazione sp^3
  - **ALCHENI** – 1 legame doppio C=C ibridazione sp^2
  - **ALCHINI** – 1 legame triplo C≡C ibridazione sp
- **CICLOALIFATICI** – catena chiusa
  - **CICLOALCANI** – tutti legami semplici –C–C– ibridazione sp^3
  - **CICLOALCHENI** – 1 legame doppio C=C ibridazione sp^2
- **AROMATICI** – 1 o più catene esagonali chiuse; 3 legami doppi C=C; 6 elettroni delocalizzati; ibridazione sp^2

saturi: ALCANI, CICLOALCANI

insaturi: ALCHENI, ALCHINI, CICLOALCHENI

SCIENTIFIC ENGLISH

Organic Chemistry

Carbon has a number of unique properties which influences how it behaves and how it bonds with other atoms:

- carbon has **four valence electrons** which means that each carbon atom can form bonds with four other atoms. Because of this, it can form **long chain structures**;

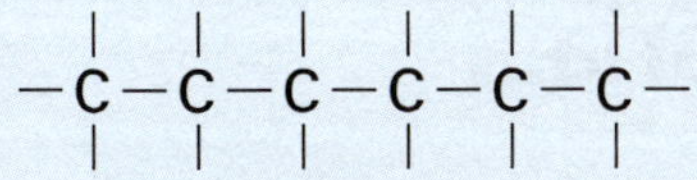

chain structure

- because of its position on the Periodic Table, most of the bonds that carbon forms with other atoms are covalent. Think for example of a C–C bond. The difference in electronegativity between the two atoms is zero, so this is a pure covalent bond. In the case of a C–H bond, the difference in electronegativity between carbon and hydrogen is so small, that C–H bonds are almost purely covalent. The result of this is that most organic compounds are non-polar. This affects some of the properties of organic compounds.

All organic compounds have a particular bond or group of atoms which we call its **functional group**. This group is important in determining how a compound will react.
In one group of organic compounds called the **hydrocarbons**, the *single*, *double* and *triple* bonds of the alkanes, alkenes and alkynes are examples of functional groups.
The **hydrocarbons** are a group of organic compounds that *only contain carbon and hydrogen*.
The hydrocarbons that contain only single bonds the compound are **alkanes**. The alkanes have the general formula C_nH_{2n+2}.
The hydrocarbons that contain double bonds are **alkenes** and they have the general formula C_nH_{2n}. The hydrocarbons that contain triple bonds are **alkynes** and their general formula is C_nH_{2n-2}.
The organic molecules that contain *only single bonds* are called **saturated** compounds, because each carbon atom is bonded to as many hydrogen atoms as possible, while molecules that contain *double* or *triple* bonds are called **unsaturated** compounds; they don't contain as many hydrogen atoms as possible.

Key Words

Functional group is a specific group of atoms within molecules that is responsible for the characteristic chemical reactions of those molecules.
Hydrocarbons are molecules that only contain hydrogen and carbon.
Ketone is an organic molecule that contains the $\rangle C{=}O$ functional group.
Saturated hydrocarbons are molecules that contain only single bonds, as alkanes.
Unsaturated hydrocarbons are molecules that contain double and triple bonds, as alkenes and alkynes.

Multiple Choice

1 The molecule $CH_2{=}CH{-}CH_3$ belongs to the group of:
A alkanes
B alkenes
C alkynes
D alcohols

2 A saturated compound is:
A very reactive
B not reactive
C an alkene
D an alkyne

Questions

3 What are the functional groups in alkenes and in alkynes?
4 Is benzene an aromatic or an aliphatic compound?

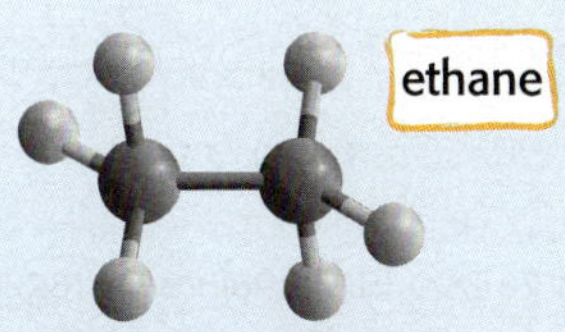

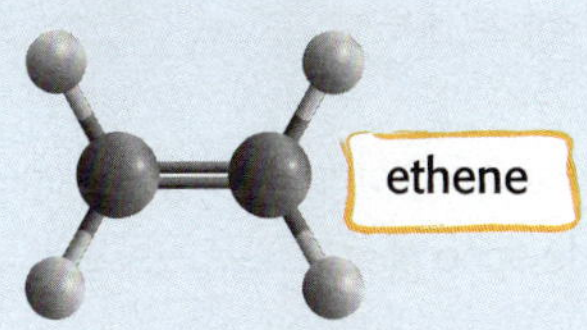

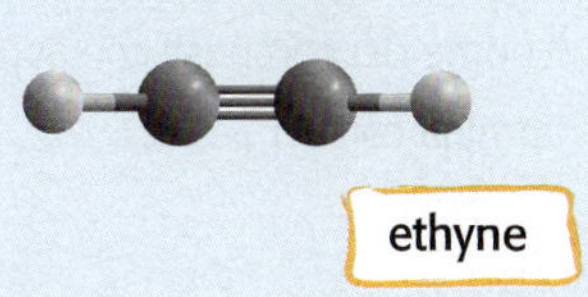

STRUMENTI PER COSTRUIRE LE COMPETENZE

ALTRI TEST

Studiando la teoria...

Completa le frasi

1 La preparazione dell'urea in laboratorio rappresentò una tappa importante, perché si comprese che i composti .... erano presenti .... soltanto ....

2 La chimica organica studia i composti contenenti ...., che presenta sempre .... valenze.

3 Fra tutti gli elementi, il carbonio è l'unico che forma .... di atomi, anche lunghissime, e sostanze particolarmente complesse, come ...., ..., ...

4 Oltre al carbonio, nei composti organici sono presenti, a parte qualche rara eccezione, sempre .... e generalmente .... Possono essere presenti ...., ..., ... e più raramente metalli, come .... e ....

5 Per i composti organici sono validi i concetti fondamentali studiati per i composti ....

6 I composti organici sono suddivisi in ...., che comprendono i composti che hanno lo stesso ....

7 Il gruppo funzionale è un raggruppamento di atomi responsabile di .... caratteristiche.

8 Gli unici composti organici che non hanno gruppo funzionale sono gli .... e i ....

9 Il nome dei composti che appartengono a una stessa classe termina con un .... specifico.

10 Gli isomeri sono composti che hanno la stessa formula .... e una formula di struttura ....

11 Composti organici molto diffusi sono gli ...., in cui le catene carboniose possono essere aperte (idrocarburi ....) o chiuse (idrocarburi .... e idrocarburi ....).

12 Gli idrocarburi alifatici si suddividono in ...., che hanno tutti legami semplici –C–C– e suffisso ....; ...., che presentano un legame doppio –C=C– e suffisso ....; ...., che hanno un legame triplo –C≡C– e suffisso .... I legami doppi possono essere presenti anche negli idrocarburi ....

13 Gli idrocarburi aromatici contengono la molecola del ...., formata da un anello con 6 atomi di carbonio legati tra loro con legami .... e altri 6 elettroni, che sono .... sull'intera molecola.

14 Tutti gli idrocarburi sono ...., perciò sono .... in acqua.

15 Gli alcani hanno una reattività .... La reazione più tipica è ....

16 La fonte principale degli alcani è ....

17 Le reazioni caratteristiche degli alcheni sono le reazioni di .... In queste reazioni il doppio legame –C=C– diventa .... , perché si rompe il legame .... che è più .... del legame ....

18 Nelle reazioni di polimerizzazione di un alchene si rompe .... del gruppo –C=C– e le molecole si legano formando una grossa molecola, detta ....

Test vero-falso

1 Le uniche forze intermolecolari presenti negli idrocarburi sono le forze di London. V F

2 Il prefisso che indica la presenza di 4 atomi di carbonio in un alcano è prop-. V F

3 I suffissi con cui terminano i nomi degli alcheni e degli alchini sono rispettivamente -ene e -ino. V F

4 Il gruppo funzionale degli alcani è –CH=CH–. V F

5 Gli idrocarburi a catena chiusa sono gli idrocarburi alifatici. V F

6 Il composto di formula $CH_3-(CH_2)_4-CH_3$ è l'esano. V F

7 Gli alcheni presentano il gruppo –CH=CH– in cui gli atomi C hanno ibridazione sp^3. V F

8 La molecola del benzene ha una struttura con angoli di 120°, perché gli atomi C hanno ibridazione sp^2. V F

9 Nelle reazioni degli alcheni si rompe il legame π. V F

10 Le reazioni caratteristiche del benzene sono le reazioni di addizione sui 3 doppi legami –C=C–. V F

Test a risposta multipla

Scegli la risposta o il completamento corretti

1 Quali legami tengono uniti gli atomi di carbonio nelle molecole di un idrocarburo?

A Legami covalenti polari
B Legami ionici
C Legami covalenti apolari
D Legami dovuti a forze di London

2 Quale alcano è un isomero del composto:
$$CH_3-\underset{\underset{CH_3}{|}}{CH}-CH_2-CH_2-CH_2-CH_3?$$

A Pentano
B Decano
C Eptano
D Ottano

3 Gli idrocarburi sono composti:

A non infiammabili e con legami ionici
B non infiammabili e con legami covalenti
C infiammabili, insolubili in acqua e con legami covalenti
D infiammabili, solubili in acqua e con legami covalenti

19 Il benzene non può dare reazioni di addizione, perché i 6 elettroni che potrebbero formare i 3 legami π sono elettroni ...., ma può dare reazioni di .... in cui la nuvola elettronica resta ....

4 Quale composto presenta minore reattività?

A Un alcano
B Un idrocarburo aromatico
C Un alchene
D Un cicloalchene

5 Quali tipi di legami sono presenti nella molecola dell'acetilene CH≡CH?

A Tre legami π
B Due legami σ e uno π
C Un legame σ e due legami π
D Tre legami π

6 L'etene $CH_2=CH_2$ è:

A un alcano
B un gas che agevola la maturazione dei frutti
C polare e perciò solubile in acqua
D un idrocarburo cicloalifatico

7 Il polietene (o polietilene):

A si ottiene dal petrolio attraverso un processo di cracking
B si ottiene dall'etene mediante una reazione di sostituzione
C è il polimero dell'etene
D è il monomero dell'etene

8 Quale affermazione, riferita al benzene, *non è corretta*?

A Ha molecola planare con angoli di 120°
B È un composto apolare
C Ha formula bruta C_6H_6
D Dà facilmente reazioni di addizione sui 3 doppi legami

9 Quale proprietà è comune al benzene e all'etene?

A Ibridazione sp^2
B Dare reazioni di addizione
C Scarsa reattività
D Dare reazioni di sostituzione

10 Quale coppia contiene composti con proprietà chimiche simili?

A Benzene e cicloesene
B 2-esene e cicloesene
C Toluene e 2-eptene
D Benzene e 2-eptene

Applica le tue conoscenze

17.2 Le caratteristiche dei composti organici

1 Perché i composti organici si studiano separatamente dai composti inorganici?

2 Riflettendo sulle tue attività quotidiane, individua materiali costituiti da sostanze organiche naturali o sintetiche.

3 Da che cosa dipendono essenzialmente le proprietà chimiche dei composti organici?

4 Che cosa si intende per composti isomeri?

17.3 Gli idrocarburi

5 Per quale uso viene adoperata la naftalina?

6 Scrivi le formule di struttura e le formule brute dell'esano, del cicloesano e del 2-esene e individua quali di questi composti sono isomeri.

7 Indica quale idrocarburo è saturo e spiega perché viene detto "saturo":

a) propino *b*) etano *c*) cicloesene

8 Quale ibridazione presenta il propano?

17.4 Gli alcani

9 Scrivi il residuo alchilico denominato pentile.

10 Scrivi le formule dei composti:

a) 3-etileptano *b*) 2-metilpentano *c*) 2,3-dimetilesano.

11 Indica il nome del composto di formula:

```
          CH3
          |
CH3–CH2–C–CH2–CH2–CH3
          |
          CH3
```

12 Scrivi la formula dell'isomero con catena lineare (cioè non ramificata) del seguente composto e attribuisci il nome ai due composti:

```
CH3–CH–CH2–CH2–CH2–CH3
    |
    CH3
```

- Il composto è un alcano costituito da .... atomi C in catena lineare e .... atomo C nella ramificazione $-CH_3$. Perciò complessivamente ha .... atomi C.
- La formula dell'isomero lineare è:

....

- Il nome dell'isomero lineare è .... (o *n*-....................); quello dell'isomero ramificato è 2-......................................

13 Scrivi la formula dell'isomero lineare del seguente composto e riporta i nomi di entrambi gli isomeri:

```
CH3–CH2–CH–CH2–CH–CH3
        |       |
        CH3     CH3
```

14 Quante moli di ossigeno O_2 sono necessarie per la combustione di 1,00 g di propano (vedi reazione [1])? [0,113 mol]

15 Scrivi la reazione di combustione del cicloesano (che è un liquido), utilizzando la formula bruta C_6H_{12}.

16 Quanti kilojoule si ottengono dalla combustione di 80 kg di propano (vedi reazione [1])? [$4{,}0 \cdot 10^6$ kJ]

17.5 Gli alcheni e gli alchini

17 Scrivi le formule dei composti e indica quale presenta ibridazione *sp*:

a) 5-metil-3-eptene
b) 1-eptino
c) 4-nonene

18 Indica il nome dei seguenti composti:

a) $CH_3-CH=CH-CH_2-CH_3$
b) $CH_3-CH_2-CH=CH-CH_3$

19 Quale tra i due composti, 2-esene e 2-esino, contiene il maggior numero di atomi di idrogeno?

20 Quale composto si ottiene addizionando H_2 al propene?

21 Addizionando H_2O all'etene $CH_2=CH_2$, sul doppio legame si legano H su un C e OH sull'altro C. Qual è il prodotto finale di questa reazione e qual è il suo gruppo funzionale?

17.6 Proprietà chimiche degli idrocarburi aromatici

22 A che cosa è dovuta la differenza di reattività tra il doppio legame $-C=C-$ di un alchene e i doppi legami del benzene?

23 Associa il nome di ciascun composto a una delle espressioni riportate.

a. 2-butene	1. dà reazioni di addizione
b. cicloesene	2. è scarsamente reattivo
c. naftalina	3. dà reazioni di sostituzione
d. 2-metilpentano	4. dà reazioni di addizione
e. toluene	5. dà reazioni di sostituzione.

24 Spiega perché gli idrocarburi aromatici, come il benzene e il toluene, non danno reazioni di addizione, come gli alcheni e i cicloalcheni.

OBIETTIVO COMPETENZA

1 Quando alcani gassosi, come il propano e il butano, vengono compressi nelle bombole per ottenere il GPL (*gas di petrolio liquefatti*) quali forze intermolecolari intervengono?

2

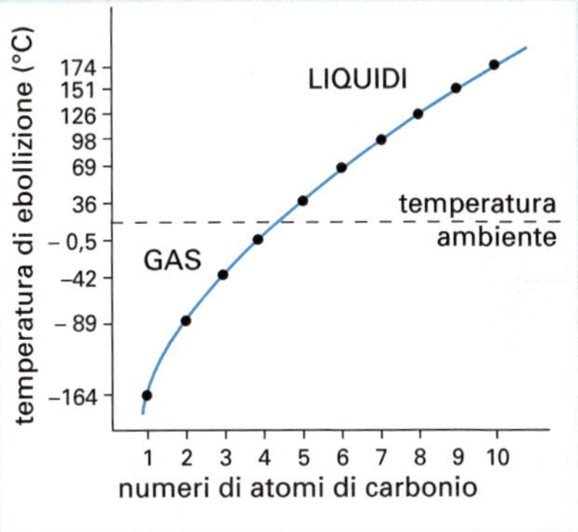

La temperatura di ebollizione dei primi 10 alcani, misurata a 1 atm, aumenta gradualmente all'aumentare del numero degli atomi di carbonio. Giustifica questo fenomeno facendo riferimento ai legami intermolecolari.

3 Nel petrolio non si ritrovano composti con il doppio legame —C=C—. Quale spiegazione puoi dare?

4 Perché il petrolio viene definito una fonte di energia non rinnovabile? Fai una ricerca per conoscere qualche fonte di energia che sia invece rinnovabile.

5 Su alcune bottiglie di acqua minerale si trova questo simbolo con la scritta "bottiglia in PET riciclabile".
Ricerca il nome e gli usi del polimero di cui PET è la sigla. Che cosa vuol dire riciclabile? Trova il collegamento tra questa parola e la pratica della raccolta differenziata dei rifiuti urbani.

6 Il PVC (polivinilcloruro o cloruro di polivinile) è il polimero del cloroetene, un derivato dell'etene, detto anche cloruro di vinile.

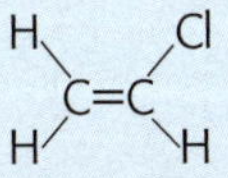

monomero

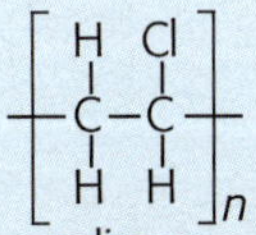

polimero

È una delle materie plastiche più utilizzate al mondo. Quando viene bruciato (per esempio con i rifiuti urbani) o comunque a temperature elevate, può essere molto pericoloso perché può liberare, tra l'altro, diossine alogenate. Fai una ricerca e scrivi un breve testo sulla pericolosità delle diossine.

7 Scrivi la reazione di addizione tra l'1-butene e l'idrogeno H_2 e specifica il nome del prodotto della reazione. Indica quali atomi dell'1-butene vengono ridotti in questa reazione riportando la variazione dei numeri di ossidazione.

8 Gli angoli di legame di 120° nell'anello benzenico sono in accordo con la teoria VSEPR? Giustifica la risposta.

9 Il diamante ha una struttura tetraedrica ed è una sostanza durissima, mentre la grafite è tenera e sfaldabile, presenta angoli di legame di 120° e una struttura a strati di atomi di carbonio tenuti insieme da forze di London. Inoltre, al contrario del diamante, la grafite è un buon conduttore di elettricità.
a) Quali ibridazioni presentano il diamante e la grafite?
b) Come si giustifica la sfaldabilità della grafite?
E la sua capacità di condurre la corrente
c) elettrica?

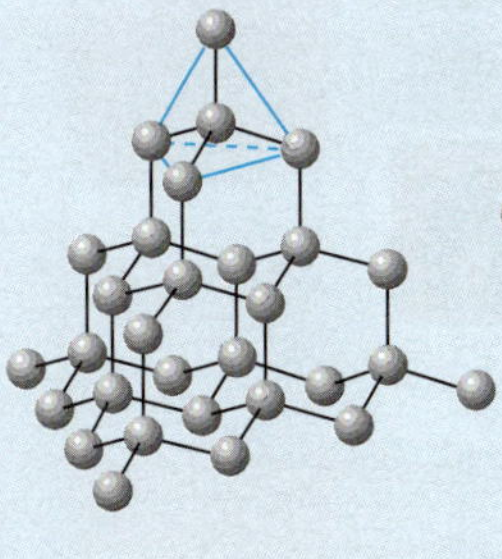

diamante

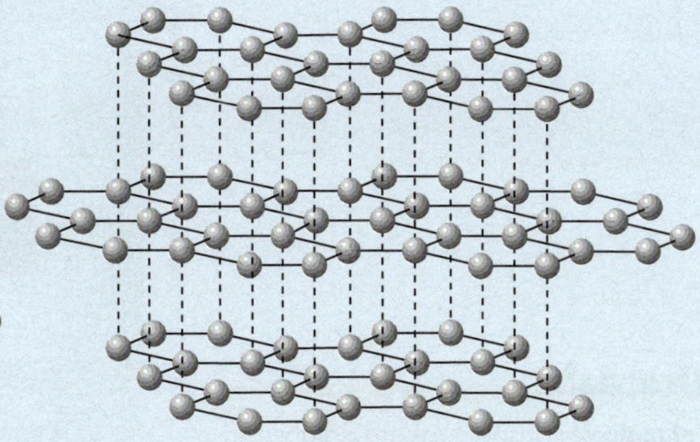

grafite

UNITÀ 18

Altre classi di composti organici

Perché?...

- Che cos'è l'alcol denaturato?

- Quali sostanze sono responsabili del sapore dei frutti e del profumo dei fiori?

- Perché l'etere etilico è stato utilizzato a lungo per gli interventi chirurgici?

18.1 Gli alcoli

espansione
Le bevande alcoliche

L'alcol più noto è l'**etanolo** (o **alcol etilico**). Questo composto si trova in commercio come **alcol al 95%** in volume, usato per la preparazione di bevande alcoliche e profumi, e come **alcol denaturato**, utilizzato come disinfettante. Il primo è soggetto a imposte statali in quanto non è un bene di consumo necessario e ha un costo elevato. L'alcol denaturato non è soggetto a imposte perché rientra nei beni di consumo necessari. Per evitare che venga utilizzato come alcol per le bevande o i profumi, l'alcol denaturato viene preparato aggiungendo all'etanolo i *denaturanti* (sostanze maleodoranti, colorate e di gusto sgradevole).

Ricorda!...
L'**etanolo** è completamente solubile in acqua, perché con essa forma legami idrogeno.

Gli **alcoli** sono i composti organici caratterizzati dal **gruppo funzionale** –**OH** (**gruppo ossidrilico**), legato a un residuo alchilico **R**–.

> **animazione**
> **Nomenclatura di alcoli, aldeidi, chetoni e acidi carbossilici**

alcoli	gruppo funzionale e suffisso	nome IUPAC	nomi d'uso
CH_3–**OH**		metan**olo**	alcol metilico
CH_3–CH_2–**OH**		etan**olo** *alcol primario*	alcol etilico
CH_3–CH_2–CH_2–**OH**		**1**-propan**olo** *alcol primario*	alcol propilico
CH_3–CH_2–CH–CH_3 | **OH**	–**OH** **-olo**	**2**-butan**olo** *alcol secondario*	
CH_3–CH_2–CH–CH_2–CH_3 | **OH**		**3**-pentan**olo** *alcol secondario*	
CH_3 | CH_3–C–CH_2–CH_3 | **OH**		2-metil-**2**-butan**olo** *alcol terziario*	

> **Ricorda!...**
> Un **alcol** si definisce **primario** se il gruppo –OH è legato a un –CH_2, **secondario** se il gruppo –OH è legato a un –CH– e **terziario** se l'–OH è legato a un –C–.

alcoli

elementi costitutivi: **C + O + H** gruppo funzionale: –**OH**

come si scrive la formula

- Si costruisce la catena carboniosa dell'alcano che ha lo stesso numero di atomi di carbonio e si numerano gli atomi C;
- si sostituisce il gruppo –OH a un atomo H legato al carbonio indicato dal numero che precede il prefisso. Il **prefisso** si ottiene togliendo la lettera **o** al nome dell'alcano che ha lo stesso numero di atomi C (**metan**-, **etan**- ecc.).

come si costruisce il nome

- Si individua il nome dell'alcano corrispondente e si numera la catena carboniosa a partire dal carbonio terminale più vicino al gruppo –OH;
- si sostituisce il suffisso **-olo** alla lettera **o** con cui termina il nome dell'alcano corrispondente;
- si premette al nome il numero dell'atomo di carbonio al quale è legato il gruppo –OH;
- un secondo modo, che si usa in alcuni casi, consiste nel far seguire al termine alcol il nome del residuo alchilico trasformato in aggettivo. Per esempio, l'etanolo è detto anche *alcol etilico*.

esempio 1

Scrivi le formule del 2-esanolo e del 3-metil-2-esanolo.

- Scrivi la catena con 6 atomi di carbonio come se si trattasse di un alcano e numera gli atomi C:

$^1CH_3–^2CH_2–^3CH_2–^4CH_2–^5CH_2–^6CH_3$
esano

Lega il gruppo –OH al carbonio 2, togliendogli 1 atomo H:

$^1CH_3–^2CH–^3CH_2–^4CH_2–^5CH_2–^6CH_3$ **2**-esan**olo**
 |
OH

- Il termine 3-metil, con cui inizia il nome del composto, indica che sul ^{3}C è legato un gruppo metilico, perciò la formula del composto è:

$^1CH_3–^2CH–^3CH–^4CH_2–^5CH_2–^6CH_3$ **3**-metil-**2**-esan**olo**
 | |
OH **CH_3**

esempio 2

Assegna il nome al composto:

$CH_3–CH_2–CH–CH_2–CH_2–CH_2–CH_3$
 |
OH

- Conta gli atomi di carbonio che compongono la catena: sono 7, perciò l'alcano corrispondente è l'eptano.
- Numera gli atomi di carbonio iniziando dal C più vicino a quello a cui è legato il gruppo –OH:

$^1CH_3–^2CH_2–^3CH–^4CH_2–^5CH_2–^6CH_2–^7CH_3$
 |
OH

- Il suffisso è **-olo** perché il composto è un alcol. Poiché il gruppo –OH si trova sul carbonio 3, il nome dell'alcol è **3**-eptan**olo**.

18.2 Le aldeidi e i chetoni

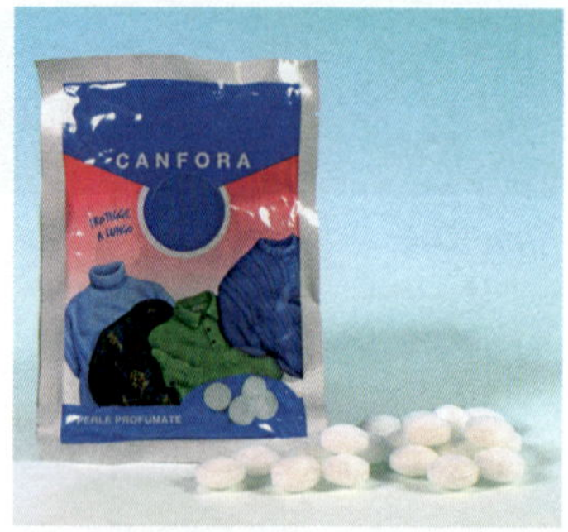

Le **aldeidi** sono diffuse in natura e spesso hanno odore gradevole. Il profumo dell'olio di mandorle, della vanillina e della cannella, prodotti usati in pasticceria, è dovuto alla presenza di aldeidi.

Anche i **chetoni** sono presenti in molti prodotti naturali a cui attribuiscono il particolare odore, come l'essenza di menta e di gelsomino. La canfora è un chetone usato come antitarmico.

Aldeidi e **chetoni** hanno entrambi il gruppo $>\overset{\delta^+}{C}=\overset{\delta^-}{O}$ e sono isomeri, se hanno lo stesso numero di atomi di carbonio. Nelle **aldeidi** i due legami disponibili del carbonio sono impegnati con 1 atomo di idrogeno e 1 residuo alchilico R–, perciò il gruppo funzionale delle aldeidi è $-\underset{|\atop H}{C}=O$ (**gruppo aldeidico**).

Nei **chetoni** i due legami disponibili del carbonio sono impegnati con 2 residui alchilici R–, perciò il gruppo funzionale dei chetoni è $>C=O$, (**gruppo carbonilico**).

aldeidi	gruppo funzionale	nome IUPAC (nome d'uso)	chetoni	gruppo funzionale	nome IUPAC (nome d'uso)
H–CHO		metan**ale** (aldeide formica)	CH_3–CO–CH_3		propan**one** (acetone)
CH_3–CHO	$-\underset{|\atop H}{C}=O$	etan**ale** (aldeide acetica)	CH_3–CO–CH_2–CH_3	$>C=O$	butan**one**
CH_3–CH_2–CHO	-ale	propan**ale**	CH_3–CO–CH_2–CH_2–CH_3	-one	2-pentan**one**
CH_3–CH_2–CH_2–CHO		butan**ale**	CH_3–CH_2–CH_2–CH_2–CO–CH_3		2-esan**one**
CH_3–CH_2–CH_2–CH_2–CHO		pentan**ale**	CH_3–$(CH_2)_3$–CO–CH_2–CH_3		3-eptan**one**

aldeidi e chetoni

aldeidi
elementi costitutivi: **C + O + H**
gruppo funzionale: **–CHO**

chetoni
elementi costitutivi: **C + O + H**
gruppo funzionale: **>CO**

come si scrive la formula

- Nel caso di un'**aldeide** si costruisce la catena carboniosa dell'alcano con stesso numero di atomi di carbonio e si sostituisce il gruppo –CHO al gruppo CH_3 finale o iniziale dell'alcano;
- nel caso di un **chetone** si scrive e si numera la catena carboniosa e si sostituisce il gruppo >CO al CH_2 che porta il numero che precede il prefisso.

come si costruisce il nome

- Si sostituisce la lettera **o** con cui termina il nome dell'alcano, contenente lo stesso numero di atomi di carbonio, con il suffisso **-ale** nel caso delle aldeidi e con il suffisso **-one** nel caso dei chetoni;
- per le aldeidi al C del –CHO si attribuisce il numero 1;
- per i chetoni si inizia il nome con il numero del C su cui è legato O; alcuni chetoni hanno un nome di uso comune, come l'*acetone*.

esempio 1

Attribuisci il nome al composto: $CH_3–(CH_2)_5–CHO$.

- Il composto è un'aldeide perché ha il gruppo funzionale –CHO e perciò il suffisso è **-ale**.
- Poiché il numero complessivo degli atomi di carbonio è 7, il suo nome è eptan**ale**.

esempio 2

Scrivi le formule del 3-ottanone e del 4-etil-3-ottanone.

- Scrivi la formula dell'alcano corrispondente, cioè con 8 atomi C, e numera gli atomi di carbonio:

$$^1CH_3–^2CH_2–^3CH_2–^4CH_2–^5CH_2–^6CH_2–^7CH_2–^8CH_3$$

Sostituisci il CH_2 in posizione 3 con il gruppo C=O:

$$^1CH_3–^2CH_2–^3\underset{\underset{O}{\|}}{C}–^4CH_2–^5CH_2–^6CH_2–^7CH_2–^8CH_3 \quad \text{3-ottanone}$$

L'espressione 4-etil, con cui inizia il nome del composto, indica che sul ^4C è legato un gruppo etilico, perciò la formula del composto è:

$$^1CH_3–^2CH_2–^3\underset{\underset{O}{\|}}{C}–^4\underset{\underset{\underset{CH_3}{|}}{\underset{CH_2}{|}}}{CH}–^5CH_2–^6CH_2–^7CH_2–^8CH_3 \quad \text{4-etil-3ottanone}$$

18.3 Proprietà chimiche di alcoli, aldeidi e chetoni

animazione
Proprietà chimiche di alcoli, aldeidi, chetoni e acidi carbossilici

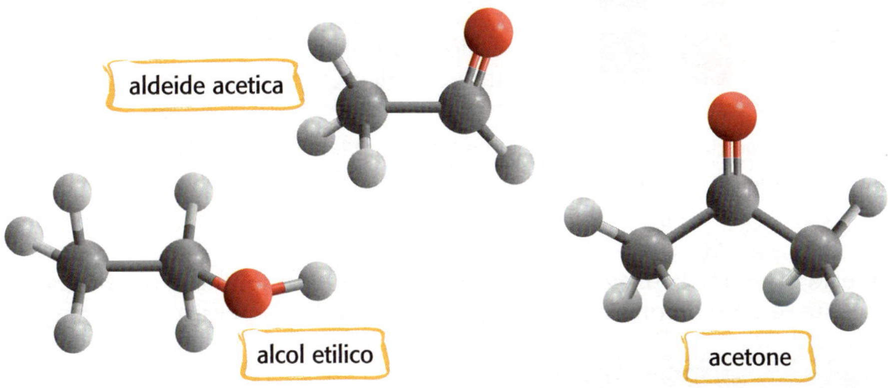

Alcoli, aldeidi e chetoni sono tre classi di composti collegate attraverso reazioni di ossido-riduzione, che costituiscono perciò un metodo per la loro preparazione.

Proprietà degli alcoli

Ossidazione. In questa reazione gli alcoli perdono due atomi: uno del gruppo –OH, l'altro dell'atomo C a cui è legato l'–OH. Se l'–OH è legato a un $–CH_2$ (*alcol primario*) si forma un'*aldeide* (reazione **[1]**); se l'–OH è legato a un –CH– (*alcol secondario*) si forma un *chetone* (reazione **[3]**). A loro volta l'aldeide e il chetone possono trasformarsi in un alcol primario o secondario mediante le reazione di riduzione **[2]** e **[4]**, in cui due atomi H si addizionano sul gruppo >C=O.

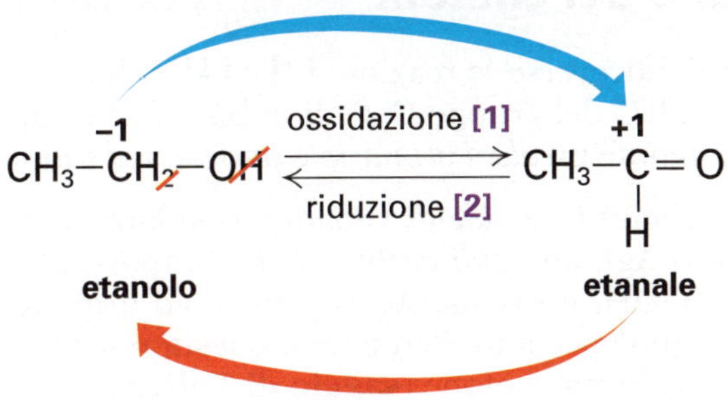

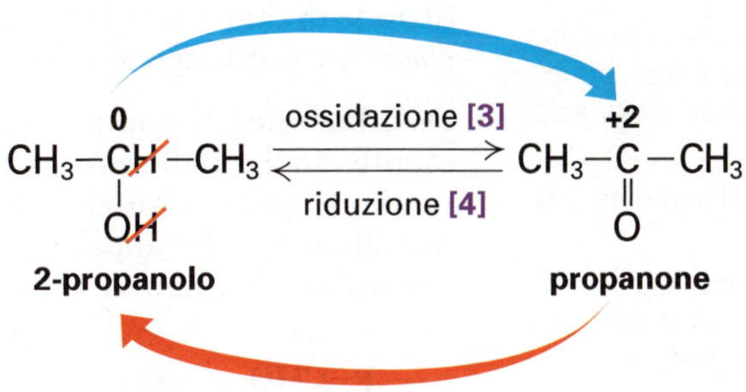

Se si fa reagire l'etanolo con forti ossidanti, come il dicromato di potassio $K_2Cr_2O_7$, il prodotto è l'acido acetico, anziché l'etanale.

ossidazione forte

$$\overset{-1}{CH_3-CH_2-OH_{(aq)}} \longrightarrow \overset{+3}{CH_3-COOH_{(aq)}}$$

etanolo **acido acetico**

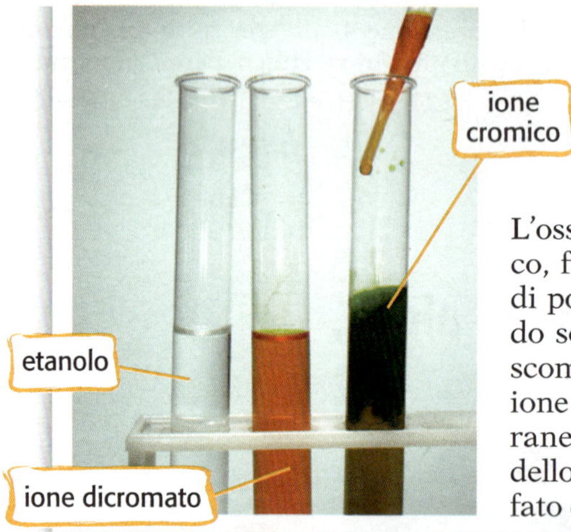

L'ossidazione dell'etanolo ad acido acetico, fatta con una soluzione di dicromato di potassio $K_2Cr_2O_7$ e catalizzata dall'acido solforico H_2SO_4, è resa evidente dalla scomparsa del colore rosso-arancio dello ione dicromato $Cr_2O_7^{2-}$ e dalla contemporanea comparsa del colore verde scuro dello ione cromico Cr^{3+}, che deriva dal solfato cromico $Cr_2(SO_4)_3$ che si forma.

L'ossidazione dell'etanolo ad acido acetico avviene anche ad opera dell'ossigeno dell'aria e di microrganismi presenti nel vino:

$$\underset{\text{etanolo}}{CH_3{-}CH_2{-}OH_{(aq)}} + O_{2(g)} \longrightarrow \underset{\text{acido acetico}}{CH_3{-}COOH_{(aq)}} + H_2O_{(l)}$$

Questa reazione, utilizzata per produrre l'aceto, può avvenire spontaneamente se il vino non viene tenuto al riparo dell'aria per un certo tempo.

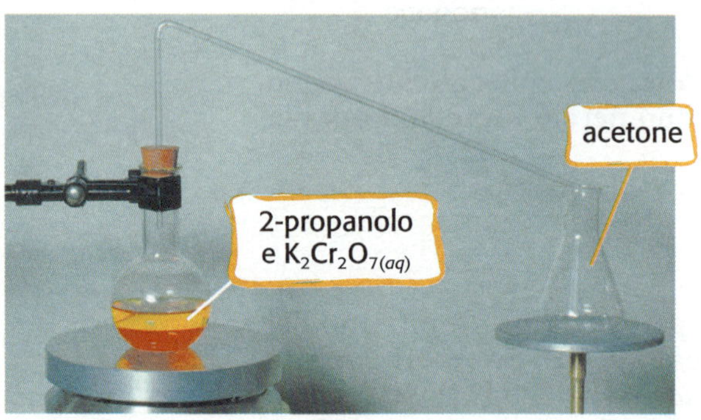

L'**acetone** può essere preparato ossidando il 2-propanolo con una soluzione di dicromato di potassio $K_2Cr_2O_7$ (di colore rosso-arancio) e aggiungendo poche gocce di acido solforico H_2SO_4, come catalizzatore. Dalla miscela ottenuta si può separare il chetone effettuando una distillazione, anche con una semplice apparecchiatura.

Proprietà delle aldeidi e dei chetoni

Ricorda!...

Le **aldeidi** sono sostanze che si ossidano facilmente trasformando il loro gruppo –CHO nel gruppo –COOH degli acidi carbossilici.

I **chetoni**, invece, sono difficilmente ossidabili.

Pertanto il **saggio di Tollens** (*saggio dello specchio d'argento*) è un mezzo per distinguere le aldeidi dai chetoni.

Riduzione. Con alcuni riducenti, attraverso le reazioni **[2]** e **[4]**, si ha l'addizione di due atomi H sul C e sull'O del gruppo C=O di un'*aldeide* e di un *chetone* e si ottengono rispettivamente un *alcol primario* e uno *secondario*.

Ossidazione. Al contrario dei chetoni, le *aldeidi* vengono ossidate facilmente, anche dallo ione argento Ag^+, ad *acidi carbossilici*, composti che hanno il gruppo funzionale –COOH, e lo ione Ag^+ si riduce ad argento metallico Ag, che appare come uno specchio. Perciò con questa reazione è possibile distinguere un'aldeide da un chetone (**saggio di Tollens**):

$$R{-}\overset{+1}{CHO}_{(aq)} + \overset{+1}{Ag^+_{(aq)}} \xrightarrow{NaOH_{(aq)}} R{-}\overset{+3}{COO^-}Na^+_{(aq)} + \overset{0}{Ag_{(s)}}$$

18.4 Gli acidi carbossilici

Molti **acidi organici** sono presenti in natura: **acido ascorbico** (*vitamina C*) nella frutta e nella verdura, **acido malico** nelle sorbe, **acido citrico** nei limoni ecc., mentre altri vengono preparati per sintesi nelle industrie, come l'**acido acetilsalicilico** e l'**acido acetico**. Quest'ultimo si può formare nel vino esposto all'aria rendendolo acidulo.

L'**acido formico** (*acido metanoico*) deve il suo nome ad alcune formiche, che lo sintetizzano e lo usano come veleno urticante.

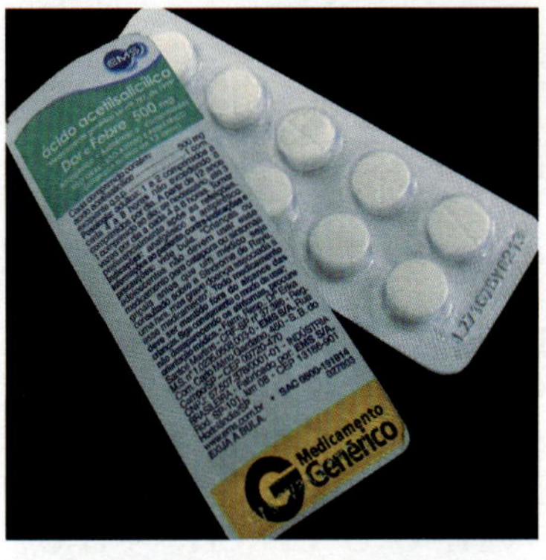

L'**acido acetilsalicilico** è uno dei farmaci più utilizzati per le sue proprietà antinfiammatorie e antidolorifiche. Questo farmaco si prepara dalla *salicina*, contenuta nella corteccia del salice.

Gli **acidi carbossilici** sono composti caratterizzati dal gruppo funzionale −**COOH**, detto **gruppo carbossilico**; i loro nomi d'uso ricordano i materiali in cui l'acido è presente.

acidi carbossilici	gruppo funzionale e suffisso	nome IUPAC	nome d'uso
H−**COOH**		acido metan**oico**	acido formico
CH_3−**COOH**		acido etan**oico**	acido acetico
CH_3−CH_2−**COOH**	−C(=O)−OH **-oico**	acido propan**oico**	acido propionico
CH_3−CH_2−CH_2−**COOH**		acido butan**oico**	acido butirrico
CH_3−CH_2−CH_2−CH_2−**COOH**		acido pentan**oico**	acido valerianico

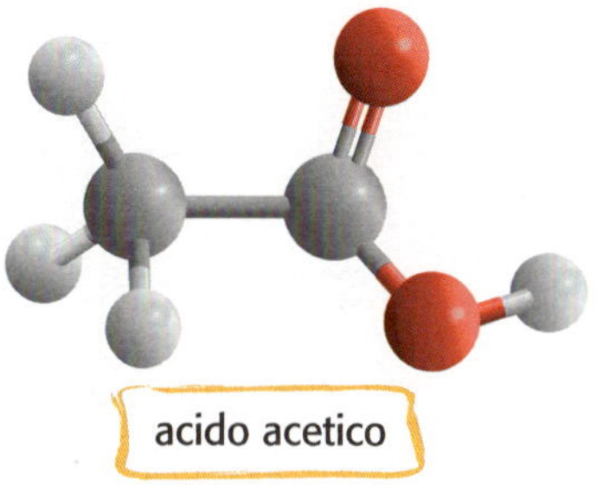

acidi carbossilici

elementi costitutivi: **C + O + H** gruppo funzionale: −C(=O)−OH

come si scrive la formula

• Si sostituisce il gruppo −COOH al gruppo $-CH_3$ finale o iniziale dell'alcano che ha lo stesso numero di atomi di carbonio. L'*acido formico* è un'eccezione e si scrive legando il gruppo −COOH a un solo atomo H.

come si costruisce il nome

• Si inizia con il termine "acido" e si sostituisce l'ultima lettera **o** del nome dell'alcano, che ha lo stesso numero di atomi C, con il suffisso **-oico**. Al C del gruppo −COOH si assegna il numero 1.

esempio 1

Scrivi le formule dell'acido ottanoico e dell'acido 3-metil-ottanoico.

- Scrivi la formula dell'alcano con 8 atomi di carbonio.

Sostituisci l'ultimo gruppo $-CH_3$ con il gruppo $-COOH$:

$CH_3-CH_2-CH_2-CH_2-CH_2-CH_2-CH_2-\mathbf{COOH}$ acido ottan**oico**

- L'espressione 3-metil, con cui inizia il nome del composto, indica che sul ^{3}C è legato un gruppo metilico, perciò la formula del composto è:

$$CH_3-CH_2-CH_2-CH_2-CH_2-\underset{\mathbf{CH_3}}{\underset{|}{^{3}CH}}-CH_2-\mathbf{COOH}$$ acido **3-metil**-ottan**oico**

esempio 2

Attribuisci il nome al composto $CH_3-CH_2-CH_2-CH_2-CH_2-CH_2-\mathbf{COOH}$

- Il composto è un acido carbossilico per la presenza del gruppo $-COOH$, perciò il suffisso è **-oico**.
- Poiché la catena carboniosa è quella dell'eptano, il composto è:

l'acido eptan**oico**.

Ricorda!...

Gli **acidi carbossilici** sono caratteristici **acidi organici**. Reagendo con una base forte, formano **sali** che, per *idrolisi*, hanno **carattere basico**.

Proprietà chimiche degli acidi carbossilici

Salificazione. Gli acidi carbossilici sono generalmente piuttosto deboli, come l'acido acetico, perciò la loro ionizzazione è solo parziale. Allo stesso modo degli acidi inorganici, essi formano i sali cedendo un protone allo ione OH^-, che è la base coniugata dell'acqua H_2O:

$$\underset{\text{acido formico}}{H-\underset{\underset{O}{\|}}{C}-O-\mathbf{H}_{(aq)}} + \underset{\text{idrossido di sodio}}{Na^+\mathbf{OH}^-_{(aq)}} \longrightarrow \underset{\text{formiato di sodio}}{H-\underset{\underset{O}{\|}}{C}-O^-Na^+_{(aq)}} + \underset{\text{acqua}}{H_2O_{(l)}}$$

Esterificazione. Dall'eliminazione di una molecola di acqua tra il gruppo $-COOH$ di un acido e il gruppo $-OH$ di un alcol trattati a caldo, in presenza di acido solforico che fa da catalizzatore, si forma un **estere**, che si può considerare un composto derivato da un acido per sostituzione dell'H del gruppo $-COOH$ con un residuo alchilico. Per esempio:

$$\underset{\text{acido acetico}}{CH_3-\underset{\underset{O}{\|}}{C}-OH_{(l)}} + \underset{\text{alcol etilico}}{\mathbf{CH_3-CH_2}-OH_{(l)}} \xrightleftharpoons{H_2SO_4\ +\ \text{calore}} \underset{\text{acetato di etile (estere)}}{CH_3-\underset{\underset{O}{\|}}{C}-O-\mathbf{CH_2CH_3}_{(l)}} + H_2O_{(l)}$$

L'**acetato di etile** si forma durante l'invecchiamento di molti vini in seguito a un processo di ossidazione, da cui si ottiene l'acido acetico che reagisce con l'alcol etilico. A questo estere è dovuto il profumo di tali vini; tuttavia, se la quantità di estere che si forma è eccessiva, il vino assume l'odore sgradevole di "spunto".
L'acetato di etile è utilizzato anche negli smalti per unghie ed è particolarmente apprezzato per l'odore fruttato e perché rende rapida l'asciugatura dello smalto.

Agli esteri, molto diffusi in natura, è dovuto il profumo e il sapore di molti frutti e fiori. Il **butanoato di metile** $CH_3-CH_2-CH_2-COO-CH_3$ e il **butanoato di etile** $CH_3-CH_2-CH_2-COO-CH_2-CH_3$ sono esteri che contribuiscono al profumo, rispettivamente, di mele e ananas. Alcuni esteri vengono rilasciati da insetti e altri animali, come le elefantesse, per attirare i maschi.

18.5 Gli eteri e le ammine

Gli **eteri** hanno gruppo funzionale **–O–**, (**gruppo etereo**) e sono isomeri degli alcoli con lo stesso numero di atomi C. La loro reattività è molto scarsa. Nella nomenclatura d'uso, si specificano i nomi dei residui alchilici R– legati all'ossigeno.

Le **ammine** hanno gruppi funzionali **$-NH_2$**, **–NH** e **–N–**, detti **gruppi amminici**, e sono indicate, rispettivamente come **ammine primarie**, **secondarie** e **terziarie**. Secondo la nomenclatura IUPAC, i nomi dei residui alchilici R– legati all'atomo N sono seguiti dal suffisso **ammina**.

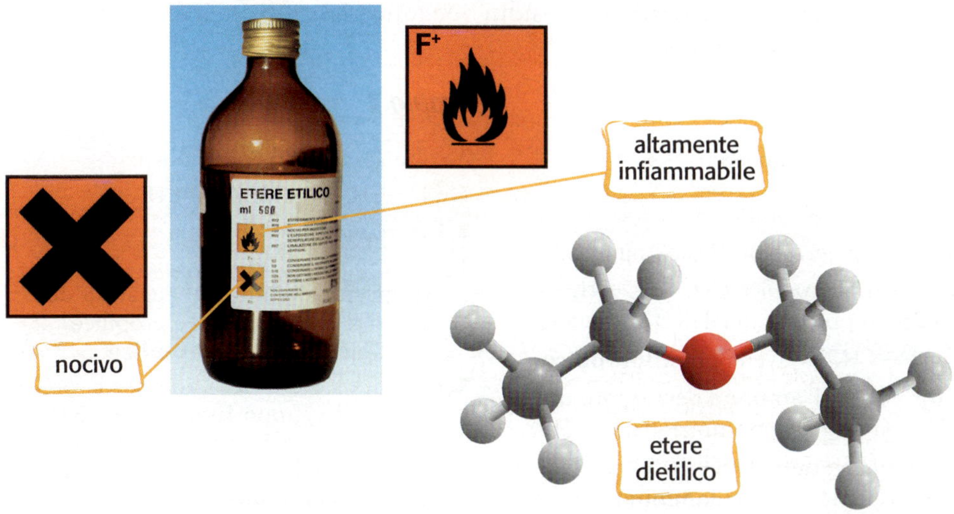

Uno degli eteri più noti è l'**etere dietilico** CH_3CH_2–O–CH_2CH_3, detto anche **etere etilico**, molto volatile e infiammabile, scarsamente reattivo, ma largamente utilizzato come solvente nei laboratori e nelle industrie. Fu usato per la prima volta come *anestetico* nel 1842 in un intervento chirurgico e in passato è stato molto utilizzato per questa sua proprietà. Spesso veniva usato anche come anestetico locale, in quanto, essendo molto volatile, raffreddava la parte da trattare rendendola insensibile al dolore.

eteri	gruppo funzionale	nome d'uso
CH_3–O–CH_3		etere **dimetil**ico
CH_3–CH_2–O–CH_2–CH_3	–O–	etere **dietil**ico
CH_3–CH_2–O–CH_3		etere **etilmetil**ico

ammine	gruppo funzionale		nome IUPAC
CH_3–NH_2	$-NH_2$	*ammine primarie*	metil**ammina**
CH_3–CH_2–NH_2	$-NH_2$		etil**ammina**
CH_3–CH_2–NH–CH_3	–NH	*ammina secondaria*	etilmetil**ammina**
$(CH_3)_3N$	–N–	*ammina terziaria*	trimetil**ammina**

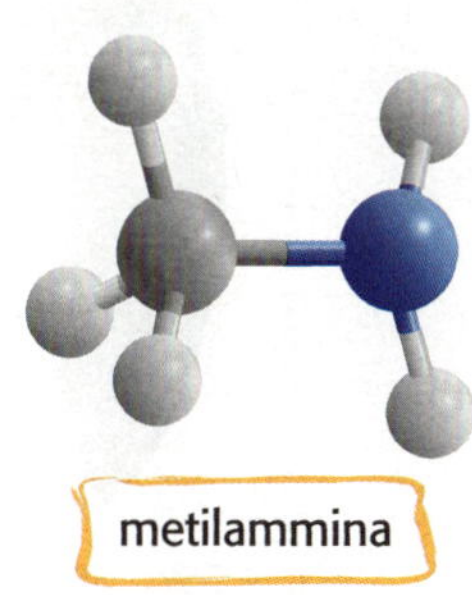

eteri e ammine

	eteri	ammine
	elementi costitutivi: **C + O + H**	elementi costitutivi: **C + N + H**
	gruppo funzionale: **–O–**	gruppo funzionale: **–NH₂**, **–NH–**, **–N–**

come si scrive la formula

- Nel caso degli **eteri** si legano i 2 residui alchilici R– al gruppo funzionale –O–. Nel caso delle **ammine** si lega 1 residuo alchilico R– al gruppo funzionale $-NH_2$, oppure 2 o 3 residui alchilici R– rispettivamente ai gruppi funzionali –NH e –N–.

come si costruisce il nome

- Si nominano i residui alchilici R– (come aggettivi), preceduti dal termine "etere"; per le ammine si nominano i residui alchilici R– seguiti dal suffisso **-ammina**. I residui vengono riportati in ordine alfabetico (etil, metil, ecc.).

esempio 1

Scrivi le formule dei seguenti composti:
1. etere metilpropilico
2. dietilammina.

1. Per scrivere la formula dell'etere devi legare il residuo metilico CH_3- e il residuo propilico $CH_3-CH_2-CH_2-$ ai due legami liberi del gruppo funzionale –O– dell'etere:

   $CH_3-O-CH_2-CH_2-CH_3$ etere **metilpropilico**
2. Per scrivere la formula dell'ammina devi legare due gruppi etilici CH_3-CH_2- al gruppo funzionale –NH–, in modo da rispettare la trivalenza dell'azoto:

   $CH_3-CH_2-NH-CH_2-CH_3$ dietil**ammina**

esempio 2

Attribuisci il nome ai composti:
1. $CH_3-CH_2-O-CH_2-CH_2-CH_3$
2. $CH_3-CH_2-CH_2-NH_2$

1. Il composto è un etere perché ha il gruppo funzionale –O– legato a due residui alchilici (etilico e propilico); il suo nome è: etere **etilpropilico**.
2. Il composto è un'ammina per la presenza del gruppo funzionale $-NH_2$. Poiché questo gruppo è legato a un residuo propilico, il nome dell'ammina è: propil**ammina**.

Proprietà chimiche delle ammine

Ricorda!...

Le **ammine** sono le caratteristiche **basi organiche**. Reagendo con un acido forte, danno **sali** che, *per idrolisi*, presentano **carattere acido**. I **nomi dei sali** si fanno derivare dal gruppo ammonio NH_4^+ indicando i residui alchilici che sostituiscono uno o più atomi di idrogeno.

Salificazione. Le **ammine** sono **basi** generalmente **deboli**, come la metilammina. Esse formano sali per reazione con un acido, perché, come nell'ammoniaca, l'azoto forma un legame covalente dativo:

$$\underset{\text{metilammina}}{CH_3-NH_{2(g)}} + HCl_{(aq)} \longrightarrow \underset{\text{cloruro di metilammonio}}{CH_3-NH_3^+Cl^-_{(aq)}}$$

I **gruppi amminici** sono presenti in molti composti naturali ad attività biologica o farmacologica, tra i quali amminoacidi e proteine, acidi nucleici, alcaloidi e molti altri ancora.

$CH_3-N(CH_3)-CH_3$

trimetilammina

$H_2N-CH_2-CH_2-CH_2-CH_2-NH_2$

putresceina

$H_2N-CH_2-CH_2-CH_2-CH_2-CH_2-NH_2$

cadaverina

La **trimetilammina** è il principale componente che si forma nel deterioramento della carne del pesce di mare a causa di vari batteri. A questa ammina è dovuto in buona parte il cattivo odore del pesce non fresco. Altri prodotti che contribuiscono a tale odore sono due composti che presentano 2 gruppi amminici, la **putresceina** e la **cadaverina**, e anche l'ammoniaca.

IN LABORATORIO

Saggio di Tollens

In questa esercitazione eseguirai il saggio di Tollens, o dello specchio d'argento, su aldeidi, chetoni e glucosio, che è uno zucchero.
La reazione, scritta in maniera semplificata, consiste nell'ossidazione del gruppo aldeidico in gruppo carbossilico e nella riduzione dello ione argento in argento metallico:

$$\overset{+1}{R{-}CHO_{(aq)}} + \overset{+1}{Ag^+_{(aq)}} \xrightarrow{NaOH_{(aq)}} \overset{+3}{R{-}COO^-Na^+_{(aq)}} + \overset{0}{Ag^+_{(s)}}$$

Materiali
- 20 mℓ di nitrato d'argento $AgNO_3$ al 5% *m/V*
- 5 mℓ di idrossido di sodio NaOH al 5% *m/V*
- 10 mℓ di ammoniaca NH_3 al 2% in volume
- 3 mℓ di aldeide formica H–CHO
- 3 mℓ di aldeide acetica CH_3–CHO
- 3 mℓ di acetone CH_3–CO–CH_3
- ½ cucchiaino di glucosio $C_6H_{12}O_6$
- acqua distillata
- 8 provette *pulite minuziosamente*
- bagnomaria con acqua a 40-45 °C
- piastra riscaldante
- contagocce
- siringa da 10 mℓ
- pennarello per vetro
- spatola
- termometro

Procedimento
1. In una provetta versa 10-15 mℓ della soluzione di nitrato di argento e aggiungi qualche goccia della soluzione di idrossido di sodio: si forma un precipitato nerastro di ossido di argento Ag_2O.
2. Aggiungi lentamente, goccia a goccia e agitando, l'ammoniaca (*senza eccedere!*), fino a che si scioglie l'ossido di argento. Questa soluzione è il **reattivo di Tollens**, che contiene lo ione Ag^+.
3. Servendoti della siringa, dividi il reattivo di Tollens in parti uguali in 4 provette.
4. In altre 4 provette, contrassegnate con il pennarello (1, 2, 3 e 4), versa rispettivamente 2 mℓ di aldeide formica, 2 mℓ di aldeide acetica, 2 mℓ di acetone e una punta di spatola di glucosio. Aggiungi 1-2 mℓ di acqua in ciascuna provetta e scuoti leggermente la provetta, in modo da ottenere 4 soluzioni.
5. Fai ruotare con la mano la provetta 1, in modo da bagnare bene le pareti interne.
6. Sulle pareti, sempre facendo ruotare la provetta, versa *molto lentamente e senza agitare* il reattivo di Tollens.
7. Se la reazione non si verifica in breve tempo, riscalda la provetta a bagnomaria *senza agitarla* ed evitando che la temperatura superi i 40-45 °C. Osserva come si forma lo specchio di argento.
8. Getta il contenuto della provetta, perché con il passar del tempo potrebbero formarsi prodotti pericolosi.
9. Ripeti il saggio utilizzando i campioni contenuti nelle altre 3 provette contrassegnate.

Rispondi
- Per quali composti risulta positivo il saggio di Tollens?
- Quale gruppo funzionale reagisce conil reattivo di Tollens e quale, invece, non reagisce?
- Quale gruppo funzionale è dunque presente nel glucosio?

IN SINTESI

PER LA DIDATTICA INCLUSIVA

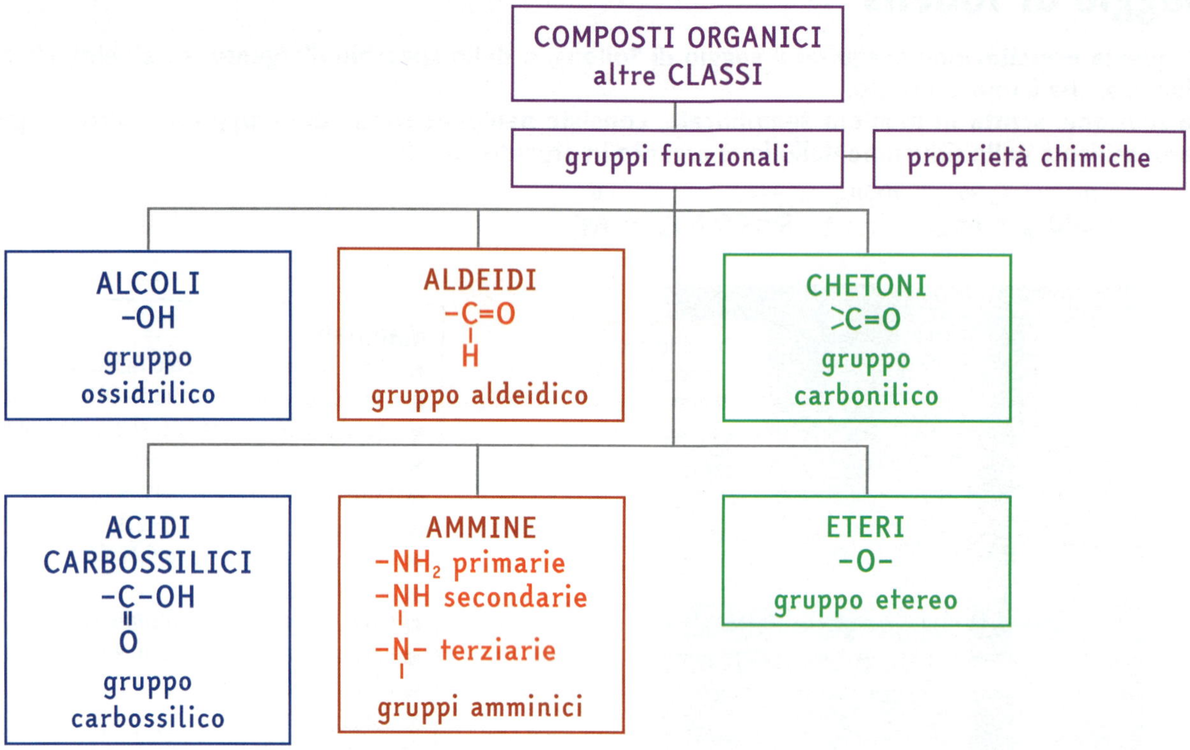

Alcoli, aldeidi e chetoni

La **nomenclatura** IUPAC prevede **suffissi specifici**.

- Alcoli: -olo (un numero indica la posizione del gruppo alcolico: metanolo CH_3–**OH**, etanolo CH_3–CH_2–**OH**, 2-propanolo CH_3–CH(OH)–CH_3 ecc.).

Un **alcol** si definisce **primario**, **secondario** o **terziario** a seconda che il gruppo –OH sia legato a un gruppo –CH_2 oppure a un gruppo –CH– o soltanto a un atomo –C–

- Aldeidi: -ale (metanale H–CHO, etanale CH_3–CHO, propanale CH_3–CH_2–CHO ecc.).
- Chetoni: -one (un numero indica la posizione del gruppo >C=O: 2-pentanone CH_3–CO–CH_2–CH_2–CH_3).

Proprietà chimiche di alcoli, aldeidi e chetoni

Queste tre classi di composti sono collegate mediante **reazioni di ossido-riduzione**, che costituiscono perciò un metodo per la loro preparazione.

alcoli primari $\underset{\text{riduzione}}{\overset{\text{ossidazione blanda}}{\rightleftharpoons}}$ aldeidi (facilmente ossidabili)

alcoli secondari $\underset{\text{riduzione}}{\overset{\text{ossidazione}}{\rightleftharpoons}}$ chetoni (difficilmente ossidabili)

IN SINTESI

La diversa facilità a essere ossidati delle aldeidi e dei chetoni permette di riconoscere le aldeidi mediante il **saggio di Tollens**, detto **reazione dello specchio d'argento**, perché le aldeidi, al contrario dei chetoni, possono essere ossidate dallo ione $Ag^+_{(aq)}$ (debole ossidante), che si trasforma in argento metallico Ag, lucente come uno specchio.

Acidi carbossilici, ammine ed eteri

La **nomenclatura IUPAC** prevede per gli acidi carbossilici e le ammine **suffissi specifici**, ma per gli acidi spesso si usano nomi di uso comune.

- Acidi carbossilici: -oico (acido metanoico (formico) H–COOH, acido acetico CH_3–COOH ecc.).
- Ammine: -ammina (metilammina CH_3–NH_2, etilmetilammina CH_3–NH–CH_2–CH_3 ecc.).

Gli eteri secondo la nomenclatura d'uso comune vengono denominati specificando i residui legati all'atomo O: etilmetiletere CH_3–O–CH_2–CH_3, etere dietilico CH_3–CH_2–O–CH_2–CH_3 ecc.

Proprietà di acidi carbossilici, ammine ed eteri

Gli acidi carbossilici sono **acidi deboli**. Quando reagiscono con basi forti, come KOH, formano **sali** che in soluzione subiscono l'idrolisi e danno un **pH basico** (> 7).
Analogamente, le ammine, che sono **basi deboli**, reagendo con acidi forti, come HCl, per idrolisi formano sali che in soluzione danno **pH acido** (< 7).
Gli acidi carbossilici reagiscono con gli alcoli, in presenza di catalizzatori, formando composti detti **esteri**, come l'**acetato di etile**, che si forma durante l'invecchiamento del vino, a cui, se è presente in piccole quantità, attribuisce un profumo gradevole.
Gli acidi carbossilici possono essere preparati mediante ossidazione di un'aldeide o, direttamente, per forte ossidazione di un alcol:

$$\underset{\text{etanolo}}{\overset{-1}{CH_3{-}CH_2{-}OH_{(aq)}}} \xrightarrow{\text{ossidazione forte}} \underset{\text{acido acetico}}{\overset{+3}{CH_3{-}COOH_{(aq)}}}$$

Questa ossidazione può avvenire anche per opera dell'ossigeno dell'aria e di microrganismi presenti nel vino esposto all'aria, ed è responsabile del **sapore "acidulo "** che a volte rende sgradevole un **vino**.
Gli eteri hanno una **reattività molto scarsa**.

SCIENTIFIC ENGLISH

Effects of Alcohols on Human Body

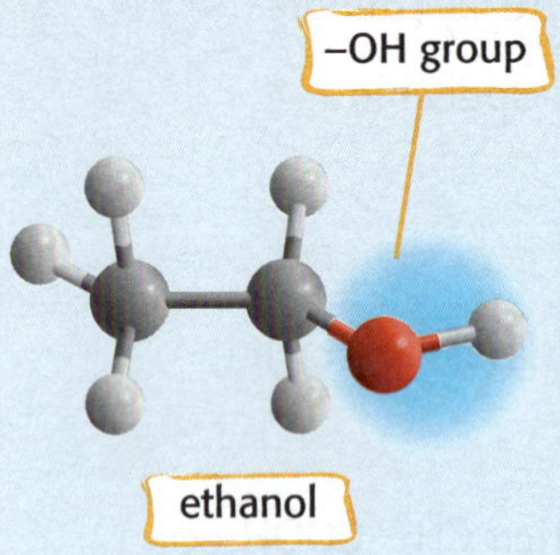

The organic compounds in which is present only **hydroxyl functional group –OH** are alcohols, where –OH is bound to a carbon atom. The general formula for a simple alcohol is $\mathbf{C_nH_{2n+1}OH}$.
The hydroxyl group affects the solubility of the alcohols, because it generally makes the alcohol molecule polar and therefore more likely to be soluble in water. However, the carbon chain resists solubility, so there are two opposing trends in the alcohols: alcohols with shorter carbon chains are usually more soluble than those with longer carbon chains.
Alcohols tend to have higher boiling points than the hydrocarbons because of the strong hydrogen bond between hydrogen and oxygen atoms.
Alcohols can show either acidic or basic properties because of the hydroxyl group.
They also undergo oxidation reactions to form aldehydes, ketones and carboxylic acids.
The simplest and most commonly used alcohols are methanol and ethanol.
The alcohols have a number of different uses:

- **methylated spirits** (surgical spirits) is a form of ethanol where methanol has been added;
- **methanol** and **ethanol** can both be used as a fuel and they burn more cleanly than gasoline or diesel;
- **ethanol** is used in alcoholic drinks, as a solvent in medical drugs, perfumes and vegetable essences, as an antiseptic and as an industrial solvent.

Since the **fermentation of sugar into ethanol** is one of the earliest biotechnologies known by humans, also the toxic effects of this substance on body are well known since ancient times.
One of the actions of ethanol is to behave as a **diuretic**. In humans, ethanol reduces the secretion of a hormone called antidiuretic hormone (ADH). The role of ADH is to control the amount of water that the body retains. When this hormone is not secreted in the right quantities, it can cause dehydration because too much water is lost from the body in the urine. This is why people who drink too much alcohol can become dehydrated, and experience symptoms such as headaches, dry mouth, and lethargy.
Part of the reason for the headaches is that dehydration causes the brain to shrink away from the skull slightly. The effects of drinking too much alcohol can be reduced by drinking lots of water.

Key Words

Hydroxyl groups are –OH functional groups.

Hormone is a class of signalling molecules produced by glands in multicellular organism; they are transported by the circulatory system to target distant organs to regulate physiology behavioural activities.

Dehydration is the excessive loss of body water.

Multiple Choice

1 The functional group of alcohols is:
- A carbonyl group
- B double bond
- C amino group
- D hydroxyl group

2 The boiling point of an alcohol is:
- A higher than hydrocarbons
- B lower than hydrocarbon
- C equal to methane
- D equal to zero

Questions

3 Which is the alcohol used in alcoholic drinks?

4 What are the effects of assumption of ethanol?

STRUMENTI PER COSTRUIRE LE COMPETENZE

ALTRI TEST

Studiando la teoria...

Completa le frasi

1 Gli alcoli sono composti caratterizzati dal gruppo funzionale .... Il loro suffisso caratteristico è ....

2 Un alcol si dice primario, secondario o terziario a seconda che il suo gruppo funzionale sia legato a ...., ... oppure ....

3 L'alcol più noto è l'alcol ...., che secondo la nomenclatura IUPAC è detto ....

4 In commercio esistono due forme di alcol etilico: l'alcol al 95% *V/V*, usato per la preparazione di .... e ...., e l'alcol denaturato, utilizzato come .. ..

5 Aldeidi e chetoni hanno rispettivamente il gruppo funzionale .... e ...., perciò hanno in comune il gruppo .... Il suffisso caratteristico dei loro nomi è .... per le aldeidi e .... per i chetoni.

6 Gli alcoli primari possono essere ossidati a ....; in tal caso il gruppo .... diventa il gruppo .... e il numero di ossidazione del carbonio varia da .... a ....

7 Gli alcoli secondari vengono ossidati a ....; in tal caso il gruppo .... diventa il gruppo .... e il numero di ossidazione del carbonio varia da .... a ....

8 L'ossidazione di un alcol primario può essere spinta fino a trasformarlo in ...., in cui il numero di ossidazione del carbonio è ....

9 Per la preparazione dell'aceto si effettua l'ossidazione dell' .... a ....

10 Le aldeidi e i chetoni possono essere ridotti, rispettivamente, ad alcoli .... e ad alcoli ....

11 Al contrario dei chetoni, le aldeidi vengono facilmente ossidate a ....
Utilizzando lo ione $Ag^{+}_{(aq)}$ come ossidante questo si riduce a .... La reazione serve a distinguere un chetone da un'aldeide e prende il nome di .... o ....

12 Gli acidi carbossilici hanno il gruppo funzionale .... e il loro nome termina con il suffisso ....

13 Gli acidi carbossilici reagiscono con le basi forti formando ...., che in soluzione danno un pH .... 7, perché gli acidi carbossilici sono generalmente acidi ....

14 Gli acidi carbossilici reagiscono con gli alcoli dando .... Questi ultimi, molto diffusi in natura, sono responsabili del .... di molti frutti e fiori.

15 Gli eteri hanno il gruppo funzionale .... Il più noto è l'etere .... (o etere ....), che è stato a lungo utilizzato in chirurgia come ....

16 Le ammine possono avere il gruppo funzionale ...., ... oppure .... a cui sono legati tanti residui alchilici R— quanti sono necessari per rispettare la trivalenza dell'azoto, cioè ...., ... o .... Il loro nome termina con il suffisso ....

17 Le ammine sono dette primarie, secondarie o terziarie a seconda che il loro gruppo funzionale sia rispettivamente ...., ... oppure ....

18 Le ammine trattate con un acido formano sali, in quanto hanno un carattere ....

19 I sali formati da un'ammina e un acido forte danno soluzioni con un pH .... 7, in quanto le ammine sono ....

Test vero-falso

1 L'alcol denaturato ha questo nome perché è stato trasformato in un composto diverso dall'etanolo. V F

2 Per ossidazione dell'etanolo si ottiene l'etanale. V F

3 Il nome del composto di formula CH_3–CO–CH_2–CH_3 è propanone. V F

4 Il suffisso caratteristico di un'aldeide è -olo. V F

5 Quando l'acetone viene trasformato in 2-propanolo si ha l'ossidazione dell'acetone. V F

6 Il saggio di Tollens è una reazione in cui l'aldeide si ossida ad acido carbossilico e lo ione argento $Ag^+_{(aq)}$ si riduce ad argento metallico Ag. V F

7 Il composto CH_3COONa è detto acetato di sodio e in soluzione dà un pH acido. V F

8 Se il vino non viene tenuto al riparo dall'aria, dopo un certo tempo può avvenire spontaneamente la trasformazione dell'acido acetico in alcol etilico. V F

9 Il composto CH_3–CH_2–NH–CH_3 è un'ammina secondaria. V F

10 Le ammine hanno carattere basico e con un acido formano sali. V F

Test a risposta multipla

Scegli la risposta o il completamento corretti.

1 Quale composto è un alcol?
- A Cicloesano
- B Propilene
- C Etanolo
- D Etino

2 L'etanolo CH_3–CH_2–OH:
- A è un liquido non miscibile con l'acqua
- B per ossidazione dà l'acetone CH_3–CO–CH_3
- C si ricava industrialmente dall'alcol denaturato
- D per ossidazione non forte dà l'etanale CH_3–CHO

3 Quale affermazione, riferita alle aldeidi e ai chetoni, è corretta?
- A Entrambi sono facilmente ossidabili
- B Hanno in comune il gruppo carbonilico che è polare
- C Le aldeidi si ottengono per ossidazione di alcoli terziari
- D I chetoni si ottengono per ossidazione di alcoli primari

4 Quale composto reagisce con lo ione $Ag^+_{(aq)}$ formando uno "specchio di argento"?
- A Metanale
- B Propanone
- C 1-butanolo
- D 2-butene

5 Nella trasformazione $CH_3CH_2CH_2CH_2OH \rightarrow CH_3CH_2CH_2COOH$:
- A un gruppo alcolico secondario si trasforma in gruppo carbossilico
- B il numero di ossidazione del gruppo $-CH_2OH$ è +1
- C l'1-butanolo si trasforma in acido butanoico
- D il 4-butanolo si trasforma in acido butanoico

6 Quale affermazione, riferita agli acidi carbossilici, *non è corretta*?
- A Si possono ottenere per reazione degli alcoli primari con forti ossidanti
- B Sono generalmente acidi forti, come l'acido cloridrico
- C Hanno il C del gruppo funzionale con numero di ossidazione +3
- D Hanno il gruppo funzionale –COOH, detto gruppo carbossilico

7 Se il vino ha un sapore acidulo è avvenuta la trasformazione:
- A dell'acido acetico in etanolo
- B dell'etanolo in acido acetico
- C dell'acido acetico in aldeide acetica
- D del metanolo in acido acetico

8 In quale classe si ritrovano composti molto diffusi in natura, responsabili del profumo di fiori e frutti?
- A Eteri
- B Ammine
- C Esteri
- D Alcoli

9 Quale affermazione, riferita alle ammine, *non è corretta*?
- A Sono costituite dagli elementi C, N e H
- B Trattate con un acido formano sali
- C Sono accettori di protoni
- D In soluzione danno un pH < 0

10 Confrontando l'alcol etilico e l'etere dimetilico, entrambi liquidi nelle condizioni ordinarie, un'affermazione *non* è *corretta*. Quale?
- A Sono isomeri con formula bruta C_2H_6O
- B I legami tra gli atomi delle loro molecole sono covalenti
- C Hanno la stessa temperatura di ebollizione
- D Soltanto nell'alcol ci sono forti legami idrogeno

Applica le tue conoscenze

18.1 Gli alcoli

1 Scrivi la formula dei seguenti composti:
a) 1-eptanolo *b*) 2-metil-1-eptanolo
c) 4-ottanolo *d*) 2,3-dimetil-4-ottanolo

2 L'alcol denaturato ha un odore sgradevole, al contrario dell'alcol etilico usato in pasticceria. Spiega il motivo di questa differenza.

3 Scrivi la formula dei tre alcoli isomeri che hanno formula bruta $C_4H_{10}O$ e indicane i nomi. Specifica anche se sono alcoli primari, secondari o terziari.

4 Quali sono i nomi dei seguenti composti?

a) $CH_3{-}CH_2{-}CH_2{-}CH(OH){-}CH_3$ (gruppo OH legato al quarto carbonio)

b) $CH_3{-}C(CH_3)(OH){-}CH_2{-}CH_3$ (gruppi CH_3 e OH legati al secondo carbonio)

5 Perché l'etanolo è molto solubile in acqua al contrario dell'etano?

6 Quanti millilitri di alcol sono contenuti in 2 ℓ di alcol al 95%? **[1900 mℓ]**

18.2 Le aldeidi e i chetoni

7 Scrivi la formula del 3-metil-esanale.

8 Attribuisci il nome ai seguenti composti:

a) $CH_3{-}CH(CH_3){-}CH_2{-}CH_2{-}CHO$

b) $CH_3{-}CO{-}CH(CH_3){-}CH_2{-}CH_3$

9 Quali sono le formule di struttura e i nomi del chetone e delle due aldeidi che hanno la stessa formula bruta C_4H_8O? Questi composti sono isomeri?

10 Questi composti appartengono a 3 classi diverse. Individua le 3 coppie di composti che appartengono alla stessa classe specificando la classe di appartenenza:
a) formaldeide
b) acetone
c) butanale
d) 2-pentanolo
e) alcol propilico
f) eptanone

18.3 Proprietà chimiche di alcoli, aldeidi e chetoni

11 L'acetone (dimetilchetone) è un composto polare; invece il 2-ottanone è apolare. Scrivi la formula dei due composti e giustifica questa differenza.

12 Quale alcol dovresti ossidare per ottenere il 3-eptanone? Scrivi le formule dei due composti e il numero di ossidazione del carbonio dei gruppi funzionali dell'alcol e del 3-eptanone.

13 Quale sostanza si ottiene ossidando energicamente l'1-propanolo? Scrivi la sua formula.

18.4 Gli acidi carbossilici

14 Quale formula hanno l'acido 2-metilbutanoico e l'acido 3-etileptanoico?

15 Indica il nome del composto di formula

$CH_3{-}CH(CH_3){-}CH_2{-}CH_2{-}CH_2{-}COOH$

16 Quale aldeide per ossidazione produce l'acido butirrico?

17 Da quali reagenti si può ottenere l'acetato di potassio $CH_3COO^-K^+$? Scrivi la reazione di salificazione.

18 Una soluzione acquosa di acetato di potassio $CH_3COO^-K^+$ ha un pH acido, basico oppure neutro?

19 Scrivi la reazione tra l'alcol butanoico e l'alcol metilico, da cui si ottiene il butanoato di metile.
Specifica a quale classe di composti appartiene il butanoato.

18.5 Gli eteri e le ammine

20 Scrivi gli eteri che hanno la stessa formula bruta (cioè gli isomeri) dell'1-butanolo $CH_2(OH){-}CH_2{-}CH_2{-}CH_3$

21 Attribuisci il nome ai seguenti composti:
a) $CH_3{-}CH_2{-}CH_2{-}O{-}CH_2{-}CH_2{-}CH_3$
b) $CH_3{-}CH_2{-}NH{-}CH_2{-}CH_3$

22 Scrivi la formula dell'etilpropilammina e dell'etilpropiletere.

23 Scrivi la reazione tra l'etilammina e l'acido bromidrico. Il sale che si forma, sciolto in acqua, dà un pH acido, basico o neutro? Giustifica la risposta.

OBIETTIVO COMPETENZA

1 Quale miscela forma una soluzione che ha una concentrazione $[H^+_{(aq)}] > 1 \cdot 10^{-7}$ M, a 25 °C?
a) acetone e acqua
b) benzene e tetracloruro di carbonio
c) metilammina e acqua
d) acido acetico e acqua

2 Completa le trasformazioni dei gruppi funzionali, aggiungendo i termini "ossidante" o "riducente" oppure i reattivi necessari.
a) $-CH_2-OH$ + ... → $-CHO$
b) $-COOH$ + ... → $-COO^-K^+$
c) $-CO-$ + ... → $-CH(OH)-$
d) $CH_3-NH(CH_3)$ + ... → $CH_3-NH_2^+(CH_3)\ Cl^-$
e) $CH_3(CH_2)_3COOH$ + ... → $CH_3(CH_2)_3COOCH_3$

3 La vanillina (o vaniglina) è il composto che dà alla vaniglia il tipico profumo.

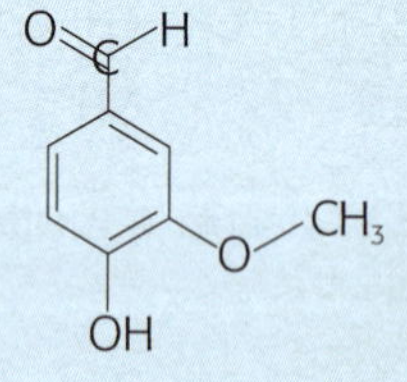

In questa molecola, in cui non sono indicati gli atomi C, ci sono 3 gruppi funzionali, di cui uno è il gruppo –OH (detto gruppo fenolico), diverso dal gruppo alcolico in quanto legato a un anello aromatico.

a) A quale classe di composti appartengono gli altri due gruppi funzionali?
b) Informati sugli usi della vanillina.

4 Il pH di una soluzione di acido butanoico potrebbe essere 5 ma non 1. Perché?

5 I punti di ebollizione indicati in ordine crescente appartengono ai quattro composti di cui sono riportate le formule. Assegna a ciascun composto il punto di ebollizione giusto, riflettendo sull'entità delle forze intermolecolari:

	composti		$p_{eb.}$
a	CH_3CH_2OH	1	–89 °C
b	CH_3OCH_3	2	–25 °C
c	CH_3CH_3	3	21 °C
d	CH_3CHO	4	78 °C

6 Una birra ha un grado alcolico pari al 6% in volume. Quanti millilitri di alcol sono contenuti in una bottiglia di birra da 350 mℓ? **[21 mℓ]**

7 L'acetone può essere ottenuto ossidando il 2-propanolo con dicromato di potassio in soluzione acida:

$$Cr_2O^{2-}_{7(aq)} + CH_3CH(OH)CH_{3(aq)} + H^+_{(aq)} \rightarrow Cr^{3+}_{(aq)} + CH_3COCH_{3(aq)} + H_2O_{(l)}$$

Bilancia la reazione e calcola quanti grammi di acetone si possono ottenere da 0,5 g di alcol, ammettendo che la reazione sia completa. **[0,42 g]**

8 L'etilometro elettronico, presente anche in molti locali e discoteche, viene utilizzato per individuare il tasso alcolemico nel sangue. Fai una ricerca e scrivi un breve testo per descrivere il principio su cui si basa il suo funzionamento e il significato dell'espressione "tasso alcolemico".

9 Riflettendo sui legami presenti tra le molecole di un alcol e tra quelle di un etere isomero dell'alcol, quale dei due composti ha temperatura di ebollizione più elevata? Perché?

10 L'acetone forma una soluzione sia con l'acqua sia con la benzina. Giustifica questo comportamento dell'acetone riflettendo sulla struttura della sua molecola, sulla polarità dell'acqua e l'apolarità della benzina.

UNITÀ 19

Le molecole della vita

Perché?...

- Perché un intenso sforzo fisico può provocare dolori muscolari?

  ....

  ....

- Perché assimiliamo l'amido della pasta e non la cellulosa dell'insalata?

  ....

  ....

- Come si può trasformare un grasso in sapone?

  ....

  ....

19.1 Le molecole da cui ricaviamo materia ed energia

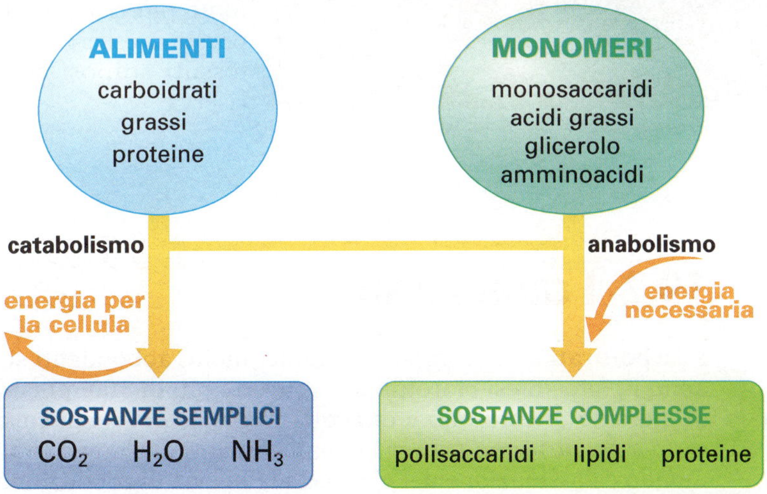

L'insieme delle reazioni chimiche di degradazione e di formazione delle sostanze organiche che avvengono in sequenza negli organismi (dette *vie metaboliche*) prende il nome di **metabolismo**. Le vie metaboliche attraverso cui gli alimenti vengono degradati costituiscono il **catabolismo**. Gli organismi, attraverso alcune di queste vie, a partire da sostanze complesse ricavano **sostanze semplici** ed **energia**, utilizzabili dalle cellule.
Altre vie metaboliche, definite nel loro insieme **anabolismo**, richiedono energia e, a partire da piccole molecole, provvedono alla formazione di **sostanze** via via più **complesse**.

Tutti gli organismi per crescere, mantenersi in vita e compiere le proprie funzioni vitali necessitano di materia e di energia.
Mentre gli **organismi autotrofi**, come le piante, sintetizzano le sostanze di cui hanno bisogno attraverso la **fotosintesi** e quindi utilizzando acqua, diossido di carbonio e l'energia solare, gli **organismi eterotrofi**, come gli animali, ricavano la maggior parte delle sostanze e dell'energia dai **carboidrati**, dai **grassi** e, in misura minore, dalle **proteine**, che vengono introdotti nell'organismo attraverso gli **alimenti**.

La trasformazione di queste sostanze è detta *combustione degli alimenti*, perché i prodotti finali, a parte l'ammoniaca, sono i caratteristici composti che si formano da una combustione, cioè diossido di carbonio e acqua. Di conseguenza si parla di **potere calorifico**, o più precisamente di **entalpia di combustione** degli alimenti.

potere calorifico

Il **potere calorifico** (o **entalpia di combustione**) di un alimento è la quantità massima di calore che si può ricavare dalla **combustione di 1 g** dell'alimento. Generalmente si misura in **kJ/g**; non si usa più misurarlo in calorie/g.

Quanta energia ricaviamo da un piatto di pasta?
I **carboidrati**, presenti nella pasta, hanno un potere calorifico medio di 17 kJ/g. Le **proteine**, presenti nel parmigiano, hanno un potere calorifico medio di 17 kJ/g. I **grassi**, di cui è costituito l'olio di oliva usato come condimento, hanno un potere calorifico medio di 38 kJ/g.
I carboidrati rappresentano la fonte di energia più immediata, tuttavia i grassi costituiscono una fonte più ricca di energia e inoltre possono essere immagazzinati nei tessuti adiposi come sostanze di riserva.

19.2 I carboidrati

animazione
Molecole da cui ricaviamo materia ed energia: i carboidrati

I **carboidrati** sono composti organici molto abbondanti sulla Terra. Ogni anno la fotosintesi clorofilliana converte più di 100 miliardi di tonnellate di diossido di carbonio e di acqua in *glucosio*. Alcuni carboidrati (*saccarosio* e *amido*) sono tra i principali alimenti dell'uomo in tutte le parti del mondo e l'ossidazione dei carboidrati è la via di produzione di energia più immediata nelle cellule.

carboidrati

I **carboidrati** sono costituiti da **carbonio**, **ossigeno** e **idrogeno**.
I più semplici, detti *zuccheri*, sono i **monosaccaridi** (come il **glucosio** e il **fruttosio** $C_6H_{12}O_6$) e i **disaccaridi** (come il **saccarosio** $C_{12}H_{22}O_{11}$).
I carboidrati complessi sono *polimeri di monosaccaridi*, perciò sono detti **polisaccaridi**, come l'**amido**, il **glicogeno** e la **cellulosa**.

19.3 Il glucosio e il fruttosio

La presenza del **fruttosio**, che è lo zucchero con maggiore potere dolcificante, conferisce al miele il sapore dolcissimo e il suo prolungato effetto energetico. Infatti, mentre il **glucosio**, anch'esso presente nel miele, viene subito utilizzato dall'organismo, il fruttosio, che deve essere trasformato dal fegato prima di essere utilizzato, funziona da riserva energetica.

Il **glucosio** e il **fruttosio**, come tutti gli altri carboidrati, hanno **più gruppi funzionali** (*gruppi alcolici* e *un gruppo aldeidico* oppure *chetonico*) e **molecole cicliche**. In minima parte, in equilibrio con le catene cicliche, esistono anche catene aperte. Il gruppo aldeidico –CHO del glucosio può essere evidenziato con il saggio di Tollens.

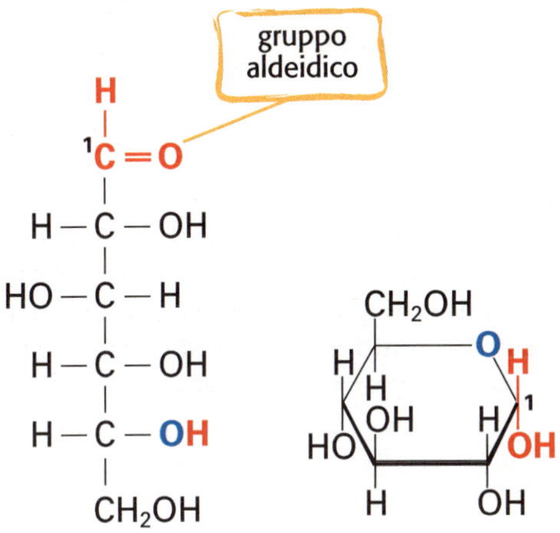

glucosio [1]

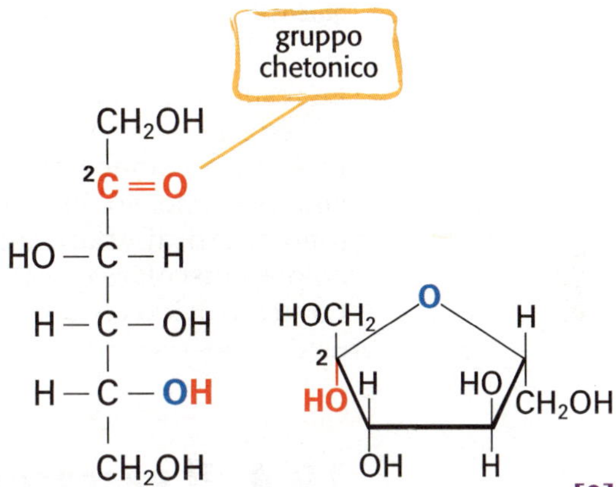

fruttosio [2]

Il **glucosio** e il **fruttosio** sono zuccheri con 6 atomi di carbonio e con la stessa formula bruta $\mathbf{C_6H_{12}O_6}$, perciò sono zuccheri **isomeri**. Entrambi nella forma aperta hanno *5 gruppi alcolici*; inoltre, ci sono 1 *gruppo aldeidico* nel glucosio e 1 *gruppo chetonico* nel fruttosio.

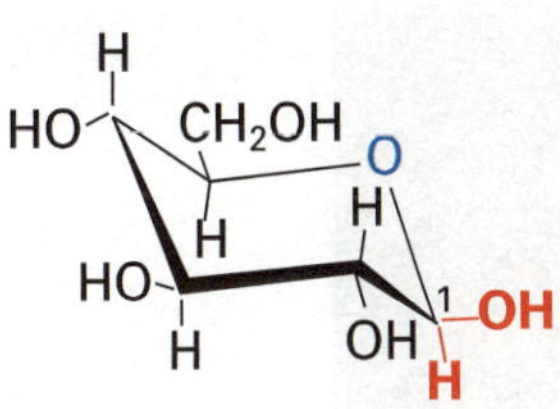

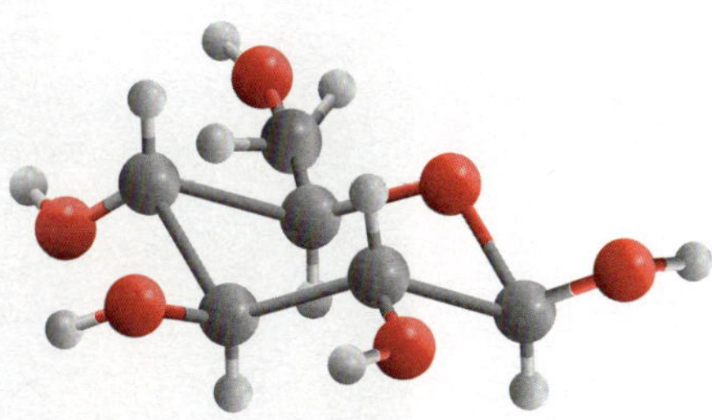

Al contrario del fruttosio, la cui struttura più stabile è un ciclo formato da 5 atomi, il glucosio presenta la forma stabile del cicloesano, cioè la *forma a sedia*, in cui gli angoli sono di circa 109°, come nella struttura tetraedrica.

La respirazione cellulare e la fermentazione lattica

La **respirazione cellulare** è il meccanismo attraverso cui la cellula, in presenza di ossigeno (cioè in *condizioni aerobiche*), ricava **energia** ossidando completamente il glucosio, fino a diossido di carbonio e acqua.
Complessivamente questa ossidazione viene rappresentata con la seguente reazione, in cui il numero di ossidazione 0 del carbonio è il *valore medio* dei 6 atomi di carbonio:

$$\overset{0}{C}_6H_{12}O_{6(aq)} + 6\overset{0}{O}_{2(g)} \longrightarrow 6\overset{+4}{C}\overset{-2}{O}_{2(g)} + 6H_2\overset{-2}{O}_{(l)} + \text{energia}$$

Quando l'ossigeno è carente o addirittura assente (cioè in *condizioni anaerobiche*), nella cellula il glucosio non si trasforma in CO_2, quindi non si ossida, ma forma un acido, l'**acido lattico**. Questa trasformazione viene detta **fermentazione lattica** e libera una quantità di energia inferiore rispetto alla respirazione.

respirazione cellulare
in presenza di O_2

$$\overset{0}{C_6H_{12}O_6} \longrightarrow \overset{+4}{CO_2}$$

glucosio → diossido di carbonio

fermentazione lattica
in carenza di O_2

$$\overset{0}{C_6H_{12}O_6} \longrightarrow \overset{-3}{CH_3}-\overset{0}{CH}(OH)-\overset{+3}{COOH}$$

glucosio → acido lattico

La respirazione cellulare avviene regolarmente in ogni cellula in presenza di ossigeno.
La fermentazione lattica avviene nell'organismo durante uno **sforzo fisico** molto intenso, in quanto l'ossigeno è insufficiente. In tal caso si avvertono effetti di affaticamento e incapacità allo sforzo, accompagnati da dolore muscolare e anche bruciore, dovuti all'accumulo di acido lattico.
Lo stesso acido conferisce al latte invecchiato il caratteristico sapore acido.

19.4 Il saccarosio

Il **saccarosio** è il comune *zucchero da tavola*, infatti è di norma indicato semplicemente come **zucchero**.
Il saccarosio viene estratto dalla barbabietola e dalla canna da zucchero. Il diverso aspetto dipende dal processo di raffinazione.

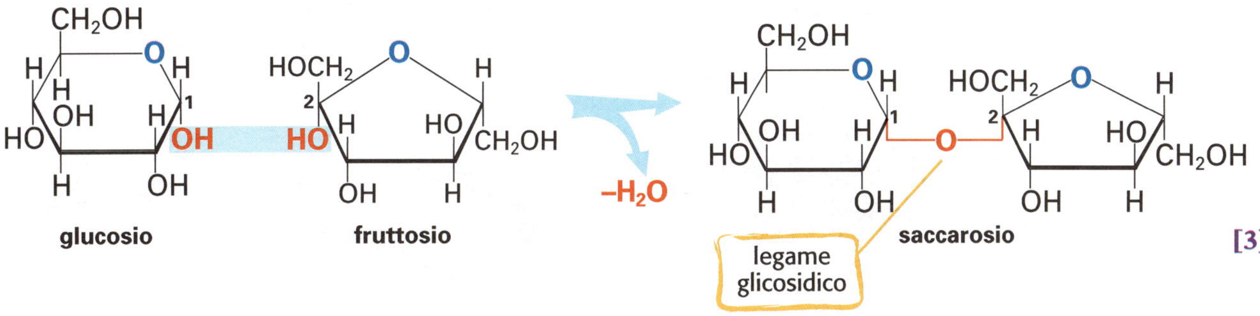

[3]

Il **saccarosio** è un **disaccaride** e la sua molecola può essere costruita per eliminazione di una molecola di acqua tra i gruppi −OH del [1]C del glucosio e del [2]C del fruttosio. Le due molecole risultano unite mediante un **ponte di ossigeno** e il legame C−O−C è detto **legame 1,2-glicosidico**.

19.5 I polisaccaridi

I più noti **polisaccaridi** sono l'**amido**, il **glicogeno** e la **cellulosa**.

L'**amido** è il materiale di riserva per eccellenza del regno vegetale ed è un componente di molti alimenti (pane, pasta, riso, patate ecc.). L'amido si ottiene industrialmente dal mais, dal riso e dalle patate; in quest'ultimo caso prende il nome di *fecola*.

Il **glicogeno** rappresenta la riserva di energia degli animali; infatti viene immagazzinato nel fegato e nei muscoli e utilizzato quando la cellula ha un bisogno maggiore di energia.

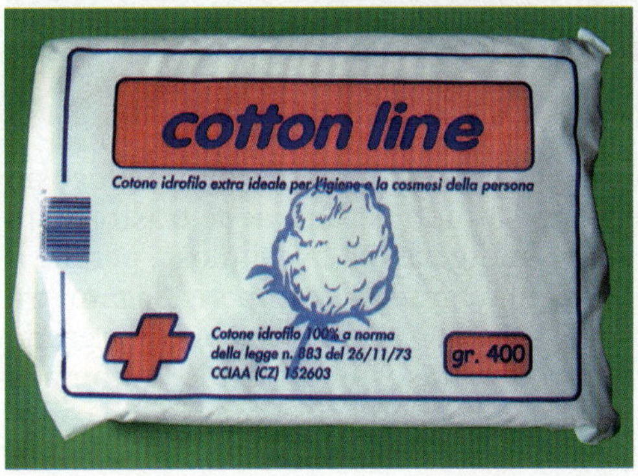

La **cellulosa** è il costituente principale della parete delle cellule vegetali e contribuisce a formare la struttura di sostegno delle piante. È di cellulosa il cotone idrofilo per uso paramedico o cosmetico.

L'amido, il glicogeno e la cellulosa sono **polimeri del glucosio**, in cui le molecole del glucosio sono unite attraverso un **legame glicosidico**.

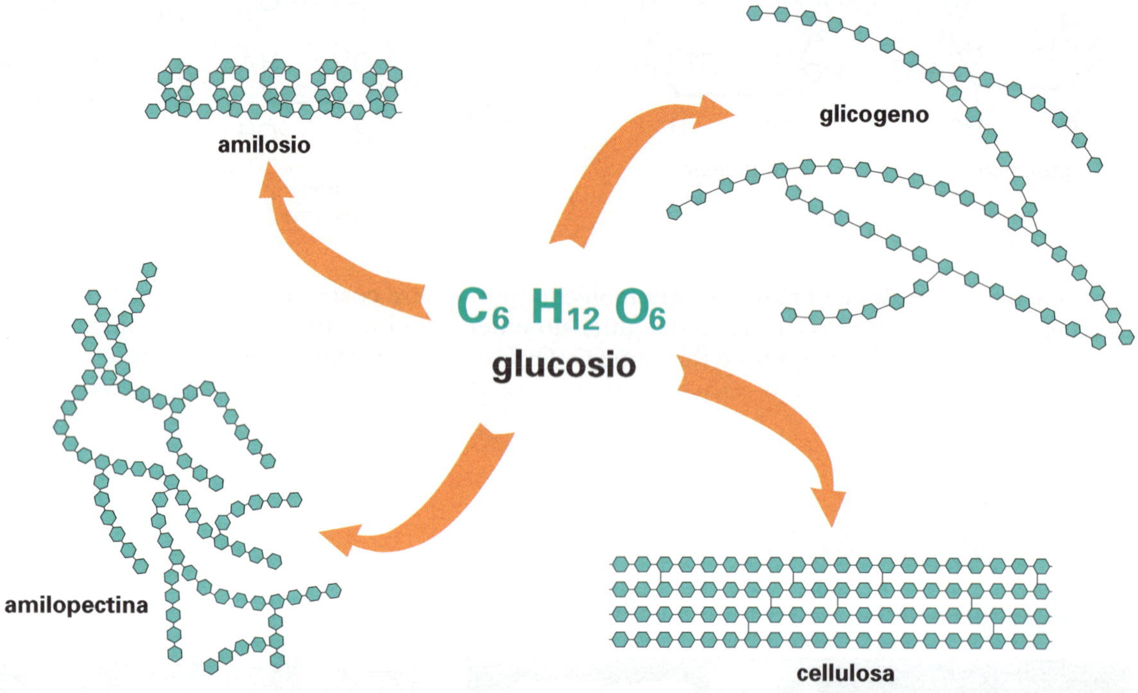

Nell'**amido** si distinguono due componenti: l'*amilosio*, che ha catene lineari, e l'*amilopectina*, in cui le catene lineari presentano ramificazioni. Il **glicogeno** ha una struttura molto simile a quella dell'amilopectina. La **cellulosa** differisce dall'amido soltanto per una diversa disposizione dei gruppi –OH del glucosio che formano i legami glicosidici.

Nonostante la piccola differenza di struttura tra le molecole di glucosio nell'**amido** e nella **cellulosa**, digeriamo l'amido perché viene trasformato in glucosio da particolari enzimi, ma non digeriamo la cellulosa, perché il nostro organismo non produce gli enzimi in grado di rompere i legami tra le molecole di glucosio in questo polisaccaride. I soli vertebrati in grado di digerire la cellulosa sono gli **erbivori**, perché ospitano nel loro stomaco microrganismi che producono la *cellulasi*, l'enzima che consente la rottura dei legami tra le molecole di glucosio nella cellulosa.

La fermentazione alcolica

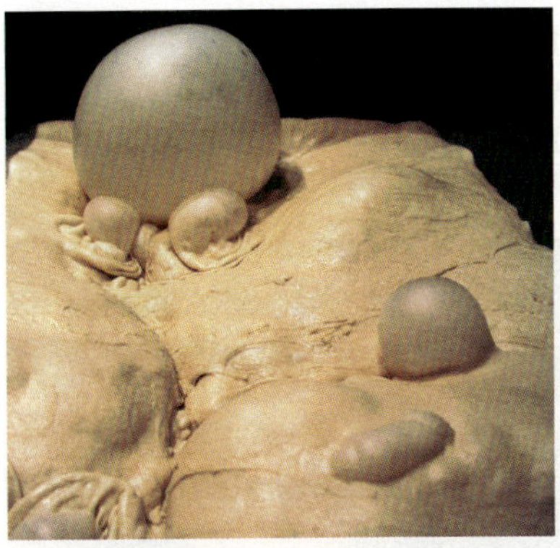

La **fermentazione alcolica** è responsabile, tra l'altro, della lievitazione del pane.
Durante la cottura del pane l'etanolo si allontana per evaporazione e il diossido di carbonio si libera, facendo gonfiare l'impasto e producendo così i caratteristici buchi presenti nella mollica.

La cellulosa, l'amido e altri polisaccaridi naturali sono utilizzati per la produzione industriale dell'**etanolo** in un processo in cui avviene la **fermentazione alcolica**. Questi composti in un primo momento vengono trasformati in glucosio, che poi si trasforma in etanolo e diossido di carbonio.
La fermentazione alcolica è una forma di metabolismo realizzata da microrganismi, tra i quali il più comune è il *Saccharomyces cerevisiae*, presente nel lievito di birra e sulle bucce dell'uva:

Saccharomyces cerevisiae

$$\textbf{amido} \longrightarrow \underset{\textbf{glucosio}}{C_6H_{12}O_{6(aq)}} \longrightarrow \underset{\textbf{etanolo}}{2CH_3CH_2OH_{(aq)}} + 2CO_{2(g)} \quad [4]$$

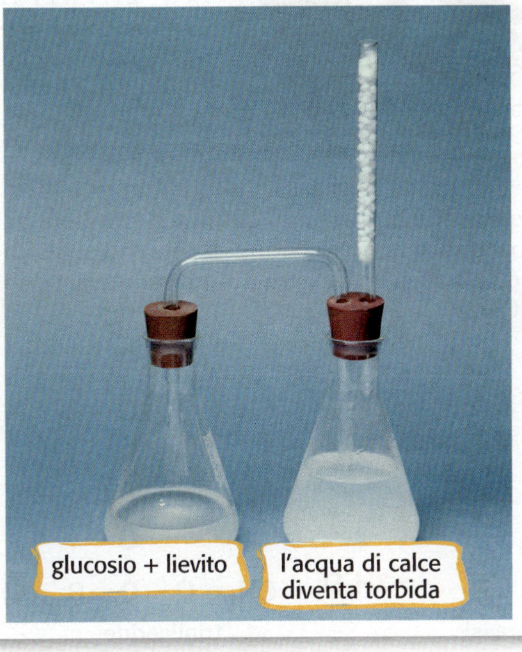

La fermentazione alcolica si può realizzare aggiungendo un po' di lievito di birra a una soluzione acquosa di glucosio ed effettuando un saggio con l'acqua di calce per mettere in evidenza il diossido di carbonio che si forma.

19.6 I grassi

I **grassi**, che appartengono alla famiglia dei *lipidi*, sono sostanze presenti negli organismi. Nelle piante i grassi hanno funzione di riserva. Negli animali, oltre a isolare il corpo riducendo le perdite di calore, rappresentano una riserva di energia che possiamo definire "concentrata".

Il **burro** è uno dei primi prodotti caseari preparati dall'uomo. Esso è il grasso più gradito per il sapore e l'aroma e per il fatto che, avendo una bassa temperatura di fusione, si liquefa in bocca.

Il **formaggio** è un alimento ricco di grassi ed è uno dei primi prodotti ottenuti dall'uomo mediante una *biotecnologia*, in quanto si prepara dal latte utilizzando l'azione degli enzimi del caglio.

scheda lab
Ti piace più il formaggio o la ricotta?

grassi

I grassi sono **esteri** e precisamente **triesteri**. Sono detti **trigliceridi**, in quanto sono costituiti da una parte derivante dal **glicerolo** (un alcol contenente tre gruppi –OH, detto anche *glicerina*) e da una parte derivante da tre molecole di acidi carbossilici a catena lunga (generalmente tra 12 e 20 atomi di carbonio), detti **acidi grassi**, come l'*acido palmitico*, l'*acido stearico* e l'*acido oleico*.

Fra gli **acidi grassi**, l'**acido palmitico**, che ha 16 atomi di carbonio, è presente in molti grassi.

Anche se i grassi non si preparano nelle industrie in quanto si ricavano da fonti naturali, possiamo schematizzare la formazione di una molecola di grasso, indicando con R_1, R_2 ed R_3 i residui di tre acidi grassi a ciascuno dei quali è legato il gruppo COOH:

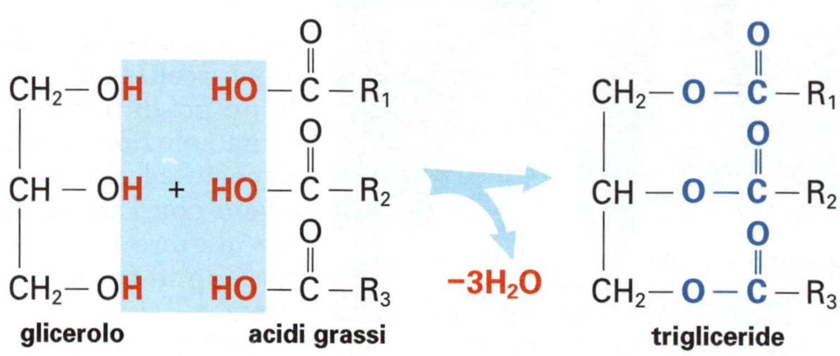

[5]

I **grassi vegetali** contengono i gruppi caratteristici degli alcheni **–C=C–**; generalmente sono liquidi a 15-18 °C e 1 atm, tanto che vengono detti **oli**, come l'olio di oliva, di mais ecc. Al contrario, i **grassi animali**, come il burro e lo strutto, contengono per lo più acidi grassi con legami semplici **–C–C–** e presentano una consistenza più vicina ai solidi.

espansioni
- **Il biodiesel**
- **Gli oli e la frittura**

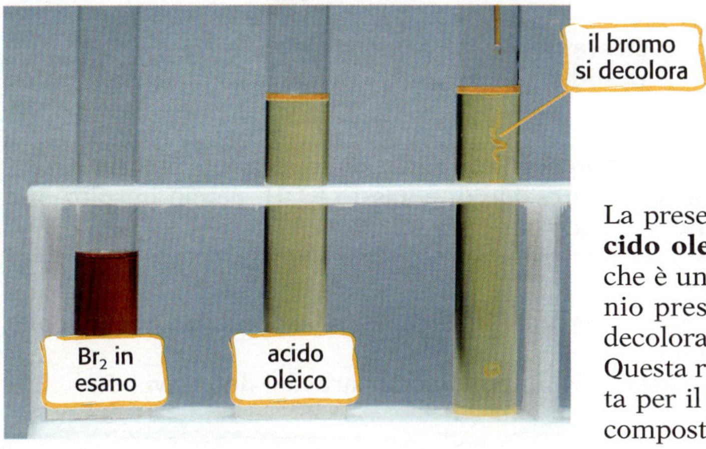

La presenza del doppio legame –C=C–nell'**acido oleico** $CH_3(CH_2)_7CH{=}CH(CH_2)_7COOH$, che è un acido grasso con 18 atomi di carbonio presente negli oli, è resa evidente dalla decolorazione del bromo (sciolto nell'esano). Questa reazione è la stessa che è stata descritta per il cicloesene, infatti è comune a tutti i composti contenenti il gruppo –C=C–.

I saponi

Una caratteristica trasformazione chimica dei grassi è la reazione con acqua (detta **idrolisi**) in presenza di una base forte (NaOH o KOH) e a caldo, che viene ricordata come reazione di **saponificazione**, in quanto uno dei prodotti finali è il **sapone**.

scheda lab
Preparazione di un sapone

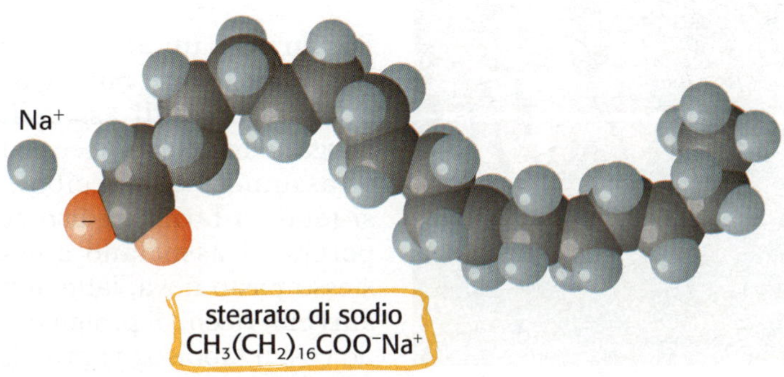

In un **sapone** sono presenti molecole con lunghe catene carboniose con un'estremità formata dal gruppo $-COO^-$ e dallo ione Na^+ o K^+. I saponi sono, infatti, miscele di **sali di sodio** o **potassio** di **acidi grassi**, come lo *stearato di sodio*, che ha molecole costituite da 18 atomi di carbonio e tutti legami semplici.

Una molecola di grasso si scinde in glicerolo e nei sali di sodio o potassio degli acidi grassi, la cui miscela costituisce appunto il **sapone**:

$$\text{grasso} \xrightarrow[\text{calore}]{H_2O \text{ e NaOH (o KOH)}} \text{glicerolo} + \text{sapone}$$

Ricorda!...

I **saponi** sono miscele di **sali** di sodio o di potassio **di acidi grassi**.

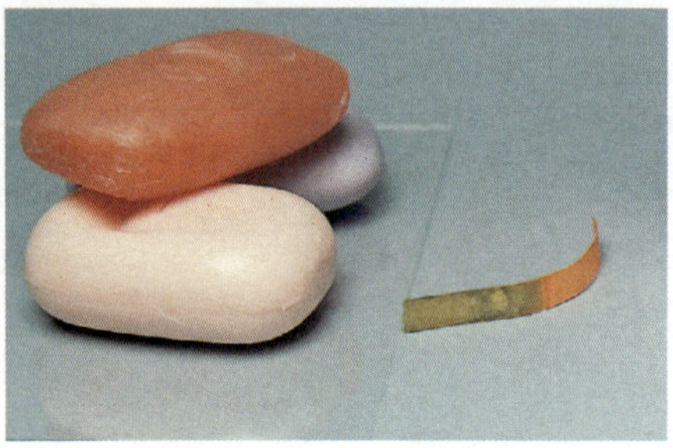

idrolisi (H_2O)

stearato di sodio → acido stearico + $Na^+_{(aq)}$ + $OH^-_{(aq)}$

soluzione basica

I saponi sono sali che derivano da un acido debole, come l'acido stearico, e da una base forte, come l'idrossido di sodio NaOH o l'idrossido di potassio KOH, perciò in soluzione danno la reazione di **idrolisi salina**, rendendo basica la soluzione.

espansioni
- **L'azione dei saponi**
- **Saponi e detersivi**

Un sapone può essere preparato facilmente in laboratorio a partire dallo strutto o da un olio.
Oggi i saponi sono stati sostituiti in buona parte dai **detersivi**.

19.7 Le proteine

Le **proteine** non hanno funzione di riserva energetica, ma rappresentano "i mattoni" di cui sono composti tutti gli organismi e svolgono varie funzioni biologiche: **funzione strutturale** (cioè di costituzione dei tessuti), **funzione catalitica** (*enzimi*), **funzione di trasporto** (*emoglobina*), **funzione di difesa** (*anticorpi*) ecc.

Ricorda!...
Gli **enzimi** sono proteine che hanno una funzione catalitica di particolare importanza: rendono veloci reazioni necessarie per la vita, che in loro assenza richiederebbero tempi anche lunghissimi.

La **carne** è un alimento proteico di grande valore nutritivo: è fonte di **amminoacidi essenziali** (che l'organismo deve necessariamente assumere con il cibo). Spesso si tende a farne un uso eccessivo perché si associano a essa nello stesso pasto uova, latte, formaggi e altri cibi ricchi di proteine, superando così il fabbisogno proteico.

espansione
Il segreto di una buona bistecca

proteine

Le **proteine** sono **polimeri di amminoacidi**. Gli elementi costitutivi delle proteine sono il **carbonio**, l'**ossigeno**, l'**idrogeno**, l'**azoto** e spesso anche lo *zolfo*. Sono proteine tutti gli **enzimi**.

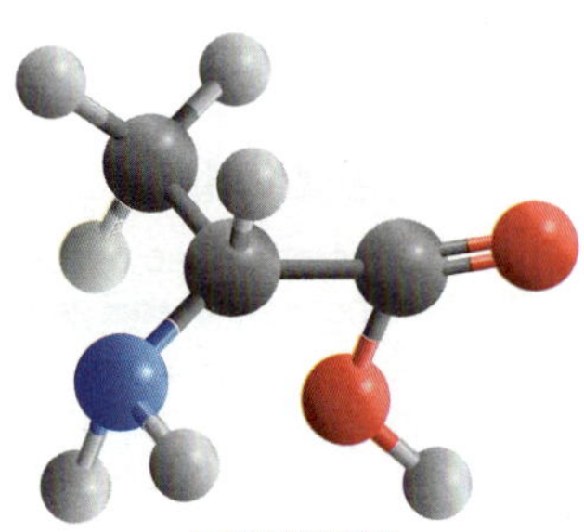

alanina

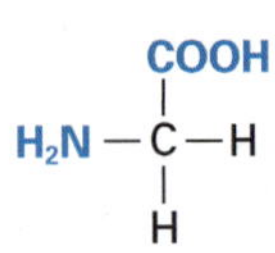

glicina (Gly)

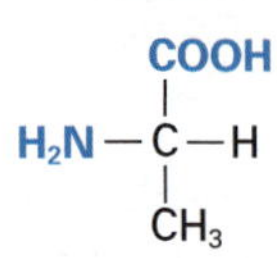

alanina (Ala)

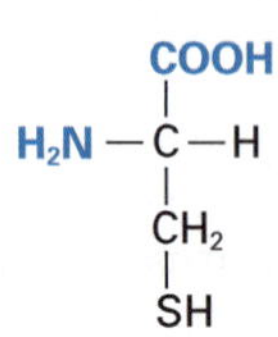

cisteina (Cys)

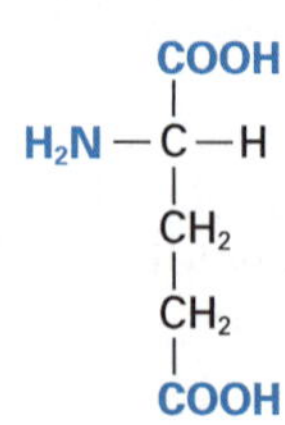

acido glutammico (Glu)

Gli amminoacidi presenti nelle proteine hanno il **gruppo amminico $-NH_2$** legato allo stesso carbonio a cui è legato anche il **gruppo carbossilico $-COOH$**. Generalmente i loro nomi vengono indicati in forma abbreviata.

amminoacidi

Gli **amminoacidi** sono composti che hanno sia il **gruppo carbossilico −COOH** degli acidi carbossilici, sia il **gruppo amminico −NH$_2$** delle ammine e perciò presentano un *carattere sia acido sia basico*.

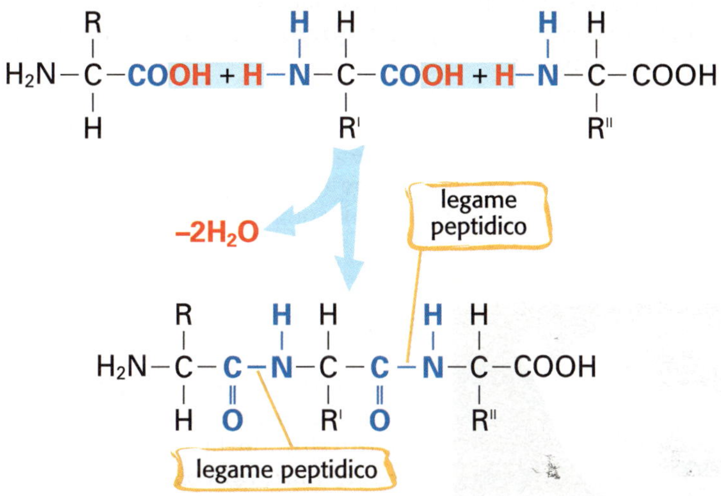

Le proteine si possono ritenere *polimeri* derivanti dall'eliminazione di molecole di acqua tra il gruppo −COOH di un amminoacido e il gruppo −NH$_2$ di un secondo amminoacido, tra il gruppo −COOH del secondo amminoacido e il gruppo −NH$_2$ di un terzo amminoacido e così via. I gruppi −C(=O)−NH− che si formano sono detti **gruppi ammidici**, perciò le proteine sono **poliammidi naturali**.

La catena di una proteina è detta **catena peptidica** o **polipeptidica** e può essere anche molto lunga, e i legami tra C e N dei gruppi ammidici sono detti **legami peptidici**.

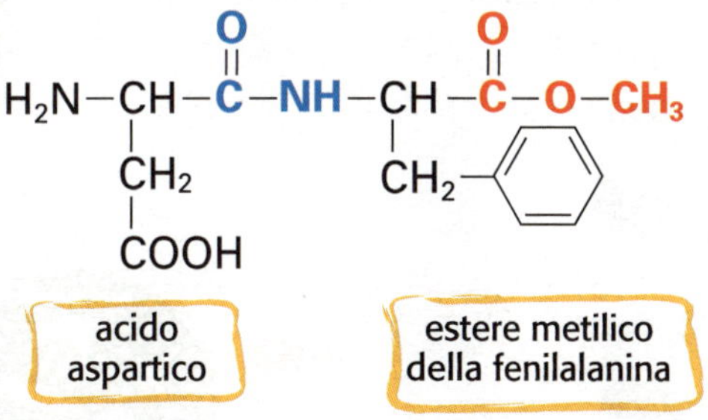

Un polipeptide molto piccolo, precisamente un dipeptide, costituisce l'**aspartame**, un dolcificante sintetico, che è quasi 200 volte più dolce del saccarosio e perciò, anche se ha un potere calorifico simile a quello del saccarosio, dà un apporto energetico trascurabile, perché se ne usano quantità molto piccole.
L'aspartame è costituito dall'acido aspartico e dalla fenilalanina, legati mediante un legame peptidico; inoltre, il gruppo carbossilico −COOH della fenilalanina è esterificato con un gruppo metilico −CH$_3$.

Ricorda!...
Il gruppo **fenile**, che sostituisce un atomo H dell'alanina, è il *residuo* che deriva dal *benzene*, privato di 1 atomo H.

espansione
Dolcificanti naturali e di sintesi

Alcuni polimeri preparati in laboratorio, come il **nylon 6-6** e il **nylon 6-10**, hanno gli stessi gruppi ammidici delle proteine, perciò sono considerati **poliammidi sintetiche**.

19.8 La struttura delle proteine

Tutte le **proteine** naturali sono costituite da **20 amminoacidi** diversi, eppure esse possono raggiungere varietà e complessità straordinarie, a seconda della sequenza degli amminoacidi nella catena peptidica, del numero delle catene e della loro disposizione nello spazio.
Ogni proteina possiede una propria **sequenza di amminoacidi**, unica e determinata geneticamente.
Alcune proteine presentano un'unica catena peptidica, altre ne contengono due o più. Talvolta si raggiungono gradi di complessità e masse molecolari elevatissime, in quanto le catene possono organizzarsi in strutture complesse. Un enzima del fegato bovino, per esempio, è costituito da 40 catene peptidiche, 8300 amminoacidi e ha massa molecolare di 1000000 u!

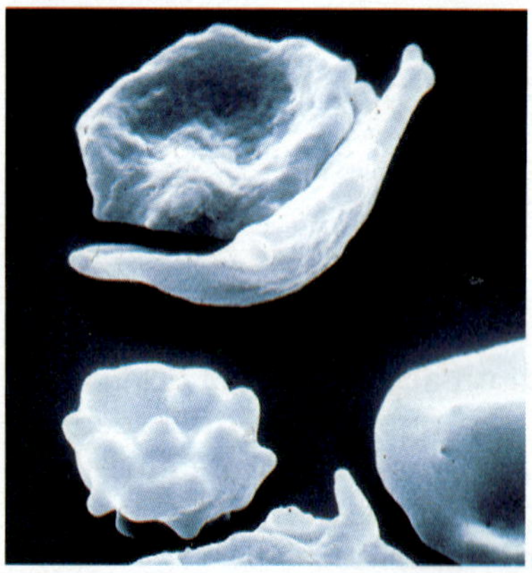

Malattie anche gravi sono dovute proprio a un'alterazione della sequenza degli amminoacidi nella catena peptidica. Tale alterazione può rendere non più funzionale la proteina, come nel caso dell'**anemia falciforme**, dovuta alla sostituzione di un solo amminoacido nell'emoglobina, la proteina deputata al trasporto di ossigeno nel sangue. I *globuli rossi falcemici* hanno forma alterata, come si osserva nell'immagine al microscopio elettronico a scansione, e non svolgono la funzione di trasporto.

Ricorda!...
La specifica funzione biologica di ogni proteina è associata a una sua particolare organizzazione strutturale nello spazio, che viene detta **conformazione nativa**.

La sequenza degli amminoacidi nella catena proteica è la **struttura primaria**. Essa è caratteristica di ogni proteina. Le catene proteiche si organizzano nello spazio assumendo strutture diverse, come la struttura ad *alfa-elica* e la struttura *beta a foglietto ripiegato*, definite **strutture secondarie**, le strutture *globulari*, che sono **strutture terziarie**, e altre più complesse, **strutture quaternarie**. Queste strutture sono stabilizzate da vari tipi di legami, come i *ponti idrogeno* nelle strutture secondarie.

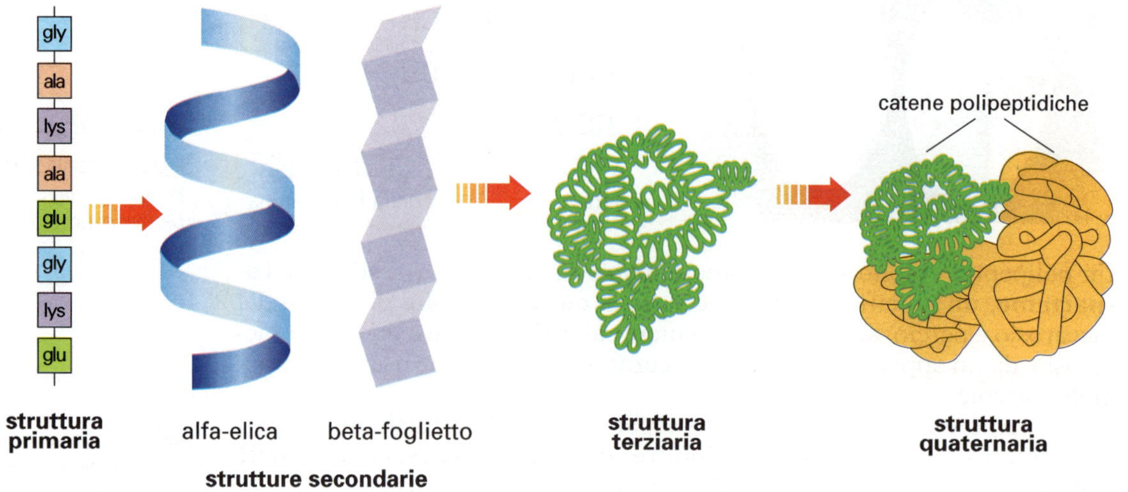

A seconda della conformazione tridimensionale delle catene proteiche si riconoscono una **struttura secondaria**, tipica delle *proteine fibrose*, una **struttura terziaria**, caratteristica delle *proteine globulari*, e una **struttura quaternaria**, che si ritrova in proteine complesse, come l'emoglobina.

La **struttura terziaria** assunta da una proteina è responsabile della sua attività biologica e viene detta **conformazione nativa**. Essa è particolarmente complessa perché presenta parti di alfa-elica, parti di beta-foglietto e altre eventuali strutture. Oltre che dai legami peptidici, questa struttura è stabilizzata da *ponti idrogeno*, *forze di London*, *legami ionici* e *ponti disolfuro*.

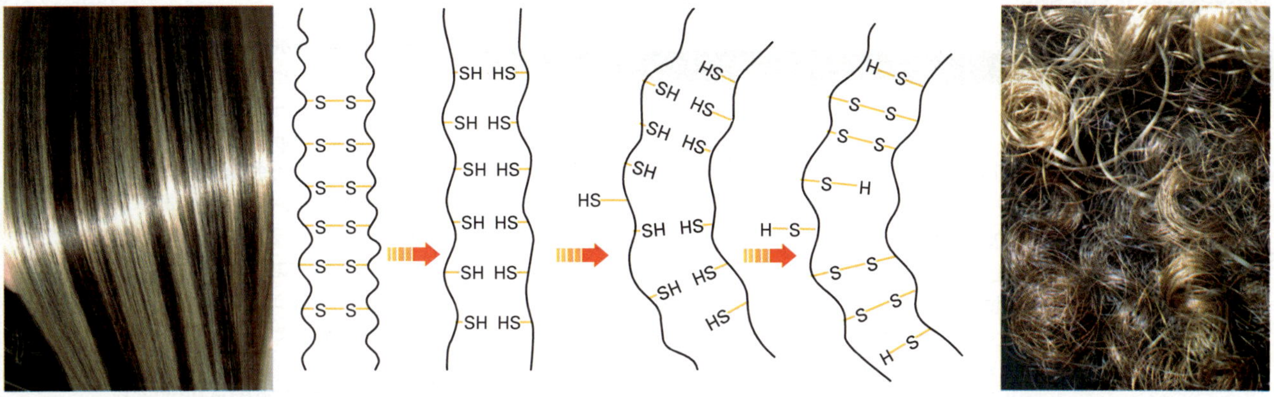

I **ponti disolfuro** –S–S– si ritrovano nell'*alfa-cheratina*, presente nei capelli, che ha 2 catene con struttura ad alfa-elica. Nei **capelli lisci** i ponti disolfuro tengono diritte le catene peptidiche. Per ottenere i **ricci** occorrono sostanze riducenti per rompere i ponti –S–S–, trasformandoli in gruppi –SH. Stringendo i capelli intorno ai bigodini, cambia la posizione reciproca dei gruppi –SH. Nell'ultima fase si fanno riformare i ponti –S–S– mediante sostanze ossidanti e i capelli presentano una forma nuova, "permanente".

La denaturazione delle proteine

Denaturare una proteina significa distruggere la struttura tridimensionale della sua conformazione nativa. In particolare, si rompono i ponti idrogeno e i ponti disolfuro e la proteina "si sfascia", anche se la struttura primaria resta inalterata. La denaturazione può essere causata da diversi agenti, tra i quali il **calore** è senz'altro il più importante. La conseguenza è che una proteina denaturata non è più in grado di svolgere la sua funzione biologica; per esempio gli enzimi perdono la loro azione catalitica.

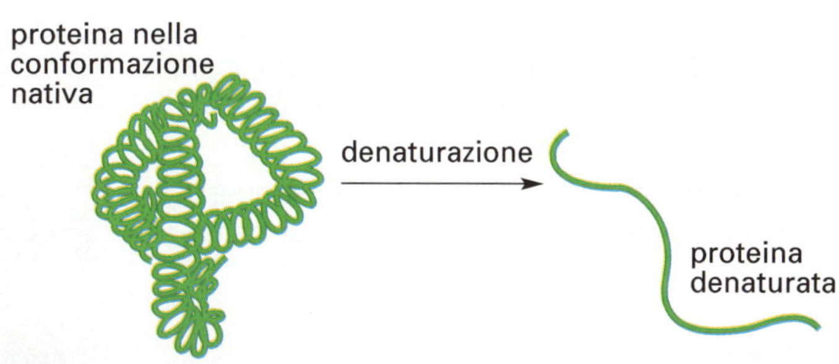

Un esempio comune di denaturazione è quello causato dalla cottura di un uovo. Il calore denatura in primo luogo l'*albumina*, la proteina che, insieme all'acqua, costituisce la maggior parte del bianco d'uovo (albume). L'albume, che nell'uovo crudo è liquido e abbastanza trasparente, diventa opaco e assume consistenza maggiore dopo la cottura.
Anche sostanze chimiche, come l'acetone, l'alcol etilico e l'acido cloridrico producono lo stesso effetto.

IN LABORATORIO

La fermentazione alcolica

In questa esercitazione realizzerai la fermentazione alcolica e riconoscerai il gas che si produce mediante l'acqua di calce.

Materiali

- 60 g di glucosio, di zucchero e di farina
- 5 panetti di lievito e 5 bustine di lievito liofilizzato
- 120 mℓ di acqua di calce $Ca(OH)_{2(aq)}$
- tubicino riempito con granuli di cloruro di calcio $CaCl_2$
- tubo a doppia squadra con una estremità inserita in un tappo a 1 foro e l'altra inserita in un tappo a 2 fori
- 2 beute da 250 mℓ (A e B)
- piastra elettrica e becher
- termometro e imbuto
- 1 bottiglia e una ciotola
- palloncini
- bilancia e vetro da orologio
- cilindro da 100 mℓ e bacchetta
- cucchiaino e spatola

Esperimento 1

Procedimento

1 Inserisci il tubicino contenente il cloruro di calcio nel secondo foro del tappo della beuta B.

2 Versa nella beuta A 100 mℓ di acqua riscaldata a non più di 40-45 °C e 3/4 del panetto di lievito, che avrai sminuzzato nel vetrino, o una bustina di lievito liofilizzato. Agita la miscela con la bacchetta, in modo da ottenere un buon mescolamento e, mediante l'imbuto, aggiungi circa 35 g di glucosio. Agita ancora la miscela.

3 Versa circa 50 mℓ di acqua di calce nella beuta B.

4 Inserisci il tappo con un foro nella beuta A e quello a due fori nella beuta B. Aspetta che inizi la fermentazione e quindi lo sviluppo del diossido di carbonio.

5 Osserva attentamente i cambiamenti che avvengono nella beuta B.

6 Ripeti l'esperimento adoperando lo zucchero e la farina; questa richiederà un tempo maggiore per l'inizio della fermentazione.

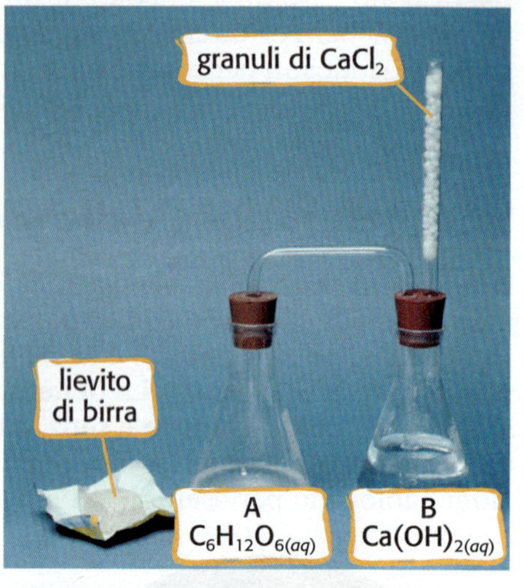

Esperimento 2

Procedimento

1 Versa nella bottiglia 20-30 mℓ di acqua riscaldata a non più di 40-45 °C e mediante l'imbuto aggiungi il lievito già sminuzzato nel vetrino, oppure mezza bustina di lievito liofilizzato. Agita energicamente la miscela.

2 Aggiungi alla miscela un paio di cucchiaini di glucosio, sistema velocemente il palloncino sul collo della bottiglia e agita energicamente la miscela. Osserva lo sviluppo del diossido di carbonio.

3 Quando il palloncino risulta ben gonfio, versa nella ciotola circa 50 mℓ di l'acqua di calce.

4 Stacca il palloncino, stringendo fortemente l'imboccatura. Immergi l'imboccatura nel fondo della ciotola e fai gorgogliare molto lentamente il gas nell'acqua di calce. Osserva i cambiamenti che avvengono.

5 Ripeti l'esperimento con lo zucchero e la farina; questa richiederà un tempo maggiore per l'inizio della fermentazione.

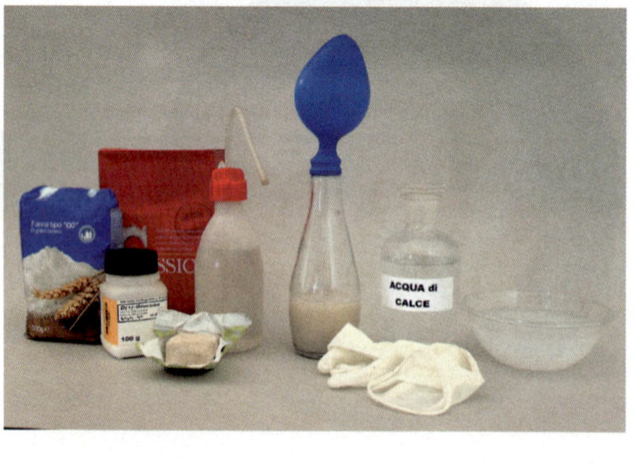

Rispondi

- Scrivi la reazione che esprime complessivamente la fermentazione alcolica.
- Quale microrganismo è contenuto nel lievito di birra?
- Il cloruro di calcio è una sostanza che reagisce facilmente con il diossido di carbonio, perciò nell'**esperimento 1** viene messo nel tubicino, a scopo "protettivo". Perché?
- Quale reazione avviene negli **esperimenti 1** e **2**, quando il gas prodotto dalla fermentazione gorgoglia nell'acqua di calce?
- Quale composto, prodotto di questa reazione, rende torbida l'acqua di calce?

Riconoscimento dell'amido e delle proteine negli alimenti. Denaturazione delle proteine

In questa esercitazione effettuerai due saggi colorimetrici per il riconoscimento dell'amido e delle proteine in alcuni alimenti. Per l'amido osserverai la colorazione blu nerastra che questo carboidrato assume con lo iodio, per le proteine il colore viola-blu che assumono in ambiente alcalino con lo ione $Cu^{2+}_{(aq)}$ (reazione del biureto). Inoltre, osserverai il fenomeno della denaturazione delle proteine.

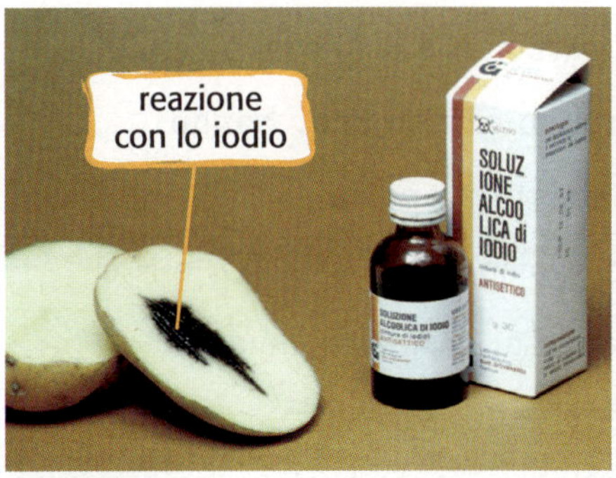

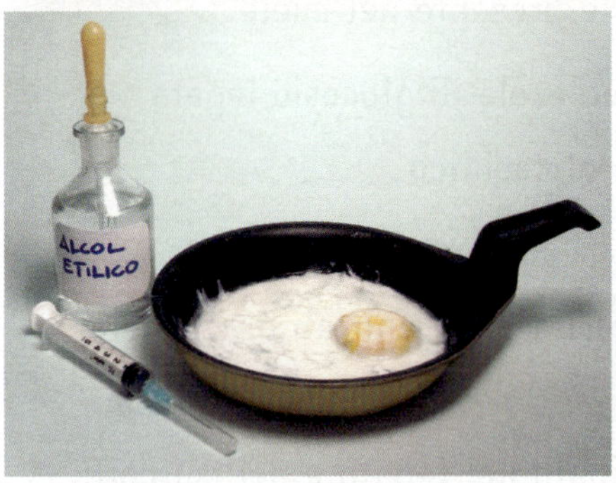

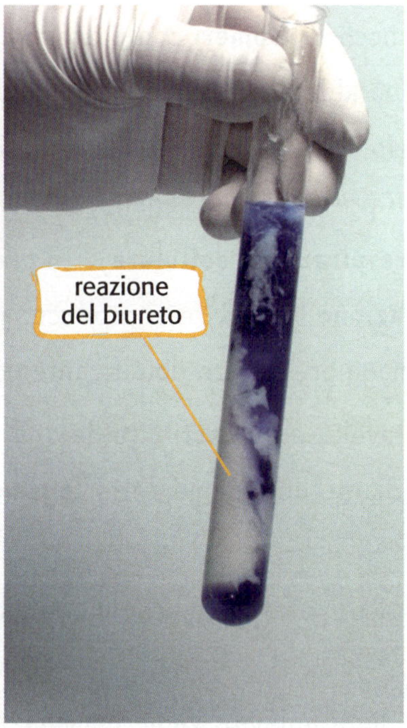

Materiali

- ½ cucchiaino di farina, riso, saccarosio, sale fino
- un pezzo di mollica di pane, burro, cracker
- ½ cucchiaino di formaggio grattugiato, di carne macinata e di farina stemperati con acqua distillata
- 4-5 mℓ di latte, ½ cucchiaino di maionese e ½ cucchiaino di olio
- 1 uovo
- 10 mℓ di tintura di iodio della farmacia
- 1 mℓ di soluzione di solfato di rame (II) pentaidrato $CuSO_4 \cdot 5H_2O$ all'1,5% *m/V*
- 1 mℓ di soluzione di idrossido di sodio NaOH al 10% *m/V*
- etanolo $CH_3–CH_2–OH$
- contagocce monouso, 6 provette, piatti piani di carta
- siringa da 50 mℓ

Procedimento

Saggio per il riconoscimento dell'amido

1 Disponi in 2 piatti di carta i campioni di alimenti riportati nei primi due punti dei materiali.

2 Mediante un contagocce lascia cadere su ciascun campione alcune gocce di tintura di iodio. Riporta i nomi degli alimenti che contengono amido.

Saggio per il riconoscimento delle proteine (reazione del biureto)

1 Contrassegna le 6 provette e versa i campioni riportati nel terzo e nel quarto punto dei materiali.

2 A ciascun campione aggiungi 10-12 gocce della soluzione di solfato di rame (II) e, successivamente, 15-20 gocce della soluzione di idrossido di sodio. Osserva la colorazione della miscela. Riporta i nomi degli alimenti che contengono proteine.

- Campioni contenenti amido ....
- Campioni contenenti proteine ....

Denaturazione delle proteine dell'uovo

1 Rompi delicatamente il guscio di un uovo e versa l'uovo nel piatto.

2 Mediante l'ago della siringa inietta goccia a goccia l'alcol in vari punti dell'albume e osserva che cosa accade.

3 Inserisci delicatamente l'ago della siringa anche nel tuorlo e inietta lentamente, in vari punti, un po' di alcol. Continua fino a che il fenomeno ti apparirà evidente. Potrai ottenere un "uovo strapazzato"!

IN SINTESI

PER LA DIDATTICA INCLUSIVA

Le molecole da cui ricaviamo materia e energia

I composti da cui gli organismi eterotrofi ricavano la maggior parte dell'energia, attraverso il **catabolismo**, sono i **carboidrati**, i **grassi** e, in misura minore, le **proteine**.

I carboidrati

I **carboidrati** sono costituiti da **carbonio**, **idrogeno** e **ossigeno**. Si distinguono in **monosaccaridi** (come il **glucosio** e il **fruttosio**) e **disaccaridi** (come il **saccarosio**), detti zuccheri, e in **polisaccaridi**, polimeri dei monosaccaridi (come la **cellulosa**, l'**amido** e il **glicogeno**).

Il **glucosio** e il **fruttosio** sono zuccheri **isomeri** con 6 atomi di carbonio e 5 gruppi alcolici -OH, ma il glucosio ha un gruppo aldeidico e il fruttosio un gruppo carbonilico. Hanno una struttura ciclica, in equilibrio con una minima quantità di struttura aperta.
Il **glucosio** è lo zucchero che, in presenza di ossigeno, si ossida completamene a CO_2 e H_2O fornendo energia alla cellula (**respirazione cellulare**). In carenza di ossigeno, invece, si forma acido lattico (**fermentazione lattica**) e si produce meno energia.
Il **fruttosio** è lo zucchero con maggiore potere dolcificante ed è presente nel miele.

Il **saccarosio** è lo zucchero da tavola, ed è costituito da una molecola di glucosio legata a una molecola di fruttosio, mediante un legame detto **legame glicosidico**.

I **polisaccaridi** più noti sono:
- **amido**, componente di pasta, riso, patate ecc. che viene digerito dagli animali grazie all'azione di particolari enzimi;
- **glicogeno**, riserva di energia degli animali; viene immagazzinato nel fegato e nei muscoli;
- **cellulosa**, componente della parete delle cellule vegetali; viene digerita soltanto dagli erbivori, grazie all'azione dell'enzima **cellulasi**.

I grassi

I **grassi** sono una riserva di energia per gli animali; inoltre isolano il corpo riducendo le perdite di calore.
Un **grasso** è costituito da una molecola di un **alcol** contenente **3 gruppi alcolici** (**glicerolo**) e da tre molecole di **acidi carbossilici a lunga catena** (**acidi grassi**), ciascuno dei quali è legato al glicerolo formando un estere. Pertanto un grasso è un **triestere del glicerolo** (**trigliceride**).
Un **olio** è un grasso vegetale che contiene più acidi grassi con **doppi legami C=C** rispetto a un grasso animale.
I grassi e gli oli, trattati a caldo con idrossido di sodio o di potassio, formano i **saponi** (**reazione di saponificazione**) che sono miscele di sali di sodio o di potassio di acidi grassi.

IN SINTESI

Proteine

Le **proteine** hanno varie funzioni, tra cui quella catalitica; infatti gli **enzimi**, catalizzatori biologici, sono proteine. Sono costituite dall'unione di **amminoacidi**, composti contenenti il gruppo amminico $-NH_2$ e il gruppo carbossilico $-COOH$, perciò le proteine sono **polimeri di amminoacidi**, costituiti da **catene peptidiche** in cui gli amminoacidi sono uniti mediante gruppi $-CONH-$ (**gruppi ammidici**). Il legame fra $-CO$ e $-NH$ è detto **legame peptidico**.

La struttura caratteristica di ogni proteina è la **struttura primaria**, che esprime la successione degli amminoacidi nella catena peptidica. Ma le catene peptiche, che possono essere 1, 2 o più, si organizzano nello spazio assumendo strutture anche molto complesse. La **struttura terziaria** è responsabile dell'attività biologica di una proteina e viene detta **conformazione nativa**. Se viene distrutta da agenti esterni, come il calore, la proteina si "sfascia" e non può esprimere più la sua funzione biologica (**denaturazione**). Gli enzimi, per esempio, perdono la loro attività catalitica.

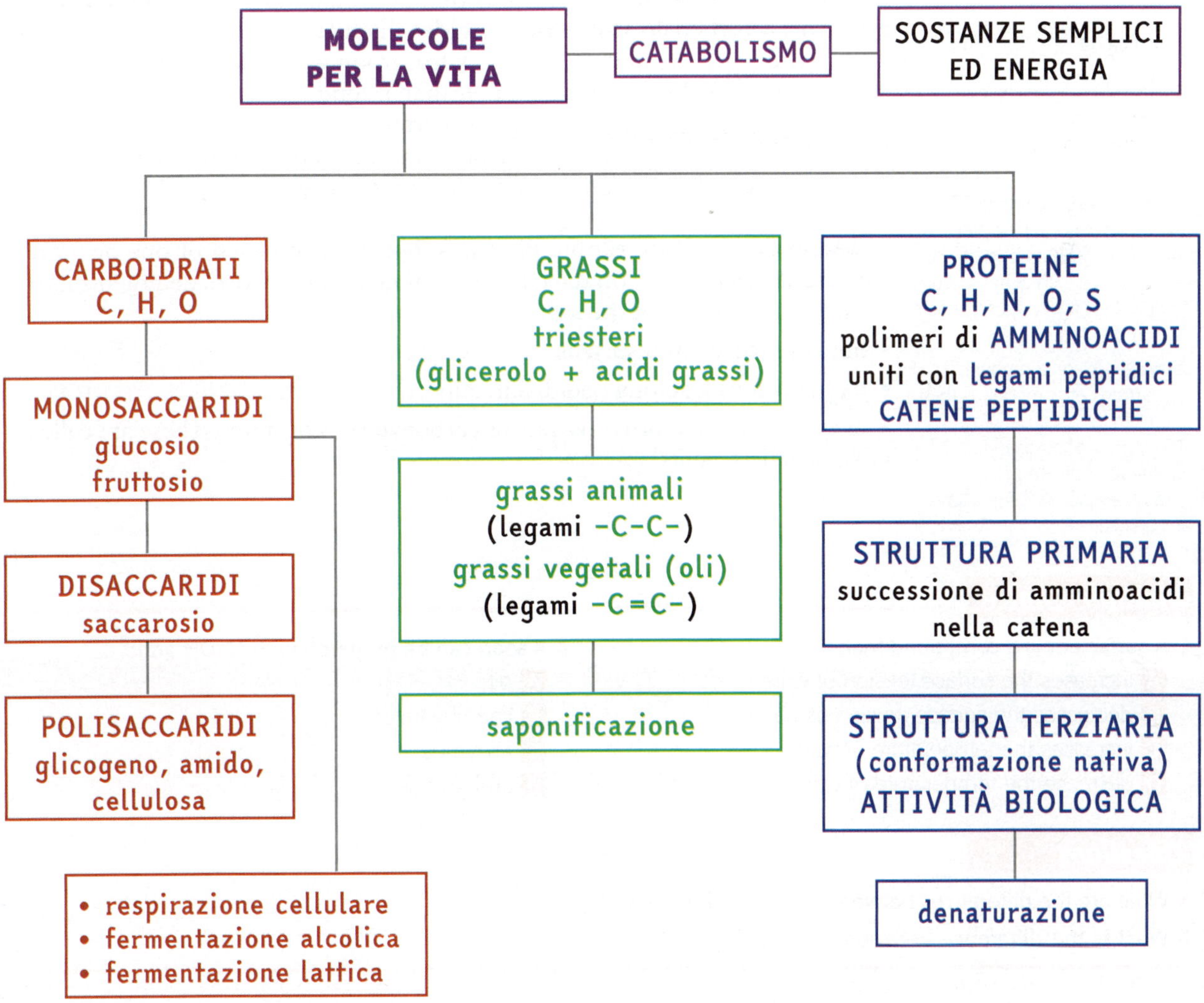

SCIENTIFIC ENGLISH

Soaps and Detergents

The **surface tension** is one of the properties of water. This means that it tends to bead up on surfaces and this slows down the wetting process and makes cleaning difficult. You can observe this property of surface tension when a drop of water falls onto a table surface: the drop holds its shape and does not spread. When cleaning, this surface tension must be reduced so that the water can spread.

Chemicals that are able to do this are called **surfactants**. Surfactants also loosen, disperse and hold particles in suspension, all of which are an important part of the cleaning process. **Soap** is an example of one of these surfactants. Detergents contain one or more surfactants. We will go on to look at these in more detail.

sodium stearate
$CH_3(CH_2)_{16}COO^-Na^+$

To make soap, **sodium hydroxide NaOH** or **potassium hydroxide KOH** must be added to a **fat** or an **oil**. Oils are found in plants (e.g. olive oil, sunflower oil) and fats are found in animals.

Fats are biological macromolecules that are made up of an alcohol called **glycerol**, attached to **three fatty acids**. Each fatty acid is made up of a **carboxylic acid** attached to a long hydrocarbon chain. An oil has the same structure as a fat, but is a liquid rather than a solid.

During the reaction, the glycerol is separated from the hydrocarbon chain in the fat, and is replaced by either potassium or sodium ions. Soaps are the water-soluble sodium or potassium salts of fatty acids.

Detergents are also cleaning products, but are composed of one or more surfactants. Depending on the type of cleaning that is needed, detergents may contain one or more of the following:

- abrasives to scour a surface,
- oxidants for bleaching and disinfection,
- enzymes to digest proteins, fats or carbohydrates in stains. These are called biological detergents.

Key Words

Surfactant is a wetting agent that lowers the surface tension of a liquid, allowing it to spread more easily.

Soap is a surfactant that is used with water for washing and cleaning. Soap is made by reacting a fat with either sodium hydroxide NaOH or potassium hydroxide KOH.

Detergents are compounds or mixtures of compounds that are used to assist cleaning. The term is often used to distinguish between soap and other chemical surfactants for cleaning.

Multiple Choice

1 A surfactant is a compound that:
- A increases the surface tension of water
- B decreases the surface tension of water
- C increases the temperature of water
- D decrease the temperature of water

2 A soap can be prepared with NaOH and:
- A oil
- B carbohydrates
- C enzymes
- D aminoacids

Questions

3 What are the differences between soap and detergents?

4 What is the difference between fats and oils?

STRUMENTI PER *COSTRUIRE* LE *COMPETENZE*

ALTRI TEST

Studiando la teoria...

Completa le frasi

1 Attraverso vie metaboliche, che fanno parte del ...., gli organismi eterotrofi ricavano la maggior parte dell'energia da tre classi di composti: ...., ... e ....

2 I carboidrati più semplici sono il .... e il ...., detti monosaccaridi, che hanno la stessa formula bruta .... e perciò sono ....

3 Il glucosio e il fruttosio esistono in una forma .... e in piccolissima parte in forma ...., nella quale il glucosio presenta 1 gruppo .... e 5 gruppi .... e il fruttosio 1 gruppo .... e 5 gruppi ....

4 Il saccarosio è costituito da una molecola di .... e una di ...., unite con un legame ....

5 La respirazione cellulare consiste nella .... completa del .... fino a .... e ....; avviene in condizioni aerobiche, cioè in presenza di .... Attraverso questa trasformazione la cellula ricava .... necessaria per le sue funzioni vitali.

6 Quando l'ossigeno è carente o addirittura assente, avviene la ...., e il glucosio si trasforma in .... Ciò accade, in particolare, quando l'organismo è soggetto a uno ....

7 I polisaccaridi sono .... di ....; i più noti sono ...., ... e ...., che sono polimeri del ....

8 Soltanto gli erbivori possono digerire la cellulosa, perché hanno un .... (la ....), che rende possibile la rottura dei legami che tengono unite le molecole di ....

9 La cellulosa e l'amido sono utilizzati per la produzione industriale dell'etanolo in un processo in cui avviene la ....

10 I grassi sono .... costituiti da .... e da ...., che sono .... con catena idrocarburica.

11 I grassi vegetali sono detti oli e contengono acidi grassi con vari legami ...., al contrario dei grassi animali che contengono soprattutto acidi grassi con legami ....

12 Trattando a caldo i grassi con una soluzione di NaOH o KOH si ottengono i ...., che sono .... di sodio o di potassio di ....

13 Gli amminoacidi sono composti che contengono un gruppo .... e un gruppo ...., perciò si comportano sia da .... sia da ....

14 Le proteine sono polimeri di .... Il legame che tiene uniti gli .... è detto legame .... e la catena che essi formano è detta catena .... Alla classe delle proteine appartengono i catalizzatori biologici, cioè ....

15 La struttura primaria delle proteine rappresenta la .... di .... nella catena peptidica.

16 La forma biologicamente attiva di una proteina è detta ....; essa ha una struttura tridimensionale che è stabilizzata da ...., ..., ... e ....

17 La denaturazione di una proteina comporta la distruzione della sua .... e quindi provoca la perdita della sua ....

Test vero-falso

1 Le cellule ricavano rapidamente energia dall'ossidazione dei grassi. V F

2 Il potere calorifico dei carboidrati è maggiore di quello dei grassi. V F

3 I formaggi sono gli alimenti più ricchi di carboidrati. V F

4 La molecola del saccarosio è costituita da due molecole di glucosio. V F

5 La fecola è l'amido che viene estratto dalle patate. V F

6 Il nostro organismo è in grado di digerire sia l'amido sia la cellulosa. V F

7 La fermentazione alcolica avviene nella preparazione del pane e nella produzione del vino e della birra. V F

8 La saponificazione è una reazione con cui i grassi vengono trasformati in glicerina e in una miscela di acidi grassi, che costituisce il sapone. V F

9 Gli amminoacidi sono polimeri contenenti i gruppi –COOH e $-NH_2$. V F

10 La struttura primaria di una proteina indica la sequenza degli amminoacidi nella catena proteica. V F

Test a risposta multipla

Scegli la risposta o il completamento corretti

1 L'affaticamento muscolare in seguito a un intenso sforzo fisico è dovuto alla formazione di:

A alcol etilico
B diossido di carbonio
C acido acetico
D acido lattico

2 Che cosa si ottiene dall'ossidazione completa del glucosio in condizioni aerobiche?

A Ossido di carbonio e acqua
B Acido lattico, acqua ed energia
C Ossido di carbonio, acqua ed energia
D Diossido di carbonio, acqua ed energia

3 Durante la lievitazione del pane avviene la produzione di:

A glucosio e alcol etilico
B acido lattico e acqua
C diossido di carbonio e acqua
D diossido di carbonio e alcol etilico

4 Quale alimento è costituito prevalentemente da un polimero del glucosio?

A Uova
B Pane
C Carne
D Zucchero da tavola

5 Quale carboidrato *non* ha potere dolcificante?

A Fruttosio
B Saccarosio
C Glucosio
D Amido

6 I grassi vegetali (oli) differiscono dai grassi animali perché:

A contengono più gruppi funzionali C=C
B contengono il gruppo funzionale dei chetoni C=O
C non possono essere trasformati in saponi
D sono molto solubili in acqua

7 I saponi sono miscele di:

A sali di calcio di acidi carbossilici a catena lunga
B sali derivanti da acidi deboli e basi forti
C triesteri costituiti da acidi grassi e glicerolo
D sali di sodio o di potassio di acidi carbossilici a catena corta

8 Quale valore del pH potrebbe avere una saponata?

A 3
B 6
C 9
D 14

9 Gli amminoacidi:

A sono composti con carattere sia acido sia basico
B hanno molecole unite mediante legami peptidici
C sono costituiti da carbonio, ossigeno e idrogeno
D hanno una funzione catalitica sulle reazioni biologiche

10 Quale affermazione, riferita a un enzima, è corretta?

A Aumenta l'energia di attivazione delle reazioni biologiche
B È costituito da amminoacidi legati con ponti disolfuro
C Diminuisce la velocità delle reazioni biologiche
D Può subire una denaturazione in seguito a riscaldamento

Applica le tue conoscenze

19.1 Le molecole da cui ricaviamo materia ed energia

1 Ai fini delle necessità energetiche immediate di un organismo sono più utili 10 g di proteine oppure 10 g di carboidrati?

2 Qual è la funzione che hanno i grassi e non le proteine né i carboidrati?

19.2 I carboidrati

3 Quali legami si stabiliscono tra il glucosio e l'acqua in una loro soluzione?

4 Quali sono i gruppi funzionali presenti nel glucosio e nel fruttosio?

5 Perché il fruttosio è lo zucchero più diffuso nei dolcificanti usati per diete ipocaloriche?

6 Spiega brevemente in che cosa consiste la respirazione cellulare.

7 Perché il glucosio dà un saggio positivo quando è trattato con il reattivo di Tollens? Qual è il sintomo della reazione che avviene?

8 Il glucosio dà il saggio di Tollens, mentre per il saccarosio questo saggio risulta negativo. Giustifica questa diversità, riflettendo sul modo in cui sono legate le molecole di glucosio e di fruttosio nella formazione del saccarosio.

9 Perché il miele è più dolce dello zucchero?

10 La percentuale di carbonio presente nel fruttosio è maggiore, minore o uguale a quella presente nel glucosio?

11 Tra questi carboidrati, qual è un polimero che viene utilizzato quando la cellula ha un bisogno maggiore di energia?
a) amido
b) fruttosio
c) glicogeno
d) saccarosio
e) cellulosa

19.6 I grassi

12 In che cosa differisce la struttura dei grassi da quella degli oli?

13 I saponi presentano un inconveniente nelle acque dure, ricche cioè di ioni calcio Ca^{2+} e magnesio Mg^{2+}, perché reagiscono con tali ioni e formano sali insolubili, annullando così l'azione detergente.
Scrivi la reazione tra il cloruro di calcio e il palmitato di potassio (l'acido palmitico ha una catena di 16 atomi di carbonio).

14 Quale acido grasso si ottiene per addizione di idrogeno H_2 all'acido oleico?

15 Per sturare i lavandini si possono usare prodotti a base di NaOH e acqua calda. Quale reazione avviene tra il grasso (che accompagna sempre qualunque tipo di sporcizia) e l'idrossido di sodio?

16 I saponi renderebbero azzurra oppure rossa una cartina al tornasole inumidita? Giustifica la risposta.

17 Riporta nella seconda colonna della tabella i termini, relativi ai grassi, corrispondenti a quelli scritti nella prima colonna.

sono sali di acidi grassi	
costituiscono una riserva energetica	
sono componenti dei grassi	
è il componente alcolico dei grassi	
contengono più gruppi –C=C– dei grassi	

18 Gli oli e i grassi sono entrambi presenti in natura, ma hanno una diversa origine. Quale?

19 Spesso in cucina si adopera la *margarina* in sostituzione del burro. Fai una ricerca su questo prodotto per conoscere in che cosa la margarina differisce dal burro e come viene preparata. Scrivi un breve testo sull'argomento.

19.7 Le proteine

20 Quale azione hanno gli enzimi sull'energia di attivazione delle reazioni?

21 Costruisci una catena peptidica legando una molecola di serina, una di glicina e una di alanina, nell'ordine indicato.

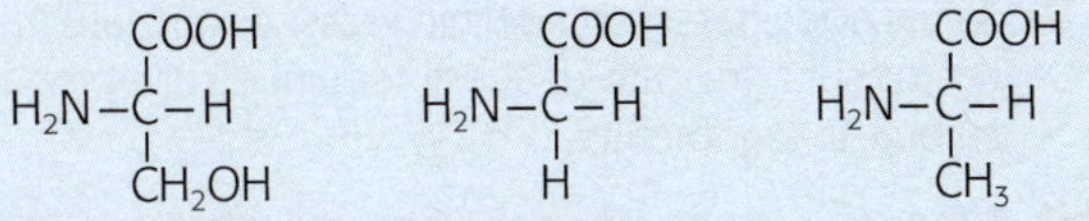

serina (Ser) glicina (Gly) alanina (Ala)

22 Il termine "denaturazione" adoperato per una proteina o per l'alcol etilico ha un significato diverso. In che cosa consiste questa diversità?

23 Perché gli enzimi sono definiti catalizzatori biologici?

24 Quale elemento, presente negli amminoacidi, fa parte di un gruppo funzionale che è responsabile del loro carattere basico?

25 Tra le strutture di una proteina (primaria, secondaria, terziaria e quaternaria) qual è responsabile della sua attività biologica?

OBIETTIVO COMPETENZA

1 Il calore di combustione del latte è 2,5 kJ/g, quello delle mele è 1,8 kJ/g; quelli del pane e del prosciutto cotto sono rispettivamente 12,4 kJ/g e 17,2 kJ/g. Quanti kilojoule vengono assorbiti con questa colazione?

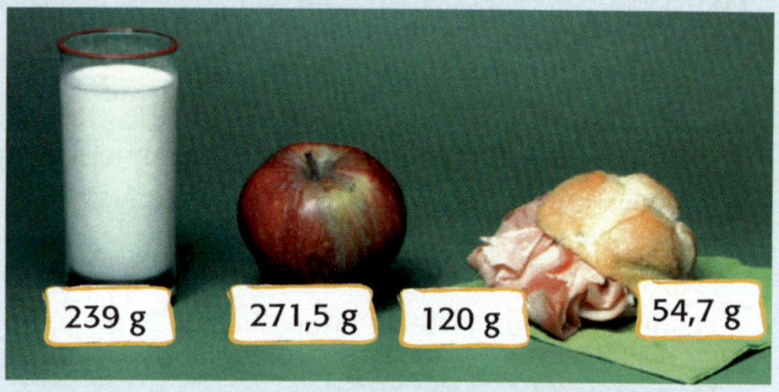

[3828,5 kJ]

2 Il potere calorifico del saccarosio è 16,6 kJ/g. Qual è il contenuto calorico, espresso in kJ, di una merendina di 125 g, che contiene il 7% di peso di saccarosio? **[145,2 kJ]**

3 Nella saliva è presente un enzima detto amilasi. Informati sulla funzione che esso svolge. Scrivi un breve testo per descrivere la funzione dell'amilasi e spiegare perché una lunga masticazione agevola notevolmente la digestione degli alimenti farinacei.

4 Prova a masticare a lungo una mollica di pane. A che cosa è dovuto il sapore leggermente dolce che avverti?

5 Dalla combustione di 1,00 g di glucosio si sviluppano 15,6 kJ.
a) Scrivi la reazione.
b) Quanti grammi di ossigeno sono necessari per la combustione di 4,0 g di glucosio?
c) Quanti kilojoule si sviluppano da questa combustione? **[4,3 g; 62,4 kJ]**

6 Componi una frase utilizzando le seguenti parole: *cellulosa*, *amido*, *glucosio*, *cellulasi*.

7 Quale vantaggio presentano per la pelle i saponi appositamente preparati con pH acido?

8 Nei detersivi del commercio sono contenuti enzimi detti proteasi e lipasi, in quanto agiscono sulle proteine e sui grassi. Quali azioni svolgono questi enzimi sullo sporco di indumenti che contiene sugo di carne, olio, latte ecc.?

9 Alcuni acidi grassi sono definiti **grassi essenziali**. Tra essi ci sono i cosiddetti omega-3. Fai una ricerca sul significato di questi termini e sulle proprietà degli omega-3 e scrivi un breve testo su questo argomento.

10 I saponi formano una soluzione colloidale con l'acqua e una soluzione vera e propria con l'etanolo. Giustifica queste proprietà dei saponi. Rifletti sulla struttura delle loro molecole e su quella delle molecole dell'etanolo e dell'acqua, e quindi sui legami intermolecolari che si possono formare.

11 Il glicerolo è un componente di molte creme, perché ha una forte azione idratante, nel senso che trattiene l'acqua presente sulla pelle. Osserva la formula di questo composto e spiega a che cosa è dovuta questa sua proprietà.

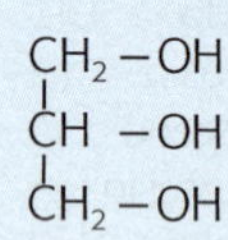

glicerolo

12 Un amminoacido è una sostanza anfiprotica come l'acqua, ma per motivi diversi. Specifica quali sono i gruppi funzionali caratteristici di un amminoacido e giustifica il carattere anfiprotico nel caso di un amminoacido e nel caso dell'acqua.

13 Il nylon fa parte delle poliammidi sintetiche. Fai una ricerca per giustificare i numeri 6-6 e 6-10 che accompagnano il termine nylon e sulla sua prima utilizzazione, che rappresentò un momento storico di notevole importanza.

14 Una pianta in cui la fotosintesi avvenisse con il massimo rendimento sarebbe in grado di sottrarre all'atmosfera circa 50 g di CO_2 in un giorno.
In tali condizioni, quanti grammi di O_2 si produrrebbero nell'atmosfera? E quanti litri, misurati in condizioni standard? Riporta anche la reazione bilanciata. **[36 g; 25 ℓ]**

Indice delle immagini relative ad attività sperimentali

Unità 11

Unità 12

Unità 13

Unità 14

Unità 15

Unità 16

Unità 17

Unità 18

Unità 19

Indice analitico

I numeri di pagina in colore indicano le definizioni

D

E

M

N

O

P

Q

R

Tavola periodica

NUMERO ATOMICO (*Z*) — NUMERO DI OSSIDAZIONE — ELETTRONEGATIVITÀ (secondo Pauling) — MASSA ATOMICA (u)

NUMERO ATOMICO (*Z*) / NUMERO DI OSSIDAZIONE
17 ±1+3+5+7 **Cl** Cloro 3,16 35,45
ELETTRONEGATIVITÀ (secondo Pauling) / MASSA ATOMICA (u)

GRUPPO

ELEMENTI DI TRANSIZIONE

PERIODO	I	II							
1	1 ±1 **H** Idrogeno 2,20 1,008								
2	3 +1 **Li** Litio 0,98 6,941	4 +2 **Be** Berillio 1,57 9,012							
3	11 +1 **Na** Sodio 0,93 22,99	12 +2 **Mg** Magnesio 1,31 24,30							
4	19 +1 **K** Potassio 0,82 39,10	20 +2 **Ca** Calcio 1,00 40,08	21 +3 **Sc** Scandio 1,36 44,96	22 +2+3+4 **Ti** Titanio 1,54 47,87	23 +2+3+4 +5 **V** Vanadio 1,63 50,94	24 +2+3+6 **Cr** Cromo 1,66 52,00	25 +2+3+4 +6+7 **Mn** Manganese 1,55 54,94	26 +2+3 **Fe** Ferro 1,83 55,84	27 +2+3 **Co** Cobalto 1,88 58,93
5	37 +1 **Rb** Rubidio 0,82 85,47	38 +2 **Sr** Stronzio 0,95 87,62	39 +3 **Y** Ittrio 1,22 88,91	40 +4 **Zr** Zirconio 1,33 91,22	41 +3+5 **Nb** Niobio 1,6 92,91	42 +6 **Mo** Molibdeno 2,16 95,96	43 +4+6+7 **Tc** Tecnezio 2,10 (98)	44 +3 **Ru** Rutenio 2,2 101,1	45 +3 **Rh** Rodio 2,28 102,9
6	55 +1 **Cs** Cesio 0,79 132,9	56 +2 **Ba** Bario 0,89 137,3	57 +3 •**La** Lantanio 1,10 138,9	72 +4 **Hf** Afnio 1,3 178,5	73 +5 **Ta** Tantalio 1,5 180,9	74 +6 **W** Wolframio 1,7 183,8	75 +4+6+7 **Re** Renio 1,9 186,2	76 +3+4 **Os** Osmio 2,2 190,2	77 +3+4 **Ir** Iridio 2,2 192,2
7	87 +1 **Fr** Francio 0,7 (223)	88 +2 **Ra** Radio 0,9 (226)	89 +3 ••**Ac** Attinio 1,1 (227)	104 – **Rf** Rutherfordio – (265)	105 – **Db** Dubnio – (268)	106 – **Sg** Seaborgio – (271)	107 – **Bh** Bohrio – (272)	108 – **Hs** Hassio – (270)	109 – **Mt** Meitnerio – (276)

• LANTANIDI

58 +3+4 **Ce** Cerio 1,12 140,1	59 +3 **Pr** Praseodimio 1,13 140,9	60 +3 **Nd** Neodimio 1,14 144,2	61 +3 **Pm** Promezio – (145)	62 +2+3 **Sm** Samario 1,17 150,4
90 +4 **Th** Torio 1,3 232,0	91 +4+5 **Pa** Protoattinio 1,5 231,0	92 +3+4+5 +6 **U** Uranio 1,7 238,0	93 +3+4+5 +6 **Np** Nettunio 1,3 (237)	94 +3+4+5 +6 **Pu** Plutonio 1,3 (244)

•• ATTINIDI

- solido
- liquido
- gas
- elemento artificiale

• La linea rossa a zig zag indica approsimativamente la separazione tra metalli e non metalli, ai suoi lati ci sono elementi semimetallici.

• Lo stato di aggregazione degli elementi è riferito alla temperatura di 25 °C e alla pressione di 101 325 Pa (1atm

• I valori delle masse atomiche tra parentesi indicano la massa dell'isotopo più stabile.

TAVOLA PERIODICA

espansione
Tavola periodica

			III	IV	V	VI	VII	VIII
								2 – **He** Elio 4,003
			5 +3 **B** Boro 2,04 10,81	6 0±1±2 ±3±4 **C** Carbonio 2,55 12,01	7 +2±3+4 +5 **N** Azoto 3,04 14,01	8 −1−2 **O** Ossigeno 3,44 16,00	9 −1 **F** Fluoro 3,98 19,00	10 – **Ne** Neo – 20,18
			13 +3 **Al** Alluminio 1,61 26,98	14 ±4 **Si** Silicio 1,90 28,09	15 ±3+5 **P** Fosforo 2,19 30,97	16 −2+4+6 **S** Zolfo 2,58 32,06	17 ±1+3+5 +7 **Cl** Cloro 3,16 35,45	18 – **Ar** Argo – 39,95
28 +2+3 **Ni** Nichel 1,91 58,69	29 +1+2 **Cu** Rame 1,90 63,55	30 +2 **Zn** Zinco 1,65 65,38	31 +3 **Ga** Gallio 1,81 69,72	32 +2+4 **Ge** Germanio 2,01 72,64	33 ±3+5 **As** Arsenico 2,18 74,92	34 −2+4+6 **Se** Selenio 2,55 78,96	35 ±1+3+5 **Br** Bromo 2,96 79,90	36 – **Kr** Kripto – 83,80
46 +2+4 **Pd** Palladio 2,20 106,4	47 +1 **Ag** Argento 1,93 107,9	48 +2 **Cd** Cadmio 1,69 112,4	49 +3 **In** Indio 1,78 114,8	50 +2+4 **Sn** Stagno 1,96 118,7	51 ±3+5 **Sb** Antimonio 2,05 121,8	52 −2+4+6 **Te** Tellurio 2,1 127,6	53 ±1+3+5 +7 **I** Iodio 2,66 126,9	54 – **Xe** Xeno 2,60 131,3
78 +2+4 **Pt** Platino 2,2 195,1	79 +1+3 **Au** Oro 2,4 197,0	80 +1+2 **Hg** Mercurio 1,9 200,6	81 +1+3 **Tl** Tallio 1,8 204,4	82 +2+4 **Pb** Piombo 1,8 207,2	83 +3+5 **Bi** Bismuto 1,9 209,0	84 +2+4 **Po** Polonio 2,0 (209)	85 ±1+3+5 +7 **At** Astato 2,2 (210)	86 – **Rn** Rado – (222)
110 – **Ds** Darmstadtio – (281)	111 – **Rg** Roentgenio – (280)	112 – **Cn** Copernico – (285)	113 – **Uut** Ununtrio – (284)	114 – **Uuq** Ununquadio – (289)	115 – **Uup** Ununpentio – (288)	116 – **Uuh** Ununhexio – (293)	117 – **Uus** Ununseptio – –	118 – **Uuo** Ununoctio – (294)

63 +2+3 **Eu** Europio – 152,0	64 +3 **Gd** Gadolinio 1,20 157,2	65 +3 **Tb** Terbio – 158,9	66 +3 **Dy** Disprosio 1,22 162,5	67 +3 **Ho** Olmio 1,23 164,9	68 +3 **Er** Erbio 1,24 167,3	69 +3 **Tm** Tulio 1,25 168,9	70 +2+3 **Yb** Itterbio – 173,0	71 +1 **Lu** Lutezio 1,0 175,0
95 +3+4+5 +6 **Am** Americio – (243)	96 +3 **Cm** Curio – (247)	97 +3+4 **Bk** Berkelio – (247)	98 +3 **Cf** Californio – (251)	99 +3 **Es** Einstenio – (252)	100 +3 **Fm** Fermio – (257)	101 +2+3 **Md** Mendelevio – (258)	102 +2+3 **No** Nobelio – (259)	103 +3 **Lr** Laurenzio – (262)